FORMULE E METODI PER LO STUDIO DEGLI OROLOGI SOLARI PIANI

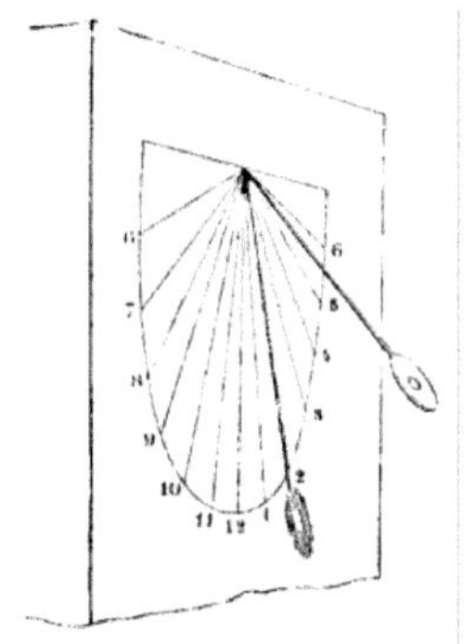

Gianni Ferrari

FORMULE E METODI PER LO STUDIO DEGLI OROLOGI SOLARI PIANI

Caratteristiche, descrizione e calcolo
degli orologi solari piani comuni e poco conosciuti

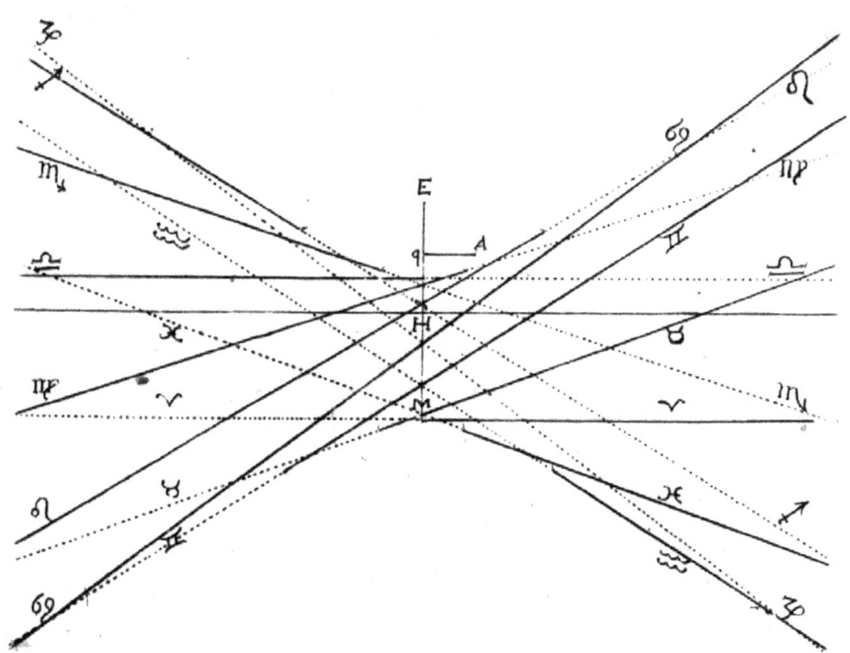

Modena, 2015

Il presente testo è formato da 478 pagine e contiene 512 figure e disegni originali realizzati dall'autore, che ne detiene la piena proprietà.
Quasi tutte le immagini fotografiche sono state modificate per migliorare la visibilità dei particolari e a molte sono state aggiunte scritte esplicative.

Prima edizione – Gennnio 2015

a Giovanna, Francesco e Margherita

Che la vita, come la meridiana, segni per voi soltanto le ore serene

PARTE I - Definizioni e considerazioni generali

PARTE II - Calcolo dei punti di una orologio solare

PARTE III - Tracciamento delle linee negli orologi solari a tempo vero

PARTE IV - Orologi solari ad ore antiche

PARTE V - Orologi solari poco conosciuti

PREFAZIONE
Molti anni fa, nel 1998, scrissi la prima versione di questo testo che allora non pubblicai e distribuii sotto
forma di fotocopie ad amici, colleghi e pochissimi curiosi, sotto il titolo di "Relazioni e formule per lo studio
delle meridiane piane".
Da allora, con il pensiero di pubblicare finalmente quel testo, ho continuato ad aggiornarlo giungendo solo
oggi a questa versione, quasi di dimensioni doppie dell'originale.

Nonostante il tempo passato le motivazioni di questo mio lavoro sono sempre quelle che 16 anni fa cercai di
spiegare nella primitiva Prefazione che, per questo motivo, ripropongo in parte qui.

Ogni volta che, negli ultimi anni, qualche amico appassionato di meridiane mi chiedeva di veri-ficare un
calcolo o un nuovo progetto di orologio solare mi trovavo costretto o a una laboriosa ricerca nei miei appunti
disordinati o a dover ricostruire le relazioni necessarie quasi sempre partendo praticamente da zero.
Questo è stato il motivo che mi ha spinto da prima a cercare di ordinare i miei vari quaderni e in seguito a
scrivere una serie di note organiche che raccogliessero le relazioni fondamentali e le formule usate nello
studio matematico geometrico degli orologi solari piani e indicassero, anche se in modo sintetico, i metodi
principali per affrontare questo studio.
Questo lavoro non è quindi nato per essere un nuovo testo generale sugli orologi solari ma deve essere
considerato, questo sarebbe il mio desiderio, come un manuale per il progettista, un formulario e un testo non
di lettura ma di consultazione, rivolto a coloro che sono curiosi e non si accontentano dei risultati di un
programma per PC, ma vogliono verificare e saper che "cosa c'è dietro".
Per ragioni di spazio ho volutamente omesso molti metodi geometrici per la costruzione degli orologi solari
descritti in tanti trattati antichi mentre ho inserito alcuni argomenti che non sono mai spiegati, o lo sono solo
in modo superficiale, nei testi sugli orologi solari oggi reperibili.
Ad esempio la ricerca degli elementi incogniti in meridiane incomplete o da restaurare, i metodi per la
determinazione della giacitura di un piano, gli effetti della rifrazione e il metodo della geometria della sfera
nello studio degli orologi solari, ecc.
Fra gli orologi solari poco conosciuti ho cercato descrivere in dettaglio quelli a riflessione, le meridiane a
camera oscura e le analemmatiche, gli orologi solari azimutali e quelli bifilari, alcuni tipi di meridiane
interattive, gli orologi solari su piani orari, quelli a coordinate tolemaiche e l'effetto di una lastra rifrangente
su un orologio solare.

Tutte le relazioni, le formule, i metodi, i grafici e i disegni, ovviamente eccettuati quelli più comuni e classici,
sono stati da me ricavati, rielaborati, verificati e descritti cercando di essere il più chiaro e insieme il più
preciso possibile.
Mi scuso sin d'ora sia degli errori, che una mole cosi grande di formule e disegni rende quasi inevitabili
nonostante tutti gli sforzi e l'attenzione, sia delle lacune e delle dimenticanze, certamente presenti.

Anche oggi, come anni fa, mi auguro che questo lavoro possa essere di qualche aiuto agli amici appassionati
di orologi solari, per i quali principalmente é stato scritto, e possa diventare un testo di riferimento nei loro
progetti e studi.

Ing. Gianni Ferrari

Modena, 22 Dicembre 2014 – Solstizio d'Inverno

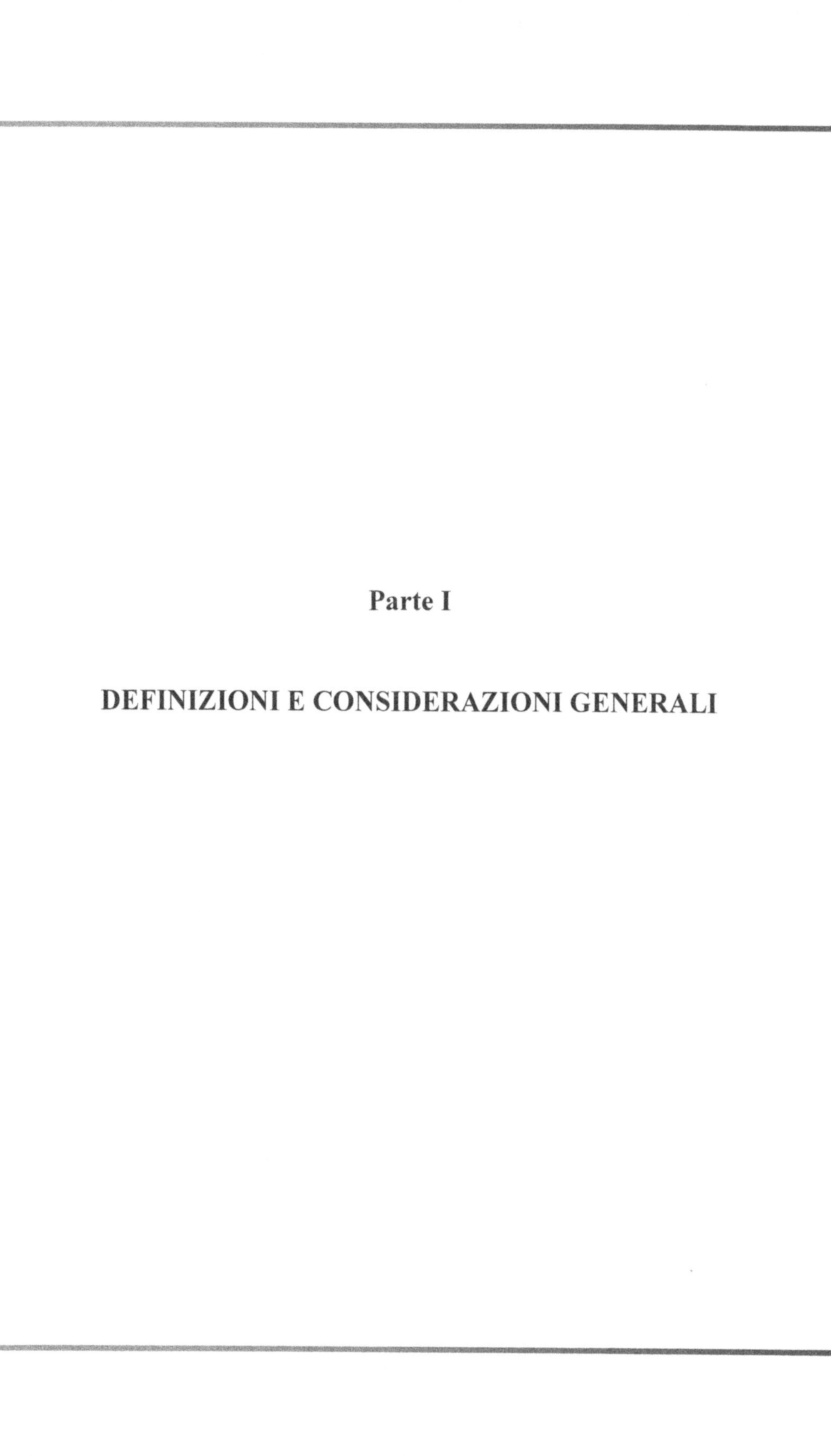

Parte I

DEFINIZIONI E CONSIDERAZIONI GENERALI

Capitolo 1
DEFINIZIONI E CONSIDERAZIONI GENERALI

1.1   Coordinate equatoriali e azimutali del Sole

La posizione del Sole nel cielo in una data località e in un dato istante é individuata quando si conoscono due sue coordinate sferiche nel sistema di riferimento prescelto [1].

I due principali sistemi di coordinate che si utilizzano sono:
-   le coordinate equatoriali o orarie ω e δ (angolo orario e declinazione del Sole)
-   le coordinate altazimutali   **Az** e **h** (azimut e altezza del Sole)

1.1.1 Coordinate Orarie

Il sistema di riferimento è costituito dal piano dell'Equatore celeste e dall'asse polare ad esso normale.

Ogni piano passante per l'asse polare prende il nome di piano meridiano e interseca la sfera celeste in un cerchio massimo detto meridiano celeste.

Il piano perpendicolare all'asse polare e passante per il centro della sfera è il piano dell'Equatore che interseca la sfera celeste nel cerchio massimo che prende il nome di Equatore celeste.

I piani paralleli al piano dell'Equatore intersecano la sfera celeste in cerchi, che si riducono andando verso i poli, detti paralleli (celesti).

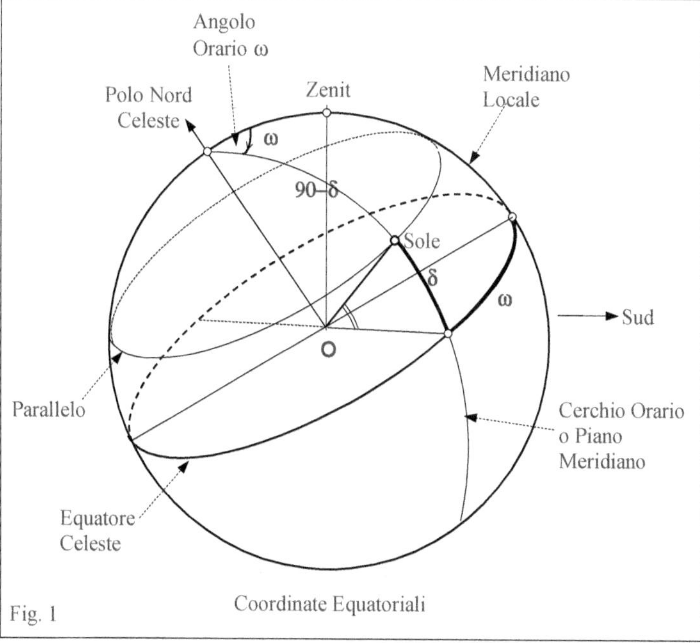

Il piano meridiano passante per la direzione Nord-Sud della località considerata prende il nome di piano meridiano principale locale o semplicemente **Meridiano Locale**.

Ogni altro piano passante per l'asse polare forma con il Meridiano Locale un angolo diedro chiamato angolo orario ω: il piano stesso viene chiamato piano orario.

---

[1] Per maggiori dettagli sui sistemi di coordinate vedere la Parte XII – Cap. 32

L'**angolo orario** ω del Sole, in un certo istante, è l'angolo diedro compreso fra il Meridiano Locale e il piano passante, in quell'istante, per il Sole e per l'asse polare: è quindi l'angolo fra il Meridiano (Locale) e il piano orario contenente il Sole.
Viene misurato dal Sud (cioè dal Meridiano Locale) in verso orario ed è positivo quando il Sole si trova a Ovest.
Se il Sole si trova sul Meridiano locale (a Sud) l'angolo orario $\omega = 0°$.
Il valore dell'angolo orario ω del Sole in un certo istante è legato al tempo trascorso dal momento del suo passaggio al meridiano o che manca a tale fenomeno.

La **Declinazione** δ del Sole è l'angolo al centro, appartenente al meridiano celeste passante per il Sole, compreso fra la direzione del Sole e il piano dell'Equatore celeste.
È quindi misurato dall'arco di meridiano compreso fra il parallelo passante per il Sole e l'Equatore celeste.

1.1.2 Coordinate Altazimutali o Orizzontali

Il sistema di riferimento è costituito dal piano orizzontale del luogo (piano tangente alla superficie terrestre) e dalla semiretta verticale, cioè avente la direzione del filo a piombo, che unisce il centro della Terra allo Zenit.
Ogni piano passante per la direzione verticale si chiama piano verticale.
I piani paralleli al piano orizzontale intersecano la sfera celeste in cerchi, che si riducono andando verso lo zenit, detti Almucantarat o cerchi di altezza.

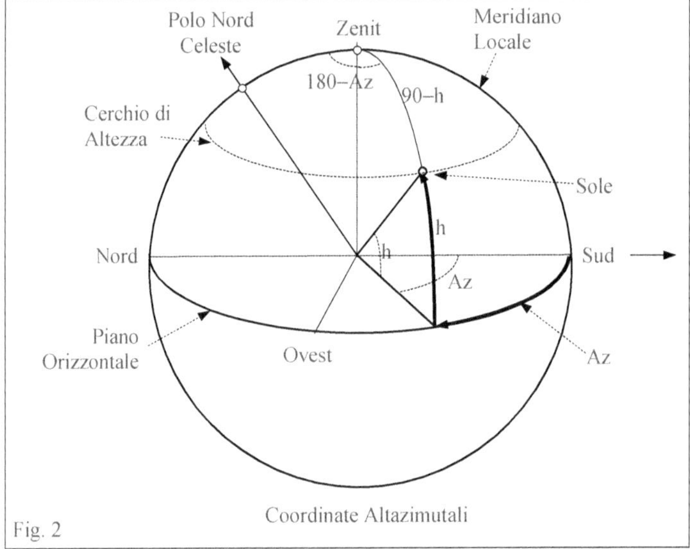

Fig. 2

Il piano verticale passante per la direzione Nord-Sud della località considerata prende il nome di piano verticale meridiano e coincide con il piano meridiano locale.
Il piano verticale passante per la direzione Est-Ovest si chiama Primo Verticale.
Ogni altro piano passante per la verticale forma con il piano meridiano locale un angolo diedro chiamato Azimut **Az.**

L'**Azimut** del Sole, in un certo istante, è l'angolo diedro compreso fra il piano Meridiano Locale e il piano verticale passante, in quell'istante, per il Sole.
Viene misurato dal Sud (cioè dal Meridiano Locale) ed è positivo quando il Sole si trova a Ovest: il verso positivo è quindi quello orario da Est verso Ovest.
Se il Sole si trova sul Meridiano locale (a Sud) l'Azimut $= 0°$.

La **altezza h** del Sole è l'angolo, misurato sul piano verticale passante per il Sole, compreso fra l'orizzonte e il Sole, cioè fra l'almucantarat passante per il Sole e il piano dell'orizzonte.

1.2 Relazioni fondamentali fra le coordinate   Az, h e ω, δ

Dal triangolo sferico avente vertici nel Sole, nello Zenit e nel Polo Nord celeste, chiamato triangolo fondamentale, si possono ricavare le seguenti relazioni che permettono di ricavare **Az** e **h** quando sono noti ω e δ nelle quali si è indicato con φ il valore della Latitudine del luogo.

$$\operatorname{sen}(h) = +\operatorname{sen}(\delta)\cdot\operatorname{sen}(\varphi) + \cos(\delta)\cdot\cos(\varphi)\cdot\cos(\omega)$$

$$\cos(h)\cdot\cos(Az) = -\operatorname{sen}(\delta)\cdot\cos(\varphi) + \cos(\delta)\cdot\operatorname{sen}(\varphi)\cdot\cos(\omega)$$

$$\cos(h)\cdot\operatorname{sen}(Az) = +\cos(\delta)\cdot\operatorname{sen}(\omega)$$

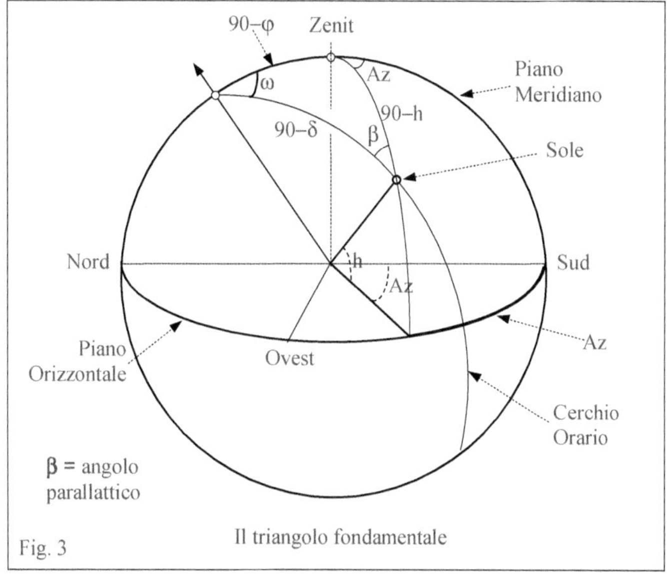

Le relazioni duali che permettono di ricavare ω e δ quando sono noti **Az** e **h** sono:

$$\operatorname{sen}(\delta) = +\operatorname{sen}(h)\cdot\operatorname{sen}(\varphi) - \cos(h)\cdot\cos(\varphi)\cdot\cos(Az)$$

$$\cos(\delta)\cdot\cos(\omega) = +\operatorname{sen}(h)\cdot\cos(\varphi) + \cos(h)\cdot\operatorname{sen}(\varphi)\cdot\cos(Az)$$

$$\cos(\delta)\cdot\operatorname{sen}(\omega) = +\cos(h)\cdot\operatorname{sen}(Az)$$

Le formule che precedono sono le formule fondamentali che legano i 5 parametri φ, ω, δ, **Az, h**

Altre relazioni che permettono di ricavare due qualsiasi degli elementi quando siano noti i valori degli altri due sono riportate nella Parte VII.

Esempi

Se sono dati $\varphi = 40°$ $\delta = 20°$ $\omega = +105°$ (ore 19 Tempo Vero Locale) si ricavano i valori:
        $h = 1.92°$ $Az = 114.74°$

Se sono dati $\varphi = 40°$ $Az = 100.0°$ $h = 5.0°$ si ricavano i valori
        $\delta = 10.86°$ $\omega = +92.55°$ (ore 18h 10m Tempo Vero Locale)

1.3   Equazione del tempo

Sino all'invenzione degli orologio atomici le misura del tempo si è basata sull'astronomia di posizione e precisamente sulla misura della durata della rotazione della Terra attorno al proprio asse: questa durata, che chiamiamo giorno, è stata divisa già da molti secoli in 24 parti uguali dette ore.

Se si utilizza, per misurare la durata del giorno, il periodo di tempo compreso fra due successivi transiti del Sole al meridiano si ottiene la lunghezza di un "giorno solare vero".

A causa del moto "irregolare" del Sole in cielo, la durata del giorno così definita non ha un valore costante durante l'anno ma può variare fino a ± 28 secondi rispetto al suo valore medio.

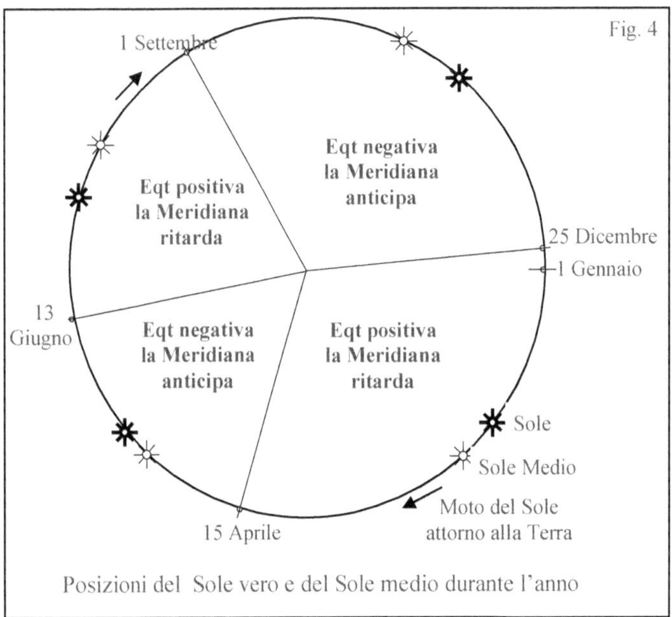

Posizioni del Sole vero e del Sole medio durante l'anno

Sino a quasi un secolo fa, cioè sino a quando la precisione degli orologi comuni era abbastanza piccola, la vita era regolata con un ritmo regolato quasi esclusivamente dal moto del Sole in cielo. La differenza fra le durate dei giorni nelle diverse stagioni non aveva alcuna importanza pratica e il tempo indicato dagli orologi solari a "tempo vero" (con le linee orarie rettilinee) era quello che veniva normalmente usato nella vita pratica e serviva anche per "mettere in punto" gli orologi meccanici "pubblici" installati sui campanili o nei municipi.

Con la diffusione degli orologi meccanici, in particolare quelli da casa o portatili, e con il miglioramento nel loro funzionamento e nella loro precisione e, in seguito, con l'avvento del telegrafo e delle ferrovie, si fece sempre più sentire la differenza fra il tempo "medio" indicato dagli orologi e quello "vero" indicato dagli oro-logi solari.

Dato che un orologio meccanico che indicasse il Tempo Vero cioè che seguisse il moto non uniforme del Sole sarebbe un meccanismo a movimento non costante, molto complesso da costruire anche oggi, furono pian piano abbandonati gli orologi solari e l'uso del Tempo Vero e si diffuse universalmente l'uso del cosiddetto tempo "medio".

Un giorno "medio" ha la durata della media dei giorni dell'anno e questa durata è divisa in 24 ore "medie": si chiama "Sole medio" un Sole immaginario che compie la sua rotazione attorno alla Terra esattamente in 24 ore medie [2].

Le meridiane, che indicano il tempo quando sono illuminate dal "Sole vero", indicano quello che si chiama "tempo vero o apparente" e segnerebbero il tempo indicato degli orologi soltanto se ad illuminarle fosse l'immaginario "Sole medio".

In ogni giorno l'origine da cui si conta il Tempo Vero è l'istante in cui il Sole passa al Meridiano (mezzogiorno vero); l'origine da cui si conta il Tempo Medio è l'istante in cui il Sole medio (fittizio) passa al Meridiano (mezzogiorno medio).

---

[2] Viene chiamato "Sole fittizio" il Sole immaginario che percorre l'Eclittica con velocità angolare costante e passa al perigeo contemporaneamente al Sole Vero; viene chiamato "Sole Medio" il Sole immaginario che percorre l'Equatore Celeste a velocità angolare costante e passa al punto Vernale γ nell'istante in cui vi transita il Sole Fittizio

La differenza fra il Tempo Solare Vero (TVL), o Tempo Locale Apparente (TLA), e il Tempo Medio Locale (TML) viene chiamata <u>Equazione del Tempo</u> (EqT) [3]

$$EqT_{ESATTA} = TLA - TML \quad = \text{Tempo Solare Vero} \quad - \text{Tempo Solare Medio}$$
$$= \text{Tempo Locale Apparente} - \text{Tempo Locale Medio}$$

Anche se il valore della EqT cambia in ogni istante esso si considera generalmente costante nell'intera giornata ed uguale al valore assunto nel mezzogiorno vero cioè quando il Sole si trova esattamente al Meridiano Sud.

La definizione della Eqt data sopra è quella ufficiale della IAU (International Astronomical Union) come riportata nel "Explanatory Supplement to the Astronomical Almanac - 1992"

In molti testi, e in particolare fra i cultori di Orologi Solari, viene preso come valore della Equazione del tempo quello sopra definito **cambiato di segno**.

Quindi:

EqT = Tempo Solare Medio – Tempo Solare Vero   da cui la relazione

Tempo Solare Medio = Tempo Solare Vero + EqT

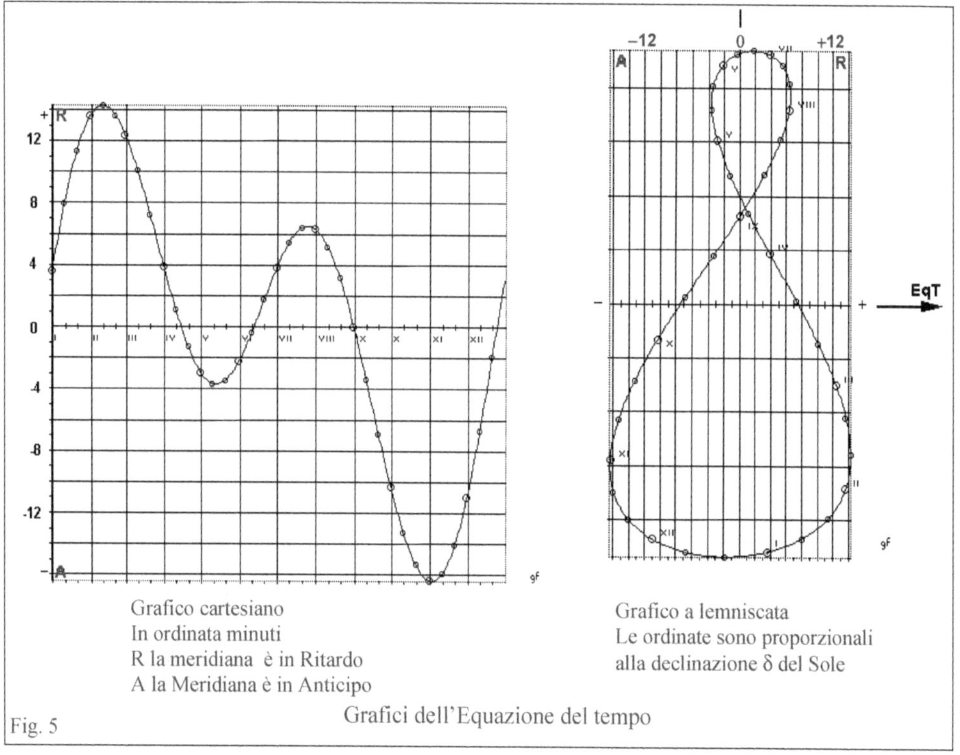

Fig. 5   Grafici dell'Equazione del tempo

Possiamo allora dire che **l'Equazione del Tempo** è la correzione che occorre "sommare" al Tempo Vero per ottenere il Tempo Medio e quindi **è la correzione che occorre sommare al Tempo indicato da una Meridiana per ottenere quello indicato dagli orologi meccanici.**
Con parole diverse si può dire che nell'istante in cui il Sole Vero passa al Meridiano il Sole Medio è già passato EqT minuti fa.

---

[3] Nei paesi anglosassoni: LAT = Local Apparent Time, LMT = Local Mean Time, EqT = Equation of Time

Quando l'EqT è negativa si dice che la meridiana "*va avanti*" in quanto per ottenere il Tempo Civile (Tempo Medio o tempo degli orologi meccanici) occorre togliere una certa quantità al tempo indicato dalla meridiana Quando l'EqT è positiva si dice che la Meridiana *è in ritardo*.

In Fig. 4 le posizioni schematiche del Sole Vero e Medio sull'orbita del Sole, nell'ipotisi geocentrica.

I valori massimi della Equazione del Tempo vanno da -16 a +14 minuti

L'Equazione del Tempo:
- è massima positiva   il   11/12 Febbraio   e vale 14m 15s
- si annulla   15 Aprile
- è massima negativa   14 Maggio   - 3m 40s
- si annulla   13 Giugno
- è massima positiva   26 Luglio   6m 32s
- si annulla   1 Settembre
- è massima negativa   2 Novembre   -16m 25s
- si annulla   25 Dicembre

I valori sopra riportati sono valori medi (vedi tabella nella Parte XIV)

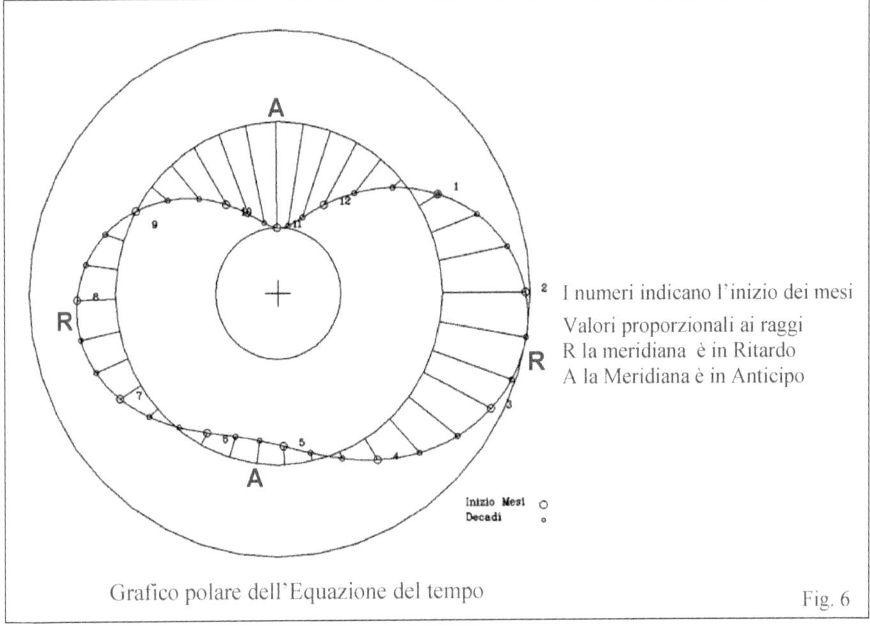

Grafico polare dell'Equazione del tempo   Fig. 6

1.4 Latitudine, Longitudine, Fusi Orari, TZ, Ora Legale

Latitudine - Longitudine
Per le definizioni delle coordinate geografiche Latitudine e Longitudine che permettono di individuare un punto sulla superficie terrestre si rimanda alla Parte XII.
Ricordiamo soltanto che le Longitudini **sono considerate positive per le località ad Est di Greenwich**[4] per cui le Longitudini di località ad Ovest di Greenwich devono essere introdotte nelle formule con il segno meno. Questa convenzione è opposta a quella in vigore sino al 1982: per questo in molti testi si possono trovare formule con segni invertiti.

---

[4] XVIII Assemblea generale della IAU Patrasso 1982

Fusi orari - TZ

La superficie della Terra è stata suddivisa, ai fini della misurazione del tempo [5], in 24 fusi ognuno dei quali è limitato da meridiani geografici distanti tra loro di 15° in Longitudine.

Si è anche stabilito che tutti i paesi che si trovano in ognuno di questi fusi adottino il Tempo Solare Medio corrispondente al meridiano centrale del fuso stesso (Tempo Civile).

Ogni fuso quindi delimita quindi una zona temporale a Tempo Civile uguale da cui la sigla **TZ** (Time Zone) per indicare un fuso.

Il fuso **0** (zero) è quello centrato sul meridiano di Greenwich o meridiano zero.

Al fuso centrato sul meridiano con Longitudine = +15° (Est) si assegna il numero +1 e per brevità lo indicherò con TZ = +1, a quello centrato sul meridiano +30° si assegna il numero +2 o TZ = +2 e così via.

Allo stesso modo al fuso centrato sul meridiano con Longitudine = –15° Est o +15° Ovest si assegna il numero –1 e per brevità lo indico con TZ = –1 e così via.

Ciascun fuso orario è inoltre identificato con una lettera maiuscola: Z al fuso 0, A al fuso 1, ecc.

L'Italia è compresa nel fuso con TZ = +1 centrato sul meridiano avente Longitudine +15° Est da Greenwich.

Esempio - Gli Stati Uniti sono compresi fra TZ=–5 e TZ=–9 (fusi R, S, T, U, V)

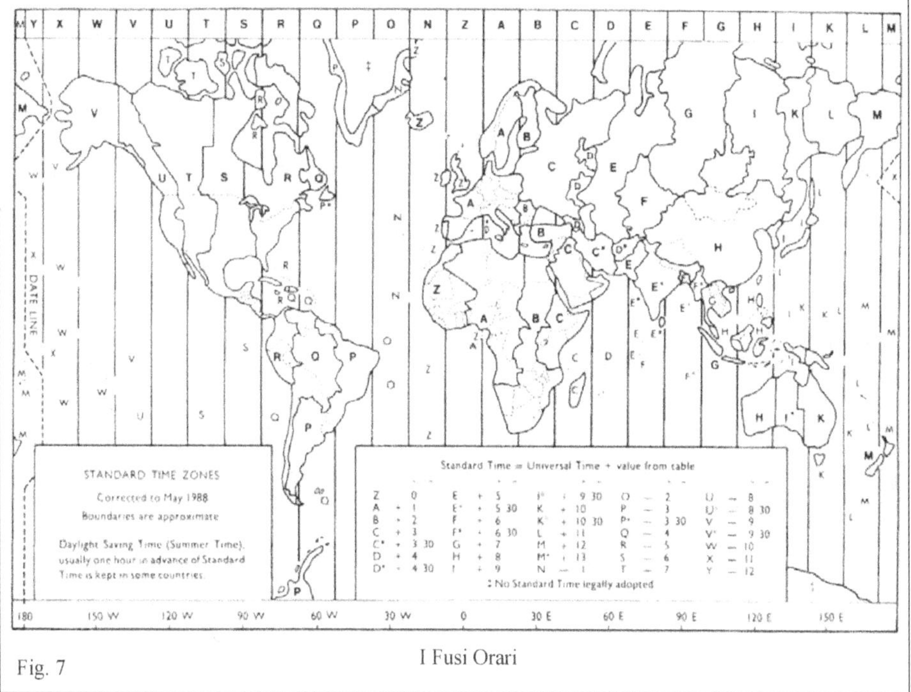

Fig. 7   I Fusi Orari

Ora Legale

Quando è in vigore l'ora Legale (Daylight Saving Time) è sufficiente aumentare di 1 il valore del TZ relativo alla località interessata (per l'Italia quindi TZ = 2)

---

[5] Convenzione Internazionale del 1884

1.5 I diversi tipi di tempo
Tempo vero   locale e del fuso orario
Tempo medio locale e del fuso orario - Tempo civile

In un orologio solare ad ore moderne si può usare uno dei seguenti sistemi per indicare il tempo:
- **Tempo Vero Locale**:   é il tempo "del luogo" di osservazione in quanto l'istante di inizio del giorno è preso esattamente 12 ore dopo l'istante del passaggio del Sole Vero al Meridiano del luogo.
  Il Tempo Vero non è corretto né per la Equazione del tempo né per il fatto che il luogo non si trova sul meridiano centrale del Fuso Orario (correzione in Longitudine): é il tempo "classico" indicato dagli orologi solari.

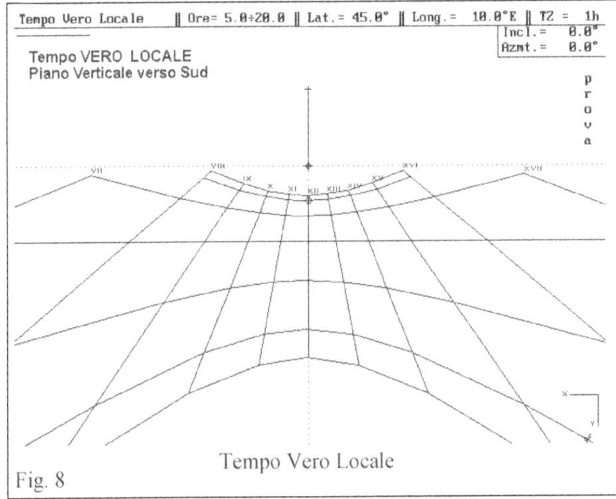

Fig. 8

Negli orologi solari a Tempo Vero Locale la linea oraria del mezzogiorno coincide con la linea meridiana; le linee orarie sono semirette uscenti dal centro C dell'orologio.
Se si usa il Tempo Vero Locale l'ora del mezzodì, cioè le 12, si ha nell'istante in cui il Sole passa al Meridiano.

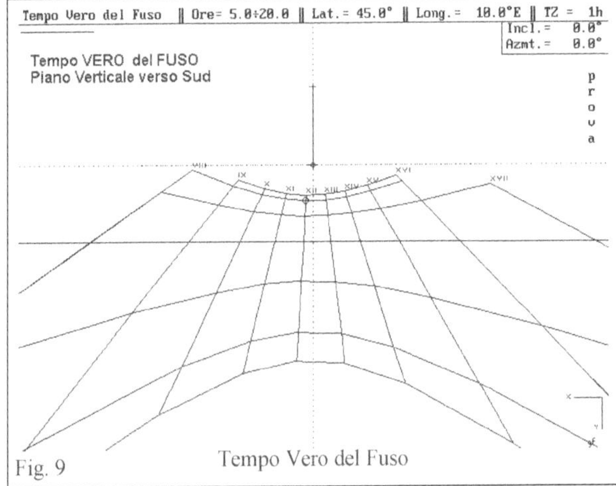

Fig. 9

- **Tempo Vero del Fuso**: é il Tempo Locale corretto per la Longitudine e quindi è il Tempo Vero Locale delle località che si trovano sul meridiano centrale del fuso.

Negli orologi solari la linea oraria del mezzogiorno **NON** coincide con la linea Meridiana; le linee orarie sono semirette uscenti dal centro C dell'orologio
Se si usa il Tempo Vero del Fuso l'ora del mezzodì, cioè le 12, si ha nell'istante in cui il Sole passa al Meridiano centrale del fuso.

- **Tempo Medio Locale**: é il Tempo Vero Locale corretto per l'effetto della Equazione del Tempo e quindi

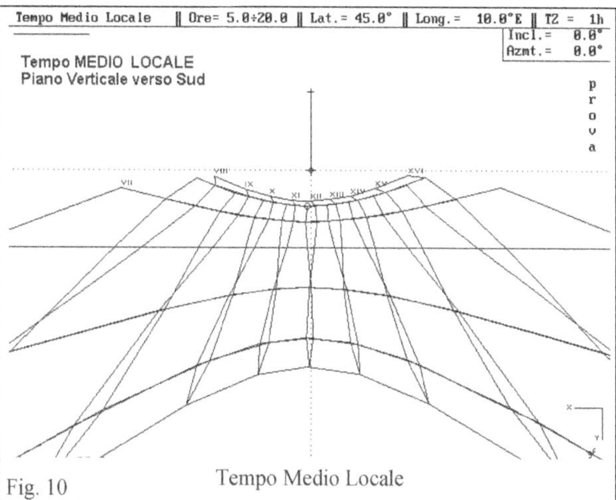

delle irregolarità dovute al moto Sole.
Negli orologi solari le linee orarie sono curve a forma di 8 (lemniscate).
La curva oraria del mezzogiorno si sovrappone alla linea Meridiana (in lingua inglese é chiamata erroneamente "Analemma")

- **Tempo Medio del Fuso**: é il **Tempo Civile** segnato dagli orologi meccanici o elettronici.

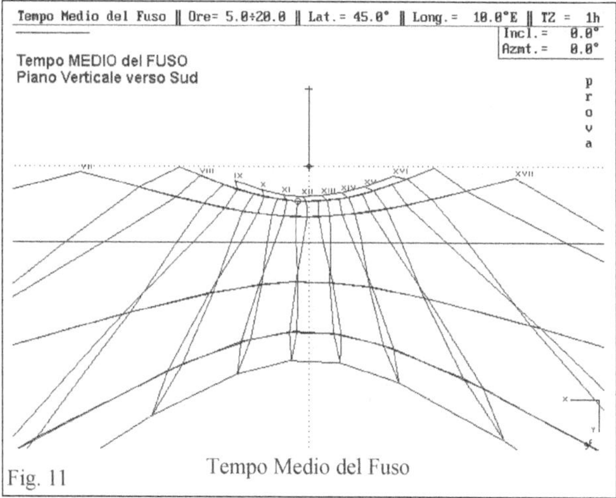

Si ottiene dal tempo Vero Locale sommando il valore della Equazione del Tempo e la correzione in Longitudine.
Negli orologi solari le linee orarie sono curve a forma di 8 (lemniscate).
La linea oraria del mezzogiorno **NON** si sovrappone alla linea Meridiana

1.6 Relazioni fra i diversi tipi di tempo

I legami fra i diversi tipi di tempo sono espressi dalle relazioni che seguono in cui si è indicato con:

- **Long°**   il valore della Longitudine **Est** del luogo rispetto al meridiano di Greenwich.
                  Le località a Ovest di Greenwich hanno quindi Longitudine negativa.

- **TZ**   il numero **intero** che indica il fuso (positivo se a Est di Greenwich).
                  Per l'Italia il TZ (Time Zone) = + 1. Quando è in vigore l'Ora Legale o Estiva il TZ deve
                  essere aumentato di 1 (per l'Italia quindi TZ = + 2).

- **EqT$_M$**   il valore della Equazione del Tempo espressa in minuti.

- **EqT$_H$**   il valore della Equazione del Tempo espressa in ore = EqT$_M$ / 60

La grandezza **(TZ $*$ 15 – Long°)** è chiamata **costante di correzione in Longitudine** (espressa in gradi).

Se una località è a Ovest del meridiano centrale del fuso la costante di Longitudine è positiva mentre è negativa se la località é ad Est.
Ad esempio per l'Italia hanno costante di Longitudine positiva tutte le località con Longitudine Est minore di 15°.

Se la costante di Longitudine è positiva vuol dire che il Tempo del fuso è maggiore del Tempo Locale e il Sole "arriva" al meridiano del luogo dopo il suo passaggio al meridiano centrale del fuso.

La costante di correzione in Longitudine viene spesso espressa in minuti: a tale scopo è sufficiente moltiplicare il valore espresso in gradi per 4   (1h = 15°, 1° = 4 minuti)

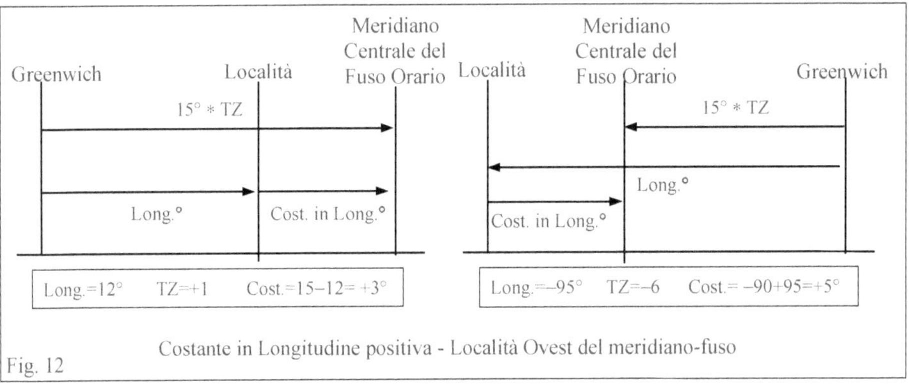

Costante in Longitudine positiva - Località Ovest del meridiano-fuso

Fig. 12

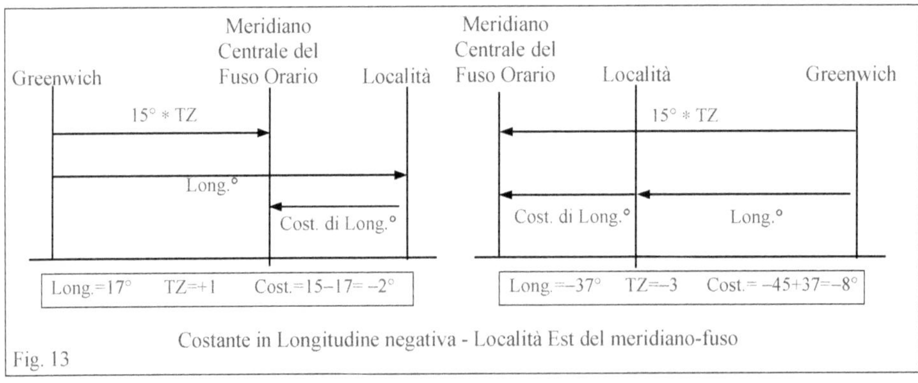

Costante in Longitudine negativa - Località Est del meridiano-fuso

Fig. 13

Esempio - Con Long. = λ = 12° Est, TZ = +1 si ricava una Costante in Longitudine = 3° = 3/15 di ora = 12 min
Essendo la località ad Ovest del meridiano centrale (+15° Est) la costante è positiva

Esempio - Se la Costante in Longitudine = 40 min = 10°, con TZ = +1 si ricava Long. = 5° Est.

Le relazioni fra i diversi tipi di tempo sono:

$$T_{MEDIO\_LOCALE} = T_{VERO\ LOCALE} + EqT_H$$

$$T_{VERO\ DEL\ FUSO} = T_{VERO\ LOCALE} + (TZ * 15 - Long°) / 15$$

$$T_{MEDIO\_DEL\ FUSO}\ o\ T_{CIVILE} = T_{VERO\ DEL\ FUSO} + EqT_H =$$

$$T_{VERO\ LOCALE} + (TZ * 15 - Long°) / 15 + EqT_H$$

$$T_{VERO\ LOCALE} = T_{MEDIO\ LOCALE} - EqT_H$$

$$T_{VERO\ LOCALE} = T_{VERO\ DEL\ FUSO} - (TZ * 15 - Long°) / 15$$

$$T_{VERO\ LOCALE} = T_{MEDIO\ DEL\ FUSO} - (TZ * 15 - Long°) / 15 - EqT_H$$

Nelle espressioni **tutti i valori sono espressi in <u>ORE</u>**.

1.7 Angolo orario del sole in ° (ore moderne)

In un qualsiasi istante l'angolo orario ω del Sole, espresso in gradi, misurato dal Sud e positivo verso Ovest, si può ricavare con le seguenti relazioni.

$$\omega° = 15° * (T_{VERO\ LOCALE} - 12)$$

$$\omega° = 15° * (T_{MEDIO\ LOCALE} - 12) - 15° * EqT_H = 15° * (T_{MEDIO\ LOCALE} - 12) - EqT_M / 4$$

$$\omega° = 15° * (T_{VERO\ DEL\ FUSO} - 12) - (TZ * 15° - Long°)$$

$$\omega° = 15° * (T_{MEDIO\ DEL\ FUSO} - 12) - (TZ * 15° - Long°) - EqT_M / 4$$

Dato che l'angolo orario ω varia di 15° ad ogni ora occorrono 4 minuti per avere una variazione di 1° dell'angolo orario stesso.

** ** ** ** ** ** ** ** **
* * * * * * * * *

Esempio 1 (Fig. 14, 15)
Località con Long. = 10°, TZ = 1 e EqT = +12 min (24 Gennaio)
Quando il Sole è al Meridiano (con ω=0°), e la meridiana segna le 12, si ha:

$T_{VERO\ LOCALE}$ = 12h 00m		$T_{MEDIO\ LOCALE}$ = 12h 12m	
$T_{VERO\ FUSO}$ = 12h 20m	$T_{MEDIO\ FUSO}$ = 12h 32m		

Quando l'orologio segna le 12h si ha:

$T_{VERO\ LOCALE}$ = 11h 28m	$T_{MEDIO\ LOCALE}$ = 11h 40m		
$T_{VERO\ FUSO}$ = 11h 48m	$T_{MEDIO\ FUSO}$ = 12h 00m		

** ** ** ** ** ** ** ** **
* * * * * * * * *

Esempio 2 (Fig. 16)
Località con Long. = 100° Ovest, TZ = −7 - Trovare i vari Tempi alle ore 15h di Tempo Civile il 1' Agosto
Si trova EqT = +6.34 min . Si calcola poi

$$\omega° = 15° * (T_{MEDIO\ DEL\ FUSO} - 12) - (TZ * 15° - Long°) - EqT_M / 4$$ il valore ω = 48.415° e infine

$T_{VERO\ LOCALE}$ = 15h 13m 40s	$T_{MEDIO\ LOCALE}$ = 15h 20m		
$T_{VERO\ FUSO}$ = 14h 53m 40s	$T_{MEDIO\ FUSO}$ = 15h 00m		

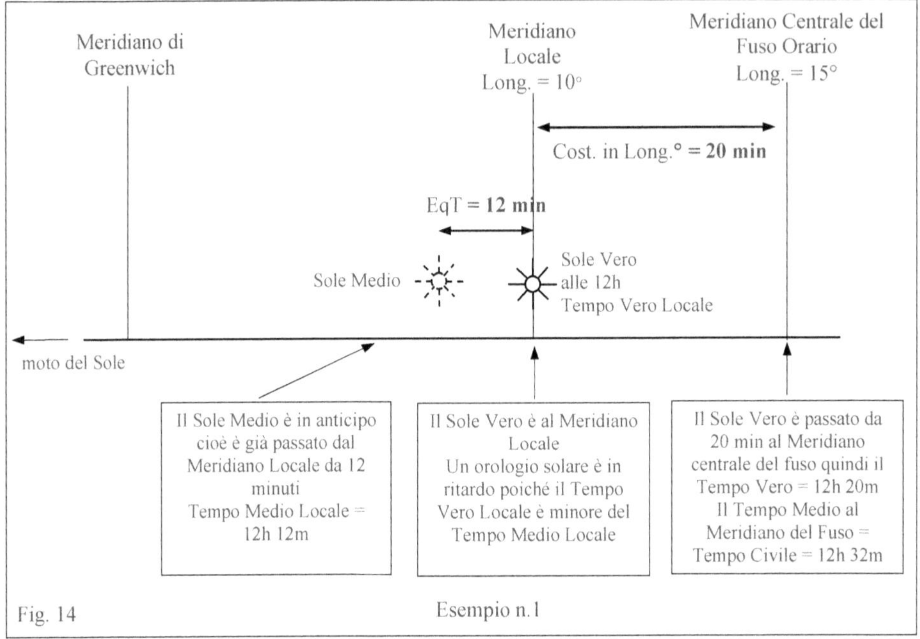

Meridiano di Greenwich
Meridiano Locale Long. = 10°
Meridiano Centrale del Fuso Orario Long. = 15°
Cost. in Long.° = 20 min
EqT = 12 min
Sole Medio
Sole Vero alle 12h Tempo Vero Locale
moto del Sole
Il Sole Medio è in anticipo cioè è già passato dal Meridiano Locale da 12 minuti Tempo Medio Locale = 12h 12m
Il Sole Vero è al Meridiano Locale Un orologio solare è in ritardo poiché il Tempo Vero Locale è minore del Tempo Medio Locale
Il Sole Vero è passato da 20 min al Meridiano centrale del fuso quindi il Tempo Vero = 12h 20m Il Tempo Medio al Meridiano del Fuso = Tempo Civile = 12h 32m
Fig. 14
Esempio n.1

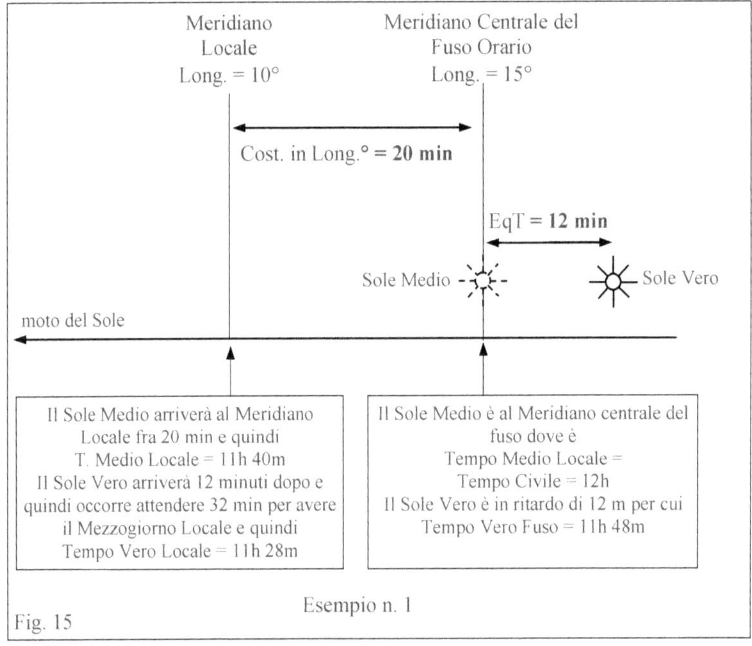

Meridiano Locale Long. = 10°
Meridiano Centrale del Fuso Orario Long. = 15°
Cost. in Long.° = 20 min
EqT = 12 min
Sole Medio
Sole Vero
moto del Sole
Il Sole Medio arriverà al Meridiano Locale fra 20 min e quindi T. Medio Locale = 11h 40m Il Sole Vero arriverà 12 minuti dopo e quindi occorre attendere 32 min per avere il Mezzogiorno Locale e quindi Tempo Vero Locale = 11h 28m
Il Sole Medio è al Meridiano centrale del fuso dove è Tempo Medio Locale = Tempo Civile = 12h Il Sole Vero è in ritardo di 12 m per cui Tempo Vero Fuso = 11h 48m
Esempio n. 1
Fig. 15

** ** ** ** ** ** ** ** **
*   *   *   *   *   *   *   *   *

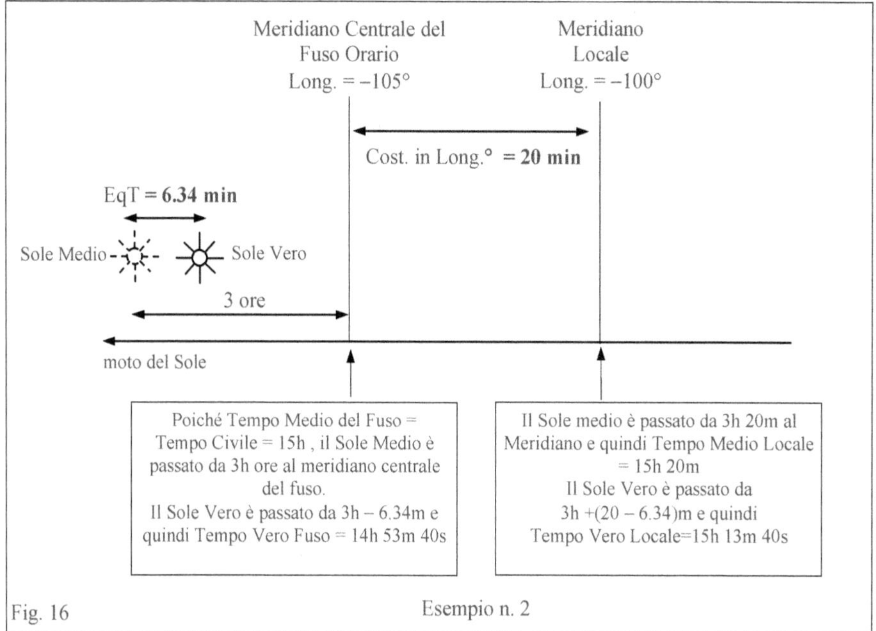

Esempio 3

Località con Long. = 12.5° Est, TZ = +1   Latitudine = 44°
Trovare l'istante in cui il Sole il 1' Maggio è esattamente a Est (Az = − 90 °)
Dalle Tabelle si ricava per il 1' Maggio: EqT = −2.90 min, δ = 15.17° (valori medi)
Conoscendo l' Az e la δ del Sole si ricava h = 22.13° e ω = -73.694°
Quindi

$T_{VEROLOCALE}$ = 7h 5m $T_{MEDIO\ FUSO}= T_{CIVILE}$ = 7h 12m

Esempio 4

Località con Long. = 14° Est e Latitudine = 46°
Il 1'Agosto un orologio solare a Tempo Vero Locale indica le ore 16h
Trovare il Tempo Civile (Tempo Medio del Fuso) sapendo che è in vigore l'ora legale
Si ha TZ = 2 e ω = 60° - Dalle Tabelle si ricava per il 1' Agosto: EqT = 6.34 min
Quindi

$T_{MEDIO\ DEL\ FUSO} = T_{CIVILE} = T_{VERO\ LOCALE}$ +(TZ * 15 − Long°) / 15   +EqT_H
$T_{MEDIO\ DEL\ FUSO}$ = 16h + 16/15 h + 6.34m = 17h 10m 20s

1.8 Sistemi orari antichi (ore antiche)
Ore babiloniche, italiche, temporarie, al tramonto

Ore Italiche
Nel sistema orario detto "Italico" l'inizio del giorno (ora 0) é fissato all'istante del tramonto del Sole [6].
Il giorno, diviso in 24 ore di lunghezza uguale, termina quindi alle ore 24, alla fine dell'arco diurno del Sole.

Nei giorni degli Equinozi:
　　　l'alba è alle ore 12　　　il Mezzodí è alle ore 18　　　il tramonto è alle ore 24
L'uso di questo tipo di ore non è possibile in un orologio solare per località aventi Latitudine superiore a 66.5°
(emisfero Nord) poiché per tali luoghi il Sole, in certe stagioni dell'anno, non tramonta mai.
Questo sistema ebbe grande diffusione in perticolare in Italia ad iniziare circa dal XIV secolo e rimase in uso
sino a circa la meta del XIX secolo.

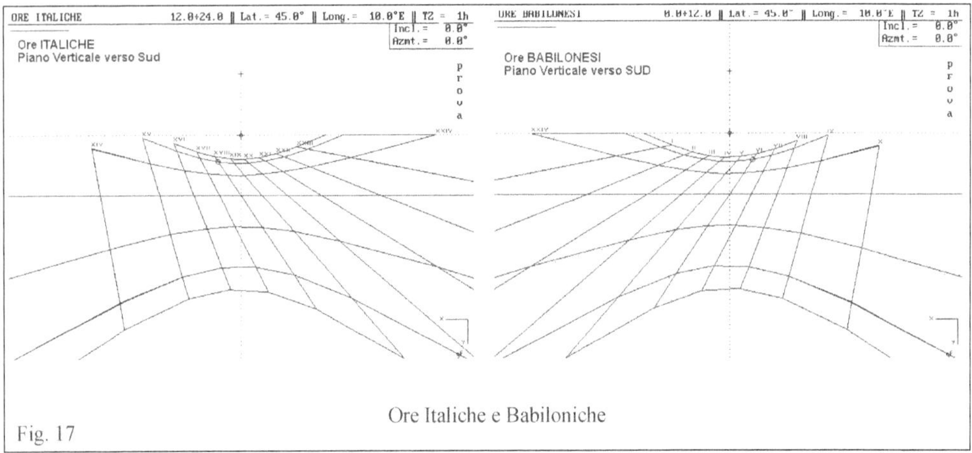
Ore Italiche e Babiloniche
Fig. 17

Ore Babiloniche o Babilonesi
Nel sistema orario detto "Babilonico" l'inizio e la fine del giorno sono fissati all'istante del sorgere del Sole.
Anche in questo sistema il giorno é suddiviso in 24 ore uguali.
Nei giorni degli Equinozi:
　　　l'alba è alle ore 0　　　il Mezzodí è alle ore 6　　　il tramonto è alle ore 12
L'uso di questo tipo di ore non è possibile in un orologio solare per località aventi Latitudine superiore a 66.5°
poiché per tali luoghi il Sole, in certe stagioni dell'anno, non sorge mai.
Spesso le linee delle ore babiloniche, cioè le ore trascorse dall'alba, sono segnate sugli orologi solari solo
come elemento decorativo.

Ore che mancano al tramonto
Con questo nome indico il sistema col quale, su un orologio solare, sono indicate le ore che mancano al tramonto del Sole.
Gli orologi solari con questo sistema sono esattamente uguali a quelli con ore Italiche: ogni linea oraria é
individuata dal valore (24 - Ora Italica) corrispondente.
Un orologio solare con "ore al tramonto" può essere utile in molte attività all'aria aperta: è molto pratico in
quanto la sua lettura é immediata e non richiede correzioni di nessun tipo.
Inoltre l'indicazione che esso ci dà non é ricavabile direttamente dalla lettura del normale orologio (come é
invece l'indicazione dell'ora fornita di una normale meridiana).

---

[6] Nel calcolo degli orologi solari, come istante del tramonto si considera quello in cui il centro del disco solare attraversa
la linea dell'orizzonte. Spesso però, per motivi pratici, in particolare per la "messa in punto" degli orologi meccanici, veniva preso l'istante in cui il disco del Sole scompariva sotto l'orizzonte.

Ore che mancano all'alba

Con questo nome indico il sistema col quale, sulla meridiana, sono indicate le ore che mancano alla prossima alba: questa indicazione si trova in alcuni orologi solari medievali, in particolare islamici, e in astrolabi.

Gli orologi solari con questo sistema sono esattamente uguali a quelli con ore Babiloniche: ogni linea oraria è individuata dal valore (24 - Ora Babilonica) corrispondente.

Ore Temporarie o Stagionali o Disuguali

Nel sistema "Temporario", in ogni giorno dell'anno, il periodo di luce (giorno-chiaro) è diviso in 12 parti uguali (ore-diurne) e il periodo di buio (notte) anch'esso in 12 parti (ore notturne).

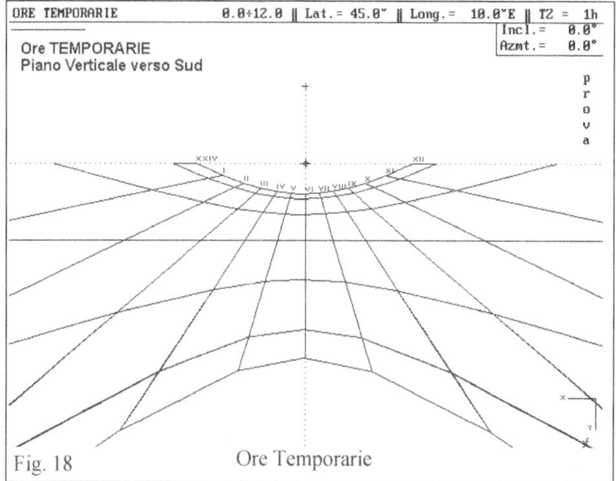

Le ore diurne sono di lunghezza diversa da quelle notturne, salvo che nei giorni degli Equinozi.

L'inizio dell'ora I é fissato all'alba; il termine dell'ora VI cade a metà giornata (attuale mezzogiorno) e il termine dell'ora XII è al tramonto.

L'uso di questo tipo di ore non è possibile in un orologio solare per località aventi Latitudine superiore a 66.5° poiché per tali luoghi il Sole, in certe stagioni dell'anno, non sorge o non tramonta mai.

Questo sistema orario fu probabilmente introdotto dai Caldei e fu utilizzato in tutto il mondo antico (Babilonesi, Egiziani, Greci, Ebrei, Romani, ecc.). Rimase in uso in Europa sino a circa il XIV-XVI secolo quando alle ore "disuguali" furono sostituite le ore "uguali".

Ore di luce

Con questo nome indico il sistema col quale, sulla meridiana, sono indicate le ore che mancano all'istante del termine del Crepuscolo serale.

Un orologio solare realizzato con questo sistema segna il numero di **"ore di luce"** che ancora rimangono.

Ovviamente l'ombra indica le ore sino all'istante del tramonto del Sole: in questo istante quindi l'orologio indica la durata del crepuscolo.

A causa della durata variabile del Crepuscolo nelle diverse stagioni dell'anno le linee orarie non sono più rettilinee.

Per il calcolo si può prendere l'istante del termine di uno dei tre crepuscoli: Civile, Nautico e Astronomico.

Crepuscolo Civile: termina quando il centro del disco del Sole si trova ad una altezza di − 6°, cioè 6° sotto l'orizzonte. Al termine del crepuscolo Civile le attività all'aperto necessitano di illuminazione arti-ficiale; in mare sono visibili sia l'orizzonte che le stelle più brillanti.

Un orologio solare ad ore di luce basato sul crepuscolo Civile indica quindi quante ore di luce rimangono per fare una qualsiasi attività all'aperto. Il calcolo non e' possibile per Latitudini superiori a 60.5° poiché il Sole non arriva, in certe stagioni dell'anno, a 6° sotto l'orizzonte.

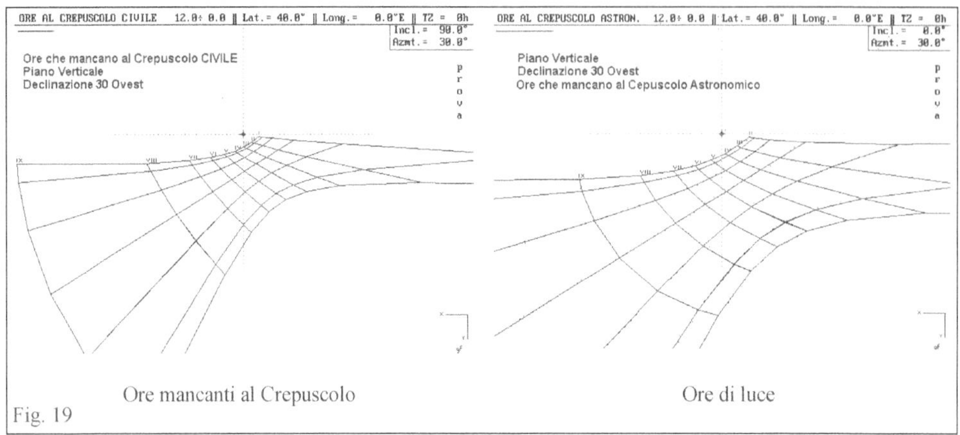

Fig. 19

Crepuscolo Nautico: termina quando il centro del disco del Sole si trova ad una altezza di −12° (cioè 12° al di sotto dell'orizzonte).

Al termine del crepuscolo Nautico non è più distinguibile, in mare, la linea di separazione fra il cielo e il mare (orizzonte).

Il calcolo non e' possibile per Latitudini superiori a 54.5° poiché il Sole non arriva, in certe stagioni dell'anno, a 12° sotto l'orizzonte.

Crepuscolo Astronomico: termina quando il centro del disco del Sole si trova ad una altezza di −18°. Al termine del crepuscolo Astronomico l'illuminazione indiretta su una superficie orizzontale é inferiore al contributo di illuminazione dovuto alle stelle: si é in piena notte e possono iniziare le osservazioni astronomiche.

Un orologio solare ad ore di luce basata sul crepuscolo Astronomico indica quindi quante ore rimangono prima di poter iniziare delle osservazioni astronomiche

Il calcolo non e' possibile per Latitudini superiori a 48.5 poiché il Sole non arriva, in certe stagioni del-l'anno, a 18° sotto l'orizzonte.

Ore canoniche

Nel periodo di circa 800 anni compreso fra il VI e il XIV secolo si diffuse in Italia e Europa il sistema delle

Fig. 20

"*Ore Canoniche*" che, utilizzato all'inizio per scandire i tempi delle preghiere nelle comunità monastiche, fu pian piano adottato prima dagli abitanti delle campagne che circondavano i conventi, poi dagli abitanti dei paesi e delle città.

Per segnare queste ore furono presto ideati semplicissimi orologi solari, chiamati oggi "*orologi ad ore canoniche*, che erano spesso rozzamente scolpiti o incisi su facciate o pareti rivolte a Sud di chiese o di campanili, avevano uno gnomone orizzontale e linee orarie coincidenti con i raggi di un semicerchio, intervallati di 15° (Fig. 20).

La prima ora iniziava all'alba, la 6' terminava al mezzogiorno e la 12' al tramonto.

A causa della loro semplicità di costruzione la precisione di questi orologi era molto scarsa ma, ciononostante, furono gli unici strumenti che per molti secoli permisero alle comunità religiose di determinare gli istanti in cui suonare le campane che chiamavano i fedeli alle preghiere del giorno e che, in questo modo, regolavano tutto lo svolgersi della vita delle comunità laiche ed ecclesiastiche.

1.9 Percorso del Sole sulla sfera celeste - Durate del giorno e dei crepuscoli

Il Sole in un dato giorno percorre in cielo una linea che, se supponiamo rimanga costante il valore della sua declinazione δ durante l'intero giorno, è una circonferenza parallela all'Equatore celeste.
Quindi soltanto quando la declinazione è nulla il Sole percorre un cerchio massimo della sfera celeste e precisamente l'Equatore celeste stesso.

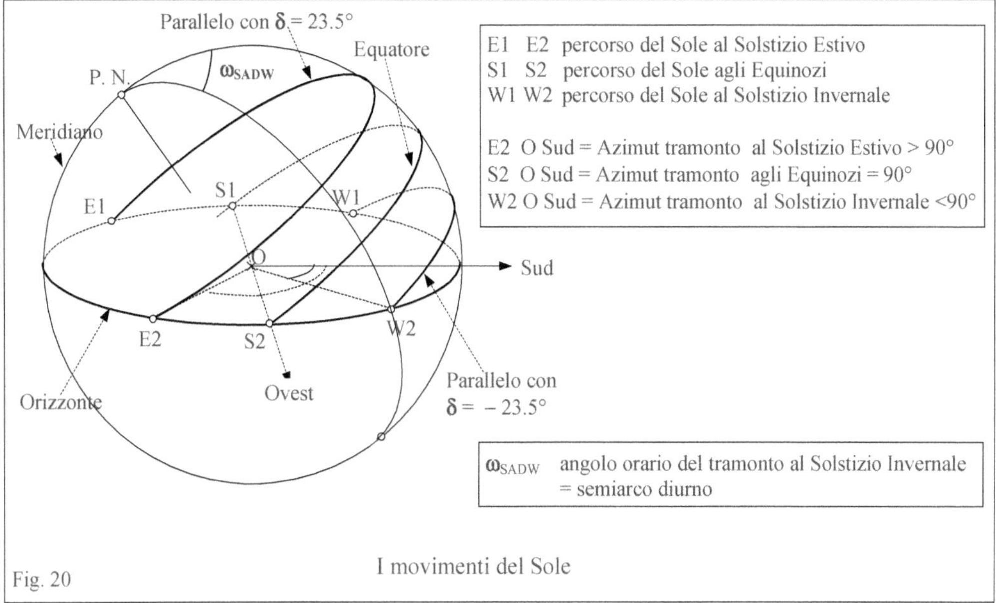

Fig. 20   I movimenti del Sole

Siano:

- ω_{SAD} il **Semi-Arco Diurno** (SAD) del Sole, cioè l'angolo orario del Sole al tramonto (quando l'altezza del Sole vale $h_S = 0°$);

- T_{GC} la durata del **Giorno-Chiaro**, cioè del periodo di luce in una giornata, espresso in ore uguali;

- ω_{CREP} l'angolo orario del Sole al crepuscolo, cioè il valore di ω del Sole al termine del crepuscolo ;

- h_{CREP} l'altezza del Sole al termine del crepuscolo.
     h_{CREP} vale $-6°$ per il Crepuscolo Civile, $-12°$ per il Crepuscolo Nautico e $-18°$ per il Crepuscolo Astronomico.

Si hanno le relazioni

$$\cos(\omega_{SAD}) = -\tan(\delta) \cdot \tan(\varphi) \qquad \text{da cui } \omega_{SAD}$$

$$\cos(\omega_{CREP}) = \frac{\text{sen}(h_{CREP}) - \text{sen}(\varphi) \cdot \text{sen}(\delta)}{\cos(\varphi) \cdot \cos(\delta)} \qquad \text{da cui } \omega_{CREP}$$

Quindi:

$$\text{Durata del giorno-chiaro } = T_{GC} = 2 \cdot \frac{\omega_{SAD}}{15°} \qquad \text{ore uguali}$$

$$\text{Durata della notte } = 24 - T_{GC} = 24 - 2 \cdot \frac{\omega_{SAD}}{15°} \qquad \text{ore uguali}$$

$$\text{Durata del Crepuscolo} = \frac{|\omega_{CREP} - \omega_{SAD}|}{15} \qquad \text{ore uguali}$$

** ** ** ** ** ** ** ** **
 * * * * * * * * *

Esempio

In una località con $\varphi = 45°$ il 20 Maggio si ricava:

$\delta = 20°$

$\omega_{SAD} = 111.34°$ $\qquad\qquad$ $\omega_{CREP\ CIVILE} = 121.42°$ $\qquad$ $\omega_{CREP\ ASTRON} = 146.00°$

Durata del giorno-chiaro	T_{GC}	= 14h 50m 45s	
Durata della notte		= 9h 09m 15s	
Durata del Crepuscolo Civile		= 40m	
Durata del Crepuscolo Astronomico		= 2h 19m	

Il cielo comincia a schiarirsi alle	=	02h 16m
Si possono iniziare le attività esterne alle	=	03h 54m
L'alba (trascurando la rifrazione) è alle	=	04h 34m
Il tramonto (trascurando la rifrazione) è alle	=	19h 25m
Si devono terminare le attività esterne alle	=	20h 05m
Si possono iniziare le osservazioni astronomiche alle	=	21h 43m
Ore di luce	=	16h 11m
Ore di notte fonda (adatta alle osservazioni astronomiche)	=	04h 33m

** ** ** ** ** ** ** ** **
 * * * * * * * * *

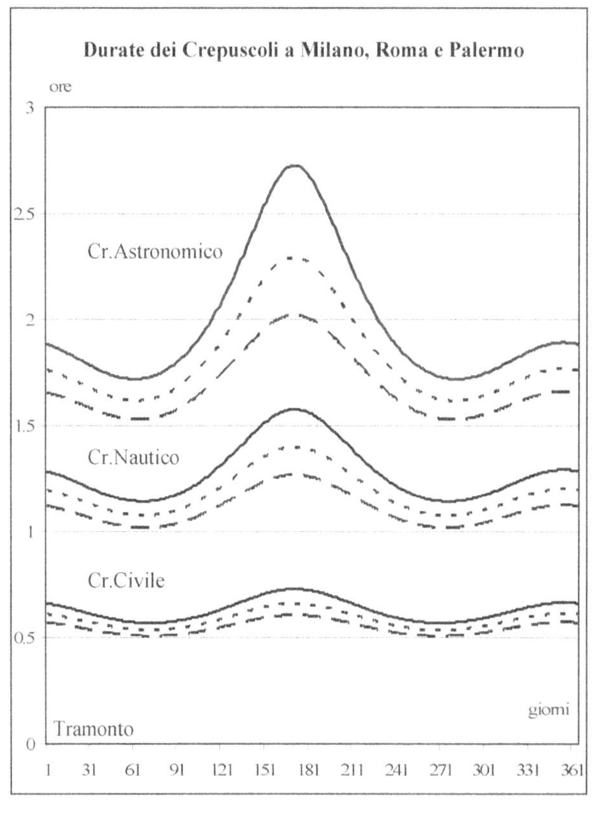

1.10   Angolo orario del Sole in gradi per ore non moderne [7]

Sono riportate le relazioni che legano l'angolo orario $\omega°$ del Sole in un istante dato in uno dei sistemi orari sopra ricordati.

Siano:

- δ — la declinazione del Sole nel giorno in esame;

- ω_{SAD} — il semi-arco diurno del Sole, cioè l'angolo orario del Sole al tramonto;

- ω_{CREP} — l'angolo orario del Sole al termine del crepuscolo ;

- T_{GC} — durata del **Giorno-Chiaro** in ore uguali $= 2\ \omega_{SAD}\ /\ 15°$;

- $\Delta\omega$ — l'angolo orario corrispondente ad 1 ora temporaria $= \omega_{SAD}\ /\ 6$;

- H — l'ora corrispondente all'istante considerato in uno dei vari sistemi orari;

- ω_H — angolo orario del Sole, in gradi, nell'ora H .

- La durata dell'ora temporaria vale $T_{GC}\ /\ 12$.

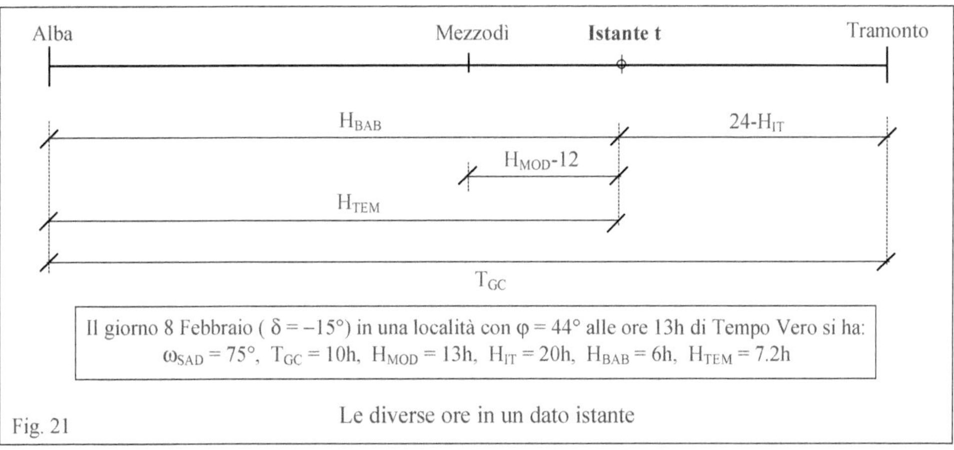

Fig. 21   Le diverse ore in un dato istante

Calcolo di ω (in gradi)   quando si conosce l'ora

- con Ore Moderne a Tempo Vero H $\omega_H = (H_{MOD} - 12) \cdot 15°$

- con Ore Italiche $\omega_H = \omega_{SAD} - (24 - H_{IT}) \cdot 15° = (H_{IT} + T_{GC}/2 - 24) \cdot 15°$

- con Ore che mancano al Tramonto $\omega_H = \omega_{SAD} - H_{TRAM} \cdot 15° = (T_{GC} - H_{TRAM}) \cdot 15°$

- con Ore Babiloniche $\omega_H = H_{BAB} \cdot 15° - \omega_{SAD} = (H_{BAB} - T_{GC}/2) \cdot 15°$

- con Ore che mancano all'Alba $\omega_H = (24 - H_{ALBA}) \cdot 15° - \omega_{SAD} = (24 - H_{ALBA} - T_{GC}/2) \cdot 15°$

- con Ore Temporarie $\omega_H = \omega_{SAD} \cdot \dfrac{(H_{TEM} - 6)}{6} = \dfrac{T_{GC}}{12} \cdot (H_{TEM} - 6) \cdot 15°$

- con Ore di Luce $\omega_H = \omega_{CREP} - H_{LUCE} \cdot 15°$

---

[7] Con la locuzione "ore moderne" indico il sistema di ore usato al giorno d'oggi (ore francesi) mentre con la frase "ore non moderne" o "ore antiche" indico le ore Italiche, Babiloniche, Temporarie, ecc.

Calcolo dell'ora H quando si conosce l'angolo orario ω (in gradi)

- con Ore Moderne a Tempo Vero

$$H_{MOD} = 12 + \frac{\omega_H}{15°}$$

- con Ore Italiche

$$H_{IT} = 24 - \frac{\omega_{SAD} - \omega_H}{15} = 24 - \frac{T_{GC}}{2} + \frac{\omega_H}{15}$$

- con Ore che mancano al Tramonto

$$H_{TRAM} = 24 - Ore\_Italiche = \frac{T_{GC}}{2} - \frac{\omega_H}{15}$$

- con Ore Babiloniche

$$H_{BAB} = \frac{\omega_{SAD} + \omega_H}{15°} = \frac{T_{GC}}{2} + \frac{\omega_H}{15°}$$

- Ore che mancano all'Alba

$$H_{ALBA} = 24 - Ore\_Babiloniche = 24 - \frac{T_{GC}}{2} - \frac{\omega_H}{15}$$

- con Ore Temporarie

$$H_{TEM} = 6 + \frac{\omega_H}{\Delta\omega} = 6 + \frac{\omega_H}{\omega_{SAD}/6} = 6 + \frac{\omega_H/15}{T_{GC}/12}$$

- con Ore di Luce

$$H_{LUCE} = \frac{\omega_{CREP} - \omega_H}{15°}$$

Esempio

In una località con $\varphi = 45°$ quando $\delta = 10°$ (15/4 o 27/8) si ricavano i seguenti valori:

$\omega_{SAD} = 100.16°$ $\omega_{CREP\,CIVILE} = 109.05°$ Durata Giorno $= T_{GC} = 13h\ 21m$ Durata notte $= 10h\ 39m$
Durata Crepuscolo Civile $= 35m$
Inoltre si possono ricavare i valori in tabella

Ore	all'Alba	al Mezzodí	per $\omega_H = 30°$	al Tramonto	al Cr. Civile
Moderne	05h 19m	12h 00m	14h 00m	18h 41m	19h 16m
Italiche	10h 39m	17h 19m	19h 19m	24h 00m	00h 35m
al Tramonto	13h 21m	06h 41m	04h 41m	00h 00m	23h 25m
Babiloniche	00h 00m	06h 41m	08h 41m	13h 21m	13h 50m
all'Alba	24h 00m	17h 19m	15h 19m	10h 39m	10h 04m
Temporarie	00h 00m	06h 00m	07h 48m	12h 00m	12h 32m
di Luce (Cr.Civ)	13h 56m	07h 16m	05h 16m	00h 35m	00h 00m

Esempio

Trovare l'angolo orario del Sole alle 17h Italiche in una località con $\varphi = 39°$ e $\lambda = 11°$ Est   il 15 Agosto
Si ricavano i valori (v. Tabelle in Parte IX) $\delta = 13.95°$, EqT $= 4.48m$ e quindi:
$\omega_{SAD} = 101.60°$ $T_{GC} = 13h\ 55m$ $\omega_{SOLE} = -3.395°$ (fra circa 14m il Sole sarà al Meridiano)
Nello stesso istante si ha: $T_{VERO\,LOCALE} = 11h\ 46m$, $H_{BAB} = 6h\ 33m$ (mancano 17h 27m all'alba),
$H_{TEMP} = 5h\ 48m$,   lunghezza di 1 ora Temporaria $= 1h\ 7m\ 44s$
$T_{CIVILE} = T_{MEDIO\,FUSO} = 12h\ 6m\ 53s$

$$** \quad ** \quad ** \quad ** \quad **$$
$$* \quad * \quad * \quad * \quad *$$

Durate del Giono_Chiaro ai Solstizi

Fra le durate dei giorno-chiaro ai Solstizi esiste la relazione seguente:

$$T_{GC\_S\_EST} - T_{GC\_S\_INV} = 4 \cdot \frac{arc\,sen\left[\tan(\varepsilon) \cdot \tan(\varphi)\right]}{15}\ ore$$

$$** \quad ** \quad ** \quad ** \quad **$$
$$* \quad * \quad * \quad * \quad *$$

1.11   Istanti dell'alba, del mezzodì e del tramonto nei vari sistemi orari

Ore Moderne (Francesi) con Tempo Vero

$$Ora\_Alba = 12 - \frac{\omega_{SAD}}{15°} = 12 - \frac{T_{GC}}{2} = Ora\_Italica\,/\,2$$

$$Ora\_Mezzodi = 12$$

$$Ora\_Tramonto = 12 + \frac{\omega_{SAD}}{15°} = 12 + \frac{T_{GC}}{2}$$

Ore Italiche

$$Ora\_Alba = 24 - \frac{2 \cdot \omega_{SAD}}{15°} = 24 - T_{GC}$$

$$Ora\_Mezzodi = 24 - \frac{\omega_{SAD}}{15°} = 24 - \frac{T_{GC}}{2}$$

$$Ora\_Tramonto = 24$$

Ore che mancano al Tramonto: $24 -$ Ore Italiche

Ore Babiloniche

$$Ora\_Alba = 0 \qquad Ora\_Alba$$

$$Ora\_Mezzodi = \frac{\omega_{SAD}}{15°} = \frac{T_{GC}}{2}$$

$$Ora\_Tramonto = \frac{2 \cdot \omega_{SAD}}{15°} = T_{GC}$$

Ore all 'Alba: $24 -$ Ore Babiloniche

Ore Temporarie

$$Ora\_Alba = 0 \qquad \text{Durata di un'ora temporaria} = \omega_{SAD}/90 = T_{GC}/12 \quad \text{ore uguali}$$

$$Ora\_Mezzodi = 6$$

$$Ora\_Tramonto = 12$$

Ore di Luce

$$Ora\_Alba = \frac{\omega_{CREP} + \omega_{SAD}}{15°}$$

$$Ora\_Mezzodi = \frac{\omega_{CREP}}{15°}$$

$$Ora\_Tramonto = \frac{\omega_{CREP} - \omega_{SAD}}{15°}$$

Capitolo 2
ELEMENTI PRINCIPALI DI UN OROLOGIO SOLARE

2.1 Elementi principali di un orologio solare piano inclinato e declinante
Definizioni e simboli

Sono date in breve le definizioni degli elementi principali presenti in un orologio solare piano e i simboli usati per indicarli.
Vedere per riferimento le lettere riportate nei paragrafi della Parte II (descrizione dei diversi tipi di quadrante). Fig. 1-5.

Elementi principali

- Piano del Quadrante   piano inclinato e declinante sul quale si vuole realizzare un quadrante solare.
Ad esso appartengono le linee Meridiana, Sustilare ed Equinoziale e il sistema di coordinate Oxy.

- Piano Meridiano   piano verticale parallelo alla direzione Nord-Sud e quindi passante per il Polo Nord Celeste e per l'asse di rotazione della Terra. É il piano orario fondamentale da cui si misurano gli angoli orari. Contiene l'asta polare.

- Piano dell'Orizzonte   piano orizzontale passante per l'estremo dello stilo (punto G).
La sua intersezione col piano del Quadrante è la linea orizzontale su cui cade l'ombra dell'estremo G quando il Sole si trova sull'orizzonte (alba, tramonto) (linea dell'Orizzonte).

- Piano Verticale Az   piano verticale passante per il Sole e formante con il piano Meridiano un angolo uguale all'Azimut Az del Sole nell'istante considerato.

- Piano Orario (polare)   piano passante per l'asse terrestre, e quindi per lo stilo polare, e formante con il piano meridiano l'angolo orario ω .

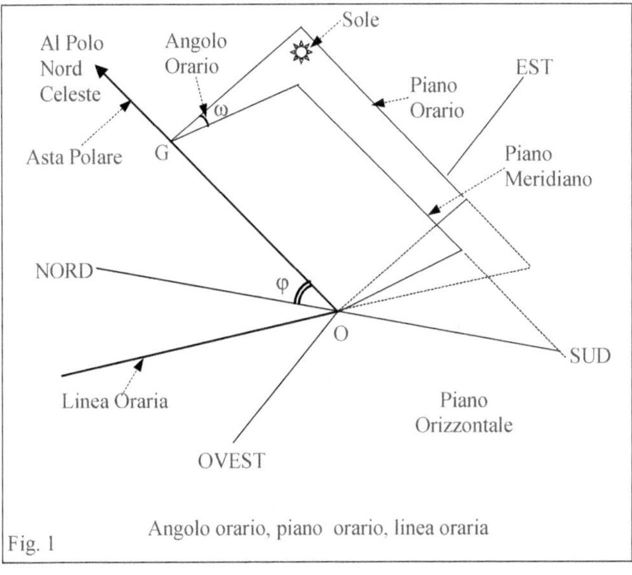

- Piano Sustilare   piano orario perpendicolare al piano del quadrante. Contiene l'asta polare, l'ortostilo, il triangolo gnomonico. Forma con il piano Meridiano l'angolo orario ω_s (angolo Sustilare) .

-   Stilo o Asta Polare o Gnomone   segmento parallelo all'asse di rotazione della Terra la cui ombra indica l'ora nei quadranti a tempo vero e a ore moderne (GC in Fig. 2). Giace sulla retta diretta verso il Polo Nord Celeste (retta polare).
    Lo stilo polare appartiene al piano Meridiano e forma con il piano Orizzontale un angolo uguale alla Latitudine φ del luogo.

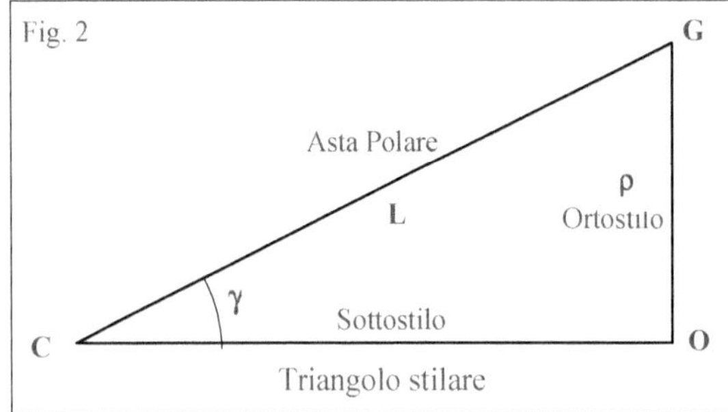

Il suo estremo **G** è il punto gnomonico la cui ombra indica l'ora nei quadranti a tempo medio o a ore non moderne.

L'estremo **C** è il punto in cui lo stilo polare interseca il piano del quadrante, cioè il punto in cui esso entra nel piano: prende il nome di **Centro** dell'orologio o della Meridiana.
L'angolo **γ = GCO** fra lo stilo e il piano, appartenente al piano Sustilare, prende il nome di **altezza dello stilo** o angolo sottostilare

-   Ortostilo   segmento perpendicolare al piano del quadrante passante per l'estremo G dello stilo.   **La sua lunghezza ρ è la lunghezza fondamentale del quadrante.**
    Il piede dell'Ortostilo **O** è, in genere, l'origine del sistema di coordinate cartesiane sul piano del quadrante utilizzate per la determinazione dei vari punti di esso.
    L'Ortostilo appartiene al piano Sustilare ed è perpendicolare alla linea Sustilare.

-   Sottostilo   segmento appartenete alla linea Sustilare compreso fra il centro **C** del quadrante e il piede **O** dell'Ortostilo. È la proiezione dello Stilo sul piano del quadrante.

-   Linea Meridiana   intersezione fra il piano del quadrante e il piano Meridiano.
    L'ombra del punto G cade sulla linea Meridiana al mezzogiorno locale.
    Guardando il quadro la linea Meridiana é sempre compresa fra la linea Sustilare e quella di massima pendenza.
    La linea Meridiana interseca la linea dell'Orizzonte in un punto, che indicherò con **B**, e forma con la linea di massima pendenza sul piano, cioè con l'asse **y**, un angolo **HCB = η** (Fig. 3).

-   Linea Sustilare   intersezione del piano dell'orologio solare con il piano Sustilare, cioè con il piano orario perpendicolare al piano stesso.
    Contiene la proiezione dello stilo polare sul piano (sottostilo).
    In Fig. 3 è la linea **COT** che passa per il centro C del quadrante e per il piede O dello Stilo.   Forma con l'asse **y** (linea di massima pendenza sul piano) un angolo **HCO = μ** e con la linea Meridiana l'angolo **ECT = θ**

    Interseca la linea Equinoziale (a cui è perpendicolare) nel punto **T**.
    L'ombra del punto G cade sulla Sustilare all'*ora sustilare*, quando il Sole ha un angolo orario = ω_s e cade sul punto T nei giorni degli Equinozi.
    In un piano rivolto a Sud coincide con la linea Meridiana.
    Guardando il quadro la Sustilare si trova a destra della linea di massima pendenza se il piano è rivolto verso Ovest

-   Linea Oraria   semiretta uscente dal centro C della meridiana su cui cade l'ombra dell'asta polare in una data ora o, più esattamente, quando l'angolo orario del Sole vale ω. Le linee orarie sono le intersezioni dei piani orari (passanti per l'asse polare) con il piano del quadrante. Servono ad indicare le ore.

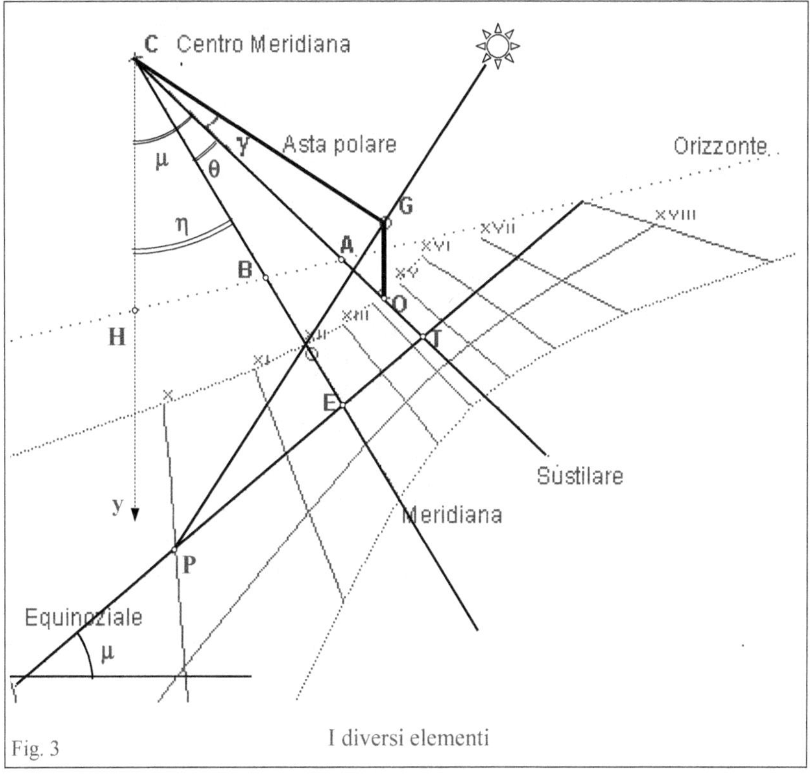

- Linea Equinoziale	intersezione del piano del quadrante con il piano parallelo all'Equatore terrestre passante per l'estremo **G** dell'asta polare. E' la linea percorsa dall'ombra del punto G nei giorni degli Equinozi. E' perpendicolare alla linea Sustilare e forma con la linea orizzontale (asse **x**) un angolo = μ . Guardando il quadrante si può notare che la linea Equinoziale "sale" andando verso destra se il piano è rivolto a Ovest, "sale" andando verso sinistra se il piano è rivolto a Est. Se il piano è rivolto a Sud è orizzontale.
- Linea dell'Orizzonte	intersezione del piano orizzontale passante per l'estremo G dello Stilo e il piano del quadrante. Quando il Sole si trova all'Orizzonte, cioè quando sorge o tramonta, l'ombra di G cade su tale linea. Se il quadrante è orizzontale è una linea all'infinito.

2.2 Angoli

2.2.1 Angoli principali

– φ Latitudine del luogo

– α **Declinazione o Azimut del Piano** dell'orologio: angolo α .
É l'angolo, appartenente al piano orizzontale, compreso fra le intersezioni del piano Meridiano (linea Nord-Sud) e del piano verticale contenente l'Ortostilo con il piano orizzontale stesso.
E' anche dato dall'angolo fra l'intersezione del piano del quadrante con il piano orizzontale e la direzione Est Ovest (Fig. 4, 5).

Si considera positivo se l'Ortostilo (più correttamente la sua proiezione orizzontale) è rivolto verso Sud-Ovest.

È uguale a 0° se il piano é rivolto a Sud; a + 90° se é rivolto a Ovest.

Se il piano è orizzontale viene preso = 0° per convenzione.

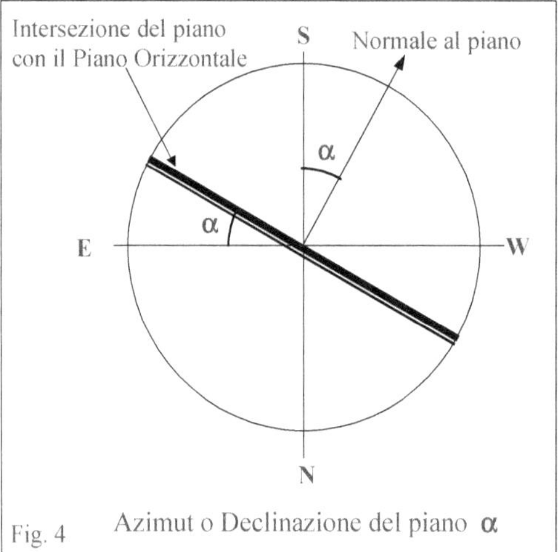

Fig. 4   Azimut o Declinazione del piano α

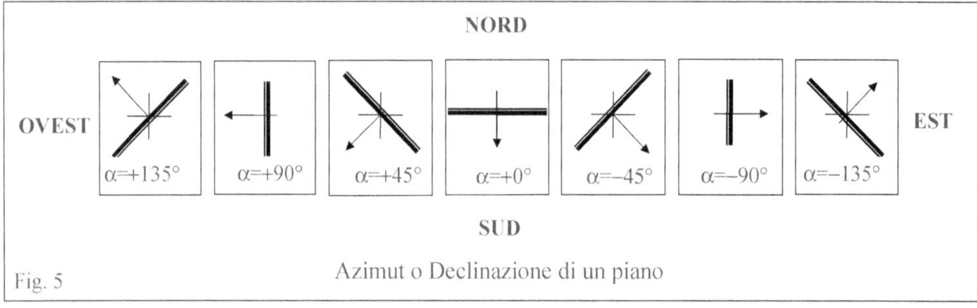

Fig. 5   Azimut o Declinazione di un piano

– **i**   **Inclinazione del piano dell'orologio rispetto al piano verticale o inclinazione zenitale.**
In alcuni testi viene chiamata inclinazione l'angolo **90° – i** (pendenza del piano).
Se il piano è verticale i = 0° se è piano orizzontale i = 90° .

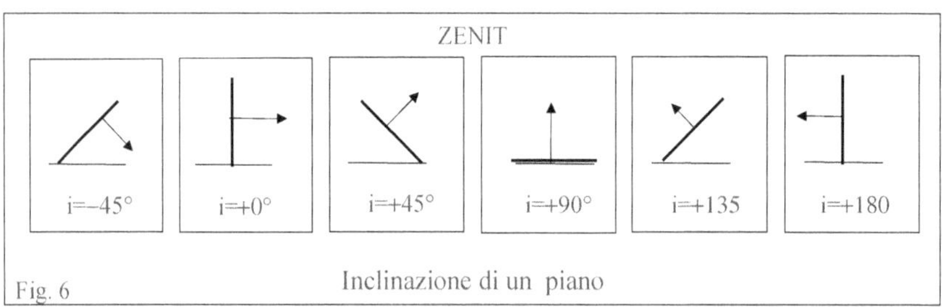

Fig. 6   Inclinazione di un piano

– **ω**   angolo orario del Sole in un dato istante. È l'angolo diedro compreso fra il piano meridiano e il piano passante per il Sole e per l'asse polare (piano orario).
Viene misurato dal Sud ed è positivo quando il Sole si trova a Ovest del meridiano locale.
Il suo valore è legato al tempo trascorso dal passaggio del Sole al meridiano: ω = 0° quando il Sole si trova sul Meridiano locale (a Sud)

$-\ \omega_s$ angolo orario della linea Sustilare. Angolo orario del Sole quando il piano orario è perpendicolare al quadro e lo interseca nella linea Sustilare. L'ora corrispondente a ω_s si chiama ora Sustilare.

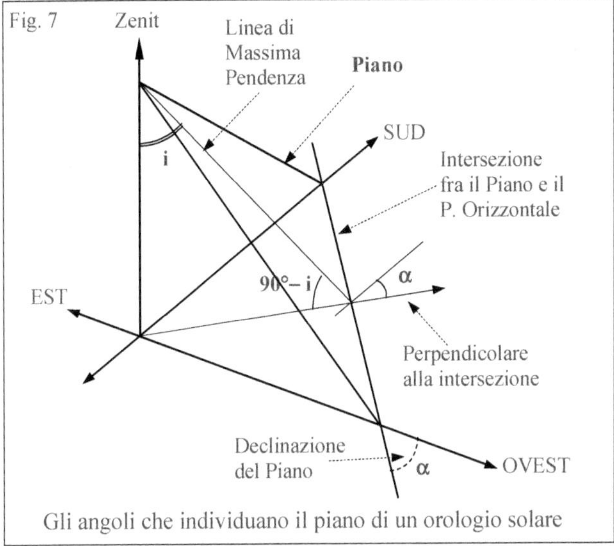

$-\ \delta$ declinazione del Sole. $\delta = 0°$ nei giorni degli Equinozi; $\delta = -\varepsilon$ nel giorno del Solstizio Invernale; $\delta = +\varepsilon$ nel giorno del Solstizio Estivo.

$-\ \varepsilon$ inclinazione fra il piano dell'orbita della Terra attorno al Sole e il piano dell'equatore terrestre. La massima variazione della declinazione δ del Sole è uguale a ε (23° 27').

$-\ \mathbf{Az}$ Azimut del Sole in un dato istante.
É l'angolo compreso fra il piano meridiano e il piano verticale passante per il Sole.
In gnomonica viene misurato dal Sud ed è positivo quando il Sole si trova a Ovest del meridiano locale.
$Az = 0°$ quando il Sole si trova sul Meridiano locale (a Sud).
$Az = +90°$ quando il Sole si trova esattamente a Ovest

$-\ \mathbf{h}$ altezza del Sole sull'orizzonte in un dato istante.
É $= 0°$ quando il Sole si trova sull'orizzonte, cioè all'alba e al tramonto.
L'altezza h è massima quando il Sole si trova sul Meridiano locale $h_{MAX} = 90° - \varphi + \delta$.

2.2.2 Angoli dello Stilo [9]

$-\ \gamma = \mathbf{GCO}$ angolo appartenente al piano Sustilare compreso fra lo Stilo polare e la sua proiezione sul piano. Prende il nome di **altezza dello stilo** o angolo sotto-stilare.
In un piano verticale rivolto a Sud è uguale a $90° - \varphi$.
In un piano orizzontale è uguale alla Latitudine φ .
Se il piano è parallelo all'asse terrestre l'angolo $\gamma = 0$: l'asta polare non incontra il piano.

$-\ \theta = \mathbf{TCE}$ angolo appartenente al piano del quadrante compreso fra la linea Meridiana e la linea Sustilare
Se il piano è rivolto a Sud o è orizzontale $\theta = 0°$.

$-\ \xi = \mathbf{GCE}$ angolo appartenente al piano del quadrante compreso fra la linea Meridiana e lo stilo Polare.

---

[9]   Vedi figure ai Capitoli 3 e seguenti

2.2.3 Angoli di una linea oraria

– $\theta' = TCP$ angolo, appartenente al piano del quadrante, compreso fra la linea oraria considerata e la linea Sustilare.

– $\xi' = GCP$ angolo compreso fra la linea oraria considerata e lo stilo Polare

2.2.4 Altri Angoli

– μ angolo fra la linea Sustilare e la linea di massima pendenza del piano del quadrante (linea verticale se il piano è verticale; linea Nord-Sud se è orizzontale).
É = 0 se il piano è rivolto a Sud o è orizzontale.

– η angolo fra la linea Meridiana e la linea di massima pendenza del piano del quadrante.
É = 0 se il piano è rivolto a Sud o è orizzontale.   Si ha le relazione $\theta = \mu - \eta$.

2.3 Sistema di Coordinate

- Coordinate **Oxy**   sistema di coordinate cartesiane ortogonali sul piano del Quadrante con:
    - origine **O**   nel piede dell'Ortostilo (talvolta si utilizza come origine del sistema il centro del quadrante **C**) (Fig. 8);
    - asse **x**   orizzontale e diretto verso sinistra (per chi osserva il piano);
    - asse **y**   lungo la linea di massima pendenza del piano e diretto verso il basso.
      L'asse y è parallelo alla intersezione del piano del quadrante con il piano verticale perpendicolare al piano del quadrante stesso (contenete l'Ortostilo).

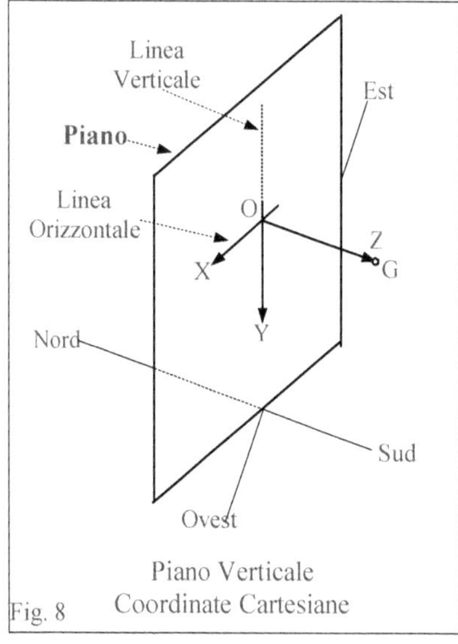

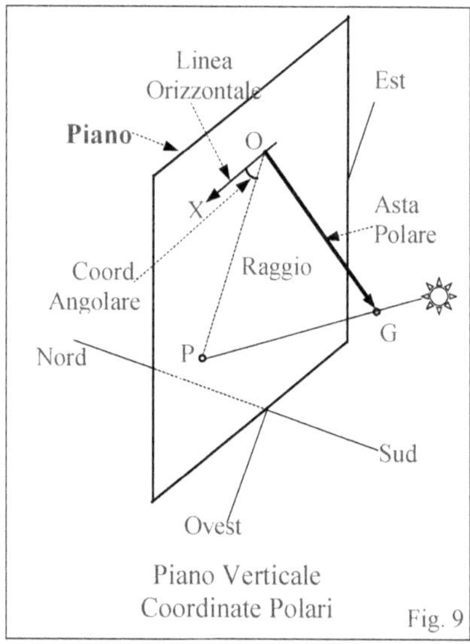

- Coordinate Polari   sul piano del Quadrante con:
    - origine **O**   nel piede dell'Ortostilo (spesso è comodo utilizzare come origine del sistema di coordinate polari il centro del quadrante **C** in quando da esso escono le semirette orarie ciascuna delle quali ha quindi un unico valore di coordinata angolare) (Fig. 9);
    - asse **x**   orizzontale e diretto verso sinistra (per chi osserva il piano) da cui sono misurate

le coordinate angolari;
- ogni punto P è individuato dalla coordinata "raggio" uguale alla distanza PO fra esso e l'origine degli assi e dalla coordinata angolare data dall'angolo fra la semiretta OP e l'asse orizzontale x.

2.4 Punti Particolari (Fig. 3)

- **A**   intersezione fra il piano verticale contenente l'Ortostilo perpendicolare al piano del quadrante e la linea dell'Orizzonte.

- **B**   intersezione fra il piano Meridiano per G e la linea dell'Orizzonte.

- **C**   centro dell'orologio Solare. Punto di intersezione dello stilo polare con il piano del quadro.

- **E**   punto di incontro tra la linea Meridiana e la linea Equinoziale.
L'ombra del punto G cade in questo punto nei giorni degli Equinozi al mezzodì locale.

- **G**   punto estremo dello Stilo Polare e dell'Ortostilo la cui ombra segna il tempo in quadranti ad ore non moderne e a tempo medio.

- **O**   piede dell'Ortostilo. Origine del sistema di coordinate xy .

- **P**   punto di incontro tra la linea oraria ω e la linea Equinoziale.
L'ombra del punto G cade in P nei giorni degli Equinozi, quando l'angolo orario del Sole è $= \omega$.

- **R**   Punto di incontro della retta Equinoziale con la linea dell'orizzonte.
L'ombra del punto G cade in R nei giorni degli Equinozi all'alba o al tramonto.

- **S**   punto in cui cade l 'ombra del punto G nel giorno del Solstizio d'Estate al mezzodì locale.

- **T**   Punto Sustilare. Punto di incontro tra la linea Sustilare e la linea Equinoziale.
L'ombra del punto G cade in T nei giorni degli Equinozi quando l'angolo orario del Sole è $= \omega_s$ (angolo Sustilare).

- **V**   punto di incontro della retta Equinoziale con la linea di massima pendenza.

- **W**   punto in cui cade l 'ombra del punto G nel giorno del Solstizio di Inverno al mezzodì locale.

2.5 Distanze particolari

- Segmento **GA = r**   segmento orizzontale che va dall'estremo G dell'ortostilo al piano del quadrante.
Appartiene alla intersezione del piano dell'Orizzonte con il piano verticale perpendicolare al piano dell'orologio contenente l'Ortostilo. La lunghezza **GA** è indicata con **r**
É di lunghezza infinita se il piano è verticale ed è rivolto a Est o a Ovest o se è orizzontale.

- Segmento **GB**   segmento orizzontale che appartiene alla intersezione fra il piano Meridiano e il piano dell'Orizzonte.
L'angolo **BGA** è l'Azimut o Declinazione del piano del Quadrante $= \alpha$

Le lunghezze dei vari segmenti devono sempre essere considerate positive anche se, per semplicità, si è tralasciato in alcune formule il simbolo di valore assoluto.
Nella esecuzione di calcoli trigonometrici utilizzando le comuni calcolatrici occorre fare molta attenzione ai segni dei risultati e ai quadranti in cui gli angoli sono posizionati.

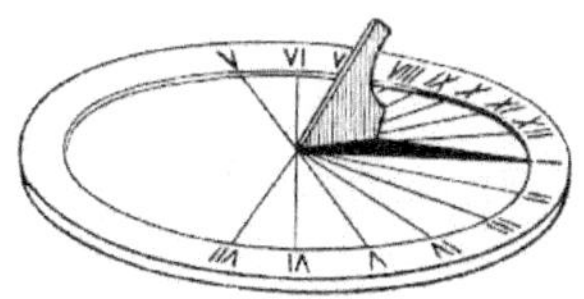

Parte II

OROLOGI SOLARI PIANI

PREMESSA

Vengono di seguito date le formule e le relazioni per il calcolo e la determinazione degli elementi principali e dei punti delle varie curve negli orologi solari piani **con riferimento sempre alle linee orarie ad ore moderne.**

L'argomento è stato diviso sulla base alla giacitura del piano nel seguente modo:
- **Piano Inclinato e Declinante**
- **Piano Verticale Declinante**
- **Piano Verticale rivolto a Sud**
- **Piano Verticale rivolto a Est**
- **Piano Inclinato rivolto a Sud**
- **Piano Equatoriale**
- **Piano Polare**
- **Piano Orizzontale**

Per ciascuno dei casi indicati sono date le formule:

a) per la determinazione degli elementi principali: ortostilo, lunghezza dello stilo polare, altezza dello stilo, sottostilo, angolo e ora sustilare, angolo fra le linee meridiana e sustilare, punti sulla equinoziale, ecc.
Sono date inoltre le formule per ottenere le coordinate dei punti principali.

b) Per la determinazione dei punti sulla Equinoziale: punti di incontro della linea meridiana, della sustilare e delle linee orarie; angoli fra le linee orarie, ecc.

c) Per il calcolo di un punto qualunque per via geometrica (cioè tramite lunghezze di segmenti) con riferimento alla sustilare e alla equinoziale.
È possibile determinare la posizione dei punti conoscendo i valori dell'angolo orario ω e della declinazione δ del Sole.

d) Per il calcolo delle coordinate di un punto qualunque dell'orologio quando si conoscono i valori dell'azimut **Az** e dell'altezza **h** del Sole.

Vengono date spesso più formule per il calcolo dello stesso elemento: si lascia al lettore la scelta delle relazioni che caso per caso possono essere più utili e convenienti.

Tutte le formule e le relazioni sono state ricavate e provate dall'autore che invita per altro coloro che le utilizzeranno a prestare attenzione ai risultati ottenuti in particolare per quanto riguarda i segni dei vari angoli.
Le normali calcolatrici forniscono infatti risultati per le funzioni trigonometriche inverse che sono sempre compresi solo in due quadranti e quindi possono essere spesso fonti errori. É per questo motivo che per molti angoli sono state date le formule per ricavare più di una funzione trigonometrica.

L'uso indiscriminato delle varie formule in programmi per elaboratore può portare a risultati non corretti in quanto, non essendo disponibili in alcuni linguaggi di programmazione e nei tabelloni elettronici le funzioni trigonometriche inverse arco-seno e arco-coseno, occorre sempre usare la sola funzione arco-tangente con la conseguente possibilità di errori sui quadranti di appartenenza degli angoli cercati. Inoltre, come ben noto, tutte le funzioni trigonometriche assumono uguali valori per angoli appartenente a quadranti opposti

Come in tutte le cose anche le formule qui raccolte vanno usate sempre con una certa dose di "buon senso".

Capitolo 3
PIANO INCLINATO E DECLINANTE

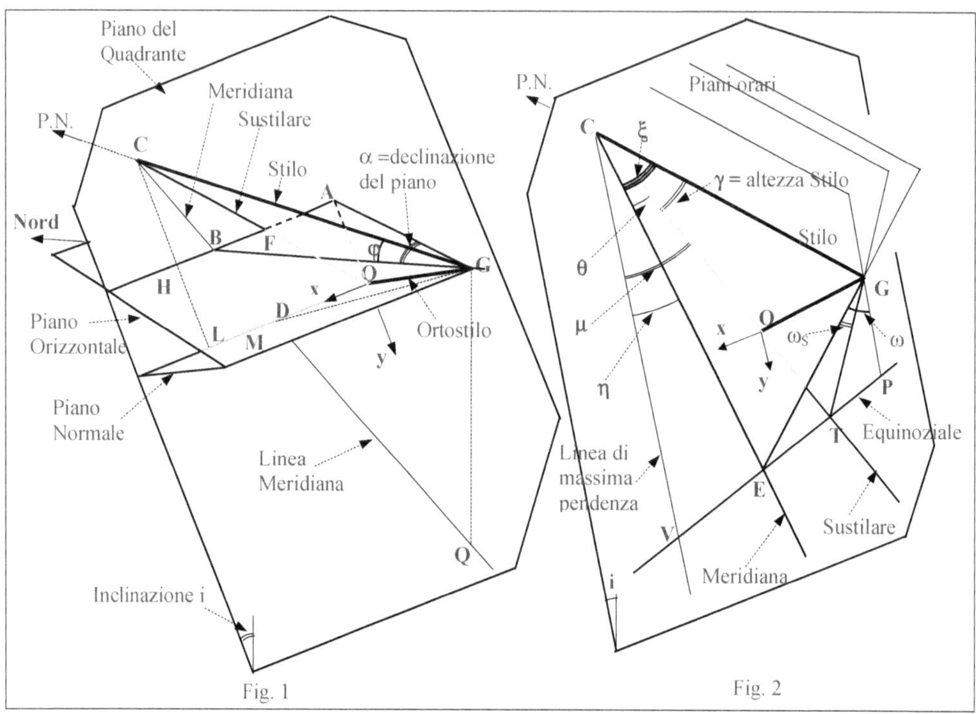

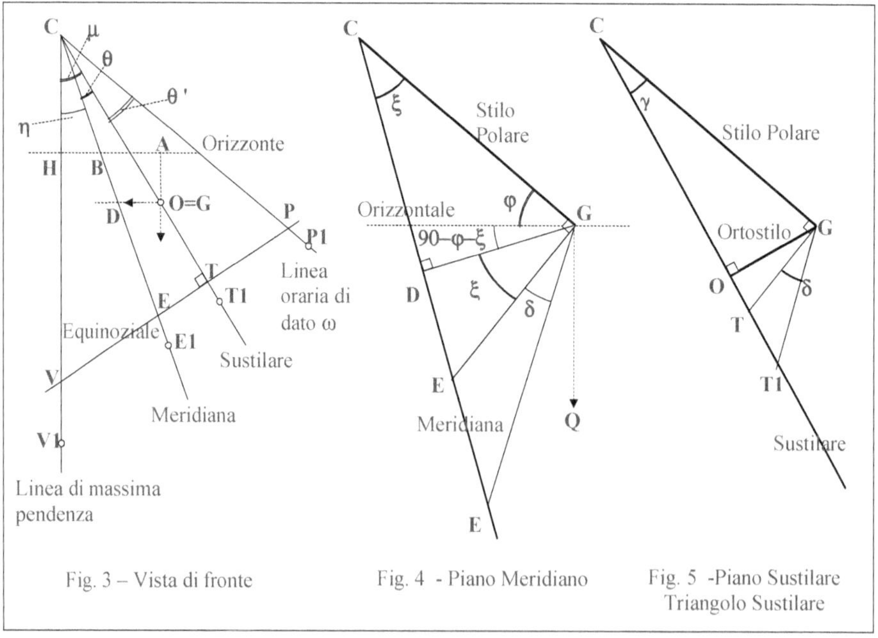

3.1 Elementi principali di un quadrante piano inclinato e declinante
(FORMULE GRUPPO A)

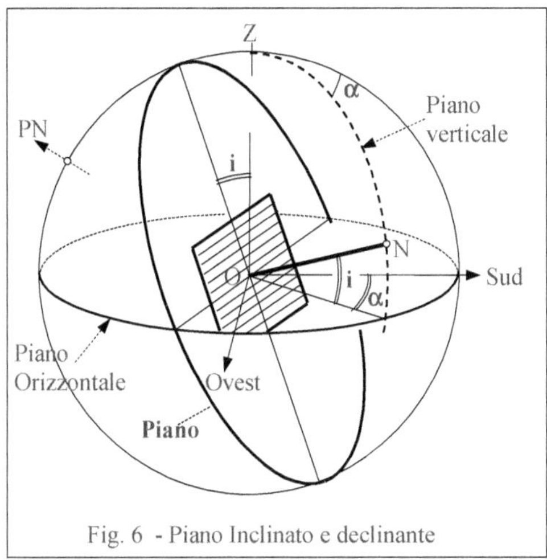

Fig. 6 - Piano Inclinato e declinante

Si danno le formule per calcolare i vari elementi del Quadrante

ρ Lunghezza dell'Ortostilo

$$r = GA = \frac{\rho}{\cos(i)}$$ Distanza orizzontale fra G e il piano

Stilo Polare

$$\mathrm{sen}(\gamma) = \mathrm{sen}(\varphi) \cdot \mathrm{sen}(i) - \cos(\varphi) \cdot \cos(i) \cdot \cos(\alpha)$$

$\gamma = \mathbf{GCO}$ = altezza dello Stilo

Se $\gamma > 0$ lo stilo è boreale ed è diretto verso il P. Nord Celeste.

Se $\gamma < 0$ è diretto verso il P. Sud Celeste

$$GC = \frac{\rho}{\mathrm{sen}(\gamma)} = \frac{\rho}{\cos(\varphi) \cdot \cos(i) \cdot \cos(\alpha) - \mathrm{sen}(\varphi) \cdot \mathrm{sen}(i)}$$ Lunghezza Stilo

$$CO = \frac{\rho}{\tan(\gamma)}$$ Sottostilo

Angoli dello Stilo, della Sustilare e della Meridiana

$$\cos(\xi) = \cos(\gamma) \cdot \cos(\theta)$$

$$\mathrm{sen}(\xi) = \frac{\mathrm{sen}(\gamma) \cdot \cos(\theta)}{\cos(\omega_S)}$$

$$\tan(\xi) = \frac{\tan(\gamma)}{\cos(\omega_S)}$$

$\xi = \mathbf{GCE}$ = angolo fra Stilo Polare e linea

Meridiana

$$\tan(\theta) = \operatorname{sen}(\gamma) \cdot \tan(\omega_S) = \frac{\operatorname{sen}(\alpha) \cdot \cos(i) \cdot \{\cos(\alpha) \cdot \cos(i) - \tan(\varphi) \cdot \operatorname{sen}(i)\}}{\operatorname{sen}(i) + \tan(\varphi) \cdot \cos(\alpha) \cdot \cos(i)}$$

θ = **ECT** = angolo fra la linea Meridiana e la linea Sustilare

$$\cos(\mu) = \frac{\cos(\alpha) \cdot \cos(\varphi) \cdot \operatorname{sen}(i) + \operatorname{sen}(\varphi) \cdot \cos(i)}{\cos(\gamma)} = -\frac{y_C}{\rho} \cdot \tan(\gamma)$$

μ = **HCO** = **VCT** = angolo Sustilare fra l'asse y e la linea Sustilare = angolo fra asse x e linea Equinoziale

$$\operatorname{sen}(\mu) = \frac{\operatorname{sen}(\alpha) \cdot \cos(\varphi)}{\cos(\gamma)} = +\frac{x_C}{\rho} \cdot \tan(\gamma)$$

$$\tan(\mu) = \frac{\operatorname{sen}(\alpha)}{\cos(\alpha) \cdot \operatorname{sen}(i) + \tan(\varphi) \cdot \cos(i)}$$

$$\tan(\eta) = \tan(\alpha) \cdot \operatorname{sen}(i)$$

η = **HCB** = **VCE** = angolo fra l'asse y (linea di massima pendenza) e la linea Meridiana

$$\cos(\omega_S) = \frac{\tan(\gamma)}{\tan(\xi)} = \frac{\operatorname{sen}(\alpha) \cdot \cos(i) \cdot \tan(\gamma)}{\tan(\theta)}$$

$$\operatorname{sen}(\omega_S) = \frac{\operatorname{sen}(\alpha) \cdot \cos(i)}{\cos(\gamma)}$$

ω_S = **EGT** = angolo Sustilare = angolo orario della linea Sustilare

$$\tan(\omega_S) = \frac{\tan(\theta)}{\operatorname{sen}(\gamma)} = \frac{\operatorname{sen}(\alpha) \cdot \cos(i)}{\cos(\varphi) \cdot \operatorname{sen}(i) + \operatorname{sen}(\varphi) \cdot \cos(\alpha) \cdot \cos(i)}$$

Segmenti vari

$$x_M = x_C + y_C \cdot \tan(\eta) = \rho \cdot \frac{\operatorname{sen}(\mu)}{\tan(\gamma)} + y_C \cdot \tan(\eta)$$

DO = x del punto di incontro tra l'asse x e la linea Meridiana (punto D)

$$y_{OR} = -\rho \cdot \tan(i)$$

AO = y della linea dell'Orizzonte

Punti sull'Equinoziale

Punto **T** (Sustilare - Equinoziale) $\quad \omega = \omega_S, \quad \delta = 0°$

$$GC = \frac{\rho}{\operatorname{sen}(\gamma)}$$

Lunghezza Asta

$$OT = \rho \cdot \tan(\gamma)$$

Distanza dall'origine

$$CT = \frac{GC}{\cos(\gamma)} = \frac{GT}{\operatorname{sen}(\gamma)} = \rho \cdot \left\{ \tan(\gamma) + \frac{1}{\tan(\gamma)} \right\} = \frac{\rho}{\operatorname{sen}(\gamma) \cdot \cos(\gamma)}$$

Distanza dal Centro

$$GT = GC \cdot \tan(\gamma) = \frac{\rho}{\cos(\gamma)}$$

Distanza dal punto G = **Distanza Fondamentale** della Meridiana

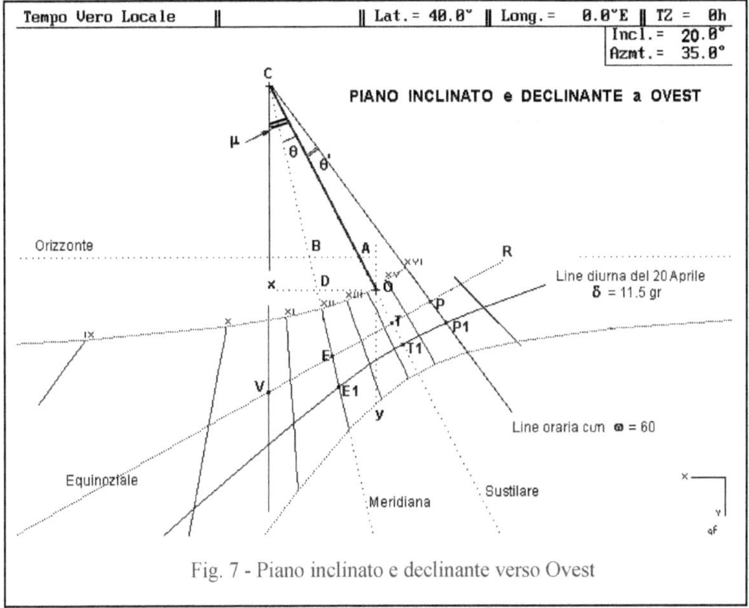

Fig. 7 - Piano inclinato e declinante verso Ovest

Punto **E** (Meridiana - Equinoziale) $\omega = 0°$, $\delta = 0°$, $Az = 0°$, $h = 90° - \varphi$

$$CE = \frac{CT}{\cos(\theta)} = \frac{\rho}{\text{sen}(\gamma) \cdot \cos(\gamma) \cdot \cos(\theta)}$$

$$GE = \frac{GT}{\cos(\omega_S)} = \frac{\rho}{\cos(\gamma) \cdot \cos(\omega_S)} = \rho \cdot \frac{\tan(\xi)}{\text{sen}(\gamma)}$$

$$TE = CT \cdot \tan(\theta) = GT \cdot \tan(\omega_S) = \frac{\rho \cdot \tan(\theta)}{\text{sen}(\gamma) \cdot \cos(\gamma)}$$

Punto **V** (linea a Massima pendenza -Equinoziale)

$$CV = \frac{CT}{\cos(\mu)} = \frac{\rho}{\text{sen}(\gamma) \cdot \cos(\gamma) \cdot \cos(\mu)}$$

$$TV = CT \cdot \tan(\mu) = \frac{\rho \cdot \tan(\mu)}{\text{sen}(\gamma) \cdot \cos(\gamma)}$$

Punto **R** (Orizzonte - Equinoziale)

$$TR = \frac{\rho \cdot \{\tan(\gamma) \cdot \cos(\mu) + \tan(i)\}}{\text{sen}(\mu)}$$

Equazione della linea Sustilare

$$y = \frac{-x}{\tan(\mu)} = -x \cdot \left\{ \frac{\cos(\alpha) \cdot \mathrm{sen}(i) + \tan(\varphi) \cdot \cos(i)}{\mathrm{sen}(\alpha)} \right\}$$

Coordinate di Punti Particolari

$$x_O = 0$$
$$y_O = 0$$

Punto **O** (Origine Coordinate)

$$x_C = +\rho \cdot \frac{\mathrm{sen}(\mu)}{\tan(\gamma)} = +\rho \cdot \frac{\mathrm{sen}(\alpha)}{\cos(\alpha) \cdot \cos(i) - \tan(\varphi) \cdot \mathrm{sen}(i)}$$

$$y_C = -\rho \cdot \frac{\cos(\mu)}{\tan(\gamma)} = -\rho \cdot \frac{\cos(\alpha) \cdot \mathrm{sen}(i) + \tan(\varphi) \cdot \cos(i)}{\cos(\alpha) \cdot \cos(i) - \tan(\varphi) \cdot \mathrm{sen}(i)}$$

Punto **C** - Centro della Meridiana

$$\mathbf{x_C = OL = AH} \qquad \mathbf{y_C = CL}$$

$$x_T = -\rho \cdot \tan(\gamma) \cdot \mathrm{sen}(\mu)$$
$$y_T = +\rho \cdot \tan(\gamma) \cdot \cos(\mu)$$

Punto **T** (Sustilare - Equinoziale)

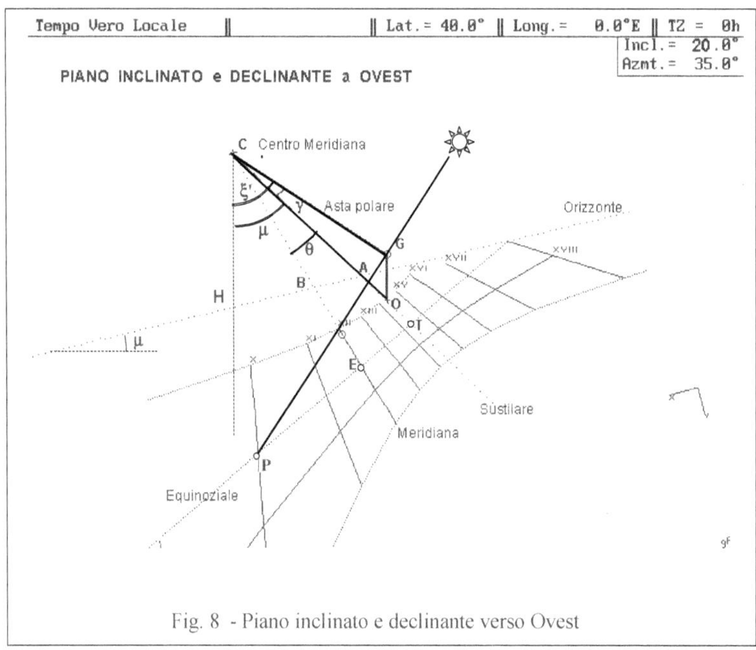

Fig. 8 - Piano inclinato e declinante verso Ovest

$$x_E = x_C - CE \cdot \mathrm{sen}(\eta)$$

Punto **E** (Meridiana - Equinoziale)

$$y_E = y_C + CE \cdot \cos(\eta) \quad \text{con} \quad CE = \frac{CT}{\cos(\theta)} = \frac{\rho}{\mathrm{sen}(\gamma) \cdot \cos(\gamma) \cdot \cos(\theta)}$$

$$x_V = x_C$$

Punto **V** (Max. pendenza – Equinoziale)

$$y_V = y_C + CV = y_C + \frac{\rho}{\mathrm{sen}(\gamma) \cdot \cos(\gamma) \cdot \cos(\mu)}$$

$$x_R = -\frac{\rho}{\tan(\alpha)\cdot\cos(i)} \qquad y_R = -\rho\cdot\tan(i)$$

Punto **R** (Orizzonte - Equinoziale)

$$x_B = \rho\cdot\frac{\tan(\alpha)}{\cos(i)} \qquad y_B = -\rho\cdot\tan(i)$$

Punto **B** (Orizzonte - Meridiana) - $x_B = \mathbf{AB}$

$$x_F = \rho\cdot\tan(\mu)\cdot\tan(i) = \rho\cdot\frac{\text{sen}(\alpha)\cdot\tan(i)}{\cos(\alpha)\cdot\text{sen}(i)+\tan(\varphi)\cdot\cos(i)}$$

Punto **F** (Orizzonte - Sustilare)

$$y_F = -\rho\cdot\tan(i)$$

3.2 Punti ombra sulla linea equinoziale
Giorni degli equinozi - Sole con $\delta = 0°$ e ω qualunque
(FORMULE GRUPPO B)

Il punto ombra cade sulla linea Equinoziale (Fig. 7, 8) :
- nel punto P in un'ora generica in cui l'angolo orario del Sole vale ω
- nel punto E al mezzodì $\omega = 0°$
- nel punto T nell'ora Sustilare $\omega = \omega_S$
- nel punto R quando il Sole è sull'orizzonte

Chiamo λ l'angolo **PCE** fra la linea oraria **CP** e la linea Meridiana **CE**

Chiamo θ' l'angolo **PCT** fra la linea oraria **CP** e la linea Sustilare **CT**

Chiamo ξ' l'angolo **PCG** fra la linea oraria **CP** e lo Stilo Polare **CG**

$$\lambda = \theta' + \theta$$

$$\tan(\theta') = \text{sen}(\gamma)\cdot\tan(\omega - \omega_S)$$

Angoli della linea oraria rispetto alla Sustilare

$$\tan(\theta) = \text{sen}(\gamma)\cdot\tan(\omega_S)$$

Angolo fra Meridiana e Sustilare

Punto **P** (Equinoziale - Linea oraria)

$$CP = \frac{CT}{\cos(\theta')} = \frac{\rho}{\text{sen}(\gamma)\cdot\cos(\gamma)\cdot\cos(\theta')}$$

Distanza dal Centro C

$$GP = \frac{GT}{\cos(\omega - \omega_S)} = \frac{\rho}{\cos(\gamma)\cdot\cos(\omega - \omega_S)}$$

Distanza da G

$$PT = CT\cdot\tan(\theta') = \frac{\rho}{\cos(\gamma)}\cdot\tan(\omega - \omega_S)$$

Distanza sulla Equinoziale da T

$$PE = TE + PT = \frac{\rho}{\cos(\gamma)}\cdot\left\{\tan(\omega - \omega_S) + \tan(\omega_S)\right\}$$

Distanza sulla Equinoziale da E

$$x_P = x_C - CP\cdot\text{sen}(\mu + \theta')$$

Coordinate del punto P
(Equinoziale - linea oraria)

$$y_P = y_C + CP\cdot\cos(\mu + \theta')$$

$$\cos(\xi') = \cos(\gamma) \cdot \cos(\theta')$$

$$\operatorname{sen}(\xi') = \frac{\operatorname{sen}(\gamma) \cdot \cos(\theta')}{\cos(\omega - \omega_S)}$$

$$\tan(\xi') = \frac{\tan(\gamma)}{\cos(\omega - \omega_S)}$$

ξ' = **PCG** = angolo fra Stilo Polare e linea oraria

3.3 Linee orarie

Equazione delle rette orarie nel sistema con origine nel Centro C

$$y = -\frac{x}{\tan(\mu + \theta')}$$

Intersezione delle linee orarie con una retta parallela all'asse y (verticale) a distanza x_R dall'asse y stesso

- Sistema di coordinate con origine nel centro C

$$x = x_R \qquad y = -\frac{x_R}{\tan(\mu + \theta')}$$

- Sistema di coordinate con origine nel piede O dell'ortostilo

$$x = x_R \qquad y = y_C - \frac{(x_R - x_C)}{\tan(\mu + \theta')}$$

Intersezione delle linee orarie con una retta parallela all'asse x (orizzontale) a distanza y_R dall'asse x stesso

- Sistema di coordinate con origine nel centro C
$$x = -y_R \cdot \tan(\mu + \theta') \qquad\qquad y = y_R$$

- Sistema di coordinate con origine nel piede O dell'ortostilo
$$x = x_C + (y_C - y_R) \cdot \tan(\mu + \theta') \qquad\qquad y = y_R$$

Intersezione delle linee orarie con la linea dell'orizzonte

$$x_Q = -\frac{\rho}{\cos(i)} \cdot \left\{ \frac{\cos(\alpha) \cdot \operatorname{sen}(\varphi) \cdot \operatorname{sen}(\omega) - \operatorname{sen}(\alpha) \cdot \cos(\omega)}{\operatorname{sen}(\alpha) \cdot \operatorname{sen}(\varphi) \cdot \operatorname{sen}(\omega) + \cos(\alpha) \cdot \cos(\omega)} \right\}$$

Punti di incontro fra le linee orarie e l'Orizzonte

$$y_Q = -\rho \cdot \tan(i)$$

oppure

$$x_Q = -\rho \cdot \frac{\tan(Az - \alpha)}{\cos(i)}$$

$$y_Q = -\rho \cdot \tan(i) \qquad\qquad \text{con} \qquad \tan(Az) = \operatorname{sen}(\varphi) \cdot \tan(\omega)$$

3.4 Punto ombra in un giorno qualunque - Sole con δ e ω qualunque
(FORMULE GRUPPO C)

Il punto ombra cade su una iperbole il cui andamento dipende dal valore della Declinazione δ del Sole.

Il punto ombra cade:
- nel punto **P1** in un'ora generica in cui l'angolo orario del Sole vale ω
- nel punto **E1** al mezzodì $\qquad\qquad \omega = 0°$
- nel punto **T1** nell'ora Sustilare $\qquad \omega_S = 0°$

Punto P1   (sulla linea oraria)

La linea oraria (con angolo orario $= \omega$) forma con la Sustilare l'angolo θ' ;
con la Meridiana l'angolo ($\theta' + \theta$) ; con la linea di massima pendenza l'angolo ($\mu + \theta'$).

$$GC = \frac{\rho}{\text{sen}(\gamma)} \qquad\qquad\qquad \text{Lunghezza Stilo}$$

$$GD' = \rho \cdot \frac{\cos(\theta')}{\cos(\omega - \omega_S)} = GC \cdot \text{sen}(\xi') \qquad\qquad \text{Distanza fra il punto G e la linea oraria}$$

$$PP1 = GD' \cdot \left\{ \tan(\xi' + \delta) - \tan(\xi') \right\} \qquad\qquad \text{Distanza fra P1 e la Equinoziale}$$

$$CP1 = GD' \cdot \left\{ \tan(\xi' + \delta) + \frac{1}{\tan(\xi')} \right\} = \frac{\rho \cdot \cos(\delta)}{\text{sen}(\gamma) \cdot \cos(\xi' + \delta)} \qquad\qquad \text{Lunghezza dell'ombra dell'Asta}$$

Punto E1   (sulla Meridiana)

La linea Meridiana (con angolo orario $\omega = 0°$) forma con la Sustilare l'angolo θ ;
con la linea di massima pendenza l'angolo ($\mu - \theta$)

$$GD = GC \cdot \text{sen}(\xi) \qquad\qquad\qquad \text{Distanza fra il punto G e la Meridiana}$$

$$EE1 = GD \cdot \left\{ \tan(\xi + \delta) - \tan(\xi) \right\} \qquad\qquad \text{Distanza fra E1 e la Equinoziale}$$

$$CE1 = GD \cdot \left\{ \tan(\xi + \delta) + \frac{1}{\tan(\xi)} \right\} = \frac{\rho \cdot \cos(\delta)}{\text{sen}(\gamma) \cdot \cos(\xi + \delta)} \qquad\qquad \text{Distanza fra E1 e il centro C}$$

Punto T1   (sulla Sustilare)

La linea Sustilare (con angolo orario $\omega = \omega_S$) forma con la linea di massima pendenza l'angolo μ

$$TT1 = \rho \cdot \left\{ \tan(\gamma + \delta) - \tan(\gamma) \right\} \qquad\qquad \text{Distanza fra T1 e la Equinoziale}$$

$$OT1 = \rho \cdot \tan(\gamma + \delta) \qquad\qquad\qquad \text{Distanza fra T1 e il piede dell'Ortostilo}$$

$$CT1 = \rho \cdot \left\{ \tan(\gamma + \delta) + \frac{1}{\tan(\gamma)} \right\} = \frac{\rho \cdot \cos(\delta)}{\text{sen}(\gamma) \cdot \cos(\gamma + \delta)} \qquad\qquad \text{Lunghezza ombra sustilare}$$

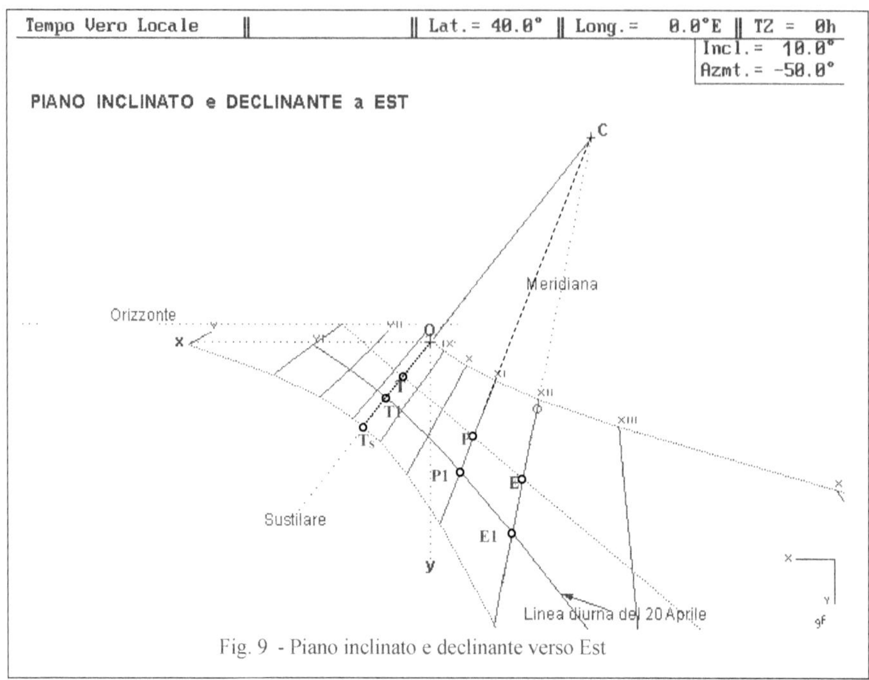

Fig. 9 - Piano inclinato e declinante verso Est

$$CT_S = \rho \cdot \left\{ \tan(\gamma+\varepsilon) + \frac{1}{\tan(\gamma)} \right\} = \frac{\rho \cdot \cos(\varepsilon)}{\text{sen}(\gamma) \cdot \cos(\gamma+\varepsilon)}$$

Distanza fra il centro C e il punto sulla Sustilare nel Solstizio Estivo

$$CT_W = \rho \cdot \left\{ \tan(\gamma-\varepsilon) + \frac{1}{\tan(\gamma)} \right\} = \frac{\rho \cdot \cos(\varepsilon)}{\text{sen}(\gamma) \cdot \cos(\gamma-\varepsilon)}$$

Distanza fra il centro C e il punto sulla Sustilare nel Solstizio Invernale

3.5   Punto ombra in un giorno qualunque - Sole con Az e h   qualunque

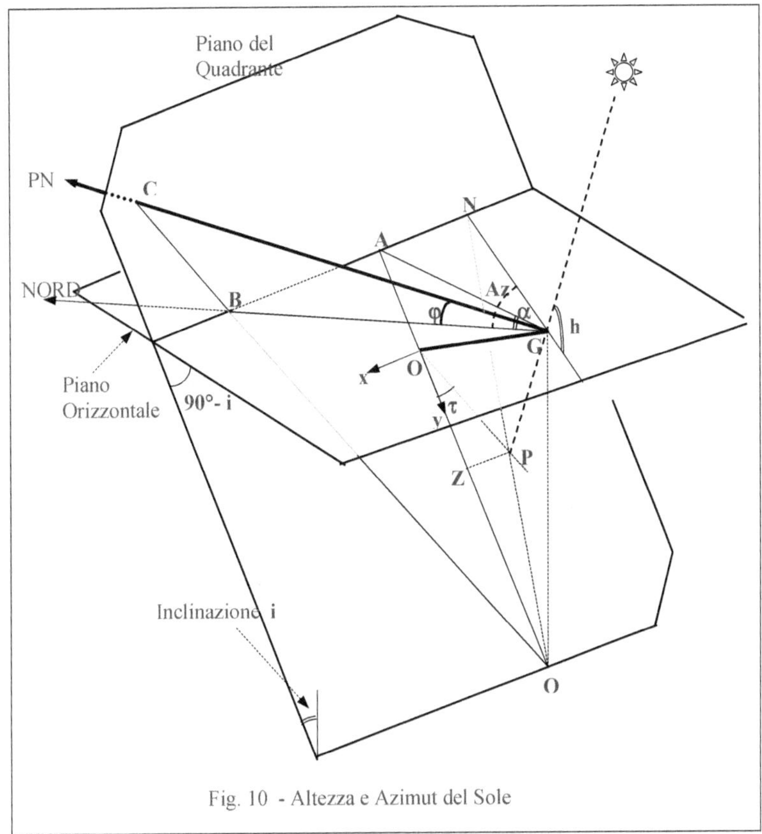

Fig. 10 - Altezza e Azimut del Sole

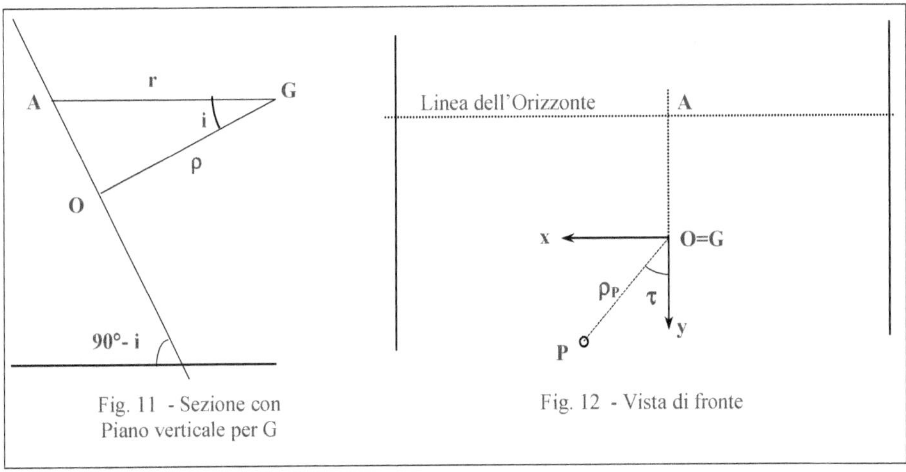

Fig. 11 - Sezione con
Piano verticale per G

Fig. 12 - Vista di fronte

Coordinate x, y del punto ombra P1 (noti l'Azimut e l'Altezza del Sole)
(FORMULE GRUPPO D)

α = declinazione o Azimut   del Piano del Quadrante
i = inclinazione   del Piano del Quadrante
ρ = lunghezza dell'Ortostilo
Az, h = Azimut e altezza del Sole

Coordinate cartesiane

$$r = \frac{\rho}{\cos(i)}$$

Distanza orizzontale di G dal piano

$$\beta = Az - \alpha$$

$$\tan(\sigma) = \frac{\tan(h)}{\cos(\beta)} \quad \text{da cui} \quad \sigma = \arctan\left\{\frac{\tan(h)}{\cos(\beta)}\right\} \quad \text{Angolo ausiliario}$$

$$x = -\rho \cdot \frac{\cos(\sigma) \cdot \tan(\beta)}{\cos(\sigma - i)} = -r \cdot \frac{\cos(i) \cdot \cos(\sigma) \cdot \tan(\beta)}{\cos(\sigma - i)}$$

$$y = \rho \cdot \tan(\sigma - i) = r \cdot \cos(i) \cdot \tan(\sigma - i)$$

$$y_F = y + AO = r \cdot \frac{\text{sen}(\sigma)}{\cos(\sigma - i)}$$

Coordinata y misurata dall'Orizzonte,

cioè dal punto A

Coordinate polari con polo in O (τ_O, ρ_O) :

$$\tan(\tau_O) = \frac{x}{y} = \frac{-\cos(\sigma) \cdot \tan(\beta)}{\text{sen}(\sigma - i)}$$

$$\rho_O = PO = \sqrt{x^2 + y^2} = \frac{x}{\text{sen}(\tau_O)} = \frac{y}{\cos(\tau_O)}$$

Lunghezza dell'ombra dell'Ortostilo

Coordinate polari con polo in C (τ_C, ρ_C) :

$$\tan(\tau_C) = \frac{x - x_C}{y - y_C} \qquad \tau_C = -(\mu + \theta')$$

$$\rho_C = PC = \sqrt{(x_C - x)^2 + (y_C - y)^2} = \frac{x - x_C}{\text{sen}(\tau_C)} = \frac{y - y_C}{\cos(\tau_C)}$$

Lunghezza dell'ombra dell'asta

Punti di incontro con l'Orizzonte

$$h = 0 \qquad\qquad \tan(Az) = \text{sen}(\phi) \cdot \tan(\omega)$$

$$x = -\rho \cdot \frac{\tan(Az - \alpha)}{\cos(i)} \qquad y = -\rho \cdot \tan(i) \qquad \text{Se il piano è Verticale è} \quad i = 0$$

NOTA: le coordinate del punto C (centro del Quadrante) in cui lo Stilo incontra il piano si possono calcolare utilizzando per le coordinate del Sole i valori Az=0°, $\beta = -\alpha$ e h = $-\varphi$.

Quando il Sole è al Meridiano si ha **Az = 0°** e **$h_{MAX} = 90° - \varphi + \delta$** per cui $\tan(\sigma_M) = \dfrac{1}{\tan(\varphi - \delta) \cdot \cos(\alpha)}$

Altre formule (più complesse)

Si possono ricavare anche le seguenti formule:

$$\theta = h + \arctan\left\{\frac{\cos(\beta)}{\tan(i)}\right\}$$

$$x = -\rho \cdot \frac{\cos(h)\cdot\mathrm{sen}(\beta)}{\mathrm{sen}(\theta)\cdot\cos(i)\cdot\sqrt{\tan^2(i)+\cos^2(\beta)}}$$

$$y = \frac{\rho}{\tan(i)} - \rho \cdot \frac{\cos(h)\cdot\cos(\beta)}{\mathrm{sen}(\theta)\cdot\cos(i)\cdot\mathrm{sen}(i)\cdot\sqrt{\tan^2(i)+\cos^2(\beta)}}$$

3.6 Esempio di calcolo

PIANO INCLINATO E DECLINANTE

Latitudine $\varphi = 40°$ Azimut Quadrante $\alpha = 35°$ Inclinazione Quadrante $i = 20°$ Ortostilo = 1.0
Giorno di calcolo   20 Aprile $\delta = 11° 28' = 11.466667°$
Ora di calcolo (Tempo Vero Locale) 16h   con $\omega = 60°$ $Az = 79.15°$ $h = 30.21°$

Si ricavano i valori:

r	= 1.064	distanza orizzontale fra G e piano
γ	= 21.704°	altezza dello stilo
ρ	= 1.000	Ortostilo
GC	= 2.704	lunghezza asta polare
CO	= 2.512	Sottostilo

ξ	= 26.043°	fra asta polare e linea Meridiana
θ	= 14.756°	fra Sustilare e linea Meridiana
μ	= 28.224°	fra Sustilare e linea di massima pendenza - fra Equinoziale e Orizzontale
η	= 13.468°	fra Meridiana e linea di massima pendenza

ω_S = 35.458°   angolo orario Sustilare da cui ora sustilare = 14h 21m 50s

x_C	= 1.188	coordinate del Centro C della Meridiana
y_C	= -2.213	

x_T	= -0.188	coordinate del punto Sustilare- Equinoziale
y_T	= 0.350	

x_E	= 0.487	coordinate del punto Meridiana- Equinoziale
y_E	= 0.713	

x_V	= 1.188	coordinate del punto linea di massima pendenza-Equinoziale
y_V	= 1.089	

x_R	= -1.520	coordinate del punto linea dello Orizzonte-Equinoziale
y_R	= -0.364	

x_B	= 0.745	coordinate del punto linea dello Orizzonte-Meridiana
y_B	= -0.364	

x_F = 0.195   coordinate del punto linea dello Orizzonte-Sustilare

y_F = 0.364

x_M = 0.658   coordinata del punto fra asse x e Meridiana
y_{OR} = -0.364   coordinata del punto linea dell'Orizzonte-asse y

y = -1.863 x   equazione della Sustilare

OT = 0.398   CT = 2.910   GT = 1.076   punto T Sustilare-Equinoziale

CE = 3.101   GE = 1.321   TE = 0.766   punto E Meridiana-Equinoziale

CV = 3.303   TV = 1.562   TR = 1.511   punto T linea di massima pendenza-Equinoziale

Alle ore 16 (Tempo Vero Locale) del 20 Aprile si ha:
ω = 60°   Az = 79.15°   h = 30.21°

θ' = 9.584°   fra Sustilare e linea oraria
ξ' = 23.632°   fra Asta polare e linea oraria (questo angolo non è sul piano)

Distanze, misurate sulla Equinoziale, del punto P (incontro della linea oraria con la Equinoziale):
CP = 2.952   dal centro C
PT = 0.491   dalla Sustilare (T)
PE = 1.258   dalla Meridiana(E)

x_P = -0.621   coordinate del punto del punto P (linea oraria - Equinoziale)
y_P = 0.118

GD' = 1.084   distanza fra il punto G e la linea oraria
PP1 = 0.287   distanza fra P1 (ore 16 del 20 Aprile) e l'Equinoziale
CP1 = 3.239   distanza fra P1 e il centro C

GD = 1.187   distanza fra il punto G e la linea Meridiana
EE1 = 0.331   distanza fra E1 (ore 12 del 20 Aprile) e l'Equinoziale (E1 è sulla Meridiana)
CE1 = 3.341   distanza fra E1 e il centro C

TT1 = 0.256   distanza fra il punto T (Sustilare-Equinoziale) e T1 (ora Sustilare il 20 Aprile)
OT1 = 0.654   distanza fra T1 (è sulla Sustilare) e il piede dell'Ortostilo
CT1 = 3.166   distanza fra T1 e il centro C

σ = 39.058°   angolo ausiliario (ore 16 del 20 Aprile)

x_{P1} = -0.797   coordinate del punto del punto P1 (ore 16 del 20 Aprile)
y_{P1} = 0.345

τ_0 = -66.58°   coordinate polari del punto del punto P1 (ore 16 del 20 Aprile) - origine in O
ρ = 0.869   lunghezza ombra dell'Ortostilo

τ_C = 29.411°   coordinate polari del punto del punto P1 (ore 16 del 20 Aprile) - origine in C
ρ_C = 4.043   lunghezza ombra dell'Asta polare

h_{MAX} = 61.467°   altezza massima del Sole (ore 12 del 20 Aprile)

φ_E = -21.704°   coordinate della località equivalente (in cui l'orologio solare orizzontale é uguale all'orologio
λ_E = 35.458°   tracciato sul piano inclinato e declinante

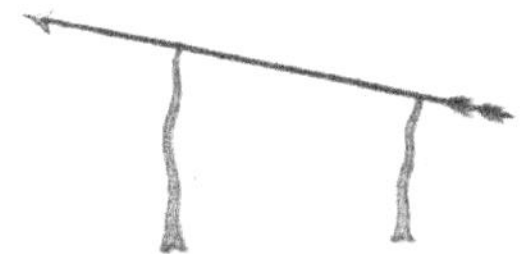

Capitolo 4
PIANO VERTICALE DECLINANTE

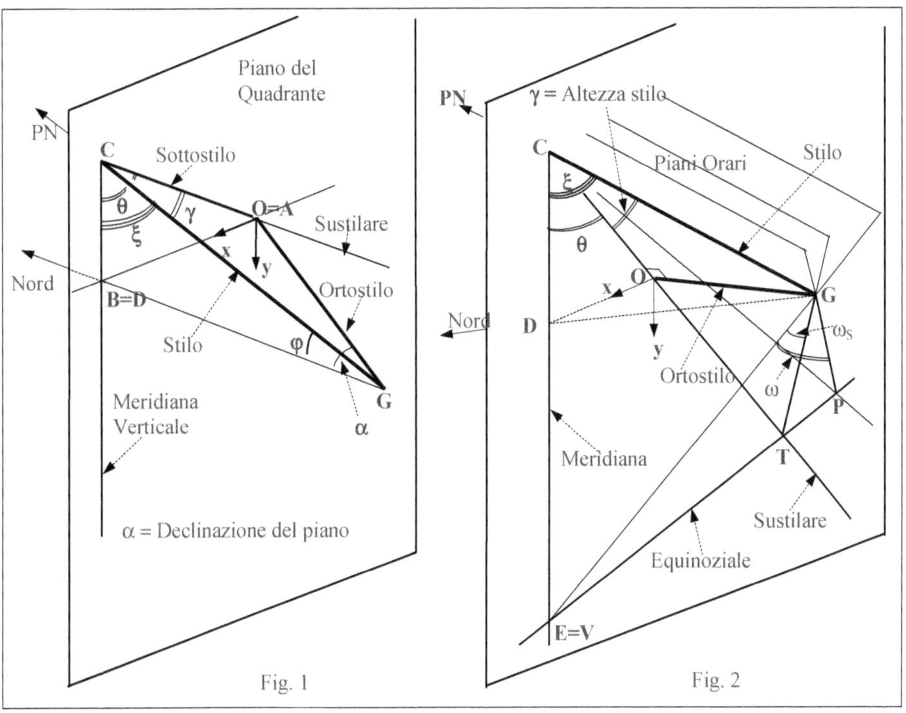

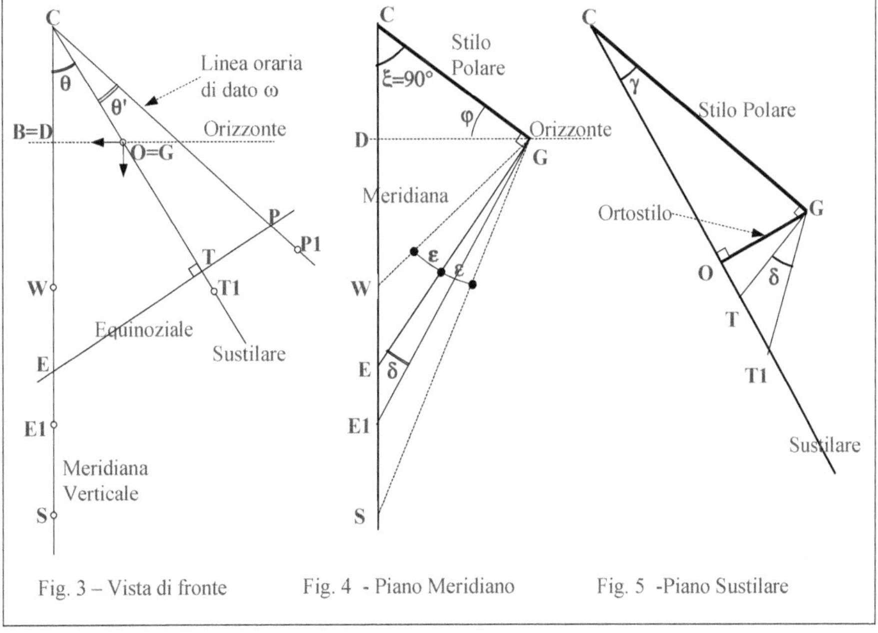

4.1 Elementi principali di un orologio su piano verticale declinante

– L'inclinazione è $= 0°$
– l'Ortostilo è orizzontale
– la linea Meridiana è verticale e dista dall'asse y del segmento x_C
– l'asse y è verticale
– la linea dell'orizzonte passa per il piede O dell'Ortostilo
– lo Stilo polare forma con il piano un angolo di $90° - \varphi$

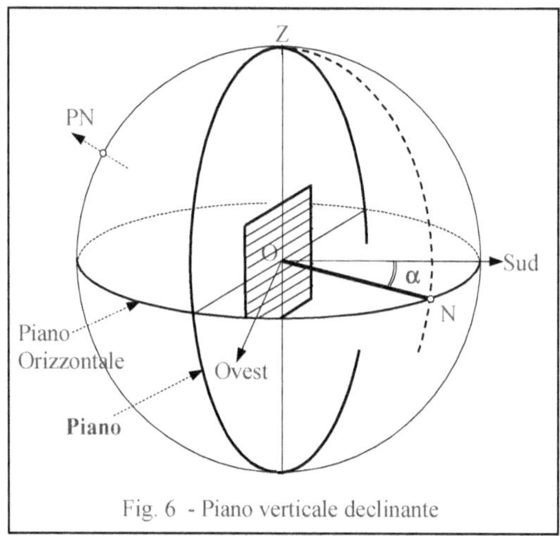

Fig. 6 - Piano verticale declinante

Si danno le formule per calcolare i vari elementi dell'orologio.

ρ Lunghezza dell'Ortostilo

Stilo Polare

$$\sin(\gamma) = -\cos(\varphi) \cdot \cos(\alpha)$$

$$\cos(\gamma) = \cos(\varphi) \cdot \sqrt{\tan^2(\varphi) + \text{sen}^2(\alpha)} \qquad\qquad \gamma = \textbf{GCO} = \text{altezza dello Stilo}$$

$$\tan(\gamma) = \frac{\cos(\alpha)}{\sqrt{\tan^2(\varphi) + \text{sen}^2(\alpha)}}$$

$$GC = \frac{\rho}{\text{sen}(\gamma)} = \frac{\rho}{\cos(\varphi) \cdot \cos(\alpha)} \quad \text{Lunghezza Stilo}$$

$$CO = \frac{\rho}{\tan(\gamma)} \qquad\qquad\qquad\qquad\qquad \text{Sottostilo}$$

Angoli dello Stilo, della Sustilare e della Meridiana

$$\text{sen}(\theta) = \frac{\text{sen}(\alpha)}{\sqrt{\tan^2(\varphi) + \text{sen}^2(\alpha)}} = \tan(\alpha) \cdot \tan(\gamma) = \frac{\text{sen}(\alpha) \cdot \cos(\varphi)}{\cos(\gamma)} = \frac{x_C}{\rho} \cdot \tan(\gamma)$$

$$\theta = \mu = \textbf{ECT} = \text{angolo fra la linea Meridiana verticale e la linea Sustilare}$$
$$= \text{angolo fra la linea Equinoziale e l'asse x orizzontale}$$

$$\cos(\theta) = \frac{\tan(\varphi)}{\sqrt{\tan^2(\varphi) + \text{sen}^2(\alpha)}} = \frac{\text{sen}(\varphi)}{\cos(\gamma)} = -\frac{y_C}{\rho} \cdot \tan(\gamma)$$

$$\tan(\theta) = \frac{\text{sen}(\alpha)}{\tan(\varphi)} = \text{sen}(\gamma) \cdot \tan(\omega_S)$$

Fra i vari angoli è valida la seguente relazione: $\dfrac{\text{sen}(\alpha)}{\text{sen}(\theta)} = \dfrac{\cos(\gamma)}{\cos(\varphi)}$

$\xi = 90° - \varphi$

ξ = GCE = angolo fra lo Stilo Polare e la linea Meridiana = complemento di φ

$$\text{sen}(\omega_S) = \frac{\tan(\alpha)}{\sqrt{\text{sen}^2(\varphi) + \tan^2(\alpha)}} = \frac{\text{sen}(\alpha)}{\cos(\gamma)} = \frac{\text{sen}(\theta)}{\cos(\varphi)}$$

ω_S = EGT = angolo orario della Sustilare

$$\cos(\omega_S) = \frac{\text{sen}(\varphi)}{\sqrt{\text{sen}^2(\varphi) + \tan^2(\alpha)}} = \tan(\varphi) \cdot \tan(\gamma) = \cos(\theta) \cdot \cos(\alpha)$$

$$\tan(\omega_S) = \frac{\tan(\alpha)}{\text{sen}(\varphi)} = \frac{\tan(\theta)}{\text{sen}(\gamma)} = \frac{\tan(\theta)}{\cos(\alpha) \cdot \cos(\varphi)}$$

Segmenti vari

$DO = x_M = x_C = \rho \cdot \tan(\alpha)$

DO = x del punto di incontro tra l'asse x e la linea Meridiana (punto D)

$GD = \dfrac{\rho}{\cos(\alpha)}$

Distanza fra G e il punto di incontro della linea

Meridiana con l'asse x. Il triangolo DOG giace sul piano orizzontale ed è rettangolo in O

Punti sull'Equinoziale

Punto Sustilare **T** (Sustilare - Equinoziale) $\omega = \omega_S , \delta = 0°$

$OT = \rho \cdot \tan(\gamma)$

γ = GCO = altezza dello Stilo

$$CT = \rho \cdot \left\{ \tan(\gamma) + \frac{1}{\tan(\gamma)} \right\} = \frac{\rho}{\text{sen}(\gamma) \cdot \cos(\gamma)}$$

$GT = \dfrac{\rho}{\cos(\gamma)}$

Distanza fondamentale

Punto E (Meridiana Equinoziale) $\omega = 0° , \delta = 0° , Az = 0° , h = 90° - \varphi$

$$CE = \frac{CT}{\cos(\theta)} = \frac{\rho}{\text{sen}(\gamma) \cdot \cos(\gamma) \cdot \cos(\theta)} = \frac{\rho}{\text{sen}(\varphi) \cdot \cos(\varphi) \cdot \cos(\alpha)} = \frac{GC}{\text{sen}(\varphi)}$$

$$GE = \frac{GT}{\cos(\omega_S)} = \frac{\rho}{\cos(\alpha) \cdot \text{sen}(\varphi)} = \frac{\rho}{\cos(\gamma) \cdot \cos(\omega_S)} = \rho \cdot \frac{\tan(\xi)}{\text{sen}(\gamma)}$$

$$TE = CT \cdot \tan(\theta) = CT \cdot \frac{sen(\alpha)}{\tan(\varphi)} = GT \cdot \tan(\omega_S) = \rho \cdot \frac{\tan(\alpha)}{\cos(\gamma) \cdot sen(\varphi)} = \rho \cdot \frac{\tan(\theta)}{\cos(\gamma) \cdot sen(\gamma)}$$

Punto R (Orizzonte - Equinoziale)

$$TR = \rho \cdot \frac{\tan(\gamma)}{\tan(\theta)} = \rho \cdot \frac{\tan(\gamma)}{sen(\alpha)} \cdot \tan(\varphi)$$

Coordinate di Punti Particolari

$$x_O = 0$$
$$y_O = 0$$
Punto **O** - Origine Coordinate

$$x_C = \rho \cdot \tan(\alpha) = \rho \cdot \frac{sen(\theta)}{\tan(\gamma)}$$
Punto **C** - Centro della Meridiana

$$y_C = -\rho \cdot \frac{\tan(\varphi)}{\cos(\alpha)} = -\rho \cdot \frac{\cos(\theta)}{\tan(\gamma)}$$
$$\mathbf{x}_C = \mathbf{OB} \quad \mathbf{y}_C = \mathbf{CB}$$

$$x_T = -\rho \cdot \tan(\gamma) \cdot sen(\theta) = -\rho \cdot \frac{sen(\alpha) \cdot \cos(\alpha)}{\tan^2(\varphi) + sen^2(\alpha)}$$

Punto **T** (Sustilare - Equinoziale)

$$y_T = +\rho \cdot \tan(\gamma) \cdot \cos(\theta) = \rho \cdot \frac{\tan(\varphi) \cdot \cos(\alpha)}{\tan^2(\varphi) + sen^2(\alpha)}$$

$$x_E = x_C = \rho \cdot \tan(\alpha)$$
Punto **E** (Meridiana - Equinoziale)

$$y_E = \frac{\rho}{\cos(\alpha) \cdot \tan(\varphi)} = y_C + CE \quad \text{con} \quad CE = \frac{CT}{\cos(\theta)} = \frac{\rho}{sen(\varphi) \cdot \cos(\varphi) \cdot \cos(\alpha)}$$

$$x_R = -\rho \cdot \frac{\tan(\gamma)}{sen(\theta)} = -\frac{\rho}{\tan(\alpha)} = -\frac{\rho^2}{x_C}$$
Punto **R** (Orizzonte - Equinoziale)
$$y_R = 0$$

$$x_B = \rho \cdot \tan(\alpha) \qquad y_B = 0$$
Punto **B** (Orizzonte - Meridiana)

$$y_X = \rho \cdot \frac{\cos(\alpha)}{\tan(\varphi)} = -\frac{\rho^2}{y_C} \qquad x_X = 0$$
Incontro asse y con Equinoziale

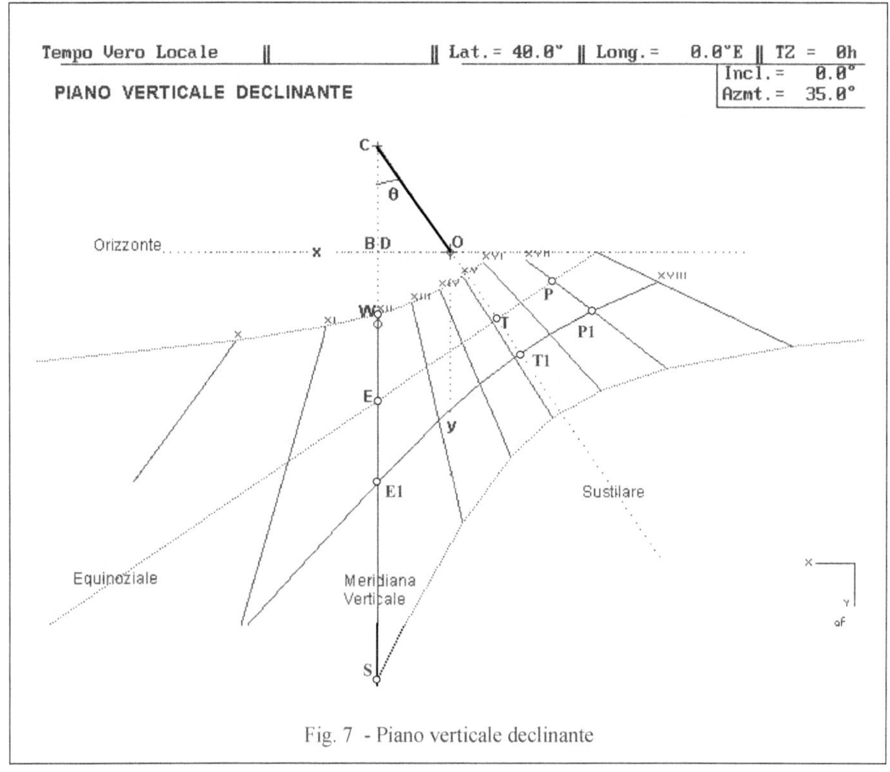

Fig. 7 - Piano verticale declinante

Equazioni della Sustilare e della Equinoziale

$$y = -\frac{x}{\tan(\theta)} = -x \cdot \frac{\tan(\varphi)}{\operatorname{sen}(\alpha)}$$ Equazione della Sustilare

$$y = \frac{1}{\tan(\varphi)} \cdot \left\{ x \cdot \operatorname{sen}(\alpha) + \rho \cdot \cos(\alpha) \right\}$$ Equazione della Equinoziale

$$CD = \frac{\rho}{\cos(\alpha)} \cdot \tan(\varphi) \qquad\qquad DE = \frac{\rho}{\cos(\alpha)} \cdot \frac{1}{\tan(\varphi)}$$

$$DW = \frac{\rho}{\cos(\alpha)} \cdot \frac{1}{\tan(\varphi+\varepsilon)} \qquad\qquad DS = \frac{\rho}{\cos(\alpha)} \cdot \frac{1}{\tan(\varphi-\varepsilon)}$$

$$CE = \frac{\rho}{\cos(\alpha)} \cdot \left\{ \tan(\varphi) + \frac{1}{\tan(\varphi)} \right\} = \frac{\rho}{\operatorname{sen}(\varphi) \cdot \cos(\varphi) \cdot \cos(\alpha)} = \frac{GC}{\operatorname{sen}(\varphi)}$$

$$CW = \frac{\rho}{\cos(\alpha)} \cdot \left\{ \tan(\varphi) + \frac{1}{\tan(\varphi+\varepsilon)} \right\} \qquad CS = \frac{\rho}{\cos(\alpha)} \cdot \left\{ \tan(\varphi) + \frac{1}{\tan(\varphi-\varepsilon)} \right\}$$

Punti E, W, S

$$WE = \frac{\rho}{\cos(\alpha)} \cdot \left\{ \frac{1}{\tan(\varphi)} - \frac{1}{\tan(\varphi+\varepsilon)} \right\} \qquad SE = \frac{\rho}{\cos(\alpha)} \cdot \left\{ \frac{1}{\tan(\varphi-\varepsilon)} - \frac{1}{\tan(\varphi)} \right\}$$

4.2 Punti ombra sulla linea equinoziale
Giorni degli equinozi - Sole con $\delta = 0°$ e ω qualunque

Il punto ombra cade sulla linea Equinoziale:
- nel punto P in un'ora generica in cui l'angolo orario del Sole vale ω
- nel punto E (sulla verticale da C) al mezzodì $\qquad \omega = 0°$
- nel punto T nell'ora Sustilare $\qquad\qquad \omega = \omega_S$
- nel punto R quando il Sole è sull'orizzonte

Chiamo λ l'angolo **PCE** fra la linea oraria **CP** e la linea Meridiana **CE**

Chiamo θ' l'angolo **PCT** fra la linea oraria **CP** e la linea Sustilare **CT**. All'ora sustilare $\theta' = 0°$ e $\omega = \omega_S$

Chiamo ξ' l'angolo **PCG** fra la linea oraria **CP** e lo Stilo Polare **CG**

$$\lambda = \theta' + \theta \qquad\qquad\text{Angolo fra la linea oraria e la verticale con}$$

$$\tan(\theta) = \frac{\operatorname{sen}(\alpha)}{\tan(\varphi)} = \operatorname{sen}(\gamma) \cdot \tan(\omega_S)$$

$$\tan(\theta') = \operatorname{sen}(\gamma) \cdot \tan(\omega - \omega_S) = \cos(\varphi) \cdot \cos(\alpha) \cdot \tan(\omega - \omega_S) \qquad \text{Angoli della linea oraria}$$

Punto **P** (Equinoziale - Linea oraria)

$$CP = \frac{CT}{\cos(\theta')} = \frac{\rho}{\operatorname{sen}(\gamma) \cdot \cos(\gamma) \cdot \cos(\theta')} \qquad \text{Distanza dal Centro C}$$

$$PT = CT \cdot \tan(\theta') = \frac{\rho}{\cos(\gamma)} \cdot \tan(\omega - \omega_S) \qquad \text{Distanze sulla Equinoziale}$$

$$PE = PT + TE = \frac{\rho}{\cos(\gamma)} \cdot \left\{ \tan(\omega - \omega_S) + \tan(\omega_S) \right\}$$

$$x_P = x_C - CP \cdot \operatorname{sen}(\theta + \theta') \qquad \text{Coordinate del punto P}$$

$$y_P = y_C + CP \cdot \cos(\theta + \theta')$$

$$\tan(POT) = \frac{\tan(\omega - \omega_S)}{\cos(\varphi) \cdot \cos(\alpha)} \qquad \text{L'angolo POT è l'angolo dell'ombra dell'Ortostilo}$$

rispetto alla Sustilare

$$\cos(\xi') = \cos(\gamma) \cdot \cos(\theta')$$

$$\operatorname{sen}(\xi') = \frac{\operatorname{sen}(\gamma) \cdot \cos(\theta')}{\cos(\omega - \omega_S)} \qquad \xi' = \textbf{PCG} = \text{angolo fra lo Stilo Polare e la linea}$$

oraria

$$\tan(\xi') = \frac{\tan(\gamma)}{\cos(\omega - \omega_S)}$$

4.3 Linee orarie

Equazione delle rette orarie nel sistema con origine nel Centro C

$$y = -\frac{x}{\tan(\theta + \theta')}$$

Linea Oraria parallela all'asse x (orizzontale)

$$\tan(\omega) = \frac{-1}{\tan(\alpha) \cdot \text{sen}(\varphi)}$$

per $\varphi = 0°$ e $\alpha = 0°$ si ha $\omega = 90°$

per $\alpha = -90°$ si ha $\omega = 0°$

per $\alpha = +90°$ si ha $\omega = 180°$

Intersezione delle linee orarie **con una retta parallela all'asse y** (verticale) a distanza x_R dall'asse y stesso

– Sistema di coordinate con origine nel centro C

$$x = x_R \qquad y = -\frac{x_R}{\tan(\theta + \theta')}$$

– Sistema di coordinate con origine nel piede O dell'ortostilo

$$x = x_R \qquad y = y_C - \frac{(x_R - x_C)}{\tan(\theta + \theta')} = -\rho \cdot \frac{\tan(\varphi)}{\cos(\alpha)} - \frac{\left[x_R - \rho \cdot \tan(\alpha)\right]}{\tan(\theta + \theta')}$$

con $\qquad \tan(\theta) = \dfrac{\text{sen}(\alpha)}{\tan(\varphi)} \qquad \tan(\theta') = \cos(\varphi) \cdot \cos(\alpha) \cdot \tan(\omega - \omega_S)$

Intersezione delle linee orarie **con una retta parallela all'asse x** (orizzontale) a distanza y_R dall'asse x stesso.

– Sistema di coordinate con origine nel centro C

$$x = -y_R \cdot \tan(\theta + \theta') \qquad\qquad y = y_R$$

– Sistema di coordinate con origine nel piede O dell'ortostilo

$$x = x_C + (y_C - y_R) \cdot \tan(\theta + \theta') = \rho \cdot \tan(\alpha) - \left(\rho \cdot \frac{\tan(\varphi)}{\cos(\alpha)} + y_R\right) \cdot \tan(\theta + \theta') \qquad y = y_R$$

con $\qquad \tan(\theta) = \dfrac{\text{sen}(\alpha)}{\tan(\varphi)} \qquad \tan(\theta') = \cos(\varphi) \cdot \cos(\alpha) \cdot \tan(\omega - \omega_S)$

Intersezione delle linee orarie **con la linea dell'orizzonte**

$$x_Q = -\rho \cdot \left\{ \frac{\cos(\alpha) \cdot \text{sen}(\varphi) \cdot \text{sen}(\omega) - \text{sen}(\alpha) \cdot \cos(\omega)}{\text{sen}(\alpha) \cdot \text{sen}(\varphi) \cdot \text{sen}(\omega) + \cos(\alpha) \cdot \cos(\omega)} \right\}$$

Punti di incontro fra le linee orarie e l'Orizzonte

$$y_Q = 0$$

oppure

$$x_Q = -\rho \cdot \tan(Az - \alpha)$$

$$y_Q = 0 \qquad\qquad \text{con} \qquad \tan(Az) = \text{sen}(\varphi) \cdot \tan(\omega)$$

4.4   Punto ombra in un giorno qualunque - Sole con δ e ω qualunque

Il punto ombra cade su una iperbole il cui andamento dipende dal valore della declinazione δ del Sole.
Il punto ombra cade:

- nel punto **P1** in un'ora generica in cui l'angolo orario del Sole vale ω
- nel punto **E1** al mezzodì $\qquad\qquad\qquad\qquad$ $\omega = 0°$
- nel punto **T1** nell'ora Sustilare $\qquad\qquad\quad$ $\omega_S = 0°$

Punto P1 (sulla linea oraria)

La linea oraria (con angolo orario = ω) forma con la Sustilare l'angolo θ'
con la Meridiana verticale l'angolo $(\theta' + \theta)$

$$CP = \frac{CT}{\cos(\theta')} = \frac{\rho}{\text{sen}(\gamma)\cdot\cos(\gamma)\cdot\cos(\theta')}$$

Distanza di P dal Centro C

$$GC = \frac{\rho}{\cos(\varphi)\cos(\alpha)}$$

Lunghezza Stilo

$$GD' = GC\cdot\text{sen}(\xi') = \rho\cdot\frac{\cos(\theta')}{\cos(\omega-\omega_S)}$$

Distanza fra il punto G e la linea oraria

$$PP1 = GD'\cdot\{\tan(\xi'+\delta) - \tan(\xi')\}$$

Distanza fra P1 e la Equinoziale

$$CP1 = GD'\cdot\left\{\tan(\xi'+\delta) + \frac{1}{\tan(\xi')}\right\} = \frac{\rho\cdot\cos(\delta)}{\text{sen}(\gamma)\cdot\cos(\xi'+\delta)}$$

Lunghezza dell'ombra dell'Asta Polare,

distanza fra P1 e il centro C

Punto E1 (sulla Meridiana)

La linea Meridiana (con angolo orario $\omega = 0°$) forma con la Sustilare l'angolo θ

$$GD = GC\cdot\text{sen}(\xi)$$

Distanza fra il punto G e la linea oraria

$$EE1 = GD\cdot\{\tan(\xi+\delta) - \tan(\xi)\}$$

Distanza fra E1 e la Equinoziale

$$CE1 = GD\cdot\left\{\tan(\xi+\delta) + \frac{1}{\tan(\xi)}\right\} = \frac{\rho\cdot\cos(\delta)}{\text{sen}(\gamma)\cdot\cos(\xi+\delta)}$$

Distanza fra E1 e il centro C

$$y_{E1} = \frac{\rho}{\cos(\alpha)\cdot\tan(\varphi-\delta)} \qquad x_{E1} = \rho\cdot\tan(\alpha)$$

Coordinate del punto E1

Punto T1 (sulla Sustilare)

La linea Sustilare (con angolo orario $\omega = \omega_S$) forma con la linea di massima pendenza l'angolo μ

$$TT1 = \rho\cdot\{\tan(\gamma+\delta) - \tan(\gamma)\}$$

Distanza fra T1 e la Equinoziale

$$OT1 = \rho\cdot\tan(\gamma+\delta)$$

Distanza fra T1 e il piede dell'Ortostilo

$$CT1 = \rho \cdot \left\{ \tan(\gamma + \delta) + \frac{1}{\tan(\gamma)} \right\} = \frac{\rho \cdot \cos(\delta)}{\sen(\gamma) \cdot \cos(\gamma + \delta)}$$

Lunghezza ombra sustilare = distanza fra T1

e il centro C

4.5   Punto ombra in un   giorno qualunque - Sole con Az e h   qualunque

Coordinate x , y del punto ombra P1 (noti l'Azimut e l'Altezza del Sole)

α = declinazione o Azimut del Piano del Quadrante
ρ = lunghezza dell'Ortostilo
Az , h = Azimut e altezza del Sole

$$\tan(\sigma) = \frac{\tan(h)}{\cos(Az - \alpha)} \quad \text{da cui} \qquad\qquad \sigma = \arctan\left\{ \frac{\tan(h)}{\cos(Az - \alpha)} \right\} \quad \text{angolo ausiliario}$$

$$x = -\rho \cdot \tan(Az - \alpha)$$

$$y = \rho \cdot \tan(\sigma) = \rho \cdot \frac{\tan(h)}{\cos(Az - \alpha)}$$

Coordinate polari con polo in O (τ_O , ρ_O)

$$\tan(\tau_O) = \frac{x}{y} = -\frac{\tan(Az - \alpha)}{\tan(\sigma)} = \frac{-\sen(Az - \alpha)}{\tan(h)}$$

$$\rho_O = PO = \sqrt{x^2 + y^2} = \rho \frac{\sqrt{\tan^2(h) + \sen^2(Az - \alpha)}}{\cos(Az - \alpha)} = \frac{x}{\sen(\tau_O)} = \frac{y}{\cos(\tau_O)} \quad \text{Lunghezza ombra dell'Ortostilo}$$

Coordinate polari con polo in C (τ_C , ρ_C):

$$\tan(\tau_C) = \frac{x - x_C}{y - y_C} \qquad\qquad \tau_C = -(\theta + \theta')$$

$$\rho_C = PC = \sqrt{(x_C - x)^2 + (y_C - y)^2} = \left| \frac{x - x_C}{\sen(\tau_C)} \right| = \left| \frac{y - y_C}{\cos(\tau_C)} \right| \qquad \text{Lunghezza ombra dell'asta polare}$$

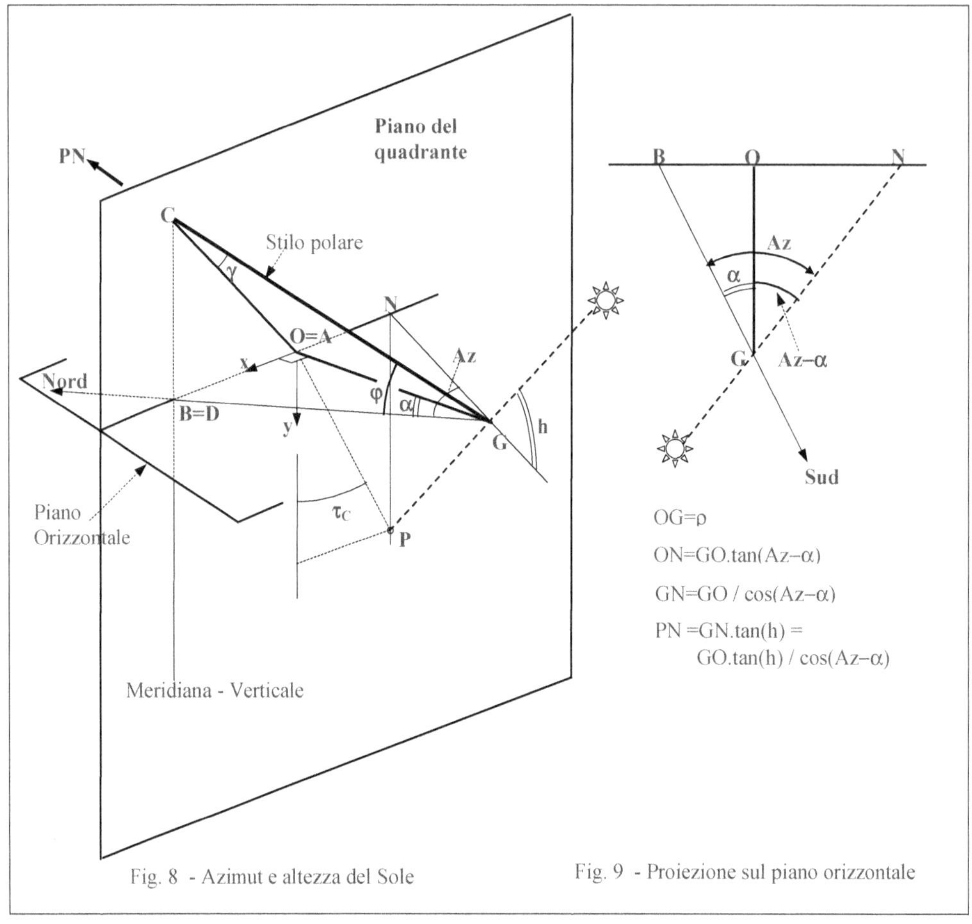

Fig. 8 - Azimut e altezza del Sole   Fig. 9 - Proiezione sul piano orizzontale

NOTA: le coordinate del punto C (centro del Quadrante) in cui lo Stilo incontra il piano si possono calcolare utilizzando per le coordinate del Sole i valori $Az=0°$, $\beta = -\alpha$ e $h = -\varphi$.

Quando il Sole si trova al Meridiano:

$$x_M = \rho \cdot \tan(\alpha) \qquad\qquad Az = 0$$

$$y_M = \frac{\rho}{\cos(\alpha) \cdot \tan(\varphi - \delta)} \qquad\qquad h_{MAX} = 90° - \varphi + \delta$$

4.6   Esempio di calcolo

PIANO VERTICALE DECLINANTE

Latitudine $\varphi = 40°$ Azimut Quadrante $\alpha = 35°$ Inclinazione Quadrante $i = 0°$ Ortostilo = 1.0
Giorno di calcolo   20 Aprile $\delta = 11°\ 28' = 11.466667°$
Ora di calcolo (Tempo Vero Locale) 16h   con $\omega = 60°$ Az = 79.15°   h = 30.21°

Si ricavano i valori:

γ	=	38.866°	altezza dello stilo
ρ	=	1.000	Ortostilo
GC	=	1.5936	lunghezza asta polare
CO	=	1.2408	Sottostilo

ξ	=	50.0°	fra asta polare e linea Meridiana
θ	=	34.355°	fra Sustilare e linea Meridiana
μ	=	θ	fra Sustilare e linea di massima pendenza - fra Equinoziale e Orizzontale
η	=	0°	fra Meridiana e linea di massima pendenza

ω_S =   47.448°   angolo orario Sustilare da cui ora sustilare = 15h 10m

x_C =   0.700   coordinate del Centro C della Meridiana
y_C =   -1.024

x_T =   -0.4548   coordinate del punto Sustilare-Equinoziale
y_T =   0.6653

x_E =   0.7002   coordinate del punto Meridiana- Equinoziale
y_E =   1.4549

x_R =   -1.428   coordinate del punto linea dello Orizzonte-Equinoziale
y_R =   0.0

x_M =   0.7002   coordinata del punto fra asse x e Meridiana

y =   -1.4629 x   equazione della Sustilare
y =   0.6835 x + 0.9762   equazione della Equinoziale

OT = 0.806   CT = 2.047   GT = 1.284   punto T   Sustilare-Equinoziale

CE = 2.479   GE = 1.8991   TE = 1.3996   punto E   Meridiana-Equinoziale

TR = 1.179
La linea oraria parallela all'asse x si ha per ω = -65.77° e quindi alle 7h 37m

Alle ore 16 (Tempo Vero Locale) del 20 Aprile si ha:
$\omega = 60°$ Az = 79.15°   h = 30.21°

θ' =   7.953°   fra Sustilare   e linea oraria
ξ' =   39.545°   fra Asta polare   e linea oraria (questo angolo non è sul piano)

CP   =   2.0666   distanze del punto P (incontro della linea oraria con la Equinoziale) dal
PT   =   0.286   centro C. Distanze dalla Sustilare (T) e dalla Meridiana(E) misurate
PE   =   1.685   sulla Equinoziale

x_P =   -0.6909   coordinate del punto del punto P (linea oraria - Equinoziale)
y_P =   0.5040

GD'   =   1.0146   distanza fra il punto G e la linea oraria
PP1   =   0.4158   distanza fra P1 (ore 16 del 20 Aprile) e l'Equinoziale
CP1   =   2.4824   distanza fra P1 e il centro C

GD = 1.220   distanza fra il punto G e la linea Meridiana
EE1 = 0.7904   distanza fra E1 (ore 12 del 20 Aprile) e l'Equinoziale (E1 è sulla Meridiana)
CE1 = 3.2696   distanza fra E1 e il centro C

TT1 = 0.400   distanza fra il punto T (Sustilare- Equinoziale) e T1 (ora Sustilare il 20 Aprile)
OT1 = 1.2059   distanza fra T1 (è sulla Sustilare) e il piede dell'Ortostilo
CT1 = 2.4467   distanza fra T1 e il centro C

σ = 39.058°   angolo ausiliario (ore 16 del 20 Aprile)

x_{P1} = -0.9708   coordinate del punto del punto P1 (ore 16 del 20 Aprile)
y_{P1} = 0.8115

τ_0 = -50.107°   coordinate polari del punto del punto P1 (ore 16 del 20 Aprile) - origine in O
ρ = 1.2662   lunghezza ombra dell'Ortostilo

τ_C = 42.308°   coordinate polari del punto del punto P1 (ore 16 del 20 Aprile) - origine in C
ρ_C = 2.4824   lunghezza ombra dell'Asta polare

h_{MAX} = 61.467°   altezza massima del Sole (ore 12 del 20 Aprile)

Coordinate della località equivalente in cui un orologio solare orizzontale é uguale al quello tracciato sul piano inclinato
φ_E = -38.87°
λ_E =   33.59°

Capitolo 5
PIANO VERTICALE RIVOLTO A SUD

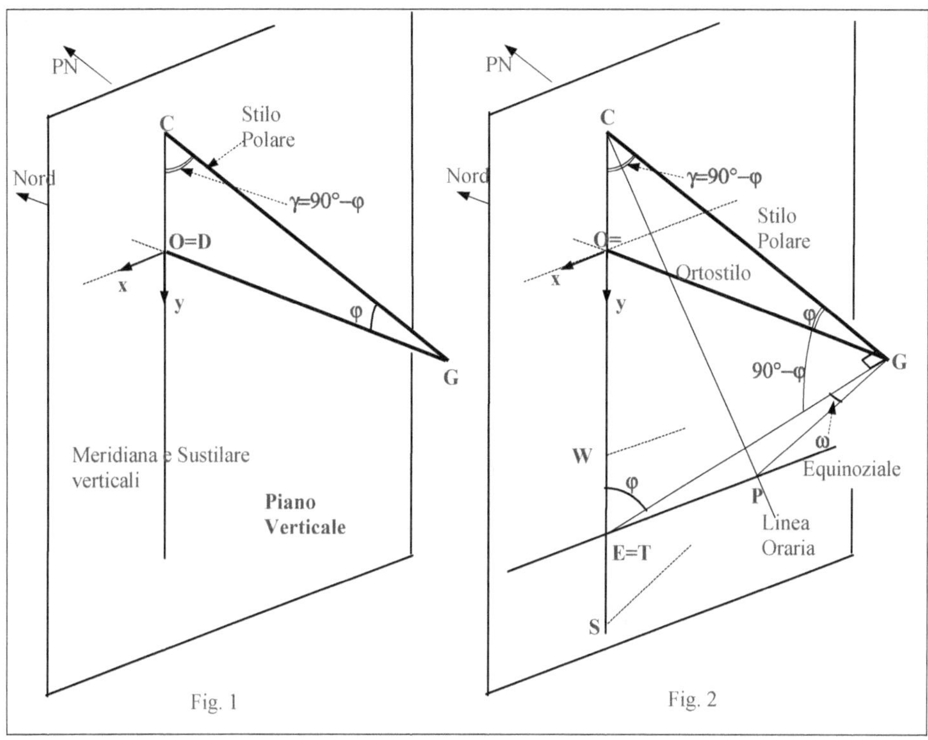

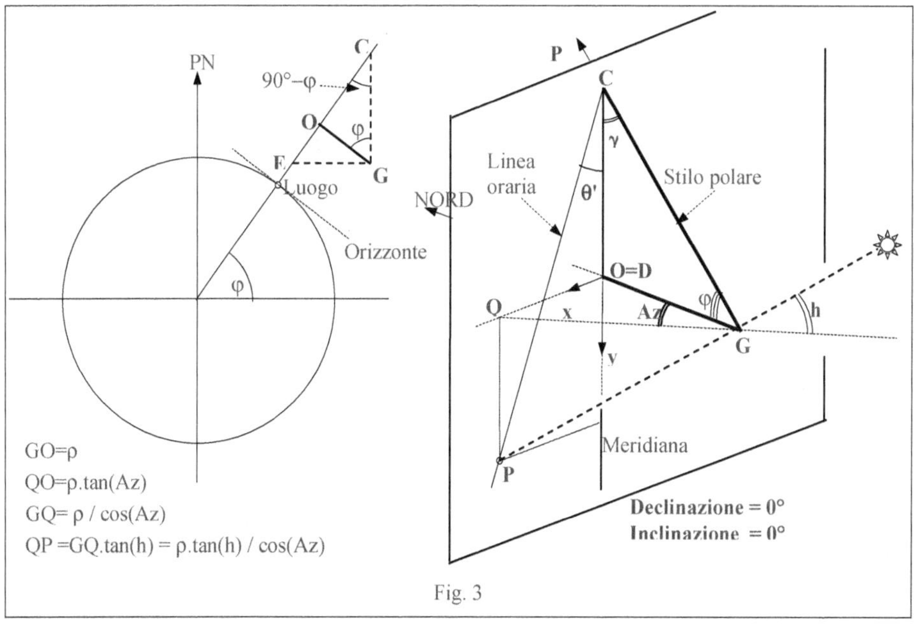

5.1 Elementi principali di un orologio su piano verticale rivolto a Sud

- L'Inclinazione e la declinazione sono $= 0°$
- l'Ortostilo è orizzontale e diretto verso Sud
- la linea Meridiana è verticale e passa per il piede O dell'Ortostilo ($\theta = 0°$)
- la Sustilare è verticale e coincide con la Meridiana
- l'Equinoziale è orizzontale
- la linea dell'orizzonte passa per il piede O dell'Ortostilo
- lo Stilo polare forma con il piano e con la verticale un angolo di $(90° - \varphi)$ (altezza γ dello stilo)
- ($\xi = 90° - \varphi$)
- le linee orarie sono simmetriche rispetto alla linea Meridiana
- l'angolo orario della sustilare $\omega_s = 0°$ e l'ora sustilare è il mezzogiorno locale

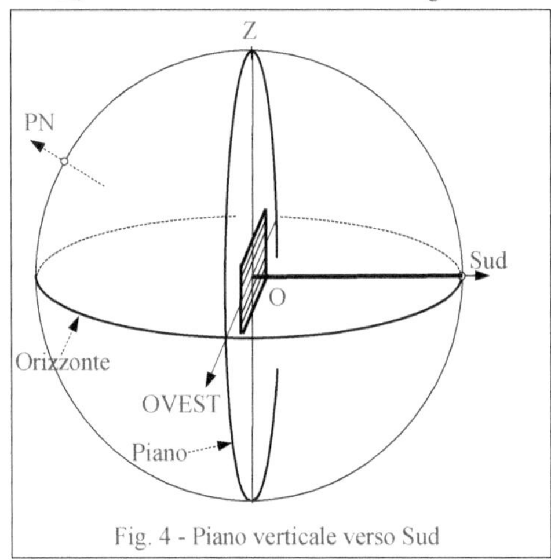

Fig. 4 - Piano verticale verso Sud

Si danno le formule per calcolare i vari elementi del quadrante

ρ Lunghezza dell'Ortostilo

Stilo Polare

$\gamma = 90° - \varphi$ $\gamma = \mathbf{GCO} =$ altezza dello Stilo

$GC = \dfrac{\rho}{\cos(\varphi)}$ Lunghezza Stilo

$CO = \rho \cdot \tan(\varphi)$ Sottostilo

Punti sull'Equinoziale

I punti T ed E coincidono. Il punto R dove la Equinoziale incontra la linea dell'Orizzonte è all'infinito.

$CE = CT = \dfrac{GC}{\operatorname{sen}(\varphi)} = \dfrac{\rho}{\operatorname{sen}(\varphi) \cdot \cos(\varphi)}$ Punto **E** (Meridiana - Equinoziale)

$OE = OT = \dfrac{\rho}{\tan(\varphi)}$

$$GE = GT = \frac{\rho}{\text{sen}(\varphi)}$$

Distanza fondamentale

Coordinate di Punti Particolari

$$x_C = 0$$
$$y_C = -\rho \cdot \tan(\varphi)$$

Punto **C** (Centro della Meridiana)

$$x_E = 0$$
$$y_E = OE = \frac{\rho}{\tan(\varphi)}$$

Punto **E** (Meridiana - Equinoziale)

$$\omega = 0^\circ, \ \delta = 0^\circ, \ Az = 0^\circ, \ h = 90^\circ - \varphi$$

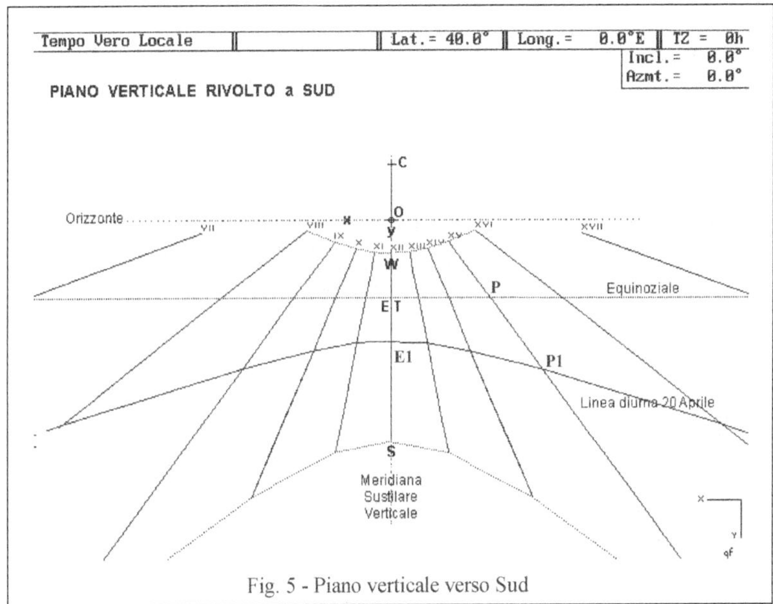

Fig. 5 - Piano verticale verso Sud

Punti dei Solstizi sulla linea Meridiana

$$CO = \rho \cdot \tan(\varphi)$$

$$OE = \frac{\rho}{\tan(\varphi)}$$

$$OW = \frac{\rho}{\tan(\varphi + \varepsilon)}$$

$$OS = \frac{\rho}{\tan(\varphi - \varepsilon)}$$

$$CE = \rho \cdot \left\{ \tan(\varphi) + \frac{1}{\tan(\varphi)} \right\} = \frac{\rho}{\text{sen}(\varphi) \cdot \cos(\varphi)} = \frac{GC}{\text{sen}(\varphi)}$$

$$CW = \rho \cdot \left\{ \tan(\varphi) + \frac{1}{\tan(\varphi + \varepsilon)} \right\}$$

$$CS = \rho \cdot \left\{ \tan(\varphi) + \frac{1}{\tan(\varphi - \varepsilon)} \right\}$$

Punti **E, W, S**

$$WE = \rho \cdot \left\{ \frac{1}{\tan(\varphi)} - \frac{1}{\tan(\varphi + \varepsilon)} \right\} \qquad\qquad SE = \rho \cdot \left\{ \frac{1}{\tan(\varphi - \varepsilon)} - \frac{1}{\tan(\varphi)} \right\}$$

5.2 Punti ombra sulla linea equinoziale
Giorni degli equinozi - Sole con $\delta = 0°$ e ω qualunque

Il punto ombra cade sulla linea Equinoziale :
-     nel punto P in un'ora generica in cui l'angolo orario del Sole vale ω
-     nel punto E (sulla verticale da C) al mezzodí $\omega = 0°$
-     nel punto T nell'ora Sustilare $\omega = \omega_S$
-     nel punto R quando il Sole è sull'orizzonte.

Chiamo θ' l'angolo **PCE** fra la linea oraria **CP** e la linea Meridiana **CE**

Chiamo ξ' l'angolo **PCG** fra la linea oraria **CP** e lo Stilo Polare **CG**

$$\tan(\theta') = \cos(\varphi) \cdot \tan(\omega) \qquad\qquad \text{Angoli delle linee orarie}$$

Punto **P** (Equinoziale - Linea oraria)

$$CP = \frac{CE}{\cos(\theta')} = \frac{\rho}{\text{sen}(\varphi) \cdot \cos(\varphi) \cdot \cos(\theta')} \qquad \text{Distanza dal Centro C}$$

$$PE = PT = CE \cdot \tan(\theta') = \frac{\rho}{\text{sen}(\varphi)} \cdot \tan(\omega) \qquad \text{Distanze sulla Equinoziale}$$

$$x_P = -CP \cdot \text{sen}(\theta') = -\rho \cdot \frac{\tan(\omega)}{\text{sen}(\varphi)} \qquad \text{Coordinate del punto P}$$

$$y_P = -\rho \cdot \tan(\varphi) + CP \cdot \cos(\theta') = \frac{\rho}{\cos(\varphi)} \cdot \left\{ \frac{1}{\text{sen}(\varphi)} - \text{sen}(\varphi) \right\}$$

$$\tan(POE) = \frac{\tan(\omega)}{\cos(\varphi)} \qquad \text{L'angolo POT è l'angolo dell'ombra}$$

$$\cos(\xi') = \text{sen}(\varphi) \cdot \cos(\theta') \qquad \xi' = \mathbf{PCG} = \text{angolo fra lo Stilo Polare e la linea oraria}$$

$$\text{sen}(\xi') = \frac{\cos(\varphi) \cdot \cos(\theta')}{\cos(\omega)}$$

$$\tan(\xi') = \frac{1}{\tan(\varphi) \cdot \cos(\omega)}$$

5.3   Linee orarie

Equazione delle linee orarie nel sistema con origine il centro C

$$y = -\frac{x}{\tan(\theta')} = -\frac{x}{\cos(\varphi)\cdot\tan(\omega)}$$

Linee orarie parallele all'asse x orizzontale : $\omega = \pm 90°$

Intersezione delle linee orarie **con una retta parallela all'asse y** (verticale) a distanza x_R dall'asse y stesso

- Sistema di coordinate con origine nel centro C

$$x = x_R \qquad y = -\frac{x_R}{\tan(\theta')} = -\frac{x_R}{\cos(\varphi)\cdot\tan(\omega)}$$

- Sistema di coordinate con origine nel piede O dell'ortostilo

$$x = x_R \qquad y = y_C - \frac{x_R}{\tan(\theta')} = -\rho\cdot\tan(\varphi) - \frac{x_R}{\cos(\varphi)\cdot\tan(\omega)}$$

Intersezione delle linee orarie **con una retta parallela all'asse x** (orizzontale) a distanza y_R dall'asse x stesso

- Sistema di coordinate con origine nel centro C
$$x = -y_R\cdot\tan(\theta') = -y_R\cdot\cos(\varphi)\cdot\tan(\omega) \qquad\qquad y = y_R$$

- Sistema di coordinate con origine nel piede O dell'ortostilo
$$x = (y_C - y_R)\cdot\tan(\theta') = -\big(\rho\cdot\tan(\varphi) + y_R\big)\cdot\cos(\varphi)\cdot\tan(\omega) \qquad y = y_R$$

Intersezione delle linee orarie **con la linea dell'orizzonte**

$$x_Q = -\rho\cdot\text{sen}(\varphi)\cdot\tan(\omega) \qquad\qquad y_Q = 0 \qquad\qquad$$

Punti di incontro fra le linee orarie e
la linea dell'orizzonte (**asse x**)

5.4   Punto ombra in un giorno qualunque - Sole con δ e ω qualunque

Il punto ombra cade su una iperbole il cui andamento dipende dal valore della Declinazione δ del Sole.
Il punto ombra cade:
- nel punto **P1** in un'ora generica in cui l'angolo orario del Sole vale ω
- nel punto **E1** al mezzodí $\omega = 0°$
- nel punto **T1** nell'ora Sustilare $\omega_S = 0°$

Punto P1 (sulla linea oraria)

La linea oraria (con angolo orario = ω) forma con la Sustilare(e con la Meridiana) l'angolo θ'

$$CP = \frac{CT}{\cos(\theta')} = \frac{\rho}{\text{sen}(\varphi)\cdot\cos(\varphi)\cdot\cos(\theta')} \qquad\qquad \text{Distanza di P dal Centro C}$$

$$GC = \frac{\rho}{\cos(\varphi)} \qquad\qquad \text{Lunghezza Stilo}$$

$$GD' = GC \cdot sen(\xi') = \rho \cdot \frac{cos(\theta')}{cos(\omega)}$$

Distanza fra il punto G e la linea oraria

$$PP1 = GD' \cdot \{ tan(\xi' + \delta) - tan(\xi') \}$$

Distanza fra P1 e la Equinoziale

$$CP1 = GD' \cdot \left\{ tan(\xi' + \delta) + \frac{1}{tan(\xi')} \right\} = \frac{\rho \cdot cos(\delta)}{cos(\varphi) \cdot cos(\xi' + \delta)}$$

Lunghezza dell'ombra dell'asta polare, distanza fra P1 e il centro C

$$x_{P1} = -CP1 \cdot sen(\theta') = -\rho \cdot \frac{cos(\delta) \cdot sen(\omega)}{sen(\varphi) \cdot cos(\delta) \cdot cos(\omega) - cos(\varphi) \cdot sen(\delta)}$$

$$y_{P1} = +CP1 \cdot cos(\theta') + y_C = \rho \cdot \frac{cos(\delta) \cdot cos(\omega)}{cos(\varphi) \cdot \left[sen(\varphi) \cdot cos(\delta) \cdot cos(\omega) - cos(\varphi) \cdot sen(\delta) \right]} - \rho \cdot tan(\varphi)$$

Punto E1 (sulla Meridiana)

$$EE1 = \rho \cdot \left\{ \frac{1}{tan(\varphi - \delta)} - \frac{1}{tan(\varphi)} \right\}$$

Distanza fra E1 e la Equinoziale

$$CE1 = CT1 = \rho \cdot \left\{ tan(\varphi) + \frac{1}{tan(\varphi - \delta)} \right\} = \frac{\rho \cdot cos(\delta)}{cos(\varphi) \cdot sen(\varphi - \delta)}$$

Distanza fra E1=T1 e il centro C

Lunghezza ombra sustilare

$$y_{E1} = \frac{\rho}{tan(\varphi - \delta)} \qquad\qquad x_{E1} = 0$$

Coordinate del punto E1

5.5 Coordinate x , y del punto ombra P1 , noti l'Azimut e l'Altezza del Sole

α = declinazione o Azimut   del Piano del Quadrante = 0°
ρ = lunghezza dell'Ortostilo
Az , h = Azimut e altezza del Sole

$$x = -\rho \cdot tan(Az) \qquad\qquad y = \rho \cdot \frac{tan(h)}{cos(Az)}$$

Coordinate polari con polo in O (τ_O , ρ_O) :

$$tan(\tau_O) = \frac{x}{y} = \frac{-sen(Az)}{tan(h)}$$

$$\rho_O = PO = \sqrt{x^2 + y^2} = \frac{x}{sen(\tau_O)} = \frac{y}{cos(\tau_O)} = \rho \cdot \frac{\sqrt{tan^2(h) + sen^2(Az)}}{cos(Az)}$$

Lunghezza ombra Ortostilo

Coordinate polari con polo in C (τ_C , ρ_C) :

$$\tan(\tau_C) = \frac{x - x_C}{y - y_C} = -\cos(\varphi) \cdot \tan(\omega) \qquad\qquad \tau_C = -\theta'$$

$$\rho_C = PC = \sqrt{(x_C - x)^2 + (y_C - y)^2} = \frac{x_C - x}{\text{sen}(\tau_C)} = \frac{y_C - y}{\cos(\tau_C)} \qquad \text{Lunghezza dell'ombra dell'asta}$$

NOTA : le coordinate del punto C (centro del Quadrante) in cui lo Stilo incontra il piano si possono calcolare utilizzando per le coordinate del Sole i valori Az=0° e h = – φ

Quando il Sole è al Meridiano :

$$x_M = 0 \qquad\qquad y_M = \frac{\rho}{\tan(\varphi - \delta)} \qquad Az = 0^\circ \qquad h_{MAX} = 90^\circ - \varphi + \delta$$

5.6 Esempio di calcolo

PIANO VERTICALE RIVOLTO A SUD

Latitudine $\varphi = 40°$ Azimut Quadrante $\alpha = 0°$ Ortostilo = 1.0
Giorno di calcolo   20 Aprile $\delta = 11° 28' = 11.466667°$
Ora di calcolo (Tempo Vero Locale) 16h   con $\omega = 60°$ Az = 79.15°   h = 30.21°

Si ricavano i valori :

γ = 50.0°   altezza dello stilo
ρ = 1.000   Ortostilo
GC = 1.3054   lunghezza asta polare
CO = 0.8391   Sottostilo

ξ = 26.043°   fra asta polare e linea Meridiana
θ = 0.0°   fra Sustilare e linea Meridiana
μ = 0.0°   fra Sustilare e linea di massima pendenza - fra Equinoziale e Orizzontale
ω_S = 0.0°   angolo orario Sustilare da cui ora sustilare = 12h

x_C = 0.0   coordinate del Centro C della Meridiana
y_C = –0.839

x_T = 0.0   coordinate del punto Sustilare- Equinoziale
y_T = 1.1917

OT = 1.1917   CT = 2.0308   GT = 1.5557   punto T Sustilare-Equinoziale

Alle ore 16 (Tempo Vero Locale) del 20 Aprile si ha :
$\omega = 60°$ Az = 79.15°   h = 30.21°

θ' = 52.995°   fra Sustilare e linea oraria
ξ' = 67.239°   fra Asta polare e linea oraria (questo angolo non è sul piano)

CP = 3.374   distanza del punto P (incontro della linea oraria con la Equinoziale) dal centro C
PT = 2.6946   distanza dalla Sustilare (T) misurata sulla Equinoziale

x_P = -2.6946   coordinate del punto del punto P (linea oraria - Equinoziale)
y_P =   1.1917

GD' = 1.2037   distanza fra il punto G e la linea oraria

PP1 =   3.159   distanza fra P1 (ore 16 del 20 Aprile) e l'Equinoziale
CP1 =   6.533   distanza fra P1 e il centro C

EE1 =   0.6475   distanza fra E1 (ore 12 del 20 Aprile) e l'Equinoziale (E1 è sulla Meridiana)
CE1 =   2.6783   distanza fra E1 e il centro C

σ =   39.058°   angolo ausiliario (ore 16 del 20 Aprile)

x_{P1} =   -2.6946   coordinate del punto del punto P1 (ore 16 del 20 Aprile)
y_{P1} =   1.1917

τ_0 =   -59.34°   coordinate polari del punto del punto P1 (ore 16 del 20 Aprile) - origine in O
ρ =   06.0653   lunghezza ombra dell'Ortostilo

τ_C =   -52.995°   coordinate polari del punto del punto P1 (ore 16 del 20 Aprile) - origine in C
ρ_C =   6.533   lunghezza ombra dell'Asta polare

h_{MAX} =   61.467°   altezza massima del Sole (ore 12 del 20 Aprile)

Coordinate della località equivalente (in cui un orologio solare orizzontale é uguale a quello tracciato sul piano inclinato e declinante φ_E = -50.0° ; λ_E = 0.0°

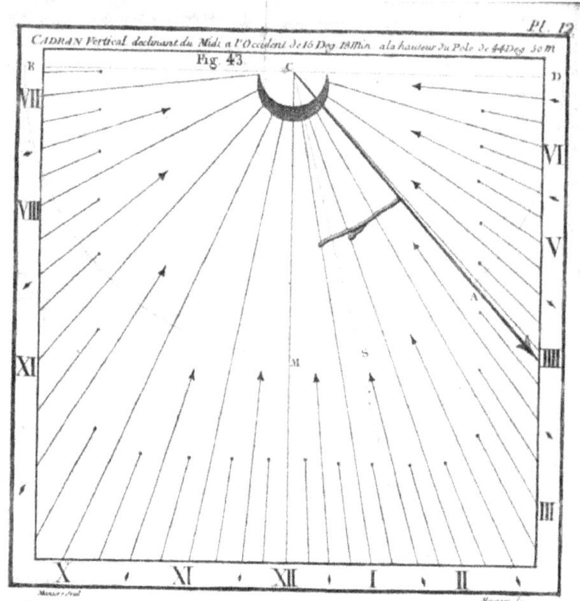

Capitolo 6
PIANO VERTICALE RIVOLTO A EST

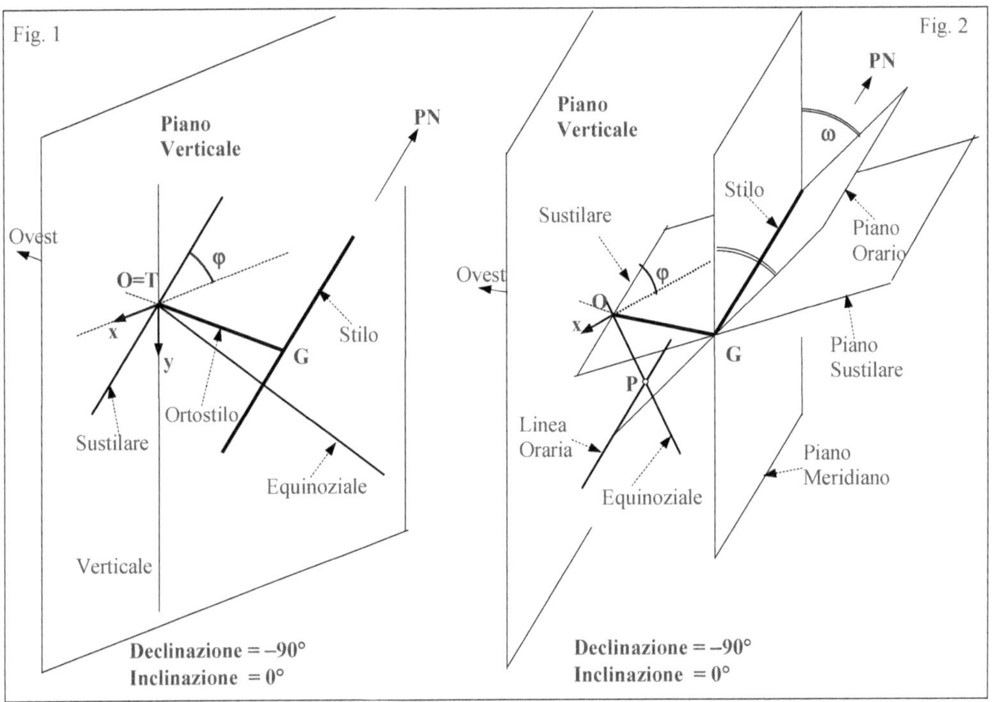

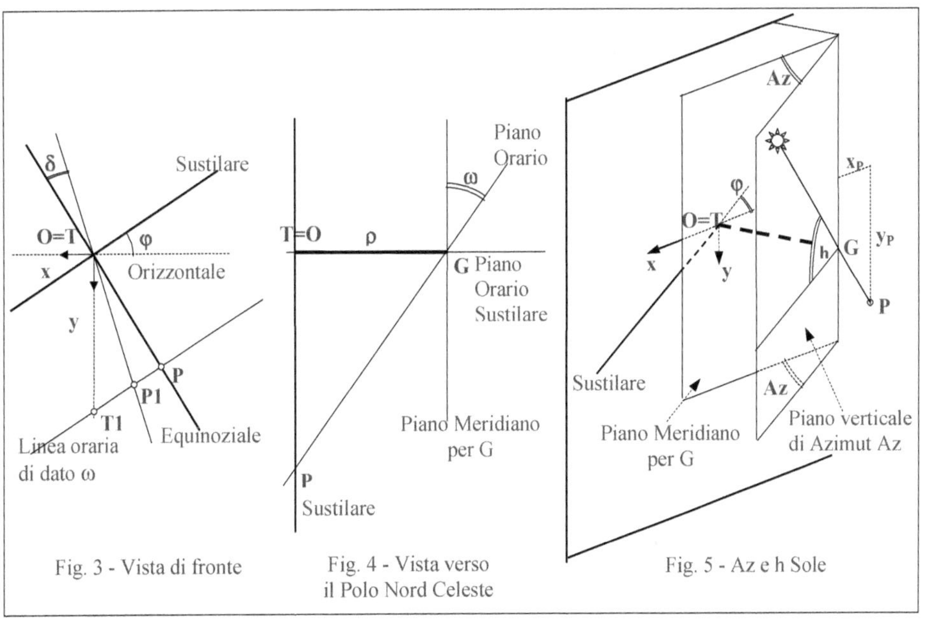

6.1 Elementi principali di un quadrante piano verticale rivolto a Est

Il piano del quadrante coincide con il piano meridiano.
- l'Inclinazione è $i = 0°$
- la Declinazione è $\alpha = -90°$
- lo Stilo Polare è parallelo al piano e diretto verso il Polo Nord Celeste
- lo Stilo Polare forma con la verticale un angolo di $90° - \varphi$
- l'Ortostilo è orizzontale e diretto verso Est
- la lunghezza dello stilo polare e quella del Sottostilo sono infinite
- la linea Meridiana è all'infinito
- la Sustilare è inclinata di un angolo uguale alla Latitudine φ rispetto alla linea orizzontale
- l'Equinoziale passa per il piede O dell'Ortostilo ed è perpendicolare alla Sustilare
- le linee orarie sono parallele alla linea Sustilare
- la linea dell'orizzonte passa per il piede O dell'Ortostilo
- l'angolo orario della sustilare $\omega_S = -90°$
- il centro C e il punto E sono all'infinito
- il punto R , ove cade l'ombra all'alba nei giorni degli Equinozi, coincide con il piede O dell'Ortostilo

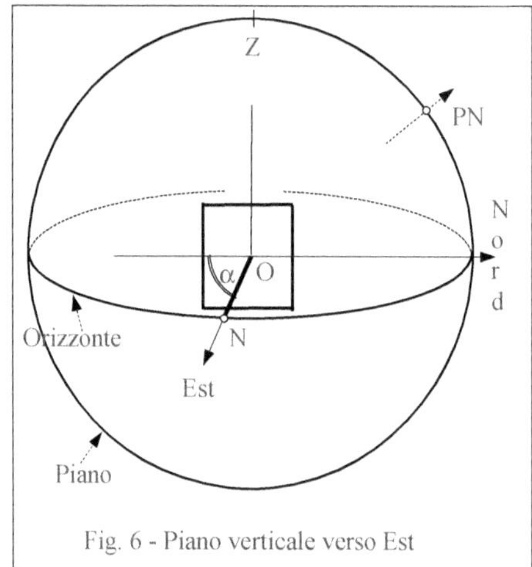

Fig. 6 - Piano verticale verso Est

Si danno le formule per calcolare i vari elementi del Quadrante

ρ	Lunghezza dell'Ortostilo
$\gamma = 0$	lo stilo è parallelo al quadro, forma con l'orizzontale l'angolo $= \varphi$ ed ha lunghezza infinita
φ	Angolo fra la Sustilare e l'Orizzonte
$90° - \varphi$	Angolo fra l'Equinoziale e l'Orizzonte
$\omega_S = -90°$	ω_S = angolo orario della Sustilare

I punti sulla Equinoziale T ed R coincidono con il punto O . Il punto E è all'infinito.

$$x_\omega = -\frac{1}{\operatorname{sen}(\varphi) \cdot \tan(\omega)} \qquad y_\omega = 0$$

Punti di incontro fra le linee orarie e

la linea dell'orizzonte (**asse x**)

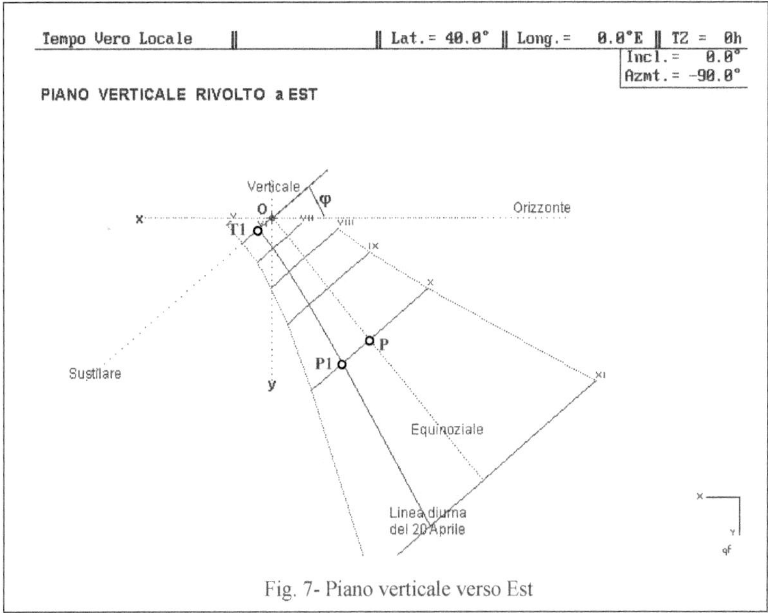

Fig. 7- Piano verticale verso Est

6.2   Punti ombra sulla linea equinoziale
Giorni degli equinozi - Sole con $\delta = 0°$ e ω qualunque

Il punto ombra cade sulla linea Equinoziale:
- nel punto P in un'ora generica in cui l'angolo orario del Sole vale ω
- nel punto O nell'ora Sustilare $\omega_S = -90°$
- le linee orarie sono tutte parallele alla linea Sustilare

$$OP = \frac{\rho}{\tan(\omega)}$$

Distanza, sulla Equinoziale, fra le linee orarie

e la Sustilare

$$x_P = -\rho \cdot \frac{\text{sen}(\varphi)}{\tan(\omega)} \qquad y_P = \rho \cdot \frac{\cos(\varphi)}{\tan(\omega)}$$

Coordinate del punto P

6.3   Punto ombra - Giorno qualunque - Sole con δ e ω qualunque

Il punto ombra cade su una iperbole il cui andamento dipende dal valore della Declinazione δ del Sole.
Il punto ombra cade:
- nel punto **P1** in un'ora generica in cui l'angolo orario del Sole vale ω.

Punto P1 (sulla linea oraria)

$$OP1 = \frac{\rho}{\tan(\omega) \cdot \cos(\delta)} \qquad PP1 = \rho \cdot \frac{\tan(\delta)}{\tan(\omega)}$$

Punto T1 (sulla Sustilare)

La linea Sustilare (con angolo orario $\omega = -90°$) forma con la linea Verticale l'angolo $90° - \varphi$

$OT1 = \rho \cdot \tan(\delta)$ Distanza fra T1 e il piede dell'Ortostilo

6.4 Coordinate x , y del punto ombra P   (noti l'Azimut e l'Altezza del Sole)

α = declinazione o Azimut   del Piano del Quadrante = $-90°$;
ρ = lunghezza dell'Ortostilo ;
Az . h = Azimut e altezza del Sole .

$$x = +\frac{\rho}{\tan(Az)} \qquad\qquad y = -\rho \cdot \frac{\tan(h)}{\mathrm{sen}(Az)}$$

Coordinate polari con polo in O (τ_O , ρ_O) :

$$\tan(\tau_O) = \frac{x}{y} = -\frac{\cos(Az)}{\tan(h)} \qquad \rho_O = PO = \sqrt{x^2 + y^2} = \left|\frac{x}{\mathrm{sen}(\tau_O)}\right| = \left|\frac{y}{\cos(\tau_O)}\right|$$

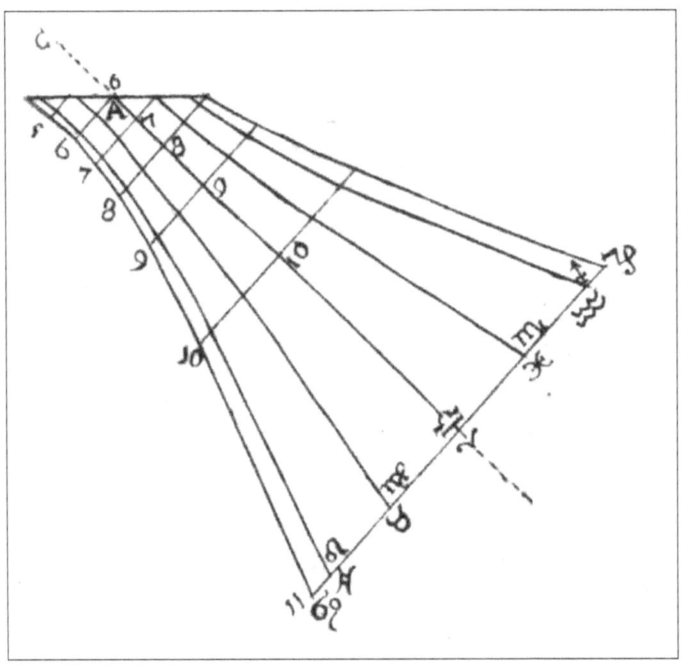

Capitolo 7
PIANO INCLINATO RIVOLTO A SUD

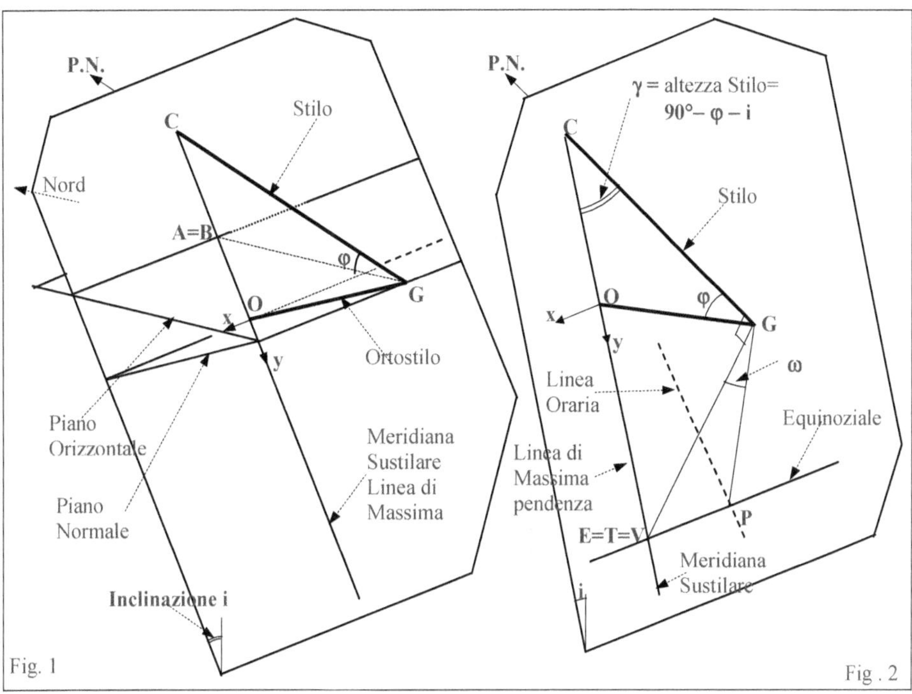

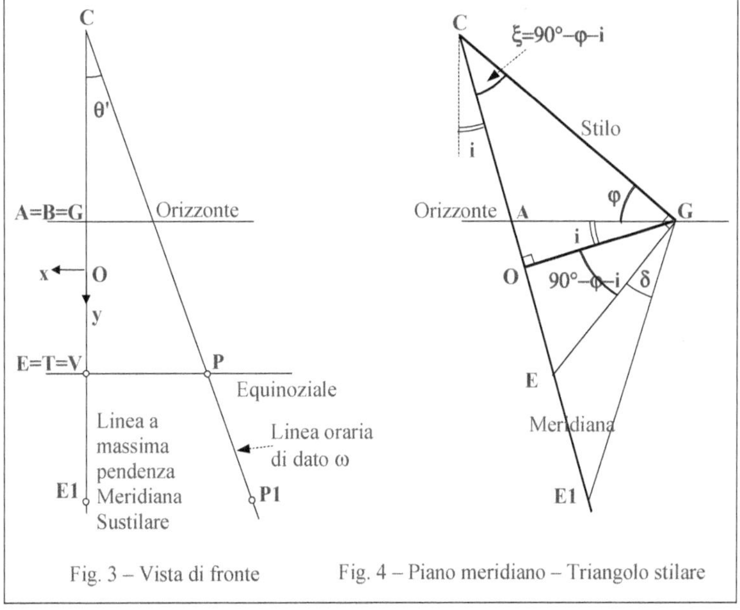

Fig. 3 – Vista di fronte   Fig. 4 – Piano meridiano – Triangolo stilare

7.1   Elementi principali di un quadrante piano inclinato e rivolto a Sud

–   la Declinazione é = 0°
–   l'Ortostilo giace sul piano Meridiano
–   la linea Meridiana passa per il piede O dell'Ortostilo e coincide con la Sustilare e con la linea di massima
    pendenza $\theta = 0$ °
–   l'Equinoziale è orizzontale
–   lo Stilo polare forma con il piano un angolo = **90° – φ – i** e con la verticale un angolo = **90° – φ**
–   l'altezza γ dello stilo è = **90° – φ – i**
–   le linee orarie sono simmetriche rispetto alla linea Meridiana
–   l'angolo orario della sustilare $\omega_s = 0°$ e l'ora sustilare è il mezzogiorno locale

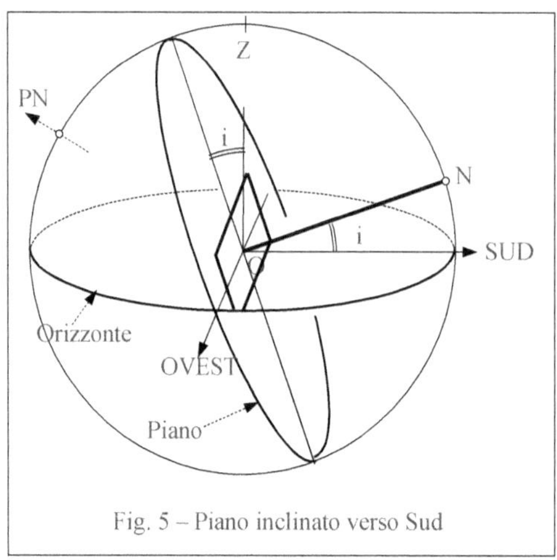

Fig. 5 – Piano inclinato verso Sud

Si danno le formule per calcolare i vari elementi del Quadrante

ρ — Lunghezza dell'Ortostilo

$$r = GA = \frac{\rho}{\cos(i)}$$ — Distanza orizzontale fra G e il piano

Stilo Polare

$$\text{sen}(\gamma) = \cos(\varphi + i) \qquad \gamma = 90° - \varphi - i \qquad \gamma = \mathbf{GCO} = \text{altezza dello Stilo}; \ \xi = \gamma$$

$$GC = \frac{\rho}{\cos(\varphi + i)}$$ — Lunghezza Stilo

$$CO = \rho \cdot \tan(\varphi + i)$$ — Sottostilo

Segmenti vari

$$y_{OR} = -\rho \cdot \tan(i)$$ — **AO** = y della linea dell'Orizzonte

Punti sull'Equinoziale

$$OT = OE = \frac{\rho}{\tan(\varphi + i)}$$

$$CT = CE = \rho \cdot \left\{ \tan(\varphi + i) + \frac{1}{\tan(\varphi + i)} \right\} = \frac{\rho}{\operatorname{sen}(\varphi + i) \cdot \cos(\varphi + i)} \qquad \text{Punto } \mathbf{T} \text{ (Sustilare - Equinoziale)}$$

$$GT = GE = \frac{\rho}{\operatorname{sen}(\varphi + i)} \qquad\qquad\qquad \text{Distanza fondamentale della Meridiana}$$

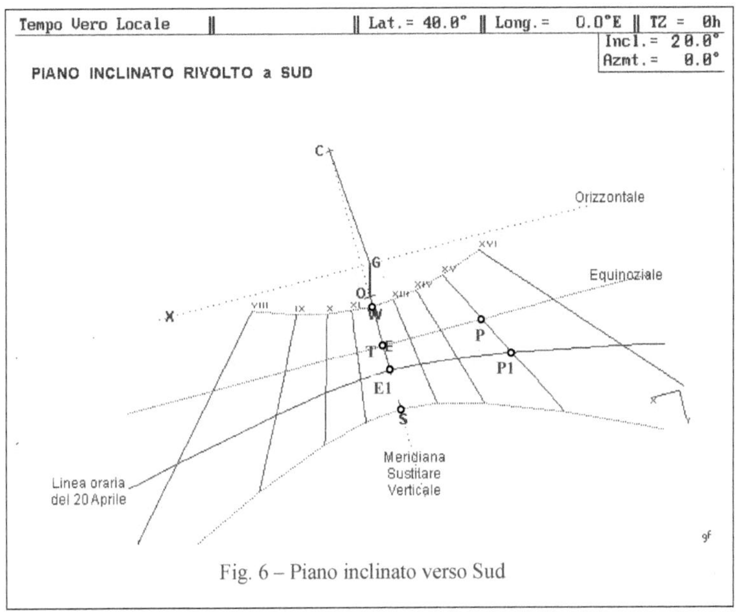

Fig. 6 – Piano inclinato verso Sud

Coordinate di Punti Particolari

$$x_C = 0 \qquad\qquad\qquad y_C = -\rho \cdot \tan(\varphi + i) \qquad \text{Punto } \mathbf{C} \text{ - Centro della Meridiana}$$

$$\mathbf{x_C = OL = AH} \qquad \mathbf{y_C = CL}$$

$$x_T = x_E = 0 \qquad\qquad y_T = y_E = \frac{\rho}{\tan(\varphi + i)} \qquad \text{Punti } \mathbf{T, E}$$

7.2   Punti ombra sulla linea equinoziale
Giorni degli equinozi - Sole con $\delta = 0°$ e ω qualunque

Il punto ombra cade sulla linea Equinoziale:
- nel punto P in un'ora generica in cui l'angolo orario del Sole vale ω
- nel punto E al mezzodí (ora Sustilare) $\omega = 0°$

Chiamo θ' l'angolo **PCE** fra la linea oraria **CP** e la linea Meridiana **CE**

Chiamo ξ' l'angolo **PCG** fra la linea oraria **CP** e lo Stilo Polare **CG**

$$\tan(\theta') = \cos(\varphi + i) \cdot \tan(\omega) \qquad\qquad \text{Angolo della linea oraria}$$

Punto P (Equinoziale - Linea oraria)

$$CP = \frac{CT}{\cos(\theta')} = \frac{\rho}{\cos(\varphi + i) \cdot \text{sen}(\varphi + i) \cdot \cos(\theta')} \qquad \text{Distanza dal Centro C}$$

$$PT = PE = CT \cdot \tan(\theta') = \frac{\rho}{\text{sen}(\varphi + i)} \cdot \tan(\omega) \qquad \text{Distanze sulla Equinoziale}$$

$$x_P = -CP \cdot \text{sen}(\theta') \qquad\qquad y_P = -\rho \cdot \tan(\varphi + i) + CP \cdot \cos(\theta') \qquad \text{Coordinate del punto P}$$

$$\cos(\xi') = \text{sen}(\varphi + i) \cdot \cos(\theta')$$

$$\text{sen}(\xi') = \frac{\cos(\varphi + i) \cdot \cos(\theta')}{\cos(\omega)}$$

$$\tan(\xi') = \frac{1}{\tan(\varphi + i) \cdot \cos(\omega)}$$

$\xi' = \textbf{PCG} = $ angolo fra lo Stilo Polare e la linea oraria

7.3   Linee orarie

Equazione delle linee orarie nel sistema con origine il centro C

$$y = -\frac{x}{\tan(\theta')} = -\frac{x}{\cos(\varphi + i) \cdot \tan(\omega)}$$

Linee orarie parallele all'asse x orizzontale: $\omega = \pm 90°$

Intersezione delle linee orarie **con una retta parallela all'asse y** (verticale) a distanza x_R dall'asse y stesso

- Sistema di coordinate con origine nel centro C

$$x = x_R \qquad\qquad y = -\frac{x_R}{\tan(\theta')} = -\frac{x_R}{\cos(\varphi + i) \cdot \tan(\omega)}$$

- Sistema di coordinate con origine nel piede O dell'ortostilo

$$x = x_R \qquad\qquad y = y_C - \frac{x_R}{\tan(\theta')} = -\rho \cdot \tan(\varphi + i) - \frac{x_R}{\cos(\varphi + i) \cdot \tan(\omega)}$$

Intersezione delle linee orarie **con una retta parallela all'asse x** (orizzontale) a distanza y_R dall'asse x stesso

– Sistema di coordinate con origine nel centro C

$$x = -y_R \cdot \tan(\theta') = -y_R \cdot \cos(\varphi + i) \cdot \tan(\omega) \qquad\qquad y = y_R$$

– Sistema di coordinate con origine nel piede O dell'ortostilo

$$x = (y_C - y_R) \cdot \tan(\theta') = -\left[\rho \cdot \tan(\varphi + i) + y_R\right] \cdot \cos(\varphi + i) \cdot \tan(\omega) \qquad y = y_R$$

Intersezione delle linee orarie **con la linea dell'orizzonte**

$$x_Q = -\frac{\rho}{\cos(i)} \cdot \mathrm{sen}(\varphi) \cdot \tan(\omega) \qquad y_Q = -\rho \cdot \tan(i) \qquad \text{Punti di incontro fra le linee orarie e l'orizzonte}$$

7.4 Punto ombra - Giorno qualunque - Sole con δ e ω qualunque

Il punto ombra cade su una iperbole il cui andamento dipende dal valore della Declinazione δ del Sole.

Il punto ombra cade:
– nel punto **P1** in un'ora generica in cui l'angolo orario del Sole vale ω ;
– nel punto **E1** al mezzodí $\omega = 0°$.

Punto P1

La linea oraria (con angolo orario = ω) forma con la Sustilare l'angolo θ'; con la Meridiana l'angolo
($\theta' + \theta$); con la linea di massima pendenza l'angolo ($\mu + \theta'$)

$$GC = \frac{\rho}{\cos(\varphi + i)} \qquad\qquad \text{Lunghezza Stilo}$$

$$GD' = GC \cdot \mathrm{sen}(\xi') = \rho \cdot \frac{\cos(\theta')}{\cos(\omega)} \qquad\qquad \text{Distanza fra il punto G e la linea oraria}$$

$$PP1 = GD' \cdot \left\{ \tan(\xi' + \delta) - \tan(\xi') \right\} \qquad\qquad \text{Distanza fra P1 e la Equinoziale}$$

$$CP1 = GD' \cdot \left\{ \tan(\xi' + \delta) + \frac{1}{\tan(\xi')} \right\} = \frac{\rho \cdot \cos(\delta)}{\mathrm{sen}(\varphi + i) \cdot \cos(\xi' + \delta)} \qquad \text{Lunghezza dell'ombra dell'Asta polare,}$$

distanza fra P1 e il centro C

Punto E1 = T1

$$GD = \rho \qquad\qquad \text{Distanza fra il punto G e la linea oraria,}$$

$$EE1 = \rho \cdot \left\{ \frac{1}{\tan(\varphi + i - \delta)} - \frac{1}{\tan(\varphi + i)} \right\} \qquad\qquad \text{distanza fra E1 e la Equinoziale}$$

$$CE1 = CT1 = \rho \cdot \left\{ \frac{1}{\tan(\varphi + i - \delta)} + \tan(\varphi + i) \right\} = \frac{\rho \cdot \cos(\delta)}{\cos(\varphi + i) \cdot \mathrm{sen}(\varphi + i - \delta)} \qquad \text{Distanza fra E1 e il centro C,}$$

lunghezza dell'ombra sustilare

7.5 Coordinate x, y del punto ombra P1 (noti l'Azimut e l'Altezza del Sole)

i = inclinazione   del Piano del Quadrante
ρ = lunghezza dell'Ortostilo
Az, h = Azimut e altezza del Sole

$$r = \frac{\rho}{\cos(i)} \qquad\qquad\qquad \text{Distanza orizzontale di G dal piano}$$

$$\tan(\sigma) = \frac{\tan(h)}{\cos(Az)} \quad \text{da cui} \qquad\qquad \sigma = \arctan\left\{\frac{\tan(h)}{\cos(Az)}\right\} \ \text{Angolo ausiliario}$$

$$x = -\rho \cdot \frac{\cos(\sigma)\tan(Az)}{\cos(\sigma - i)} = -r \cdot \frac{\cos(i)\cos(\sigma)\tan(Az)}{\cos(\sigma - i)}$$

$$y = \rho \cdot \tan(\sigma - i) = r \cdot \cos(i)\tan(\sigma - i)$$

$$y_F = y + AO = r \cdot \frac{\operatorname{sen}(\sigma)}{\cos(\sigma - i)} \qquad\qquad \text{Coordinata y misurata dall'Orizzonte, cioè}$$

dal punto A

Coordinate polari con polo in O (τ_O, ρ_O):

$$\tan(\tau_O) = \frac{x}{y} = \frac{-\cos(\sigma)\cdot\tan(Az)}{\operatorname{sen}(\sigma - i)} \qquad \rho_O = PO = \sqrt{x^2 + y^2} = \frac{x}{\operatorname{sen}(\tau_O)} = \frac{y}{\cos(\tau_O)}$$

Coordinate polari con polo in C (τ_C, ρ_C):

$$\tan(\tau_C) = \frac{x - x_C}{y - y_C} \qquad \tau_C = -\theta' \qquad \rho_C = PC = \sqrt{(x_C - x)^2 + (y_C - y)^2} = \left|\frac{x_C - x}{\operatorname{sen}(\tau_C)}\right| = \left|\frac{y_C - y}{\cos(\tau_C)}\right|$$

Quando il Sole è al meridiano:

$$x_M = 0 \qquad\qquad\qquad y_M = \frac{\rho}{\tan(\varphi + i - \delta)}$$

7.6   Esempio di calcolo

PIANO INCLINATO RIVOLTO A SUD

Latitudine $\varphi = 40°$ Azimut Quadrante $\alpha = 0°$ Inclinazione Quadrante $i = 20°$ Ortostilo = 1.0
Giorno di calcolo   20 Aprile $\delta = 11° 28' = 11.466667°$
Ora di calcolo (Tempo Vero Locale) 16h   con $\omega = 60°$ Az = 79.15°   h = 30.21°

Si ricavano i valori:
r	= 1.064	distanza orizzontale fra G e piano
γ	= 30.0°	altezza dello stilo
ρ	= 1.000	Ortostilo
GC	= 2.0	lunghezza asta polare
CO	= 1.732	Sottostilo

x_C = 0.0   coordinate del Centro C della Meridiana
y_C = -1.732

$x_T = x_E = 0.0$ coordinate del punto Meridiana- Equinoziale
$y_T = y_E = 0.5773$

OT = 0.5773   punto T   Sustilare-Equinoziale
CT = 2.3094
GT = 1.1547

Alle ore 16 (Tempo Vero Locale) del 20 Aprile si ha:
$\omega = 60°$ Az = 79.15°   h = 30.21°

θ' = 40.893°   fra Sustilare   e linea oraria
ξ' = 49.107°   fra Asta polare   e linea oraria (questo angolo non è sul piano)

CP = 3.055   distanze del punto P (incontro della linea oraria con la Equinoziale) dal centro C
PT = 2.000   Distanze dalla Sustilare (T) misurata sulla Equinoziale

x_P = 2.000   coordinate del punto del punto P (linea oraria - Equinoziale)
y_P = 0.5773

GD' = 1.5119   distanza fra il punto G e la linea oraria
PP1 = 0.9345   distanza fra P1 (ore 16 del 20 Aprile) e l'Equinoziale
CP1 = 3.9895   distanza fra P1 e il centro C

GD = 1.000   distanza fra il punto G e la linea Meridiana
EE1 = 0.3063   distanza fra E1 (ore 12 del 20 Aprile) e l'Equinoziale (E1 è sulla Meridiana)
CE1 = 2.6157   distanza fra E1 e il centro C

σ = 72.08°   angolo ausiliario (ore 16 del 20 Aprile)

x_{P1} = -2.6118   coordinate del punto del punto P1 (ore 16 del 20 Aprile)
y_{P1} = 1.2838

τ_0 = -63.82°   coordinate polari del punto del punto P1 (ore 16 del 20 Aprile) - origine in O
ρ = 2.9104   lunghezza ombra dell'Ortostilo

τ_C = -40.894°   coordinate polari del punto del punto P1 (ore 16 del 20 Aprile) - origine in C
ρ_C = 3.9896   lunghezza ombra dell'Asta polare

h_{MAX} = 61.467°   altezza massima del Sole (ore 12 del 20 Aprile)

Coordinate della località equivalente (in cui un orologio solare orizzontale é uguale a quello sul piano inclinato
φ_E = -30.0° $\lambda_E = 0$

Capitolo 8
PIANO EQUATORIALE

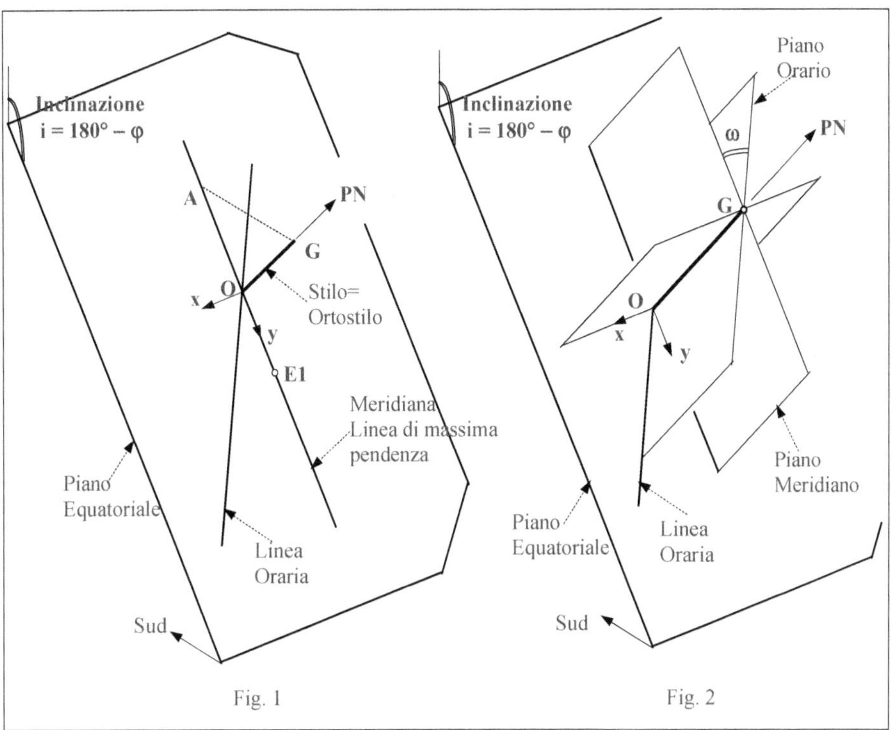

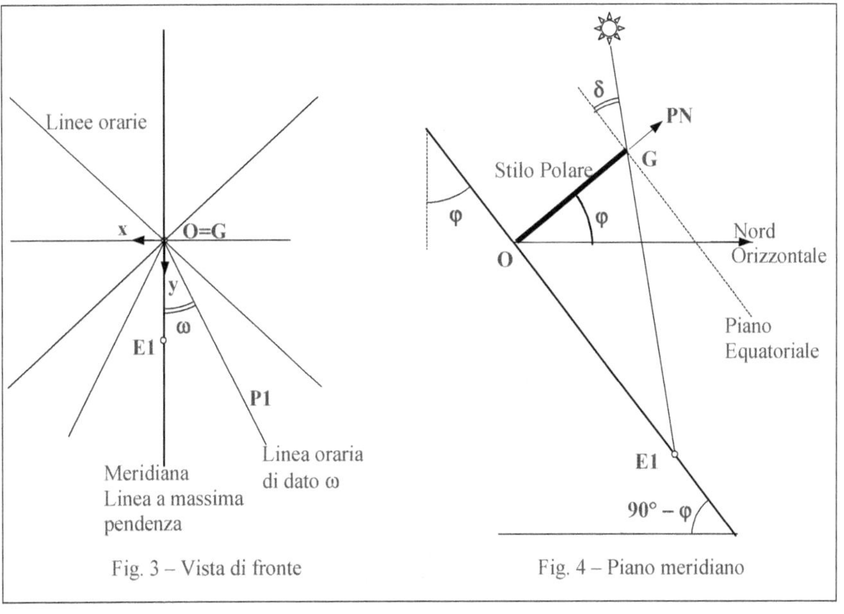

8.1   Elementi principali di un quadrante piano equatoriale

– Il piano è parallelo all'Equatore terrestre
– la Declinazione é = 0°
– L'inclinazione (rispetto alla verticale) della faccia illuminata nel periodo estivo è = **180° – φ**
– La faccia illuminata nel periodo invernale ha inclinazione = **– φ**
– Lo Stilo polare è perpendicolare al piano e quindi coincide con l'Ortostilo
– lo Stilo polare forma con il piano un angolo = **90°** e con la verticale un angolo = **90° – φ**
– la linea Meridiana passa per il piede O dell'Ortostilo e coincide con la Sustilare e con la linea di massima pendenza
– la linea Sustilare si riduce a un punto: il piede dell'Ortostilo O
– il centro C del quadrante coincide con O e con E
– l'Equinoziale è all' infinito
– le linee orarie sono raggio uscenti dall'origine O degli assi e formano con la Meridiana un angolo uguale all'angolo orario **ω**
– le linee orarie sono simmetriche rispetto alla linea Meridiana
– l'angolo orario della sustilare $ω_s$ = 0° e l'ora sustilare è il mezzogiorno locale
– le linee diurne sono cerchi con centro nel piede O dello Stilo

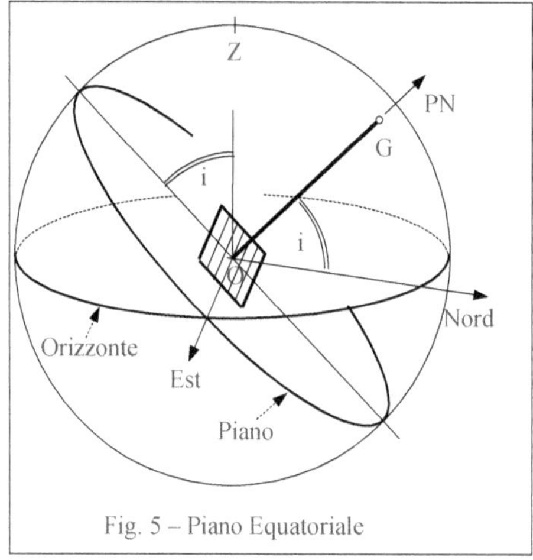

Fig. 5 – Piano Equatoriale

Si danno le formule per calcolare i vari elementi del quadrante.

$ρ$	Lunghezza dello Stilo e dell'Ortostilo Il Sottostilo è lungo 0
$r = GA = \dfrac{ρ}{\cos(φ)}$	Distanza orizzontale fra G e il piano
$γ = 90°$	$γ$ = altezza dello Stilo = **90°**

8.2   Punti ombra sulla linea equinoziale
Giorni degli equinozi - Sole con $\delta = 0°$ e ω qualunque

Il punto ombra cade sulla linea Equinoziale che è all'infinito e i raggi dal Sole sono paralleli al piano

8.3   Punto ombra - Giorno qualunque - Sole con $\delta > 0$ e ω qualunque (faccia rivolta a Nord)

Il punto ombra cade su un cerchio il cui raggio dipende dal valore della Declinazione δ del Sole.
La linea oraria forma con la Meridiana un angolo uguale all'angolo orario ω.

Punto P1

$$OP1 = \frac{\rho}{\tan(\delta)}$$

Distanza fra P1 e il piede O dell'Ortostilo.

Raggio delle linee diurne: OP1 non dipende da ω ed è lo stesso per qualunque linea oraria (le linee diurne sono cerchi)

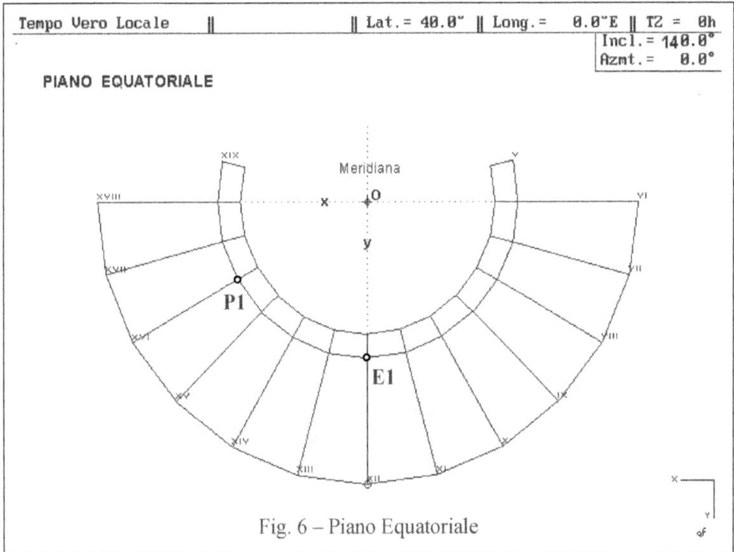

Fig. 6 – Piano Equatoriale

8.4   Coordinate x, y del punto ombra P1 (noti l'Azimut e l'Altezza del Sole)

i = inclinazione   del piano del quadrante
ρ = lunghezza dell'Ortostilo
Az, h = Azimut e altezza del Sole

$$x = \rho \cdot \frac{\operatorname{sen}(\omega)}{\tan(\delta)} \qquad\qquad y = \rho \cdot \frac{\cos(\omega)}{\tan(\delta)}$$

Coordinate polari con polo in O (τ_O, ρ_O):

$$\tau_0 = \omega \qquad\qquad \rho_O = \frac{\rho}{\tan(\delta)}$$

Angolo e Raggio della linea oraria

8.5 Esempio di calcolo

PIANO EQUATORIALE

Latitudine $\varphi = 40°$ Inclinazione Quadrante $i = 40°$ Ortostilo = 1.0
Giorno di calcolo   20 Aprile $\delta = 11° 28' = 11.466667°$
Ora di calcolo (Tempo Vero Locale) 16h   con $\omega = 60°$ Az = 79.15°   h = 30.21°

Si ricavano i valori:

r = 1.3054   distanza orizzontale fra G e piano
γ =   90.0°   altezza dello stilo
ρ = 1.000   Ortostilo

Alle ore 16 (Tempo Vero Locale) del 20 Aprile si ha:
$\omega = 60°$ Az = 79.15°   h = 30.21°

OP1 = 4.9298   distanze del punto P1 dal centro O

σ =   72.084°   angolo ausiliario (ore 16 del 20 Aprile)

x_{P1} =   +4.2689   coordinate del punto del punto P1 (ore 16 del 20 Aprile)
y_{P1} =   +2.4649

τ_0 =   60.0°   coordinate polari del punto del punto P1 (ore16 del 20 Aprile) - origine in O
ρ =   4.9294   lunghezza ombra dell'Ortostilo

h_{MAX} =   61.467°   altezza massima del Sole (ore 12 del 20 Aprile)

Coordinate della località equivalente (in cui l'orologio solare orizzontale é uguale a quello tracciata sul piano inclinato)
φ_E =   +90
λ_E =   indeterminata

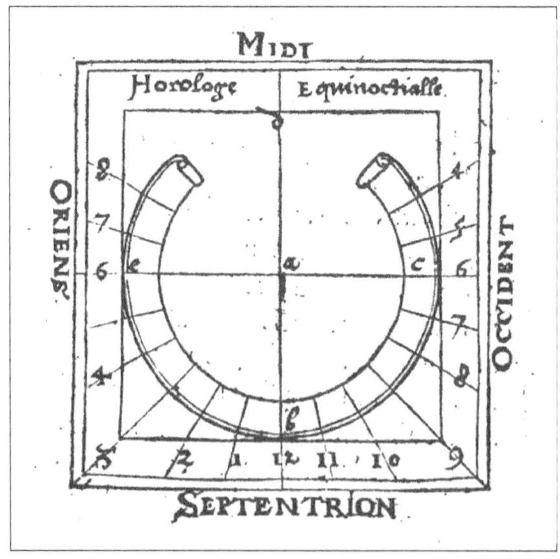

Capitolo 9
PIANO POLARE RIVOLTO A SUD

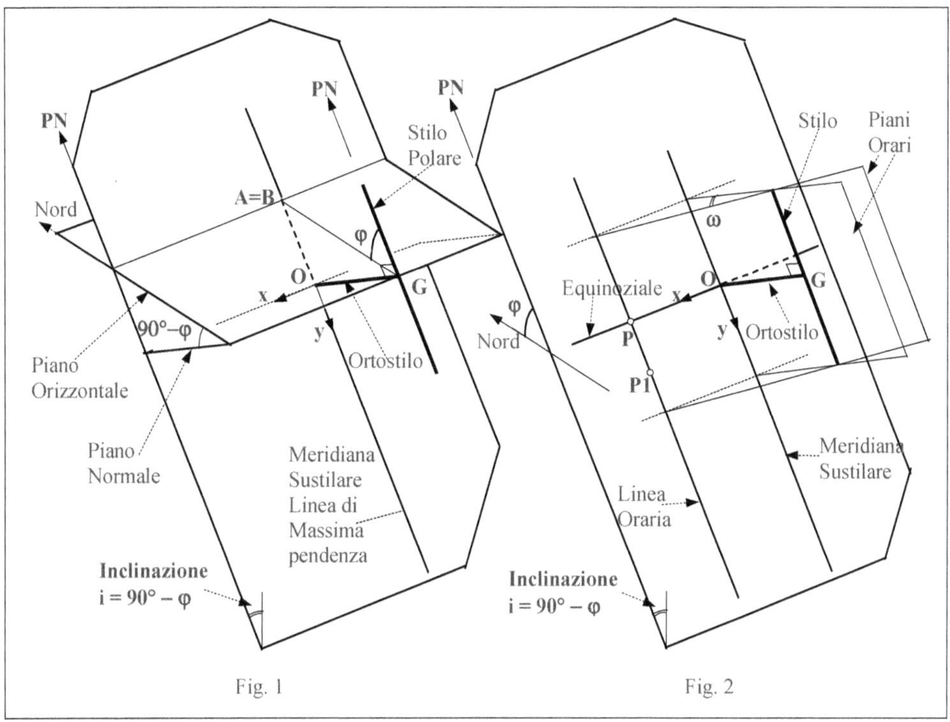

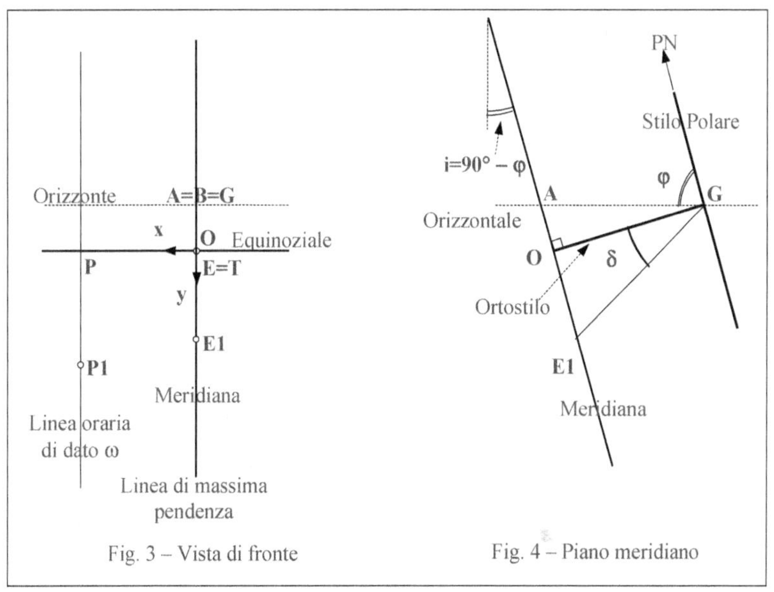

9.1 Formule per la determinazione degli elementi principali di un orologio solare su piano polare rivolto a Sud

Strettamente parlando un Piano Polare è un qualunque piano parallelo all'asse terrestre, cioè un piano che contiene l'asse polare e che coincide con un piano orario. Esiste quindi una famiglia di piano polari [9]. Generalmente però con la locuzione *Piano Polare* si intende quel particolare piano di questa famiglia che è rivolto a Sud.
Proprietà:

– il piano forma un angolo $= \varphi$ con il piano orizzontale
– l'Inclinazione, rispetto alla verticale, è $= \mathbf{90° - \varphi}$
– la Declinazione é $= 0°$
– lo Stilo polare è parallelo al piano e può avere lunghezza qualsiasi (teoricamente infinita)
– l'altezza γ dello stilo è $= \mathbf{0°}$
– l'Ortostilo giace sul piano Meridiano
– la linea Meridiana passa per il piede O dell'Ortostilo e coincide con la Sustilare e con la linea di massima pendenza
– l'Equinoziale è orizzontale e passa per il piede O dell'Ortostilo
– il centro C del quadrante è all'infinito
– le linee orarie sono parallele alla linea di massima pendenza (Meridiana) e sono simmetriche rispetto ad essa
– l'angolo orario della sustilare $\omega_S = 0°$ e l'ora sustilare è il mezzogiorno locale

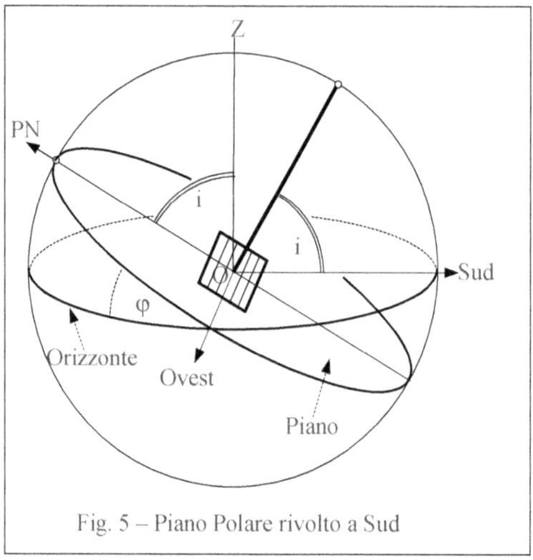

Fig. 5 – Piano Polare rivolto a Sud

Si danno le formule per calcolare i vari elementi del orologio solare

ρ	Lunghezza dell'Ortostilo
$r = GA = \dfrac{\rho}{\mathrm{sen}(\varphi)}$	Distanza orizzontale fra G e il piano
$\gamma = 0$	$\gamma =$ altezza dello Stilo $= \mathbf{0°}$
$y_{OR} = \dfrac{-\rho}{\tan(\varphi)}$	$\mathbf{AO} = y$ della linea dell'Orizzonte

---

[9] Vedere la Parte V, Cap. 18

9.2 Punti ombra sulla linea equinoziale
Giorni degli equinozi - Sole con $\delta = 0°$ e ω qualunque

Il punto ombra cade sulla linea Equinoziale (linea orizzontale per il piede O dell'Ortostilo) :
– nel punto P in un'ora generica in cui l'angolo orario del Sole vale ω
– nel punto E al mezzodí (ora Sustilare) $\omega = 0°$

La linee orarie sono parallele alla linea Meridiana.

$PO = \rho \cdot \tan(\omega)$	Distanza fra le linea oraria di dato ω e la Meridiana
$x_P = -\rho \cdot \tan(\omega) \qquad y_P = 0$	Coordinate del punto P; distanze sulla Equinoziale fra linee orarie e linea Meridiana

9.3 Punto ombra in un giorno qualunque - Sole con δ e ω qualunque

Il punto ombra cade su una iperbole il cui andamento dipende dal valore della Declinazione δ del Sole.

– nel punto **P1** in un'ora generica in cui l'angolo orario del Sole vale ω
– nel punto **E1** al mezzodì $\omega = 0°$

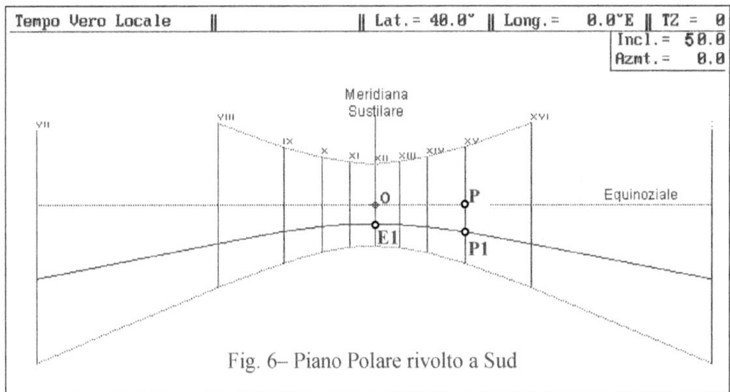

Fig. 6– Piano Polare rivolto a Sud

Punto P1

Le linee orarie sono parallele alla linea Meridiana

$GP = \dfrac{\rho}{\cos(\omega)}$	Distanza fra il punto G e la linea oraria
$PP1 = GP \cdot \tan(\delta) = \rho \cdot \dfrac{\tan(\delta)}{\cos(\omega)}$	Distanza fra P1 e la Equinoziale

Punto E1

$OE1 = \rho \cdot \tan(\delta)$	Distanza fra E1 e la Equinoziale

9.4 Formule per la determinazione delle coordinate x, y del punto ombra P1 (noti l'Azimut e l'Altezza del Sole)

i = inclinazione   del Piano del Quadrante
ρ = lunghezza dell'Ortostilo
Az, h = Azimut e altezza del Sole

$$r = \frac{\rho}{\text{sen}(\varphi)}$$ Distanza orizzontale di G dal piano

$$\tan(\sigma) = \frac{\tan(h)}{\cos(Az)} \quad \text{da cui} \quad \sigma = \arctan\left\{\frac{\tan(h)}{\cos(Az)}\right\}$$ Angolo ausiliario

$$x = -\rho \cdot \frac{\cos(\sigma) \cdot \tan(Az)}{\text{sen}(\sigma + \varphi)} = -r \cdot \frac{\text{sen}(\varphi) \cdot \cos(\sigma) \cdot \tan(Az)}{\text{sen}(\sigma + \varphi)}$$

$$y = \frac{-\rho}{\tan(\sigma + \varphi)} = -r \cdot \frac{\cos(i)}{\tan(\sigma + \varphi)}$$

$$y_F = y + AO = r \cdot \frac{\text{sen}(\sigma)}{\text{sen}(\sigma + \varphi)}$$ Coordinata y misurata dall'Orizzonte, cioè

                                             dal punto A

Coordinate polari con polo in O (τ_O, ρ_O):

$$\tan(\tau_O) = \frac{x}{y} = \frac{\cos(\sigma) \cdot \tan(Az)}{\cos(\sigma + \varphi)}$$

$$\rho_O = PO = \sqrt{x^2 + y^2} = \frac{x}{\text{sen}(\tau_O)} = \frac{y}{\cos(\tau_O)}$$ Lunghezza dell'ombra dell'Ortostilo

Capitolo 10
PIANO ORIZZONTALE

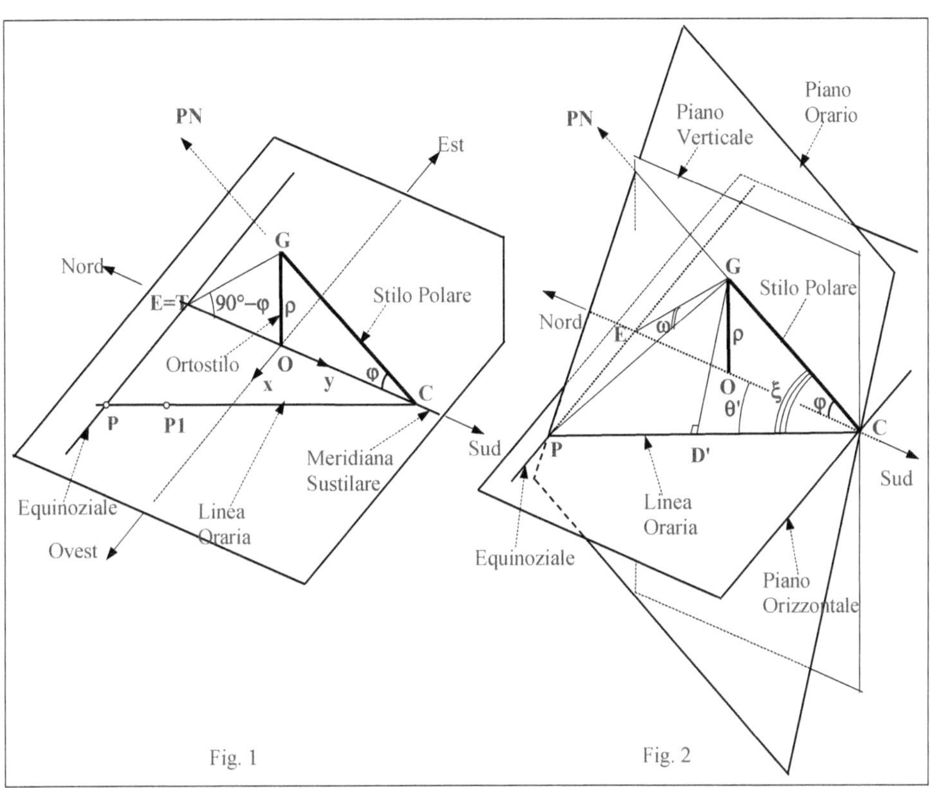

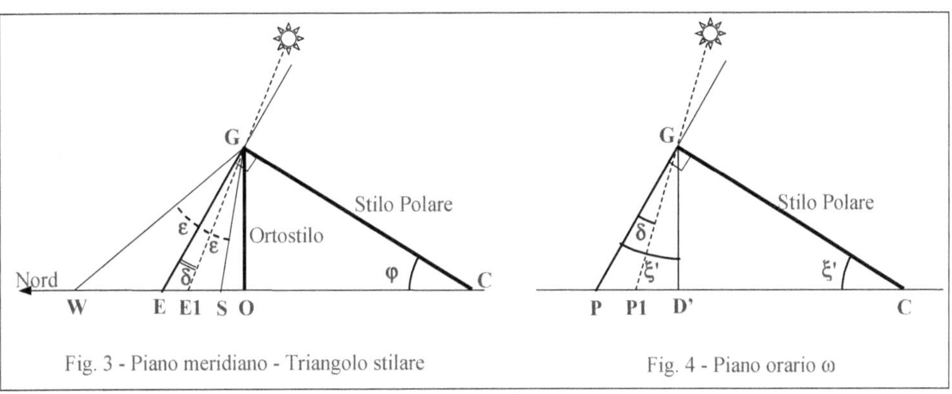

10.1 Elementi principali di un quadrante piano orizzontale

– la Declinazione é = 0° (per convenzione)
– l'inclinazione è = 90°
– l'Ortostilo è verticale
– la linea Meridiana passa per il piede O dell'Ortostilo e coincide con la Sustilare
– l'Equinoziale ha la direzione Est-Ovest
– lo Stilo polare forma con il piano un angolo = $\boldsymbol{\varphi}$ e con la verticale un angolo = $\boldsymbol{90° - \varphi}$
– l'altezza γ dello stilo è = $\boldsymbol{\varphi}$
– le linee orarie sono simmetriche rispetto alla linea Meridiana
– l'angolo orario della sustilare $\boldsymbol{\omega_S}$ = 0° e l'ora sustilare è il mezzogiorno locale
– l'asse x ha la direzione Est-Ovest, con verso a Ovest
– l'asse y ha la direzione Nord-Sud, con verso a Sud

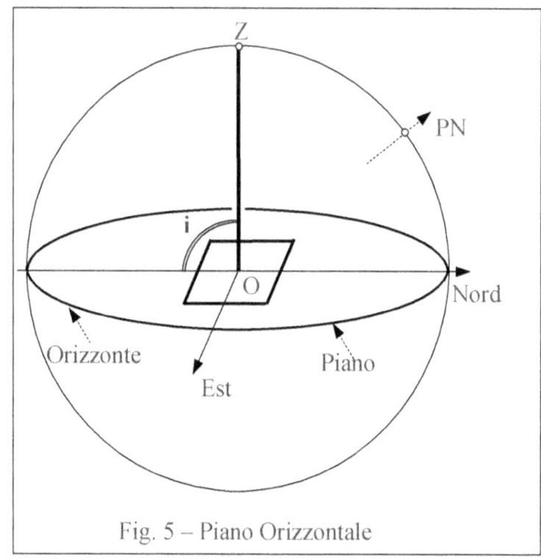

Fig. 5 – Piano Orizzontale

Si danno le formule per calcolare i vari elementi del Quadrante

ρ Lunghezza dell'Ortostilo

Stilo Polare

$\gamma = \varphi$ $\boldsymbol{\gamma} = \boldsymbol{GCO}$ = altezza dello Stilo = $\boldsymbol{\xi} = \boldsymbol{\gamma} = \boldsymbol{\varphi}$

$GC = \dfrac{\rho}{sen(\varphi)}$ Lunghezza Stilo

$CO = \dfrac{\rho}{\tan(\varphi)}$ Sottostilo

Punti sull'Equinoziale

$OE = OT = \rho \cdot \tan(\varphi)$

$CE = CT = \dfrac{\rho}{sen(\varphi) \cdot \cos(\varphi)} = \rho \cdot \left\{ \tan(\varphi) + \dfrac{1}{\tan(\varphi)} \right\}$ Punti **E, T** (Meridiana - Equinoziale)

$GE = GT = \dfrac{\rho}{\cos(\varphi)}$

Coordinate di Punti Particolari

$$x_C = 0 \qquad\qquad y_C = \frac{\rho}{\tan(\varphi)} \qquad\qquad \text{Punto } \mathbf{C} \text{ (Centro della Meridiana)}$$

$$x_T = x_E = 0 \qquad\qquad y_T = y_E = -\rho \cdot \tan(\varphi) \qquad\qquad \text{Punti } \mathbf{T, E} \text{ (Meridiana - Equinoziale)}$$

10.2   Punti ombra sulla linea equinoziale
Giorni degli equinozi - Sole con $\delta = 0°$ e ω qualunque

Il punto ombra cade sulla linea Equinoziale:
- nel punto P in un'ora generica in cui l'angolo orario del Sole vale ω
- nel punto E al mezzodí (ora Sustilare) $\omega = 0°$

Chiamo θ' l'angolo **PCE** fra la linea oraria **CP** e la linea Meridiana **CE**

Chiamo ξ' l'angolo **PCG** fra la linea oraria **CP** e lo Stilo Polare **CG**

$$\tan(\theta') = -\operatorname{sen}(\varphi) \cdot \tan(\omega)$$

Punto **P** (Equinoziale - Linea oraria)

$$CP = \frac{CE}{\cos(\theta')} = \frac{\rho}{\cos(\varphi) \cdot \operatorname{sen}(\varphi) \cdot \cos(\theta')} \qquad\qquad \text{Distanza dal Centro C}$$

$$GP = \frac{GE}{\cos(\omega)} = \frac{\rho}{\cos(\varphi) \cdot \cos(\omega)} \qquad\qquad \text{Distanza da G}$$

$$PT = PE = \frac{\rho}{\cos(\varphi)} \cdot \tan(\omega) \qquad\qquad \text{Distanza sulla Equinoziale e la linea oraria}$$

$$x_P = CP \cdot \operatorname{sen}(\theta') \qquad\qquad \text{Coordinate del punto P}$$

$$y_P = \frac{\rho}{\tan(\varphi)} - CP \cdot \cos(\theta') = -\rho \cdot \tan(\varphi)$$

$$\cos(\xi') = \cos(\varphi) \cdot \cos(\theta') \qquad\qquad \xi' = \mathbf{PCG} = \text{angolo fra Stilo Polare e linea oraria}$$

$$\operatorname{sen}(\xi') = \frac{\operatorname{sen}(\varphi) \cdot \cos(\theta')}{\cos(\omega)}$$

$$\tan(\xi') = \frac{\tan(\varphi)}{\cos(\omega)}$$

10.3   Linee orarie

Equazione delle linee orarie nel sistema con origine il centro C

$$y = -\frac{x}{\tan(\theta')} = \frac{x}{\operatorname{sen}(\varphi) \cdot \tan(\omega)}$$

Linee orarie parallele all'asse x orizzontale : $\omega = \pm 90°$

Intersezione delle linee orarie **con una retta parallela all'asse y**   a distanza x_R dall'asse y stesso
- Sistema di coordinate con origine nel centro C

$$x = x_R \qquad\qquad y = -\frac{x_R}{\tan(\theta')} = \frac{x_R}{\text{sen}(\varphi)\cdot\tan(\omega)}$$

- Sistema di coordinate con origine nel piede O dell'ortostilo

$$x = x_R \qquad\qquad y = y_C - \frac{x_R}{\tan(\theta')} = +\frac{\rho}{\tan(\varphi)} + \frac{x_R}{\text{sen}(\varphi)\cdot\tan(\omega)}$$

Intersezione delle linee orarie **con una retta parallela all'asse x**   a distanza y_R dall'asse x stesso

- Sistema di coordinate con origine nel centro C

$$x = -y_R \cdot \tan(\theta') = +y_R \cdot \text{sen}(\varphi)\cdot\tan(\omega) \qquad\qquad y = y_R$$

- Sistema di coordinate con origine nel piede O dell'ortostilo

$$x = (y_C - y_R)\cdot\tan(\theta') = \left(\frac{\rho}{\tan(\varphi)} - y_R\right)\cdot\text{sen}(\varphi)\cdot\tan(\omega) \qquad\qquad y = y_R$$

10.4   Punto ombra in un giorno qualunque - Sole con δ e ω qualunque

Il punto ombra cade su una iperbole il cui andamento dipende dal valore della Declinazione δ del Sole. Precisamente:
- nel punto **P1** in un'ora generica in cui l'angolo orario del Sole vale ω
- nel punto **E1** al mezzodì $\omega = 0°$

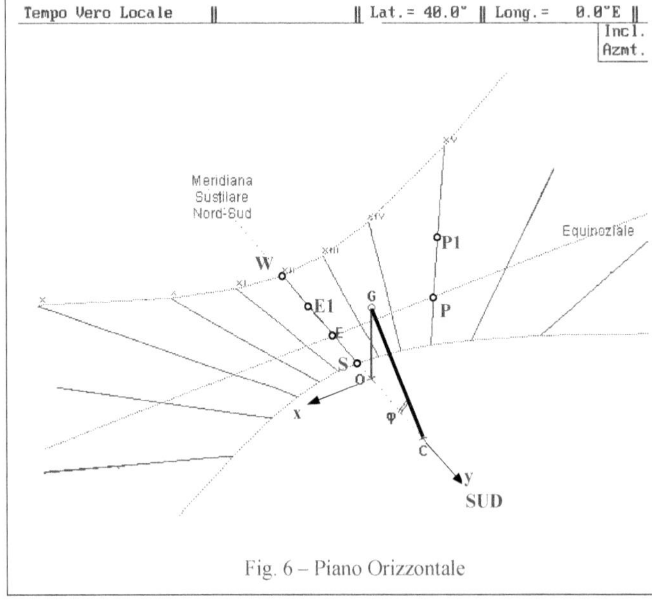

Fig. 6 – Piano Orizzontale

Punto P1 (sulla linea oraria)

La linea oraria (con angolo orario $= \omega$) forma con la linea Nord-Sud, l'angolo $\boldsymbol{\theta'}$

$$GD' = \rho \cdot \frac{\cos(\theta')}{\cos(\omega)} = \rho \cdot \frac{\operatorname{sen}(\xi')}{\operatorname{sen}(\varphi)}$$ Distanza fra il punto G e la linea oraria

$$PP1 = GD' \cdot \left\{ \tan(\xi') - \tan(\xi' - \delta) \right\}$$ Distanza fra P1 e la Equinoziale

$$CP1 = GD' \cdot \left\{ \tan(\xi' - \delta) + \frac{1}{\tan(\xi')} \right\} = \frac{\rho \cdot \cos(\delta)}{\operatorname{sen}(\varphi) \cdot \cos(\xi' - \delta)}$$ Lunghezza dell'ombra dell'Asta polare

$$CD' = \frac{GD'}{\tan(\xi')}$$

Punto E1 (sulla Meridiana / Solstiziale)

$$EE1 = \rho \cdot \left\{ \tan(\varphi) - \tan(\varphi - \delta) \right\}$$ Distanza fra E1 e la Equinoziale

$$CE1 = CT1 = \rho \cdot \left\{ \tan(\varphi - \delta) + \frac{1}{\tan(\varphi)} \right\} = \frac{\rho \cdot \cos(\delta)}{\operatorname{sen}(\varphi) \cdot \cos(\varphi - \delta)}$$ Lunghezza ombra sustilare

10.5   Formule per la determinazione delle coordinate x, y del punto ombra P1 (noti l'Azimut e l'Altezza del Sole)

$\rho = $ lunghezza dell'Ortostilo
Az, h = Azimut e altezza del Sole

$$x = -\rho \cdot \frac{\operatorname{sen}(Az)}{\tan(h)} \qquad\qquad y = -\rho \cdot \frac{\cos(Az)}{\tan(h)}$$

Coordinate polari con polo in O (τ_O, ρ_O):

$$\tau_O = Az \qquad\qquad \rho_O = \frac{\rho}{\tan(h)}$$ Lunghezza dell'ombra dell'Ortostilo

al Solstizio Estivo $\qquad\qquad \rho_O = OW = \rho \cdot \tan(\varphi + \varepsilon)$

agli Equinozi $\qquad\qquad\qquad \rho_O = OE = \rho \cdot \tan(\varphi)$

al Solstizio Invernale $\qquad\qquad \rho_O = OS = \rho \cdot \tan(\varphi - \varepsilon)$

Coordinate polari con polo in C (τ_C, ρ_C):

$$\tan(\tau_C) = \frac{x}{y - y_C} \qquad\qquad \rho_C = PC = \sqrt{x^2 + (y - y_C)^2} = \left| \frac{x}{\operatorname{sen}(\tau_C)} \right| = \left| \frac{y - y_C}{\cos(\tau_C)} \right|$$

Lunghezza dell'ombra dell'asta polare

NOTA: le coordinate del punto C (centro del Quadrante) in cui lo Stilo incontra il piano si possono calcolare utilizzando per le coordinate del Sole i valori Az$=0°$ e h $= - \varphi$

Quando il Sole è al Meridiano: $x_M = 0 \qquad\qquad y_M = -\rho \cdot \tan(\varphi - \delta)$

10.6 ESEMPIO di CALCOLO

PIANO ORIZZONTALE

Latitudine $\varphi = 40°$ Azimut Quadrante $\alpha = 35°$
Inclinazione Quadrante $i = 90°$
Ortostilo = 1.0
Giorno di calcolo 20 Aprile con $\delta = 11° 28' = 11.466667°$
Ora di calcolo (Tempo Vero Locale) 16h con
$\omega = 60°$ Az = 79.15° h = 30.21°

Si ricavano i valori:

γ	=	40.00°	altezza dello stilo
ρ	=	1.000	Ortostilo
GC	=	1.5557	lunghezza asta polare
CO	=	1.1918	sottostilo

x_C = 0.0   coordinate del Centro C della Meridiana
y_C = 1.1918

x_E = 0.0   coordinate del punto Meridiana- Equinoziale
y_E = -0.8391

OE = 0.8391 punto T Sustilare-Equinoziale
CE = 2.0309 punto E Meridiana-Equinoziale
GE = 1.3054

Alle ore 16 (Tempo Vero Locale) del 20 Aprile si ha:
$\omega = 60°$ Az = 79.15° h = 30.21°

θ' = 48.070° fra Sustilare e linea oraria
ξ' = 59.210° fra Asta polare e linea oraria (questo angolo non è sul piano)

CP = 3.0392 distanze del punto P (incontro della linea oraria con la Equinoziale) dal

PE = 2.2610 centro C. Distanza dalla Sustilare (T) e dalla Meridiana(E) misurata sulla Equinoziale

x_P = -2.2610 coordinate del punto del punto P (linea oraria - Equinoziale)
y_P = -0.8391

GD' = 1.3364 distanza fra il punto G e la linea oraria
PP1 = 0.7718 distanza fra P1 (ore 16 del 20 Aprile) e l'Equinoziale
CP1 = 2.2673 distanza fra P1 e il centro C

CD1 = 0.7964

EE1 = 0.2954 distanza fra E1 (ore 12 del 20 Aprile) e l'Equinoziale (E1 è sulla Meridiana)

CE1 = 1.7355 distanza fra E1 e il centro C

x_{P1} = -1.6868 coordinate del punto del punto P1 (ore 16 del 20 Aprile)
y_{P1} = -0.3233

τ_0 = Azimut= -79.15° coordinate polari del punto del punto P1 (ore 16 del 20 Aprile) - origine in O
ρ = 1.7175 lunghezza ombra dell'Ortostilo

τ_C = 48.070° coordinate polari del punto del punto P1 (ore 16 del 20 Aprile) - origine in C
ρ_C = 2.2672 lunghezza ombra dell'Asta polare
h_{MAX} = 61.467° altezza massima del Sole (ore 12 del 20 Aprile)

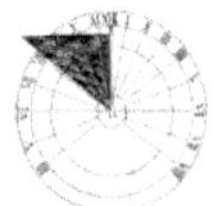

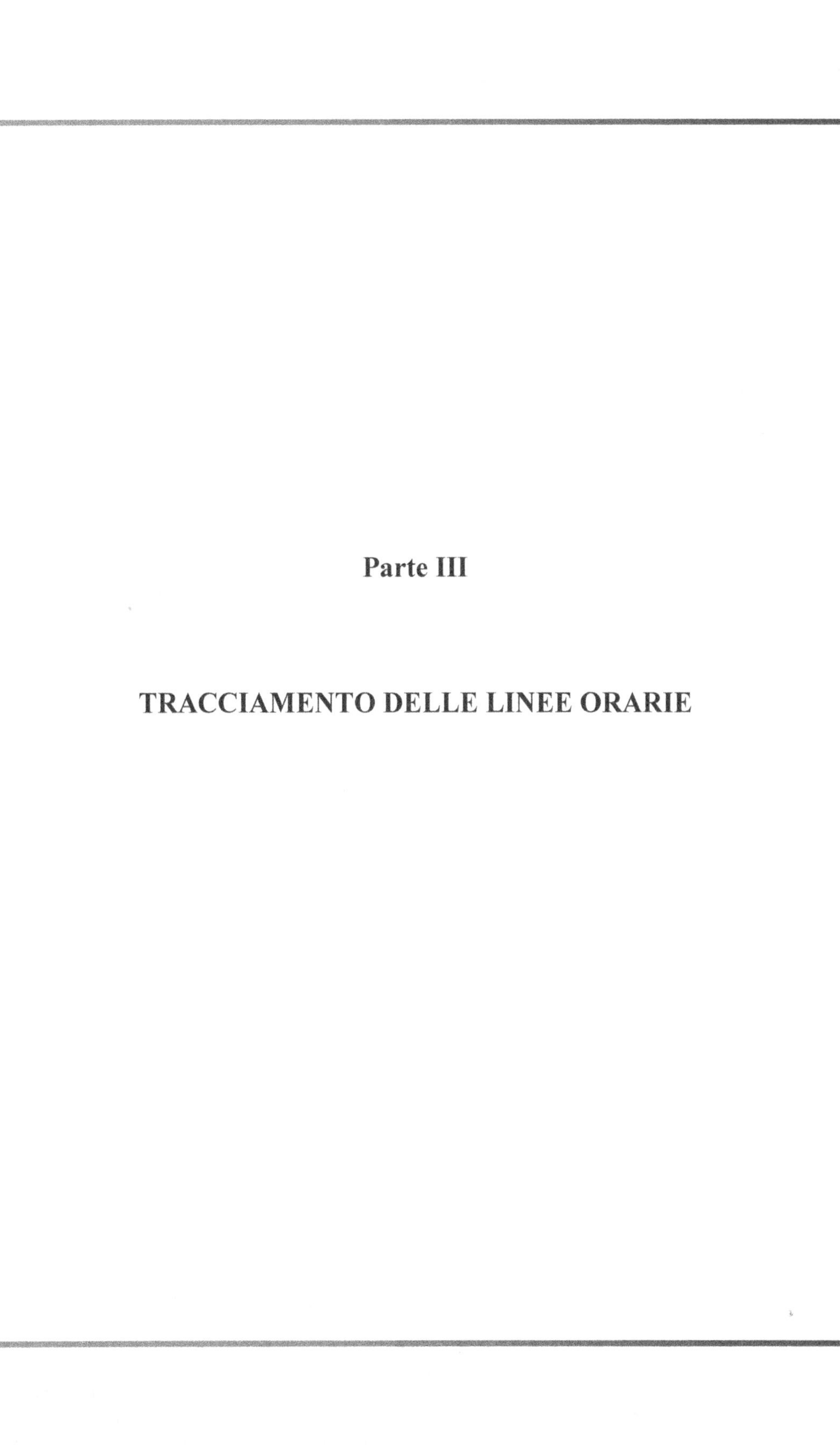

Parte III

TRACCIAMENTO DELLE LINEE ORARIE

Capitolo 11
TRACCIAMENTO DELLE LINEE ORARIE

Premessa

Con il Rinascimento, a cominciare dai primi anni del XV secolo, e in particolare con il diffondersi in tutta Europa sia degli orologi solari con asta polare con linee orarie rettilinee, sia di quelli con ore italiche, studiosi, astronomi e gnomonisti iniziarono a studiare e a ricercare metodi semplici per il per tracciamento delle linee orarie allo scopo di semplificare il lavoro di progettisti ed esecutori.

Questa ricerca durata secoli, e che si può dire continua tutt'oggi, ha portato alla invenzione di numerosissimi metodi grafici che, con la diffusione della stampa nel secolo XVI, si diffusero rapidamente nell'intera Europa.

Non è assolutamente possibile ricordarli tutti per cui mi limiterò soltanto ad accennare a quelli più semplici e più conosciuti, rimandando il lettore più curioso ai tanti testi di gnomonica pubblicati, anche in lingua italiana, dal XVII secolo ad oggi e reperibili anche in Internet.

11.1 Come tracciare le linee orarie - Metodo geometrico 1

Descrizione schematica di un primo metodo per il tracciamento delle linee orarie in un orologio solare piano.

11.1.1 Piano inclinato e declinante (metodo generale)

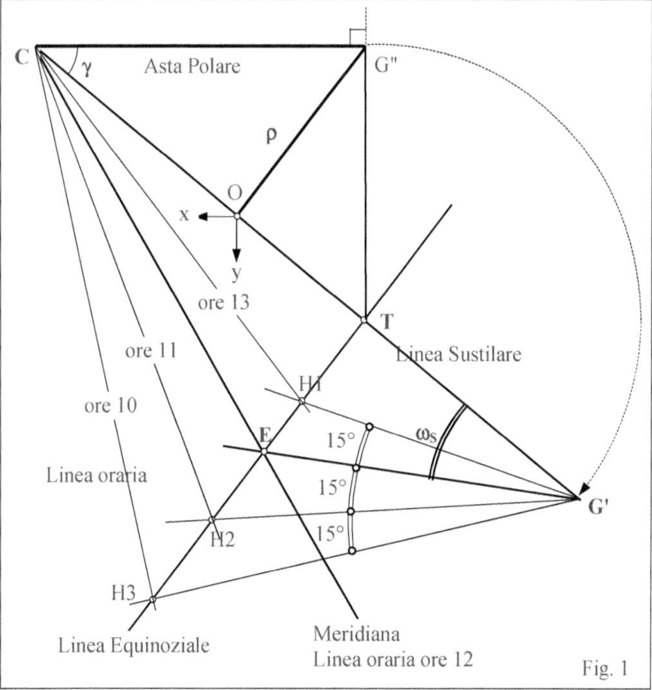

Fig. 1

Devono essere noti l'origine O degli assi e la lunghezza ρ dell'Ortostilo. Procedimento:
- si disegnano gli assi per O: x orizzontale, y lungo la linea di massima pendenza;
- si calcolano le coordinate (x_C, y_C) del centro dell'orologio e si trova il punto C ;
- si traccia la linea Sustilare che passa per O e C e forma l'angolo μ con la linea di massima pendenza;

- si calcolano o CT o OT e si trova il punto T (incontro della Equinoziale con la Sustilare). Si può non fare questo calcolo e seguire la costruzione descritta sotto.
- Si disegna l'Equinoziale che passa per T ed è perpendicolare alla Sustilare;
- si porta da O un segmento di lunghezza ρ uguale a quella dell'Ortostilo, perpendicolarmente alla Sustilare e si trova il punto G". Il triangolo CG"O è il ribaltamento del triangolo stilare sul piano del quadrante e l'angolo G"CT = γ è l'altezza dello stilo polare . Costruendo un angolo retto in G" si ricava T. Il segmento G"T ha lunghezza uguale alla distanza fondamentale della meridiana = GT.
- Si riporta la lunghezza G"T lungo la Sustilare a partire da T e si trova il punto G' ;
- si calcola l'angolo orario della Sustilare ω_s e lo si riporta a partire da G'T: si trova così il punto E sulla linea Equinoziale. La linea CE è la linea Meridiana.
- Si calcolano gli angoli orari delle ore che interessano e si riportano ai lati della linea G'E. Se interessano le linee orarie di ogni ora si riportano angoli di 15° come in figura. Si trovano così i punti H1, H2, H3, ecc.
- Si uniscono i punti H con il centro C e si hanno le linee orarie.
- Si calcola la lunghezza GC dello stilo polare e l'angolo γ : lo stilo forma l'angolo γ col piano ed ha proiezione sulla sustilare CT.

NOTA : i triangoli G' T E e G' T H$_i$ sono i ribaltamenti sul piano dei triangoli presenti sul piano Equatoriale passante per G.

Il metodo descritto è applicabile comunque sia orientato il piano.

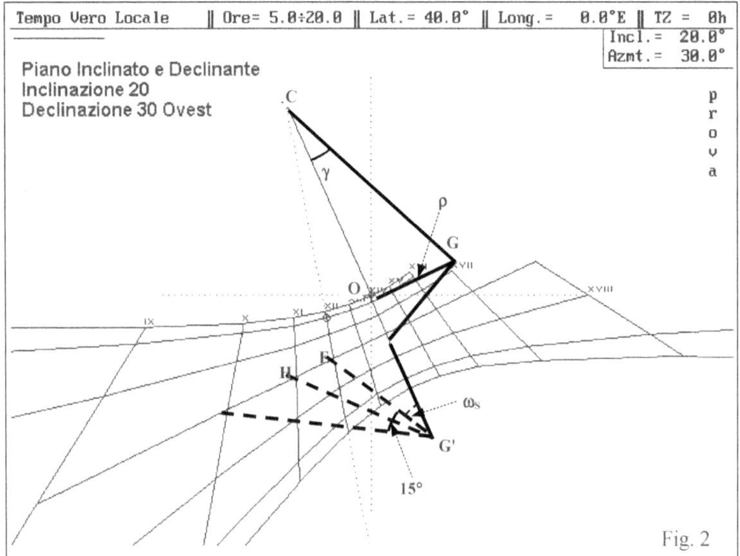

Si riportano di seguito alcune note per rendere la costruzione più facile per casi di particolare giacitura del piano considerati in precedenza.

11.1.2 Piano verticale declinante
- la linea di massima pendenza, l'asse y e la linea meridiana sono verticali;
- l'angolo fra Meridiana e Sustilare è = θ .

Nel caso che il tracciamento della linea oraria sia disagevole o il punto H relativo vada a cadere al di fuori del disegno si può ricorrere alla costruzione schematizzata in Fig. 3.

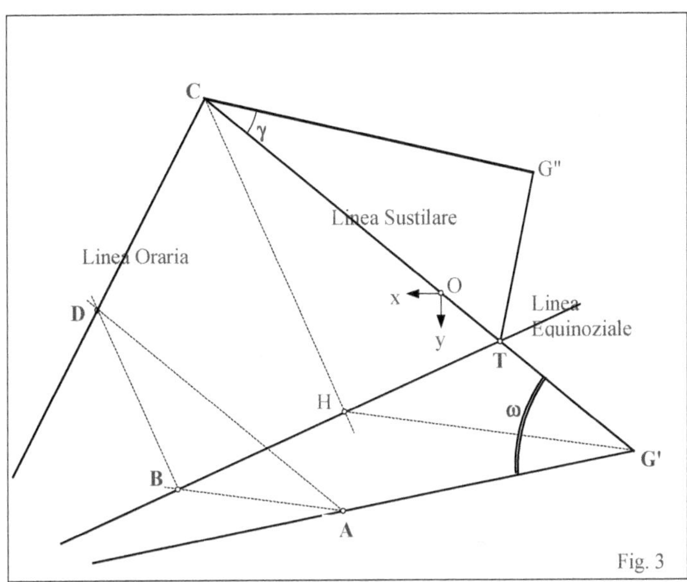

-   Si disegna la linea G'A formante con la Sustilare l'angolo ω voluto;
-   si prende su di essa un punto A posto a distanza a piacere da G' ;
-   si considera un punto H sulla Equinoziale e si disegnano le linee che lo uniscono a C e a G'.
    Questo punto H può essere un punto ove una linea oraria (CH) già tracciata incontra l'Equinoziale.
-   Dal punto A si porta la parallela a G'H : sia B il punto in cui incontra l'Equinoziale;
-   dal punto A si porta la parallela a G' C ;
-   dal punto B si porta la parallela alla CH : sia D il punto in cui le ultime due rette si intersecano.
-   Il punto D è un punto della linea oraria cercata CD.

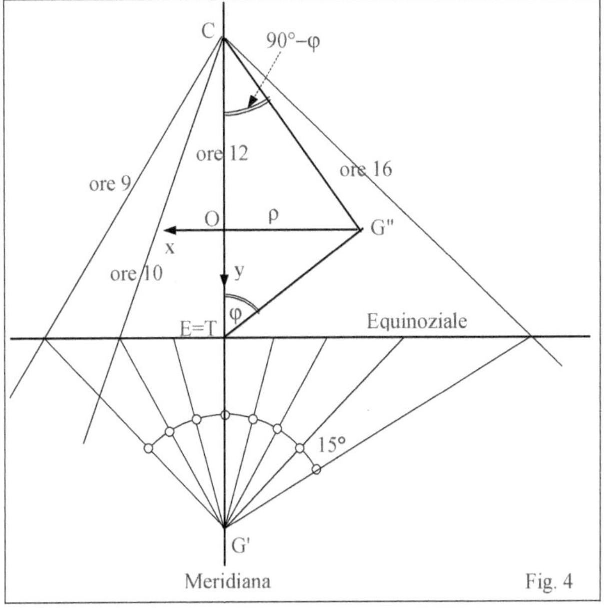

11.1.3 Piano verticale rivolto a sud

–   la linea di massima pendenza, l'asse y e la linea meridiana sono verticali;
–   la linea sustilare coincide con la Meridiana ($\omega_S = 0°$);
–   l'Equinoziale è orizzontale;
– $G''T = \rho/sen(\varphi)$; $\gamma = 90 - \varphi$
–   le linee orarie sono simmetriche rispetto alla linea meridiana.

Non occorre trovare o conoscere il punto C potendosi procedere nel seguente modo:
–   si traccia l'Equinoziale orizzontale;
–   si traccia la meridiana verticale; T è il loro punto di incontro.
–   Nel punto T si disegna un angolo uguale alla Latitudine φ (Fig. 4);
–   il punto sul lato dell'angolo disegnato che dista orizzontalmente ρ dalla linea meridiana è il punto G''. Ribaltandolo si ottiene il punto G' essendo G''T = G'T .
–   Volendo ottenere il punto C si disegna un angolo retto in G'' mentre l'origine O si ottiene tracciando l'orizzontale da G''.

11.1.4 Piano inclinato rivolto a sud
–   La linea di massima pendenza , l'asse y e la linea meridiana coincidono;
–   la Sustilare coincide con la meridiana ($\omega_S = 0°$);
–   l'Equinoziale è orizzontale;
– $G''T = \rho/sen(\varphi+i)$; $\gamma = 90 - \varphi - i$
La costruzione è uguale a quella descritta per un piano verticale rivolto a Sud purché si sostituisca il valore ($\varphi + i$) al posto di φ .

11.1.5 Piano orizzontale
–   L'asse x e nella direzione Est →Ovest e l'asse y nella direzione Nord →Sud ;
–   la Sustilare coincide con la linea meridiana e con l'asse y;
– $G'T = \rho/cos(\varphi)$; $\gamma = \varphi$
La costruzione è uguale a quella descritta per un Piano Verticale rivolto a Sud purché si sostituisca il valore ($90° - \varphi$) al posto di φ (e viceversa) .

11.1.6 Piano verticale rivolto a Est
–   Il centro C è all'infinito e non interessa.
–   Si traccia la Sustilare che passa per O (piede dell'Ortostilo) e forma con l'orizzontale un angolo = φ ;
–   si traccia l'Equinoziale che passa per O ed è perpendicolare alla Sustilare (Fig. 5);
–   si porta sulla Sustilare un segmento OG'= ρ e si disegna la parallela G'H alla Equinoziale per G' ;
–   si disegna l'angolo ω corrispondente all'ora voluta a partire da G'H con $\omega = 15°$ per le ore 11 di $T_{VEROLOCALE}$. $\omega = 15 * K$ per le ore (12 – K) .
–   Si trova il punto P ove la retta tracciata incontra la Equinoziale;
–   la linea oraria voluta è la retta parallela alla Sustilare passante per P .
    Infatti $PO/OG' = tan(90 - \omega)$ da cui $PO = \rho/tan(\omega)$.

11.1.7 Piano verticale rivolto a Ovest
La costruzione è simmetrica a quella descritta per un Piano rivolto a Est . Si costruiscono le linee orarie delle ore (12 + K) .

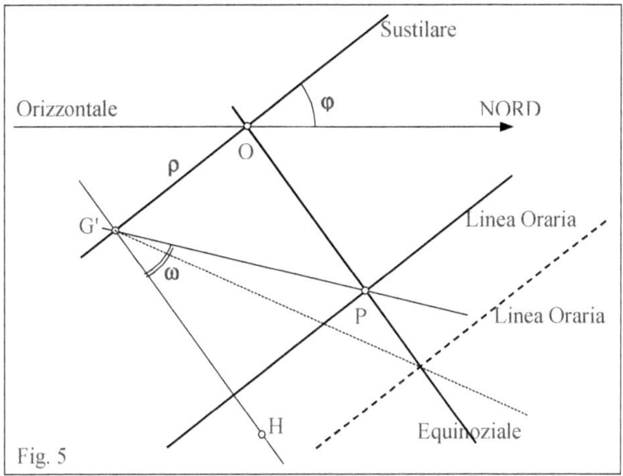

11.1.8 Piano polare

- La Sustilare e l'asse y coincidono con la linea meridiana ($\omega_S = 0°$);
- l'Equinoziale è orizzontale;
- le linee orarie sono parallele alla linea meridiana e distano da essa di $\rho * \tan(\omega)$.

11.1.9 Piano equatoriale

- L linea meridiana coincide con la linea di massima pendenza;
- le linee orarie escono da O e formano con la linea meridiana angoli = ω .

11.2 Come tracciare le linee orarie - Metodo geometrico 2

Piano inclinato e declinante (metodo generale)
Si descrive in modo schematico un secondo metodo per il tracciamento delle linee orarie in un orologio solare piano.
Devono essere noti le lunghezze ρ dell'Ortostilo e la lunghezza **L** dell'asta polare e o l'origine O degli assi, o il centro C dell'orologio.
Si procede all'inizio come indicato nel metodo precedente e cioè:

- si disegnano gli assi per O.   x orizzontale, y lungo la linea di massima pendenza;
- si calcolano x_C e y_C e si trova il punto C (centro della meridiana);
- si traccia la Sustilare che passa per O e C e che forma l'angolo μ con la linea di massima pendenza.

Quindi :

  si calcola la lunghezza L dell'asta polare   **L = ρ / sen(γ)** . Si può trovare questa lunghezza graficamente disegnando il triangolo stilare.

- Si tracciano con centro in **C** due cerchi aventi raggi uguali a ρ e a **L** . Indico le due circonferenze con i simboli c_ρ e c_L (Fig. 6, 7).
- Si calcola l'angolo orario della sustilare ω_S ;
- si traccia una semiretta (CAB) formante con la Sustilare un angolo = $\omega - \omega_S$ ove ω è l'angolo orario della linea oraria che interessa tracciare.

  L'angolo deve essere riportato a partire dalla Sustilare in senso antiorario se è positivo (Fig. 6), in senso orario in caso contrario (Fig. 7).

- Dal punto A, intersezione della semiretta con la circonferenza c_ρ , si disegna la parallela alla Sustilare;
- dal punto B, intersezione della semiretta con la circonferenza c_L , si disegna la perpendicolare alla Sustilare;

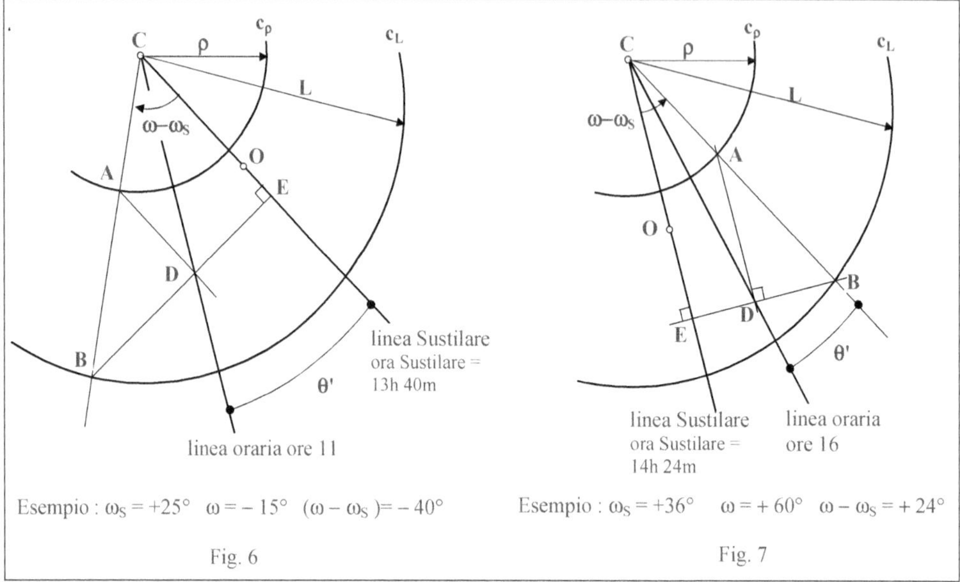

- sia D il punto di incontro fra le due rette.
- La semiretta che unisce il centro C con il punto D trovato è la linea oraria cercata.

Si ha infatti: $L = \rho / \text{sen}(\gamma)$

$$\tan(\theta') = \frac{DE}{CE} = \frac{\rho \cdot \text{sen}(\omega - \omega_S)}{L \cdot \cos(\omega - \omega_S)} = \frac{\rho}{L} \cdot \tan(\omega - \omega_S) = \text{sen}(\gamma) \cdot \tan(\omega - \omega_S) \quad \text{che è la}$$

relazione generale per ottenere l'angolo θ' fra la Sustilare e una retta oraria.

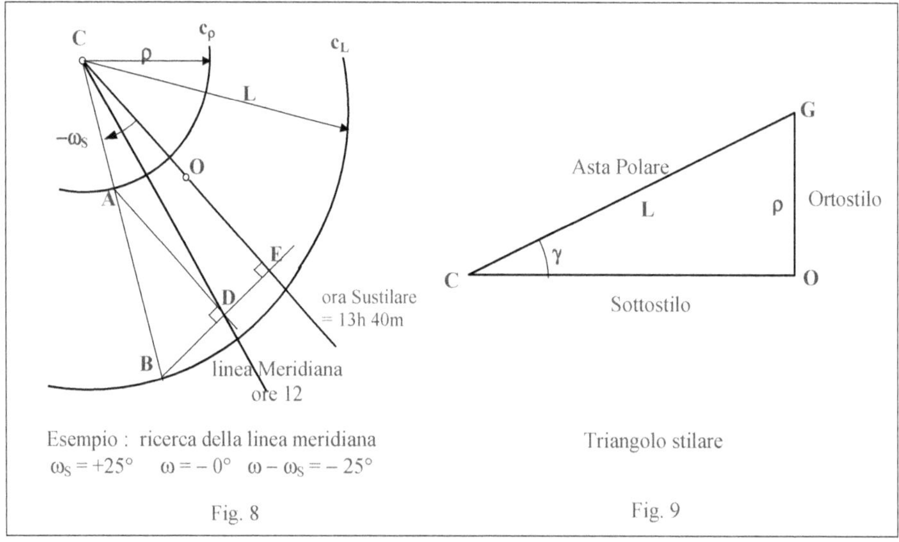

Se il piano è verticale rivolto a Sud o se il piano è orizzontale la Sustilare coincide con la meridiana e $\omega_S = 0°$

11.3   Determinazione grafica delle linee sustilare ed equinoziale

Piano Verticale Declinante

– Devono essere noti il centro C del quadrante e i valori della Latitudine φ e della Declinazione del piano α.
– Si disegna la verticale per C e si prende su di essa un punto A a piacere (Fig. 10);
– si disegna una retta orizzontale passante per il punto A;
– si disegna l'angolo $\hat{BCA} = 90° - \varphi$: B è il punto in cui il lato dell'angolo incontra l'orizzontale passante per A.

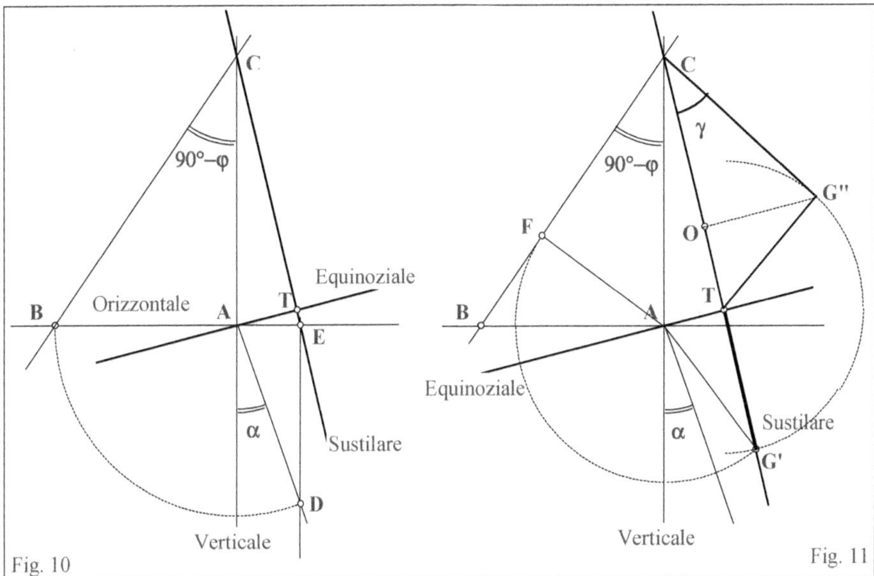

– si disegna la semiretta AD formante con la verticale l'angolo α (declinazione del piano);
– si prende la distanza AD uguale ad AB
– si traccia la verticale per D sino ad incontrare l'orizzontale in E;
– si unisce il centro C con il punto E: la semiretta CE è la Sustilare del quadrante;
– si porta da A la perpendicolare alla Sustilare CE e si ottiene l'Equinoziale AT . Il punto T è l'incontro fra Equinoziale e Sustilare.

– Dal punto A si manda la perpendicolare a CB : punto F (Fig. 11);
– con centro in A si riporta la distanza AF sino alla Sustilare: si ottiene il punto G' da cui si possono tracciare le linee ausiliarie per ottenere le linee orarie come indicato nei precedenti paragrafi.
– La distanza G'T è la distanza fondamentale del quadrante.
– Se si traccia un cerchio con centro in T e raggio G'T e da C si manda la tangente ad esso si ottiene l'elevazione dello stilo γ e infine il punto G" .
– Mandando da G" la perpendicolare alla Sustilare si ottiene il piede dell'ortostilo O: G"O C è il ribaltamento del triangolo stilare sul piano del quadrante.

11.4   Come tracciare le linee orarie - Angoli fra le linee orarie e la sustilare

Piano inclinato e declinante

- Devono essere noti l'origine O degli assi e la lunghezza ρ dell'Ortostilo (Fig. 12).
- Si disegnano gli assi per O: x orizzontale, y lungo la linea di massima pendenza;
- si calcolano x_C e y_C e si trova il punto C (centro dell'orologio);
- si traccia la Sustilare che passa per O e C.   Forma l'angolo μ con la linea di massima pendenza;
- si calcolano o CT o OT e si trova il punto T (incontro della Equinoziale con la Sustilare);
- si disegna l'Equinoziale che passa per T ed è perpendicolare alla Sustilare;
- si calcola l'angolo θ ' fra la Sustilare e la linea oraria cercata (avente angolo orario $= \omega$) e lo si riporta sul disegno: la semiretta che limita questo angolo è la linea oraria cercata.

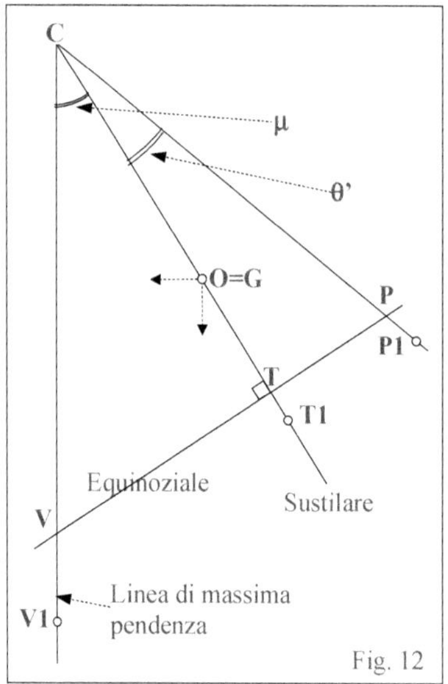

11.5   Come tracciare le linee orarie - Punti di incontro con l'equinoziale

Piano inclinato e declinante

- Devono essere noti l'origine O degli assi e la lunghezza ρ dell'Ortostilo.
- Si disegnano gli assi per O: x orizzontale, y lungo la linea di massima pendenza;
- si calcolano x_C e y_C e si trova il punto C (centro dell'orologio);
- si traccia la Sustilare che passa per O e C e forma l'angolo μ con la linea di massima pendenza.
- Si calcolano o CT o OT e si trova il punto T (incontro della Equinoziale con la Sustilare);
- si disegna l'Equinoziale che passa per T ed è perpendicolare alla Sustilare;
- si calcola il segmento PT, relativo alla linea oraria di angolo orario ω, e lo si riporta sulla Equinoziale a partire dal punto T.

   Il punto P che si ottiene è il punto in cui la linea oraria incontra l'Equinoziale.

- La linea oraria si ottiene unendo il punto P trovato con il centro C della Meridiana.
Ricordo che :

$$PT = \frac{\rho}{\cos(\gamma)} \cdot \tan(\omega_H - \omega_S) \qquad\qquad \mathrm{sen}(\omega_S) = \frac{\mathrm{sen}(\alpha) \cdot \cos(i)}{\cos(\gamma)}$$

con $\gamma =$ altezza dello stilo. e ω_S angolo orario della Sustilare

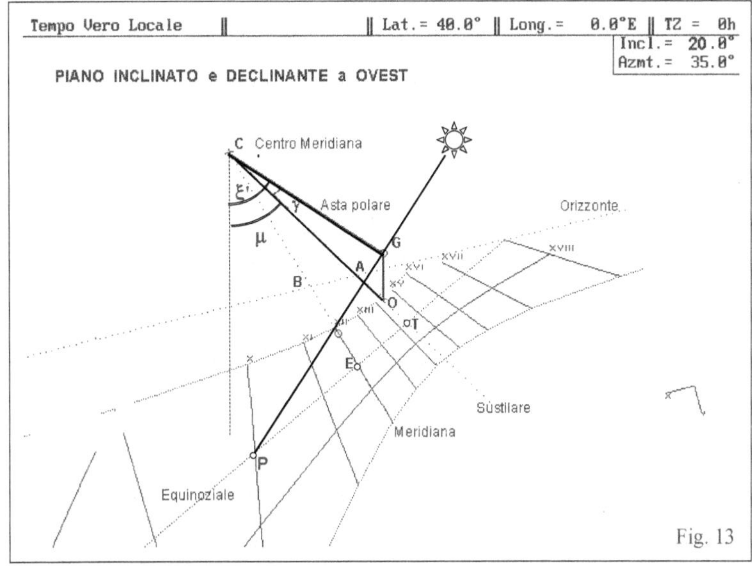

11.6   Come tracciare le linee orarie - Punti di incontro con la linea dell'orizzonte

Piano inclinato e declinante

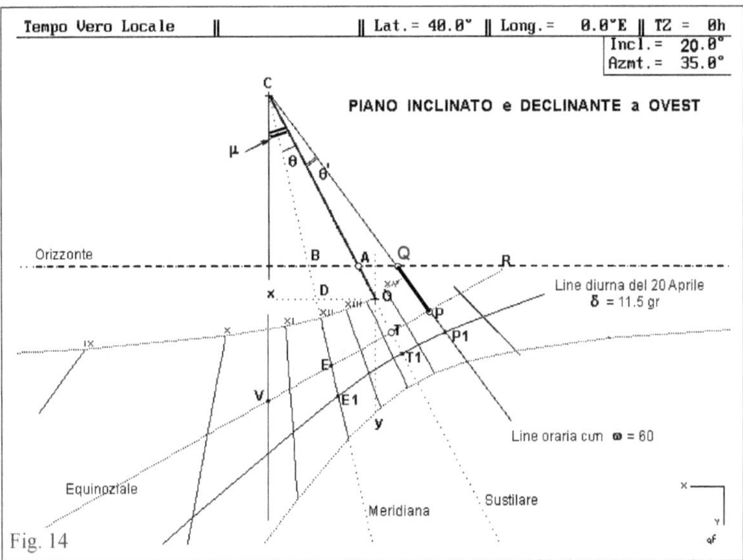

Si può usare questo metodo se non è possibile raggiungere il centro C.

- Devono essere noti l'origine O degli assi e la lunghezza ρ dell'Ortostilo.
- Si disegnano gli assi per O: x orizzontale, y lungo la linea di massima pendenza;
- si traccia la Sustilare che passa per O e C e forma l'angolo μ con la linea di massima pendenza.
- Si calcola OT e si trova il punto T (incontro della Equinoziale con la Sustilare). Il punto T può essere anche trovato calcolandone le coordinate.
- Si disegna l'Equinoziale che passa per T ed è perpendicolare alla Sustilare;

– si trova il punto P dell'incontro della linea oraria con l'Equinoziale calcolando PT.
– Si trova il punto Q di incontro della linea oraria con la linea dell'orizzonte calcolandone le coordinate con le relazioni seguenti:

$$x_Q = -\rho \cdot \tan(Az - \alpha)/\cos(i) \qquad y_Q = -\rho \cdot \tan(i) \qquad \tan(Az) = \tan(\omega) \cdot \text{sen}(\varphi)$$

– Si uniscono i punti P e Q.

Il punto A di incontro della Sustilare con l'orizzontale si ottiene ponendo $\omega = \omega_S$.

Trovato il punto A si può trovare il punto Q sapendo che $\quad QA = x_Q - x_A$.

Se il piano è verticale per il punto A di incontro fra Orizzonte e Sustilare si ha : $\alpha = Az$ e $x = y = 0$.

Esempio

Disegnare una meridiana su un piano verticale declinante 60° Ovest per una località avente Latitudine $\varphi = 45°$ (Fig. 15).   Lunghezza Ortostilo = 1.00.

Si ricavano i valori $\mu = \theta = 20.70°$ $\omega_S = 67.79°$ (ora Sustilare 16h 31m)
$\qquad\qquad\qquad$ OR = 0.577   OT = 0.378   OC = 2.65   e quindi

Ore	ω	$\omega - \omega_S$	PT	OQ
12	0	-67.8	2.62	1.73
14	30	-37.8	0.83	0.775
16	60	-7.8	0.146	0.162

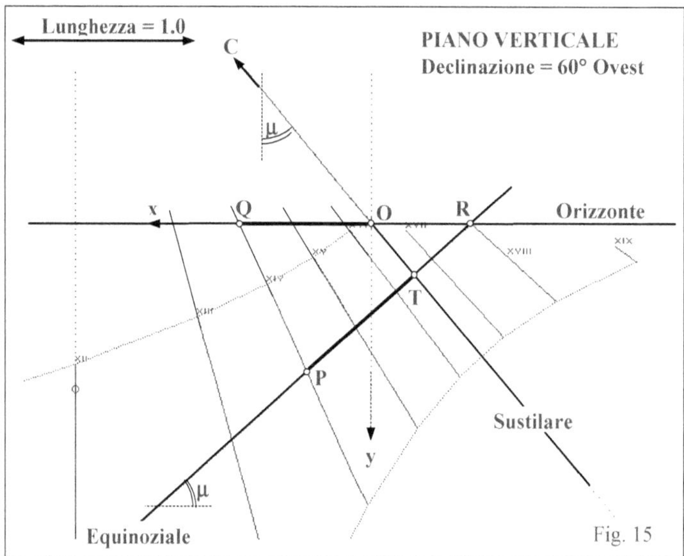

11.7   Come tracciare le linee orarie - Punti di incontro con rette orizzontali o verticali

Piano qualunque

Il metodo consiste nel calcolare i punti in cui ogni retta oraria voluta incontra una o due rette orizzontali (parallele all'asse x) o/e una o due rette parallele alla linea di massima pendenza (asse y) e nel collegare tra loro i punti trovati.

Le formule per il calcolo di tali punti sono riportate dei diversi paragrafi della Parte II.

11.8 Come tracciare le linee orarie - Metodo empirico - pratico

Piano verticale Declinante
Occorre avere già posizionato l'asta polare oppure procedere nel seguente modo:
- tracciare la linea Sustilare che forma l'angolo μ con la linea di massima pendenza o con la verticale se il piano è verticale declinante. Se il piano è rivolto a Sud la Sustilare coincide con la linea di massima pendenza; se è orizzontale coincide con la direzione Nord-Sud.
- Calcolare l'altezza dello stilo polare cioè l'angolo che esso forma con il piano: angolo γ fra la Sustilare e l'asta.
- Dopo aver fissato l'asta si segna la traccia dell'ombra che essa getta sul piano in ognuna delle ore per cui si vogliono tracciare le linee orarie (è sufficiente un punto per ogni osservazione);
- le linee orarie si ottengono congiungendo i punti segnati con il centro C dell'orologio solare (punto in cui l'asta incontra il piano).

11.9 Come tracciare le linee orarie - Angoli fra linee orarie e sustilare

Piano qualunque
- Devono essere noti l'origine O degli assi e la lunghezza ρ dell'Ortostilo.
- Si disegnano gli assi per O: x orizzontale, y lungo la linea di massima pendenza;
- si calcolano x_C e y_C e si trova il punto C (centro dell'orologio);
- si traccia la Sustilare che passa per O e C e forma l'angolo μ con la linea di massima pendenza.
- Si calcolano gli angoli che le linee orarie interessate formano con la linea Sustilare e si riportano sul piano.

Per un **piano verticale declinante** l'angolo fra Sustilare e una linea oraria relativa all'angolo orario ω è dato da θ' con :

$$\tan(\theta') = \cos(\varphi) \cdot \cos(\alpha) \cdot \tan(\omega - \omega_S) \quad \text{con} \quad \tan(\omega_S) = \frac{\tan(\alpha)}{\text{sen}(\varphi)}$$

Per piani con una giacitura diversa si rimanda alla Parte II

11.10 Come tracciare le linee orarie - Incontro con rette verticali

Piano Verticale rivolto a Sud
- Si disegna una retta verticale (parallela all'asse y) distante x_R dalla verticale per C (Fig. 16);
- si disegna una retta verticale ausiliaria distante $x_R / \cos(\varphi)$ dalla stessa verticale per C;
- si disegna l'angolo di apertura uguale all'angolo orario ω della linea oraria che interessa con vertice nel centro C del quadrante: il lato dell'angolo incontra in A la retta ausiliaria.
- Si disegna l'orizzontale da A sino ad incontrare la retta distante x_R nel punto B;
- la linea CB è la linea oraria cercata.

Si ha infatti:

$$\frac{\overline{AD}}{\overline{CD}} = \tan(\omega) \qquad \text{e} \qquad \overline{CD} = \frac{\overline{AD}}{\tan(\omega)} = \frac{x_R}{\cos(\varphi) \cdot \tan(\omega)} = y_R$$

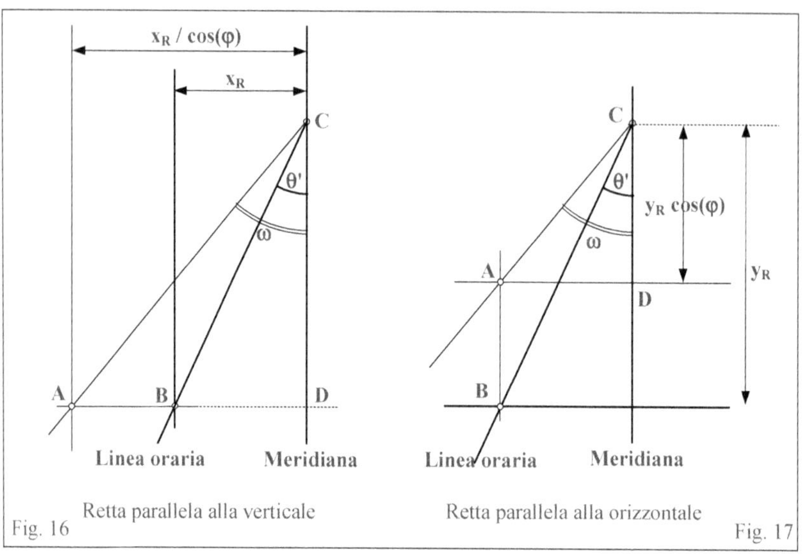

11.11 Come tracciare le linee orarie - Incontro con rette orizzontali

Piano Verticale rivolto a Sud

- Si disegna una retta orizzontale (parallela all'asse x) distante y_R dalla orizzontale per C (Fig. 17);

- si disegna una retta verticale ausiliaria distante $y_R \cdot \cos(\varphi)$ dalla stessa orizzontale;

- si disegna l'angolo di apertura uguale all'angolo orario ω della linea oraria che interessa con vertice nel cen-tro C del quadrante: il lato dell'angolo incontra in A la retta ausiliaria.

- Si disegna la verticale da A sino ad incontrare la retta distante y_R e si trova il punto B;

- la linea CB è la linea oraria cercata.

NOTA

Le costruzioni riportate per un piano Verticale rivolto a Sud si possono ripetere per un **piano Verticale declinante** e , più in generale, per un **piano inclinato e declinante** purché si facciano le seguenti sostituzioni :
- alle rette Verticali si sostituiscano rette parallele alla linea Sustilare;
- alle rette Orizzontali si sostituiscano rette parallele alla linea Equinoziale;
- agli angoli orari ω si sostituisca la differenza $(\omega - \omega_S)$ essendo ω_S l'angolo Sustilare.

In pratica questo significa considerare un nuovo sistema di coordinate con l'asse y lungo la Sustilare (verso il basso) , l'asse x lungo l'Equinoziale e l'origine nel centro C

11.12   Come tracciare le linee orarie - Incontro con rette parallele alle direzioni N-S e E-W

Piano Orizzontale

In un piano orizzontale si possono ripetere le costruzioni spiegate nel caso di piano Verticale verso Sud sostituendo alcuni elementi come indicato in Fig. 18 e 19.

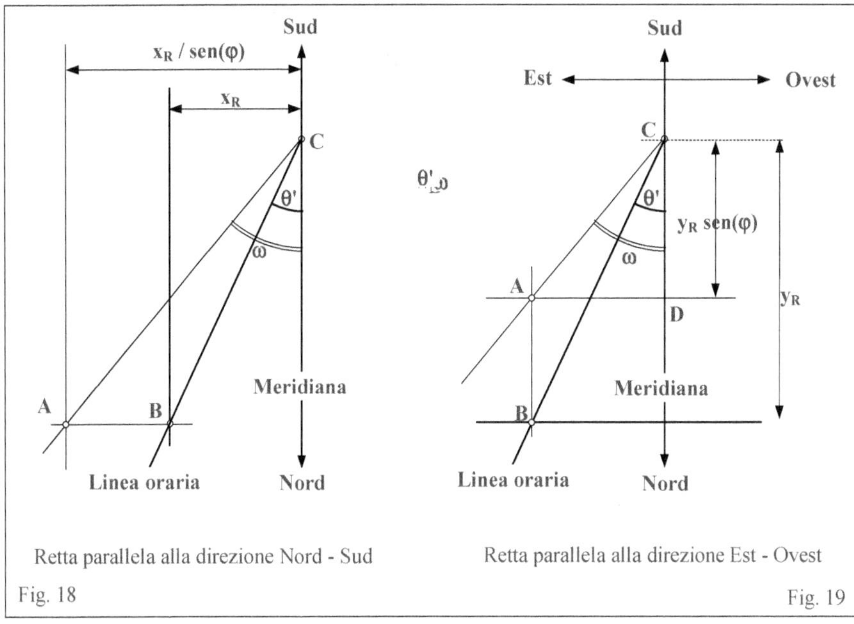

Retta parallela alla direzione Nord - Sud

Fig. 18

Retta parallela alla direzione Est - Ovest

Fig. 19

11.13   Come tracciare le linee orarie - Quadrante orizzontale rettangolare

Piano Orizzontale

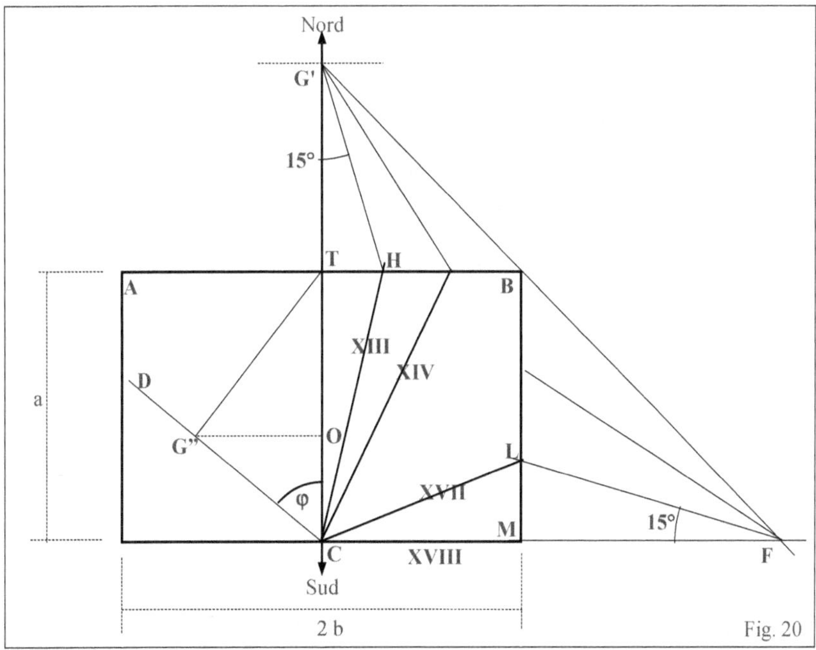

Si abbia un rettangolo di lati **a** e **2b**, giacente sul piano orizzontale sul quale si vuole tracciare un quadrante solare (Fig. 20).

Siano i lati: **a** parallelo alla direzione Nord-Sud e **b** parallelo alla direzione Est-Ovest.

- Si fissa il centro C del quadrante a metà del lato lungo **2b** (a Sud);
- si disegna la semiretta CT nella direzione Nord-Sud (parallela al lato lungo **a**) : è questa la linea meridiana;
- si disegna la linea ATB perpendicolare a CT: è questa la Equinoziale;
- si porta l'angolo φ con vertice in C e lato CD;
- da T si manda la perpendicolare a CD e si trova G"
- da G" si abbassa la perpendicolare a CT e si trova il piede O dell'ortostilo . G"OC è la proiezione orizzontale del il triangolo stilare e G"O è l'ortostilo (lungo ρ).
- Si riporta un segmento di lunghezza = G"T sulla meridiana e si ottiene il punto G' ;
- riportando angoli di valore = K*15° con vertice in G' si ricavano i punti H sulla linea TB, da dove passano le linee orarie delle ore (12 + K).
- Tracciando la retta G'B che passa per il vertice B del rettangolo si trova il punto F;
- portando, con centro in F, angoli = K'*15° si ricavano, sul lato BM i punti L ove passano le linee orarie delle ore (18–K').
- Ovviamente la costruzione può essere ripetuta sul lato a Ovest.

11.14 Una curiosità sul tracciamento delle linee orarie

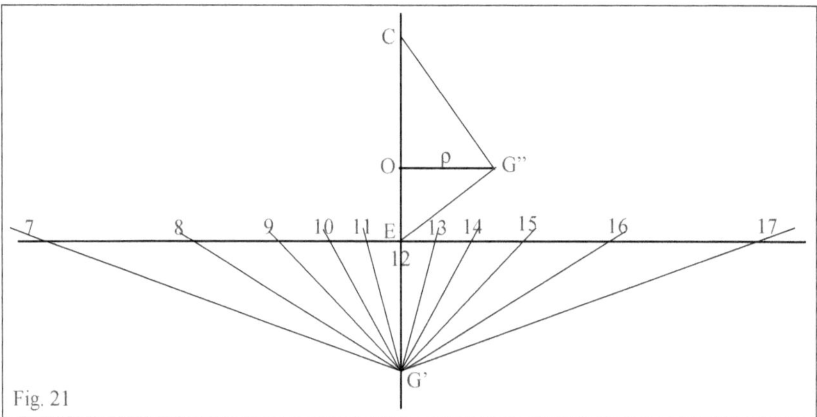

Fig. 21

In un quadrante su un piano rivolto verso Sud le linee orarie sono simmetriche rispetto alla linea verticale sulla quale cadono sia la linea meridiana che la Sustilare.

Se tracciamo le linee orarie con la costruzione precedente otteniamo un fascio di rette, passante per il punto G' che formano fra loro angoli multipli di 15°.

Le distanze di questi punti dal punto E (punto centrale) sono $= \dfrac{\rho}{\operatorname{sen}(\varphi)} \cdot \tan(\omega) = GE \cdot \tan(\omega)$ essendo

$\omega = N \cdot 15°$ e GE la distanza fondamentale della meridiana.

Fra i segmenti che uniscono i vari punti in cui le linee orarie incontrano l'Equinoziale (indicati in Fig. 21 dal valore dell'ora) esistono alcune relazioni particolari che si basano sulle proprietà delle tangenti di angoli multipli di 15° e che possono essere utili, talvolta, per determinare la posizione di punti orari non noti.

Elenco brevemente sia le formule che legano le tangenti di angoli multipli di 15° sia alcune delle relazioni fra i vari segmenti indicati.

Relazioni fra le tangenti di angoli multipli di 15°

$$\tan(75^\circ) = 2 + \tan(60^\circ) \qquad\qquad 1 + \tan^2(15^\circ) = 4 \cdot \tan(15^\circ)$$

$$\tan(60^\circ) = 3 \cdot \tan(30^\circ) \qquad\qquad 1 + \tan^2(30^\circ) = 4 \cdot \tan^2(30^\circ)$$

$$\tan(60^\circ) = 2 - \tan(15^\circ) \qquad\qquad 1 + \tan^2(45^\circ) = 2$$

$$\tan(45^\circ) = 1 \qquad\qquad 1 + \tan^2(60^\circ) = 4$$

Relazioni fra i segmenti compresi fra i punti-ora sull'Equinoziale

$$R = \frac{\rho}{\operatorname{sen}(\varphi)}$$

$$\overline{P_7 P_8} = 2R \qquad\qquad \overline{P_7 P_{12}} = \overline{P_8 P_{15}} + R$$

$$\overline{P_7 P_9} = \overline{P_9 P_{16}} = \overline{P_8 P_{15}} \qquad\qquad \overline{P_7 P_{11}} = 4R$$

$$\overline{P_7 P_{10}} = 2 \cdot \overline{P_9 P_{14}} \qquad\qquad \overline{P_7 P_{13}} = 6 \cdot \overline{P_{10} P_{12}}$$

$$\overline{P_7 P_{11}} = 2 \cdot \overline{P_8 P_{12}} \qquad\qquad \overline{P_7 P_{15}} = 3 \cdot \overline{P_9 P_{14}}$$

$$\overline{P_8 P_9} = \overline{P_9 P_{11}} \qquad\qquad \overline{P_8 P_{14}} = 4 \cdot \overline{P_{10} P_{12}}$$

$$\overline{P_8 P_{10}} = 2 \cdot \overline{P_{10} P_{12}} \qquad\qquad \overline{P_9 P_{12}} = R$$

$$\overline{P_8 P_{11}} = 2 \cdot \overline{P_9 P_{11}} \qquad\qquad \overline{P_9 P_{15}} = 2R$$

$$\overline{P_8 P_{12}} = 3 \cdot \overline{P_{10} P_{12}} \qquad\qquad \overline{P_{12} P_{15}} = R$$

$$\overline{P_8 P_{13}} = \overline{P_9 P_{15}} = 2R$$

E anche

$$\overline{P_{12} G'} = R \qquad\qquad \overline{P_9 G'} = R \cdot \sqrt{2}$$

$$\overline{P_8 G'} = 2R \qquad\qquad \overline{P_{10} G'} = \overline{P_8 P_{10}} = 2 \cdot \overline{P_{10} P_{12}}$$

Per una meridiana declinante, verticale o inclinata, le relazioni continuano a valere purché :

– come punto E si consideri l'incontro fra la Sustilare (non più verticale e coincidente con la meridiana) e l'Equinoziale;

– gli angoli orari siano riferiti alla Sustilare. Ad es. il punto P_{10} sarà ora il punto in cui l'angolo orario differisce di 30° dall'angolo orario della Sustilare, cioè vale ($\omega_S - 30°$).

– Come distanza fondamentale R si consideri il valore $R = \dfrac{\rho}{\cos(\gamma)}$.

11.15 Una seconda curiosità sul tracciamento delle linee orarie

Consideriamo un quadrante su un piano verticale e declinante.

Disegniamo le linee Equinoziale e Sustilare e la proiezione del triangolo stilare come nella precedente Fig. 11.

Disegniamo anche una semiretta QG' formante con la Sustilare un angolo $= \beta$ qualunque e il semicerchio con centro in Q (punto della Equinoziale) e raggio QG' : siano Q_1 e Q_2 i punti in cui esso interseca la linea Equino-ziale.

Esaminando i vari triangoli possiamo ricavare i valori degli angoli $TG'Q_1$ e $TG'Q_2$:

$$T\hat{G}'Q = \beta \qquad\qquad T\hat{G}'Q_1 = 45^\circ + \beta/2 \qquad\qquad T\hat{G}'Q_2 = 45^\circ - \beta/2$$

Se indichiamo con N un numero intero e prendiamo $\beta = 2 \cdot N \cdot 15^\circ$ si ottengono gli angoli :

$$T\hat{G}'Q_1 = (3 + N) \cdot 15^\circ \qquad\qquad T\hat{G}'Q_2 = (3 - N) \cdot 15^\circ$$

che ci dicono che nei punti Q_1 e Q_2 passano le linee orarie che indicano le ore (3+N) e –(3–N) (ore relative all'ora Sustilare).

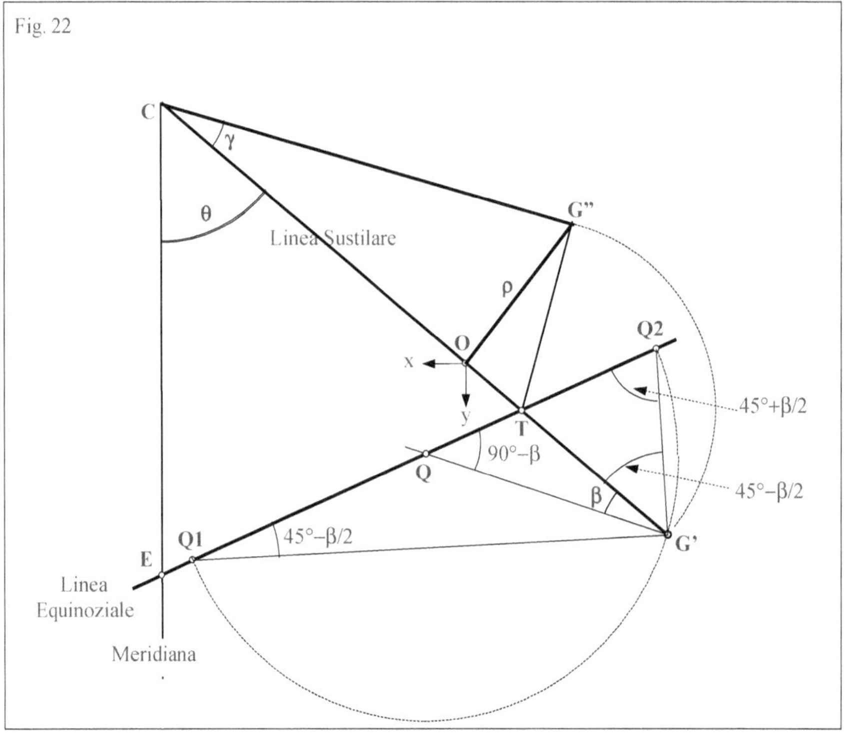

Se invece prendiamo $\beta = (2 \cdot N + 1) \cdot 15$ si ottengono gli angoli :

$$T\hat{G}'Q_1 = (3 + N + 1/2) \cdot 15 \qquad\qquad T\hat{G}'Q_2 = (3 - N - 1/2) \cdot 15$$

che ci dicono che nei punti Q_1 e Q_2 passano le linee orarie che indicano le ore (3.5+N) e –(2.5–N)

La procedura può essere utilizzata per tracciare le linee orarie delle ore e delle mezze ore

Esempio

N		β	ore in Q_1	ore in Q_2
0	2 N	0	+3	-3
0	2 N + 1	15°	+3.5	-2.5
1	2 N	30°	+4	-2
1	2 N + 1	45°	+4.5	-1.5

11.16   Come tracciare la linea percorsa dall'ombra del punto G in un dato giorno
Linea diurna

Si descrivono schematicamente due semplici metodi per il tracciamento delle linee diurne in un orologio solare piano utilizzando le formule riportate in precedenza.

11.16.1 Metodo 1

Si suppone che siano già state tracciate la linea Sustilare, la linea Equinoziale e le linee orarie per i valori di angolo orario ω che interessano.

– Dato il giorno occorre determinare la declinazione δ del Sole in quel giorno (si consiglia il valore medio che δ assume in 4 anni successivi) (Vedi Tabelle nella Parte XIV – Cap. 35).

– Usando le formule *"Punto ombra in un giorno qualunque - Sole con δ e ω qualunque"* riportate nella Parte II, per ogni valore di ω si calcola la lunghezza del segmento PP1, cioè della distanza, misurata sulla linea oraria, fra l'Equinoziale e il punto P1 cercato.
Invece del segmento PP1 si può calcolare CP1 cioè la distanza fra il centro C dell'orologio e il punto P1 in cui cade l'ombra di G quando il Sole ha i valori dati di ω e di δ.

– Si ripete l'operazione descritta per i valori di ω di tutte le linee orarie.

– Unendo i punti trovati si ottiene la linea diurna cercata.

11.16.2 Metodo 2

Si suppone che sia già stato disegnato il sistema di assi coordinati x, y avente l'origine nel piede O dell'Ortostilo.

– Dato il giorno occorre determinare la declinazione δ del Sole in quel giorno (Vedi Tabelle nella Parte XIV – Cap. 35).

– Usando le *"Formule   per la determinazione delle coordinate x , y del punto ombra"* riportate nella Parte II, si calcolano, per ogni valore di ω, i valori delle coordinate x, y del punto P1 cercato.

– Si ripete l'operazione descritta per i valori di ω di tutte le linee orarie.

– Unendo i punti trovati si ottiene la linea diurna cercata.

11.17   Posizionamento dell'asta polare

11.17.1 Piano verticale declinante

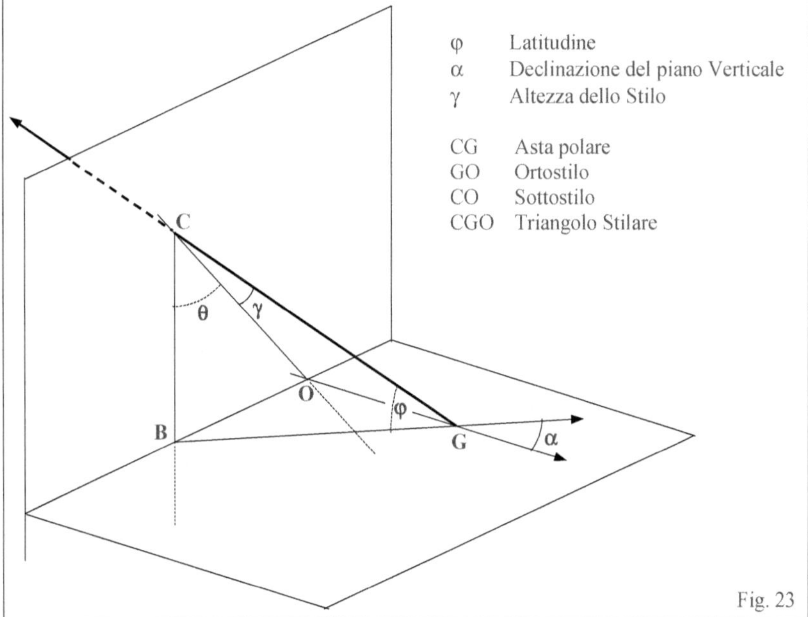

Elenco qui, con il desiderio di aiutare il lettore nella installazione di un asta polare in un quadrante verticale, le varie relazioni esistenti fra le grandezze interessate al problema.
Uso la simbologia utilizzata nella Parte II.

Considero un piano orizzontale ausiliario passante per l'estremo G dell'asta ; C è il centro dell'orologio solare cioè il punto in cui l'asta "entra" nel piano.
Le lunghezze di tutti i segmenti sono riferite sia alla lunghezza p dell'ortostilo OG, sia alla lunghezza L dell'asta CG.

$$\text{sen}(\gamma) = \cos(\varphi) \cdot \cos(\alpha) \qquad\qquad \tan(\theta) = \frac{\text{sen}(\alpha)}{\tan(\varphi)}$$

$$GO = \rho = L \cdot \text{sen}(\gamma) \qquad\qquad GC = \frac{\rho}{\text{sen}(\gamma)} = L$$

$$CO = \frac{\rho}{\tan(\gamma)} = L \cdot \cos(\gamma)$$

$$CB = \rho \cdot \frac{\text{sen}(\varphi)}{\text{sen}(\gamma)} = L \cdot \text{sen}(\varphi) \qquad\qquad BO = \rho \cdot \tan(\alpha) = L \cdot \cos(\varphi) \cdot \text{sen}(\alpha)$$

$$GB = \rho \cdot \frac{\cos(\varphi)}{\text{sen}(\gamma)} = L \cdot \cos(\varphi)$$

11.17.2 Stilo non accessibile

Si indica brevemente un modo per posizionare un'asta polare quando il centro C del quadrante non è direttamente accessibile. Si suppone di voler posizionare una parte dell'asta (Fig. 24).

Sia G l'estremo dell'asta e O la sua proiezione sul piano (GO è l'ortostilo) e siano **r** la lunghezza della parte di asta che si vuole posizionare e **s** la sua proiezione sulla Sustilare.

$$\text{sen}(\gamma) = \cos(\varphi) \cdot \cos(\alpha) \quad\quad s = AO = r \cdot \cos(\gamma)$$

$$AB = GO - GD = \rho - s \cdot \tan(\gamma) = \rho - r \cdot \text{sen}(\gamma)$$

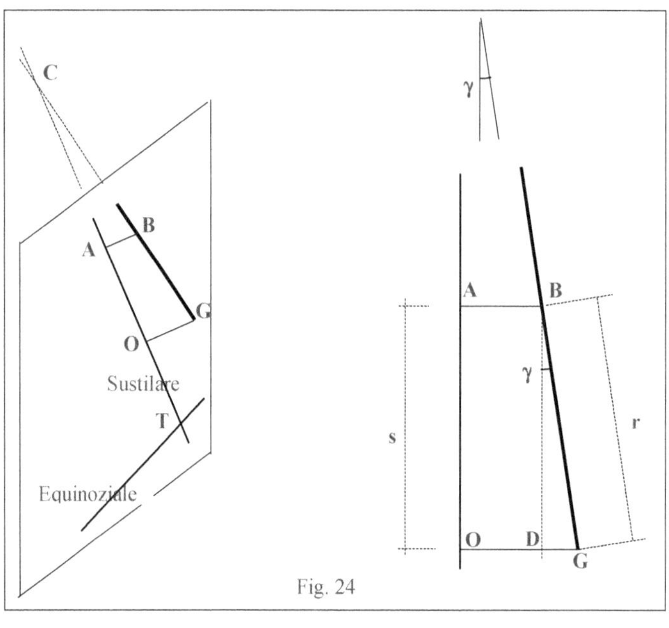

Fig. 24

Parte IV

OROLOGI SOLARI AD ORE ANTICHE

Capitolo 12
OROLOGI SOLARI AD ORE ANTICHE

12.1 Linee orarie ad ore babiloniche

Nel sistema orario "Babilonico" il giorno é suddiviso in 24 ore di uguale durata e l'inizio e la fine del giorno sono fissati all'istante del sorgere del Sole. Le linee orarie sono rettilinee.

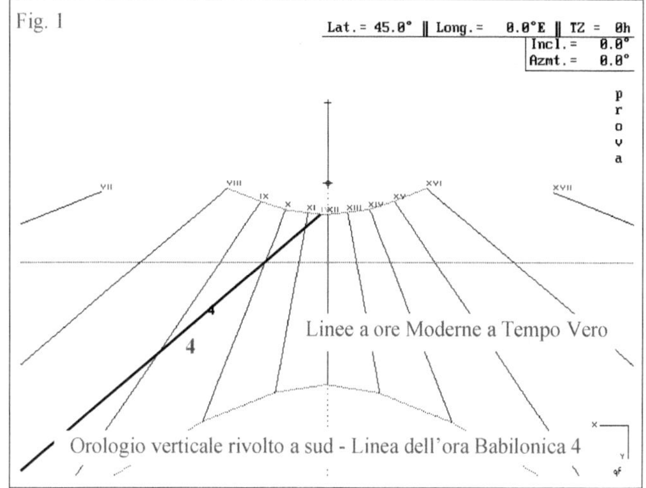

La linea oraria che indica l'ora Babilonica H_{BAB} è colpita dall'ombra dell'estremo G dell'ortostilo nell'istante in cui sono già trascorse H_{BAB} ore uguali dall'alba.

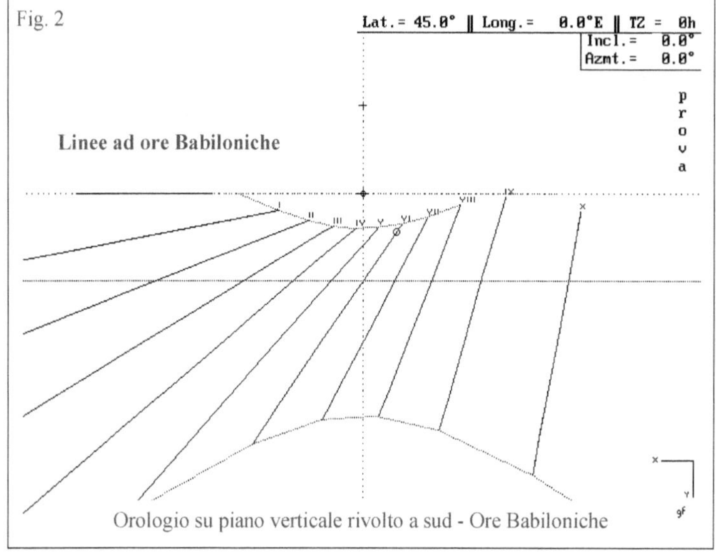

Dato che l'alba avviene più presto nel periodo estivo ($\delta_{SOLE} > 0$) e più tardi nel periodo invernale ($\delta_{SOLE} < 0$), il punto in cui cade l'ombra sul quadro sarà *più a sinistra*, cioè verso le prime ore del giorno, nel periodo estivo e *più a destra* in quello invernale (Fig. 1, 2).

Se consideriamo un quadrante verticale in cui le linee diurne "estive" ($\delta_{SOLE} > 0$) sono "più basse" di quelle invernali, avremo che su di esso una linea oraria indicante un'ora nel sistema Babilonico andrà da sinistra a destra salendo verso l'alto.

Per i punti sulla linea ad ore Babiloniche H_{BAB} l'angolo orario del Sole vale :

$$\omega_{SOLE} = H_{BAB} \cdot 15° - \omega_{SAD} = (H_{BAB} - T_{GC}/2) \cdot 15°$$

essendo al solito ω_{SAD} l'angolo orario del Sole al tramonto e T_{GC} la lunghezza in ore del giorno-chiaro:

$$\cos(\omega_{SAD}) = -\tan(\varphi) \cdot \tan(\delta) \qquad T_{GC} = 2 \cdot \omega_{SAD}/15°$$

12.2   Linee orarie ad ore italiche

Nel sistema orario "Italico" il giorno é suddiviso in 24 ore di uguale durata e l'inizio e la fine del giorno sono fissati all'istante del tramonto del Sole. Le linee orarie sono rettilinee (Fig. 4).

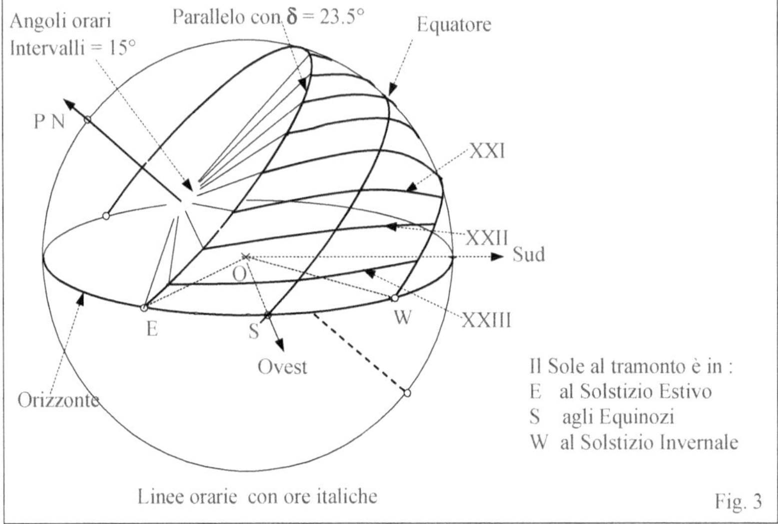

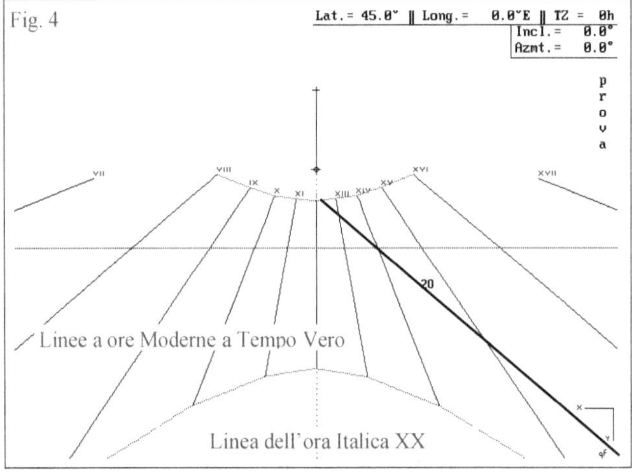

La linea oraria che indica l'ora Italica H_{IT} viene ad essere colpita dall'ombra dell'estremo G dell'ortostilo nell'istante in cui sono già trascorse H_{IT} ore uguali dal tramonto del giorno precedente e mancano (24 - H_{IT}) al prossimo tramonto.

Dato che il tramonto avviene prima nel periodo invernale (δ_{SOLE} < 0) e dopo nel periodo estivo (δ_{SOLE} > 0), il punto in cui cade l'ombra sul quadro sarà *più a destra*, cioè verso le ultime ore del giorno, nel periodo estivo e *più a sinistra* in quello invernale (Fig. 4, 5).

Se consideriamo un quadrante verticale in cui le linee diurne "estive" (δ_{SOLE} > 0) sono "più basse" di quelle invernali, avremo che su di esso la linea oraria indicante un'ora nel sistema Italico andrà da sinistra a destra scendendo verso il basso.

Per i punti sulla linea ad ore Italiche H_{IT} l'angolo orario del Sole vale :

$$\omega_H = \omega_{SAD} - (24 - H_{IT}) \cdot 15° = (H_{IT} + T_{GC}/2 - 24) \cdot 15° \quad 24$$

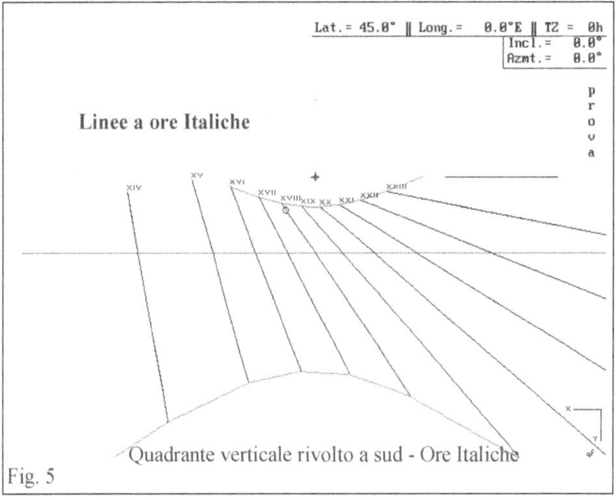

Quadrante verticale rivolto a sud - Ore Italiche

Fig. 5

12.3   Linee orarie ad ore temporarie - Lunghezza dell'ora temporaria

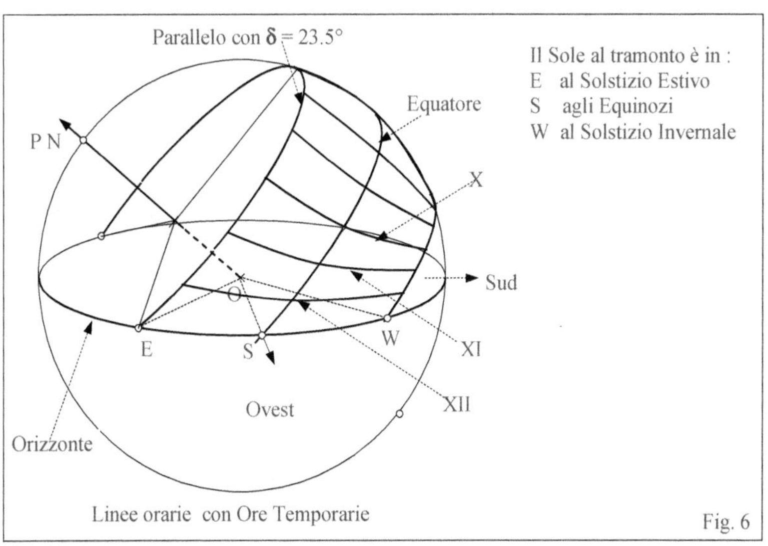

Fig. 6

Nel sistema orario "Temporario" il periodo di luce (giorno-chiaro) e il periodo di buio (notte) sono divisi ciascuno in 12 parti di uguale durata.

Queste parti sono dette "*ore temporarie*" ed hanno durata diversa nelle varie stagioni.

L'inizio dell'ora I è all'alba ; il termine dell'ora VI è nell'istante del mezzogiorno e il termine dell'ora XII è al tramonto.

Se indichiamo con T_{GC} la durata del giorno-chiaro e con ω_{SAD} l'angolo orario del Sole al tramonto, cioè il semi-arco diurno, allora la durata di un'ora temporaria vale $\dfrac{T_{GC}}{12} = \dfrac{\omega_{SAD}}{90}$ ore uguali (Fig. 7, 8).

L'angolo ω_{SAD} è legato alla declinazione δ del Sole e alla Latitudine φ dalla: $\cos(\omega_{SAD}) = -\tan(\delta)\cdot\tan(\varphi)$.

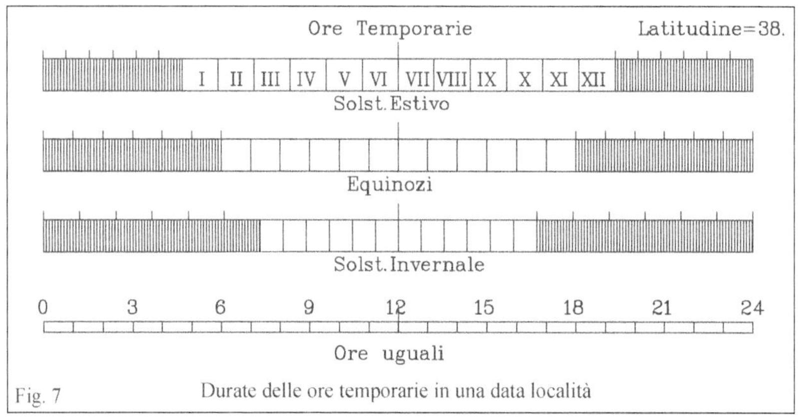

Fig. 7   Durate delle ore temporarie in una data località

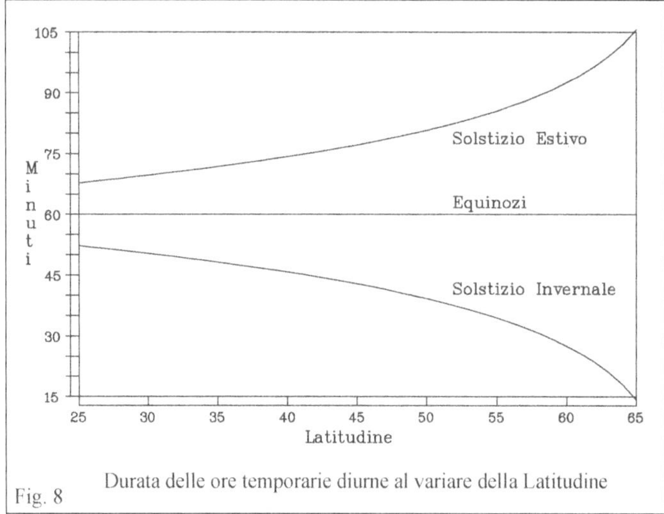

Fig. 8   Durata delle ore temporarie diurne al variare della Latitudine

La linea oraria che indica l'ora Temporaria H_{TEM} viene ad essere colpita dall'ombra dell'estremo G dell'ortostilo nell'istante in cui sono già trascorse H_{TEM} ore temporarie dall'istante dell'alba.

Dato che la durata di un'ora temporaria è più lunga in estate che in inverno si ha che il punto in cui cade l'ombra sul quadro nella prima metà del giorno in estate sarà *più a sinistra* della linea della ora a tempo vero corrispondente (con $H_{MOD} = H_{TEM} +6$) e *più a destra* in inverno.

Poiché la linea ad ore temporarie delle ore VI coincide con la linea del mezzogiorno, nella seconda metà del giorno le cose si invertono.

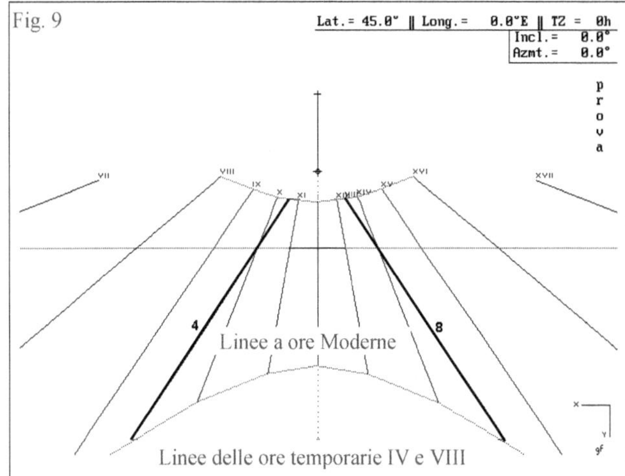

Se consideriamo un quadrante verticale avremo quindi che le linee ad ore temporarie attraversano quelle a tempo vero andando da sinistra a destra e "salendo verso l'alto" nella prima metà del giorno e le incontrano "scendendo" nella seconda metà.

I punti in cui le linee ad ore temporarie incrociano le corrispondenti ad ore moderne si trovano sulla linea Equinoziale (Fig. 9).

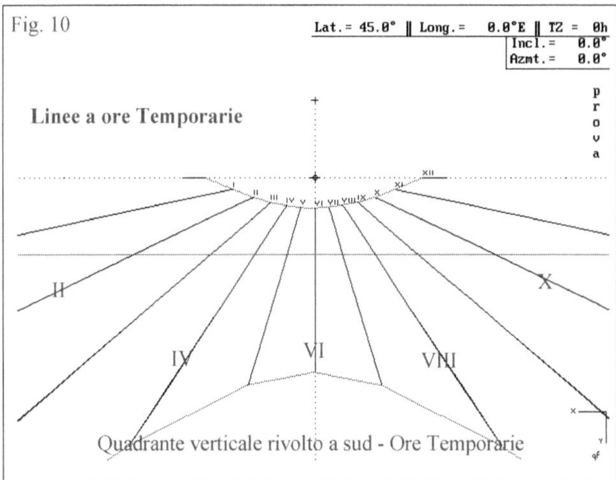

Per i punti sulla linea ad ore Temporarie H_{TEM} l'angolo orario del Sole vale :

$$\omega_H = \omega_{SAD} \cdot \frac{(H_{TEM} - 6)}{6} = \frac{T_{GC}}{12} \cdot (H_{TEM} - 6) \cdot 15°$$

Mentre le linee ad ore Italiche e Babiloniche su un piano sono le proiezioni di cerchi massimi della sfera celeste, e quindi sono rettilinee, nel sistema Temporario le linee orarie **NON** sono rette ma curve abbastanza complesse (Fig. 11).

Poiché la differenza fra l'andamento *vero* della linea oraria e una sua approssimazione fatta con un segmento alle nostre Latitudini è abbastanza piccola, anche nelle meridiane ad ore temporarie le linee orarie si tracciano, e si tracciavano, utilizzando segmenti di retta senza commettere errori apprezzabili.

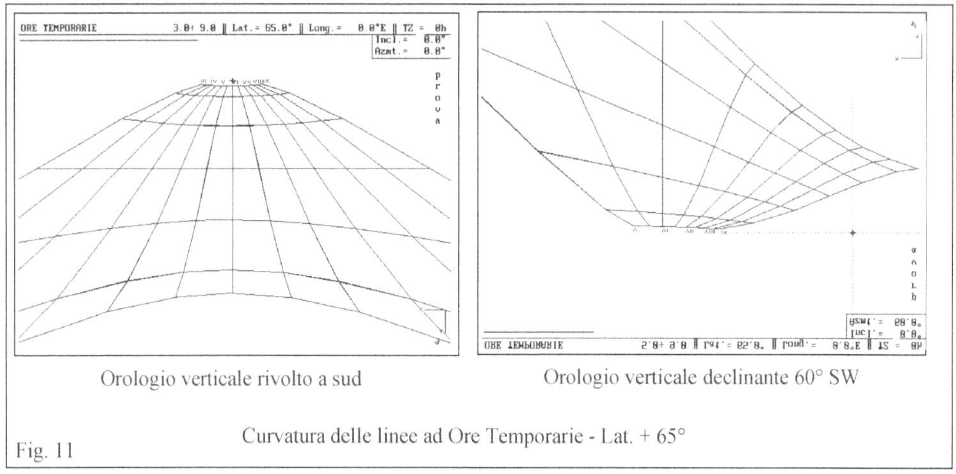

Orologio verticale rivolto a sud   Orologio verticale declinante 60° SW

Curvatura delle linee ad Ore Temporarie - Lat. + 65°

Fig. 11

Esempio

In un orologio solare verticale rivolto a Sud progettato per una Latitudine = 45° si sono calcolate esattamente le coordinate dei punti delle due linee alle ore temporarie VIII e X.

Si sono poi calcolate le differenze fra le coordinate "vere" e quelle dei punti appartenenti al segmento compreso fra gli estremi delle linee stesse, ottenendo i seguenti risultati :

– linea delle ore VIII
   Lunghezza linea fra i punti dei Solstizi   3.8 volte la lunghezza dell'Ortostilo
   errore massimo lungo la una linea orizzontale   < 0.53% della lunghezza dell'Ortostilo
   errore massimo lungo la normale alla linea oraria   < 0.44% della stessa lunghezza
– linea delle ore X
   Lunghezza della parte utile della linea   9.6 volte la lunghezza dell'Ortostilo
   errore massimo lungo la una linea orizzontale   < 1.04% della lunghezza dell'Ortostilo
   errore massimo lungo la normale alla linea oraria   < 0.43% della stessa lunghezza

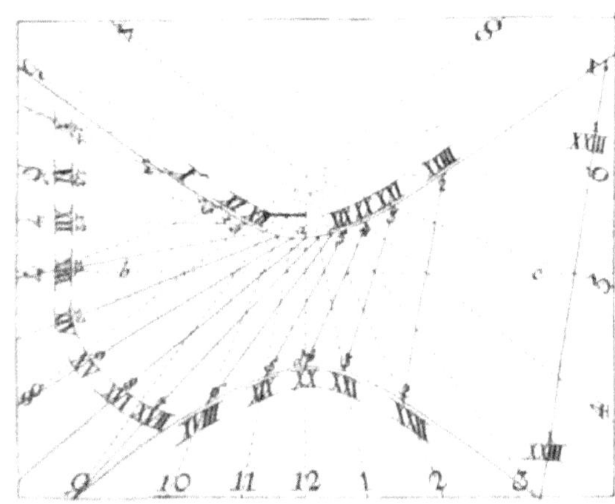

Capitolo 13
RELAZIONI FRA LE LINEE ORARIE

13.1 Relazioni fra le linee orarie dei vari sistemi passanti per uno stesso punto - 1

13.1.1   Linee diurne con durata del giorno costante

Consideriamo le linee ad ore Moderne[1], Italiche, Babiloniche e Temporarie che si passano per uno stesso punto P di un orologio solare piano.

Siano δ e ω la declinazione e l'angolo orario del Sole quando l'ombra dell'estremo G dell'ortostilo cade nel punto P e H_{MOD}, H_{IT}, H_{BAB}, H_{TEM} i valori delle ore che individuano le curve nei diversi sistemi orari.

Sia infine T_{GC} la durata del giorno-chiaro quando la declinazione del Sole vale δ, cioè la durata del periodo di luce nel giorno che individua la curva diurna passante per il punto P (Fig. 1).

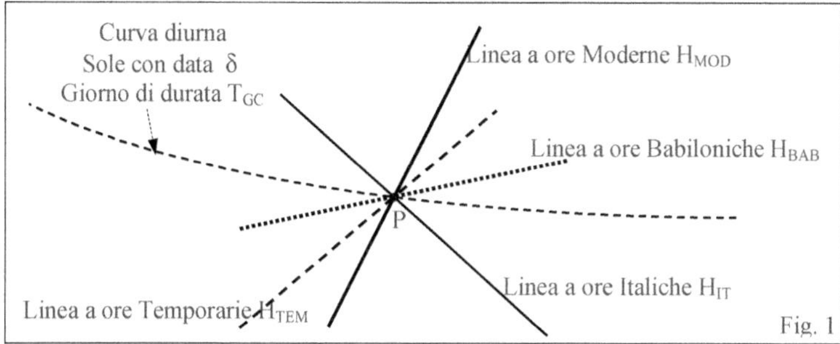

Fra le varie ore si possono ricavare facilmente le relazioni seguenti :

$$H_{IT} - H_{BAB} = 24 - T_{GC} = \text{Lunghezza\_notte}$$

$$H_{IT} - H_{MOD} = H_{MOD} - H_{BAB} = \frac{H_{IT} - H_{BAB}}{2} = \frac{24 - T_{GC}}{2} = \text{Lunghezza\_notte}/2$$

$$H_{MOD} = \frac{H_{IT} + H_{BAB}}{2}$$

Dato che la durata di T_{GC} dipende soltanto dalla Latitudine del luogo e dalla declinazione δ del Sole, dalla prima relazione sopra riportata si ricava che le linee orarie ad ore Italiche e Babiloniche che si incontrano su una data linea diurna sono caratterizzate da valori di ore la cui differenza è costante su tutta la linea (Fig. 3).

---

[1] Indico con Ore Moderne H_{MOD} le ore nel sistema di Tempo Vero Locale con inizio alla Mezzanotte (ore Francesi)

Esempio

Per una Latitudine $\varphi = 45°$ le linee orarie che si incontrano sulla iperbole diurna del Solstizio di Estate hanno una differenza di 8.57 ore = 8h 34m , mentre quelle che si incontrano sull'iperbole del solstizio Invernale differiscono di 15.43 ore = 15h 25m .

13.1.2 Durata del giorno

Se consideriamo una meridiana con già tracciate le linee orarie Italiche e Babiloniche, i punti ove si incontrano le linee orarie dei due sistemi aventi una differenza costante (H_{IT} - H_{BAB} = costante) appartengono ad una stessa linea diurna e precisamente a quella del giorno dell'anno in cui la durata della notte è esattamente uguale al valore di tale differenza (Fig. 3).

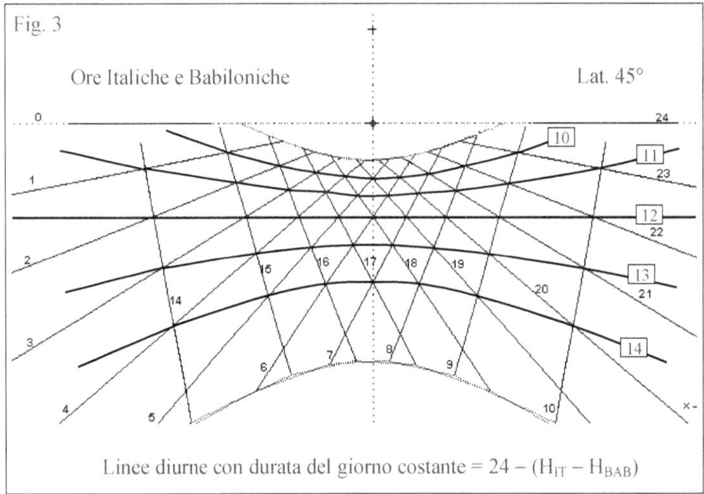

In altre parole la linea diurna su cui si incontrano le linee con (H_{IT} – H_{BAB} = N) corrisponde al giorno dell'anno avente una notte lunga N ore e un giorno-chiaro lungo (24 – N) ore.

In formule: $Durata\_del\_giorno = 24 - (H_{IT} - H_{BAB})$

13.1.3 Valori di δ per avere una durata del giorno pari a un numero intero di ore

Volendo un giorno-chiaro di durata pari ad **n** ore (uguali) occorre che il semi arco diurno sia:

$\omega_n = n \cdot 15° / 2$.   Dalla

$\cos(\omega_{SAD}) = -\tan(\delta) \cdot \tan(\varphi)$ che ci da il semiarco diurno ω_{SAD} si ha allora :

$$\tan(\delta_n) = \frac{-\cos(\omega_n)}{\tan(\varphi)} = \frac{-1}{\tan(\varphi)} \cdot \cos\left(\frac{n \cdot 15°}{2}\right)$$

Questa relazione permette di calcolare il valore della declinazione δ del Sole nei giorni lunghi n ore.

Esempio

n	$\delta°$ con $\varphi = 40°$	data (circa)	$\delta°$ con $\varphi = 45°$	data (circa)
9			-20.94	16 Gennaio
10	-17.14	01 Febbraio	-14.51	10 Febbraio
11	-8.84	26 Febbraio	-7.44	01 Marzo
12	0	20 Marzo	0	20 Marzo
13	+8.84	12 Aprile	+7.44	09 Aprile
14	+17.14	8 Maggio	+14.51	29 Aprile
15			+20.94	25 Maggio

13.2 Relazioni fra le linee orarie dei vari sistemi passanti per uno stesso punto - 2

Sono elencate di seguito le formule che permettono di calcolare i valori delle ore corrispondenti alle diverse linee orarie che passano per uno stesso punto del quadrante quando se ne conosce una sola.

Occorre conoscere anche il giorno nell'anno, cioè il valore della declinazione δ del Sole o quello della durata T_{GC} del giorno-chiaro.

$$H_{MOD} = H_{IT} - \frac{(24 - T_{GC})}{2} \qquad H_{IT} = H_{MOD} + \frac{(24 - T_{GC})}{2}$$

$$H_{MOD} = H_{BAB} + \frac{(24 - T_{GC})}{2} \qquad H_{IT} = H_{BAB} + (24 - T_{GC})$$

$$H_{MOD} = (H_{TEM} - 6) \cdot \frac{T_{GC}}{12} + 12 \qquad H_{IT} = H_{TEM} \cdot \frac{T_{GC}}{12} + (24 - T_{GC})$$

$$H_{BAB} = H_{MOD} - \frac{(24 - T_{GC})}{2} \qquad H_{TEM} = \frac{H_{MOD} - (12 - T_{GC}/2)}{T_{GC}/12}$$

$$H_{BAB} = H_{IT} - (24 - T_{GC}) \qquad H_{TEM} = 12 - \frac{(24 - H_{IT})}{T_{GC}/12}$$

$$H_{BAB} = H_{TEM} \cdot \frac{T_{GC}}{12} \qquad H_{TEM} = \frac{H_{BAB}}{T_{GC}/12}$$

Esempio
Se $T_{GC} = 15$ e $H_{IT} = 19$ allora $H_{BAB} = 10$, $H_{MOD} = 14.5$, $H_{TEM} = 8.0$

Esempio
Il 1 Gennaio ($\delta_{SOLE} = -23.0°$) in una località con Latitudine $= 45°$ si ha durata del giorno-chiaro $T_{GC} = 8.651$ ore , durata dell'ora temporaria $T_{GC} / 12 = 43m\ 15s$
Nell'istante in cui una meridiana segna le ore 14 di Tempo vero (ore moderne) si hanno le ore: Italica $H_{IT} = 21.674h$, Babilonica $H_{BAB} = 6.326h$, Temporaria $H_{TEM} = 8.775h$.

13.3 Calcolo della durata del giorno

Conoscendo le ore in due dei sistemi orari si può calcolare la lunghezza del giorno-chiaro e quindi il giorno nell'anno. Si ha:

$$T_{GC} = 24 - (H_{IT} - H_{BAB}) = 24 - 2 \cdot (H_{IT} - H_{MOD}) = 24 - 2 \cdot (H_{MOD} - H_{BAB})$$

$$= 12 \cdot \left(\frac{H_{MOD} - 12}{H_{TEM} - 6} \right) = 12 \cdot \left(\frac{24 - H_{IT}}{12 - H_{TEM}} \right) = 12 \cdot \frac{H_{BAB}}{H_{TEM}}$$

Ovviamente la durata dell'ora temporaria è data da $\dfrac{T_{GC}}{12}$.

Le formule sopra riportate permettono di determinare la lunghezza del giorno relativa alla curva diurna passante per un punto P del quadrante per cui passano 2 linee ad ore diverse delle quali si conosce il valore dell'ora.

Esempio
Se sappiamo che in un punto P di una meridiana passano le linee ad ore Italiche con $H_{IT} = 16$ e quella ad ore temporarie con $H_{TEM} = 5$, si ricava che la linea diurna per P è relativa a un giorno dell'anno in cui il giorno ha una durata $= 13.714h$ e quindi $\omega_{SAD} = 102.86°$
Se la Latitudine è $= 35°$ si trova il valore di $\delta = 17.63°$ corrispondente o al 10 Maggio o al 2 Agosto (circa)

13.4 Incontro delle linee orarie dei vari sistemi con la linea equinoziale

Nei giorni degli equinozi la declinazione del Sole vale $\delta = 0°$, l'angolo orario del Sole al tramonto vale $\omega_{SAD} = 90°$, la durata del giorno-chiaro è uguale a quella della notte, cioè $T_{GC} = 12$ ore uguali, e la durata delle ore temporarie è uguale a 1/24 del giorno.

Le relazioni che danno l'angolo orario del Sole conoscendo l'ora in uno dei vari sistemi orari e quelle inverse che permettono di calcolare l'ora noto l'angolo orario del Sole sono sotto elencate .

13.4.1 Determinazione dell'angolo orario del sole ω data l'ora h

$$\omega_S = (H_{IT} - 18) \cdot 15° \qquad \omega_S = (6 - H_{TRAM}) \cdot 15°$$

$$\omega_S = (H_{BAB} - 6) \cdot 15° \qquad \omega_S = (18 - H_{ALBA}) \cdot 15°$$

$$\omega_S = (H_{MOD} - 12) \cdot 15° \qquad \omega_S = (H_{TEM} - 6) \cdot 15°$$

13.4.2 Determinazione dell'ora h dato l'angolo orario del sole ω (giorni degli Equinozi)

$$H_{IT} = 18 + \omega_{SOLE}/15° \qquad H_{TRAM} = 6 - \omega_{SOLE}/15°$$

$$H_{BAB} = 6 + \omega_{SOLE}/15° \qquad H_{ALBA} = 18 - \omega_{SOLE}/15°$$

$$H_{MOD} = 12 + \omega_{SOLE}/15° \qquad H_{TEM} = 6 + \omega_{SOLE}/15°$$

13.4.3 Relazioni fra i diversi tipi di ore

Le ore che caratterizzano le linee orarie che passano per uno stesso punto dell'Equinoziale sono legate fra loro dalle relazioni seguenti.

$$H_{IT} - H_{BAB} = 12$$

$$H_{IT} - H_{MOD} = H_{MOD} - H_{BAB} = 6$$

$$H_{MOD} = \frac{H_{IT} + H_{BAB}}{2}$$

Da notare che tutte queste le relazioni NON dipendono dalla Latitudine del luogo.

13.5 Calcolo dei valori delle ore

Sono elencate di seguito le formule che permettono di calcolare i valori delle ore corrispondenti alle diverse linee orarie che passano per uno stesso punto dell'Equinoziale.

$$H_{MOD} = H_{IT} - 6 = H_{BAB} + 6 = H_{TEM} + 6$$

$$H_{IT} = H_{MOD} + 6 = H_{BAB} + 12 = H_{TEM} + 12$$

$$H_{BAB} = H_{MOD} - 6 = H_{IT} - 12 = H_{TEM}$$

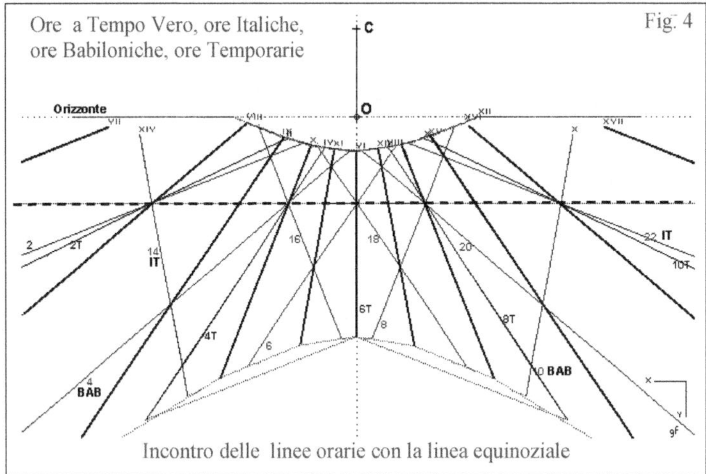

$$H_{TEM} = H_{MOD} - 6 = H_{IT} - 12 = H_{BAB}$$

$$H_{TRAM} = 18 - H_{MOD} = 24 - H_{IT} = 12 - H_{BAB}$$

$$H_{ALBA} = 30 - H_{MOD} = 36 - H_{IT} = 24 - H_{BAB}$$

Esempio : $H_{MOD} = 16$, $H_{IT} = 22$, $H_{BAB} = 10$, $H_{TEM} = 10$, $H_{TRAM} = 2$, $H_{ALBA} = 14$

Nei giorni degli equinozi ($\delta = 0°$) si ha :

	Alba		Mezzodì		Tramonto
ω_{SOLE}	-90°	-45°	0°	+45°	+90°
Ore **Moderne**	6	9	12	15	18
Ore **Italiche**	12	15	18	21	24
Ore **al Tramonto**	12	9	6	3	0
Ore **Babiloniche**	0	3	6	9	12
Ore **all'Alba**	24	21	18	15	12
Ore **Temporarie**	0	3	6	9	12

13.6 Casi particolari - Giorni di 6 e di 18 ore

Se la durata del giorno è un numero **n intero** di ore (uguali), le relazioni fra le diverse ore si ottengono da quelle riportate in 13.2 sostituendo il valore **n** a T_{GC} .

In particolare se **n = 6** , **n = 12** e **n = 18** si trova che, nei punti in cui si incontrano le linee orarie Babiloniche e Italiche individuate da un numero intero di ore, passano linee ad ore Temporarie anch'esse relative ad un numero intero di ore (Fig. 5, 6).

Per **n = 12** la linea diurna è ovviamente la linea Equinoziale.

Queste sono le uniche linee diurne in cui le diverse linee orarie che si incontrano sono caratterizzate **tutte** da valori interi di ore: questa proprietà può essere utilizzata per il tracciamento delle linee temporarie anche se le linee diurne con tali durate del giorno non sono possibili alle nostre Latitudini

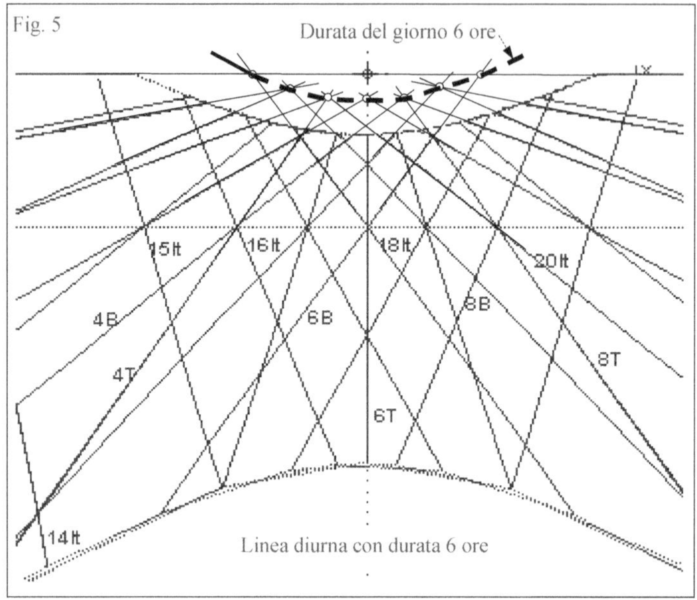

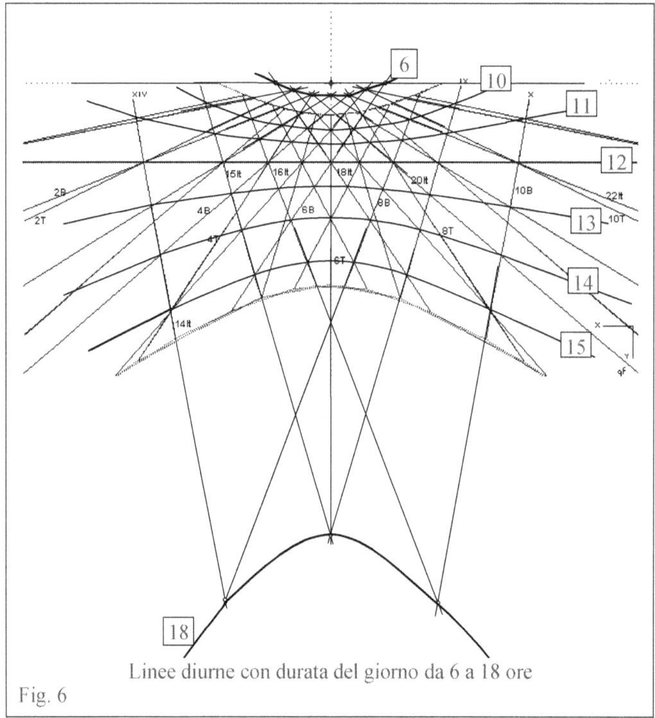

Si ottiene :

per **n = 6**

$$H_{IT} - H_{BAB} = 18 \qquad H_{MOD} = H_{TEM}/2 + 9$$

$$H_{IT} - H_{MOD} = H_{MOD} - H_{BAB} = 9 \qquad H_{BAB} = H_{TEM}/2$$

per **n = 18**

$$H_{IT} - H_{BAB} = 6 \qquad\qquad H_{MOD} = 3 \cdot H_{TEM}/2 + 3$$

$$H_{IT} - H_{MOD} = H_{MOD} - H_{BAB} = 3 \qquad\qquad H_{BAB} = 3 \cdot H_{TEM}/2$$

Ore	n =	6		n =	12		n =	18	
Tempora-rie	Babiloni-che	Moderne	Italiche	Babiloni-che	Moderne	Italiche	Babiloni-che	Moderne	Italiche
0	0	9	18	0	6	12	0	3	6
2	1	10	19	2	8	14	3	6	9
4	2	11	20	4	10	16	6	9	12
6	3	12	21	6	12	18	9	12	15
8	4	13	22	8	14	20	12	15	18
10	5	14	23	10	16	22	15	18	21
12	6	15	24	12	18	24	18	21	24

Le linee diurne con giorno di lunghezza uguale a 6 e 18 ore non sempre possono essere facilmente tracciate. In Fig. 6, 7 due esempi per un piano verticale rivolto a Sud e per un piano inclinato e declinante Est.

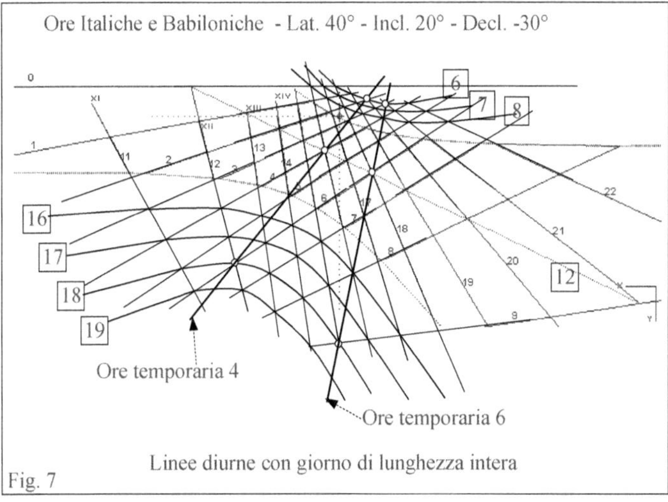

13.7 Intersezione delle linee orarie con la linea dell'orizzonte

13.7.1 Linee ad ore italiche

Nell'istante del sorgere del Sole in un certo giorno, il valore dell'ora Italica, essendo $\omega_{SOLE} = -\omega_{SAD}$, vale

$$H_{IT} = 24 - 2 \cdot \omega_{SAD}/15° \qquad\qquad (a)$$

In altre parole la linea dell'ora Italica H_{IT} incontra la linea dell'orizzonte in un punto Q (Fig. 8) in cui $h_{SOLE}=0°$ e $\omega_{SOLE} = -\omega_{SAD}$.

Per questo punto Q passa anche una linea oraria ad ore moderne (tempo vero) e precisamente quella per cui

$$(H_{MOD} - 12) \cdot 15° = -\omega_{SAD} \qquad\qquad (b)$$

Eliminando ω_{SAD} fra le due equazioni (a) e (b) si ricava la relazione : $H_{IT} = 2 \cdot H_{MOD}$

Questo vuol dire che se in un punto della linea dell'orizzonte passa la linea ad ore moderne relativa all'ora H_{MOD} in quel punto passa anche la linea ad ore Italiche relativa all'ora (italica) 2 H_{MOD} /2 (Fig. 8).

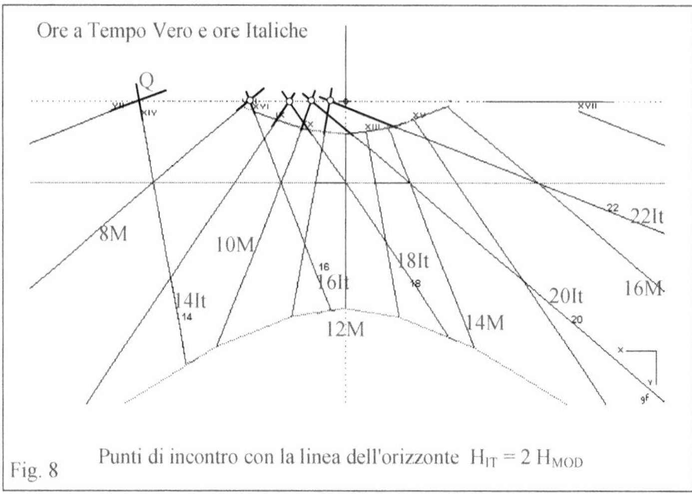

Esempio

Se per un punto (della linea dell'orizzonte) passa la linea delle ore 10 moderne per esso passa anche la linea delle 20 Italiche.

Dato che le linee delle ore Italiche incontrano la linea dell'Orizzonte all'alba, i punti di incontro hanno sempre un angolo orario ω negativo e perciò si trovano sempre a sinistra della linea meridiana.

13.7.2   Linee ad ore babiloniche

Nell'istante del tramonto del Sole in un certo giorno, essendo $\omega_{SOLE} = \omega_{SAD}$, il valore dell'ora Babilonica, vale

$$H_{BAB} = 2 \cdot \omega_{SAD}\big/15° \qquad\qquad (a)$$

In altre parole la linea dell'ora Babilonica H_{BAB} incontra la linea dell'orizzonte in un punto Q in cui $h_{SOLE}=0°$ e $\omega_{SOLE} = \omega_{SAD}$.

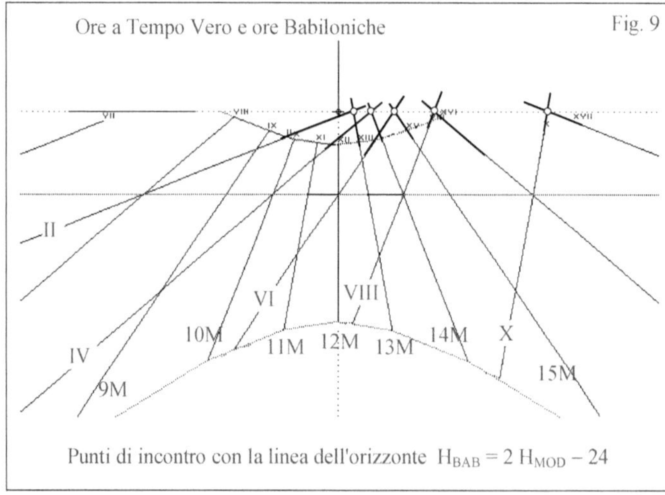

Per questo punto Q passa anche una linea oraria ad ore moderna (tempo vero) e precisamente quella per cui

$$(H_{MOD} - 12) \cdot 15° = \omega_{SAD} \qquad\qquad (b)$$

Eliminando ω_{SAD} fra le due equazioni (a) e (b) si ricava la relazione : $H_{BAB} = 2 \cdot H_{MOD} - 24$

Questo vuol dire che se in un punto della linea dell'orizzonte passa la linea ad ore moderne relativa all'ora H_{MOD} in quel punto passa anche la linea ad ore Babiloniche relativa all'ora (babilonica) $(2\,H_{MOD} -24)$.

Ad esempio se per un punto (della linea dell'orizzonte) passa la linea delle ore 16 moderne per esso passa anche la linea delle 8 Italiche.

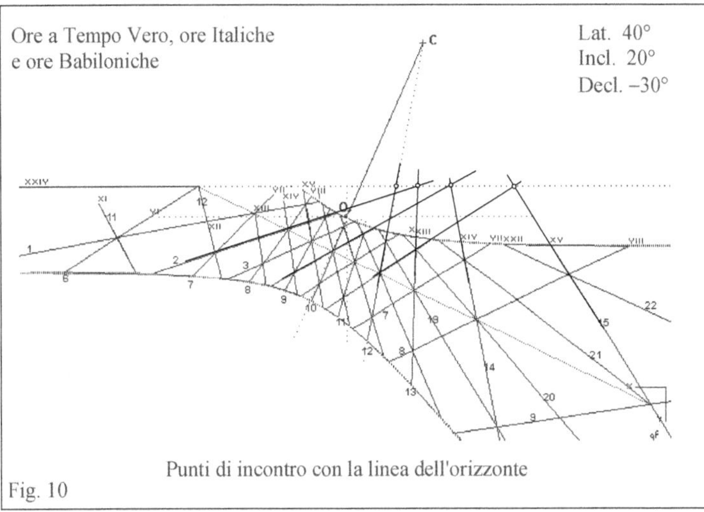

Fig. 10

Dato che le linee delle ore Babiloniche incontrano la linea dell'Orizzonte al tramonto, i punti di incontro hanno sempre un angolo orario ω positivo: si trovano quindi sempre a destra della linea meridiana.

13.8 Intersezione delle linee orarie con le linee solstiziali

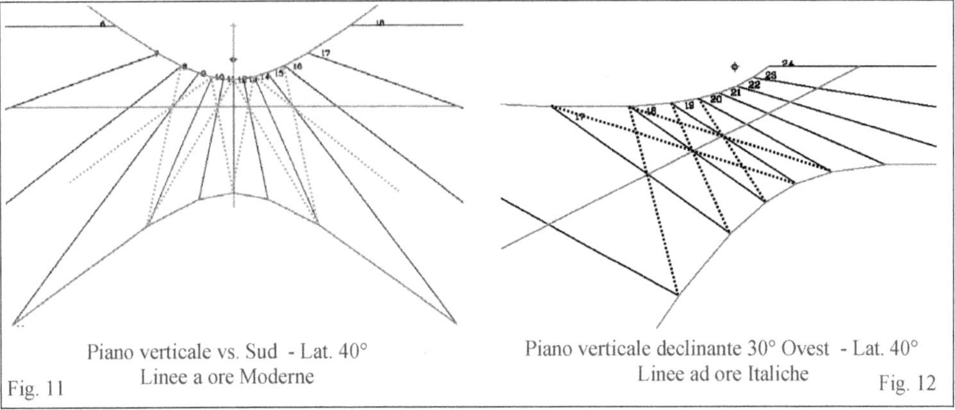

Fig. 11

Fig. 12

Come si è già detto, sulla linea equinoziale si incontrano nello stesso punto P la linea ad ore Babiloniche (n), quella a ore Moderne (n+6) e quella ad ore italiche (n+12).

Si può dimostrare che nello stesso punto si incontrano anche i segmenti che uniscono particolari punti delle curve Solstiziali. Precisamente:
-     Il segmento che unisce il punto sulla linea solstiziale estiva (Se) dove passa la linea ad ore Babiloniche (n-1) col punto sulla solstiziale invernale (Si) dove passa la linea ad ore Babiloniche (n+1);

-   il segmento che unisce il punto sulla (Se) dove passa la linea ad ore Babiloniche (n+1) col punto sulla (Si) dove passa la linea ad ore Babiloniche (n-1);

-   Il segmento che unisce il punto sulla (Se) dove passa la linea ad ore Moderne (n+5) col punto sulla (Si) dove passa la linea ad ore Moderne (n+7);

-   il segmento che unisce il punto sulla (Se) dove passa la linea ad ore Moderne (n+7) col punto sulla (Si) dove passa la linea ad ore Moderne (n+5);

-   Il segmento che unisce il punto sulla (Se) dove passa la linea ad ore Italiche (n+11) col punto sulla (Si) dove passa la linea ad ore Italiche (n+13);

-   il segmento che unisce il punto sulla (Se) dove passa la linea ad ore Italiche (n+13) col punto sulla (Si) dove passa la linea ad ore Italiche (n+11);

In totale per il punto P passano 9 linee. Vedi esempi in Fig. 11, 12, 13.
La tabella seguente riassume quanto sopra scritto.

Sulla equinoziale si incontrano le linee tra le solstiziali			Alle ore	Es. con n=5	Es. con n=5	Es. con n=5
Babiloniche	(n-1)e - (n+1)i	(n+1)e - (n-1)i	(n) Bab	4e - 6i	6e - 4i	5 Bab
Moderne	(n+5)e - (n+7)i	(n+7)e - (n+5)i	(n+6) Mod	10e - 12i	12e - 10i	11 Mod
Italiche	(n+11)e - (n+13)i	(n+13)e - (n+11)i	(n+12) Ita	16e - 18i	18e - 16i	17 Ita

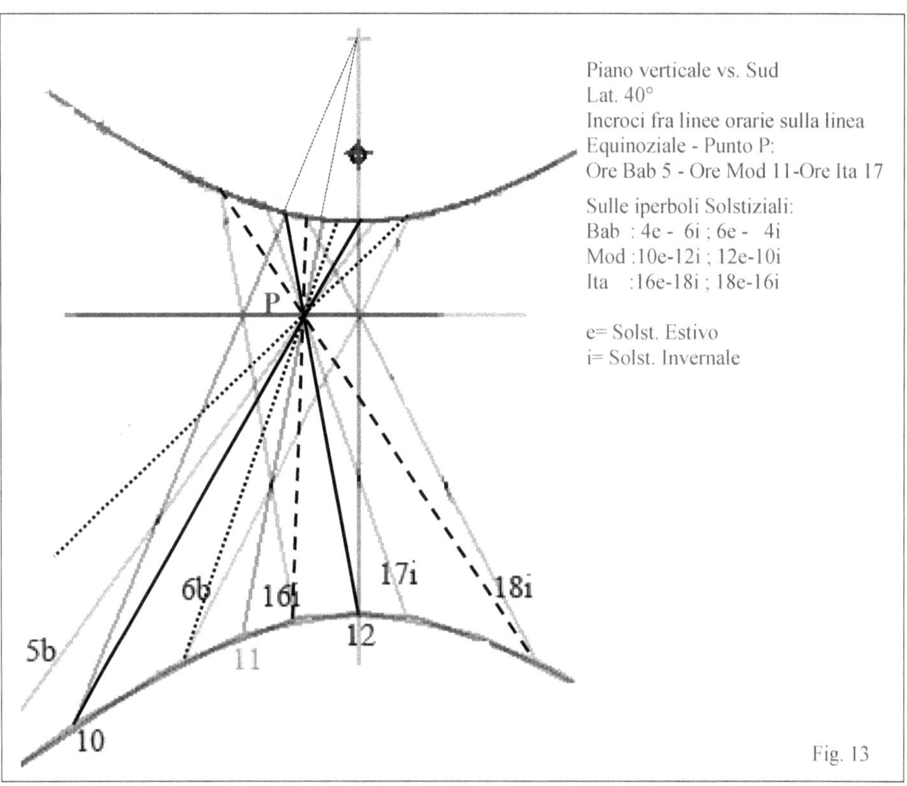

Fig. 13

CAPITOLO 14
COME TRACCIARE LE LINEE ORARIE AD ORE ANTICHE

14.1 Come tracciare le linee orarie ad ore italiche - 1
Metodo generale

Si calcolano le coordinate di due punti della linea voluta, si segnano sul quadro e si uniscono fra loro.
Si possono ad esempio considerare due qualunque fra i punti seguenti:
- il punto di intersezione con la Equinoziale ($\delta = 0°$);
- il punto di intersezione con la linea diurna (iperbole) del Solstizio Invernale ($\delta = -23.45°$);
- il punto di intersezione con la linea diurna (iperbole) del Solstizio Estivo   ($\delta = +23.45°$);
- il punto di intersezione della linea con la linea dell'Orizzonte (h = 0°) (ovviamente se il piano non è orizzontale).

Calcolo dei punti
Se è noto il valore di δ :
- si calcola il valore del semiarco diurno ω_{SAD} con la $\cos(\omega_{SAD}) = -\tan(\varphi) \cdot \tan(\delta)$;
- data l'ora H_{IT} per cui si vuole la linea oraria si calcola l'angolo orario del Sole con la

$$\omega = \omega_{SAD} - (24 - H_{IT}) \cdot 15° \; ;$$

- dati ω e δ si calcolano i valore dell'Azimut **Az** e della altezza **h** del Sole;
- con le formule che danno x e y quando sono noti Az e h si calcolano le coordinate del punto cercato (per cui passa la linea oraria H_{IT}).

Incontro con l'Orizzonte
Volendo il punto in cui la linea oraria incontra la linea dell'Orizzonte (con h = 0°) basta osservare che in questo caso si hanno le relazioni :

$$\omega = 15° \cdot H_{IT}/2 - 180° \qquad\qquad \tan(Az) = \text{sen}(\varphi) \cdot \tan(\omega)$$

$$x = -\rho \cdot \frac{\tan(Az - \alpha)}{\cos(i)} \qquad\qquad y = -\rho \cdot \tan(i)$$

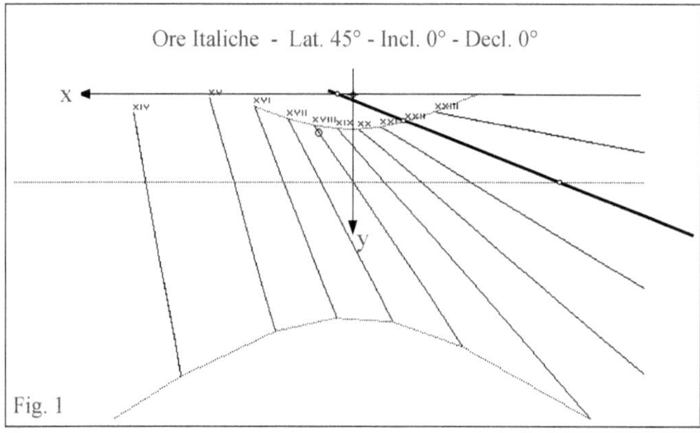

Punti sull'equinoziale
Per i punti sulla Equinoziale (con $\delta = 0°$) si può usare il metodo descritto sopra oppure, ricordando che è

$\omega_{ltEquinozio} = (H_{IT} - 18) \cdot 15°$ si possono usare le formule semplificate:

$$sen(h) = cos(\varphi) \cdot cos(\omega)$$
$$sen(Az) = sen(\omega)/cos(h)$$
$$cos(Az) = sen(\varphi) \cdot cos(\omega)/cos(h)$$

Ricordo inoltre che per i punti sull'Equinoziale passano le linee orarie con ore diverse date da:

$$H_{IT} = H_{MOD} + 6 = H_{BAB} + 12 = H_{TEM} + 12$$

quindi tali punti sono già individuati se sono tracciate le linee in un diverso sistema di ore.

Esempio
Piano Verticale declinante 30° Ovest; Latitudine = 45° ; lunghezza Ortostilo ρ = 100. Ora Italica voluta = 22.
Si trova :

	$\delta°$	$\omega_{SAD}°$	$\omega°$	$Az°$	$h°$	x	y
Sull'Equinoziale	0	90	60	67.79	20.70	−77.55	47.83
Sull'Orizzonte			−15°	10.72	0	+86.1	0
al Solst. Invernale	−23.45	64.22	34.29	32.31	14.75	−4.1	26.4
al Solst. Estivo	+23.45	115.71	85.71	104.28	19.26	-355.2	129.0

14.2   Come tracciare le linee orarie ad ore italiche - 2
Punti di intersezione con le linee ad ore moderne sulla equinoziale e sulla linea dell'orizzonte

Deve essere già stata tracciata la meridiana ad ore Moderne.

Abbiamo già visto che in ogni punto della linea Equinoziale passa una linea oraria ad ore Italiche ed una ad ore Moderne e che, se H_{IT} e H_{MOD} sono i valori delle ore che individuano queste linee, si ha la relazione
$H_{IT} = H_{MOD} + 6$
Sappiamo anche che se per un punto della linea dell'Orizzonte passa la linea di ora H_{MOD} , in quel punto passa anche la linea ad ore Italiche $H_{IT} = 2 H_{MOD}$

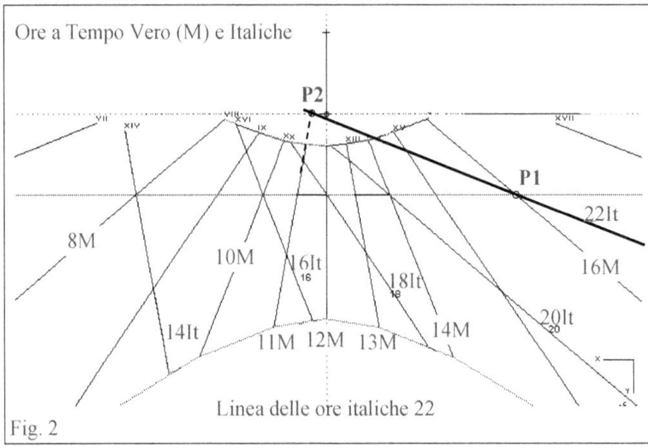

In base a questi risultati se vogliamo tracciare la linea ad ora Italica H_{IT} basta trovare (Fig. 2):
−   il punto P1 di intersezione con la linea Equinoziale della linea ad ore moderne $H_{MOD} = H_{IT} - 6$;
−   il punto P2 di intersezione con la linea dell'Orizzonte della linea ad ore moderne $H_{MOD} = H_{IT} / 2$.
La retta passate per P1 e P2 è la linea oraria cercata.

Esempio (Fig. 2): volendo $H_{IT} = 22$:
- P1 incontro fra l'Equinoziale e la linea ad ore Moderne $= 22 - 6 = 16$
- P2 incontro fra l'Orizzonte e la linea ad ore Moderna $= 22/2 = 11$

14.3 Come tracciare le linee orarie ad ore italiche - 3
Punti di intersezione con le linee ad ore babiloniche

Deve essere già stata tracciata la meridiana ad ore Moderne e quella ad ore Babiloniche.

Dalle relazioni già viste che danno le ore che individuano le diverse linee orarie che passano per uno stesso punto, si ricava facilmente la:

$$H_{IT} = 2 \cdot H_{MOD} - H_{BAB}$$

che permette di trovare alcuni punti per cui passa la linea oraria ad ore Italiche H_{IT} avendo già disegnato le linee Babiloniche e Moderne.

Ad es. la linea con $H_{IT} = 18$ passa per i punti in cui si incontrano le linee $H_{MOD} = 12$ e $H_{BAB} = 6$, $H_{MOD} = 13$ e $H_{BAB} = 8$, $H_{MOD} = 14$ e $H_{BAB} = 10$, ecc. (Fig. 3).

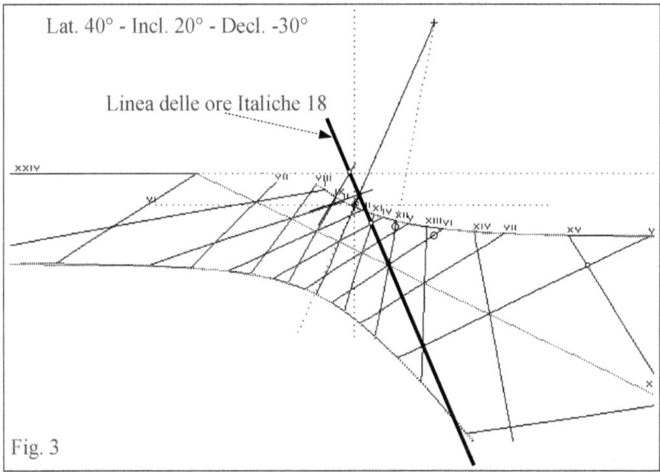

14.4 Come tracciare le linee orarie ad ore babiloniche - 1
Metodo generale

Il procedimento è perfettamente identico a quello descritto per le ore Italiche: si calcolano le coordinate di due punti della linea voluta, si segnano sul quadro e si uniscono fra loro.

Calcolo dei punti

Se è noto il valore di δ :
- si calcola il valore del semiarco diurno ω_{SAD} con la $\cos(\omega_{SAD}) = -\tan(\varphi) \cdot \tan(\delta)$;
- data l'ora H_{BAB} per cui si vuole la linea oraria si calcola l'angolo orario del Sole con la

$$\omega = H_{BAB} \cdot 15° - \omega_{SAD} = (H_{BAB} - T_{GC}/2) \cdot 15° \; ;$$

- dati ω e δ si calcolano i valore dell'Azimut **Az** e della altezza **h** del Sole;
- con le formule che danno x e y quando sono noti Az e h si calcolano le coordinate del punto cercato (per cui passa la linea oraria H_{BAB}).

Punti sull'equinoziale

Per i punti sulla Equinoziale (con $\delta = 0°$) si può usare il metodo descritto sopra ricordando che è

$$\omega_{BabEquinozio} = (H_{BAB} - 6) \cdot 15°$$

Ricordo soltanto che per i punti sull'Equinoziale passano le linee orarie con ore diverse date da:

$$H_{BAB} = H_{MOD} - 6 = H_{IT} - 12 = H_{TEM}$$

quindi tali punti sono già individuati se sono tracciate le linee in un diverso sistema di ore.

14.5 Come tracciare le linee orarie ad ore babiloniche - 2
Punti di intersezione con le linee ad ore moderne sulla equinoziale e sulla linea dell'orizzonte

Deve essere già stata tracciata la meridiana ad ore Moderne.

Abbiamo già visto che in ogni punto della linea Equinoziale passa una linea oraria ad ore Babiloniche ed una ad ore Moderne e che, se H_{BAB} e H_{MOD} sono i valori delle ore che individuano queste linee, si ha la relazione $H_{BAB} = H_{MOD} - 6$.

Sappiamo anche che, se per un punto della linea dell'Orizzonte passa la linea di ora H_{MOD}, in quel punto passa anche la linea ad ore Babiloniche $H_{BAB} = 2 H_{MOD} - 24$.

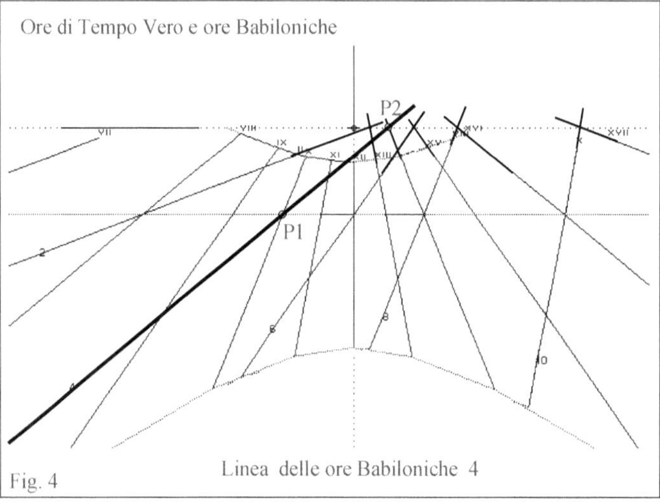

In base a questi risultati se vogliamo tracciare la linea ad ora Babilonica H_{BAB} basta trovare:
- il punto P1 di intersezione con la linea Equinoziale della linea ad ore moderne $H_{MOD} = H_{BAB} + 6$
- il punto P2 di intersezione con la linea dell'Orizzonte della linea ad ore moderne
  $H_{MOD} = (H_{BAB} + 24) / 2$

La retta passate per P1 e P2 è la linea oraria cercata.

Esempio : volendo $H_{BAB} = 4$:
- P1 incontro fra l'Equinoziale e la linea ad ore Moderne = 4 + 6 = 10
- P2 incontro fra l'Orizzonte   e la linea ad ore Moderna = (4+24)/2 = 14

14.6 Come tracciare le linee orarie ad ore babiloniche - 3
Punti di intersezione con le linee ad ore italiche

Deve essere già stata tracciata la meridiana ad ore Moderne e quella ad ore Italiche.

Dalle relazioni già viste che danno le ore che individuano le diverse linee orarie che passano per uno stesso punto si ricava facilmente la $H_{BAB} = 2 \cdot H_{MOD} - H_{IT}$

che ci permette di trovare alcuni punti per cui passa la linea oraria ad ore Babiloniche H_{BAB} avendo già disegnato le linee Italiche e Moderne.

Ad es. la linea con $H_{BAB} = 4$ passa per i punti in cui si incontrano le linee $H_{MOD} = 9$ e $H_{IT} = 14$; $H_{MOD} = 10$ e $H_{IT} = 16$; $H_{MOD} = 11$ e $H_{IT} = 18$, ecc. (Fig. 5).

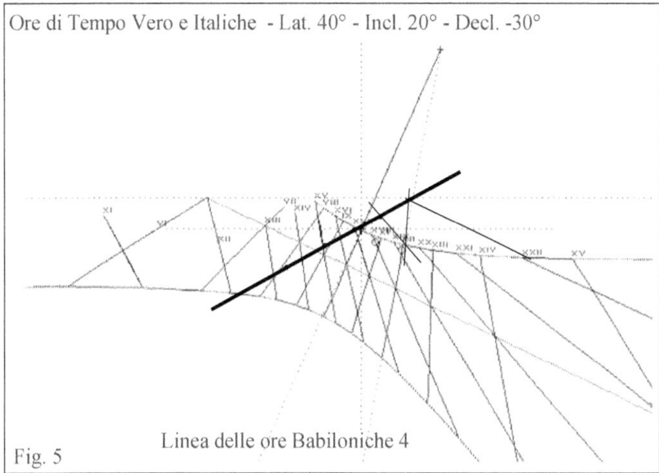

14.7 Come tracciare le linee orarie ad ore temporarie - 1
Metodo esatto

Le linee ad ore Temporarie **NON** sono linee rette per cui l'unico metodo corretto per tracciarle consiste nel calcolarne un certo numero di punti e nel disegnare la curva passante per essi.
Dato che, come si è già detto, alle nostre latitudini le curve che rappresentano le linee orarie vere differiscono di molto poco da segmenti di retta, indicherò alcuni metodi per il tracciamento delle linee orarie ad ore Temporarie trascurandone la non linearità.

14.8 Come tracciare le linee orarie ad ore temporarie - 2
Linea passante per due punti

Il procedimento è perfettamente identico al metodo generale descritto per le ore Italiche: si calcolano le coordinate di due punti della linea voluta, si segnano sul quadro e si uniscono fra loro.
Si possono ad esempio considerare due qualunque fra i punti seguenti:
–   il punto di intersezione con la Equinoziale ($\delta = 0°$) ;
–   il punto di intersezione con la linea diurna (iperbole) del Solstizio Invernale ($\delta = -23.45°$) ;
–   il punto di intersezione con la linea diurna (iperbole) del Solstizio Estivo   ($\delta = +23.45°$),
–   il punto di intersezione della linea con la linea dell'Orizzonte ($h = 0°$) (ovviamente se il piano non è orizzontale).

Calcolo dei punti

Se è noto il valore di δ:

- si calcola il valore del semiarco diurno ω_{SAD} con la $\qquad \cos(\omega_{SAD}) = -\tan(\varphi)\cdot\tan(\delta)$;

- data l'ora H_{TEM} per cui si vuole la linea oraria si calcola l'angolo orario del Sole con la

$$\omega = \omega_{SAD}\cdot\frac{(H_{TEM}-6)}{6} = \frac{T_{GC}}{12}\cdot(H_{TEM}-6)\cdot 15° \; ;$$

- dati ω e δ si calcolano i valore dell'Azimut **Az** e della altezza **h** del Sole ;

- con le formule che danno x e y quando sono noti Az e h si calcolano le coordinate del punto cercato (per cui passa la linea oraria H_{TEM}).

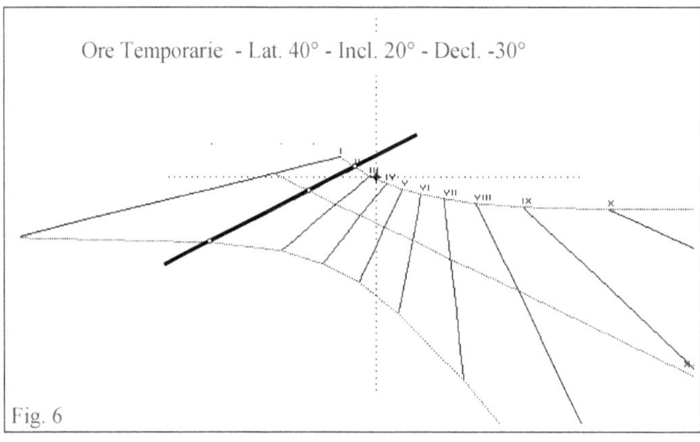

Punti sull'equinoziale

Per i punti sulla Equinoziale (con $\delta = 0°$) si può usare il metodo descritto sopra oppure, ricordando che è

$\qquad \omega_{TemEquinozio} = (H_{TEM}-6)\cdot 15°$ si possono usare le formule semplificate :

$$\left|\begin{array}{l} \mathrm{sen}(h) = \cos(\varphi)\cdot\cos(\omega) \\[4pt] \mathrm{sen}(Az) = \mathrm{sen}(\omega)\big/\cos(h) \\[4pt] \cos(Az) = \mathrm{sen}(\varphi)\cdot\cos(\omega)\big/\cos(h) \end{array}\right.$$

Ricordo inoltre che per i punti sull'Equinoziale passano le linee orarie con ore diverse date da :

$$H_{TEM} = H_{MOD} - 6 = H_{IT} - 12 = H_{BAB}$$

quindi tali punti sono già individuati se sono tracciate le linee in un diverso sistema di ore.

14.9 Come tracciare le linee orarie ad ore temporarie - 3
   Punti di intersezione con le linee ad ore moderne sulla equinoziale e sulle linee diurne
   (con giorni di 6 e 18 ore)

Deve essere già stata tracciata la meridiana ad ore Italiche e Babiloniche

Abbiamo già visto che in ogni punto della linea Equinoziale passano una linea oraria ad ore Temporarie, una ad ore Italiche ed una ad ore Babiloniche e che fra i valori delle ore che individuano queste linee si hanno le relazioni :

$$H_{BAB} = H_{TEM} \qquad\qquad H_{IT} = H_{BAB} + 12 = H_{TEM} + 12$$

Sappiamo inoltre che le linee orarie ad ore Italiche e Babiloniche si incontrano in punti che appartengono a linee diurne in cui la durata del giorno-chiaro vale $T_{GC} = 24 - (H_{IT} - H_{BAB})$.

Curva diurna con giorno di 6 ore

Sappiamo che in punto della linea diurna caratterizzata dalla durata del giorno-chiaro di 6 ore passano la linea orarie con le ore

$$\mid H_{IT} - H_{BAB} = 18 \qquad\qquad H_{BAB} = H_{TEM}/2$$

Per tracciare la linea orarie ad ore temporarie H_{TEM} possiamo quindi (Fig. 7):

– tracciare la linea diurna con giorno di 6 ore, in cui $H_{IT} - H_{BAB} = 18$, prolungando opportunamente le linee orarie Italiche e Babiloniche;

– considerare la linea ad ore Babiloniche $H_{BAB} = H_{TEM}/2$ e il suo punto P_1 di incontro con la linea diurna con giorno di 6 ore ;

– considerare sulla linea Equinoziale il punto P_2 per cui passa la linea ad ore Babiloniche $H_{BAB} = H_{TEM}$

– la porzione di retta passante per P_1 e P_2 compresa fra le linee dei Solstizi è la linea oraria Temporaria cercata

Da notare che è possibile soltanto la determinazione delle ore temporarie di valore pari, a meno che non si abbiano anche le linee Italiche o Babiloniche delle mezze ore.

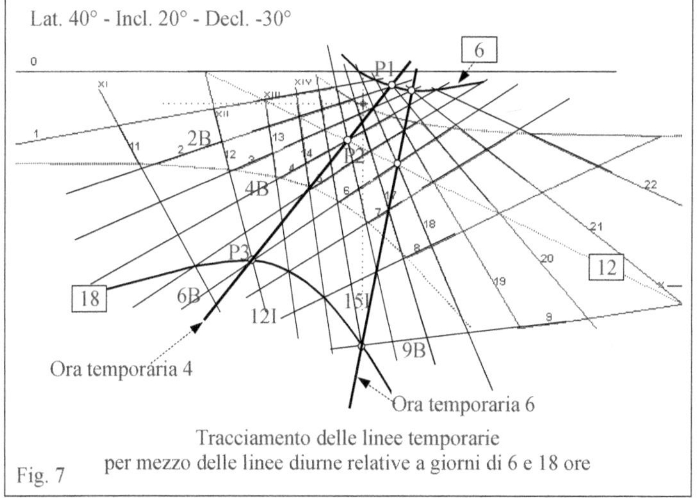

Tracciamento delle linee temporarie
per mezzo delle linee diurne relative a giorni di 6 e 18 ore

Fig. 7

Curva diurna con giorno di 18 ore

Sappiamo che in punto della linea diurna caratterizzata dalla durata del giorno-chiaro di 18 ore passano la linea orarie con le ore

$$\mid H_{IT} - H_{BAB} = 6 \qquad\qquad H_{BAB} = 3 \cdot H_{TEM}/2$$

Per tracciare la linea orarie ad ore temporarie H_{TEM} possiamo quindi:

– tracciare la linea diurna con giorno di 18 ore, in cui $H_{IT} - H_{BAB} = 6$, prolungando opportunamente le linee orarie Italiche e Babiloniche;

– considerare la linea ad ore Babiloniche $H_{BAB} = 3 \cdot H_{TEM}/2$ e il suo punto P_3 di incontro con la linea diurna con giorno di 18 ore;

– considerare sulla linea Equinoziale il punto P_2 per cui passa la linea ad ore Babiloniche $H_{BAB} = H_{TEM}$;

– la porzione di retta passante per P_3 e P_2 compresa fra le linee dei Solstizi è la linea oraria Temporaria cercata.

Da notare che anche ora è possibile soltanto la determinazione delle ore temporarie di valore pari a meno che non si abbiano anche le linee Italiche o Babiloniche delle mezze ore.

14.10 Orologi a Ore Canoniche

Il disegno di un orologio ad Ore Canoniche è semplicissimo poiché l'orologio è sempre su un piano verticale rivolto a Sud, ha uno stilo orizzontale e le linee che segnano l'inizio e il termine delle ore sono coincidenti con i raggi di un semicerchio intervallati di 15°.

È opportuno in questo caso fare una verifica dell'orologio, cioè trovare l'ora in TVL in cui l'ombra dello stilo cade su una delle linee orarie presenti.

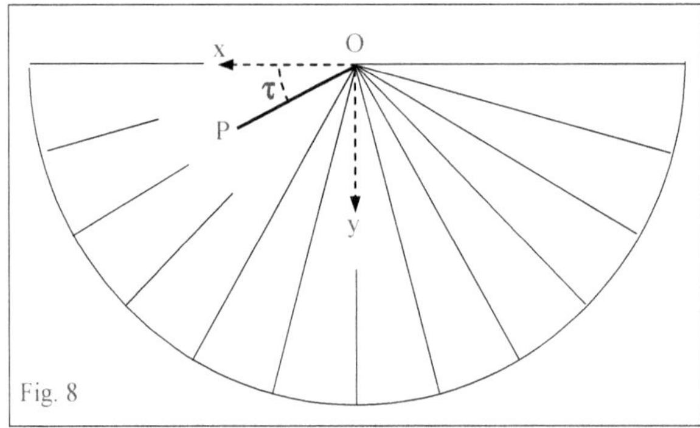

Sia OP il tratto di una "linea oraria" e τ l'angolo che essa forma con l'orizzontale (Fig. 8).
Se h e Az sono l'altezza e l'azimut del Sole nell'istante in cui l'ombra dello stilo cade su OP si ha

$$x_P = -\rho \cdot \tan(Az) \qquad y_P = \rho \cdot \frac{\tan(h)}{\cos(Az)} \qquad \tan(\tau) = -\frac{\tan(h)}{\operatorname{sen}(Az)}.$$

Ponendo $k = \tan(\tau)$ si possono ricavare le relazioni seguenti

$$k \cdot \operatorname{sen}(\omega) + \cos(\varphi) \cdot \cos(\omega) = -\operatorname{sen}(\varphi) \cdot \tan(\delta) \quad e$$

$$k \cdot \operatorname{sen}(\omega) + \cos(\varphi) \cdot \cos(\omega) = A \cdot \operatorname{sen}(\omega + \alpha) \qquad \text{essendo A e } \alpha \text{ una costante e un angolo ausiliari.}$$

I valori di A e α si possono ricavare con le

$$k = \tan(\tau) \qquad A = \sqrt{k^2 + \cos^2(\varphi)} \qquad \cos(\alpha) = \frac{k}{A} \qquad \operatorname{sen}(\alpha) = \frac{\cos(\varphi)}{A}.$$

Con la $A \cdot \operatorname{sen}(\omega + \alpha) = -\operatorname{sen}(\varphi) \cdot \tan(\delta)$ si può ricavare $(\omega + \alpha)$ e, calcolato α, il valore cercato di ω.

Occorre prestare molta attenzione ai segni e ai casi in cui il Sole si trova *dietro* al piano dell'orologio.

Esempio – $\varphi = 45°$, $\delta = +10°$. Si vuole trovare l'ora in cui $\tau = 45°$, inizio dell' ora 3'.
Si ricavano i valori : k=1 , A=1.225 , α=35.264° , $(\omega+\alpha)$=−5.843° , ω=−41.107 corrispondente alle ore 9 15m
Nel giorno dell'Equinozio invece si ha : A=1.225 , α=35.264° , $(\omega+\alpha)$= 0° , ω=−35.264° corrispondente alle ore 9 38m

Parte V

OROLOGI SOLARI POCO CONOSCIUTI

Capitolo 15
LINEE MERIDIANE SU PARETI VERTICALI

15.1 Linee meridiane su pareti verticali

Nei secoli scorsi furono costruiti molti orologi solari su pareti verticali con la sola linea oraria del mezzogiorno vero con lo scopo di indicare soltanto l'istante del passaggio del Sole al meridiano e quindi il mezzogiorno vero locale.

Questi strumenti, che troviamo quasi sempre in luoghi aperti al pubblico, sono particolari sia per la grande semplicità di progettazione e tracciamento, sia per la semplicità di lettura da parte di tutti e furono spesso usati, oltre che per conoscere l'istante del mezzogiorno, per "mettere in punto" gli orologi meccanici.

Anche se queste "funzioni" sono oggi praticamente inutili, vengono spesso ancora costruite nuove meridiane su pareti verticali anche come elementi decorativi.

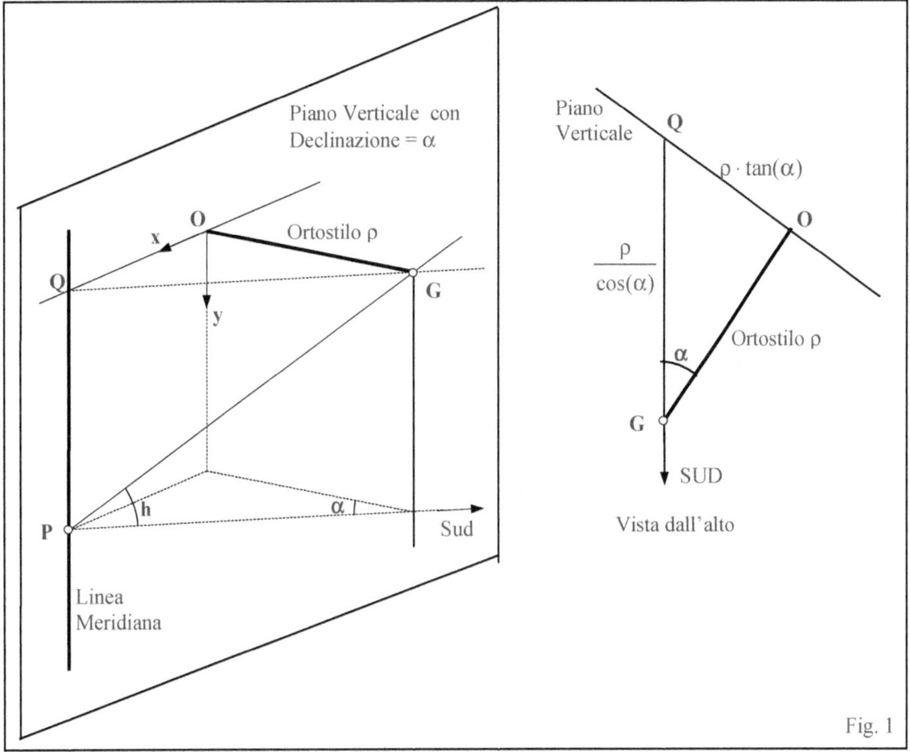

Ponendo (Fig. 1):

– **O**	Piede dell'ortostilo
– **OG**	Ortostilo lungo ρ
– **QP**	Linea Meridiana
– **Q**	Origine della linea Meridiana
– **P**	Punto di transito - Sole con declinazione δ
– **QO**	Distanza orizzontale fra il piede dell'ortostilo O e la linea Meridiana
– **QP**	Distanza verticale fra il punto di transito e l'origine della linea Meridiana

Si hanno immediatamente le relazioni:

$$QO = \rho \cdot \tan(\alpha) \qquad\qquad QP = \frac{\rho}{\cos(\alpha) \cdot \tan(\varphi - \delta)}$$

che permettono il calcolo della posizione della linea meridiana rispetto all'ortostilo e la posizione dei punti di transito.

Esempio – $\varphi = 44° \, 30'$; $\rho = 300mm$; piano verticale declinante di 35° verso Ovest, $\alpha = +35°$

Si hanno i valori:

    QO = 210.0mm
    Solstizio Estivo   QP = 951.6mm
    Equinozi   QP = 372.7mm
    Solstizio Invernale   QP = 148.3mm

Fig. 2   Linee meridiane a Magliano (GR), Digione (Francia) e Modena

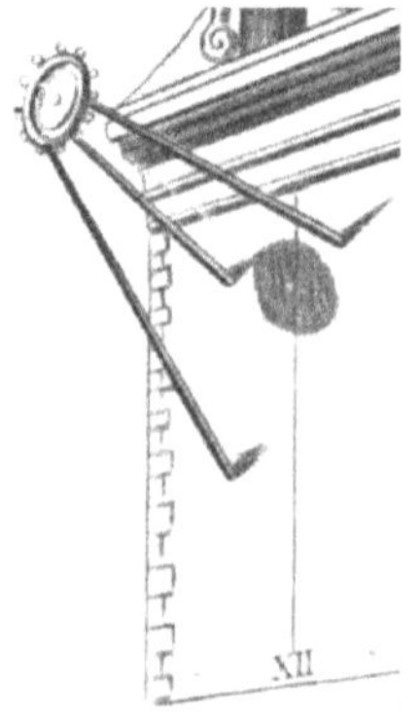

Capitolo 16
LINEE MERIDIANE A CAMERA OSCURA

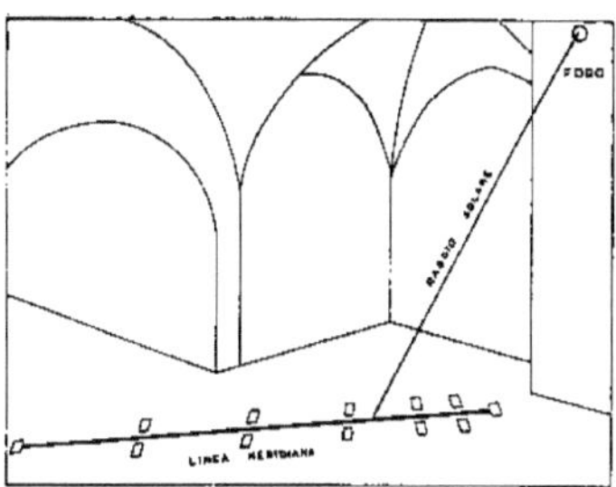

16.1 Generalità

Un orologio solare a camera oscura è un orologio realizzato in un luogo non illuminato direttamente dal Sole nel quale, per indicare l'ora, invece di usare l'ombra di un punto (nodo) si utilizza la macchia luminosa prodotta da un foro attraverso il quale passano i raggi solari.

Per avere una macchia luminosa piccola, luminosa e ben definita, occorre che il foro sia di piccole dimensioni rispetto alle dimensioni dell'orologio: un foro di questo tipo viene chiamato *foro stenopeico* e per questo gli orologi solari che lo utilizzano sono chiamati anche " orologi a foro stenopeico".

Poiché l'ambiente non illuminato dove si realizza l'orologio deve, per motivi pratici, contenere l'osservatore, gli orologi a camera oscura sono sempre costruiti con dimensioni abbastanza grandi e, sempre per motivi di praticità d'uso, hanno quasi sempre solo una sola linea oraria, quella del mezzogiorno, che coincide con la linea meridiana.

In questo caso sono chiamati correttamente"meridiane a camera oscura".

La linea meridiana è solitamente tracciata sul pavimento di un ambiente (ampia sala, chiesa) o nel piano di calpestio di un portico anche se si trovano linee tracciate su una parete verticale o spezzate, parte su una parete e parte sul pavimento.

Poiché il centro della macchia luminosa (immagine del Sole prodotta dal foro) si sposta lungo la linea meridiana al variare delle stagioni le m. a camera oscura possono fornire informazioni "calendariali" come l'inizio delle stagioni (istanti degli Equinozi e dei Solstizi), l'ingresso del Sole nei segni zodiacali, ecc.

Storicamente le prime grandi meridiane di questo tipo non furono costruite per la determinazione del tempo ma come grandi strumenti astronomici, proprio per la determinazione di questi eventi allo scopo di ottenere dati più esatti sul moto della Terra attorno al Sole.

Oggi richiamano l'attenzione dei turisti e del pubblico oltre che la loro intrinseca bellezza per il fenomeno, sempre spettacolare, dell'immagine del disco solare che si sposta lentamente e, al mezzogiorno vero, attraversa la linea meridiana.

Ricordo soltanto alcuni esempi importanti

		Anno	Ortoforo - m	OS - m	OW - m
Rayy-Teheran		940	Raggio 20m		
Firenze	S. Maria del Fiore	1468	90.1	33.31	215.3
Bologna	S. Petronio	1655	27.1	10.39	67.0
Roma	S. Maria d. Angeli	1702	20.3	6.75	44.32

16.2 Punto di transito

Come si è detto, al mezzogiorno vero locale il centro della immagine prodotta dai raggi solari entranti nel foro attraversa la linea meridiana e il corrispondente punto su di essa indica sia l'istante esatto del mezzogiorno sia, con la sua posizione lungo la linea, l'altezza meridiana del Sole e quindi la sua declinazione e il giorno nell'anno.

Per brevità chiamerò questo punto sulla linea meridiana o *Punto di transito* o *Punto di passaggio* o *Punto-giorno.*

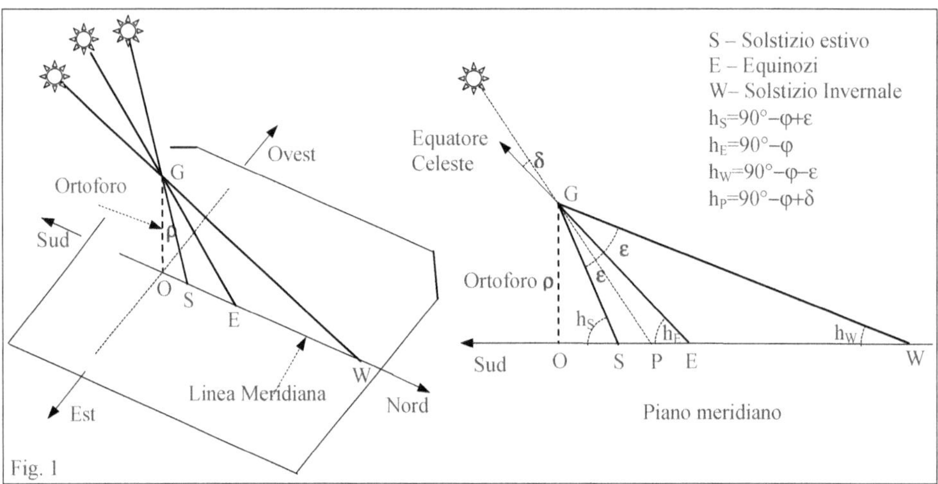

Simboli (Fig. 1):

G   – Foro gnomonico
O   – Piede del foro
GO – Distanza fra il foro e il piano – di seguito chiamato <u>Ortoforo</u> = ρ
P   – Punto di transito - Centro della macchia luminosa in un giorno con declinazione solare = δ
S   – Centro della macchia luminosa al Solstizio Estivo
E   – Centro della macchia luminosa agli Equinozi
W   – Centro della macchia luminosa al Solstizio Invernale
h   – altezza del Sole
δ – declinazione del Sole
λ – longitudine eclitticale del Sole
ε – inclinazione dell'eclittica = 23° 27'

Per il disegno della meridiana è sufficiente trovare la distanza fra il piede del foro O e i punti di transito interessati.

Distanze dal piede del foro O :
–   in un giorno generico $OP = \rho / \tan(h) = \rho / \tan(90° - \varphi + \delta) = \rho \cdot \tan(+\varphi - \delta)$
–   al Solstizio Estivo $OS = \rho \cdot \tan(+\varphi - \varepsilon)$
–   agli Equinozi $OE = \rho \cdot \tan(\varphi)$
–   al Solstizio Invernale $OW = \rho \cdot \tan(+\varphi + \varepsilon)$
–   Lunghezza della linea meridiana $WS = \rho \cdot \{\tan(+\varphi + \varepsilon) - \tan(+\varphi - \varepsilon)\}$

Col trascorrere dei giorni il centro dell'immagine del Sole nell'istante del mezzogiorno vero si sposta lungo la linea meridiana da Nord a Sud e viceversa.

Precisamente dal punto W, in cui si trova al Solstizio invernale, passa per il punto E all'Equinozio di Primavera, raggiunge il punto S al Solstizio estivo per poi ripetere il percorso a ritroso nella direzione Sud-Nord ripassando per E all'Equinozio di Autunno e ritornando infine in W al Solstizio invernale.

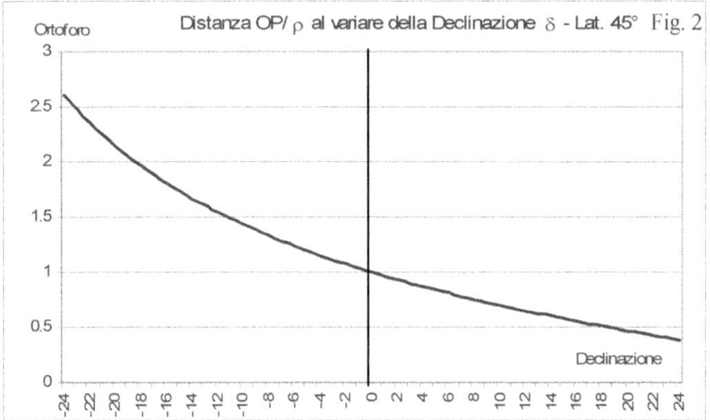

Poiché la declinazione δ è legata alla Longitudine λ del Sole dalla relazione $\operatorname{sen}(\delta) = \operatorname{sen}(\varepsilon) \cdot \operatorname{sen}(\lambda)$ e poiché quest'ultima è, con buona approssimazione, proporzionale al numero di giorni trascorsi dall'Equinozio di primavera ed aumenta di circa 1° al giorno, è utile vedere la relazione fra la distanza OP e la longitudine λ [1] :

$$OP = \rho \cdot \tan(\varphi - \delta) = \rho \cdot \tan\left\{\varphi - \arcsen\left[\operatorname{sen}(\varepsilon) \cdot \operatorname{sen}(\lambda)\right]\right\} \qquad \text{il cui andamento è rappresentato in Fig. 3.}$$

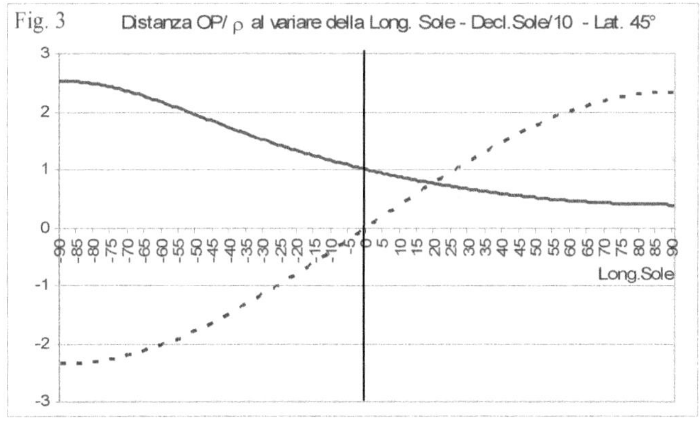

16.3 Velocità dello spostamento del punto di transito lungo la linea meridiana.

La variazione della distanza OP, cioè la velocità dello spostamento della macchia luminosa lungo la linea meridiana, al variare della declinazione e della longitudine celeste è espressa dalle formule e dai grafici di Fig. 4 e 5.

$$\frac{d(OP)}{d\delta} = -\frac{\pi}{180} \cdot \frac{\rho}{\cos^2(\varphi - \delta)} \quad \text{metri/° di } \delta$$

$$\frac{d(OP)}{d\lambda} = -\frac{\pi}{180} \cdot \frac{\rho \cdot \operatorname{sen}(\varepsilon) \cdot \cos(\lambda)}{\cos^2\left[\varphi - \arcsen(\operatorname{sen}(\varepsilon) \cdot \operatorname{sen}(\lambda))\right] \cdot \sqrt{1 - \operatorname{sen}^2(\varepsilon) \cdot \operatorname{sen}^2(\lambda)}} \quad \text{metri/° di } \lambda \quad \text{o anche}$$

---

[1] Ricordo che al Solstizio invernale si ha λ= −90° , agli Equinozi λ=0° e al Solstizio estivo λ= +90°

$$\frac{d(OP)}{d\lambda} = -\frac{\pi}{180} \cdot \frac{\rho \cdot sen(\varepsilon) \cdot cos(\lambda)}{cos^2[\varphi - \delta] \cdot cos(\delta)}$$

La seconda relazione fornisce in pratica anche lo spostamento in metri al giorno e quindi l'intervallo fra i punti di transito in due giorni successivi.

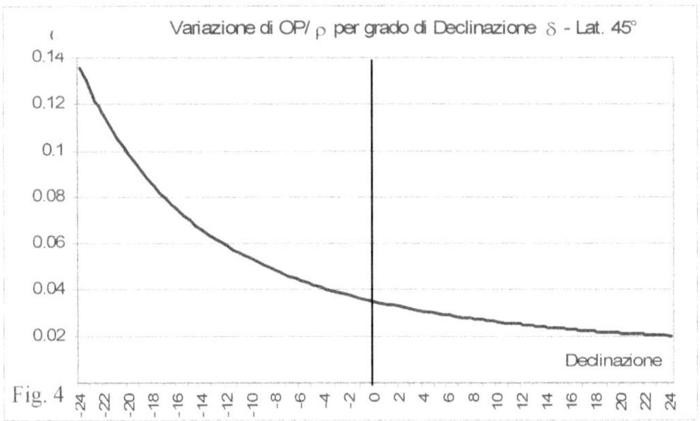

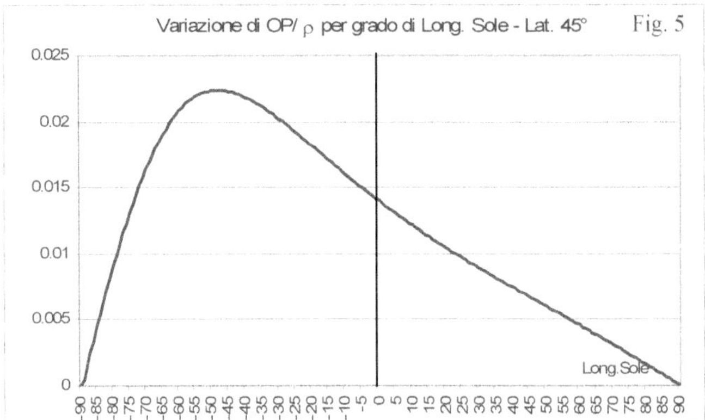

Non deve stupire la grande diversità fra i due andamenti dovuta a come la declinazione δ cambia con la longitudine solare (Fig. 6).

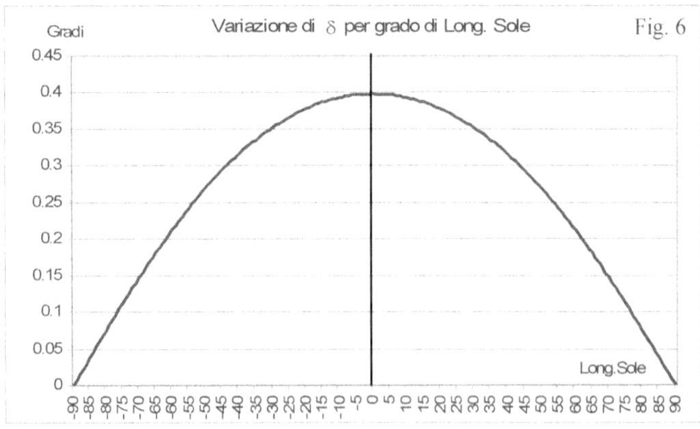

Essendo $\dfrac{d\delta}{d\lambda} = \dfrac{\text{sen}(\varepsilon)\cdot\cos(\lambda)}{\sqrt{1-\text{sen}^2(\varepsilon)\cdot\text{sen}^2(\lambda)}} = \dfrac{\text{sen}(\varepsilon)\cdot\cos(\lambda)}{\cos(\delta)} = \dfrac{\sqrt{\text{sen}^2(\varepsilon)-\text{sen}^2(\delta)}}{\cos(\delta)}$ gradi di δ/gradi di λ

si ha $\qquad\qquad \Delta\delta_{primi/giorno} = \dfrac{\sqrt{\text{sen}^2(\varepsilon)-\text{sen}^2(\delta)}}{\cos(\delta)}\cdot 60$

Poiché queste formule non forniscono il segno della variazione occorre tenere presente che fra il Solstizio invernale a quello estivo la declinazione è sempre crescente (e quindi $\Delta\delta$ è positiva), mentre avviene il contrario dal Solstizio estivo a quello invernale.

Come si può vedere in Fig. 5 la velocità di spostamento del punto di transito presenta un massimo per il valore di λ uguale a circa $-(\varphi+3°) \div -(\varphi+4°)$ (relazione empirica valida per φ da 38° a 55°).
Per questo alle nostre latitudini gli intervalli giornalieri sulla linea meridiana sono massimi all'incirca verso la fine di gennaio e l'inizio di febbraio.

Esempio - Nella meridiana di S. Maria degli Angeli a Roma agli Equinozi l'immagine, che è a 18.218m dal piede del foro, si sposta di circa 64 cm per ogni grado di δ e di 25.5cm circa al giorno. Il suo massimo spostamento giornaliero in direzione Sud-Nord si ha verso il 1' Febbraio e vale circa 37.5cm.

Esempio - Con $\varphi = 41° 53' 35"$ e $\rho = 20310$ mm (meridiana di S. Maria degli Angeli a Roma), all'Equinozio di primavera, con $\delta = \lambda = 0°$, si ha $\Delta\delta = +0.398°/$giorno $= 23.9'/$giorno e l'immagine, che è a 18.218m dal piede del foro, si sposta di circa 640mm verso Sud per ogni grado di δ e di 255mm circa al giorno.

Esempio - Sempre con $\varphi = 41° 53' 35"$, $\rho = 20310$ mm e $\delta = -15°$ (circa l'8 Febbraio) si trova $\lambda = -40.57°$;
$\Delta\delta = -18.8'/$giorno e uno spostamento del punto di transito $= 372$mm/giorno.

NOTA
Nei secoli passati, quando le meridiane erano utilizzate come strumenti astronomici, la linea meridiana veniva divisa ad iniziare dal piede del foro in segmenti di lunghezza costante uguale a $\rho/100$ o $\rho/1000$. Queste divisioni si possono ancora vedere in molte meridiane monumentali.
Conoscendo ad es. il numero N del segmento dove cade il centro dell'immagine del Sole si può ricavare immediatamente la distanza zenitale del Sole, e quindi la sua declinazione, con la relazione

$$OP = \frac{N\cdot\rho}{100} = \rho\cdot\tan(\varphi-\delta)$$

Esempio - Sempre per la meridiana di S. Maria Maggiore a Roma con $\varphi=41.8930°$, se il centro della immagine del Sole passa in corrispondenza del segmento N=150 risulta $\tan(\varphi-\delta)=1.5$ e si ricava $\delta = -14.402°$ e $\lambda = -38.68°$.

16.4 Velocità dello spostamento del centro dell'immagine del Sole nella direzione Est-Ovest

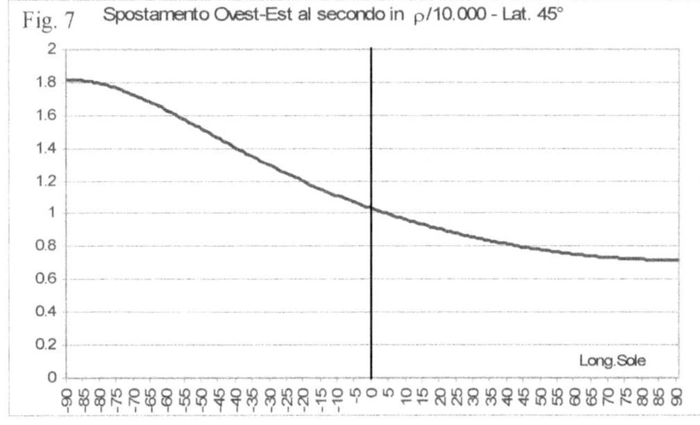

Dalla relazione seguente che fornisce la variazione dell'Azimut al variare dell'angolo orario:

$$\frac{dAz}{d\omega} = \frac{\cos(\delta)}{\cos(h)} \cdot \left\{ \cos(Az) \cdot \cos(\omega) + \mathrm{sen}(\varphi) \cdot \mathrm{sen}(Az) \cdot \mathrm{sen}(\omega) \right\} = \mathrm{sen}(\varphi) + \cos(\varphi) \cdot \tan(h) \cdot \cos(Az)$$

si ricava la variazione quando il Sole si trova sulla linea meridiana (mezzogiorno vero) in cui $Az = \omega = 0°$

$$\frac{dAz}{d\omega} = \frac{\cos(\delta)}{\mathrm{sen}(\varphi - \delta)}$$

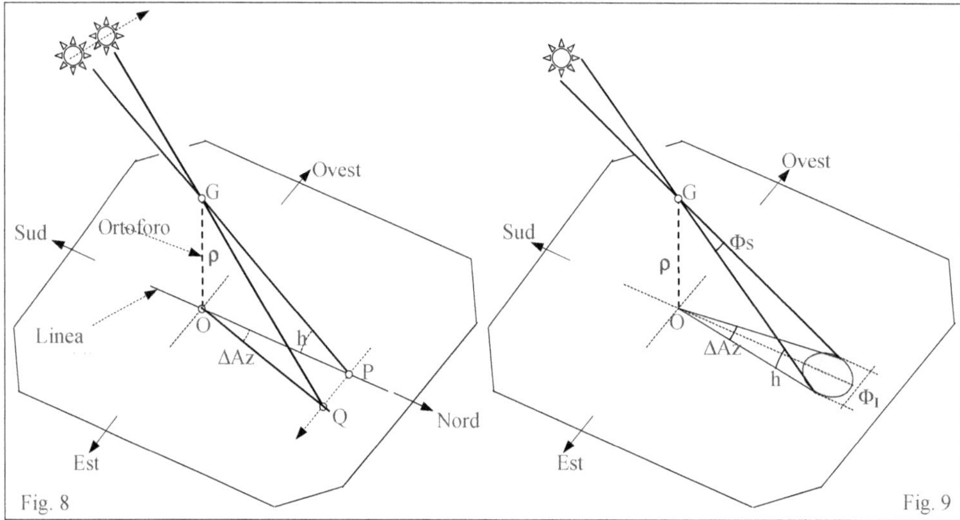

Essendo poi $PQ = OP \cdot \Delta Az$ (Fig. 9) si ricava la velocità con cui il centro dell'immagine del Sole si sposta nella di-rezione Ovest-Est nell'istante del transito

$$\text{Velocità Ovest-Est} = \rho \cdot \frac{\cos(\delta)}{\cos(\varphi - \delta)} \cdot \frac{\pi}{180 \cdot 240} \ \text{mm/secondo}$$

Esempio - Con $\varphi = 41° 53' 35''$, $\rho = 20310$ mm si ricava che al Solstizio Invernale la velocità è di 3.25 mm/sec, agli Equinozi di 1.98 mm/sec. e al Solstizio Estivo di 1.43 mm/sec.

16.5 Tempo di attraversamento

Dividendo il diametro lineare E-O della immagine del disco solare sul piano della meridiana per la velocità sopra ottenuta, si ricava il tempo che l'immagine impiega ad attraversare la linea meridiana, cioè il tempo di transito.

$$\text{Diametro E-O Immagine} = \frac{\pi}{180 \cdot 60} \cdot \frac{\rho}{\cos(\varphi - \delta)} \cdot \Phi'_{Sole}$$

$$\text{T-attraversamento} = 4 \cdot \frac{\Phi'_{Sole}}{\cos(\delta)} \cong \frac{128}{\cos(\delta)} \ \text{sec}$$

Esempio - Con diam_Sole= 32' al Solstizio Invernale e a quello Estivo si ha un tempo di attraversamento di 139.5sec; agli Equinozi il tempo di attraversamento è invece di 128 sec.

16.6 Il foro [2]

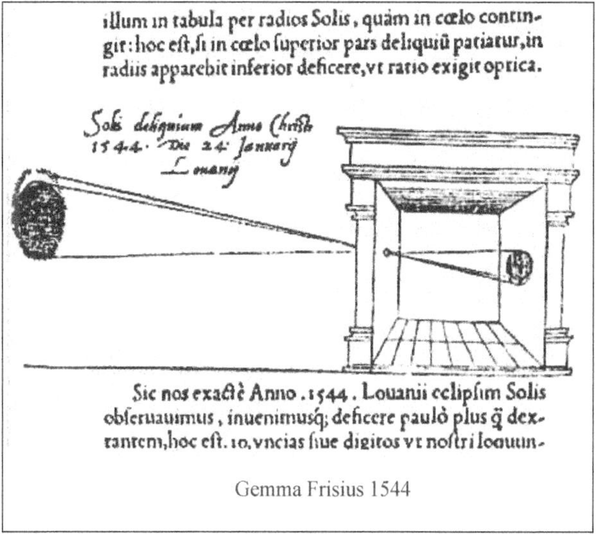

Gemma Frisius 1544

Molto importanti nella realizzazione di in una meridiana a camera oscura sono la forma, la dimensione e la disposizione del foro in quanto da questi parametri dipende non solo l'aspetto della immagine ma anche la sua luminosità e nitidezza.

16.6.1 La forma del foro

Per quanto riguarda la forma del foro esso è praticamente sempre di forma circolare, anche per motivi di semplicità di realizzazione.

Questa condizione non è strettamente necessaria in quanto, essendo la distanza fra l'immagine (sul pavimento) e il foro molto grande, l'immagine del Sole risulta sempre circolare o ellittica e risente della forma del foro soltanto per la dimensione della fascia di penombra che circonda l'immagine.

16.6.2 La disposizione del foro

La disposizione del foro in una meridiana a camera oscura, cioè se esso deve essere posizionato sul soffitto o sulla parete sud, e quella del suo piano, cioè come deve essere orientato rispetto al piano orizzontale, è materia di discussione da moltissimo tempo.

Nelle meridiane realizzate nelle grandi chiese dovendo essere fatto all'interno di ambienti già precedentemente costruiti, con vincoli strutturali, estetici o di altra natura, il foro è stato praticato quasi sempre … dove e come era possibile.

Si possono considerare i seguenti casi:

a) Posizionamento astronomico
Asse del foro nella direzione del Sole a mezzogiorno nei giorni degli Equinozi e quindi inclinato di $(90°-\varphi)$ rispetto al piano orizzontale. Il piano del foro è il piano polare inclinato sull'orizzontale di un angolo uguale alla Latitudine del luogo.
In questo caso i raggi del Sole ai Solstizi sono ugualmente inclinati rispetto al piano del foro e quindi la quantità di luce entrante nei due casi è uguale.

b) Posizionamento geometrico
L'asse del foro è diretto esattamente nel punto medio della linea meridiana, cioè nel punto equidistante dai punti Solstiziali

---

[2] Vedi: Atti del XII Seminario Nazionale di Gnomonica- Ottobre 2003 - Gianni Ferrari *"Il foro delle meridiane a camera oscura"*

c) Posizionamento illuminotecnico
L'asse del foro è diretto esattamente verso il punto solstiziale invernale.
La quantità di luce solare entrante dal foro è maggiore in inverno, quando l'immagine ha dimensioni massime, che in estate, quando l'immagine è minima.

d) Foro verticale
Spesso il foro viene realizzato su una piastrina metallica verticale sia per ridurre l'ingresso della pioggia, sia perché l'ambiente è separato dall'esterno da una parete verticale.
In questo caso l'illuminazione dell'immagine al Solstizio d'estate diminuisce di molto e quasi si dimezza rispetto ai precedenti casi. L'uniformità della illuminazione durante l'anno aumenta a spese della brillantezza della immagine estiva.

e) Foro orizzontale
Questo è un caso spesso obbligato quando il soffitto dell'ambiente è orizzontale.
L'intensità della illuminazione dell'immagine invernale è molto ridotta e quasi si dimezza rispetto ai casi precedenti e l'uniformità dell'illuminamento durante l'anno è molto scarsa.

Nel caso che non vi siano vincoli al posizionamento il criterio da seguire, secondo la mia opinione, è quello "illuminotecnico" che consiste nel rendere più luminosa possibile l'immagine del Sole in Inverno, quando essa ha il diametro maggiore[3] e questo perché l'illuminamento dell'immagine deve essere abbastanza grande rispetto alle zone del pavimento circostanti, in modo da presentare un buon contrasto e da rendere agevole la sua osservazione [4].

16.6.3 La dimensione del foro

L'ottica geometrica ci dice che l'immagine prodotta su uno schermo da una sorgente puntiforme posta a distanza infinita, attraverso un foro di diametro D_F è un dischetto avente lo stesso diametro del foro, illuminato uniformemente. Se la sorgente ha dimensioni finite, come ad es. il Sole, ogni punto di essa produce una figura come quella descritta e l'immagine complessiva, data dalla sovrapposizione di questi infiniti cerchi luminosi, risulta quindi tanto più "confusa" e "sfuocata" quanto più grande è il diametro del foro.
L'immagine che si ottiene è cioè formata da una zona centrale illuminata circondata da una fascia di penombra, di larghezza uguale al diametro del foro, attraversando la quale l'illuminazione della immagine diminuisce sino ad annullarsi.
Se il diametro del foro è piccolo entra in gioco anche il fenomeno della diffrazione che produce una serie di anelli di intensità molto debole che circondano l'immagine e che aumentano di dimensione e intensità al diminuire del diametro del foro stesso.
Quindi considerando l'effetto dei due fenomeni si ha che al diminuire del diametro del foro l'immagine diventa sempre più nitida perché diminuisce la fascia di penombra, mentre diventa meno definita a causa della diffrazione che diventa a un certo punto diventa preponderante.

La ricerca del diametro "migliore" per una meridiana a camera oscura è oggetto di dibattito da diversi secoli e questo principalmente per il fatto che il fenomeno è abbastanza complesso poiché entrano in gioco fattori di diversa natura - geometrici, ottici, fisiologici - non tutti facilmente definibili con formule matematiche.
L'aspetto dell'immagine che noi vediamo (e che misuriamo usando la vista) non dipende infatti soltanto da considerazioni geometrico gnomoniche ma anche dal meccanismo della nostra visione, dal rapporto fra l'illuminamento della zona centrale della immagine, dovuto ai raggi diretti dal Sole, e quello delle zone circostanti, dovuto alla illuminazione indiretta del locale, e quindi dal contrasto che nell'immagine presentano le zone diversamente illuminate.

---

[3] Considero sempre, nei ragionamenti che seguono, la linea meridiana orizzontale, cioè posizionata sul pavimento. Nel caso in cui essa sia invece posta verticalmente su una parete, le relazioni cambiano leggermente e possono essere agevolmente ricavate.
[4] In un ambiente chiuso come una chiesa o una cattedrale l'illuminamento indiretto è molto variabile in funzione dalle caratteristiche architettoniche e stagionali.

L'illuminamento della zona centrale della immagine dipende, oltre che dal diametro del foro, dalla inclinazione del suo piano rispetto all'orizzontale, dalla sua altezza e dalla distanza fra foro e immagine, grandemente variabile al variare delle stagioni e della altezza meridiana del Sole.

La quantità di luce indiretta che arriva al pavimento dipende invece principalmente dalla superficie delle finestre, dalla natura e dal colore dei vetri e delle vetrate e dal loro orientamento, dagli edifici esterni le cui pareti riflettono la luce, dalla loro disposizione e dal loro colore, e, infine, dalle condizioni atmosferiche del cielo.

Infine il contrasto che la nostra vista percepisce fra le zone diversamente illuminate varia in funzione anche delle caratteristiche del pavimento e della natura del materiale, opaco o lucido, chiaro o scuro, più o meno riflettente, che lo costituisce.

Più alta è la quantità di luce indiretta che arriva al pavimento e più chiaro è il suo colore, tanto minore è il contrasto apparente dell'immagine, di cui difficilmente riusciamo a delimitare il bordo, e tanto più scadente ci appare il suo aspetto.

La molteplicità dei fattori elencati che entrano in gioco rende molto difficile ottenere osservazioni ripetitive e soddisfacenti in una stessa meridiana e praticamente impossibile il confronto fra situazioni, chiese e stagioni diverse.

Occorre poi osservare che anche il diametro dell'immagine, e non solo il suo aspetto e il suo contrasto, cambia al variare dell'illuminamento indiretto. A causa infatti delle caratteristiche fisiologiche del fenomeno della visione, se l'illuminamento indiretto diminuisce (ad es. se nel locale chiudiamo le finestre o se il cielo di fronte a queste si rannuvola) il "limite" della immagine che vediamo si sposta verso il suo bordo esterno, mentre avviene il contrario se l'illuminamento aumenta.

Per questo motivo il limite dell'immagine che vediamo non coincide con il limite "geometrico" dell'ombra o della penombra, ma è compreso nella fascia di penombra e corrisponde, approssimativamente, al limite esterno di questa diminuito di circa il 30-50% del diametro del foro.

Nel 1655 Gian Domenico Cassini, nella costruzione della grande meridiana in San Petronio a Bologna, prese il diametro del foro esattamente uguale a 1/1000 della sua altezza dal pavimento.

Probabilmente per la grande fama e notorietà di Cassini e della sua meridiana, questo rapporto fu in seguito spesso utilizzato per la determinazione del "diametro migliore" del foro nelle grandi meridiane e, spesso anche ai giorni nostri, esso viene considerato quasi come un valore dogmatico.

Dall'esame dei dati disponibili sulle meridiane a camera oscura presenti in Italia [5], l'autore ha trovato che i diametri seguono abbastanza bene un andamento che può essere espresso da una semplicissima formula empirica utile per ricavare un valore "*corretto*" del diametro del foro in funzione della sua altezza dal piano orizzontale:

$$D_F = \sqrt{\frac{\rho}{390}} \quad \text{con } \rho \text{ e } D_F \text{ in cm, oppure} \quad D_F = \sqrt{25.6 \cdot \rho} \quad \text{con } \rho \text{ in metri e } D_F \text{ in mm}$$

Nel caso di piccole altezze del foro (inferiori ai 3-4 m circa) occorrerebbe considerare valori del diametro del foro inferiori a quelli dati dalla formula e precisamente valori ottenuti con la $D_F \leq \rho / 350$.

16.7 Dimensione della ellisse immagine del Sole nell'ipotesi di Sole puntiforme

Nelle considerazioni che seguono non si è considerato l'effetto della dimensione del foro sulla immagine.

Siano U (upper) il punto della immagine prodotto dal bordo superiore del disco solare quando il centro C si trova sulla linea meridiana e L (lower) il punto pro-dotto dal bordo inferiore (Fig. 10).

Da notare che il punto C **non** coincide esattamente con il centro della ellisse luminosa sul piano.

Sia $\mu=\Phi/2$ il valore angolare del semidiametro solare (medio = 16')

---

[5] I dati che seguono sono tratti dalla relazione "Le meridiane italiane a camera oscura" di Giorgio Mesturini, presentata al XI Seminario di Gnomonica – Verbania 2002 e pubblicata negli Atti.

Diametro NORD-SUD

$$OUG = 90° - \varphi + \delta + \mu$$

$$OCG = 90° - \varphi + \delta$$

$$OLG = 90° - \varphi + \delta - \mu \quad \text{per cui}$$

$$\text{Diametro N-S immagine} = OL - OU = \rho \cdot [\tan(\varphi - \delta + \mu) - \tan(\varphi - \delta - \mu)]$$

Diametro EST-OVEST

Il diametro medio della macchia lungo la linea Est-Ovest con $\sigma = 16'$, è dato da :

$$\text{Diametro E-O Immagine} = \frac{\pi}{180 \cdot 60} \cdot \frac{\rho}{\cos(\varphi - \delta)} \cdot \Phi'_{Sole} \cong \frac{1}{107.5} \cdot \frac{\rho}{\cos(\varphi - \delta)}$$

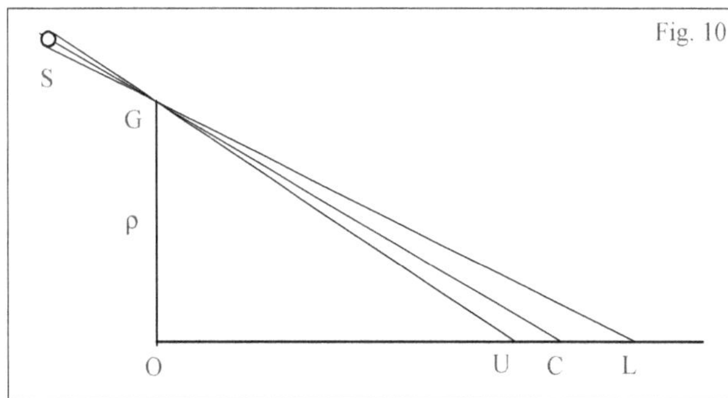

Esempio - Con $\varphi = 41° 53' 35''$,
$\rho = 20310$ mm e $\mu = 32'/2$
Al Solstizio Estivo
diametro Nord-SudUL = 210.1mm
diametro Est-Ovest 199.1mm

Agli Equinozi
diametro Nord-Sud UL = 341.2mm
diametro Est-Ovest 253.8mm

Al Solstizio Invernale
diametro Nord-Sud UL =1086.4mm
diametro Est-Ovest 452.9mm

16.8 Analisi dell'immagine del Sole tenendo conto della penombra

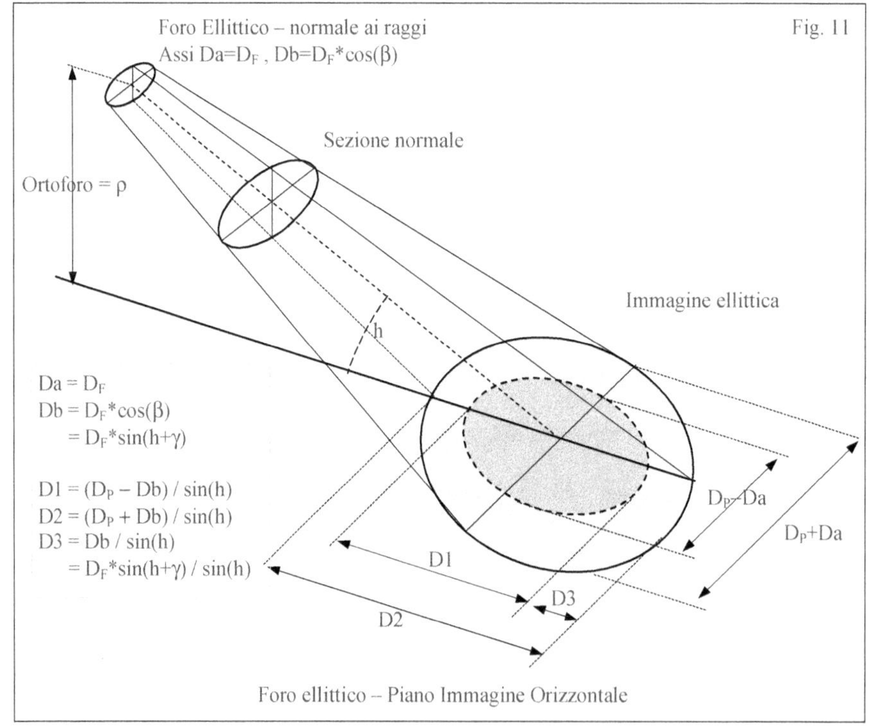

Si ricavano agevolmente le relazioni seguenti ove:
- R raggio del foro ; d = 2R
- γ inclinazione del piano del foro sul piano orizzontale
- Φ diametro del Sole
- μ semidiametro del Sole
- h altezza del Sole

Il centro che occorre considerare per le misure dei passaggi è il punto indicato con C0 in figura, coincidente con la posizione dell'immagine con foro e Sole puntiformi.

Con riferimento alle Fig. 11, 12 si trovano le relazioni seguenti nelle quali si suppone sempre che l'altezza del Sole sia corretta per la rifrazione.

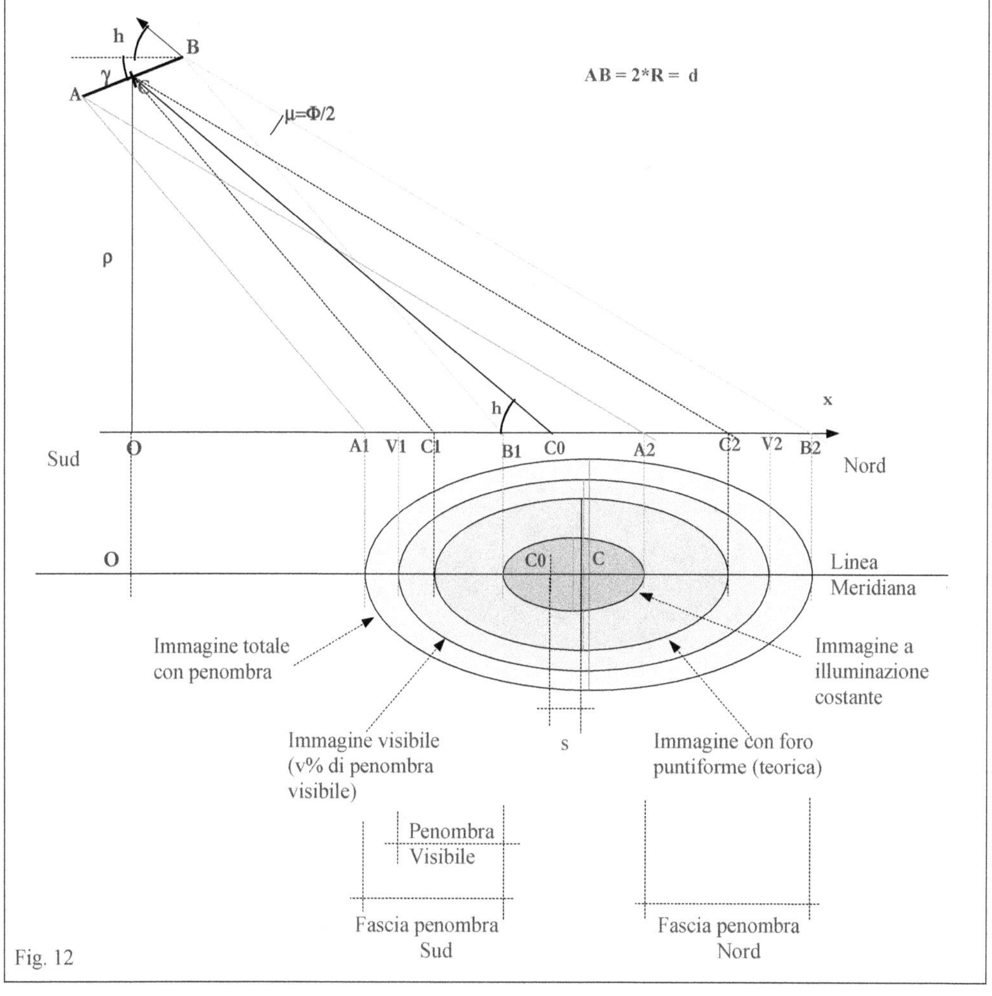

$$x_{C0} = \frac{\rho}{\tan(h)}$$

$$x_A = -R \cdot \cos(\gamma) \qquad y_A = \rho - R \cdot \sin(\gamma)$$
$$x_B = +R \cdot \cos(\gamma) \qquad y_B = \rho + R \cdot \sin(\gamma)$$

$$x_{A1} = x_A + \frac{y_A}{\tan(h+\mu)} \qquad x_{A0} = x_A + \frac{y_A}{\tan(h)} \qquad x_{A2} = x_A + \frac{y_A}{\tan(h-\mu)}$$

$$x_{B1} = x_B + \frac{y_B}{\tan(h+\mu)} \qquad x_{B0} = x_B + \frac{y_B}{\tan(h)} \qquad x_{B2} = x_B + \frac{y_B}{\tan(h-\mu)}$$

Immagine complessiva, compresa la penombra, di semiassi = A1_C0 e C0_B2:

$$\overline{A_1C_0} = \rho \cdot \left\{ \frac{1}{\tan(h)} - \frac{1}{\tan(h+\mu)} + \frac{R}{\rho} \cdot \left[\frac{\sin(\gamma)}{\tan(h+\mu)} + \cos(\gamma) \right] \right\}$$

$$\overline{B_2C_0} = \rho \cdot \left\{ \frac{1}{\tan(h-\mu)} - \frac{1}{\tan(h)} + \frac{R}{\rho} \cdot \left[\frac{\sin(\gamma)}{\tan(h-\mu)} + \cos(\gamma) \right] \right\}$$

Asse maggiore dell'ellisse compresa la penombra

$$\overline{B_2A_1} = \rho \cdot \left\{ \frac{1}{\tan(h-\mu)} - \frac{1}{\tan(h+\mu)} + \frac{R}{\rho} \cdot \sin(\gamma) \cdot \left[\frac{1}{\tan(h-\mu)} + \frac{1}{\tan(h+\mu)} \right] + 2 \cdot \frac{R}{\rho} \cdot \cos(\gamma) \right\}$$

$$\overline{B_1C_0} = \rho \cdot \left\{ \frac{1}{\tan(h)} - \frac{1}{\tan(h+\mu)} - \frac{R}{\rho} \cdot \left[\frac{\sin(\gamma)}{\tan(h+\mu)} + \cos(\gamma) \right] \right\}$$

$$\overline{A_2C_0} = \rho \cdot \left\{ \frac{1}{\tan(h-\mu)} - \frac{1}{\tan(h)} - \frac{R}{\rho} \cdot \left[\frac{\sin(\gamma)}{\tan(h-\mu)} + \cos(\gamma) \right] \right\}$$

Asse maggiore dell'ellisse centrale con illuminamento costante

$$\overline{A_2B_1} = \rho \cdot \left\{ \frac{1}{\tan(h-\mu)} - \frac{1}{\tan(h+\mu)} - \frac{R}{\rho} \cdot \sin(\gamma) \cdot \left[\frac{1}{\tan(h-\mu)} + \frac{1}{\tan(h+\mu)} \right] - 2 \cdot \frac{R}{\rho} \cdot \cos(\gamma) \right\}$$

Larghezze della striscia di Penombra alla estremità dell'asse = B1_A1 e B2_A2:

$$\overline{B_1A_2} = 2 \cdot R \cdot \left[\frac{\sin(\gamma)}{\tan(h+\mu)} + \cos(\gamma) \right]$$

$$\overline{B_2A_2} = 2 \cdot R \cdot \left[\frac{\sin(\gamma)}{\tan(h-\mu)} + \cos(\gamma) \right]$$

NOTA – Per taluni valori le formule precedenti possono dare risultati negativi: in ogni caso prendere il valore assoluto.

Esempio

Latitudine = 42.16° ; ρ = 6713 mm ; Diametro foro = 8 mm - R = 4 mm ; Foro Verticale γ = 90° ; Diametro Sole = 32' ; μ = 16'

Solstizio Invernale : altezza Sole = 24.47° (compresa rifrazione)

Immagine totale compresa l'intera penombra	$A_1B_2 = 381.82$ mm
Immagine a illuminazione costante	$B_1A_2 = 346.66$ mm
Fascia di penombra Sud : $A_1V_1 = 0.25 \times A_1B_1 = 4.34$mm ;	$A_1C_1 = C_1B_1 = 0.50 \times A_1B_1 = 8.7$mm
	$A_1B_1 = 17.36$ mm
Fascia di penombra Nord : $B_2V_2 = 0.25 \times A_2B_2 = 4.45$mm	$B_2C_2 = A_2C_2 = 0.50 \times A_2B_2 = 8.9$mm
	$A_2B_2 = 17.90$ mm
Immagine visibile (75% di penombra visibile)	$V_1V_2 = 373.03$ mm
Immagine con foro puntiforme (teorica)	$C_1C_2 = 364.24$ mm

C0   punto-immagine con foro puntiforme e Sole puntiforme – Distanza O-C0 = 14750.80 mm

Le diverse ellissi hanno centri geometrici che NON coincidono con C0 . Precisamente :
Il Centro della Immagine totale   – dista 1.971 mm da C0
Il Centro della Immagine visibile   – dista 1.917 mm da C0
Il Centro della Immagine teorica   – dista 1.826 mm da C0
Il Centro della Zona centrale   – dista 1.754 mm da C0

Quindi il centro della ellisse visibile dista circa **s** =2 mm dal punto C0

16.9 Errori nel tracciamento della linea meridiana

16.9.1 Premessa

Nelle meridiane classiche a camera oscura si possono talvolta rilevare delle piccole differenze fra gli istanti del mezzogiorno vero locale e quello del transito del centro della immagine del Sole sulla linea meridiana.

Le cause più frequenti che possono produrre queste imprecisioni che alterano leggermente il funzionamento della meridiana sono o errori fatti all'atto del tracciamento della linea e della realizzazione del foro, o imprecisioni nelle misurazioni utilizzate per il progetto o anche, sovente, errori dovuti a restauri mal eseguiti e a modifiche mal calcolate e arbitrarie.[6]

In seguito utilizzerò l'aggettivo **esistente** per individuare gli elementi della meridiana che attualmente si possono osservare e misurare.

Chiamerò quindi "foro esistente" il foro attraverso cui, oggi, entrano i raggi del Sole e "linea meridiana esistente" la linea meridiana che, oggi, è possibile vedere e sulla quale è possibile controllare il passaggio della immagine del Sole.

Chiamerò invece "linea meridiana **ideale**" la linea che occorrerebbe tracciare per avere, con il foro esistente, il passaggio del Sole esattamente nell'istante del mezzogiorno vero.

La linea meridiana ideale è quindi l'intersezione con il piano orizzontale del piano meridiano passante per il centro del foro esistente.

Siano :

–   φ la latitudine del luogo.

–   F Il punto che individua il centro del foro gnomonico **esistente** o attuale.

–   O Il punto di incontro con il piano orizzontale della linea verticale passante per F, cioè la proiezione di F sul p. orizzontale stesso[7] . O è l'origine per la misura delle distanze lungo la linea.

–   ρ La distanza fra i punti F ed O, cioè l'altezza del foro gnomonico esistente sul piano orizzontale
     (ortoforo).

Se la linea meridiana è tracciata correttamente essa deve :

–   avere origine, nel punto O o il suo prolungamento deve passare per O ;

–   coincidere esattamente con l'intersezione fra il piano meridiano per F e il piano orizzontale, cioè con la
    linea meridiana ideale.

Se queste condizioni sono soddisfatte, l'istante in cui il centro della immagine del Sole attraversa la linea meridiana coincide esattamente con il mezzogiorno vero locale.

Se la linea meridiana esistente non è stata tracciata correttamente allora, in ogni giorno dell'anno, il passaggio del centro dell'immagine del Sole su di essa avverrà con un ritardo o con un anticipo rispetto al mezzogiorno vero, il cui valore è funzione delle differenze che vi sono fra la linea meridiana esistente e quella ideale.

Gli errori che saranno studiati sono:

---

[6] La lenta variazione dell'inclinazione dell'Eclittica e un eventuale errore sul valore della Latitudine del luogo producono cambiamenti sulla lunghezza della linea meridiana ma non influenzano l'istante del passaggio del centro dell'immagine del Sole sulla linea stessa.

[7] Si suppone sempre che il piano sia orizzontale e quindi che la linea meridiana esistente sia anch'essa perfettamente orizzontale, cosa non sempre esatta a causa dei possibili cedimenti avvenuti nel tempo e di rifacimenti della pavimentazione.

- un possibile spostamento del punto A "di inizio" della linea meridiana dovuto o a un errore sulla posizione del piede della verticale passante per il foro F, fatto durante la tracciatura, o a uno spostamento del foro F, fatto in un restauro successivo, o infine a un restauro sbagliato della linea meridiana;
- una possibile rotazione della linea meridiana esistente, rispetto alla direzione Sud–Nord, dovuta a un non corretto allineamento della linea stessa durante la sua tracciatura.

Non sarà preso in esame un possibile errore sulla misura dell'altezza del foro che viene quindi supposta corretta.

16.9.2 Simboli e ipotesi

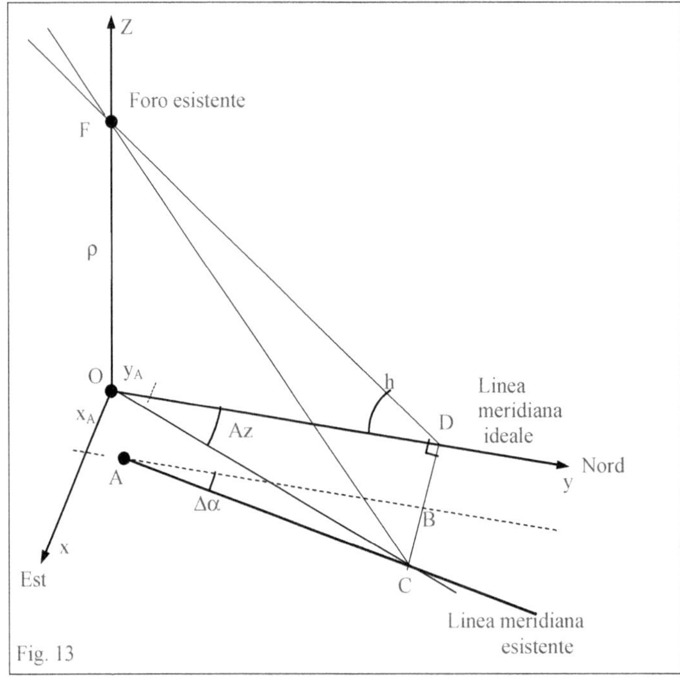

Siano (fig. 13) :
- Oxyz un sistema di coordinate cartesiane con :
  - origine coincidente con il punto O, piede della verticale dal centro del foro F esistente e inizio della linea meridiana ideale;
  - asse x nella direzione Est–Ovest, con valori di x crescenti andando verso Est;
  - asse y lungo la linea meridiana (ideale), cioè nella direzione Sud–Nord, con valori crescenti andando verso Nord;
  - asse z verticale, positivo verso l'alto.

Il foro F esistente ha quindi coordinate $(0, 0, \rho)$ e il piano meridiano coincide con il piano yz.

- A il punto di inizio della linea meridiana esistente oggi, di coordinate $(x_A, y_A, 0)$
  Se il Foro esistente è più a Ovest della linea meridiana esistente, allora $x_A > 0$
  Se il Foro esistente è più a Sud del punto A di inizio della linea meridiana esistente, allora $y_A > \mathbf{0}$

- $\Delta\alpha$ l'angolo, in radianti, che la linea meridiana esistente forma con l'asse y, cioè con la direzione corretta Sud–Nord. L'angolo $\Delta\alpha$ si considera positivo se la linea esistente è ruotata in senso orario o verso il quadrante Nord-Est.

- $\Delta Az, \Delta\omega$ l'Azimut e l'angolo orario del centro del Sole nell'istante del transito sulla linea meridiana esistente, misurati in radianti.

- δ il valore della declinazione "apparente" del Sole, corretto per la rifrazione, somma della declinazione δ_t *"teorica"* e della rifrazione r.
- h   il valore dell'altezza "apparente" del Sole, corretto per la rifrazione $h = 90° - \varphi + \delta + r$
- r   il valore della rifrazione atmosferica.

Si suppone che :
- gli errori di tracciatura (x_A, y_A, $\Delta\alpha$) siano molto piccoli ;
- gli istanti in cui il centro dell'immagine del Sole cade sulla   linea meridiana esistente e su quella ideale siano molto vicini, cioè che i valori di ΔAz e $\Delta\omega$ siano molto piccoli;
- l'altezza apparente del Sole, nell'istante in cui l'immagine attraversa la linea meridiana esistente, si possa considerare uguale alla altezza nell'istante del passaggio al meridiano;
- la curva percorsa dal centro dell'immagine del Sole in prossimità del transito, si possa considerare un segmento perpendicolare alla linea meridiana ideale, cioè esattamente disposto nella direzione Est-Ovest o dell'asse x.

16.9.3 Relazioni fra le grandezze

Con riferimento alla Fig. 13 si ha:

$$h = 90° - \varphi + \delta$$

$$\overline{OD} = \frac{\rho}{\tan(h)} = \rho \cdot \tan(\varphi - \delta) \qquad\qquad \overline{AB} = \overline{OD} - y_A$$

$$\overline{BC} = \overline{AB} \cdot \tan(\Delta\alpha) \cong (\overline{OD} - y_A) \cdot \Delta\alpha = \left[\rho \cdot \tan(\varphi - \delta) - y_A\right] \cdot \Delta\alpha$$

$$\overline{BC} = \overline{DC} - \overline{BD} = \overline{OD} \cdot \tan(\Delta Az) - x_A$$

$$\overline{DC} = \overline{OD} \cdot \tan(\Delta Az) = x_A + \overline{BC} \cong x_A + \left[\overline{OD} - y_A\right] \cdot \Delta\alpha$$

Derivando rispetto ad Az i due membri della classica relazione $\sin(\omega) \cdot \cos(\delta) = \cos(h) \cdot \sin(Az)$[8] , supponendo δ ed h costanti in prossimità del mezzogiorno e ricordando che Az, ω, ΔAz e $\Delta\omega$ sono in radianti, si ha:

$$\frac{dAz}{d\omega} = \frac{\cos(\omega) \cdot \cos(\delta)}{\cos(Az) \cdot \cos(h)} \qquad\qquad \text{e supponendo } Az \cong \omega \cong 0$$

$$\frac{\Delta Az}{\Delta\omega} \cong \frac{\cos(\delta)}{\cos(h)} \cong \frac{\cos(\delta)}{\sin(\varphi - \delta)} \qquad\qquad \text{(Vedere anche il precedente § 16.4)}$$

Infine dalla $\overline{DC} = \overline{OD} \cdot \tan(\Delta Az) \cong \overline{OD} \cdot \Delta Az$ si ha :

$$\Delta Az = \frac{x_A + (\overline{OD} - y_A) \cdot \Delta\alpha}{\overline{OD}} = \frac{x_A - y_A \cdot \Delta\alpha}{\rho \cdot \tan(\varphi - \delta)} + \Delta\alpha \qquad \text{e quindi}$$

$$\Delta\omega = \frac{\sin(\varphi - \delta)}{\cos(\delta)} \cdot \Delta Az = \frac{\sin(\varphi - \delta)}{\cos(\delta)} \cdot \Delta\alpha + \frac{x_A - y_A \cdot \Delta\alpha}{\rho} \cdot \frac{\cos(\varphi - \delta)}{\cos(\delta)} \qquad\qquad (1)$$

e

$$\Delta\alpha = \frac{\cos(\delta) \cdot \Delta\omega - \dfrac{x_A}{\rho} \cdot \cos(\varphi - \delta)}{\sin(\varphi - \delta) - \dfrac{y_A}{\rho} \cdot \cos(\varphi - \delta)} \qquad\qquad (2)$$

Si ha pure :

---

[8] Occorre osservare che in questa relazione è valida anche se la declinazione δ e l'altezza h sono quelle "apparenti", cioè corrette per la rifrazione atmosferica.

$$AC = \frac{AB}{\cos(\Delta\alpha)} = \frac{\rho \cdot \tan(\varphi-\delta) - y_A}{\cos(\Delta\alpha)} \approx \left[\rho \cdot \tan(\varphi-\delta) - y_A\right] \cdot \left(1 + \frac{(\Delta\alpha)^2}{2} - \ldots\right) \quad \text{cioè}$$

$$AC = \left[\rho \cdot \tan(\varphi-\delta) - y_A\right] \cdot \left[1 + \frac{(\Delta\alpha)^2}{2} + \text{termini trascurabili}\right] \tag{3}$$

16.9.4 Ritardo nel passaggio della immagine del Sole sulla linea esistente

Nella relazioni precedenti $\Delta\omega$ è la variazione dell'angolo orario del Sole, cioè il ritardo fra l'istante del passaggio del centro della sua immagine sulla linea meridiana esistente e l'istante del mezzogiorno vero locale e quindi se $\Delta\omega$ è positivo significa che il centro dell'immagine del Sole passa sulla linea esistente **dopo** il mezzogiorno vero.

Volendo esprimere $\Delta\omega$ in secondi di tempo occorre sostituire nelle formule precedenti al posto $\Delta\omega$ il valore

$$\frac{\pi}{240 \cdot 180} \cdot \Delta\omega_{sec}$$

Considerazioni :

– se $\Delta\alpha$ è positivo (linea meridiana esistente ruotata verso Nord-Est) si ha un $\Delta\omega$ positivo: l'immagine del Sole passa al meridiano dopo il mezzogiorno;

– se x_A è positivo, cioè il Foro esistente è più a Ovest della linea meridiana esistente, si ha lo stesso effetto;

– il valore di y_A, purché piccolo come da ipotesi, produce un effetto trascurabile sul ritardo dei passaggio.

16.9.5 Ricerca dei valori degli errori xA , yA , $\Delta\alpha$.

Per ottenere i valori degli errori occorre misurare l'istante del passaggio del centro del Sole al meridiano in due istanti diversi; trascurando l'effetto di yA, si hanno le relazioni che seguono in cui (δ_1 e $\Delta\omega_1$) sono i valori relativi ad un istante t_1 e (δ_2 e $\Delta\omega_2$) sono quelli relativi a un secondo istante t_2. Ponendo :

$$A_1 = \frac{\sin(\varphi-\delta_1)}{\cos(\delta_1)} \qquad\qquad A_2 = \frac{\sin(\varphi-\delta_2)}{\cos(\delta_2)}$$

$$B_1 = \frac{\cos(\varphi-\delta_1)}{\cos(\delta_1)} \qquad\qquad B_2 = \frac{\cos(\varphi-\delta_2)}{\cos(\delta_2)} \qquad \text{si ricavano dalla (1) le relazioni :}$$

$$\Delta\omega_{1\_rad} = A_1 \cdot \Delta\alpha_{rad} + \frac{(x_A - y_A \cdot \Delta\alpha_{rad})}{\rho} \cdot B_1$$

$$\Delta\omega_{2\_rad} = A_2 \cdot \Delta\alpha_{rad} + \frac{(x_A - y_A \cdot \Delta\alpha_{rad})}{\rho} \cdot B_2 \qquad\qquad \text{da cui}$$

$$\Delta\alpha_{rad} = \frac{B_1 \cdot \Delta\omega_{2\_rad} - B_2 \cdot \Delta\omega_{1\_rad}}{A_2 \cdot B_1 - A_1 \cdot B_2} \tag{4}$$

$$\frac{x_A}{\rho} = \frac{A_2 \cdot \Delta\omega_{1\_rad} - A_1 \cdot \Delta\omega_{2\_rad}}{A_2 \cdot B_1 - A_1 \cdot B_2} - \frac{y_A}{\rho} \cdot \frac{B_2 \cdot \Delta\omega_{1\_rad} - B_1 \cdot \Delta\omega_{2\_rad}}{A_2 \cdot B_1 - A_1 \cdot B_2} \quad \text{e trascurando l'effetto di } y_A,$$

$$\frac{x_A}{\rho} = \frac{A_2 \cdot \Delta\omega_{1\_rad} - A_1 \cdot \Delta\omega_{2\_rad}}{A_2 \cdot B_1 - A_1 \cdot B_2} \tag{5}$$

Il valore di y_A si può ricavare misurando la lunghezza AC nell'istante t_1. Dalla (3) infatti si ricava:

$$y_A = \rho \cdot \tan(\varphi-\delta_1) - \frac{\overline{AC_1}}{1 + (\Delta\alpha)^2 / 2} \tag{6}$$

Ricordo che se il foro esistente è più a Ovest della linea meridiana esistente si ha $x_A > 0$, mentre se esso è più a Sud del punto A di inizio della linea meridiana esistente è $y_A > 0$.

Esempio

Siano $\varphi = 41° 54' 11''$ e $\rho = 20340$ mm . Si hanno i risultati seguenti:

1) Solstizio invernale

    $\delta_1 = -23.4357°$ (decl. apparente) ; altezza del Sole $h_1 = 24.6971°$; rif=2.15'; $\Phi = 32.51'$;

    transito in ritardo di 17 sec ; $\Delta\omega_1 = 17$ sec di tempo $= 0.001236$ rad

2) Equinozi

    $\delta_2 = +0.00550°$ (decl. apparente) ; altezza del Sole $h_2 = 48.1118°$; rif=0.89'; $\Phi = 32.11'$;

    transito in ritardo di   10 sec ; $\Delta\omega_2 = 10$ sec di tempo $= 0.0007272$ rad

3) Solstizio Estivo

    $\delta_3 = +23.44120°$ (decl. apparente) ; altezza del Sole $h_3 = 71.5381°$; rif=0.33'; $\Phi = 31.48'$;

    transito in ritardo di   3 sec ; $\Delta\omega_3 = 3$ sec di tempo $= 0.0002181$ rad

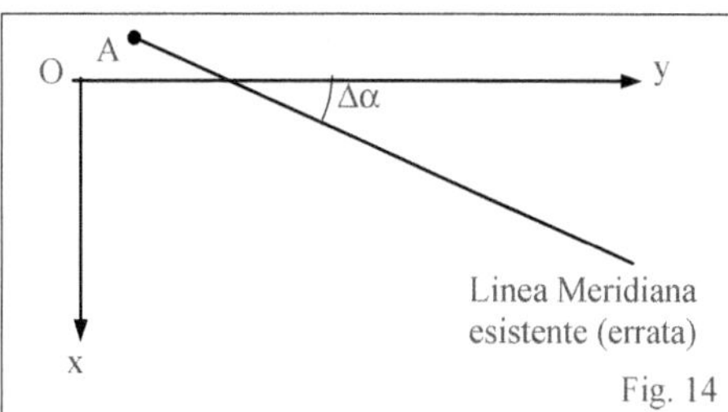

Dalle coppie di misure (1-2), (1-3), (2-3) con le relazioni (4) e (5) si ricavano i valori :

$\Delta\alpha = 280,35''$; $280.39''$; $280.48''$ $x_A = -4.93$mm ; -4.94mm ; -4.93mm

Quindi l'origine O (cioè il foro) è ad Est della linea meridiana esistente e questa forma un angolo di 280'' con la linea Nord-Sud. (Fig. 14)

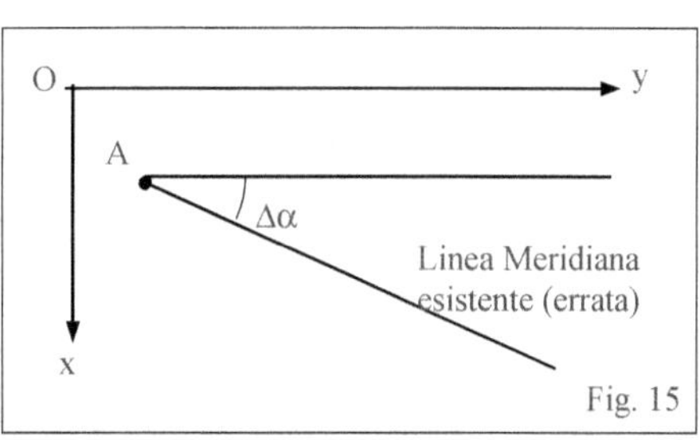

Esempio

Siano $\varphi = 41° 54' 11''$ e $\rho = 20340$ mm

Se si hanno i seguenti valori misurati:

    $\delta_1 = -20°$ transito in ritardo 25 sec di tempo

    $\delta_2 = +10°$ transito in ritardo 6 sec di tempo

    $AC_2 = 12610$ mm   si ricava :

$\Delta\alpha = 514''$

$xA = -21.3$mm

$yA = 12662.0 - 12610 = 52.0$mm

L'origine O è ad Ovest della linea meridiana esistente che devia verso Est (Fig. 15).

16.9.6 Casi diversi

I) La linea meridiana esistente è tracciata in modo corretto : $xA = yA = \Delta\alpha = 0$.

Dalla (1) si ricava , ovviamente, $\Delta\omega = 0$. Il centro della immagine attraversa la linea meridiana esistente esattamente al mezzogiorno vero locale.

II) Il punto A di inizio della linea meridiana esistente coincide con il punto O, piede della verticale dal foro F e quindi $x_A = y_A = 0$. La linea meridiana è stata, erroneamente, disegnata ruotata di un angolo $\Delta\alpha$. La (1) diventa :

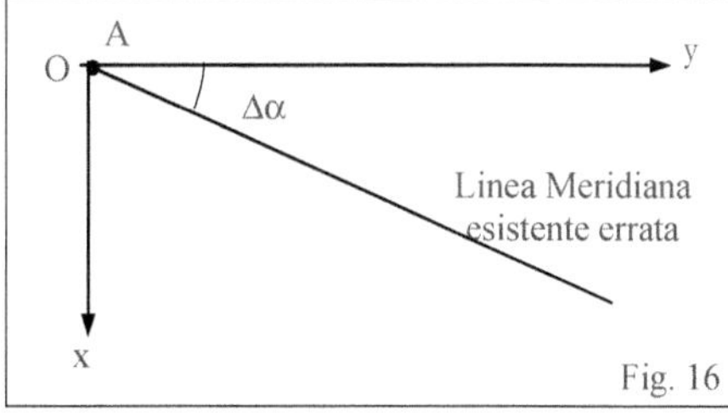

$$\Delta\omega_{rad} = \frac{\sin(\varphi - \delta)}{\cos(\delta)} \cdot \Delta\alpha_{rad}   \text{ o anche}$$

$$\Delta\omega_{sec} = \frac{\sin(\varphi - \delta)}{\cos(\delta)} \cdot \frac{1}{15} \cdot \Delta\alpha''$$

e la sua inversa : $\Delta\alpha'' = 15 \cdot \dfrac{\cos(\delta)}{\sin(\varphi - \delta)} \cdot \Delta\omega_{sec}$

Esempio.

Siano $\varphi = 41° 54' 11''$ $\Delta\alpha = 4' 30'' = 270''$

Al Solstizio Invernale $\delta = -23.45°$ si ha $\Delta\omega = 17.8$ sec di tempo
Agli Equinozi $\Delta\omega = 12.0$ sec di tempo
Al Solstizio Estivo $\delta = +23.45°$ si ha $\Delta\omega = 6.2$ sec di tempo

III) Il punto A **NON** coincide con il piede della verticale per il foro, mentre la linea meridiana esistente è esattamente parallela a quella vera, cioè ha esattamente la direzione Nord-Sud . $\Delta\alpha = 0$
La relazione (1) diventa:

$$\Delta\omega_{rad} = \frac{x_A}{\rho} \cdot \frac{\cos(\varphi-\delta)}{\cos(\delta)} \quad \text{da cui} \quad \Delta\omega_{sec} = \frac{x_A}{\rho} \cdot \frac{\cos(\varphi-\delta)}{\cos(\delta)} \cdot \frac{240 \cdot 180}{\pi} \quad \text{e quindi}$$

$$x_A = \rho \cdot \frac{\cos(\delta)}{\cos(\varphi-\delta)} \cdot \frac{\pi}{240 \cdot 180} \Delta\omega_{sec}$$

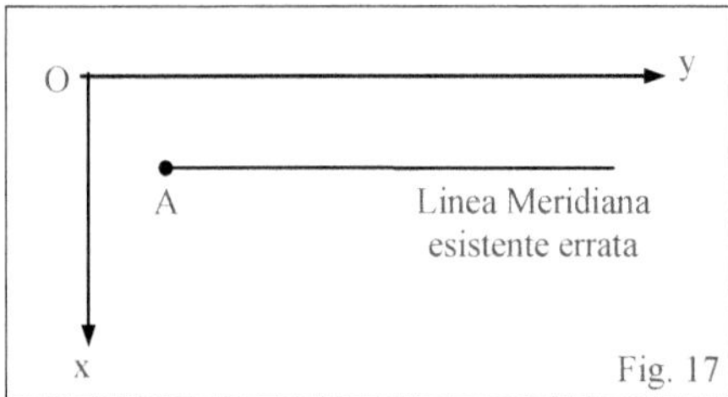

Esempio (Fig. 17)
Siano $\varphi = 41° 54' 11''$ e $\rho = 20340$ mm .
In un giorno in cui $\delta = 10°$ si ha un ritardo nel transito di 17 sec.
Si ricava $x_A = 29.2$ mm (punto F piú a Ovest della linea meridiana esistente).
Se invece l'attraversamento è in anticipo di 10 sec allora
$x_A = -17.2$mm : F è ad Est della linea meridiana esistente

M. Catamo, C. Lucarini - Meridiana a Formello
Istante dell'Equinozio

Capitolo 17
MERIDIANE ANALEMMATICHE

17.1 Premessa

Le meridiane analemmatiche sono molto diffuse e conosciute sia per la relativa semplicità del loro progetto e della loro costruzione, sia per la possibilità di poter utilizzare l'ombra dello stesso osservatore per indicare l'ora, permettendo la costruzione di orologi solari didattici e divertenti.

Molto meno conosciuto è il fatto che queste meridiane sono un caso particolare di una grande famiglia di orologi a gnomone mobile a cui appartengono anche orologi solari spesso decritti, in testi ed articoli, come tipi indipendenti e a se stanti.

Cercherò di descrivere questi orologi solari e le loro caratteristiche comuni seguendo il metodo della proiezione della meridiana equatoriale, descritto per la prima volta da P. Tepstra [1] e in seguito utilizzato e ripreso in volumi di gnomonica [2] e in alcuni articoli.

Il mio scopo quindi è soltanto quello di ricordare questo metodo di approccio alle meridiane analemmatiche ispirandomi in particolare ad un articolo di J.A. de Rijk [3].

La forma delle classiche meridiane analemmatiche orizzontali riflette le ellissi in cui i paralleli celesti percorsi dal Sole nelle diverse stagioni vengono proiettati sul piano orizzontale da un punto di proiezione posto a distanza infinita.

I principi proiettivi su cui si fondano le meridiane analemmatiche e la loro caratteristica di avere lo stilo mobile e le linee orarie che si riducono ciascuna a un punto, sono validi anche se, invece di utilizzare il piano dell'orizzonte, si utilizza un piano disposto in modo qualunque.

Fra gli infiniti (∞^2) piani, aventi una inclinazione e una declinazione qualunque, che danno luogo sempre a meridiane analemmatiche di forma ellittica (più o meno allungata) ve ne sono alcuni in cui tale forma si trasforma in un cerchio o in un segmento: sono quei piani sui quali i paralleli della sfera celeste sono proiettati da un punto all'infinito o in cerchi o in segmenti.

Se proiettiamo i paralleli percorsi dal Sole su un piano parallelo all'Equatore da un punto all'infinito avente la direzione del Polo Nord (celeste) otteniamo una classica meridiana equatoriale: è questo un caso particolare, il più semplice, di meridiana analemmatica in cui non solo le linee orarie si riducono a punti, che possiamo raggruppare su una circonferenza, ma anche l'asta è fissa.

17.2 La meridiana equatoriale con gnomone di lunghezza variabile – Punti ora

Consideriamo un orologio solare equatoriale disegnato sulle due facce di un piano disposto parallelamente all'Equatore Celeste, con lo gnomone costituito da uno stilo diretto verso il polo Nord Celeste (stilo polare) (Fig. 1, 2).

In esso nella stagione estiva l'ombra dello stilo cade sulla faccia del piano rivolta a Nord spostandosi di 15° per ogni ora e le linee orarie sono linee radiali intervallate anche esse di 15°.

A mezzogiorno l'ombra è diretta verso il basso, mentre alle ore 6 e 18 è orizzontale.

Nel periodo invernale lo stesso avviene sulla faccia inferiore del piano.

Per semplicità di esposizione supporrò sempre di essere in un giorno compreso fra l'Equinozio di Primavera e quello d'Autunno.

Disegniamo ora sul piano dell'orologio un cerchio, che chiamerò cerchio equatoriale, con il centro nella inter-

---

[1] Tepstra P. - Zonnewijzers Techniek, Theorie en voorbeelden; Groningen - Netherlands, 1953

[2] Savoie Denis - La Gnomonique - Les Belles Lettres, Paris, 2001, pp. 173-203

[3] de Rijk J.A.F. - "Nieuwe zonnewijzers met equatorprojectie", Bulletin van de Zonne- wijzerkring - 1981,10:475ff. and 1982, 11:503ff.

sezione dello stilo col piano e raggio **r** arbitrario, e riduciamo l'estensione dello stilo ad una lunghezza tale da far si che, nel giorno di osservazione, l'ombra del suo estremo G cada esattamente sulla circonferenza disegnata.

Meridiana Equatoriale
Boulder – Colorado -USA

La lunghezza dello stilo risulta quindi variabile con la declinazione δ del Sole secondo la semplice formula

$$L\_stilo = \overline{OG} = r \cdot \tan(\delta).$$

Se supponiamo, ogni giorno, di allungare o accorciare lo stilo GO secondo la relazione indicata, avremo che all'ora H l'ombra dell'estremo G dell'asta cadrà sempre su uno stesso punto della circonferenza, che chiamerò punto-ora dell'ora H (Fig. 1).

In questo modo le linee orarie non sono più necessarie ed è sufficiente conoscere soltanto la posizione dei diversi punti-ora.

Con la formula riportata si ha che la lunghezza dell'asta polare diventa negativa nei mesi invernali, cioè quando il Sole ha declinazione negativa: questo significa che l'asta non è più diretta al cielo, verso il Polo Nord Celeste, ma in senso opposto e che la faccia del piano su cui cade l'ombra dell'asta stessa è quella inferiore (Fig. 2).

17.3 La proiezione della meridiana equatoriale

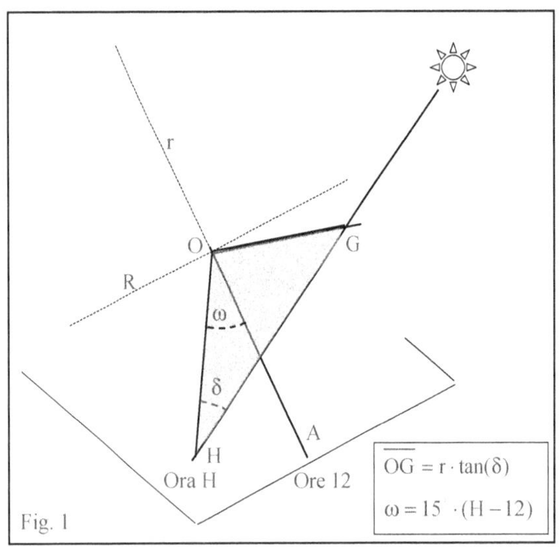

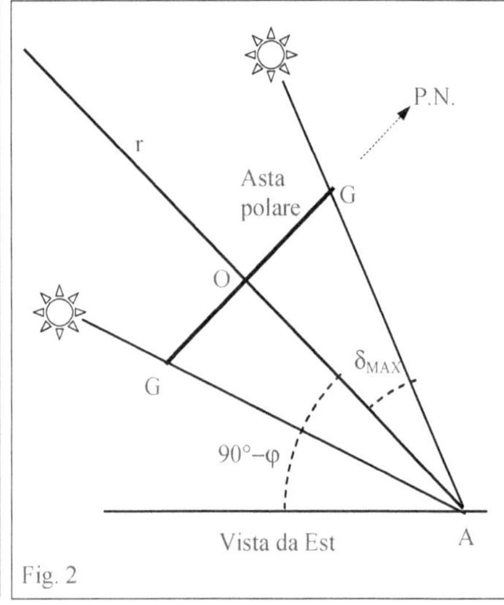

Consideriamo ora un piano π, avente una giacitura qualunque rispetto al piano equatoriale [4], e proiettiamo su di esso da un punto qualunque all'infinito, quindi con una proiezione parallela, i punti e le linee principali della meridiana equatoriale.

In altre parole proiettiamo la meridiana equatoriale sul piano π con rette di proiezione parallele ad una direzione qualunque (Fig. 3). È immediato verificare che:

–   il cerchio orario equatoriale viene proiettato – salvo casi particolari - in una ellisse le cui dimensioni dipendono dalla giacitura del piano "ricevente" e dalla direzione di proiezione;

---

[4] Per semplicità grafica e di esposizione prenderò questo piano tangente in un punto del cerchio equatoriale.

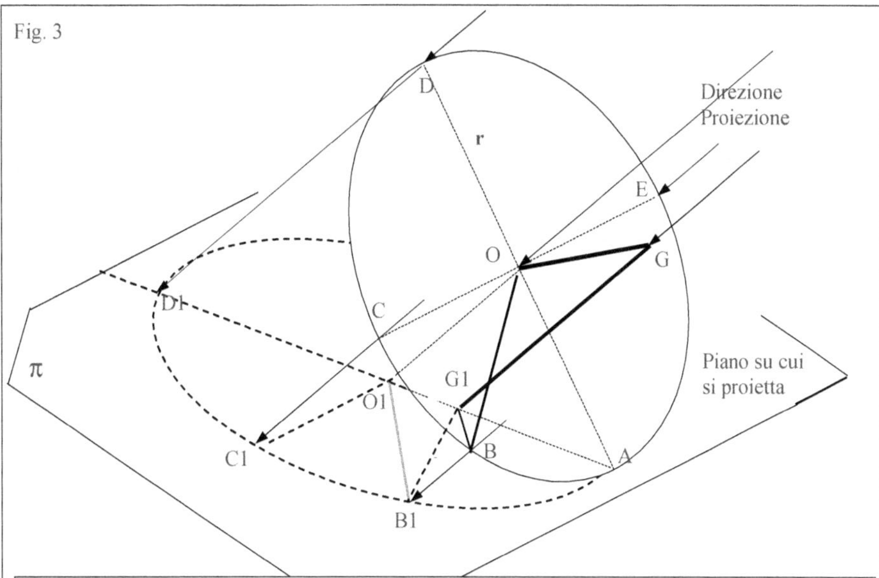

Il cerchio A-B-C-D-E , di raggio **r** e centro O viene proiettato nella ellisse A-B1-C1-D1 di centro O1 e semiassi O1-C1 e O1-D1
L' estremo G dello gnomone polare viene proiettato nel punto G1 sul piano
La linea oraria O-B della meridiana equatoriale viene proiettata nella linea O1-B1

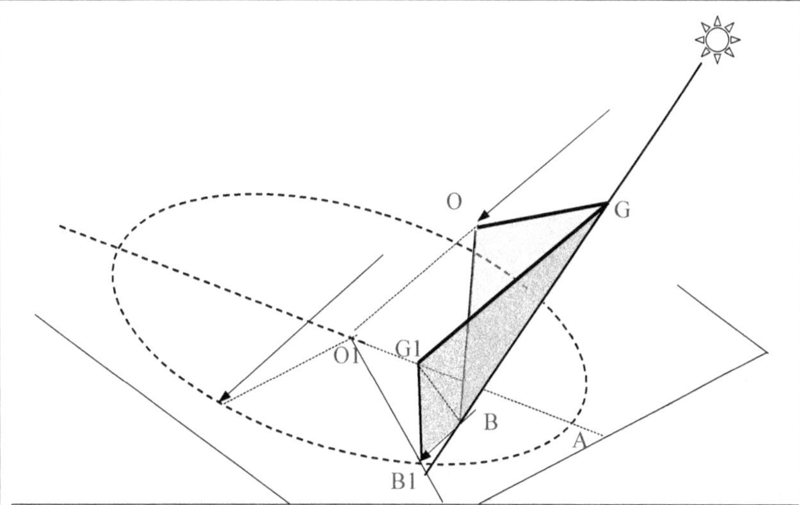

Il piano orario dell' ora X è O-G-B e contiene lo Gnomone polare O-G e la linea oraria O-B. Il piano dell'ombra del nuovo gnomone G-G1 contiene G-B, raggio-ombra del punto G e lo gnomone G-G1 stesso. Esso contiene anche il segmento B-B1, essendo parallelo a G-G1, e passa per il punto B1 che rappresenta il punto dell'ora H della nuova meridiana.

–   ogni punto-ora B viene proiettato in un punto B1 appartenente alla ellisse sul piano π;

–   il centro O del cerchio equatoriale viene proiettato nel centro O1 dell'ellisse;

–   l'estremo G dell'asta polare viene proiettato in un punto G1.

È anche abbastanza semplice verificare che nell'istante in cui l'ombra di G cade esattamente sul punto-ora B del cerchio meridiano, l'ombra di un'asta avente gli estremi in G e in G1 interseca l'ellisse proiettato nel punto B1.

Si ha infatti che il piano orario del Sole all'ora H passa per i punti O,G,B, contiene lo stilo polare OG e la linea oraria OB, mentre il piano dell'ombra del segmento GG1 passa, ovviamente, per i punti G e G1 e per il punto B.

Poiché il segmento BB1 è parallelo a GG1 anche il punto B1 apparterrà allora a questo piano e quindi, all'ora H, l'ombra dello stilo GG1 intersecherà l'ellisse in B1 (Fig. 4).

Possiamo allora pensare di costruire sul piano "ricevente" π un orologio solare avente i punti-ora, proiezione dei corrispondenti sul cerchio equatoriale, disposti sulla ellisse e avente come gnomone il segmento GG1(Fig. 5).

La proiezione del piede di questo segmento GG1, che risulta sempre parallelo alla direzione di proiezione, varia al variare della declinazione del Sole, si sposta lungo un segmento passante per il centro O1 dell'ellisse e coincide con esso nei giorni degli Equinozi.

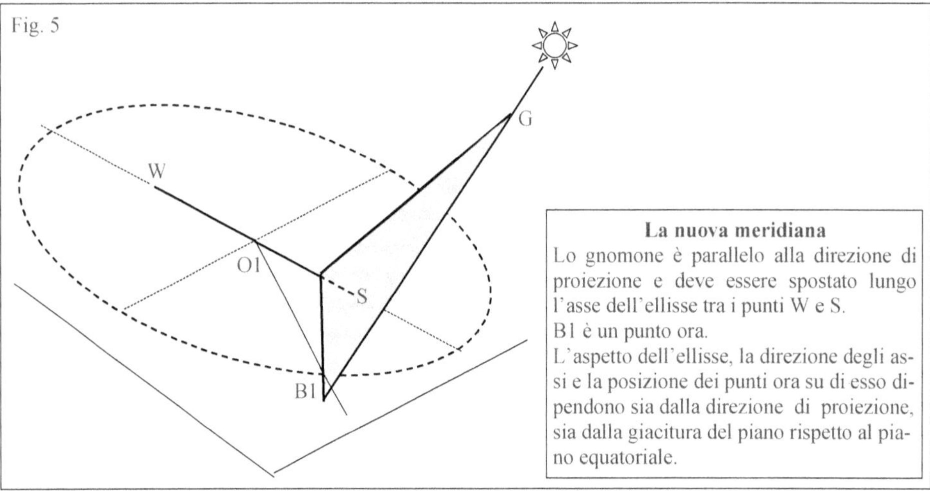

L'insieme degli orologi solari che si possono ottenere con il metodo descritto, cioè con la proiezione di un cerchio equatoriale, costituisce una numerosissima famiglia alla quale appartengono, come casi particolari, molte meridiane fra le più note.

Il metodo può essere inoltre utilmente utilizzato per una più semplice ricerca degli elementi di questi orologi solari, già conosciuti, e di altri non ancora esplorati.

17.4 Alcuni casi particolari

Scegliendo opportunamente il piano "ricevente" e la direzione di proiezione si possono ottenere, come si è accennato, molti orologi particolari: farò una breve descrizione soltanto ai più importanti.

Nelle figure che seguono sono rappresentati schematicamente il piano equatoriale e lo stilo polare visti da Est guardando verso Ovest.

17.4.1 Orologio equatoriale "classico"

Se prendiamo la direzione di proiezione parallela alla direzione dell'asse polare otteniamo il classico orologio equatoriale in cui lo gnomone è fisso (Fig. 6).

Lo stilo è stato disegnato con una lunghezza uguale a $r \cdot \tan(\delta_{MAX})$ da entrambi i lati del piano, essendo r il raggio del cerchio che delimita l'orologio.

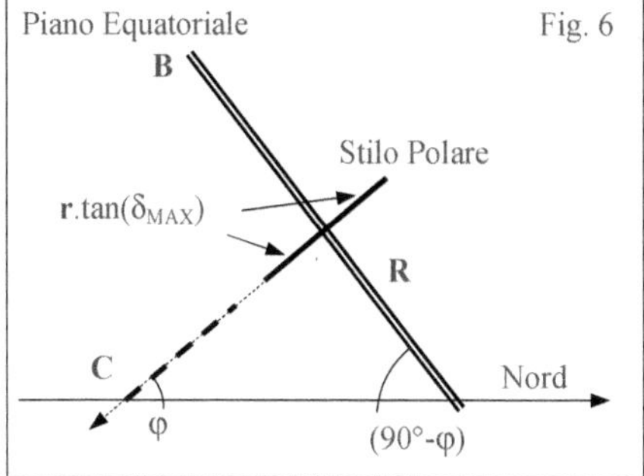

17.4.2 Meridiana analemmatica classica su piano orizzontale

Per ottenere la meridiana analemmatica "classica", da tutti conosciuta, occorre prendere come piano "ricevente" quello orizzontale e come direzione di proiezione quella verticale.

Nella Fig. 7 il punto C rappresenta l'estremo Sud dell'asse minore AC dell'ellisse: è immediato ricavare la relazione $\boxed{\overline{AC} = 2 \cdot r \cdot sen(\varphi)}$. La lunghezza dell'asse maggiore è ovviamente $2 \cdot r$

In figura sono anche rappresentati schematicamente lo gnomone verticale della meridiana analemmatica orizzontale e il segmento su cui si sposta il piede dello gnomone.

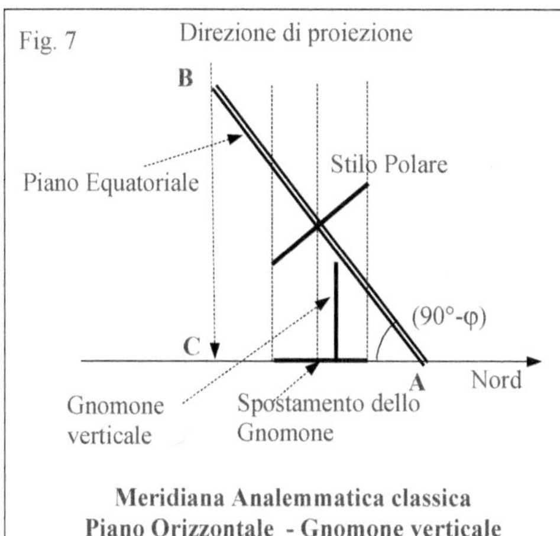

La costruzione di questa meridiana sarà descritta meglio in seguito.

17.4.3 Meridiana analemmatiche circolari.

Scegliendo opportunamente il piano e la direzione di proiezione si può far in modo che la figura in cui si proietta il cerchio equatoriale sia ancora un cerchio: si possono cioè ottenere delle meridiane analemmatiche circolari.

La caratteristica più importante di questi orologi è quella di avere i punti-ora distanziati esattamente di 15°, come sul cerchio equatoriale, e questa proprietà permette di realizzare orologi solari molto semplici da disegnare, in cui è possibile apportare sia la correzione della costante di longitudine, sia quella dovuta alla Equazione del Tempo, ottenendo orologi a tempo medio.

L'artificio più semplice a cui si può ricorrere per fare queste correzioni è quello di ruotare il cerchio graduato, riportante l'indicazione delle ore, della quantità corrispondente alle somma delle due correzioni nel giorno di osservazione.

È possibile in questo modo ottenere una precisione nella lettura dell'ora anche dell'ordine di 1 minuto.

Consideriamo il piano AB contenente l'anello equatoriale ove A è la sua intersezione con il piano orizzontale (Fig. 8).

Prendiamo un piano AC, rivolto verso Sud e passante per la retta che si proietta in A, avente una pendenza β rispetto al piano dell'orizzonte e tracciamo un arco di cerchio, di raggio r=AB uguale a quello del cerchio equatoriale, sino ad incontrare il piano considerato nel punto C.

Se proiettiamo gli elementi della meridiana equatoriale con una direzione di proiezione parallela alla retta BC otteniamo, sul piano inclinato AC, una meridiana analemmatica nella quale i punti-ora sono ugualmente intervallati e disposti su una circonferenza esattamente uguale al cerchio equatoriale.

In Fig. 8 sono schematicamente rappresentati il piano equatoriale, lo stilo polare, lo gnomone DE (parallelo a BC ed uscente dal punto D) e il segmento DF su cui esso si deve spostare.

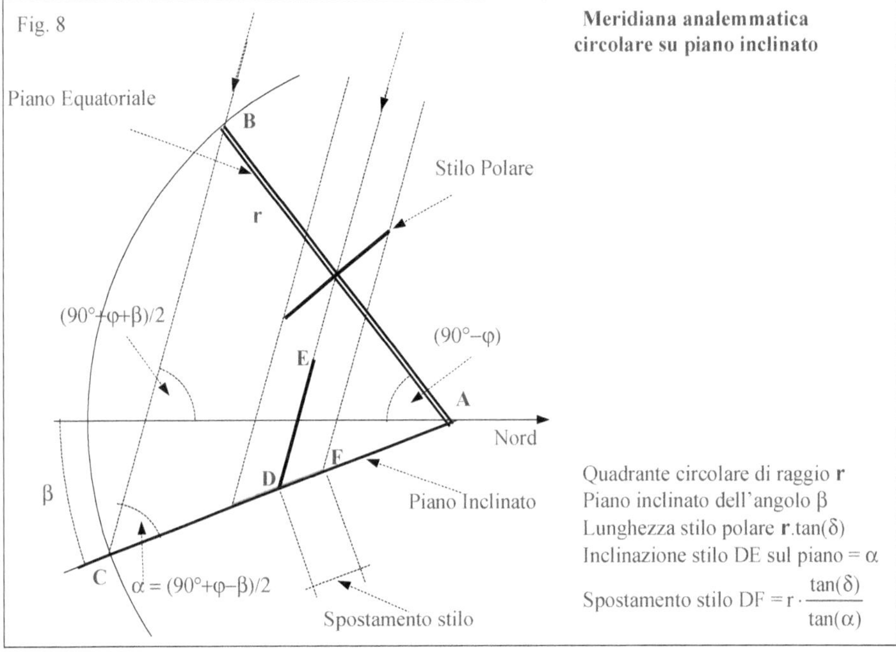

Si hanno le seguenti relazioni:

- Lunghezza dello stilo polare L $\qquad$ $L = r \cdot \tan(\delta)$
- Inclinazione del piano del nuovo orologio sul piano orizzontale $\qquad$ β
- Inclinazione dello stilo sul piano del nuovo orologio $\qquad$ $\alpha = \dfrac{90° + \varphi - \beta}{2}$
- Spostamento dello stilo sulla linea di massima pendenza (Nord-Sud) $\qquad$ $s = \dfrac{r \cdot \tan(\delta)}{\tan(\alpha)}$

Vediamo i casi più noti di queste meridiane analemmatiche circolari.

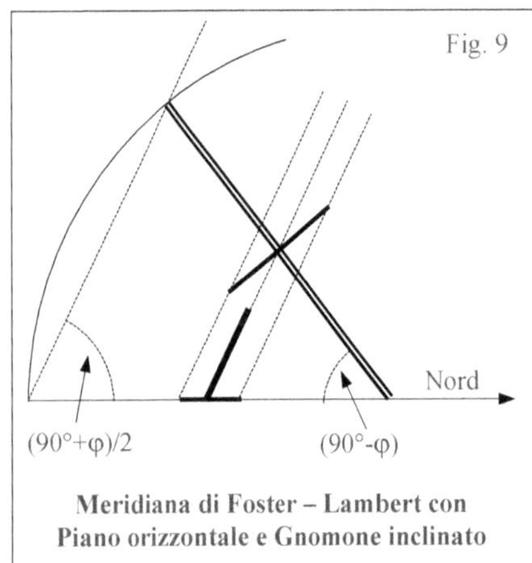

17.4.4 Meridiana analemmatica orizzontale di Foster-Lambert

Nel 1680 Samuel Foster, professore di astronomia al Gresham College di Londra, scoprì che l'ellisse di una meridiana analemmatica poteva essere trasformato in un cerchio e nel 1777 l'astronomo tedesco Johann H. Lambert, collega di Eulero e di Lagrange alla Accademia delle Scienze di Berlino, ottenne lo stesso risultato.

Da allora questo tipo di meridiana analemmatica è indicata con i loro nomi (Fig. 9).

Per ottenere una meridiana di Foster-Lambert è sufficiente prendere, nell'orologio rappresentato in Fig. 8, il piano "ricevente" orizzontale - e quindi l'angolo $\beta = 0°$.

Si ottiene così una meridiana analemmatica orizzontale con gnomone inclinato (Fig. 9).

Dalla figura si vede che lo gnomone deve essere inclinato dell'angolo $(90° + \varphi)/2$ rispetto al piano orizzontale o dello angolo $(90° - \varphi)/2$ rispetto alla verticale.

I parametri sono dati da: $\qquad \beta = 0° \qquad\qquad \alpha = \dfrac{90° + \varphi}{2} \qquad\qquad s = r \cdot \dfrac{\tan(\delta)}{\tan\left(\dfrac{90° + \varphi}{2}\right)}$

Esempio- $\varphi = 40°$; $\alpha = 65°$; $s = \pm\, 0.467\ r$

17.4.5 Meridiana analemmatica circolare su piano non orizzontale con gnomone verticale o orizzontale

Se prendiamo il piano "ricevente" inclinato dell'angolo $\beta = (90° - \varphi)$, possiamo costruire su di esso due diverse analemmatiche con direzioni di proiezione rispettivamente verticale e orizzontale (Fig. 10).

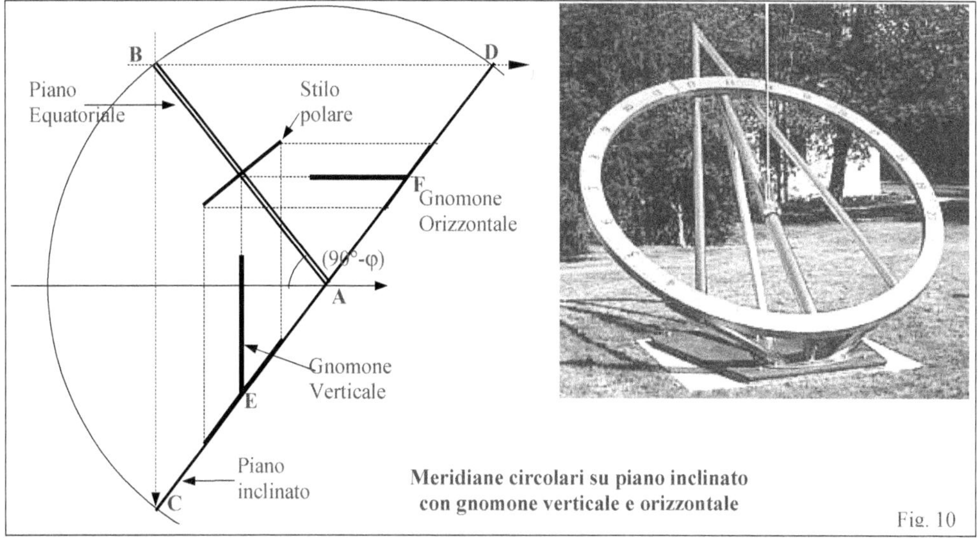

**Meridiane circolari su piano inclinato
con gnomone verticale e orizzontale**

Fig. 10

Il piano delle analemmatiche, inclinato di $(90° - \varphi)$ sul piano orizzontale, è rivolto verso Sud.

Se lo gnomone è verticale il mezzogiorno (punto A) si trova sul cerchio delle ore nella posizione in alto, mentre è in basso se lo gnomone è orizzontale.

Con gnomone Verticale

$\qquad \beta = 90° - \varphi \qquad\qquad \alpha = \varphi \qquad\qquad s = r \cdot \dfrac{\tan(\delta)}{\tan(\varphi)}$

Esempio - $\varphi = 40°$; $\alpha = 40°$; $s = \pm\, 1.19\ r$

Con gnomone Orizzontale

$\qquad \beta = 270° - \varphi \qquad\qquad \alpha = \varphi - 90° \qquad\qquad s = r \cdot \tan(\delta) \cdot \tan(\varphi)$

Esempio - $\varphi = 40°$; $\alpha = -50°$; $s = \pm\, 0.839\ r$

Un bellissimo esempio una meridiana di questo tipo con asta mobile verticale è quella costruita in occasione del trecentesimo anniversario della fondazione, nel 1675, dell'Osservatorio di Greenwich e che ora si trova a Cambridge (Fig. 10). Il raggio del cerchio è di 161 cm e su di esso sono riportate le divisioni corrispondenti a 5 minuti; le distanze fra i punti-ora sono di circa 421 mm corrispondenti a uno spostamento dell'ombra di circa 7 mm/minuto.

Lo spostamento complessivo del piede dello gnomone è di circa 108 cm, con uno spostamento massimo giornaliero di circa 8 mm.

17.4.6 Meridiana analemmatica circolare su piano verticale

Nella Fig. 11 sono rappresentate schematicamente due possibili meridiane analemmatiche circolari su piano verticale.

In quella superiore le ore 12 (punto A) sono nel punto più basso del cerchio mentre si ha l'opposto per quella inferiore.

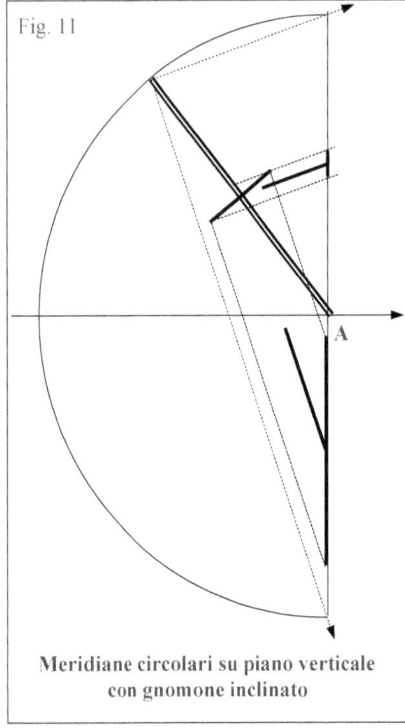

Fig. 11

Meridiane circolari su piano verticale
con gnomone inclinato

Piano verticale inferiore

$$\beta = 90° \quad ; \quad \alpha = \varphi/2 \qquad s = r \cdot \frac{\tan(\delta)}{\tan(\varphi/2)}$$

Esempio - $\varphi = 40°$; $\alpha = 20°$; $s = \pm 2.747\ r$

Piano verticale superiore

$$\beta = -90° \qquad\qquad \alpha = 90° + \varphi/2$$
$$s = r \cdot \tan(\delta) \cdot \tan(\varphi/2)$$

Esempio - $\varphi = 40°$; $\alpha = 110°$; $s = \pm 0.364\ r$

17.5   La proiezione centrale della meridiana equatoriale

La proiezione parallela, cioè da un punto all'infinito, degli elementi del cerchio equatoriale per ottenere una meridiana analemmatica è soltanto un caso particolare di proiezione centrale.

Si può dimostrare che facendo una proiezione centrale, cioè da un punto posto a distanza finita, della meridiana equatoriale si ottiene ancora una meridiana analemmatica con gnomone mobile.

In questo caso lo gnomone non si deve più spostare al trascorrere dei giorni parallelamente a se stesso ma deve sempre passare per il centro di proiezione; la curva in cui si distribuiscono i punti-ora non risulta più essere un ellisse ma in generale una conica: ellisse, parabola o iperbole.

Alcuni esempi di nuovi tipi di orologi solari che si possono ottenere con questo approccio sono descritti da de Rijk J.A.F. in "Equator projection sundials", Journal of the British Astronomical Association, 1986, 97,1 e in "Nieuwe zonnewijzers met equatorprojectie", Bulletin van de Zonne- wijzerkring - 1981,10:475ff. and 1982, 11:503ff.

17.6   La meridiana analemmatica classica

Come si è già scritto al § 17.4.2, per ottenere la meridiana analemmatica "classica" su piano orizzontale occorre prendere come direzione di proiezione quella verticale.

La lunghezza del semiasse maggiore a=OA , in direzione Est-Ovest, è ovviamente uguale al raggio r del cerchio equatoriale, mentre quella del semiasse minore b è data da $\overline{OC} = r \cdot \sin(\varphi)$ (Fig. 12).

Per la lettura dell'ora lo gnomone verticale deve essere spostato lungo la linea meridiana della quantità $OE = r \cdot \tan(\delta) \cdot \cos(\varphi)$, positiva nella direzione dal centro O verso Nord.

17.6.1 Le formule

Ellisse con asse maggiore disposto nella direzione Est-Ovest e asse minore nella direzione Sud-Nord.

In tutte le figure si è preso come Latitudine il valore 30°.

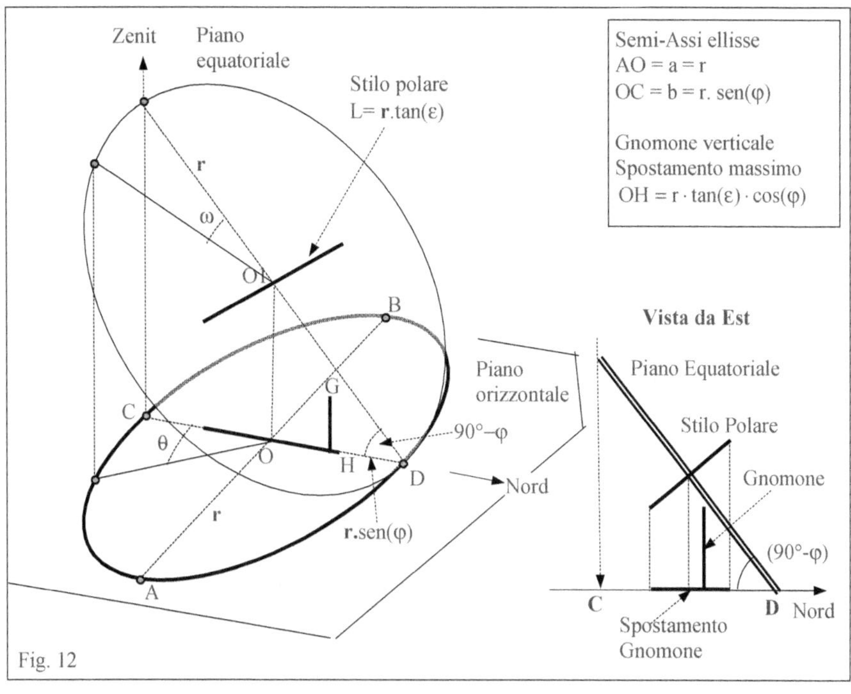

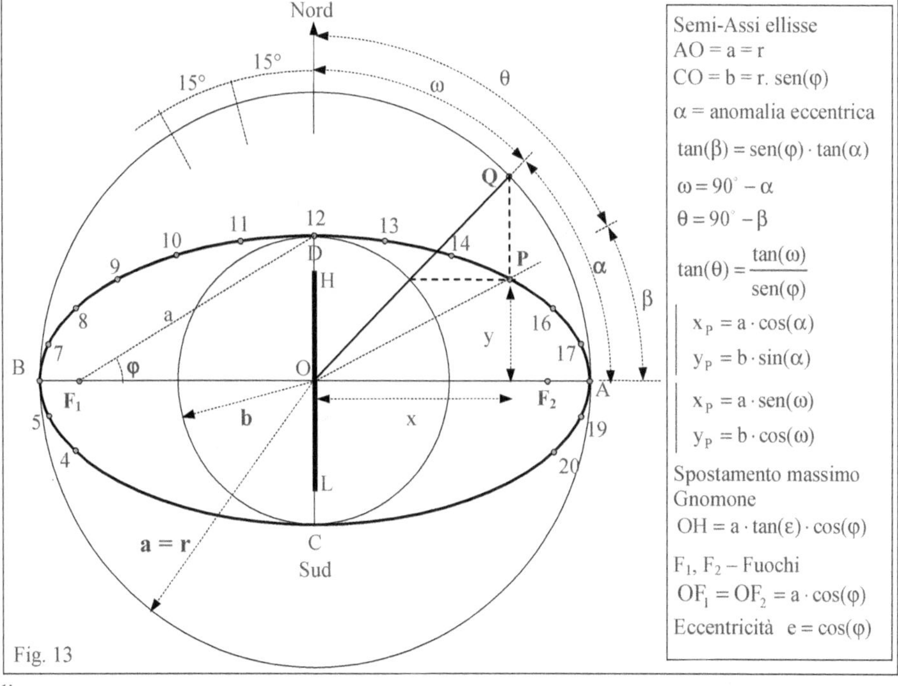

Simboli

- φ   latitudine del luogo
- r   raggio del cerchio equatoriale proiettato sul piano orizzontale

- a, b   lunghezze dei semiassi maggiore e minore
- P   punto sulla ellisse
- α anomalia eccentrica del punto P. Angolo QOA in Fig. 13
- β angolo al centro fra la direzione del punto P e l'asse maggiore. Angolo POA
- ω angolo orario relativo al punto P. Uguale al complemento della anomalia eccentrica $90°-\alpha$
- θ angolo fra l'asse minore (direzione Nord-Sud) e il raggio OP. Uguale a $90°-\beta$
- x_P, y_P coordinate cartesiane del punto P con origine nel centro O dell'ellisse, asse x lungo l'asse maggiore e y lungo l'asse minore
- F_1, F_2 fuochi dell'ellisse
- e   eccentricità
- s   spostamento dello gnomone verticale lungo la direzione Nord-Sud, funzione della declinazione δ del Sole, con origine nel centro dell'ellisse e verso positivo verso Nord
- Az   Azimut di P visto dal piede dello gnomone

Fra i vari elementi si hanno le relazioni seguenti (Fig. 13, 14).

Semiassi dell'ellisse

$$a = AO = r$$
$$b = CO = a \cdot \text{sen}(\varphi)$$

Equazione in coordinate cartesiane

$$\frac{x^2}{a^2} + \frac{y^2}{b^2} = 1$$

Area della ellisse

$$Ar = \pi \cdot a \cdot b = \pi \cdot a^2 \cdot \text{sen}(\varphi)$$

Lunghezza ellisse (form. approssimate)

$$Le \cong \pi \cdot \left[\frac{3}{2} \cdot (a+b) - \sqrt{a \cdot b} \right] \cong \frac{\pi}{2} \cdot \left[a + b + \sqrt{2 \cdot (a^2 + b^2)} \right]$$

$\omega = 90° - \alpha$ angolo orario $\tan(\beta) = \text{sen}(\varphi) \cdot \tan(\alpha)$

$\theta = 90° - \beta$ $\tan(\theta) = \dfrac{\tan(\omega)}{\text{sen}(\varphi)}$

Coordinate cartesiane (x, y)

$$x = a \cdot \cos(\alpha) \qquad\qquad x = a \cdot \text{sen}(\omega) \qquad\qquad x = a \cdot \frac{\text{sen}(\varphi)}{\sqrt{\text{sen}^2(\varphi) + \tan^2(\beta)}}$$

$$y = b \cdot \text{sen}(\alpha) = a \cdot \text{sen}(\varphi) \cdot \text{sen}(\alpha) \qquad y = b \cdot \cos(\omega) = a \cdot \text{sen}(\varphi) \cdot \cos(\omega) \qquad y = x \cdot \tan(\beta)$$

Coordinate polari (ρ, β)

$$\rho = \frac{a \cdot \text{sen}(\varphi)}{\sqrt{1 - \cos^2(\varphi) \cdot \cos^2(\beta)}} = \frac{a}{\sqrt{1 + \dfrac{\text{sen}^2(\beta)}{\tan^2(\varphi)}}}$$

Eccentricità

$$e = \frac{F_1 O}{a} = \cos(\varphi)$$

Distanza dei Fuochi dal centro O

$$F_1 O = F_2 O = \sqrt{a^2 - b^2} = a \cdot \cos(\varphi)$$

Distanza fra i Fuochi e un punto P(x,y)

$$PF_{1/2} = a \pm e \cdot x = a \cdot [1 \pm \cos(\varphi) \cdot \cos(\alpha)] = a \cdot [1 \pm \cos(\varphi) \cdot \text{sen}(\omega)]$$

$$PF_{1/2} = a \cdot \left[1 \pm \frac{\text{sen}(\varphi) \cdot \cos(\varphi)}{\sqrt{\text{sen}^2(\varphi) + \tan^2(\beta)}} \right]$$

$$PF_1 + PF_2 = 2 \cdot a$$

Spostamento Gnomone $s = a \cdot \tan(\delta) \cdot \cos(\varphi) = FO \cdot \tan(\delta)$

Spostamento massimo Gnomone $OH = a \cdot \tan(\varepsilon) \cdot \cos(\varphi) = FO \cdot \tan(\varepsilon)$

Azimut di P visto da G

$$\tan(Az) = \frac{x}{y - s} = \frac{\text{sen}(\omega)}{\text{sen}(\varphi) \cdot \cos(\omega) - \cos(\varphi) \cdot \tan(\delta)}$$

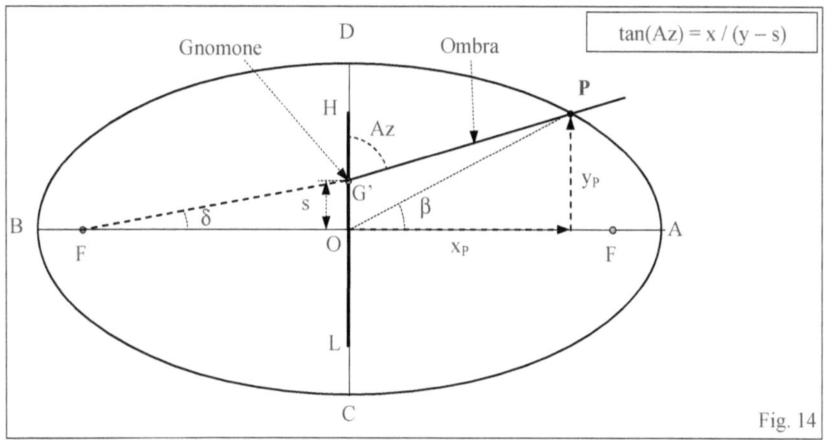

17.6.2 I punti orari e la posizione del piede dello gnomone

Dopo aver tracciato l'ellisse, per trovare la posizione del un punto orario, corrispondente a un determinato valore dell'angolo orario ω, si possono utilizzare metodi grafici o analitici.

Precisamente:

- calcolare le coordinate cartesiane (x, y) con le $x = a \cdot \text{sen}(\omega)$ $y = a \cdot \text{sen}(\varphi) \cdot \cos(\omega)$;

- calcolare il valore della anomalia eccentrica $\alpha = 90° - \omega$, disegnare i due cerchi di raggio a, b e la semiretta formante l'angolo α con il semiasse OA e utilizzare il metodo grafico relativo. (Fig. 13).

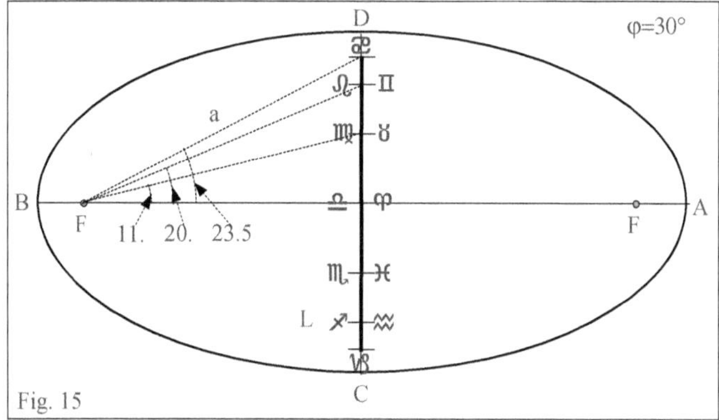

I punti di "data", che individuano sull'asse minore Nord-Sud le posizioni del piede dello gnomone al variare dei giorni, si possono ricavare calcolando lo spostamento dal centro O dell'ellisse conoscendo la declinazione del Sole δ nella data in esame con la $OG' = s = a \cdot \cos(\varphi) \cdot \tan(\delta) = OF \cdot \tan(\delta)$ (Fig. 14).

In Fig. 15 un esempio con indicati i giorni di inizio dei segni zodiacali.

17.6.3 La costruzione dell'ellisse

I metodi per disegnare una ellisse sono numerosi e diversi: alcuni permettono il tracciamento della linea in modo continuo, altri, la maggioranza, danno la possibilità di segnare singoli punti da raccordare poi opportunamente.

Nelle figure seguenti sono indicati 4 metodi.

- Il notissimo metodo detto "del giardiniere". Occorre fissare gli estremi di una corda lunga come l'asse maggiore ai due fuochi e operare come indicato in Fig. 17. Ricordo che le distanze dei fuochi dal centro sono: $F_1O = F_2O = \sqrt{a^2 - b^2} = a \cdot \cos(\varphi)$.

- Il metodo che utilizza l'anomalia eccentrica α. Occorre disegnare i due cerchi ausiliari di raggi uguali ai semiassi dell'ellisse; disegnare l'angolo α e operare come in Fig. 16.

- Il metodo che ho chiamato "delle coordinate": occorre per ogni punto voluto calcolare le sue coordinate cartesiane (Fig. 16).

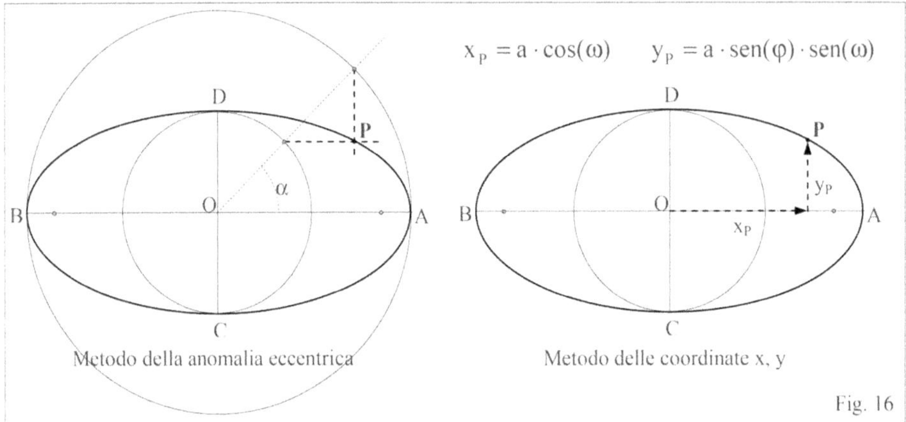

- Il metodo del "righello". Occorre per prima cosa costruire un "righello" di lunghezza uguale al semiasse maggiore riportante la misura del semiasse minore come in Fig. 17.
  Disponendo l'estremo Q lungo l'asse minore e il punto intermedio R lungo l'asse maggiore si trova che l'estremo P è un punto della ellisse voluta. Se ad esempio lungo gli assi si dispongono due guide, sul righello in corrispondenza dei punti Q e R due perni e in corrispondenza del punto P un elemento per tracciare (punta, matita, ecc.), l'ellisse può essere disegnato con continuità.

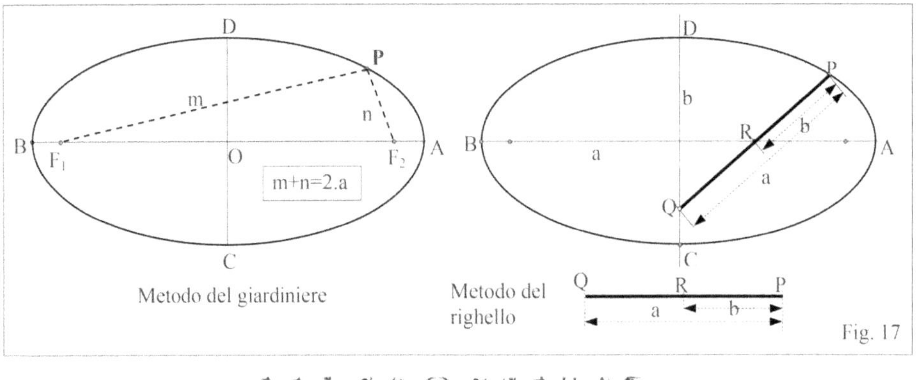

17.7 I cerchi di Lambert

17.7.1

Nel 1770 il matematico e astronomo Tedesco Johann Heinrich Lambert [5] descrisse, per la prima volta, un semplice metodo per trovare gli istanti dell'alba e del tramonto in una meridiana analemmatica orizzontale dimostrando che il cerchio che passa per il punto G, ove è posizionato lo gnomone verticale in una certa data,

---

[5] Johann Heinrich Lambert (1728 – 1777) matematico, fisico, astronomo e filosofo tedesco contemporaneo di Eulero, pioniere della geometria non euclidea. Fu il primo matematico a studiare le proprietà delle mappe conformi inventando sette nuovi metodi di proiezione. In fisica inventò l'igrometro e pubblicò, per primo, un libro di fotometria sulle proprietà della luce, sulla illuminazione e sull'ottica geometrica. L'unità fotometrica per la misura della luminanza ha il suo nome ("Lambert").

e per i due fuochi dell'ellisse, incontra l'ellisse stessa nei punti orari dell'alba e del tramonto in quella data. In Fig. 18 i punti sono indicati con H_T (ora tramonto) e H_A (ora alba).

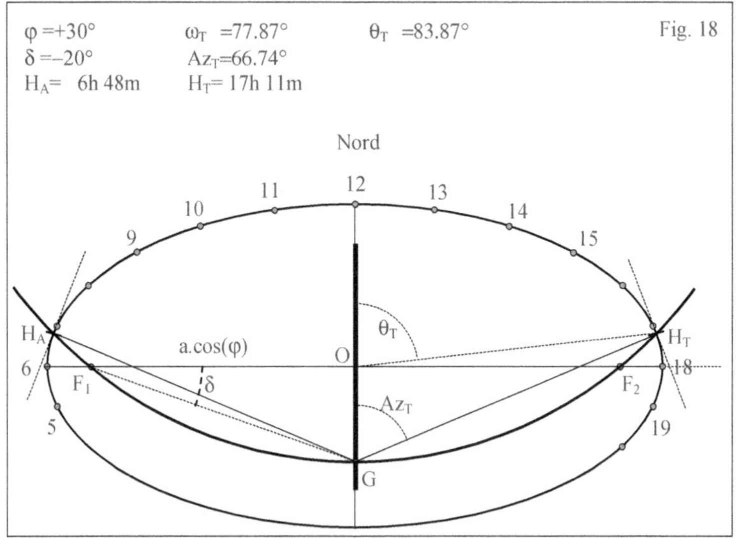

Questi cerchi sono oggi chiamati Cerchi di Lambert.

In Fig. 18 si vede il cerchio di Lambert tracciato per la declinazione del Sole uguale a −20°   mentre in Fig. 19 sono tracciati quelli relativi ai giorni di inizio dei segni zodiacali.

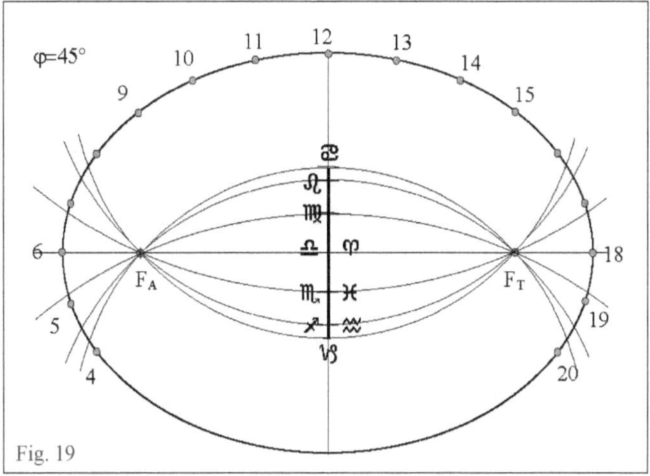

In un punto-ora generico H, quando l'angolo orario vale ω, si hanno le relazioni:

$$\tan(Az) = \frac{\operatorname{sen}(\omega)}{\operatorname{sen}(\varphi) \cdot \cos(\omega) - \cos(\varphi) \cdot \tan(\delta)} \qquad \operatorname{sen}(Az) = \frac{\operatorname{sen}(\omega) \cdot \cos(\delta)}{\cos(h)}$$

$$FG = a \cdot \frac{\cos(\varphi)}{\cos(\delta)} \qquad\qquad GH = a \cdot \frac{\operatorname{sen}(\omega)}{\operatorname{sen}(Az)} = a \cdot \frac{\cos(h)}{\cos(\delta)}$$

Poiché all'alba e al tramonto (punti-ora H_A e H_T, angoli orari $\pm\omega_T$; Fig. 18) l'altezza del Sole è nulla, risulta:

$$GH_T = a / \cos(\delta)$$

Si può osservare infine che al tramonto (e all'alba) valgono le relazioni:

$$\cos(\omega_T) = -\tan(\varphi)\cdot\tan(\delta) \qquad\qquad \cos(Az_T) = -\mathrm{sen}(\delta)/\cos(\varphi)$$

$$\frac{\mathrm{sen}(Az_T)}{\mathrm{sen}(\omega_T)} = \cos(\delta) \qquad\qquad \frac{\cos(Az_T)}{\cos(\omega_T)} = \frac{\cos(\delta)}{\mathrm{sen}(\varphi)} \qquad\qquad \frac{\tan(Az_T)}{\tan(\omega_T)} = \mathrm{sen}(\varphi)$$

17.7.2 Tracciamento dei cerchi di Lambert

Il centro C_L del cerchio di Lambert relativo al punto-data G (con declinazione del Sole δ) si trova sull'asse minore alla distanza y_C dal centro dell'ellisse ed ha raggio è uguale al segmento FC_L (Fig. 20) con:

$$y_C = OC_L = a\cdot\frac{\cos(\varphi)}{\tan(2\cdot\delta)} \qquad e \qquad R_{CL} = FC_L = a\cdot\frac{\cos(\varphi)}{\mathrm{sen}(2\cdot\delta)}$$

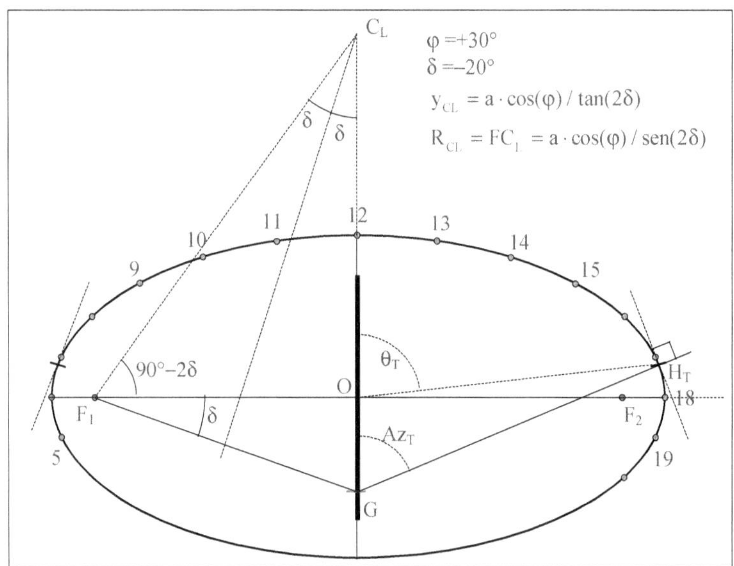

17.7.3 Una proprietà dei punti-ora dell'alba e del tramonto

Si può facilmente dimostrare che i punti che indicano le ore del tramonto e dell'alba appartengono alle normali all'ellisse portate dal punto-data G (Fig. 20).

17.8.1 I Seasonal Markers nelle meridiane analemmatiche orizzontali

Nel 2002 lo gnomonista statunitense Roger Bailey ha studiato un metodo molto semplice per individuare in modo approssimato gli istanti dell'alba e del tramonto, inventando quelli che lui ha chiamato "Seasonal Markers" o "indicatori dell'alba e del tramonto" .

Bailey, partendo dalla osservazione che quasi sempre lo gnomone verticale in una meridiana analemmatica è una persona, ebbe l'idea di cercare se era possibile individuare sia la direzione verso cui l'osservatore deve guardare per trovare l'ora del tramonto, sia quella in cui trovare sull'orizzonte la corrispondente posizione del Sole[6]. Dopo aver tracciato i segmenti che dalla posizione dello gnomone in diverse epoche dell'anno raggiungono gli istanti del tramonto, Bailey si accorse che questi segmenti intersecavano l'asse maggiore in punti tutti fra loro molto vicini (Fig. 21, 22).

---

[6] Anche se mi riferisco soltanto al tramonto, ovviamente i ragionamenti possono essere ripetuti anche per la ricerca dell'ora e dell'Azimut dell'alba.

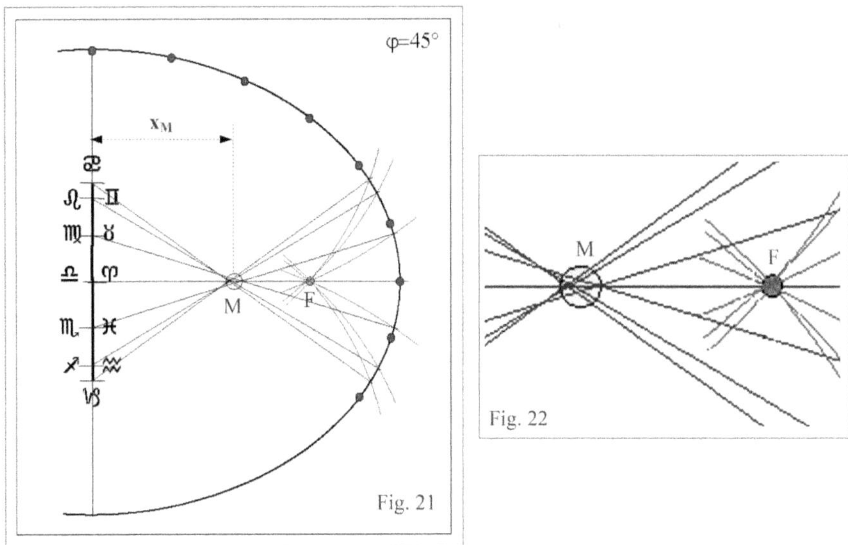

Si rese quindi conto che, scegliendo opportunamente un punto M (marker), posto all'incirca al centro dell'insieme dei punti trovati, era possibile indicare all'osservatore la direzione verso cui guardare per trovare l'ora del tramonto (Fig. 23) .

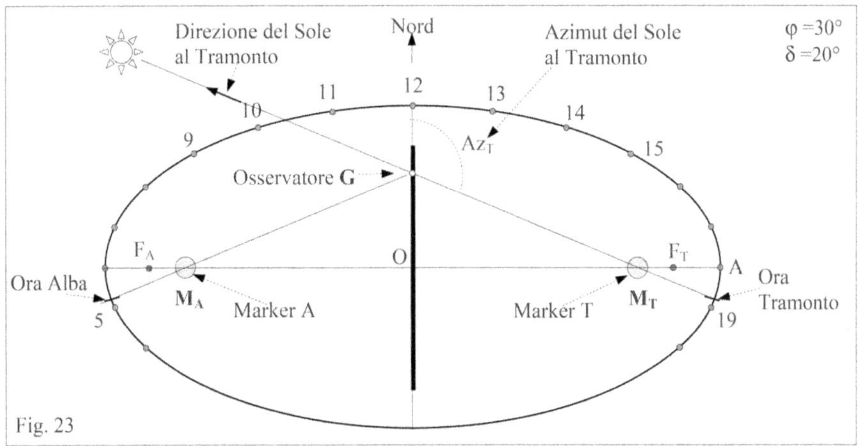

17.8.2 La posizione dei "punti indicatori"

Si può verificare che la posizione "ottimale" dei Markers, cioè quella per cui è minima la differenza fra la direzione del segmento GM e quella che da G arriva all'ora esatta del tramonto, si trova sull'asse maggiore dell'ellisse alla distanza data dalla formula empirica seguente:

$$x_M = a \cdot \cos^2(\varphi) \cdot \sqrt{1 - \frac{\tan^2(\varphi)}{7.3}}$$

valida per valori della latitudine compresi fra 30° e 55° (circa).

L'errore di allineamento fra le due direzioni indicate cambia da circa 0.2° quando φ=30° a circa 2.3° quando φ=55°. Alle nostre latitudini (circa 45°) l'errore è di circa 0.8°

17.9 Meridiane analemmatiche rettilinee

Se prendiamo il piano su cui viene proiettato il disco equatoriale parallelo all'asse polare e la direzione di proiezione parallela al piano dell'equatore, otteniamo una analemmatica in cui il cerchio equatoriale si riduce a un segmento sul quale si trovano disposti i punti-ora.

Se si prende la direzione di proiezione perpendicolare al piano si ha che lo gnomone mobile, che è ad essa parallelo, è normale alla linea dei punti ora e il segmento su cui deve spostarsi il piede dello gnomone è normale sia a quest'ultima, sia allo gnomone stesso.

In altre parole la linea dei punti-ora, la linea su cui si muove il piede dello gnomone, cioè la linea delle date, e lo gnomone formano una terna di segmenti fra loro ortogonali.

Fra gli infiniti (∞^1) piani polari sono compresi il piano verticale contenente il meridiano (piano Meridiano) e il piano "polare" rivolto verso Sud e "adagiato" sull'asse polare.

La meridiana in cui il piano "ricevente" è il piano verticale meridiano e la direzione di proiezione è la direzione Est-Ovest fu descritta per la prima volta nel 1701 da Antoine Parent, matematico francese (1666-1716), e viene generalmente indicata come meridiana analemmatica di Parent (Fig. 24).

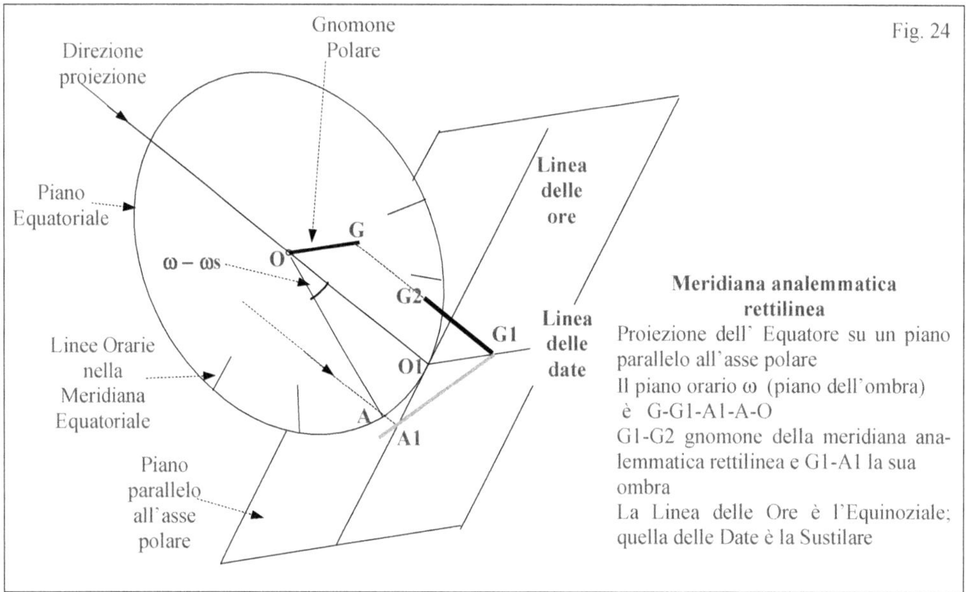

17.7.1 Meridiana analemmatica lineare costruita sul piano meridiano – Meridiana di Parent

Le relazioni che legano le diverse grandezze e l'aspetto di questo orologio solare sono molto semplici e sono riportati nelle Fig. 25, 26 [7].

Molto semplici sono pure la sua costruzione e il suo utilizzo.

L'asta che getta l'ombra deve essere normale al piano e quindi orizzontale nella direzione Est-Ovest e deve poter essere spostata, nei diversi giorni dell'anno, lungo un segmento parallelo all'asse terrestre e quindi inclinato di un angolo uguale alla Latitudine φ rispetto al piano orizzontale (linea o segmento delle date).

I punti che indicano l'ora (e nei quali si riducono le linee orarie) appartengono tutti a un segmento che appartiene al piano verticale ed è parallelo all'Equatore (ortogonale quindi al segmento precedente) (linea o segmento delle ore).

Per leggere l'ora è sufficiente spostare l'asta sul segmento delle date nel punto corrispondente al giorno (o, più

---

correttamente, al valore della declinazione δ del Sole nel giorno di osservazione) e leggere l'ora riportata sul segmento delle ore in corrispondenza al punto ove questo è attraversato dall'ombra dell'asta.

Nell'esempio in Fig. 25: giorno con declinazione solare = −20° alle ore 8 di tempo vero locale.

Le scale delle date e delle ore devono ovviamente essere riportate anche dal lato Ovest per poter leggere le ore dopo il mezzogiorno.

Per leggere le ore inferiori alle 6 o superiori alle 18 (tempo vero locale) occorre prolungare il segmento delle ore al di sopra di quello delle date.

Alcune considerazioni

– Portando una linea orizzontale dal punto in cui si trova l'asta-gnomone sino al segmento delle ore si ottengono l'ora dell'alba o quella del tramonto nel giorno corrispondente alla posizione dell'asta stessa. Nell'esempio di Fig. 26 il punto F indica, ad esempio, l'ora dell'alba quando δ = −15°

– La linea orizzontale ED passante per l'estremo del braccio delle date (con δ = ε = 23.5°) permette di ricavare l'estremo superiore dell'asta delle ore. Il punto D indica l'ora del sorgere del Sole al Solstizio estivo. Dalla figura è immediato ricavare la nota relazione $AD = -k \cdot \tan(\varepsilon) \cdot \tan(\varphi)$.

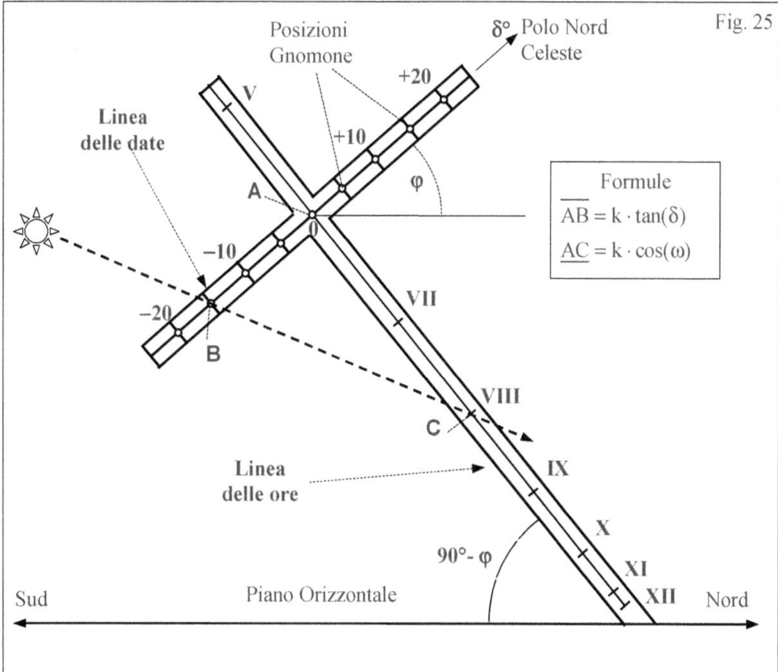

In modo analogo si può ricavare l'istante dell'alba al Solstizio invernale tracciando la linea orizzontale per il punto B.

– La lunghezza del segmento delle ore AC tra le ore 6 e le ore 12 è = k

– La lunghezza di metà del segmento delle date tra l'Equinozio e il Solstizio è $AE = +k \cdot \tan(\varepsilon)$

– Il rapporto fra i segmenti delle ore e delle date vale $AE / AC = \tan(\varepsilon) = 0.4338$ ed è quindi indipendente dalla latitudine del luogo. Il rapporto fra la parte superiore del segmento delle ore e quello delle date è invece funzione della sola latitudine: $AE / AD = 1 / \tan(\varphi)$

– Quando l'Azimut del Sole è = ±90° l'ombra è verticale. L'intersezione della verticale relativa a un dato giorno con la linea delle ore indica quindi l'istante in cui il Sole è esattamente a Est o ad Ovest. Dalla Fig. 26 si può vedere come il fenomeno possa avvenire, solo quando il Sole ha declinazione positiva.

Dato che le lunghezze dei vari segmenti (ad eccezione del tratto AD) non dipendono dalla latitudine del luogo, la meridiana è "quasi" universale nel senso che può essere spostata in località con diversa latitudine cambiando solo la sua inclinazione rispetto all'orizzonte.

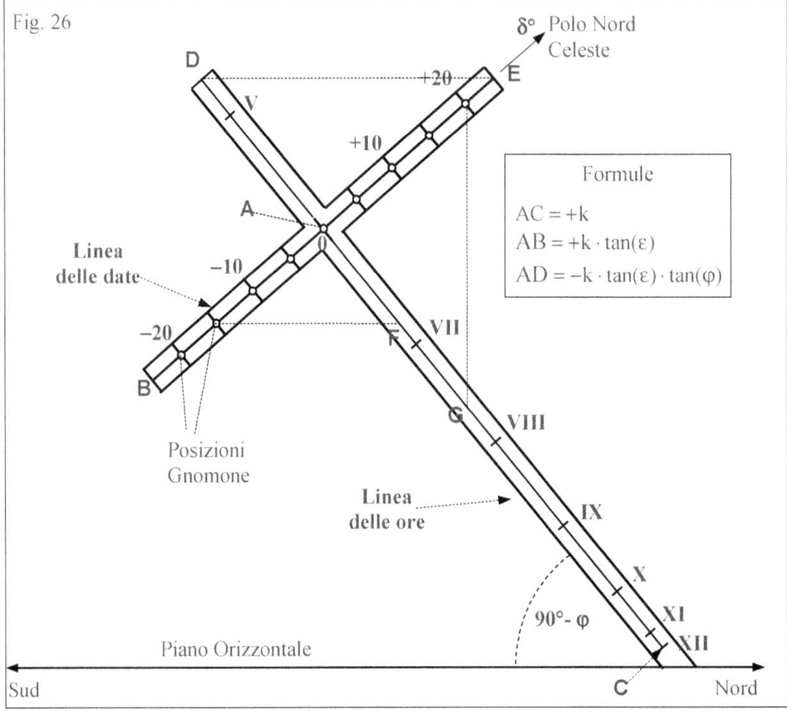

–   La meridiana non permette di leggere le ore nei giorni degli Equinozi poiché in questi giorni l'ombra è sempre parallela al segmento delle ore e non lo interseca.

–   Per la latitudine di 45° le due aste hanno la stessa pendenza rispetto al piano orizzontale

–   Ovviamente i due segmenti possono essere "disegnati" o riportati su una struttura a forma di triangolo rettangolo con l'ipotenusa diretta verso il Polo Nord Celeste. Questa struttura potrebbe ad esempio costituire il triangolo stilare di una classica meridiana orizzontale.

La semplicità di questo orologio solare lo rende idoneo ad essere posto in un parco pubblico (costruito ad esempio in metallo o cemento) per essere usato dai bambini inserendo una cannuccia, una matita od altro nei diversi fori delle date.

17.7.2 Meridiana analemmatica lineare costruita sul piano "polare" classico

Con la locuzione "piano polare classico" mi riferisco al piano rivolto verso Sud, "sdraiato" sulla retta polare e quindi avente una inclinazione, rispetto al piano orizzontale, uguale alla latitudine φ del luogo.

L'aspetto e le formule per il calcolo di questo orologio analemmatico sono dati nelle figure (Fig. 27, 28) da cui è evidente come la costruzione e l'utilizzo siano molto semplici.

L'asta che getta l'ombra deve essere normale al piano, e quindi appartenere al piano meridiano, e deve poter essere spostata, nei diversi giorni dell'anno, lungo un segmento parallelo all'asse terrestre.

Il segmento delle date è quindi inclinato rispetto al piano orizzontale di un angolo uguale alla latitudine φ.

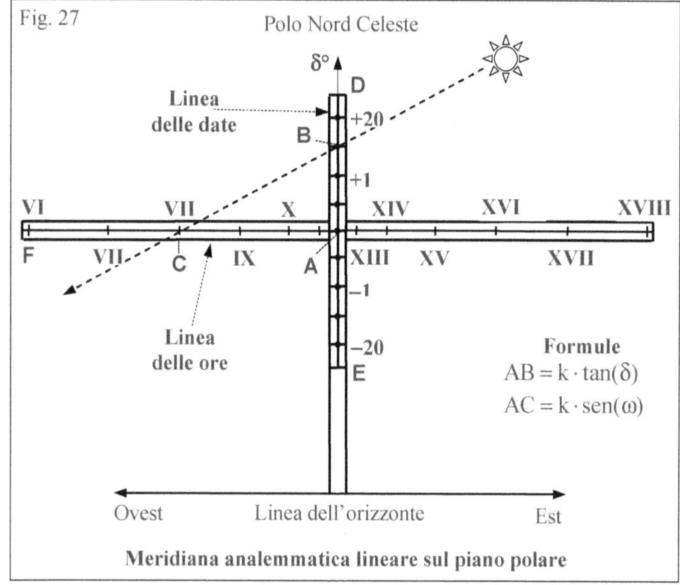

Meridiana analemmatica lineare sul piano polare

I punti che indicano l'ora giacciono tutti su un segmento orizzontale che appartiene al piano polare ed è ortogonale al segmento precedente (linea delle ore).

Per leggere l'ora si procede come indicato per la meridiana precedentemente descritta.

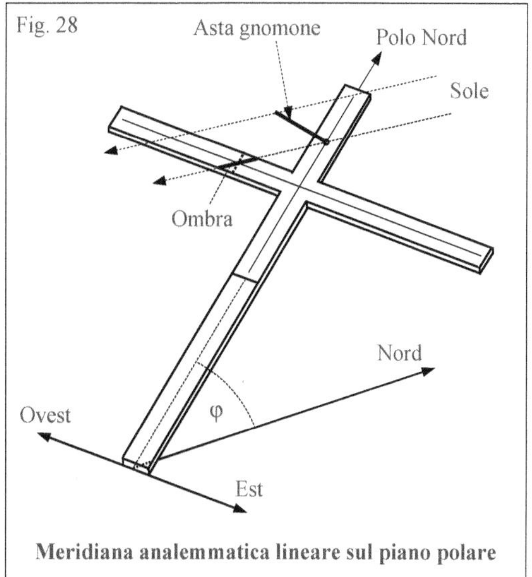

Meridiana analemmatica lineare sul piano polare

Alcune considerazioni

- La meridiana non permette di leggere le ore inferiori alle 6 o superiori alle 18 (tempo vero locale): occorrerebbe, per poterlo fare, ripetere le scale dal lato della meridiana che guarda verso il basso.

- Non permette di leggere le ore nei giorni degli Equinozi poiché in questi giorni l'ombra è sempre parallela al segmento delle ore e non lo interseca.

- La lunghezza di metà del segmento delle ore tra le ore 6 e le ore 12 è AF = k. Idem per il segmento AG fra le 12 e le 18.

- La lunghezza di metà del segmento delle date tra l'Equinozio e il Solstizio è
  $$AE = AD = +k \cdot \tan(\varepsilon)$$

- Il rapporto fra i segmenti delle ore e delle date vale $AD / AF = \tan(\varepsilon) = 0.4338$ indipendente dalla latitudine del luogo.

- Quando l'Azimut del Sole è = ±90° l'ombra è orizzontale e parallela al segmento delle ore

- Dato che le lunghezze dei vari segmenti non dipendono dalla latitudine del luogo, la meridiana è "quasi" universale nel senso che può essere spostata in località con diversa latitudine cambiando solo la sua inclinazione rispetto all'orizzonte. [8] [9]

---

[8] Una meridiana "a croce" del tipo indicato potrebbe essere utilizzata come elemento decorativo in ambito religioso.

[9] Se si fissa l'asta in corrispondenza di una certa data la meridiana indicherà l'ora esatta solo in quel giorno

17.7.3 Meridiana analemmatica lineare su un piano qualunque parallelo all'asse polare

Consideriamo un piano qualunque parallelo all'asse polare (fig. 29).

La sua inclinazione rispetto alla verticale **i** e la sua declinazione α sono legate al valore della latitudine φ del luogo tramite la relazione :

$$\cos(\alpha) = \tan(\varphi) \cdot \tan(i) \qquad \text{dalla quale si ricava che l'inclinazione deve essere } \quad i \le 90° - \varphi$$

se $\quad i = 90° - \varphi \quad$ deve essere $\quad \alpha = 0° \quad$: piano polare "classico" ;

se $\quad i = 0° \quad$ deve essere $\quad \alpha = 90° \quad$: piano meridiano.

Si ricava facilmente che come "segmento delle date" si può prendere un segmento appartenente a una qualunque retta sul piano parallela alla direzione del Polo Nord celeste, mentre il "segmento delle ore" si può prendere su una qualunque retta, sempre appartenente al piano, perpendicolare alla precedente.

In questo modo il segmento delle date risulta nella direzione dell'intersezione del piano meridiano con il piano in oggetto e il segmento delle ore risulta parallelo all'Equatore celeste o, anche, alla linea Equinoziale di un normale orologio solare a tempo vero disegnato sul piano.

L'asta la cui ombra segna l'ora deve essere perpendicolare al piano.

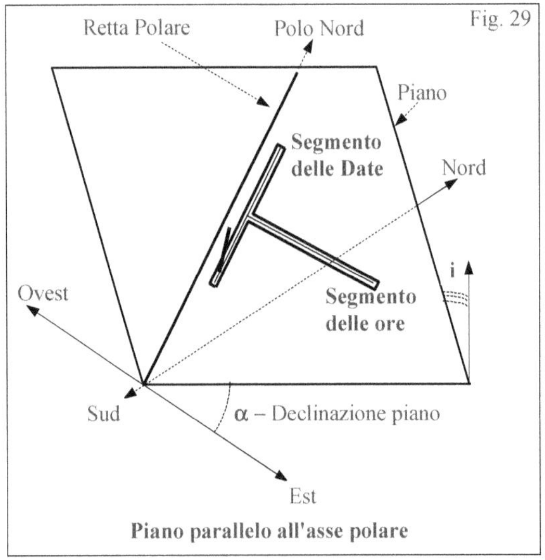

Supponiamo, per semplicità espositiva, che il piano sia "appoggiato" ad una retta o asta polare e consideriamone soltanto una parte di forma triangolare compresa fra il piano orizzontale e l'asta polare, come mostrato nelle Fig. 30, 31, 32.

Le formule che permettono di calcolare le lunghezze dei diversi segmenti e i valori degli angoli necessari per la "messa in opera" del piano sono le seguenti:

$$OA = k \qquad AB = \frac{k}{\tan(\alpha)} \qquad OB = \frac{k}{\text{sen}(\alpha)} \qquad BC = k \cdot \frac{\tan(\varphi)}{\text{sen}(\alpha)}$$

$$\beta = 90° - i \qquad \overline{CA} = \frac{k}{\tan(\alpha) \cdot \cos(\beta)} = \frac{k}{\tan(\alpha) \cdot \text{sen}(i)}$$

$$\cos(\gamma) = \text{sen}(\alpha) \cdot \cos(\varphi) \qquad OC = \frac{k}{\cos(\gamma)} = \frac{k}{\text{sen}(\alpha) \cdot \cos(\varphi)}$$

Le lunghezze da prendere sulle due aste per determinare i punti sul "segmento delle date" e quelli sul "segmento delle ore" si possono ottenere con le relazioni sotto riportate nelle quali indico con:

    ω il valore dell'angolo orario del Sole;

    ω_s l'angolo Sustilare (angolo orario quando il piano orario è perpendicolare al piano dell'orologio);

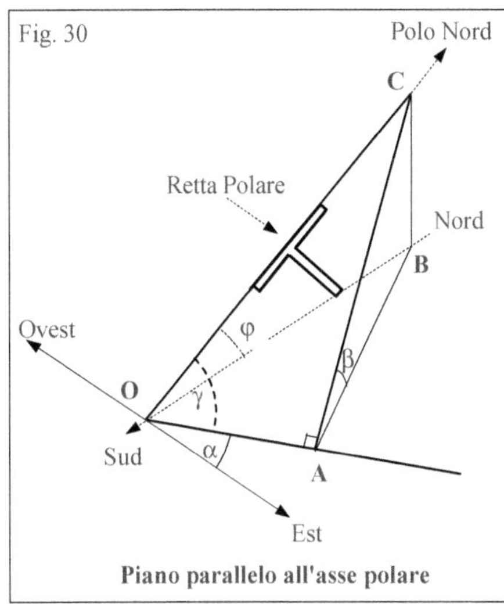

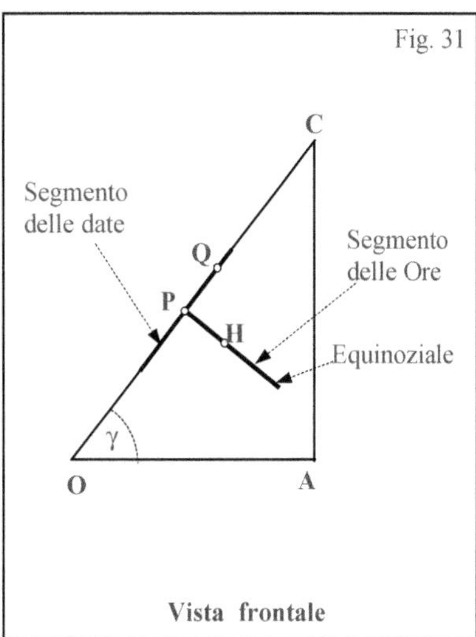

r   una costante che dipende dalle dimensioni volute.

$$PQ = r \cdot \tan(\delta) \qquad \mathrm{sen}(\omega_s) = \mathrm{sen}(\alpha) \cdot \cos(i) \qquad PH = r \cdot \mathrm{sen}(\omega - \omega_s)$$

Utilizzando queste relazioni è possibile disegnare la meridiana analemmatica su piano inclinato e declinante qualunque.

Alcune considerazioni

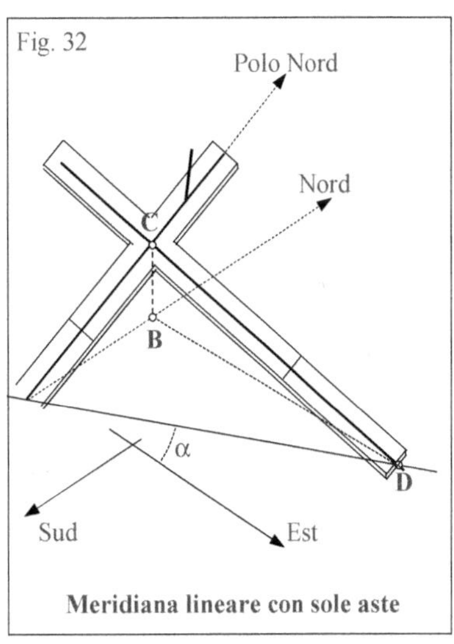

– La meridiana può indicare l'ora soltanto se :
  con piano rivolto a Sud-Est $\omega \leq 90^{\circ} + \omega_s$

  con piano rivolto a Sud-Ovest $\omega \geq +\omega_s - 90^{\circ}$
  valori dell'angolo orario per cui i raggi del Sole diventano paralleli al piano.

– Per valori di $\omega \leq \omega_s$ (con piano rivolto a Sud-Est) l'ombra dell'asta incontra il piano al di sopra della linea OC (il segmento delle ore deve essere prolungato al di la di quello delle date). Analogamente per piano rivolto a Sud-Ovest quando $\omega \geq \omega_s$.

– Quando $\omega = \omega_s$ i raggi del Sole sono normali al piano e l'ombra dell'asta si riduce a un punto.

– L'orologio non permette di leggere le ore nei giorni degli Equinozi poiché in questi giorni l'ombra è sempre parallela al segmento delle ore e non lo interseca

17.7.4 Meridiana analemmatica lineare costituita da aste

Gli orologi solari tracciati su un piano polare qualunque si possono ridurre a due semplici aste, fra loro ortogonali, contenenti i segmenti delle date e quello delle ore.

Le relazioni seguenti permettono di calcolare facilmente gli elementi per costruire la meridiana (Fig. 33):

$$\cos(\alpha) = \tan(\varphi) \cdot \tan(i)$$

$$OC = k \qquad BC = k \cdot sen(\phi) \qquad OB = k \cdot cos(\phi) \qquad OD = \frac{k \cdot cos(\phi)}{sen(\alpha)}$$

$$BD = \frac{k \cdot cos(\phi)}{tan(\alpha)} \qquad CD = \frac{k \cdot sen(\phi)}{sen(\mu)} \qquad tan(C\hat{D}B) = tan(\mu) = tan(\phi) \cdot tan(\alpha)$$

$$sen(C\hat{D}O) = sen(\gamma) = \frac{sen(\alpha)}{cos(\phi)}$$

$$AB = k \cdot sen(\phi) \cdot tan(i) = k \cdot cos(\phi) \cdot cos(\alpha) \qquad AC = k \cdot \frac{sen(\phi)}{cos(i)} \qquad OA = k \cdot cos(\phi) \cdot sen(\alpha)$$

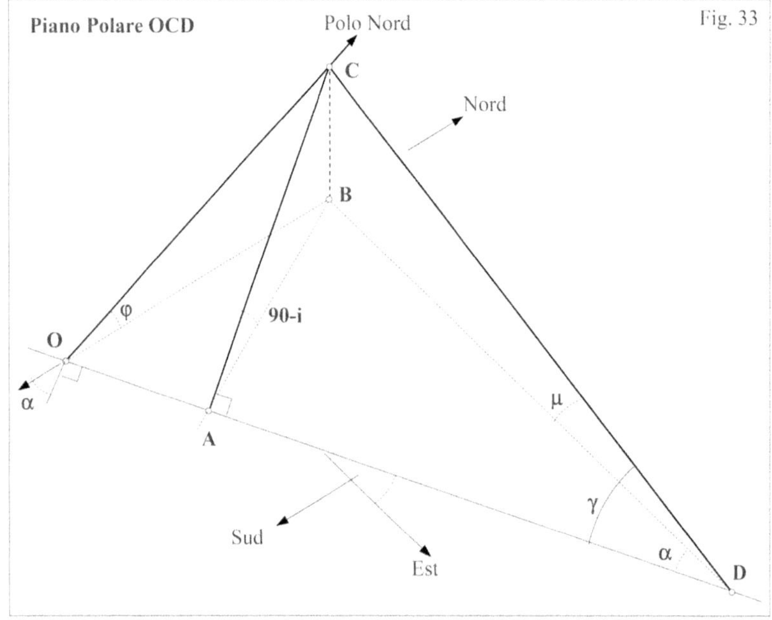

L'asta CD si può prolungare al di là del punto C per poter segnare le ore con $\omega \le \omega_s$ (Sud-Est) o $\omega \ge \omega_s$ (Sud-Ovest)

Volendo le due aste OC e CD di lunghezza uguale occorre prendere il piano con declinazione $\alpha = \pm 45°$.

Capitolo 18
OROLOGI SOLARI SU PIANI POLARI

18.1   Piano polare comunque orientato

Anche se in gnomonica in genere con la locuzione *Piano Polare* si intende il particolare piano rivolto a Sud e inclinato rispetto al piano orizzontale di un angolo uguale al valore della latitudine del luogo [1], un Piano Polare è un qualunque piano parallelo all'asse terrestre, cioè un piano contenente l'asse polare e, per questo, coincidente con un piano orario.
Esiste quindi una famiglia costituita da infiniti piani polari.

Un piano polare può essere individuato, come un qualunque altro piano, dai valori della sua inclinazione zenitale **i** e della sua declinazione (o Azimut) α o dal valore dell'angolo orario ω_S del semipiano orario ad esso normale (piano sustilare).

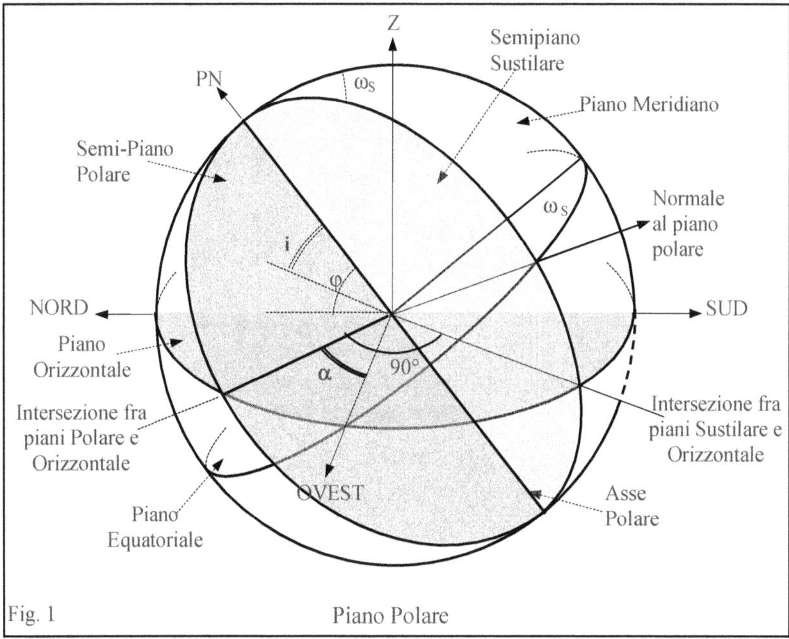

Fig. 1   Piano Polare

Alcune relazioni che legano queste grandezze e la latitudine del luogo sono riportate sotto; altre sono riportate nel paragrafo ch segue.

$$\cos(|\alpha|) = \tan(\varphi) \cdot \tan(i) \qquad (1) \quad [2]$$

$$\text{sen}(\omega_S) = \text{sen}(\alpha) \cdot \cos(i) \qquad (2) \qquad \text{e anche}$$

$$\cos(|\omega_S|) = \frac{\text{sen}(i)}{\cos(\varphi)} \, \text{sen}(i)$$

$$\tan(\omega_S) = \text{sen}(\varphi) \cdot \tan(\alpha)$$

---

[1] Si veda il Capitolo 9
[2] La reazione (1) si ottiene immediatamente annullando l'altezza dello stilo in un orologio su piano inclinato e declinante.

I due semipiani orari che formano il piano polare sono individuati dagli angoli orari $\omega = \omega_S \pm 90°$ e il piano è illuminato nell'intervallo di tempo compreso fra le ore $\dfrac{\omega_S}{15} \pm 6h$.

Alcuni casi particolari sono:

- $\varphi = 0°$, $\alpha = 90°$,   i qualunque, $\omega = i$ piano polare all'Equatore, inclinato, con intersezione lungo la direzione Nord-Sud;
- $\varphi = 0°$, α qualunque, $i = 90°$, $\omega = 90°$ piano orizzontale all'Equatore;
- φ = qualunque, $\alpha = 0°$, $i = 90° - \varphi$, $\omega_S = 0°$ piano polare "classico" ;
- φ = qualunque, $\alpha = 90°$, $i = 0°$, $\omega_S = 90°$ piano verticale meridiano (polare rivolto a Ovest);
- $\varphi = 90°$, α qualunque, $i = 0°$ piano verticale qualunque al Polo.

18.2 Relazioni fra gli elementi di un piano polare

In Fig. 2 sono indicati i diversi angoli che interessano un piano polare.

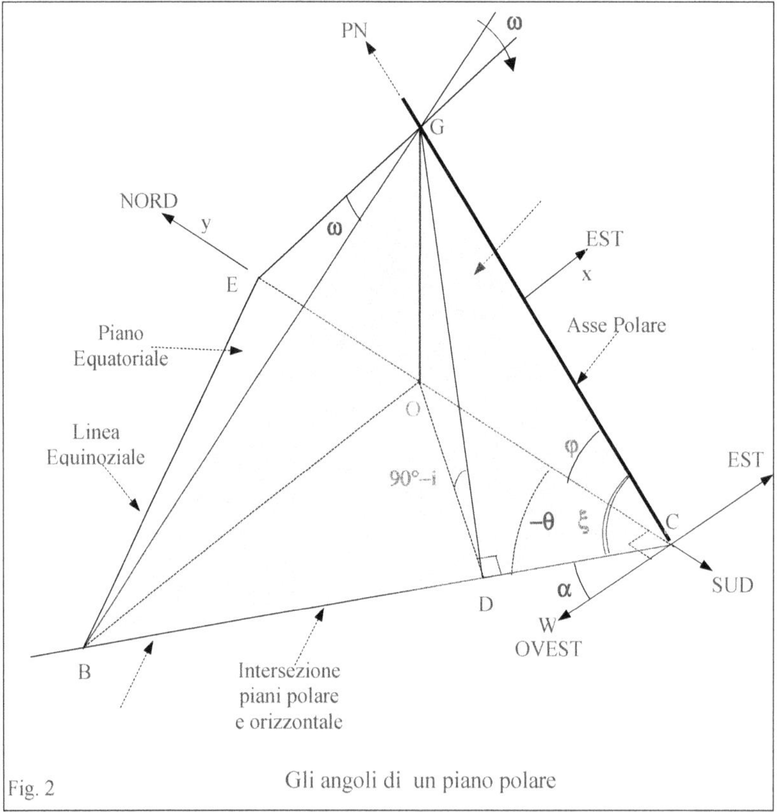

Gli elementi in Fig. 2 sono:

- EGC   piano meridiano;
- EGB   piano equatoriale;
- GCB   piano orario o polare;
- GC   asse e stilo polare;
- GO   ortostilo;

- EC   linea meridiana – direzione Nord-Sud;
- CB   linea oraria – intersezione del piano orario con il piano orizzontale;
- EB   linea equinoziale;
- $\widehat{GCE}$ latitudine φ;
- $\widehat{EGB}$ angolo orario ω che individua il piano. Positivo per le ore pomeridiane. Ricordo che $\omega = (H - 12) \cdot 15°$ con H ora in Tempo Vero Locale.

  Il piano è illuminato dalle ore $\left(\dfrac{\omega}{15} + 12\right)$ sino alle $\left(\dfrac{\omega}{15} + 24\right)$ o sino al tramonto.

- $\widehat{OCB}$ angolo θ fra la linea meridiana e la linea oraria; positivo se ω è positivo;
- $\widehat{GCB}$ angolo ξ fra la linea oraria e lo stilo polare;
- $\widehat{GDO}$ inclinazione del piano sul piano o orizzontale uguale al complemento della inclinazione zenitale i del piano;
- $\widehat{WCB}$ declinazione o azimut α del piano;
- $\widehat{DGC}$ angolo $i_S = (90\text{-}\xi)$ fra la direzione dell'asse polare e la linea di massima pendenza. Negli orologi a tempo vero su piano polare è l'angolo fra le linee orarie e la linea di massima pendenza.
- ω_S angolo orario del semipiano orario normale al piano GCB (piano sustilare). Il Sole si trova nel piano ortogonale al piano considerato nell'ora sustilare

  $$H_S = \left(\frac{\omega_S}{15} + 12\right) \text{ di TVL.}$$

NOTA – Occorre prestare attenzione ai segni e ai valori degli angoli che risultano dalle formule che seguono e, se possibile, determinare l'angolo cercato utilizzando insieme le formule che ne danno il seno e il coseno. Occorre anche non confondere l'angolo orario che individua il piano con l'orientamento del piano stesso. Ad esempio il piano con angolo orario nullo, cioè il piano meridiano, è "rivolto" verso Ovest (o Est) mentre il piano polare rivolto verso Sud è il piano con angolo orario $\pm 90°$.
Tutti i piani orari hanno inclinazione zenitale sempre nulla (piano meridiano) o positiva.
Gli angolo ω e θ hanno sempre lo stesso segno.

---------- -

<u>Noti i valori di φ e ω si possono usare le relazioni seguenti.</u>

$$\tan(\theta) = \text{sen}(\varphi) \cdot \tan(\omega) \qquad \alpha = 90° + \theta \quad \text{da cui la declinazione } \alpha \text{ del piano}$$

$$\text{sen}(i) = \text{sen}(|\omega|) \cdot \cos(\varphi) \qquad \cos(i) = \cos(\omega) / \cos(\theta) \qquad \tan(i) = \text{sen}(|\theta|) / \tan(\varphi)$$

da cui l'inclinazione i

<u>Noti i valori di φ e α:</u>

$$\theta = \alpha - 90° \qquad \tan(\omega) = \tan(\theta) / \text{sen}(\varphi) \qquad \omega_S = \omega + 90°$$

$$\text{sen}(i) = \text{sen}(|\omega|) \cdot \cos(\varphi)$$

da cui gli angoli orari ω e ω_S e l'inclinazione i del piano.

ω_S si può ricavare anche con le relazioni seguenti:

$$\text{sen}(\omega_S) = \text{sen}(\alpha) \cdot \cos(i) \qquad \cos(|\omega_S|) = \text{sen}(i) / \cos(\varphi) \qquad \tan(\omega_S) = \text{sen}(\varphi) \cdot \tan(\alpha)$$

<u>Noti i valori di φ ed i:</u>
I dati non sono sufficienti.
Per le ore del mattino occorre prendere il valore risultante di ω con il segno meno; per le ore del pomeriggio con il segno più.

$$\text{sen}(|\omega|) = \text{sen}(i) / \cos(\varphi) \qquad \tan(\theta) = \text{sen}(\varphi) \cdot \tan(\omega) \qquad \alpha = 90° + \theta$$

da cui gli angoli orari ω e ω_S e la declinazione α del piano.

Per costruire il piano si possono usare in diversi modi le misure dei segmenti indicati in Fig. 2. Cioè:

$$GO = \rho \qquad\qquad OC = \rho / \tan(\varphi) = \rho \cdot \tan(i) / \mathrm{sen}(|\theta|) \qquad OE = \rho \cdot \tan(\varphi)$$

$$\theta = \alpha - 90° \qquad\qquad BE = \rho \cdot \tan(|\omega|) / \cos(\varphi) \qquad\qquad BC = \rho / \left[\mathrm{sen}(\varphi) \cdot \cos(\varphi) \cdot \cos(\theta) \right]$$

$$GC = \rho / \mathrm{sen}(\varphi) \qquad\qquad CD = \rho \cdot \cos(\theta) / \tan(\varphi) \qquad\qquad OD = \rho \cdot \mathrm{sen}(|\theta|) / \tan(\varphi)$$

$$OB = \rho \cdot \tan(|\theta|) / \tan(\varphi) = \rho \cdot \tan(i) / \cos(\theta)$$

---------- -

Infine valgono le relazioni:

$$\mathrm{sen}(\xi) = \mathrm{sen}(\theta) / \mathrm{sen}(\omega) = \mathrm{sen}(\varphi) / \cos(i) \qquad\qquad \cos(\xi) = \cos(\theta) \cdot \cos(\varphi)$$

$$\tan(\xi) = \tan(\varphi) / \cos(\omega)$$

---------- -

Ricordo che la direzione della intersezione di un piano polare con dato angolo orario ω, coincide con quella della linea oraria corrispondente nell'orologio solare orizzontale.

---------- -

Esempi – In tutti i casi $\varphi = 46°$.

1) Piano orario rivolto verso Est. con $\omega_S = -90°$
È il piano verticale verso Est con ora sustilare 6h
Si ottengono i valori $\omega = \theta = -180°$; $\alpha = -90°$; $i = 0°$

---------- -

2) Piano orario con $\omega = -90°$, corrispondente alle 6h di TVL.
Il piano inizia ad essere illuminato alle ore 6h.
Si ottengono i valori $\theta = -90°$; $\alpha = 0°$; $i = 44°$; $\omega_S = 0°$ e ora sustilare 12h; $\xi=90°$.
Il piano è il "classico" piano polare rivolto verso Sud con inclinazione uguale a $(90°-i)=\varphi$ sul piano orizzontale, con declinazione nulla e intersezione con il piano orizzontale coincidente con la linea Est-Ovest. L'ora sustilare coincide con il mezzogiorno.

---------- -

3) Piano orario con $\omega = -38°$, corrispondente alle 9h 28m di TVL.
Si ottengono i valori $\theta = -29.336°$; $\alpha = 60.664°$; $i = 25.320°$; $\omega_S = 52.0°$ e ora sustilare 15h 28m; $\xi = 52.730°$.

La linea oraria si trova nel quadrante Ovest del piano orizzontale e forma l'angolo $|\theta|$ con la linea meridiana.

---------- -

4) Piano orario con $\omega=0°$, corrispondente al mezzogiorno. Piano meridiano.
Si ottengono i valori $\theta = 0°$; $\alpha = 90°$; $i = 0°$; $\omega_S = 90°$ e ora sustilare 18h; $\xi = \varphi = 46°$.

---------- -

5) Piano orario con intersezione a 45° con la linea meridiana $\theta = 45°$, ora pomeridiana.
Si ottengono i valori $\omega = 54.271°$; $\alpha = 135.0°$; $i = 34.327°$; $\omega_S = 144.271°$ e ora sustilare 21h 37m; $\xi = 60.581°$.
Il piano inizia ad essere illuminato alle ore 15h 37m.

---------- -

6) Piano orario rivolto verso Ovest con $\omega = +90°$. Il piano inizia ad essere illuminato alle ore 18h.
Si ottengono i valori $\theta = 90°$; $\alpha = 180°$; $i = -44°$.

18.3 Orologio solare a tempo vero su piano polare generico.

In un orologio solare a tempo vero tracciato su un generico piano polare:
–   lo stilo polare è sempre parallelo al piano e forma con la linea di massima pendenza (asse y) un angolo i_S

$$\text{dato da:} \quad \mathrm{sen}(i_S) = \cos(\varphi) \cdot \mathrm{sen}(\alpha) \qquad\qquad \cos(i_S) = \frac{\mathrm{sen}(\varphi)}{\cos(i)} \qquad\qquad \tan(i_S) = \frac{\cos(\omega)}{\tan(\varphi)}$$

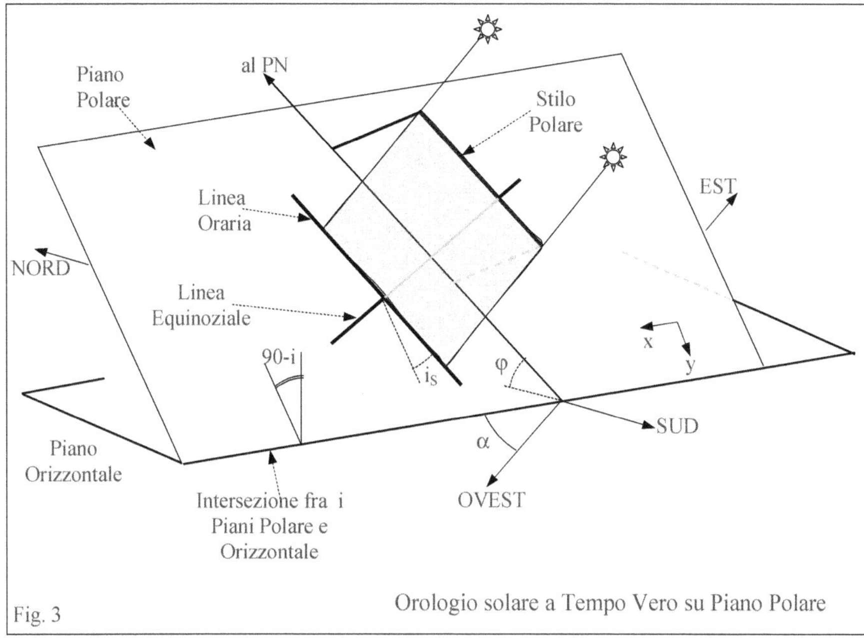

Fig. 3   Orologio solare a Tempo Vero su Piano Polare

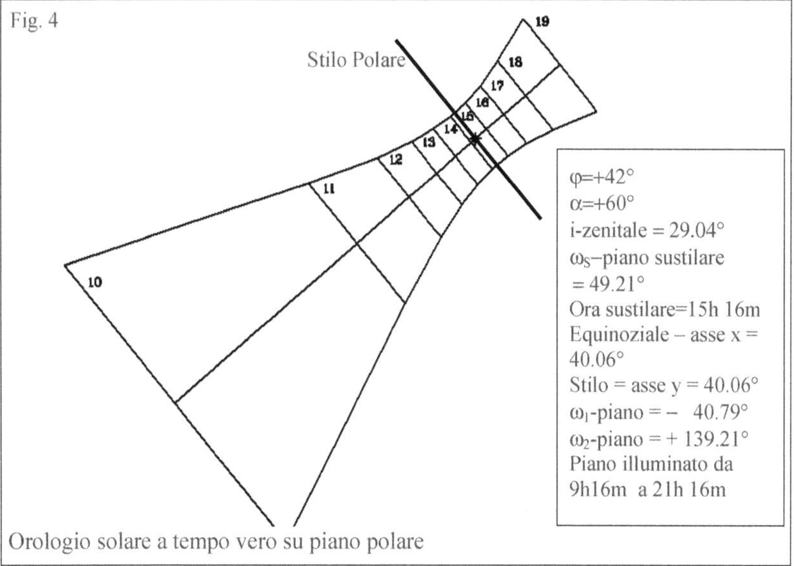

Orologio solare a tempo vero su piano polare

– Se il piano è rivolto a Sud si ha il piano polare *classico* con $\alpha = 0°$, $i = (90°-\varphi)$, $i_S = 0°$.
Il piano sustilare ha $\omega_S = 0°$, cioè coincide con il piano meridiano.
Il piano è illuminato dalle ore 6h alle ore 18h.

– Se l'orologio solare è sul lato Ovest del piano meridiano: $\alpha = 90°$, $i = 0°$. Il piano sustilare coincide con il piano di angolo orario $\omega_S = 90°$. L'equinoziale è inclinata di $i_S = (90°-\varphi)$ sulla orizzontale e le linee orarie, fra loro parallele, sono anch'esse inclinate dello stesso angolo i_S rispetto alla linea di massima pendenza.

– In Fig. 4 un esempio di orologio solare su piano polare con declinazione 60° Ovest.

Orologi solari e piani orari - Casi diversi.

Sono molti gli orologi solari nei quali, in modalità diverse, il funzionamento dipende dai piani polari: di seguito ne presento alcuni esempi.

18.4 Orologi sulle facce di un prisma con asse parallelo all'asse polare.

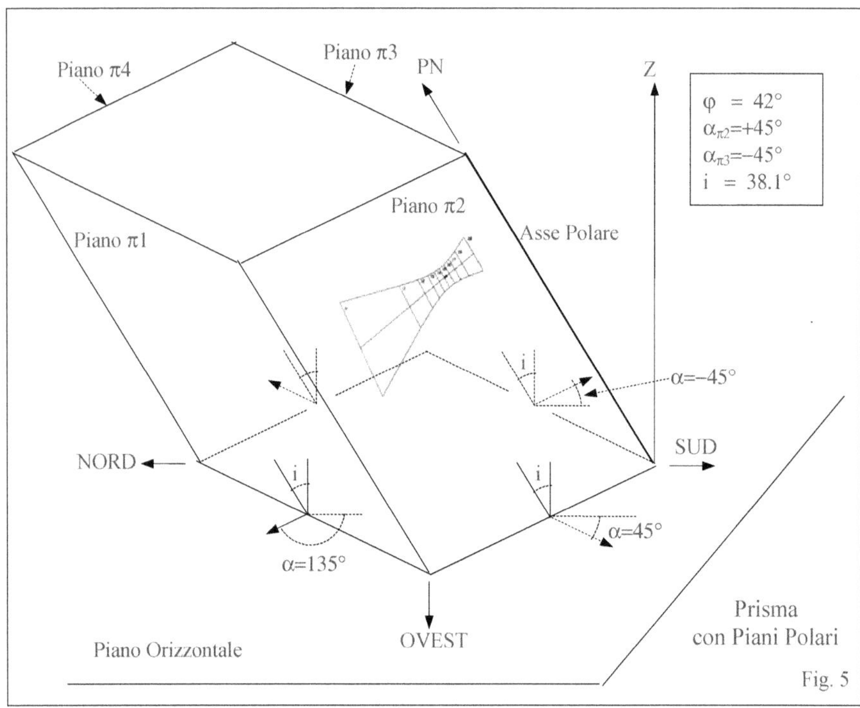

I valori dell'angolo orario e della inclinazione di un piano polare di data declinazione si possono ricavare con le relazioni già precedentemente riportate:

$$\tan(i) = \frac{\cos(\alpha)}{\tan(\varphi)} \qquad \tan(\omega_S) = \text{sen}(\varphi) \cdot \tan(\alpha) \qquad \omega = \omega_S - 90°$$

Esempio
In una località con $\varphi=42°$ si vuole realizzare una prisma inclinato a base quadrata con le 4 facce appartenenti a piani polari aventi declinazione uguali a $\alpha= 135°, 45°, -45°, -135°$ (Fig. 5).
Si ricavano i valori riassunti in tabella

Declinazione	Inclinazione	Ang. sustilare	Ang. Orari		Illuminamenti	
α	i	ω_S	ω_1	ω_2	T_1	T_2
+135	+38.14	+ 146.21	+ 56.21	+ 236.21	15h 45m	3h 45m
+45	+38.14	+ 33.79	− 56.21	+ 123.79	08h 15m	20h 15m
0	+48.00	0.00	− 90.00	+ 90.00	06h 00m	18h 00m
−45	+38.14	− 33.79	− 123.79	+ 56.21	03h 45m	15h 45m
−135	+38.14	− 146.21	− 236.21	− 56.21	20h 15m	08h 15m

Nelle ultime due colonne sono riportati gli istanti di tempo vero in cui i raggi dal Sole sono paralleli alle 4 facce, cioè in cui le facce stesse si "illuminano".

18.5 Orologi solari con elementi ombreggianti piani e paralleli a piani polari
Shadow plane sundials o Orologi solari a piani d'ombra

È questo il caso in cui si desidera posizionare un elemento-gnomone piano in modo che la sua ombra si riduca a una linea in un istante determinato.
Occorre a tale scopo che l'elemento-gnomone sia posizionato in modo da appartenere al semipiano orario in cui si trova il Sole nell'istante voluto: occorre quindi determinarne la declinazione e l'inclinazione.

Su questo principio sono stati ideati diversi tipi di complessi gnomonici formati da più orologi solari che sovente, nella letteratura di lingua inglese, sono indicati con il nome di *"Shadow plane sundials"* o *"Orologi solari a piani d'ombra"*.

Noto il valore dell'istante desiderato bisogna prima determinare l'angolo orario ω del semipiano orario corrispondente e con esso il valore dell'angolo sustilare ω_S.
Indicando con T_H l'stante voluto in tempo vero locale (ore e decimali) si hanno le relazioni seguenti:

$$\omega = T_H \cdot 15° \qquad \omega_S = \omega + 90° \qquad \text{sen}(i) = \text{sen}(|\omega|) \cdot \cos(\varphi) \qquad \text{sen}(\alpha) = \frac{\cos(\omega)}{\cos(i)}$$

oppure

$$\tan(\alpha) = \frac{\tan(|\omega_S|)}{\text{sen}(\varphi)} \qquad \text{sen}(i) = \cos(\varphi) \cdot \cos(\omega_S) \qquad \cos(i) = \frac{\text{sen}(|\omega_S|)}{\text{sen}(\alpha)}$$

Ad esempio in una località con $\varphi=46°$ i semipiani orari in cui si trova il Sole nelle diverse ore del giorni hanno i parametri elencati in tabella che permettono di posizionare facilmente gli elementi gnomone.

Ore	ω	ω_S	$\alpha°$	$i_Z°$	$i_O°$
6	-90	00	00.00	44.00	46.00
8	-60	30	38.75	36.98	53.02
10	-30	60	73.20	20.32	69.68
12	0	90	90.00	00.00	90.00
14	30	120	112.55	20.32	69.68
16	60	150	141.25	36.98	53.02
18	90	180	180.00	44.00	46.00

NOTA – Anche in questo caso occorre fare attenzione ai segni degli angoli ottenuti dal calcolo.
Per facilitare la costruzione si può ricordare che la direzione della intersezione di un piano polare con dato angolo orario ω coincide con quella della linea oraria corrispondente nell'orologio solare orizzontale.

Poiché i piani possono essere distribuiti a piacere si possono realizzare complessi gnomonici molto diversi.
Nelle figure seguenti un esempio realizzato dalla scultrice statunitense Kate Pond, uno dello gnomonista statunitense Mac Oglesby e un orologio monumentale presso lo Zoo di Londra.

Fig. 6   Shadow plane sundial della scultrice statunitense Kate Pond

Fig. 7

Shadow plane sundial di Mac Oglesby

Fig. 8

Orologio a più gnomoni - Londra - Zoo

18.6 Segmenti come elementi ombreggianti

Consideriamo il piano polare corrispondente all'istante T e l'ombra A'B' prodotta in tale istante sul piano orizzontale da un segmento AB appartenente al piano stesso.

Poiché i due segmenti AB e A'B' appartengono entrambi allo stesso piano orario, in qualunque stagione dell'anno all'ora T l'ombra di AB cadrà sempre sulla stessa retta, coincidente con l'intersezione del piano con il piano orizzontale e parallela alla linea oraria dell'ora T di un orologio solare a tempo vero locale.

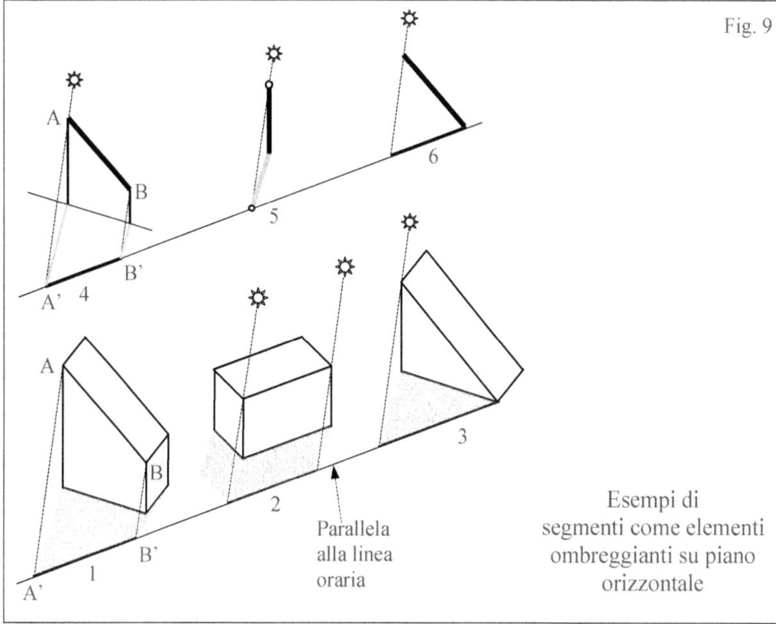

Il segmento AB e la retta sul piano orizzontale contenente A'B' formano quindi un orologio solare che indica l'ora T e nel quale il segmento AB è l'elemento ombreggiante e A'B' individua la linea oraria.

Disponendo diversi dispositivi di questo tipo, uno per ogni ora, potremo quindi realizzare un complesso gnomonico con un diverso elemento ombreggiante per ciascuna ora.

In Fig. 9 sono indicati alcuni esempi in cui l'elemento ombreggiante, che deve sempre appartenere al piano polare, è: (1), (3) lo spigolo inclinato di una figura solida; (2) lo spigolo orizzontale di un parallelogramma; (4), (6) un segmento inclinato; (5) un singolo punto, ecc.

Poiché questi elementi possono essere disposti sul piano orizzontale in modo qualunque, il metodo si presta alla realizzazione di numerosissimi tipi di orologi a più gnomoni, in particolare in parchi o giardini, con gli elementi geometrici che assumono la funzione di decoro urbano o di sedili.

Calcolo

Con riferimento alla Fig. 10 siano:

- T   istante corrispondente al piano polare considerato;
- AB   elemento ombreggiante;
- CHG   linea parallela alla linea oraria dell'istante T in un orologio solare disegnato sul piano orizzontale;
- α declinazione del piano. Angolo fra la linea oraria CHG e la direzione Nord-Sud;
- θ angolo fra la linea oraria e la linea meridiana;
- i   inclinazione zenitale del piano;
- $h2 = AD$ altezza massima dell'elemento geometrico;
- $h1 = BE = MD$ altezza minima dell'elemento geometrico;

- b = DE = MB   lunghezza del lato di base;
- β = ABM   pendenza rispetto al piano orizzontale del segmento ombreggiante AB;
- La   lunghezza dell'asta;
- AN, BN   componenti dell'asta AB sul piano polare. Proiezioni di AB sulla linea di massima pendenza e sulla orizzontale;
- γ = DEF   inclinazione della proiezione di AB sul piano orizzontale rispetto alla linea oraria;
- η = ABN   inclinazione dell'asta AB rispetto all'orizzontale, misurata sul piano polare

- Lo= GH = FE   Lunghezza dell'ombra di AB.

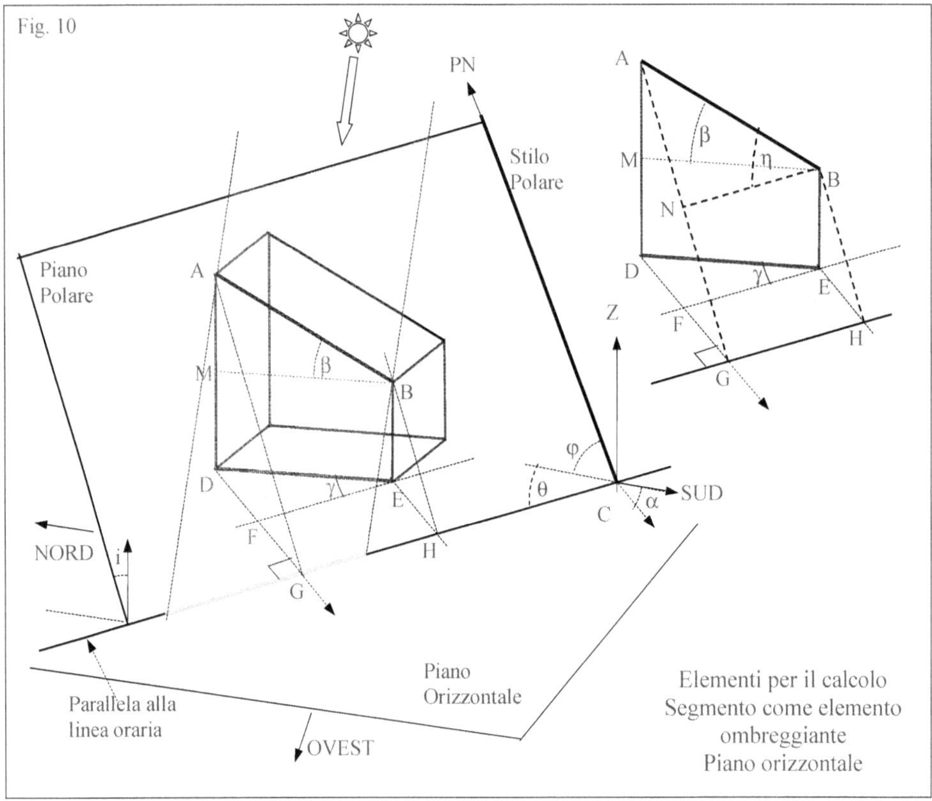

Si hanno le relazioni:

$$\tan(\theta) = \operatorname{sen}(\varphi) \cdot \tan(\omega) \qquad \alpha = 90° + \theta$$

$$\operatorname{sen}(i) = \operatorname{sen}(|\omega|) \cdot \cos(\varphi) \qquad \text{da cui l'inclinazione zenitale del piano.}$$

$$DG = h_2 \cdot \tan(i) \qquad EH = h_1 \cdot \tan(i) \qquad \tan(\beta) = \frac{h_2 - h_1}{b}$$

$$AB = La = \frac{b}{\cos(\beta)} = \frac{h_2 - h_1}{\operatorname{sen}(\beta)} \qquad \operatorname{sen}(\gamma) = \tan(i) \cdot \tan(\beta) \qquad FE = GH = BN = b \cdot \cos(\gamma)$$

$$\cos(\eta) = \cos(\beta) \cdot \cos(\gamma) \qquad AN = La \cdot \operatorname{sen}(\eta)$$

Da notare che:
-    la larghezza degli elementi solidi non ha importanza.;

- al mezzogiorno vero, T = 12h, si ha $\omega = 0°$; i = 0°; DG = EH = 0; $\gamma = 0°$: l'elemento ombreggiante si "appoggia" alla linea oraria;
- l'inclinazione β dell'asta ombreggiante AB rispetto al piano orizzontale deve essere inferiore o uguale alla pendenza del piano polare, cioè $\leq (90° - i)$.

Casi particolari

Casi (1) e (4) in Fig. 10 – Segmento inclinato dell'angolo β rispetto al piano orizzontale. Relazioni riportate sopra.

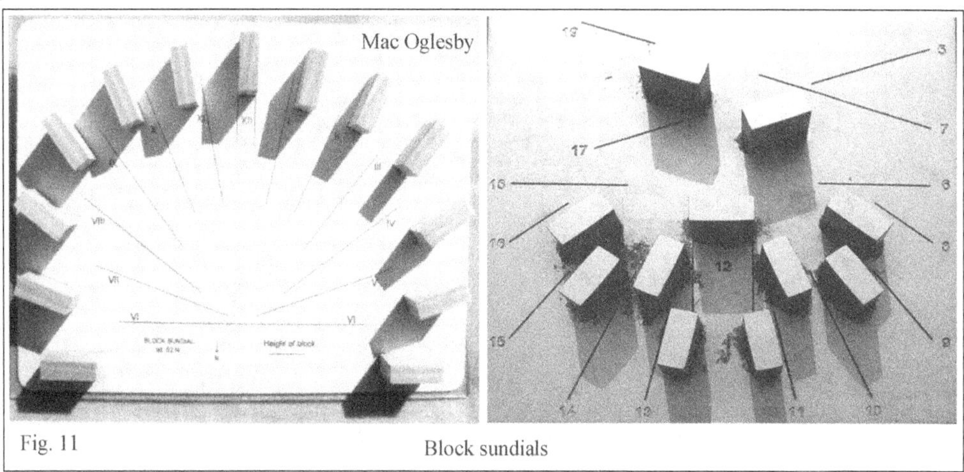

Fig. 11   Block sundials

Caso (2) – Elemento ombreggiante a forma di parallelepipedo. Segmento orizzontale posto a una data altezza.

$h_1 = h_2 = h$; $DG = h_2 \cdot \tan(i)$; $\gamma = 0°$ la base deve essere parallela alla linea oraria.

Casi (3) e (6) – L'elemento ombreggiante è un segmento inclinato dell'angolo β e uscente dal piano orizzontale.

$$h_1 = 0°; \qquad DG = h_2 \cdot \tan(i) \qquad EH = 0 \qquad \mathrm{sen}(\gamma) = \frac{h_2}{b} \cdot \tan(i)$$

Esempio – Blocco del tipo (1) di Fig. 9

$\varphi = 46°$ ora 10h TVL; $h_1 = BE = 50cm$; $h_2 = AD = 100cm$; $b = 100cm$ Si ricavano i valori:
piano polare – $\omega = -30°$; $\alpha = 67°$; i = 20.32°.
Il blocco deve essere posto con lo spigolo corto BE alla distanza EH = 18.5cm dalla linea parallela alla linea oraria delle ore 10h e con lo spigolo lungo AD alla distanza DG = 37.0cm.
La base deve formare l'angolo $\gamma = 10.67°$ con questa linea.

Esempio – Si vuole porre un'asta ombreggiante del tipo (6), uscente da un punto di una linea parallela alla linea oraria voluta, inclinata di 60° sul piano orizzontale e lunga 200cm.
$\varphi = 46°$ ora 16h TVL; $\beta = 60°$. Si ricavano i valori: piano polare: $\omega = 60°$; $\alpha = -38.75°$; i = 36.99°.
Poiché l'inclinazione dell'asta che si desidera (60°) è maggiore di (90°- i) = 53.01° il problema è impossibile.

Esempio – Come nell'esempio precedente si vuole un'asta ombreggiante del tipo (6), uscente da un punto di una linea parallela alla linea oraria voluta, inclinata di 45° sul piano orizzontale e lunga 200cm.
$\varphi = 46°$ ora 16h TVL; $\beta = 45°$. Si ricavano i valori:
Piano polare: $\omega = 60°$; $\alpha = -38.75°$; i = 36.99°
Asta ombreggiante: h = b =141.4cm; distanza dalla proiezione orizzontale dell'estremo dalla linea oraria
DG = 106.5cm; angolo fra la proiezione orizzontale dell'asta e la linea oraria $\gamma = 48,86°$; distanza HG = 93.0cm; componente AN = 177.0cm ; pendenza sulla linea orizzontale $\eta = 62.3°$.

18.7 Meridiana interattiva "a corda"

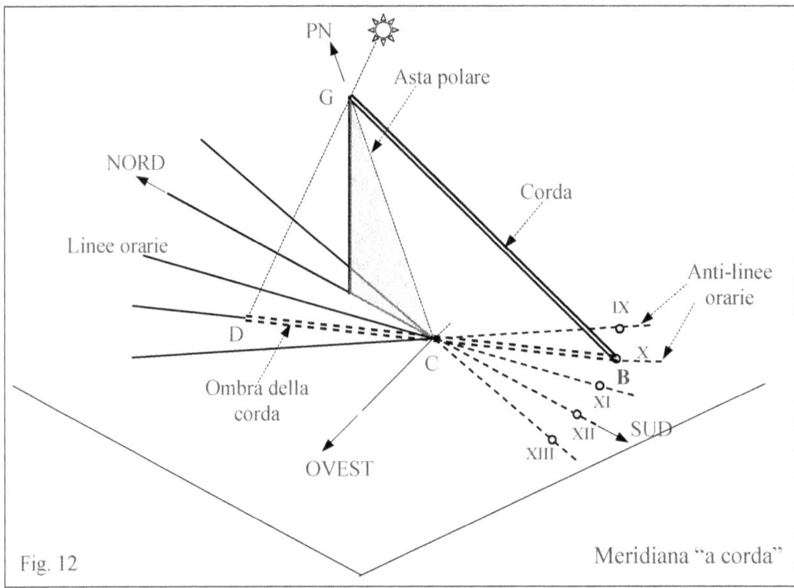

Un diverso esempio di orologio solare basato sui piani polari è quello descritto nell'articolo *"Shadow Plane Sundials"* scritto da W. S. Maddux, Mac Oglesby, Fer de Vries e pubblicato in "The Compendium"– Vol. 6 – n. 3 – Settembre 1999. L'articolo, tradotto dallo scrivente, fu ripubblicato con il titolo *Meridiana interattiva "a corda"* in Gnomonica n. 5, Gennaio 2000.

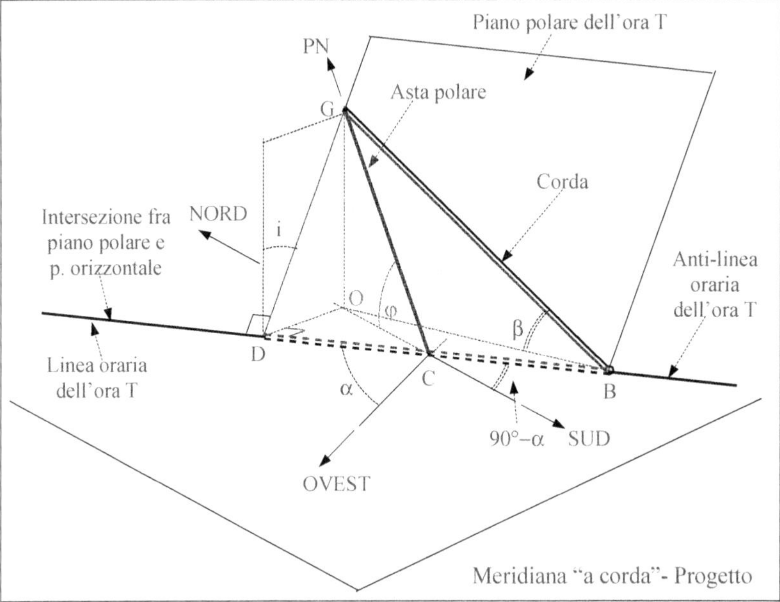

Consideriamo un orologio solare a tempo vero locale realizzato su un piano orizzontale ed avente uno stilo polare passante per il centro C dell'orologio

In un dato istante T il Sole si trova su un piano polare che interseca il piano orizzontale sulla linea oraria dell'ora T (CD in Fig.12) uscente, ovviamente, dal centro C e rivolta verso Nord (per l'emisfero settentrionale).

Prolunghiamo questa linea oraria verso Sud, al di là del centro C [3] .

Fig. 14   Meridiana a corda - Mac Oglesby

Se in seguito fissiamo una corda a un punto qualunque dello stilo polare e nell'istante T la tendiamo sino a raggiungere un punto qualsiasi B della anti-linea oraria CB, avremo che la sua ombra coinciderà con l'intersezione del piano orario con il p. orizzontale, passerà per C e indicherà l'ora T.

Tracciando tutte le linee orarie che interessano e le relative anti-linee orarie; fissando su queste un punto (a piacere) e numerando tali punti con l'ora corrispondente, potremo trovare l'ora in un qualsiasi istante tendendo la corda sino al piano orizzontale e spostandola sino a quando la sua ombra passa per il centro

C dell'orologio.

Da quello che si è detto si comprende che lo stilo polare e il tracciamento delle linee orarie, utili per la costruzione dello strumento, non sono necessari e l'orologio si può limitare a un semplice punto a cui è attaccata la corda e, sul terreno, a un punto per ogni ora.

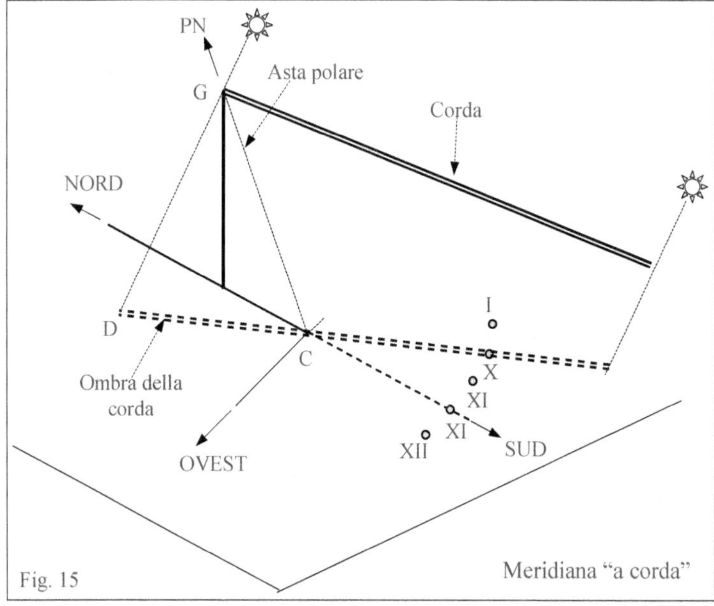

Occorre Infine osservare che non è necessario portare l'estremo della corda a contatto del terreno (cioè sino al punto B nelle figure) ma è sufficiente che la corda tesa sia spostata in modo che la sua ombra passi esattamente per il centro C dell'orologio solare.

Allo stesso modo non è necessario tracciare le anti-linee orarie ma è sufficiente indicare sul piano i punti orari, disposti per altro a distanza a piacere dal centro C (in genere per motivi estetici sono disegnati lungo una circonferenza).

---

[3] Chiamerò questa semiretta con il nome di anti-linea oraria.

I diversi elementi sono legati dalle seguenti relazioni in cui l'altezza GE è posta uguale a un valore arbitrario ρ e l'angolo fra la corda e il piano orizzontale uguale a un valore, anch'esso arbitrario β.

$$GO = \rho \qquad\qquad CO = \rho / \tan(\varphi) \qquad\qquad CG = \rho / \mathrm{sen}(\varphi)$$

$$DGO = i \qquad\qquad DO = \rho \cdot \tan(i) \qquad\qquad DG = \rho / \cos(i)$$

$$GB = \rho / \mathrm{sen}(\beta) \qquad\qquad BO = \rho / \tan(\beta)$$

$$BD = \rho \cdot \sqrt{\frac{1}{\mathrm{sen}^2(\beta)} - \frac{1}{\cos^2(i)}} \qquad DC = \rho \cdot \sqrt{\frac{1}{\tan^2(\varphi)} - \tan^2(i)} \qquad CB = BD - DC$$

Le meridiane "a corda" possono essere realizzate su piani comunque disposti anche se quasi sempre sono state realizzate sul piano orizzontale per la semplicità di costruzione e di utilizzo.
Sono molto indicate in scuole e manifestazioni pubbliche.

Esempi
Nelle figure che seguono (Fig. 16, 17)
- una semplice meridiana su piano orizzontale con indicata la costruzione geometrica delle linee anti-orarie.
- due esempi di meridiane a corda su piano orizzontale e su piano verticale rivolto a Sud realizzate dallo gnomonista statunitense Mac Oglesby nel 1999.

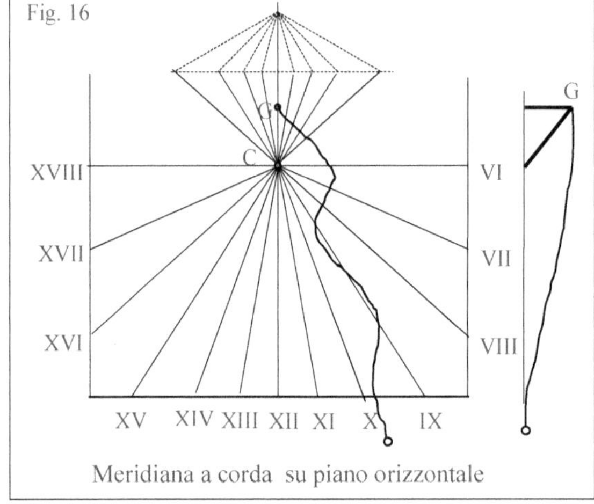

Meridiana a corda su piano orizzontale

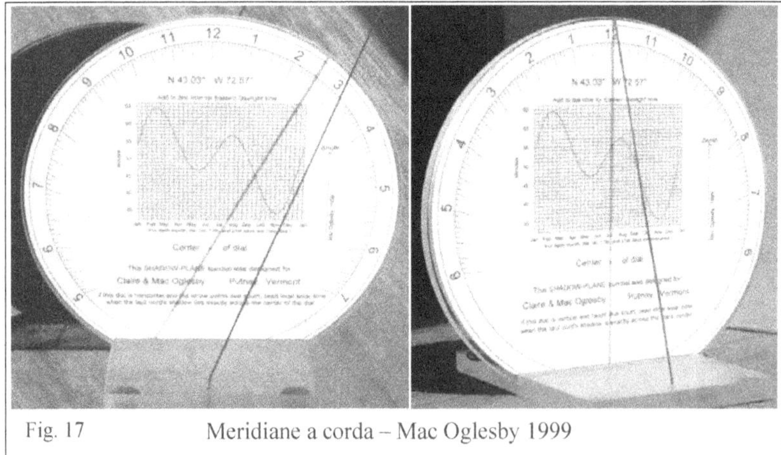
Fig. 17　　　　　　　Meridiane a corda – Mac Oglesby 1999

In Fig. 18 una diversa realizzazione di Mac Ogleby con il punto di attacco superiore della corda che può essere spostato lungo la circonferenza sino a portare l'ombra a passare per il centro dell'orologio, qui coincidente con il centro del cerchio.

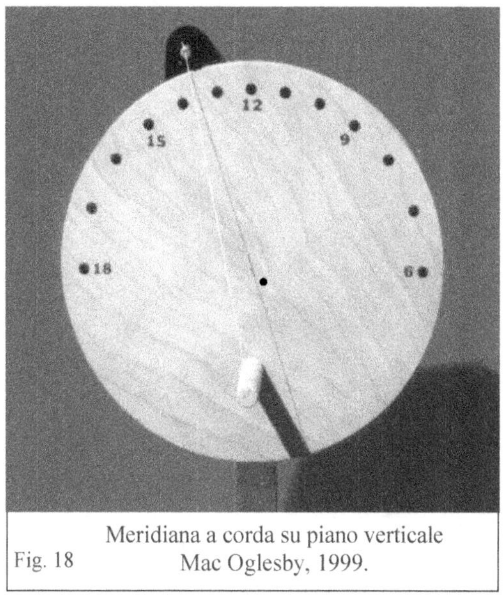

Meridiana a corda su piano verticale
Fig. 18   Mac Oglesby, 1999.

In Fig. 19 una meridiana a "corda" costruita da Luis Ramirez Castro nel luglio 1999 presso il *Museo de la Ciencia y el Cosmos* a Santa Cruz de Tenerife nelle Isole Canarie.
Lo gnomone è alto 140cm e dista dal centro 248cm; la lunghezza della corda è di circa 10m.

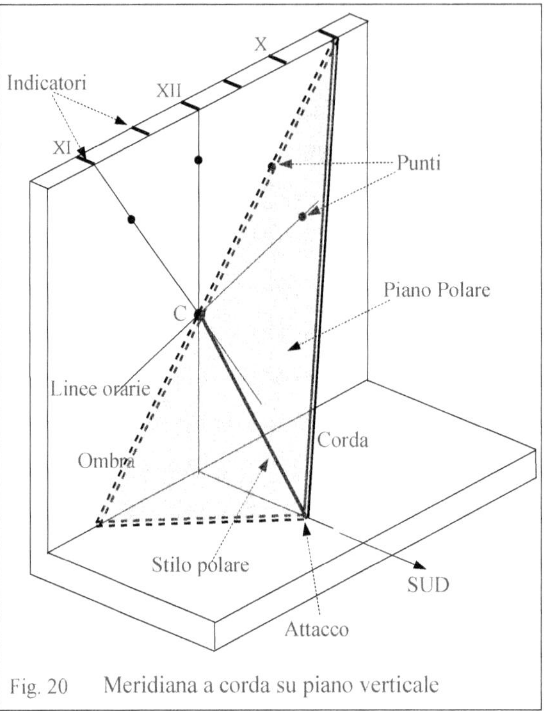

Fig. 20   Meridiana a corda su piano verticale

In Fig. 20 un esempio ove i punti-ora sono segnati sul bordo di una tavoletta. Per tener tesa la corda basta ad esempio un piccolo peso oppure si può usare un elastico invece di una corda, fissandolo superiormente a una slitta scorrevole.

Un diverso tipo di orologio solare basato sullo stesso principio si può realizzare sostituendo al posto della corda che assume diverse posizioni, una "gabbia" formata da aste fisse in cui l'ora è indicata dall'asta la cui ombra passa per il centro C dell'orologio.
È questo è un caso particolare di una famiglia degli orologi solari a più gnomoni.

18.8 Orologi solari a più elementi ombreggianti o a più gnomoni

Consideriamo, come è già stato fatto in precedenza, il fascio dei semipiani orari aventi come asse lo stilo polare il cui prolungamento interseca il piano orizzontale nel fascio delle linee orarie di tempo vero.
Se prendiamo una qualunque figura piana (nel caso più semplice un segmento) e la disponiamo esattamente su uno di questi semipiani avremo che la sua ombra coinciderà con l'ombra dello stilo polare soltanto nell'istante corrispondente all'angolo orario individuato dal semipiano su cui è posta la figura stessa.
Solo in questo istante l'ombra dell'elemento piano (figura-gnomone), che normalmente ne rispecchia la forma,   diventa infatti rettilinea e cade sullo stilo polare o ha la direzione della sua ombra.

Se poi disponiamo una figura piana di forma qualunque su ciascuno dei semipiani orari dell'orologio, avremo che, all'inizio di una data ora, soltanto l'ombra di una di queste figure si ridurrà ad un segmento giacente sul prolungamento dell'ombra dello stilo.
Abbiamo così ottenuto un orologio solare a più gnomoni, chiamato anche multi-stilo (Fig. 21).

Il progetto e la costruzione di questo tipo di orologi solari a più gnomoni è abbastanza semplice se si prendono in esame elementi ombreggianti ausiliari a forma di segmento (aste) uscenti dal piano dello orologio.
Soltanto per facilità costruttive, si è considerato sempre un orologio tracciato sul piano orizzontale.

In questo tipo di orologio lo stilo polare può anche non essere presente: in questo caso è sufficiente che l'ombra dell'asta passi per il centro dell'orologio.

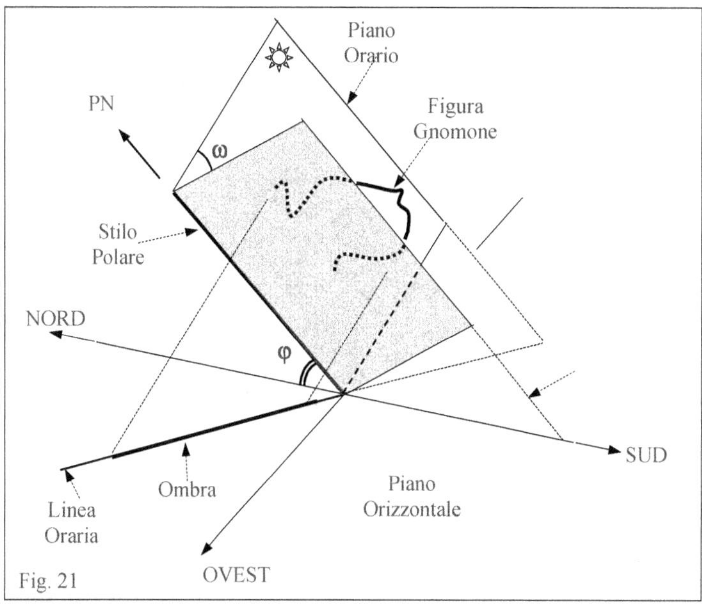

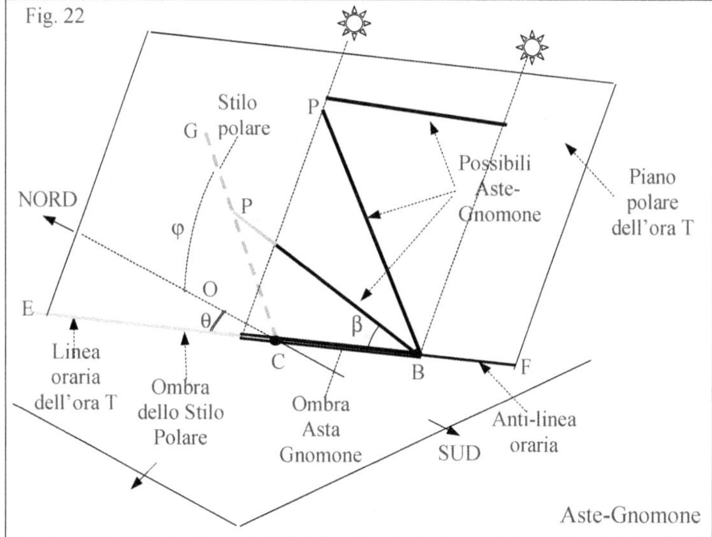

Se vogliamo che, in un dato instante T, l'ombra dell'asta "ombreggiante" cada esattamente sullo stilo polare, essa dovrà appartenere al semipiano orario in cui si trova il Sole in tale istante e quindi uscire da un punto del piano appartenente alla anti-linea oraria dell'ora T.

In Fig. 22

    C   centro dell'orologio;

    GC   stilo polare (eventuale);

    CE   linea oraria corrispondente all'istante T (angolo orario ω);

    CF   anti-linea oraria;

θ   angolo fra la linea oraria e la linea meridiana con $\tan(\theta) = \text{sen}(\varphi) \cdot \tan(\omega)$.

BP   Asta-Gnomone con B un punto qualunque sulla anti-linea oraria CF e P un punto qualunque del piano polare o eventualmente dello stilo polare.

Le aste sono tutte rivolte verso il centro C dell'orologio e formano una specie di gabbia.

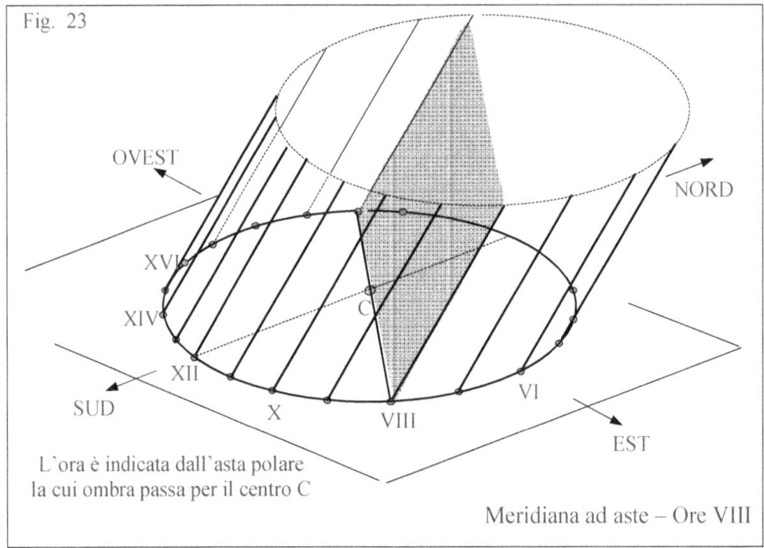

Per il progetto dell'orologio occorre:
-       determinare i punti sul piano orizzontale, piede delle aste-gnomoni.

La disposizione di tali punti può essere qualunque anche se è preferibile disporli su una figura geometrica regolare che intersechi le anti-linee orarie (ad esempio un cerchio, un quadrato, una ellisse, ecc.).

- Scegliere l'orientamento delle aste. Queste possono ad es. essere ad inclinazione costante, dirette verso uno o più punti dello stilo polare, di lunghezza costante, ecc.

- Determinare gli angoli dei piani orari e quelli che individuano le posizioni delle aste. A tale scopo si possono utilizzare le relazioni riportate nel precedente paragrafo 18.6.

Quando le aste sono tutte parallele allo stilo polare, in un'ora qualsiasi l'ombra dell'asta corrispondente cade esattamente sullo stilo polare che in tal modo viene oscurato.

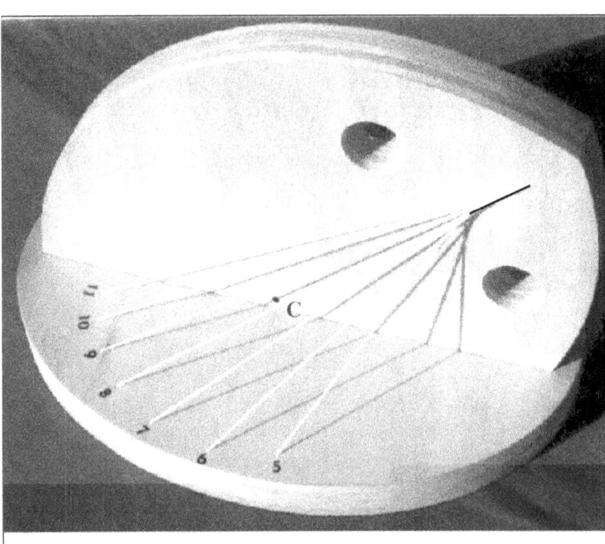

Fig. 24   Meridiana ad aste - Mac Oglesby 1999

In Fig. 23 un esempio di questo tipo in cui le aste escono da punti del piano orizzontale appartenenti a una circonferenza avente il centro nel centro dell'orologio. Il piano orario indicato e quello delle ore 8 di TVL.
Per trovare questi punti è sufficiente disegnare le linee orarie di un normale orologio orizzontale a TVL (e i loro prolungamenti).

In Fig. 24 un orologio solare verticale ideato e costruito da Mac Oglesby nel 1999.
L'orologio ha i punti-ora da cui escono le aste (qui sostituite da corde o elastici) sul piano orizzontale e il punto terminale di queste sul piano meridiano (lato orientale).
Da notare la posizione del centro dell'orologio C. Il lato opposto con le ore pomeridiane è speculare.
Ovviamente l'orologio deve essere correttamente orientato lungo la direzione Nord-Sud.

18.9 Un particolare orologio a più gnomoni.

Sia per facilità di lettura che per semplicità di costruzione si sono molto diffusi negli ultimi anni, anche se i primi esemplari risalgono a qualche secolo fa, degli orologi solari che riportano i numeri delle ore su una banda anulare disposta su una struttura parallela al piano equatoriale, uno su ognuno dei piano orari corrispondenti alle ore interessate.

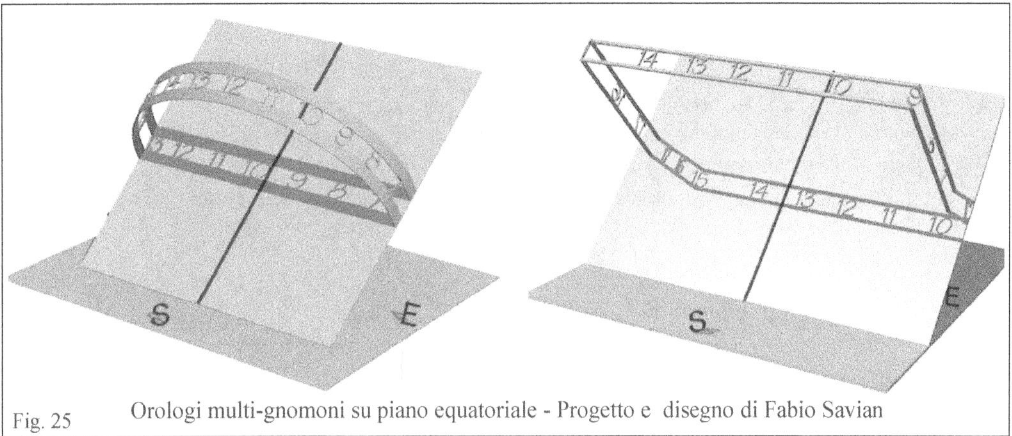

Fig. 25   Orologi multi-gnomoni su piano equatoriale - Progetto e disegno di Fabio Savian

In un dato istante T il numero dell'ora che si trova sul piano orario corrispondente viene proiettato dai raggi del Sole su un piano ausiliario (piano polare di lettura), su una linea che coincide con l'intersezione con il piano polare ad esso ortogonale, cioè sulla linea sustilare.
Questa linea coincide con la linea meridiana se il piano è rivolto a Sud, con la linea parallela all'asse polare se rivolto a Est o a Ovest, ecc. e su di essa si spostano le immagini dei numeri-ora (ombre o figure luminose) al variare delle stagioni, cioè della declinazione del Sole.
Da notare che queste linee sono le stesse che ritroviamo in un comune orologio su piano polare.

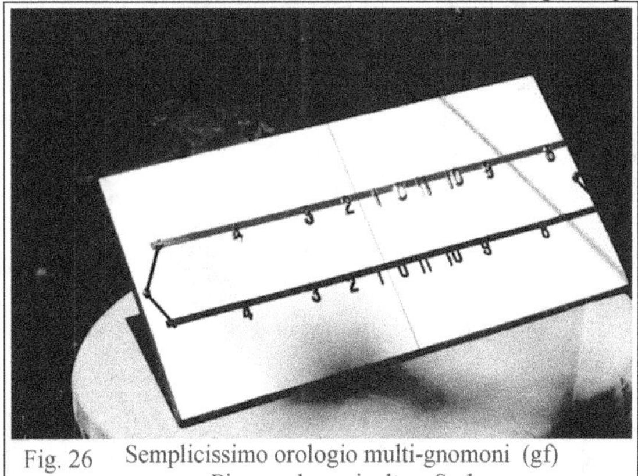

Fig. 26   Semplicissimo orologio multi-gnomoni (gf)
Piano polare rivolto a Sud

Orologi multi-gnomoni su piano equatoriale
A sinistra "orologio-farfalla" di Fabio Savian – A destra esempio con numeri ritagliati

Quasi sempre i numeri delle ore sono ritagliati in una stretta banda cilindrica posizionata nel piano dell'Equatore e il piano di lettura è il "classico" piano polare rivolto a Sud, inclinato sul piano orizzontale di un angolo uguale alla latitudine del luogo [4].

Nelle Fig. 25-28 alcune immagini di orologi a più gnomoni su piano equatoriale: talvolta questi orologi sono indicati come orologi solari "digitali", denominazione che considero errata.

18.10 Orologi solari a più gnomoni con figure sui piani polari

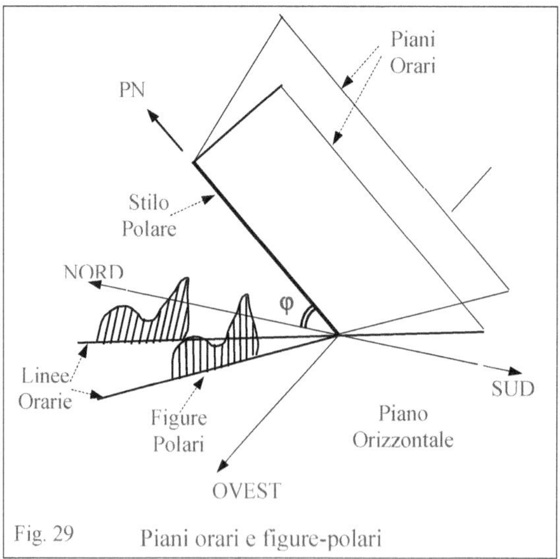

Fig. 29   Piani orari e figure-polari

Un tipo di orologio, che possiamo considerare "duale" di quello descritto nel paragrafo 18.8, si ottiene disponendo delle figure piane **non** sui semipiani orari contenenti il Sole ma sui semipiani opposti (Fig. 29).
In un dato istante T l'ombra della figura adagiata sul semipiano corrispondente si riduce a un segmento su cui cade l'ombra dello stilo polare.

[4] Ringrazio Fabio Savian per avermi dato la possibilità di utilizzare i disegni 3D di alcune delle sue geniali e fantastiche creazioni. I curiosi possono scoprirne molte altre nel suo sito www.nonvedolora.eu. Uno di questi disegni mostra molto di più di molte delle mie schematiche figure!

Spesso, per semplicità, questi orologi sono stati realizzati sul piano orizzontale con le "figure-polari" appoggiate ad esso.
Gli orologi già descritti nel precedente paragrafo 18.5, sono orologi di questo tipo.

☺ ☺ ☺ ☺ ☺

Come nel caso precedente il progetto e la costruzione è abbastanza semplice se, come "figure-polari", si utilizzano soltanto dei segmenti uscenti dal piano dell'orologio.
Poiché ora è l'ombra dello stilo, o il suo prolungamento, che si sovrappone alle ombre di queste aste ausiliarie, lo stilo polare deve essere presente.

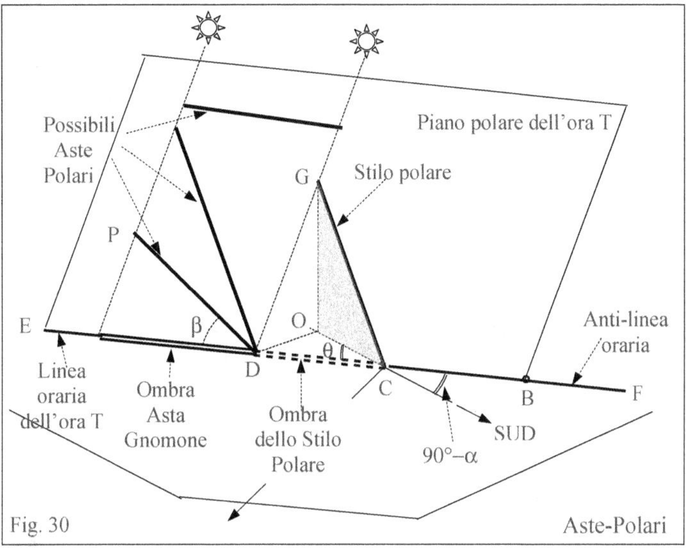

In Fig. 30 siano:

C	centro dell'orologio;
GC	stilo polare (necessario);
CE	linea oraria corrispondente all'istante T (angolo orario ω);
CF	anti-linea oraria;
θ	angolo fra la linea oraria e la linea meridiana con $\tan(\theta) = \mathrm{sen}(\varphi) \cdot \tan(\omega)$.
DP	Asta-Polare ove D è un punto qualunque sulla linea oraria CE e P un punto qualunque del piano.

Le aste possono o allontanarsi tutte dal centro formando una specie di ventaglio o avvicinasi al centro stesso formando una specie di tettoia o di gabbia.

Come nel caso precedente per il progetto dell'orologio occorre:
- determinare i punti sul piano orizzontale, piede delle aste-polari.
- Scegliere l'orientamento delle aste (ad es. con inclinazione costante, dirette verso uno o più punti dello stilo polare, di lunghezza costante, ecc.).
- Determinare gli angoli dei piani orari e quelli che individuano le posizioni delle aste

In Fig. 31 l'esempio duale di un caso presentato nel § 18.8, in cui le aste sono tutte parallele allo stilo polare ed escono da punti del piano orizzontale appartenenti a una circonferenza con il centro nel centro dell'orologio.

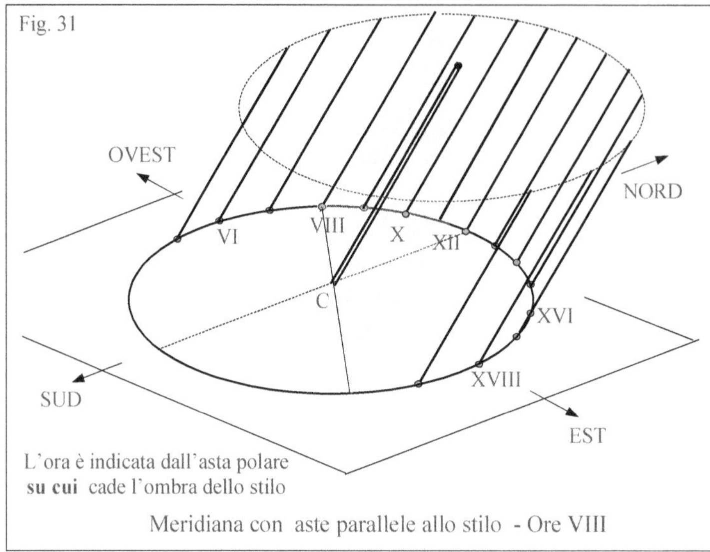

In Fig. 32 alcuni esempi progettati dall'autore nel 1997 e descritti nell'articolo *"Un orologio solare a più aste"* pubblicato negli Atti dell'VIII Seminario Nazionale di Gnomonica – Porto San Giorgio (AP) 3-4-5 ottobre 1997

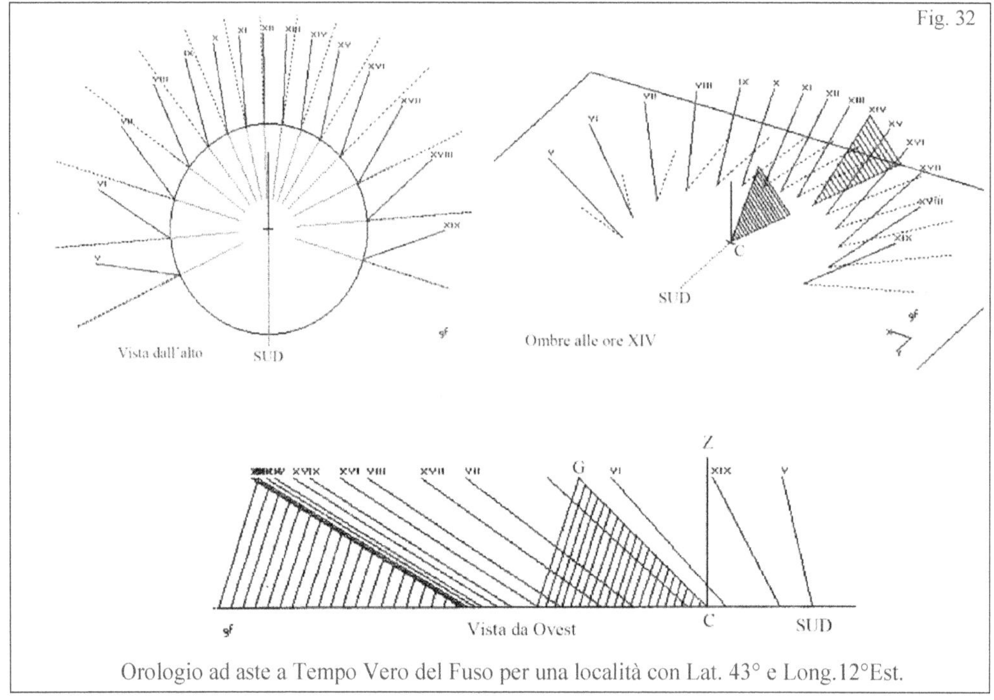

Le aste-polari hanno:
- il piede su una circonferenza avente centro nel centro dell'orologio;
- tutte l'inclinazione di 30° sul piano orizzontale;
- i punti estremi tutti alla stessa altezza.

A sinistra in alto sono disegnate le direzioni delle ombre dello stilo polare nelle diverse ore (cioè le linee orarie) e le proiezioni delle aste sul piano.
A destra in alto l'orologio in proiezione ortogonale con le ombre delle aste alle ore 14h.
In basso le aste viste da Ovest con indicate le ombre dell'asta delle ore 14h e dello stilo polare.

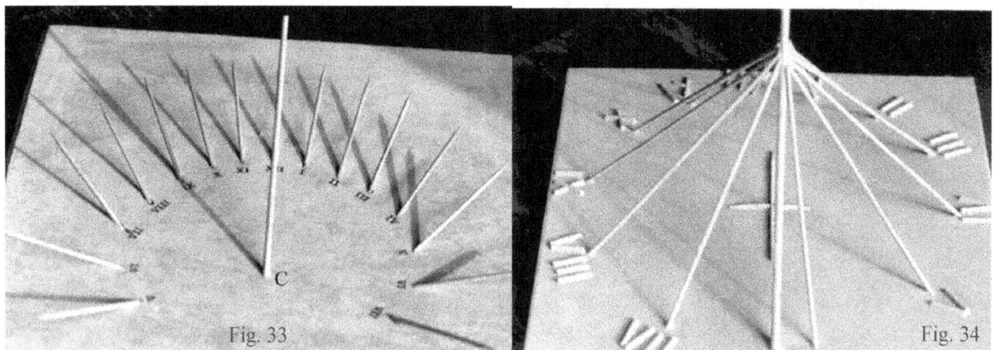

Nella fotografia in Fig. 33 l'immagine di un modellino dello stesso orologio.

In Fig. 35 un orologio ad aste a forma di "gabbia" analogo al precedente con le aste-polari che si appoggiano tutte all'estremo dello stilo (vista in proiezione ortogonale e dall'alto).
Nella fotografia in Fig. 34 , l'immagine di un modellino di un orologio "a gabbia".

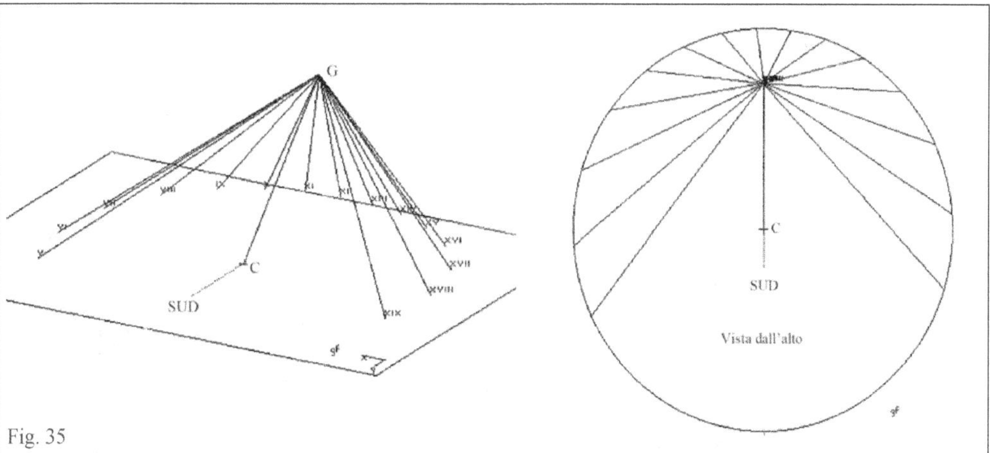

18.11 Orologi solari a "lame di luce" su piani polari

È noto che quasi tutti gli orologi solari in cui è presente un elemento ombreggiante (nodo, stilo, figura, ecc.) possono essere realizzati anche sostituendo ad esso un elemento "luminoso", cioè un dispositivo, avente la stessa forma e posizione, che lasci passare la luce e produca, al posto dell'ombra, una immagine luminosa. Sono comuni esempi un foro, una sottile fessura, una figura ritagliata da una superficie opaca, ecc.

Il principio si può ovviamente applicare anche agli orologi "a piani polari d'ombra" (*Shadow plane sundials*) trasformandoli in orologi a "piani polari di luce" (Fig. 36, 37).

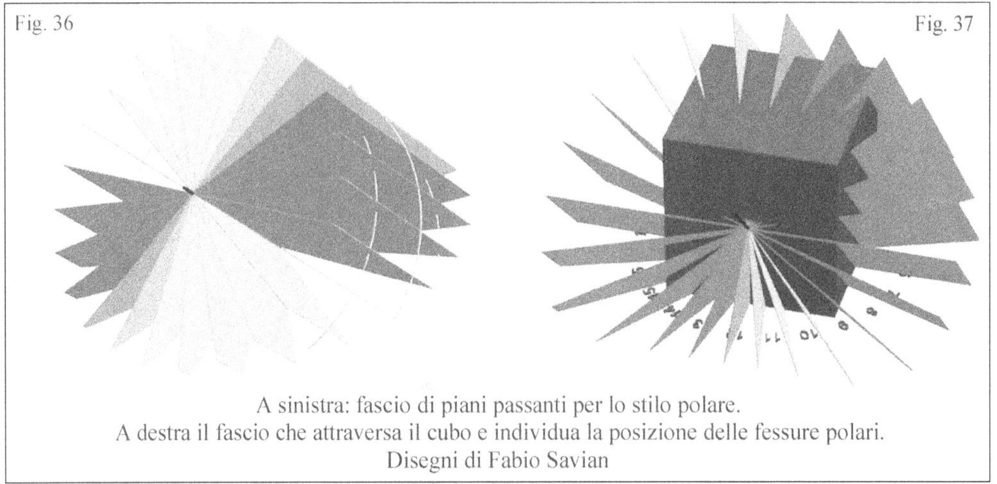

A sinistra: fascio di piani passanti per lo stilo polare.
A destra il fascio che attraversa il cubo e individua la posizione delle fessure polari.
Disegni di Fabio Savian

Orologi che permettono di visualizzare un "piano di luce" sono il "*Cubo*" inventato da Fabio Savian (Fig. 38) e il "*Cilindro*" di Dietrich Ahlers (Fig. 39).

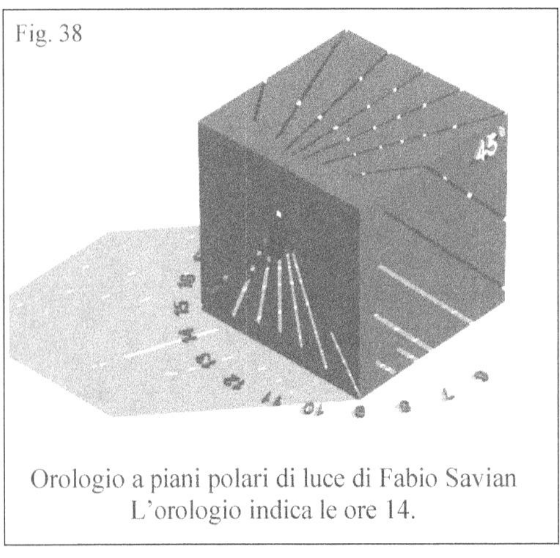

Orologio a piani polari di luce di Fabio Savian
L'orologio indica le ore 14.

Dietrich Ahlers – Germania
Fig. 39

Capitolo 19
OROLOGI SOLARI A RIFLESSIONE

19.1 Orologi solari a riflessione

In una meridiana tradizionale l'ora è indicata dall'ombra di un elemento puntiforme (nodo o estremo dello gnomone) o dal punto in cui il piano viene colpito dal raggio luminoso direttamente proveniente dal Sole che attraversa un foro (foro gnomonico).
In una meridiana a riflessione[1] invece il tempo è indicato dalla macchia luminosa che un elemento riflettente, in genere uno specchio piano [2] opportunamente posizionato, proietta su uno schermo opaco.

La proprietà più importante di questi orologi solari è quella di poter costruire quadranti posti in posizioni non utilizzabili per meridiane normali come ad esempio il soffitto e le pareti di una stanza o di un portico, le pareti rivolte a Nord, le facce rivolte verso il basso di piani poco inclinati sull'orizzonte, ecc.

Mentre in una comune orologio solare su piano il tracciato delle diverse linee è completamente determinato quando si conoscono soltanto i valori di 3 grandezze (l'inclinazione e la declinazione del piano e la lunghezza dell'ortostilo), negli orologi a riflessione occorre conoscere 5 elementi indipendenti e cioè i due angoli del piano del quadrante, i due angoli che individuano la giacitura del piano dello specchio e la distanza fra il centro-specchio e il quadro.
La presenza di un maggior numero di gradi di libertà da luogo a una maggiore difficoltà nel calcolo accompagnata però da una più grande possibilità per il progettista di modificare il tracciato e gli andamenti delle diverse linee.

19.2 Lo specchio e la macchia luminosa

L'elemento principale che identifica le meridiane a riflessione è quindi la presenza di uno specchio o altra superficie riflettente capace di mandare sul quadrante i raggi provenienti dal Sole e a produrre una macchia luminosa di piccole dimensioni atta ad individuare senza possibilità di errori e con facilità le linee orarie e diurne [3].
Quindi dovendo la macchia di luce essere piccola dovrà pure essere piccola la dimensione dello specchio o della superficie riflettente [4].
La forma di tale superficie può essere qualunque ma occorre osservare che tale forma si ritroverà nella forma della macchia luminosa prodotta più o meno deformata a causa della proiezione e della distanza: si consiglia pertanto l'uso di specchietti circolari, ellittici o quadrati.
È facile dimostrare che la forma dello spot è praticamente circolare o ellittica qualunque sia quella dello specchietto se la distanza fra questi due elementi è superiore a circa 100-200 volte la dimensione massima dello specchio: è quindi sempre consigliabile rispettare questa limitazione.

---

[1] Gli orologi solari che utilizzano i raggi solari riflessi da uno specchio sono talvolta chiamati, correttamente, *"orologi catottrici"* (da κάτοπτρον, -ου, τὸ [katoptron], specchio), essendo la catottrica la parte dell'Ottica che tratta della luce riflessa .
Per semplicità non utilizzerò però questa denominazione in quanto la ritengo troppo "tecnica" e di non immediata comprensione per tutti e userò invece il termine *"orologi solari o meridiane a riflessione"*.
[2] Lo specchio usato negli orologi a riflessione è , in pratica, sempre uno specchio piano, anche se è possibile usare specchi leggermente concavi per aumentare la brillantezza dell'immagine.
[3] Non avendo trovato nella lingua italiana una singola parola per indicare questa *"macchia luminosa"* o *"punto luminoso"* userò anche la parola inglese **spot** che non solo significa macchia ma che richiama anche la funzione di indicatore *(to spot* = individuare, vedere).
[4] Per questo userò spesso il diminutivo *specchietto.*

Occorre anche far presente che **non** è assolutamente necessario che la superficie riflettente sia perfettamente piana e perfettamente riflettente in quanto piccole imprecisioni, rugosità o rigature danno luogo soltanto a un piccolo allargamento della dimensione della macchia luminosa prodotta e di conseguenza a una diminuzione della sua luminosità. Sono per questo inutili le costose ricerche fatte da alcuni di specchietti con proprietà ottiche adatte a strumenti astronomici e lo studio dei metodi per ottenerle.

Il materiale più idoneo, ed usato dai più, per realizzare questi elementi è l'acciaio inox lucidato.

Il difetto dei normali specchi in vetro è soltanto quello di non resistere molto a un funzionamento all'aperto e alle diverse condizioni atmosferiche; del tutto sconsigliabili, per costo e delicatezza, gli specchietti argentati o alluminati usati nei telescopi amatoriali.

Per quello che riguarda il progetto lo specchio, indipendentemente dalla sua forma e dalle dimensioni reali, verrà sempre considerato come "puntiforme", cioè di dimensioni trascurabili rispetto alle altre grandezze metriche che compaiono nei calcoli.

Per questo parlerò indifferentemente di "centro dello specchio" o soltanto di "specchio" o di *punto-specchio*.

NOTA - Ovviamente si possono realizzare orologi solari che utilizzano due specchi (o.s. a doppia riflessione): in genere però, a parte la notevole difficoltà di progettazione, hanno la limitazione di poter indicare soltanto una ora particolare in alcune date dell'anno.

19.3 Il piano dell'orologio

19.3.1 Angoli che individuano il piano di un orologio solare

Per progettare una normale orologio solare su un piano occorre conoscere la giacitura del piano, oltre ovviamente alle coordinate geografiche del luogo.

Occorre cioè conoscere come il piano è disposto rispetto a un sistema di riferimento noto e quale è la sua *faccia attiva* cioè la faccia sulla quale l'orologio solare è tracciato.

I due angoli che abitualmente sono usati per individuare il piano sono l'*inclinazione* e la *declinazione*.

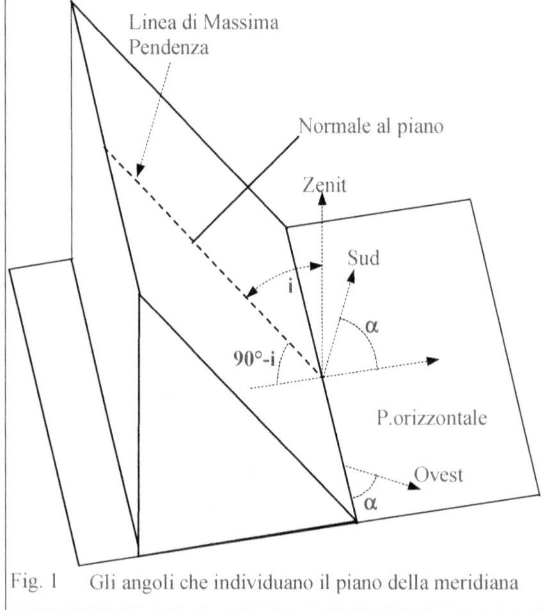

Fig. 1   Gli angoli che individuano il piano della meridiana

19.3.2. Inclinazione del piano dell'orologio

L'inclinazione **i** è definita come l'angolo compreso fra il piano del quadrante e il piano Verticale, cioè l'inclinazione rispetto al piano verticale. È quindi uguale al complemento della pendenza del piano cioè all'angolo che la sua normale forma con il piano orizzontale.

Se il piano è verticale i = 0°, se inclinato in avanti rispetto all' osservatore che gli sta di fronte i>90°, ecc.

Un piano orizzontale ha inclinazione i = 90° se è un pavimento, i = −90° se è un soffitto.

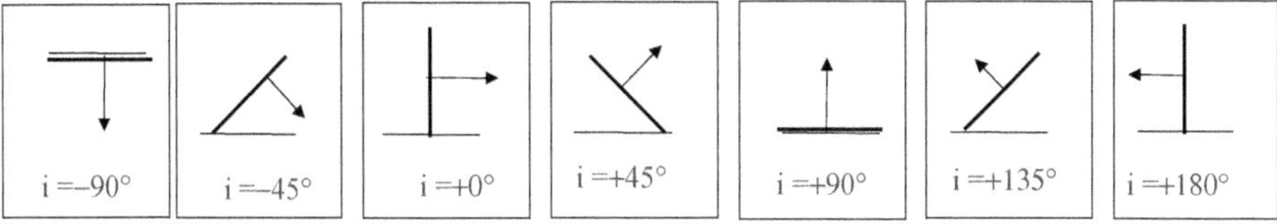

Fig. 2   Inclinazione di un piano

19.3.3 Declinazione del piano dell'orologio

La declinazione o Azimut α del piano ha significato soltanto per piani non orizzontali.

Si può definire come:

- l'angolo compreso fra la direzione del Sud e la retta perpendicolare alla intersezione del piano dell'orologio con il piano orizzontale;
- l'angolo compreso fra l'intersezione del piano con il piano orizzontale e la direzione Est-Ovest;
- l'Azimut del piano verticale contenente la normale al piano dell'orologio.

È misurata dal Sud ed é positiva se il piano é rivolto verso Ovest.

In un piano Orizzontale la Declinazione per convenzione viene presa uguale a 0°.

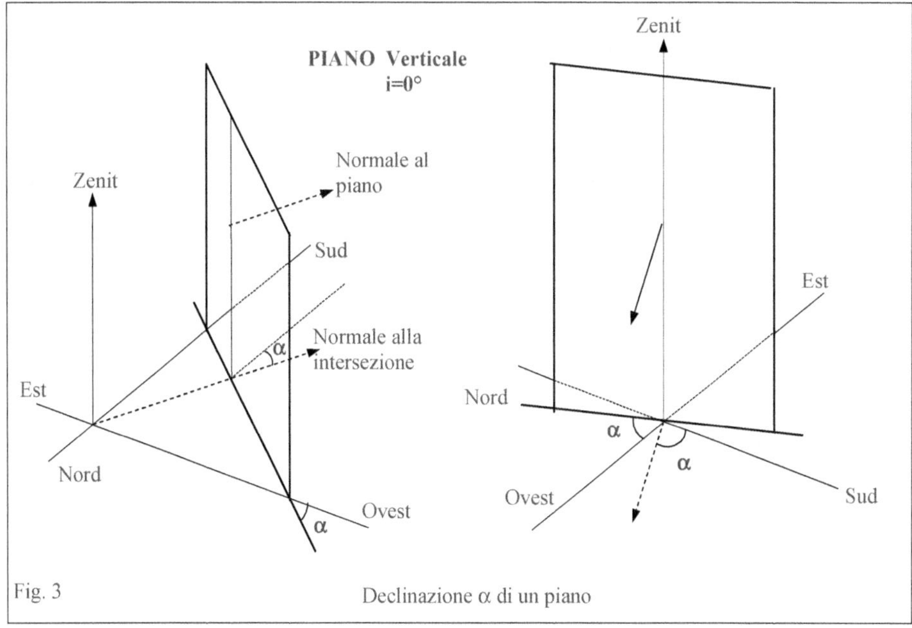

Fig. 3   Declinazione α di un piano

19.4 Lo specchio

19.4.1 Angoli che individuano il piano dello specchio – Distanza dal piano – Ortospecchio

Come si è già in precedenza ricordato il progetto e il calcolo di un orologio solare a riflessione è notevolmente più complesso di quello di una normale meridiana in quanto, oltre agli elementi che individuano il piano dell'orologio (declinazione e inclinazione del piano del quadrante), occorre individuare la disposizione del

piano dello specchio, e cioè definire due angoli che ne identifichino univocamente la giacitura, e fissare una terza grandezza che fornisca una relazione metrica fra specchio e piano.
La scelta di questi nuovi elementi può essere fatta in modi diversi.

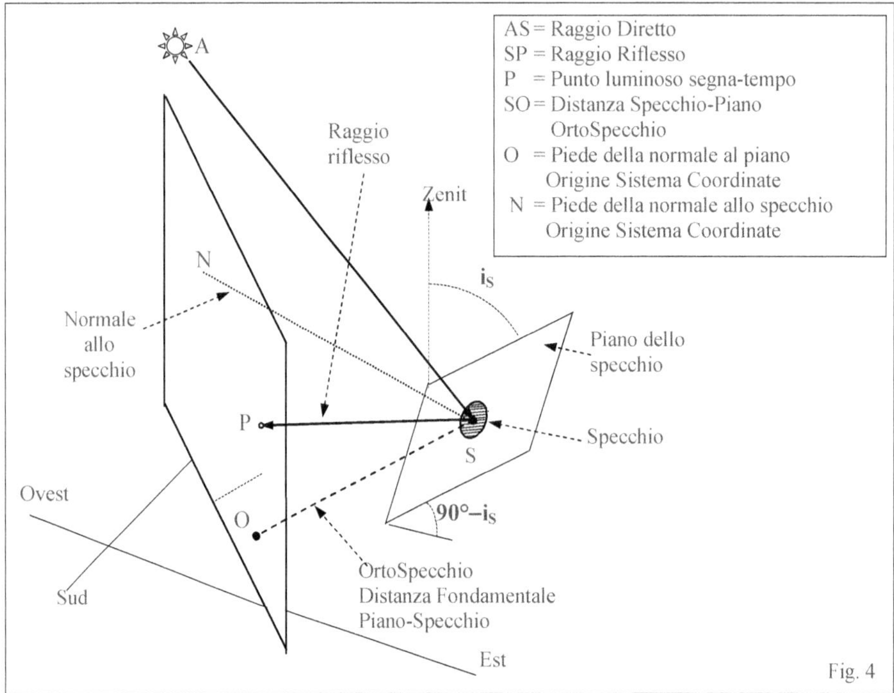

Fig. 4

In questo testo utilizzerò:

-   due angoli del tutto uguali a quelli classici con cui si individua il piano del'orologio, riferiti ovviamente alla "*faccia attiva*", riflettente, dello specchio - che indicherò con i nomi di **inclinazione** e **declinazione dello specchio (i_S, α_S)**;

-   la distanza del centro dello specchio dal piano dell'orologio <u>misurata sulla normale al piano passante per il centro dello specchio</u>, che indicherò con il nome di **ortospecchio (ρ)**. Ho scelto questo nome sia perché questa distanza ha, in alcune formule, lo stesso ruolo della distanza fra il nodo e il piano in un normale orologio solare (ortostilo), sia per la facilità della sua misura.[5]
Questa è la grandezza metrica fondamentale dell'orologio a riflessione e ne determina le dimensioni (Fig. 4, 5)

Alcuni hanno proposto di utilizzare come parametro metrico <u>la distanza fra il centro dello specchio e il piano, misurata sulla normale allo specchio</u>: la difficoltà pratica che si incontra nel determinare la direzione della normale allo specchio, che ha sempre piccole dimensioni, e, in molti casi, il punto dove tale retta incontra il piano del quadrante sconsiglia l'utilizzo di questa grandezza[6].

---

[5] Un piano orizzontale ha inclinazione $i_S = 0°$ se è un pavimento, $i_S = 180°$ se è un soffitto: in questo caso non ha importanza il valore della declinazione α_S.
Per non avere inconvenienti con i risultati che si ottengono con le calcolatici elettroniche con alcune formule trigonometriche, si consiglia di dare a questi angoli valori leggermente diversi come ad esempio 0.01° e 179.99° e alla α_S il valore della declinazione della parete che limita l'ambiente in prossimità della quale si posiziona lo specchio.
In questo modo l'asse x delle coordinate risulta parallelo a uno dei lati del pavimento o del soffitto e l'errore che si commette nel calcolo dei punti della meridiana è trascurabile.

[6] È stato anche proposto di chiamare questa distanza con il nome di ortospecchio. Ho preferito la definizione sopra riportata per analogia con l'ortostilo che è la distanza fra l'estremità dello stilo e il piano-quadrante nella direzione della normale al piano e **non** nella direzione della normale allo stilo.

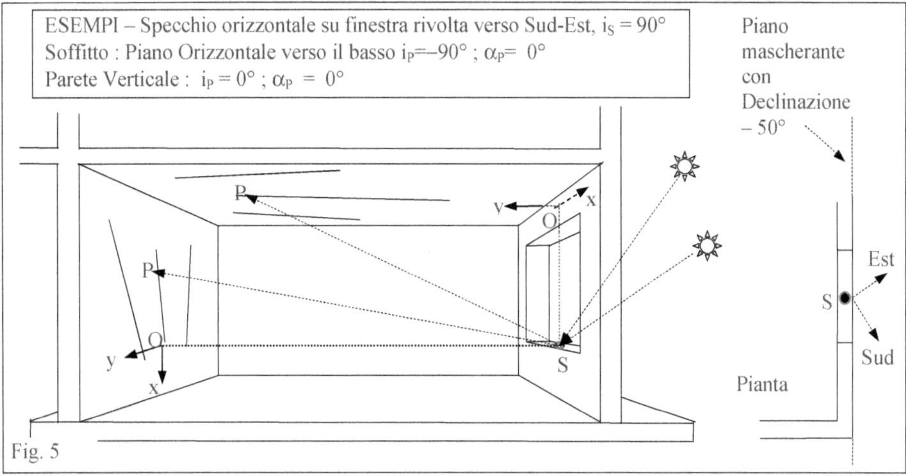

19.4.2 Sistema di Coordinate

Il sistema di coordinate cartesiane che utilizzerò è un sistema uguale a quello generalmente usato nel caso di meridiane standard, cioè un sistema fisso sul piano dell'orologio con gli assi (x, y) appartenenti al piano stesso e l'asse z ad esso normale e rivolto verso il semispazio contenente la sorgente luminosa, cioè lo specchio.

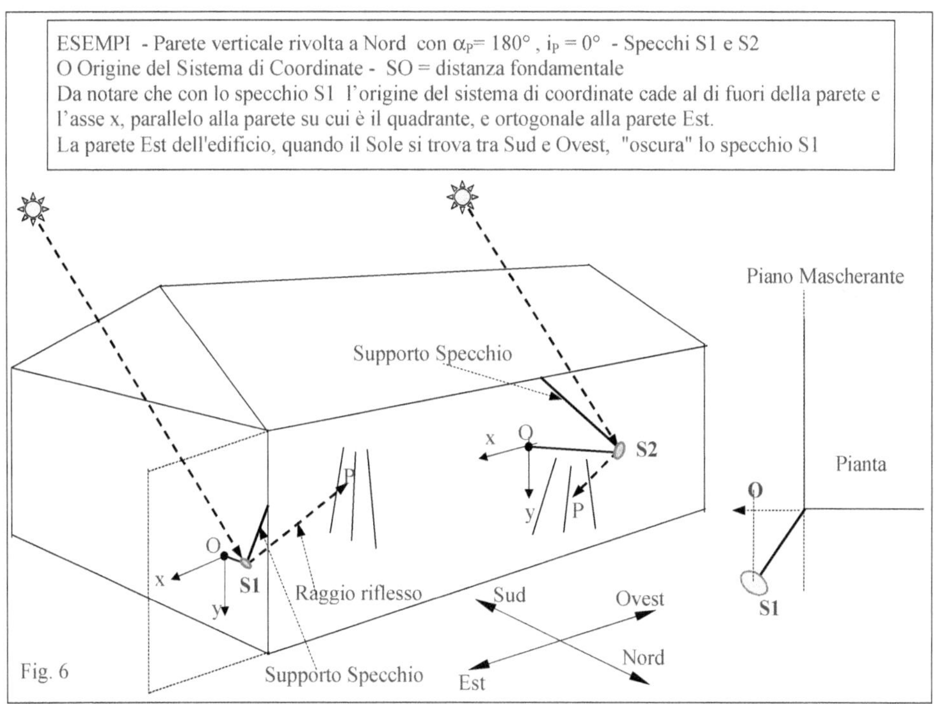

Precisamente:
- origine O coincidente con il punto in cui la normale al piano **passante per il centro dello specchio** incontra il piano stesso (piede dell'Ortospecchio);
- asse x orizzontale, positivo verso sinistra per chi guarda il piano;
- asse y lungo la linea di massima pendenza, positivo verso il basso. Per un piano Verticale l'asse y coincide con la retta verticale passante per l'origine degli assi;
- asse z normale al piano.

Per un piano orizzontale gli assi hanno la direzione da E→ W (asse x) e da Nord →Sud (asse y).

Come si può vedere dagli esempi rappresentati nelle Fig. 5, 6 si possono avere casi in cui l'origine O del sistema o non cade sulla parete (Fig. 6 specchio S1) o cade in una zona del piano non raggiungibile (nell'esempio di Fig. 5 l'origine cade sul piano del soffitto della stanza ma all'interno della parete che contiene la finestra). In tali casi occorrerà semplicemente fare una traslazione delle coordinate.

19.5 Calcolo di una meridiana a riflessione - Premessa

19.5.1 Generalità

Per calcolare una meridiana a riflessione occorre, in ogni istante desiderato:
– determinare l'Azimut e l'altezza del Sole sull'orizzonte in modo da individuare il raggio luminoso proveniente dal Sole (raggio diretto);
– calcolare la direzione del raggio riflesso, che dipende dalla giacitura dello specchio e dalla posizione del Sole;
– calcolare la posizione ove il raggio riflesso colpisce il piano del quadrante, cioè determinare l'intersezione del raggio riflesso con il piano.

Come al solito dopo aver calcolato i punti corrispondenti ad una stessa ora in vari giorni dell'anno si può tracciare le corrispondente linea oraria semplicemente unendo tali punti.
Nel calcolo si possono incontrare tre casi particolari:
– il Sole nell'istante considerato si trova sotto l'orizzonte;
– lo specchio nell'istante considerato non è illuminato perché il Sole si trova "dietro" il piano dello specchio stesso;
– il piano non è colpito dal raggio riflesso, cioè non è "illuminato" dal raggio riflesso.

Mentre in una normale meridiana la costruzione è praticamente sempre possibile purché il piano sia rivolto circa verso il semi-orizzonte in cui si trova il Sole, negli orologi a riflessione vi sono maggiori vincoli dovendo gli angoli del piano e quelli dello specchio essere abbastanza correlati fra loro per avere un raggio riflesso che colpisca il quadrante per la maggior parte del giorno.
Ciò significa che la giacitura dello specchio non può essere presa "a caso".

19.5.2 Calcolo della direzione del raggio riflesso

Sono stati ideati diversi metodi, sia analitici che geometrici, per determinare la direzione del raggio riflesso da uno specchio piano e per trovare il punto ove incontra il piano su cui si desidera disegnare un orologio solare.
Per la ricerca della direzione del raggio riflesso descriverò un metodo, a mio parere abbastanza intuitivo, che utilizza la geometria della sfera e la trigonometria sferica mentre per il calcolo della posizione del punto "luminoso" sul piano del quadrante userò le relazioni già trovate per i normali orologi solari.
In seguito descriverò anche alcuni semplici metodi che si possono facilmente applicare in casi particolari.

Consideriamo la sfera delle coordinate altazimutali, nel cui centro C si trovano sia l'osservatore che lo specchio, e le coordinate altazimutali locali, cioè l'Azimut (misurato dal Sud, positivo nel verso da Est a Ovest) e l'altezza (misurata dall'orizzonte).

Siano (Fig. 7):

- φ la Latitudine del luogo;
- $\alpha_P = A_P$ la declinazione del **P**iano dell'orologio;
- $i_P = h_N$ l'inclinazione zenitale del **P**iano dell'orologio uguale all'altezza della sua normale;
- ρ la distanza fra centro specchio e piano del quadrante (ortospecchio);
- $\alpha_S = A_S$ la declinazione del piano dello **S**pecchio, uguale all'Azimut della sua normale;
- $i_S = h_S$ l'inclinazione zenitale del piano dello **S**pecchio, uguale all'altezza della sua normale, cioè all'angolo fra la normale e il piano orizzontale;
- A_L, h_L l'Azimut e l'altezza del Sole sull'orizzonte nell'istante desiderato; h_L coincide con l'angolo che il raggio Luminoso forma con il piano orizzontale. Se $h_L < 0°$ il Sole si trova sotto l'orizzonte.

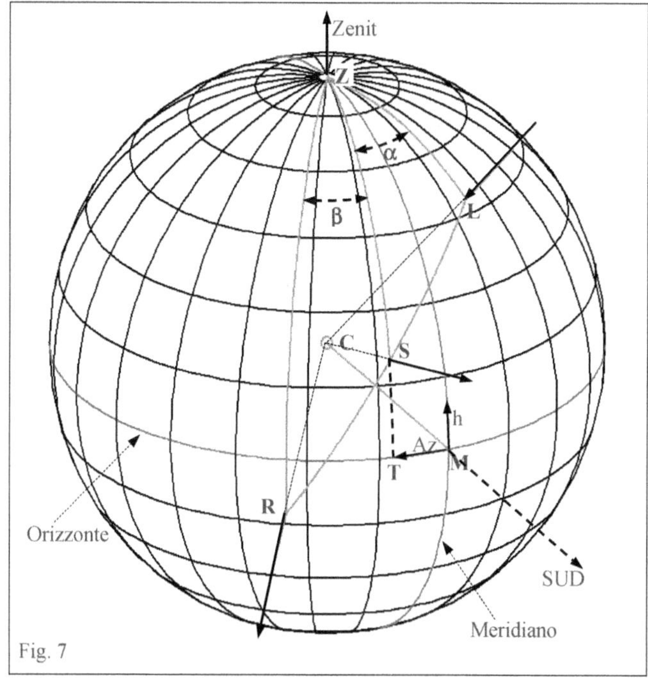

Sulla sfera delle coordinate altazimutali siano:

- Z   la direzione dello Zenit locale (coordinate $0°, 90°$)
- N   la direzione della Normale al Piano dell'orologio (coordinate $\alpha_N = A_P = \alpha_P$, $h_N = i_P$)
- M   la direzione del Sud, cioè della linea meridiana, incontro fra il piano meridiano e quello dell'orizzonte (coordinate $0°, 0°$);
- L   la direzione del centro del Sole da cui provengono i raggi diretti (coordinate A_L, h_L);
- S   la direzione della normale allo specchio passante per il suo centro (coordinate A_S, h_S). S è il polo del cerchio massimo che individua il piano dello specchio. Se L è al di fuori di questo cerchio, cioè se SL è maggiore di $90°$, il raggio dal Sole incontra lo specchio da dietro
- R   la direzione del raggio riflesso che si allontana dall'osservatore e dallo specchio (coordinate A_R, h_R **incognite**).
- T   la proiezione della normale allo specchio sul piano orizzontale. TSZ è il piano verticale contenente la normale allo specchio.

Siano:

- Arco LZ $= 90° -$ altezza del Sole $= 90° - h_L$ (in Fig. 7 $h_L = +48°$)
- Angolo LZM $=$ Azimut_Sole $= A_L$ (in Fig. 7 $A_L = -22°$)

- Arco SZ   = $90° -$ altezza_Specchio $= (90° - h_S) = (90° - i_S)$ (in Fig. 7 $h_S = i_S = +20°$)
- Angolo SZM   =   Azimut_Specchio $= A_S = \alpha_S$ (in Fig. 7 $A_S = \alpha_S = +12°$)
- Angolo SZL   =   azimut del Sole rispetto allo specchio $= (\alpha_S - A_L) = \alpha$ (in Fig. 7 $\alpha = +34°$)
- Arco RZ   = $90° -$ altezza_RRiflesso $= (90° - h_R)$ incognito
- Angolo RZM   =   Azimut_RRiflesso $= A_R$ incognito
- Angolo RZS   = $(A_R - \alpha_S) = \beta$ incognito
- Arco LS   =   angolo fra il raggio incidente e la normale allo specchio.
                 LS $>90°$ se il Sole si trova *dietro* lo specchio

Poiché l'angolo fra raggio incidente e la normale allo specchio (in Fig. 7 angolo LCS) è uguale all'angolo fra normale stessa e il raggio riflesso (angolo RCS) si ha che i due archi LS e SR sono uguali.
Inoltre poiché le tre direzioni individuate dai punti L, S, R appartengono allo stesso piano, l'arco LSR è un arco di cerchio massimo.
L'arco LS = SR è uguale $90°$ quando i raggi incidente e riflesso sono paralleli allo specchio.

Dal triangolo LZS si ha:

$$\cos(\widehat{LS}) = \mathrm{sen}(i_s) \cdot \mathrm{sen}(h_L) + \cos(i_s) \cdot \cos(h_L) \cdot \cos(\alpha) \qquad (1) \quad \text{da cui si ricava LS}$$

$$\sin(\widehat{LSZ}) = \frac{\cos(h_L) \cdot \mathrm{sen}(\alpha)}{\mathrm{sen}(\widehat{LS})} \qquad (2)$$

La funzione $\arcsin(x)$ può fornire 2 valori: (η) e $(180° - \eta)$.
Per questo la formula (2) può dare o l'angolo LSZ o il supplementare LSQ. In questo caso nella formula (3) sotto occorre sostituire il segno $(-)$ con il segno $(+)$.

Dal triangolo SZR:

$$\widehat{ZSR} = 180° - \widehat{LSZ}$$

$$\mathrm{sen}(h_R) = \cos(\widehat{SR}) \cdot \mathrm{sen}(i_s) + \mathrm{sen}(\widehat{SR}) \cdot \cos(i_s) \cdot \cos(\widehat{ZSR})$$

$$\mathrm{sen}(h_R) = \cos(\widehat{LS}) \cdot \mathrm{sen}(i_s) - \mathrm{sen}(\widehat{LS}) \cdot \cos(i_s) \cdot \cos(\widehat{LSZ}) \qquad (3) \quad \text{da cui } h_R$$

e

$$\mathrm{sen}(\widehat{RZS}) = \mathrm{sen}(\beta) = \frac{\mathrm{sen}(\widehat{SR}) \cdot \mathrm{sen}(\widehat{ZSR})}{\cos(h_R)} \qquad\qquad \text{e quindi}$$

$$\mathrm{sen}(\widehat{RZS}) = \mathrm{sen}(\beta) = \frac{\mathrm{sen}(\widehat{LS}) \cdot \mathrm{sen}(\widehat{LSZ})}{\cos(h_R)} = \frac{\cos(h_L)}{\cos(h_R)} \cdot \mathrm{sen}(\alpha) \qquad (4) \quad \text{da cui } \beta$$

$$A_R = \beta + \alpha_s \qquad\qquad\qquad\qquad\qquad\qquad\qquad \text{da cui } A_R$$

Gli angoli h_R e A_R trovati individuano la direzione del raggio riflesso.
Si hanno anche le relazioni:

$$\mathrm{sen}(\widehat{ZLS}) = \frac{\cos(i_s) \cdot \mathrm{sen}(\alpha)}{\mathrm{sen}(\widehat{LS})} \qquad\qquad \text{da cui l'angolo in L} \quad \text{(fare attenzione al quadrante !)}$$

$$\mathrm{sen}(\widehat{ZRS}) = \frac{\cos(i_s)}{\cos(h_R)} \cdot \mathrm{sen}(\widehat{ZSR}) \qquad\qquad \text{da cui l'angolo in R}$$

Come semplice verifica si può calcolare l'arco LR, lato del triangolo RZL, con la

$$\cos(\widehat{LR}) = \mathrm{sen}(h_L) \cdot \mathrm{sen}(h_R) + \cos(h_L) \cdot \cos(h_R) \cdot \cos(\alpha + \beta)$$

E verificare che sia $\widehat{LR} = 2 \cdot \widehat{LS}$

Esempio
Siano $A_L = -22.0°$ e $h_L = +48.0°$ (raggi dal Sole); $\alpha_S = +12.0°$ e $i_S = +20.0°$ (normale allo specchio); $\alpha = 34.0°$.
Si ricavano i valori
LS=39.154°; ZSL=36.342°; ZSR=143.658°; h_R=−12.28°; β=22.516°; A_R= 34.515°; ZLS=123.67°; ZRS=34.743°

19.5.3 Casi Particolari
Se lo **specchio è orizzontale** si ha $i_S = 90°$ e $\alpha_S = 0$. La direzione del raggio riflesso si ottiene immediatamente: $A_R = 180° + A_L$; $h_R = h_L$ (Fig. 8)

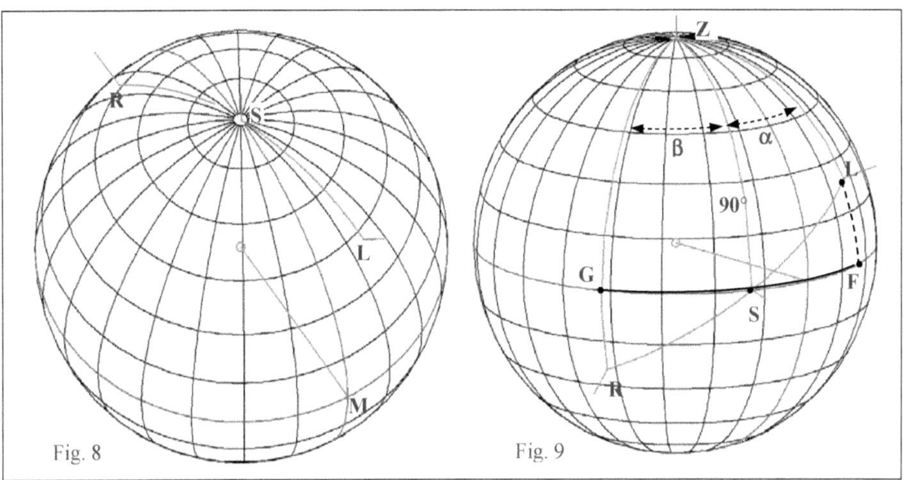

Fig. 8   Fig. 9

Se lo **specchio è verticale** invece si ha $i_S = 0°$ (Fig. 9)

Dal triangolo LFS (vedi Fig.) si ha: $\cos(\widehat{SL}) = \cos(h_L) \cdot \cos(\alpha)$; $\cos(\widehat{ZSL}) = \dfrac{\text{sen}(h_L)}{\text{sen}(\widehat{SL})}$;

$\alpha = \beta$ e $h_R = -h_L$; $A_R = 2 \cdot \alpha_S - A_L$

NOTA
Il raggio riflesso può essere normale al piano solo se specchio e piano sono paralleli.
In questo caso il raggio riflesso passa per il piede dell'ortostilo e i punti R ed O coincidono.

Se lo specchio e il piano sono paralleli ed hanno le "facce attive" affacciate allora: $\alpha_S = 180° + \alpha_P$ e $i_S = -i_P$

19.5.4 Posizione del punto luminoso sul piano dell'orologio
Per determinare le coordinate dei punti in cui il raggio riflesso colpisce il piano dell'orologio si possono utilizzare le formule, riportate nei capitoli precedenti, che permettono di determinare i punti-ombra in un *"normale"* orologio solare quando sono noti la lunghezza dell'ortostilo, gli angoli che individuano il piano (inclinazione e declinazione) e le coordinate altazimutali del Sole (Azimut e altezza, A_L, h_L).
Nel nuova caso occorre soltanto sostituire:
— la lunghezza dell'ortostilo con quella dell'ortospecchio, cioè con la distanza fra il centro dello specchio e il piano;
— le coordinate A_L e h_L che compaiono nelle formule con i valori (A_R + 180°) e $-h_R$ che individuano il raggio riflesso con il verso opposto a quello precedentemente trovato, cioè diretto verso l'osservatore.

In Fig. 10
— Z   direzione dello Zenit locale (coordinate 0°, 90°)
— N   direzione della Normale al Piano dell'orologio (coordinate $\alpha_N = \alpha_P$, $h_N = i_P$).

Il piano dell'orologio è il cerchio massimo che ha N come polo
– R   direzione del raggio riflesso (coordinate A_R, h_R)
– Q   proiezione sull'orizzonte della normale al piano
                   QNZ è il piano verticale contenente la normale al piano.
– Angolo NZR $\gamma = A_R - \alpha_P$
– Arco NR   angolo fra il raggio riflesso e la normale allo piano.
L'angolo (90°–NR) è l'angolo di incidenza del raggio con il piano. Se NR >90° il raggio riflesso colpisce il piano del quadrante da dietro; se = 90° il raggio è parallelo al piano; se =0° il raggio è normale al piano. Q coincide con N e il punto luminoso cade nel piede dell'ortospecchio.

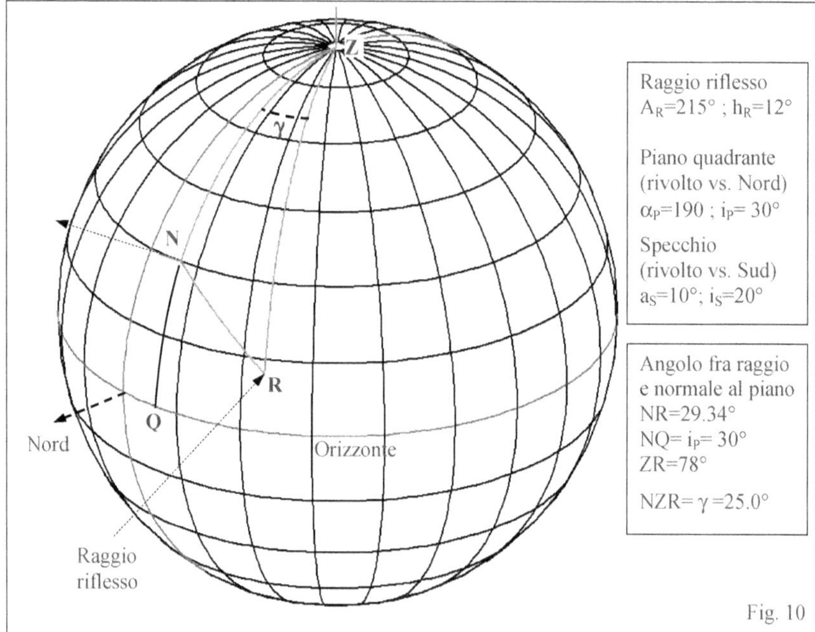

Fig. 10

– Arco NR   angolo fra il raggio riflesso e la normale allo piano.
L'angolo (90°–NR) è l'angolo di incidenza del raggio con il piano. Se NR >90° il raggio riflesso colpisce il piano del quadrante da dietro; se = 90° il raggio è parallelo al piano; se =0° il raggio è normale al piano, Q coincide con N e il punto luminoso cade nel piede dell'ortospecchio.
– Arco NQ   inclinazione i_P del piano rispetto alla verticale.
Se il piano è orizzontale rivolto verso l'alto il punto Q coincide con lo Zenit Z e il cerchio dell'orizzonte rappresenta il piano stesso. In questo caso il raggio riflesso colpisce il piano se il punto R si trova nell'emisfero superiore, cioè se h_R >0°. Se il piano è orizzontale e rivolto verso il basso (es. soffitto) il punto Q coincide con il Nadir. Il raggio riflesso colpisce il piano se h_R <0°.

$$\cos(\widehat{NQ}) = \text{sen}(i_R)\cdot \text{sen}(i_P) + \cos(i_R)\cdot \cos(i_P)\cdot \cos(A_R - \alpha_P)$$

19.5.5 Coordinate del punto luminoso sul piano dell'orologio

Pendiamo, come si è detto, un sistema di coordinate sul piano della meridiana con origine nel piede O dell'ortospecchio (proiezione del centro dello specchio sul piano), asse x orizzontale positivo verso sinistra e asse y lungo la linea di massima pendenza, positivo verso il basso. Con i simboli delle pagine precedenti, si ha:

$$r = \frac{\rho}{\cos(i_P)}$$ distanza <u>orizzontale</u> del centro dello specchio S dal piano

$$\gamma = A_R + 180° - \alpha_P$$

$$\tan(\sigma) = \frac{+\tan(h_R)}{\cos(A_R - \alpha_P)} \quad \text{con } \sigma \text{ un angolo ausiliario}$$

$$x = -\rho \cdot \frac{\cos(\sigma) \cdot \tan(A_R - \alpha_P)}{\cos(\sigma - i_P)}$$

$$y = \rho \cdot \tan(\sigma - i_P)$$

Se il piano è verticale (i_P=0°):

$$x = -\rho \cdot \tan(A_R - \alpha_P)$$

$$y = \rho \cdot \frac{+\tan(h_R)}{\cos(A_R - \alpha_P)}$$

Se il piano è orizzontale (i_P=90°):

$$y = -\rho \cdot \frac{+\text{sen}(A_R)}{\tan(h_R)}$$

$$y = -\rho \cdot \frac{+\cos(A_R)}{\tan(h_R)}$$

19.5.6 Esempi

Esempi - Distanza specchio-piano (ortospecchio) = 100

1 – Specchio inclinato e declinante

Località con Latitudine = 44°

Istante di calcolo: 20 Marzo alle ore 11h di Tempo Vero Locale con $A_L = -21.09°$ e $h_L = +44.01°$ (raggi dal Sole)

Piano verticale rivolto a Nord con $i_P = 0°$; declinazione $\alpha_P = 180°$.

Specchio inclinato e declinante con $\alpha_S = +12.0°$ e $i_S = +20.0°$ (normale allo specchio).

Si ricavano i valori:

$\alpha = 33.09°$; LS=36.499°; ZSL=41.310°; ZSR=138.689°; h_R=−8.332°; β=23.381°; A_R= 35.381°;

da cui

$\gamma = +35.381°$; $\sigma = +10.183°$; $x = -71.01$; $y = +17.96$

Il mio programma MERID99R per il calcolo delle meridiane a riflessione, in cui si utilizzano procedimenti di calcolo diversi, dà come risultati: x = −71.0   y = +18.0

2 – Specchio Verticale

Località con Latitudine = 46°

Istante di calcolo: 20 Maggio alle ore 11h di Tempo Vero Locale con $A_L = -30.47°$ e $h_L = +61.37°$ (raggi dal Sole)

Piano verticale rivolto a Nord-Est con $i_P = 0°$; declinazione $\alpha_P = -150°$

Specchio Verticale declinante con $\alpha_S = +30.0°$ e $i_S = 0.0°$

Si ricavano i valori:

$\alpha = 60.47°$; LS=76.339°; ZSL=25.407°; ZSR=154.59°; h_R=−61.37°; β=60.47°; A_R= 90.47°; ZLS= 116.44°

da cui

$\gamma = +60.47°$; $\sigma = +74.93°$; $x = -176.5$; $y = +371.6$

3 – Specchio inclinato e declinante – Piano inclinato e declinante

Località con Latitudine = 44°

Istante di calcolo: 20 Marzo alle ore 11h di Tempo Vero Locale con $A_L = -21.09°$ e $h_L = +44.01°$ (raggi dal Sole)

Piano rivolto a Sud-Est con $i_P = 30°$; declinazione $\alpha_P = -45°$.

Specchio inclinato e declinante con $\alpha_S = +12.0°$ e $i_S = +20.0°$

Si ricavano i valori:

LS=32.16°; h_R=+1.96°; A_R= 39.266°; $x = -959.50$; $y = -19.55$

4 – Raggio che non colpisce lo specchio
Località con Latitudine = 44°
Istante di calcolo: 20 Marzo alle ore 11h di Tempo Vero Locale con A_L = –21.09° e h_L =+44.01° (raggi dal Sole)
Piano rivolto a Sud-Est con i_P = 30°; declinazione α_P= –45°.
Specchio inclinato e declinante verso Ovest con α_S =+80.0° e i_S =+10.0°
Si ricava il valore LS=93.68° che ci dice che il raggio dal Sole colpisce lo specchio da dietro
5 – Piano orizzontale
Località con Latitudine = 44°
Istante di calcolo: 20 Marzo alle ore 11h di Tempo Vero Locale con A_L = –21.09° e h_L =+44.01° (raggi dal Sole)
Piano orizzontale rivolto verso l'alto i_P = 90°; declinazione α_P= 0°.
Specchio inclinato e declinante verso Sud con α_S =0° e i_S =–20.0°
Si ricavano i valori:
LS=66.86°; h_R=–74.48°; A_R= 75.39°;   x = +26.86; y = +7.00

19.6 Ricerca degli angoli che individuano il piano dello specchio

Nel progetto e nella realizzazione di meridiane a riflessione si incontrano due difficoltà:
–   la prima, nel progetto, consiste nella determinazione della giacitura dello specchio, cioè degli angoli (α_S, i_S) che esso deve formare con il sistema di riferimento, in modo che i raggi riflessi cadano, per la maggior parte del tempo, sul piano su cui si vuole l'orologio solare.
    Come si è detto infatti gli angoli del piano e dello specchio devono essere tra loro abbastanza correlati: lo specchio non può cioè essere montato "a caso" con la speranza di ottenere un risultato significativo.
–   La seconda si incontra quando, durante la realizzazione, occorre posizionare esattamente lo specchio in modo che esso formi gli angoli α_S e i_S del valore desiderato.
    Dovendo essere infatti lo specchio di dimensioni ridotte, per determinarne la giacitura non è possibile usare i metodi che abitualmente si adoperano per la ricerca dell'orientamento di un piano o di una parete. Vi sono alcune (rare) eccezioni in cui il posizionamento è immediato: ad es. quando lo specchio viene posto orizzontalmente oppure quando viene posto su una parete verticale di data declinazione.

Un metodo per superare questa seconda difficoltà è quello riportato di seguito che "*sfrutta*" la normale allo specchio [7].

19.6.1 Normale allo specchio – Ricerca del punto di intersezione con il piano dell'orologio.

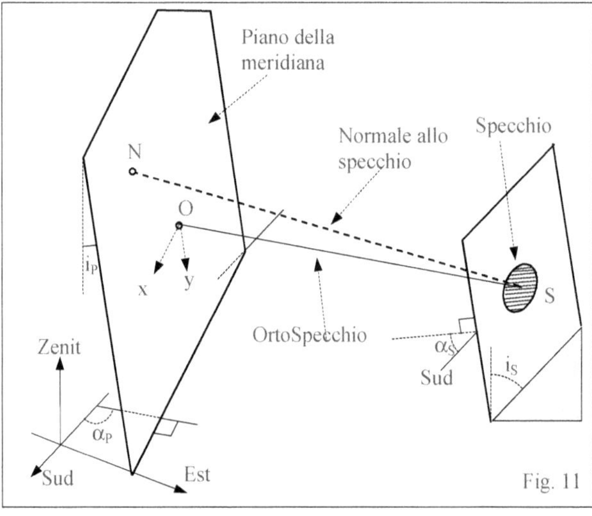

---

[7] Nella letteratura non ho trovato alcun cenno a questo metodo.

La conoscenza della posizione del punto (N) ove la normale allo specchio incontra il piano dell'orologio può essere utile per il posizionamento dello specchio stesso, in particolare nel caso si utilizzi uno specchio metallico con un foro centrale e con la possibilità di applicarvi un piccolo laser.

Conoscendo la declinazione e l'inclinazione dello specchio e quelle del piano è possibile infatti calcolare le coordinate del punto N, segnarlo sul piano della meridiana e, agendo opportunamente sullo specchio, portare il *"raggio-laser"* ad esso normale a coincidere con N: in questa condizione si è certi che lo specchio forma gli angoli desiderati.

Per trovare il punto N supporrò che il Sole si trovi esattamente nella direzione della normale allo specchio (anche se fisicamente questo è spesso impossibile) e utilizzerò le formule precedentemente riportate.

Nel caso ipotizzato:

$$h_L = h_R = i_S \qquad\qquad \alpha = \beta = 0°$$
$$A_L = A_R = \alpha_S \qquad\qquad LS = 0°$$

$$\tan(\sigma) = \frac{\tan(i_S)}{\cos(\alpha_S - \alpha_P)} \qquad x_N = -\rho \cdot \frac{\cos(\sigma)}{\cos(\sigma - i_P)} \cdot \tan(\alpha_S - \alpha_P) \qquad y_N = \rho \cdot \tan(\sigma - i_P)$$

<u>Casi particolari.</u>
Specchio verticale – Piano comunque disposto

$$i_S = 0°; \ \sigma = 0° \qquad\qquad x_N = -\rho \cdot \frac{\tan(\alpha_S - \alpha_P)}{\cos(i_P)} \qquad\qquad y_N = -\rho \cdot \tan(i_P)$$

Piano verticale – Specchio comunque disposto

$$i_P = 0° \qquad\qquad x_N = -\rho \cdot \tan(\alpha_S - \alpha_P) \qquad\qquad y_N = \rho \cdot \tan(\sigma) = \rho \cdot \frac{\tan(i_S)}{\cos(\alpha_S - \alpha_P)}$$

Specchio verticale – Piano verticale

$$i_S = i_P = 0°; \ \sigma = 0° \qquad\qquad x_N = -\rho \cdot \tan(\alpha_S - \alpha_P) \qquad\qquad y_N = 0$$

Specchio e piano paralleli con le "facce attive" affacciate:

$$\alpha_S = 180° + \alpha_P \ \text{ e } \ i_S = -i_P \qquad\qquad x_N = y_N = 0$$

- -------------------------- -

19.6.2 Esempi

Esempi – Normale allo specchio - Distanza specchio-piano (ortospecchio) = 100
<u>Piano inclinato e rivolto a Nord</u> con $i_P = 30°$; $\alpha_P = 180°$
Specchio inclinato e declinante con $\alpha_S = +12.0°$; $i_S = 20.0°$
Si ricavano i valori: $x_N = -31.26$; $y_N = -120.92$

<u>Piano inclinato rivolto a Nord</u> con $i_P = 30°$; $\alpha_P = 180°$
Specchio verticale con $\alpha_S = +12.0°$; $i_S = 0.0°$
Si ricavano i valori: $x_N = -24.54$; $y_N = -57.73$

<u>Piano verticale</u> <u>rivolto a Nord</u> con $i_P = 0°$; $\alpha_P = 180°$
Specchio inclinato e declinante con $\alpha_S = +12.0°$; $i_S = 20.0°$
Si ricavano i valori: $x_N = -21.26$; $y_N = -37.21$

<u>Piano verticale</u> con $i_P = 0°$; $\alpha_P = 180°$
Specchio verticale con $\alpha_S = +12.0°$; $i_S = 0°$
Si ricavano i valori: $x_N = -21.26$; $y_N = 0.0$

- -------------------------- -

19.6.3 Normale allo specchio – Ricerca della giacitura dello specchio

Importante è spesso anche il problema inverso a quello appena considerato, cioè trovare gli angoli che individuano la giacitura dello specchio una volta che si conosca il punto N ove cade la sua normale.
Si ricavano immediatamente le relazioni seguenti:

$$\sigma = i_P + \arctan\left(\frac{y_N}{\rho}\right) \qquad \alpha_S = \alpha_P - \arctan\left[\frac{x_N}{\rho}\cdot\frac{\cos(\sigma - i_P)}{\cos(\sigma)}\right] \qquad i_S = \arctan\left[\tan(\sigma)\cdot\cos(\alpha_S - \alpha_P)\right]$$

Occorre fare molta attenzione ai risultati che si ottengono con le formule precedenti poiché
$\tan(\theta) = \tan(\theta + 180°)$ e quindi la funzione inversa può dare come risultati valori che differiscono di 180°.

<u>Casi particolari.</u>

Specchio verticale – Piano comunque disposto - $i_S = 0°$; $\sigma = 0°$

$$\alpha_S = \alpha_P - \arctan\left[\frac{x_N}{\rho}\cdot\frac{\cos(\sigma - i_P)}{\cos(\sigma)}\right]$$

Piano verticale – Specchio comunque disposto - $i_P = 0°$

$$\alpha_S = \alpha_P - \arctan\left(\frac{x_N}{\rho}\right) \qquad i_S = \arctan\left[\frac{y_N}{\rho}\cdot\cos(\alpha_S - \alpha_P)\right]$$

Specchio verticale – Piano verticale - $i_S = i_P = 0°$; $\sigma = 0°$

$$\alpha_S = \alpha_P - \arctan\left(\frac{x_N}{\rho}\right)$$

Uno specchietto di Renzo Righi

19.7 Piani particolari

19.7.1 Piani mascheranti

Spesso in prossimità del piano su cui si vuole tracciare un orologio solare sono presenti altri piani (o porzioni) la cui ombra in alcune ore o in alcune stagioni dell'anno può *"coprire"* le linee orarie e quindi impedire la lettura del tempo. Si consideri ad esempio il caso di balconi, parti sporgenti, ali in edifici, ecc.

Per tenere conto, nel progetto, della presenza di tali elementi occorrerebbe, per ciascuno di essi, determinare le zone *"oscurate"* o *"mascherate"* nei diversi periodi dell'anno e riportarle opportunamente sul piano dello orologio.

Lasciando ad altri la trattazione del caso generale considererò soltanto il caso particolare, abbastanza frequente, in cui vi é la presenza di un solo piano verticale che chiamerò *"mascherante"* (Fig. 12).

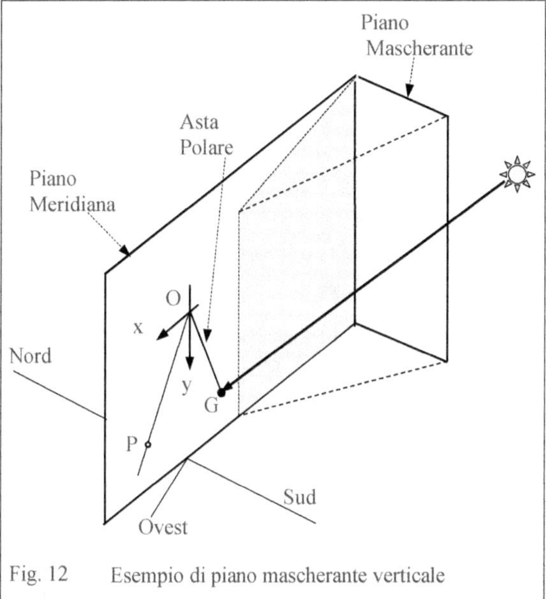

Fig. 12   Esempio di piano mascherante verticale

Nel caso di orologi solari normali (cioè senza specchio) è sufficiente conoscere la declinazione (Azimut) del piano "mascherante" stesso e calcolare gli istanti in cui il Sole, visto dal punto gnomonico G, si trova *"dietro"* ad esso. Per semplicità si può ricorrere a un calcolo schematico eliminando ogni effetto di prospettiva e ipotizzando il piano mascherante passante esattamente per il punto G.

Al contrario negli orologi solari a riflessione si possono avere molti casi diversi che dipendono dalla posizione dello specchio rispetto alle strutture che lo circondano.

Basti pensare ad es. ad uno specchio posto in una stanza all'interno di una finestra da cui entrano i raggi diretti del Sole oppure ad uno specchio posizionato a una certa distanza dalla parete di una casa che viene "oscurato" dal tetto dell'edificio quando il Sole scende al di sotto di una certa altezza (o più correttamente assume particolari combinazioni di Azimut e altezza), ecc.

Per questo mentre nei normali orologi solari verticali la traccia di un piano mascherante sul quadro è facilmente determinabile, negli orologi solari a riflessione il problema é più complicato a causa delle varie possibilità di giacitura dei diversi elementi.

19.7.2 Orizzonte rialzato

Oltre ai piani che impediscono l'illuminazione del quadrante si possono avere, in prossimità del piano dell'orologio, degli elementi architettonici terminanti in alto con una linea orizzontale.

Più correttamente bisognerebbe dire che questi elementi terminano in alto con una linea orizzontale quando sono visti o dal punto gnomonico o dallo specchio nelle meridiane a riflessione.

Esempi di questi elementi sono:
- il bordo superiore di una parete che delimita un giardino;
- un edificio che si trova prospiciente al quadrante e che termina in alto (vista dal punto gnomonico) con la linea del cornicione;
- la parte più alta della parete su cui si trova il quadrante per alcune meridiane a riflessione;
- ecc.

In seguito chiamerò *orizzonte rialzato* la linea orizzontale che limita l'elemento architettonico e separa la zona del cielo in cui il Sole non è più visibile dal punto gnomonico o dallo specchio. (vedi Fig. 13, 14, 15).

Per determinare esattamente l'effetto di un Orizzonte Rialzato sul un quadrante occorre conoscere:
- l'altezza massima hMax (in gradi) che la linea presenta quando è vista dal punto gnomonico o dallo specchio;
- l'Azimut della direzione verso la quale un osservatore posto nel punto gnomonico vede l'altezza massima di cui sopra (AzOr).

Per trovare il percorso di un o. rialzato sul quadrante è sufficiente supporre che il Sole si trovi, come direzione, in corrispondenza di due punti qualsiasi di questo elemento, calcolare con i metodi già visti i punti ove cadono i raggi riflessi dallo specchio e unire questi due punti.

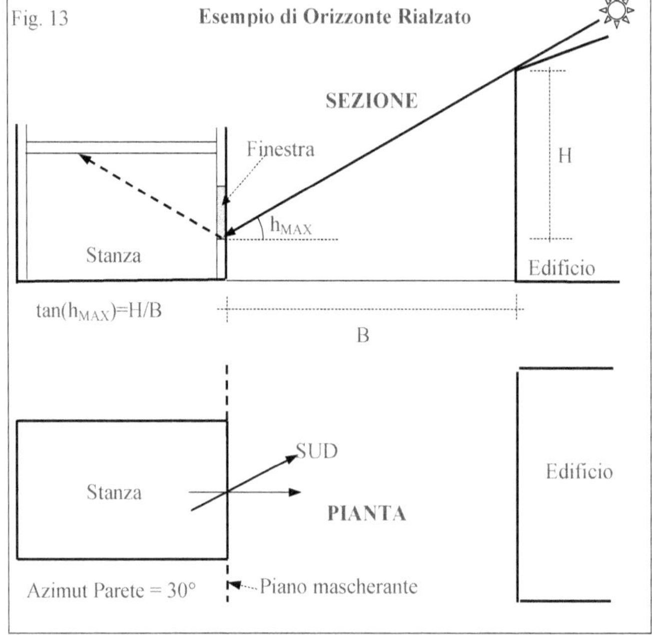

Esempio 1 (Fig. 13)
Meridiana a riflessione all'interno di una stanza
Per lo specchio vi è un *orizzonte rialzato* con AzOr= 30° e h_{MAX}.
Vi è anche un *piano mascherante* costituito dalla parete su cui si apre la finestra con Azimut = 30°.
Si potrebbe anche considerare un secondo Orizzonte Rialzato costituito dallo spigolo superiore esterno della finestra.

Esempio 2 (Fig. 14)
Meridiana a riflessione sulla parete verticale a Nord-Est di un edificio ($\alpha_P = -130°$)
Per lo specchio vi è un orizzonte rialzato costituito dalla linea culminante del tetto con AzOr= 50° e altezza = hMax.
Vi è anche un piano mascherante costituito dalla parete verso Sud-Est con Azimut = −40°
Gli angoli che individuano le giaciture dei diversi piani sono dati nella prima figura che segue mentre nella seconda figura è rappresentato l'aspetto dell'orologio e gli effetti degli elementi che oscurano il Sole.

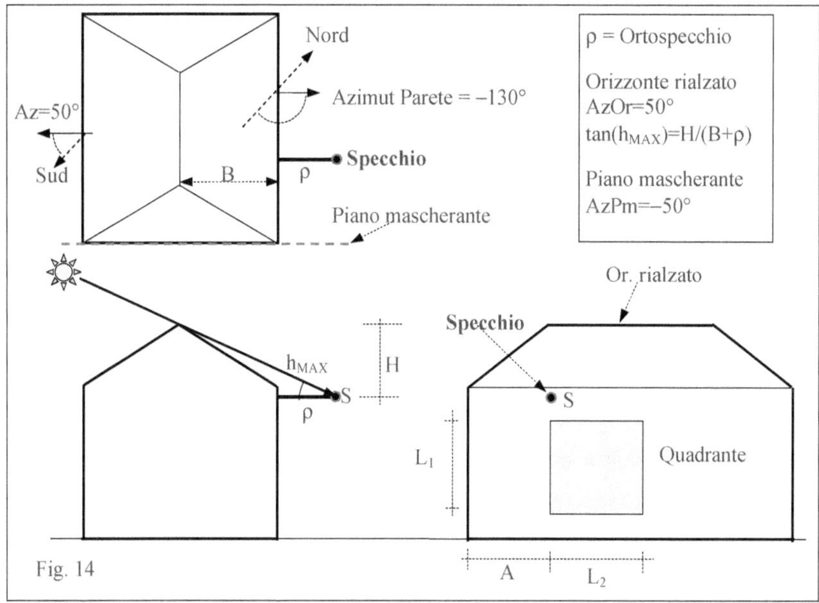

Fig. 14

In Fig. 15 come si presenta l'orologio a riflessione dell'esempio precedente, con indicati i percorsi dell'orizzonte rialzato e del piano mascherante e le zone ombreggiate da questi piani.

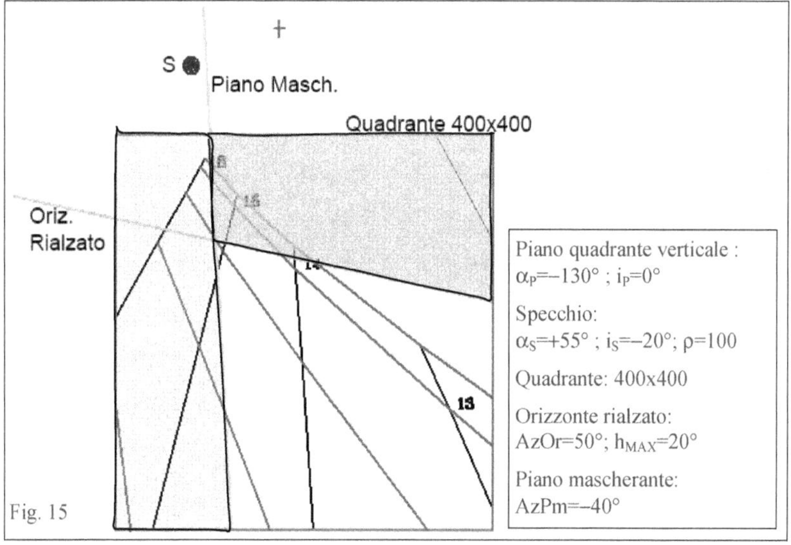

Fig. 15

19.8 Casi particolari di orologi a riflessione.

Nello studio degli orologi solari a riflessioni si incontrano alcuni casi particolari in cui il progetto è molto semplice e può essere fatto o con uno dei metodi geometrici usati per le meridiane "normali" o con i comuni programmi di calcolo.
La particolarità di questi casi dipende soltanto dalla giacitura dello specchio e del piano del quadrante.
I più comuni sono:
- Piano e specchio paralleli verticali e declinanti
- Piano verticale declinante e specchio inclinato ma con uguale declinazione
- Piano verticale e specchio orizzontale
- Piano orizzontale rivolto verso il basso (soffitto) e specchio orizzontale
- Piano orizzontale rivolto verso l'alto (pavimento) e specchio verticale

Il metodo per studiare ognuno di questi casi è quello di considerare un piano ausiliario, simmetrico del piano del quadrante rispetto al piano dello specchio.

19.8.1 Piano e specchio paralleli verticali e declinanti

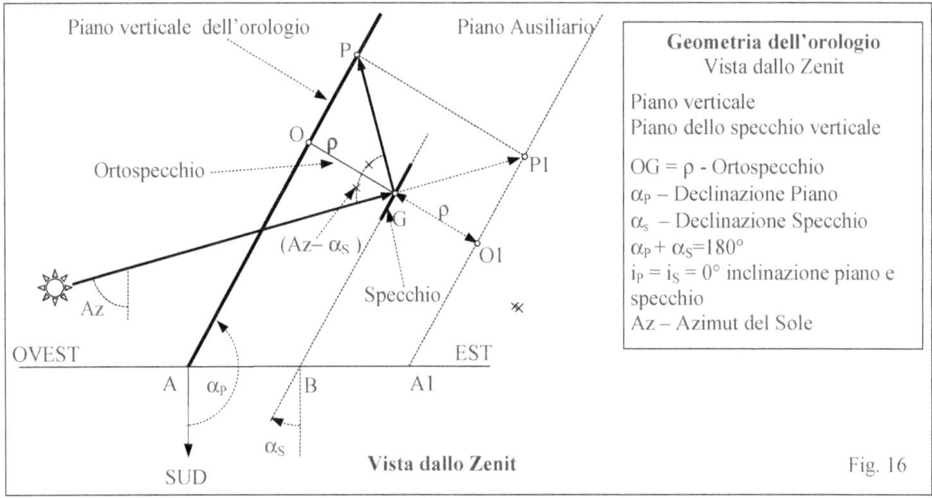

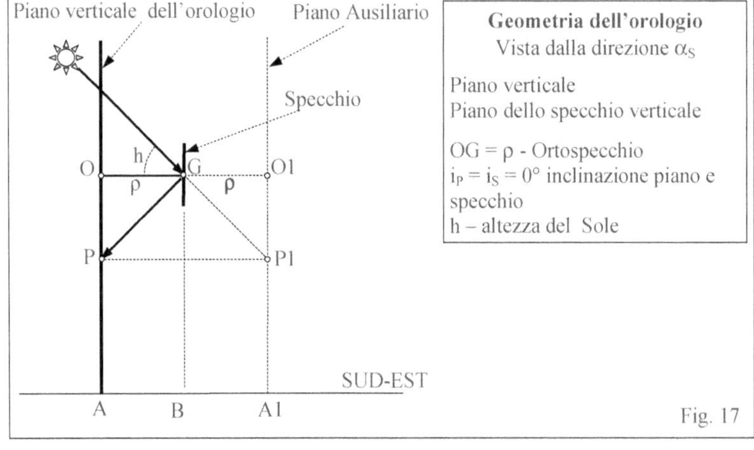

Nelle Fig. 16, 17, 18 sono rappresentati il piano dell'orologio, lo specchio e il piano ausiliario e sono indicati gli angoli che ne individuano le giaciture e le relazioni per determinare analiticamente i punti dell'orologio.

Dall'esame delle figure si può comprendere che le linee orarie e diurne della meridiana che si desidera sono esattamente uguali a quelle che si ottengono ribaltando attorno a un asse verticale le corrispondenti curve di un comune orologio, cioè facendo un ribaltamento destra-sinistra, come in Fig. 19.

Per verificare se lo specchio è esattamente parallelo al piano verticale si può operare come segue:
- si trova per prima cosa il piede dell'ortospecchio, cioè il punto O dove la normale al piano passante per il centro dello specchio incontra il piano stesso;
- si traccia per O la linea orizzontale OC (orizzonte dello specchio);
- si costruisce un sistema di coordinate cartesiane con origine in O, asse x lungo OC e asse y ortogonale diretto verso il basso;
- in un dato istante, in cui sono noti l'Azimut Az e l'altezza h del Sole, con le formule riportate in precedenza si calcolano i valori (x, y) (in figura OC e CP) e si segna sul piano il punto P.
- Se il centro della macchia luminosa proiettata coincide con il punto P segnato, lo specchio è posizionato regolarmente. In caso contrario si agisce sullo specchio fino a raggiungere questo risultato.

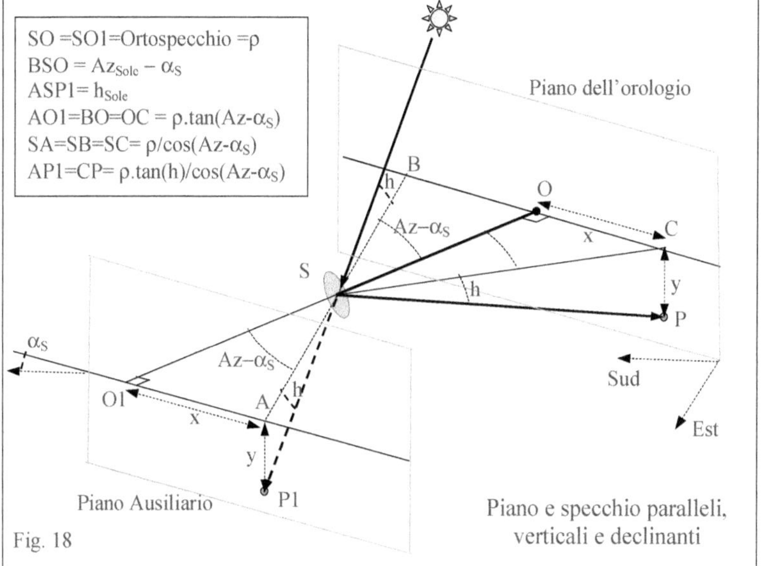

Fig. 18

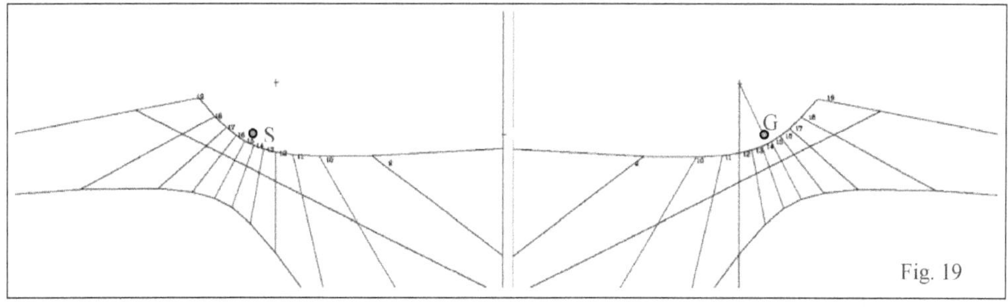

Fig. 19

Nella tabella di Fig. 20 i dati dell'esempio di Fig. 19.

<table>
<tr><td>

Orologio solare a riflessione a tempo vero.
Piano e specchio verticali declinanti

Latitudine   46°
Declinazione piano   -150°
Inclinazione piano   0°
Declinazione specchio   +30°
Inclinazione specchio   0°

</td><td>

Orologio solare con stilo polare a tempo vero.
Piano verticale declinante

Latitudine   46°
Declinazione piano   +30°
Inclinazione piano   0°

Fig. 20

</td></tr>
</table>

19.8.2 Piano verticale declinante e specchio inclinato e con uguale declinazione

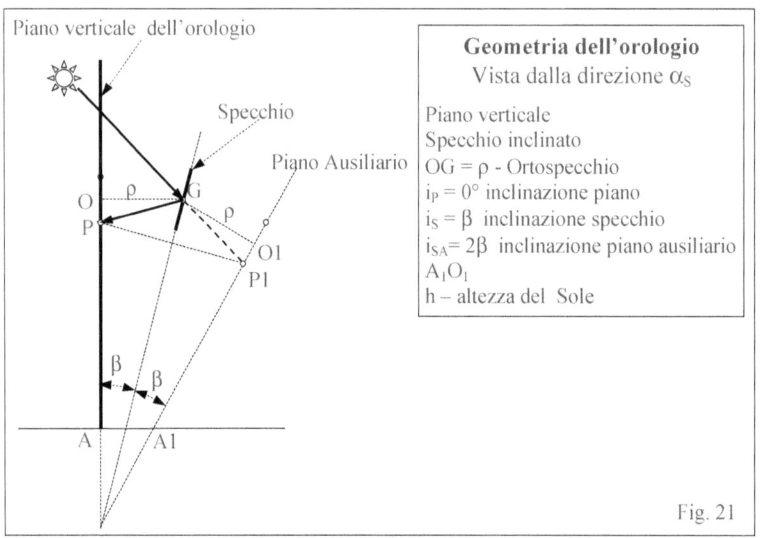

Fig. 21

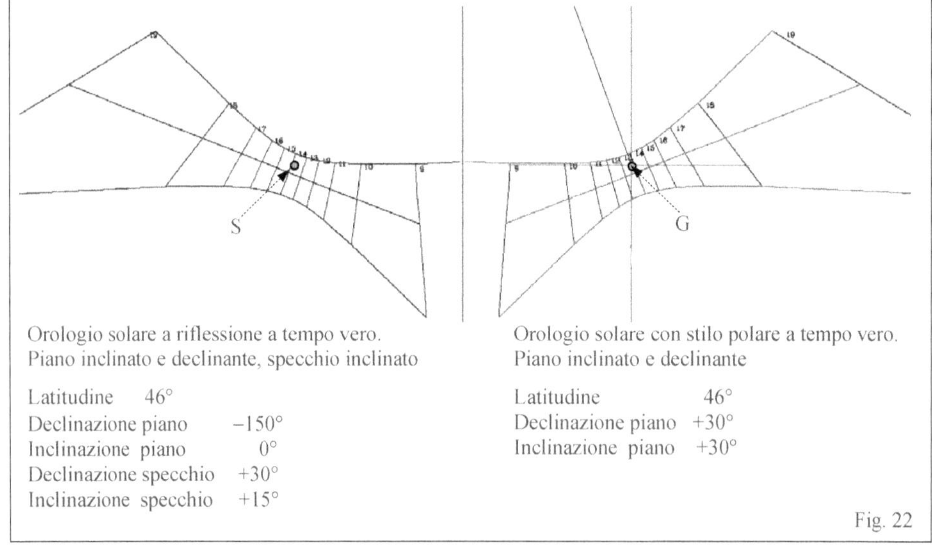

<table>
<tr><td>

Orologio solare a riflessione a tempo vero.
Piano inclinato e declinante, specchio inclinato

Latitudine   46°
Declinazione piano   -150°
Inclinazione piano   0°
Declinazione specchio   +30°
Inclinazione specchio   +15°

</td><td>

Orologio solare con stilo polare a tempo vero.
Piano inclinato e declinante

Latitudine   46°
Declinazione piano   +30°
Inclinazione piano   +30°

Fig. 22

</td></tr>
</table>

In questo caso, Fig. 21, il piano ausiliario è inclinato rispetto alla verticale di un angolo doppio dell'inclinazione dello specchio e l'andamento delle linee è quindi quello di un comune orologio declinante e inclinato di $i_P=2.i_S$.

Come conseguenza dell'inclinazione dello specchio il complesso delle linee dell'orologio viene ad essere o *"compresso"* o *"stirato"* rispetto a quello di un normale orologio.

In Fig. 22 un esempio in cui si può vedere la simmetria degli andamenti e la loro "compressione" e in Fig. 23 gli andamenti delle linee.

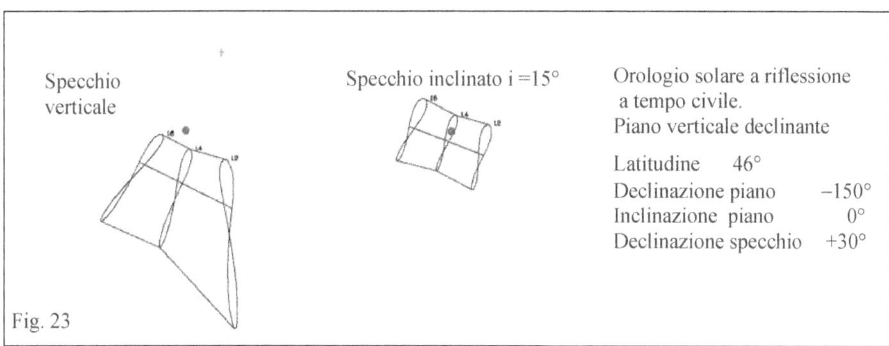

19.8.3 Piano verticale e specchio orizzontale

Questo caso si incontra spesso quando, ad esempio, si vuole disegnare un orologio solare o sulla parete di un portico o, in una stanza, sul muro opposto a una finestra: lo specchio è in genere posizionato o su un piccolo supporto, o su altro elemento architettonico o sul bancale della finestra.

Per ottenere l'andamento delle linee dell'orologio è sufficiente ribaltare, rispetto alla linea dell'orizzonte, quelle di un normale orologio solare avente il nodo nel centro dello specchio.

In Fig. 24 gli elementi dell'orologio che, ovviamente, può essere su un piano verticale declinante.

In Fig. 25 il tracciato dell'orologio a riflessione e di quello "ausiliario"

Se si disegna questo tipo di orologio su una parete rivolta a Sud le linee giornaliere risultano molto *"naturali"* poiché riflettono quelle descritte dal Sole nella parte di cielo che si trova alle spalle dell'osservatore.

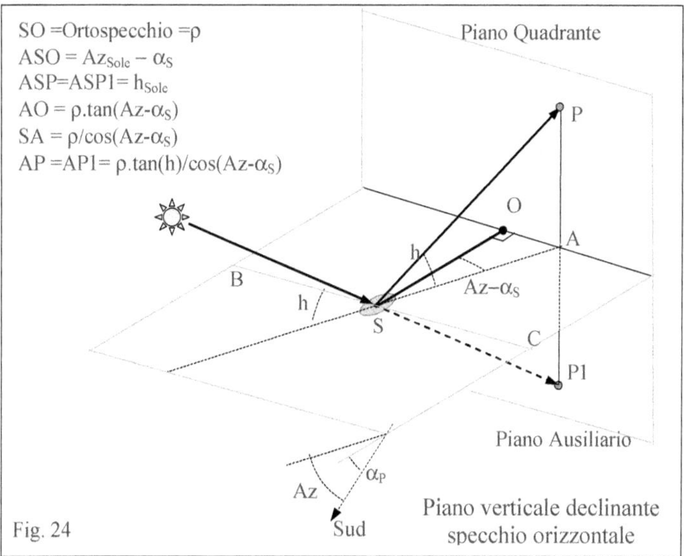

Quando il Sole è alto in cielo anche la sua immagine riflessa è alta sul quadrante e inoltre mentre il Sole si sposta da sinistra a destra per un osservatore che guarda verso Sud, così si sposta la macchia luminosa per chi osserva il quadrante.

Sul quadrante è anche possibile riprodurre il profilo dell'orizzonte, con edifici, montagne, ecc. e su questo profilo la macchia di luce riflessa dallo specchio mostra esattamente la posizione del Sole in cielo e la sua relazione con gli elementi del panorama. Ad es. si può vedere il Sole che si nasconde dietro a un edificio o che tramonto dietro al profilo dei monti.

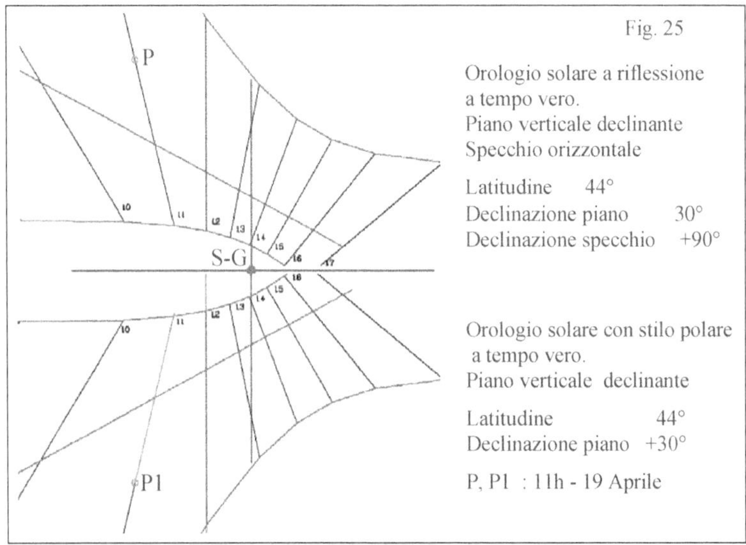

19.8.4 Piano orizzontale rivolto verso il basso (soffitto) e specchio orizzontale

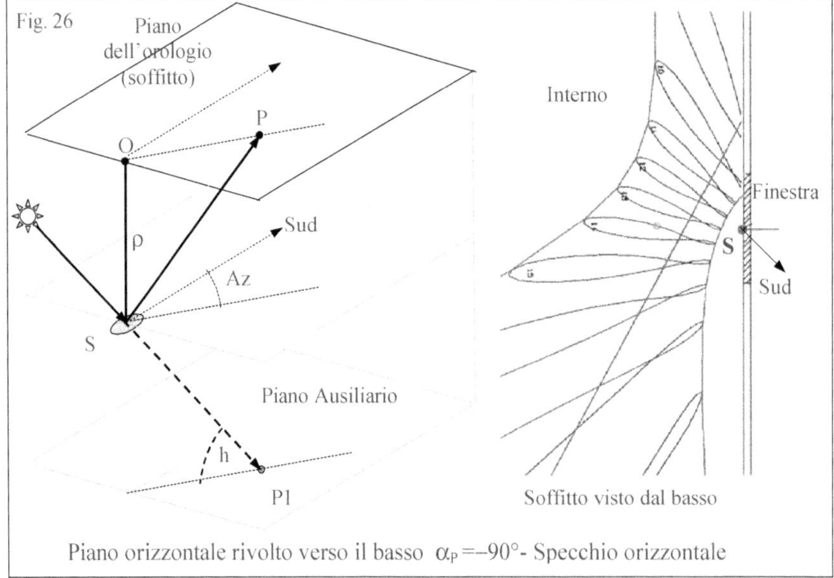

É questo il caso, abbastanza frequente, in cui si vuole disegnare un orologio solare sul soffitto di una stanza, su quello di un ambiente parzialmente aperto come un porticato o una terrazza o sulla faccia inferiore di un balcone (Fig. 26).

Lo specchio orizzontale è quasi sempre posto o sul bancale di una finestra o in prossimità di una porta o sulla ringhiera del terrazzo, ecc.

19.8.5 Piano orizzontale rivolto verso l'alto (pavimento) e specchio verticale

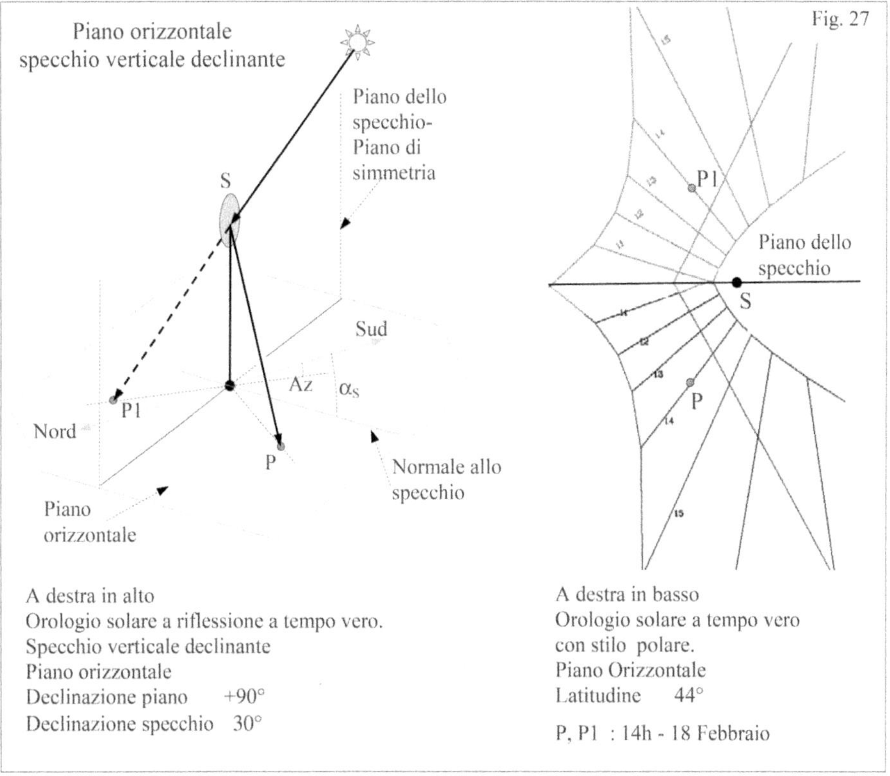

Questo particolare caso è utilizzato solo raramente.

Le linee dell'orologio sono le stesse di un normale orologio su piano orizzontale, ribaltate attorno alla intersezione del piano dello specchio con il p. orizzontale (Fig. 27).

Se α_S è la declinazione dello specchio è opportuno calcolare l'orologio "ausiliario" utilizzando un piano non perfettamente orizzontale ma, ad esempio, con una inclinazione $i_P = 89.99°$ e una declinazione $\alpha_P = \alpha_S$.

19.9 L'asta oscurante

Spesso si desidera disegnare un orologio solare nella zona di una parete verticale che si trova al di sotto di un elemento aggettante, come un largo cornicione o il piano di un terrazzo, che viene ombreggiata quando il Sole è alto nel cielo, come ad esempio in estate in prossimità del mezzogiorno, e illuminata direttamente quando l'altezza del Sole è minore (Fig. 29).
In questo caso sia un normale orologio solare che un orologio a riflessione possono funzionare soltanto in alcuni periodi.
In un articolo del maggio 2001[8] l'ing. Silvio Magnani ha descritto un dispositivo utile ovviare a questo inconveniente utilizzando quella che per semplicità chiamerò *asta oscurante.*
Colleghiamo a uno specchio piano un'asta ad esso perpendicolare passante per il suo centro, e poniamo il complesso in piena luce in modo che lo specchio sia colpito direttamente dai raggi solari.
È immediato verificare che l'ombra dell'asta cade **sempre** sulla macchia luminosa prodotta dallo specchio rendendola chiaramente visibile anche se il piano è illuminato direttamente dal Sole (Fig. 28).

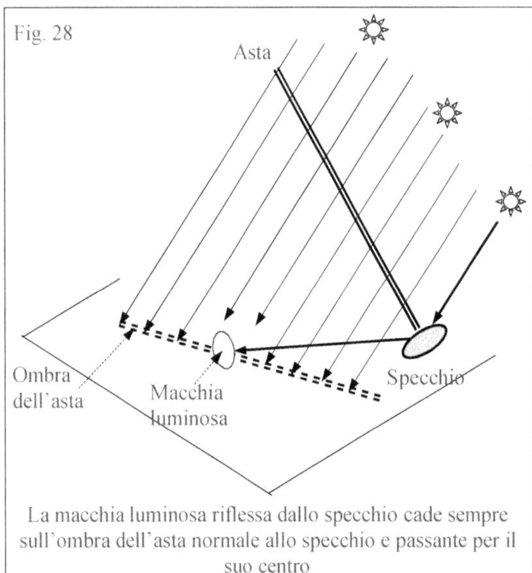

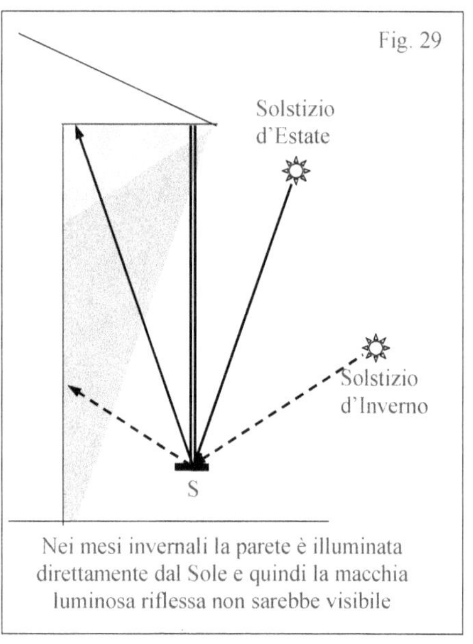

Per questa proprietà l'*asta oscurante* permette di realizzare un orologio solare a riflessione che puó funzionare sia quando il quadrante è in ombra sia quando esso è illuminato dal Sole.

Il dispositivo può ovviamente essere utilizzato per qualunque orologio a riflessione ma è stato utilizzato, a mia conoscenza, solo per meridiane su piano verticale e con specchio orizzontale
È opportuno osservare come il posizionamento dello specchio e dell'asta sono semplici e non richiedono accorgimenti particolari (solo un filo a piombo e una livella): in genere l'asta viene sospesa mentre lo specchio può anche non essere collegato rigidamente ma essere soltanto appoggiato al di sotto di essa.
L'ombra dell'asta dà una indicazione continua dell'Azimut del Sole che quindi è possibile misurare disegnando una apposita scala sull'orologio riportante eventualmente i punti cardinali o altri punti importanti.
La presenza del foro realizzato nel centro dello specchietto per il passaggio dei tondino di supporto (sistema adottato in genere) produce una piccola macchia scura al centro della macchia di luce che permette una più precisa lettura dell'ora.

---

[8] Silvio Magnani – "Orologio solare a riflessione ad asta oscurante" Gnomonica, Bollettino della Sezione Quadranti Solari, U.A. I. – n. 9 Maggio 2001 - pag. 22

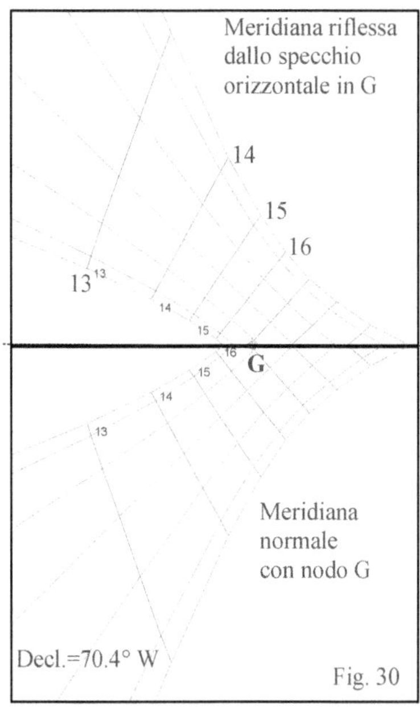

Fig. 30

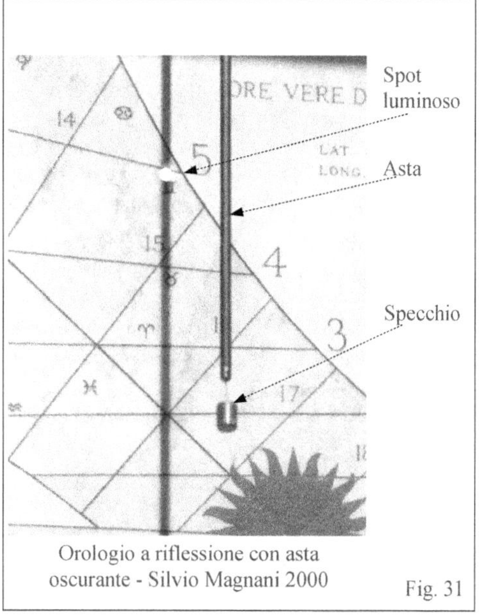

Orologio a riflessione con asta
oscurante - Silvio Magnani 2000

Fig. 31

Esempio

Nelle Fig. 30 e 31 si può vedere una parte dell'orologio progettato e costruito dall'ing. Silvio Magnani nel 2000.

I dati sono: Latitudine = 45° 03'N; Declinazione parete = 70° 24'0vest; altezza della parete 4 metri; sporgenza del tetto circa 1 m; distanza fra centro dello specchio e parete = 32 cm.

Lo specchio, circolare con diametro 15 mm, è posto sulla faccia superiore del piccolo cilindro che si vede in Fig. 31 ed è collegato per mezzo di un sottile tondino di acciaio all'asta, di diametro 10 mm, appesa al cornicione superiore.

In Fig. 32 un orologio sulla superficie interna di un cilindro ad ore che mancano al tramonto (Magnani 2004).

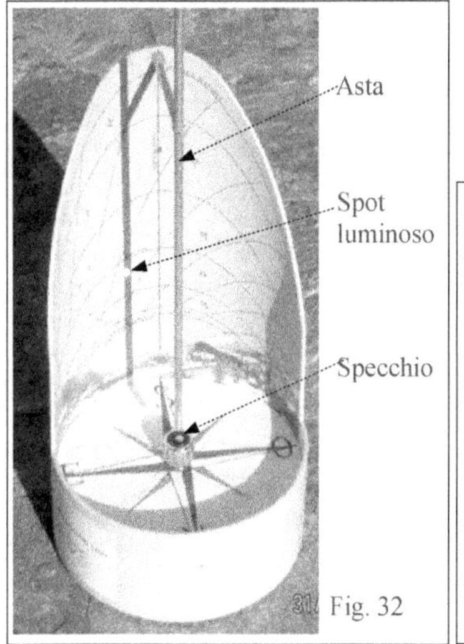

Fig. 32

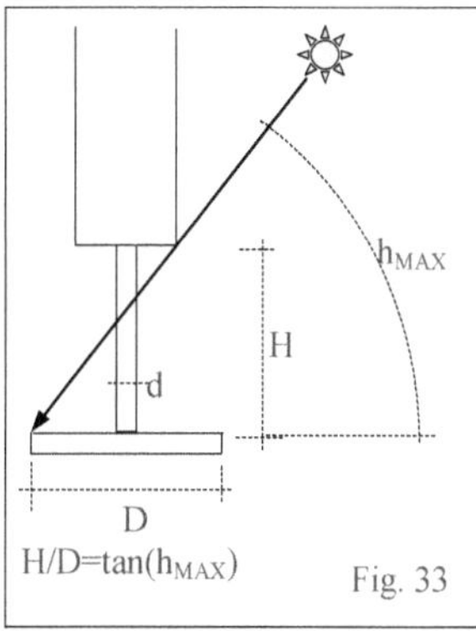

Fig. 33

NOTA

Affinché l'asta non ostacoli i raggi che colpiscono lo specchio occorre che essa abbia un diametro inferiore a quello dello specchio ma, affinché la luce riflessa sia ben visibile sull'ombra dell'asta, occorre che essa abbia un diametro circa uguale a quello dello specchio.

Per soddisfare queste due opposte necessità l'ing. Magnani ha realizzato l'asta di due diversi diametri: la parte più sottile direttamente collegata allo specchio, la parte più larga lontana da esso (Fig. 33).

Il valore della lunghezza H della parte sottile si può facilmente ricavare dalla relazione:

$$\frac{H}{D} = \tan(h_{MAX})$$ in cui D è il diametro dello specchio e h_{MAX} l'altezza massima del Sole sull'orizzonte

(H = 2D per Lat.= 50° e H = 2.5D per Lat. = 45°)

19.10 Orologi solari con doppio indicatore

19.10.1 Premessa

Se guardiamo il cielo a Sud e immaginiamo di segnare sulla volta celeste le linee percorse dal Sole nel suo moto diurno nei diversi giorni dell'anno e i punti da esso occupati nelle diverse ore, e quindi se immaginiamo di disegnare in cielo le curve diurne e orarie che sono proiettate sul quadrante di un orologio solare, possiamo facilmente osservare che questo insieme di linee possiede una doppia simmetria.

Esso infatti è diviso simmetricamente sia dal piano meridiano, che divide le linee orarie del mattino da quelle del pomeriggio [9], sia dal piano dell'equatore celeste che divide le linee diurne invernali da quelle estive.

Se poi ricordiamo che la proprietà fondamentale di uno specchio piano è quella di creare una immagine degli oggetti che vi si riflettono che é simmetrica agli oggetti stessi, possiamo facilmente giungere alla conclusione che è possibile realizzare degli orologi solari nei quali le ore sono indicate:

– in alcune parti del giorno o in alcuni periodi dell'anno dall'ombra che un nodo produce su un reticolo di linee;

– in altre ore o periodi dell'anno dalla macchia luminosa prodotta <u>sullo stesso reticolo</u> da uno specchio giacente su uno dei piani di simmetria sopra indicati, con il centro coincidente con quello del nodo.

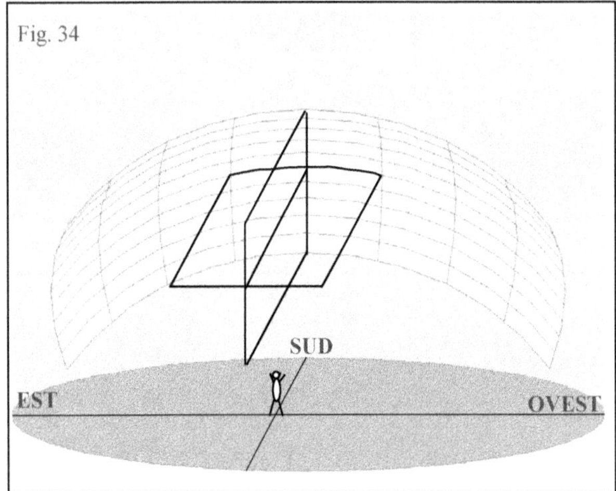

Si possono cioè realizzare orologi solari con un *doppio indicatore*: l'ombra di un nodo o la macchia riflessa da uno specchio [10].

Poiché vi sono due piani che dividono simmetricamente le linee percorse dal Sole in cielo si possono costruire orologi a doppio indicatore sia disponendo lo specchio sul piano meridiano, sia disponendolo sul piano equatoriale.

Nel primo caso si ha simmetria fra le linee orarie delle ore del mattino e di quelle del pomeriggio, mentre nel secondo caso si ha simmetria fra le linee diurne estive e quelle invernali.

L'unica limitazione pratica che si incontra è quella di riuscire a visualizzare sul quadro la macchia luminosa riflessa dallo specchio nei periodi di tempo in cui lo specchio diventa l'*indicatore* effettivo e viceversa il quadro sia illuminato dal Sole quando è il nodo a funzionare come indicatore.

Ovviamente è possibile utilizzare anche in questi casi il metodo dell'asta oscurante.

---

[9] Per l'esattezza vi è simmetria fra le linee orarie rispetto al piano meridiano soltanto per orologi a tempo vero locale (solare) e a ore temporarie. Le linee delle ore Babiloniche sono invece simmetriche a quelle delle ore Italiche.

[10] Il primo che ha ideato e realizzato un orologio di questo tipo è stato lo gnomonista italiano ing. Riccardo Anselmi che ha descritto un orologio solare a doppio indicatore, limitato soltanto ai piani rivolti verso Est e Ovest, in una relazione all' XI Seminario Italiano di Gnomonica nel Marzo 2002.

In seguito l'ing. Silvio Magnani ha ideato e costruito un orologio su piano verticale declinante, illustrandolo in una memoria al XIII Seminario Nazionale di Gnomonica nell' Aprile 2005.

A questi articoli mi sono ispirato per queste mie note, per cercare di spiegare e generalizzare il principio del doppio indicatore, con un articolo del Marzo 2006.

19.10.2 Orologi con doppio indicatore con specchio sul piano meridiano.

Come si ègià scritto se si dispone lo specchio sul piano meridiano è possibile usare solo le ore di tempo vero locale o quelle temporarie, le uniche che danno linee orarie simmetriche rispetto a questo piano.

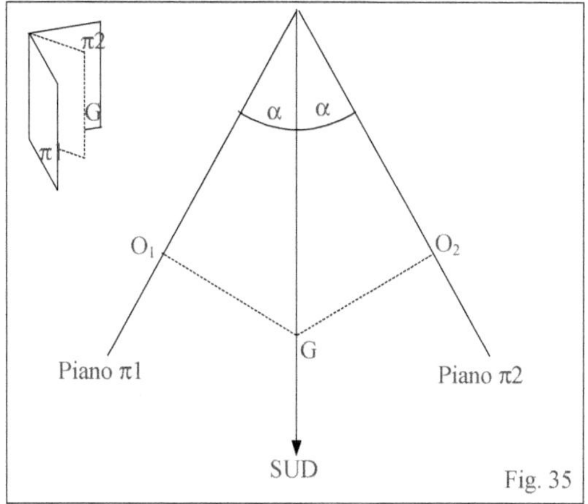

Sempre a motivo della loro simmetria è possibile anche utilizzare le ore dall'alba (ore babiloniche) al mattino e quelle che mancano al tramonto nel pomeriggio (ore Italiche).

Per spiegare meglio il funzionamento dell'orologio solare a due indicatori supponiamo inizialmente di avere due piani verticali π1 e π2 aventi uguale declinazione assoluta: π1 rivolto a Est e π2 a Ovest (Fig. 35).

I piani sono quindi disposti in modo da formare un angolo diedro diviso esattamente in due parti dal piano meridiano.

Consideriamo poi un punto gnomonico, o nodo, G posto sul piano meridiano e due ortostili GO₁ e GO₂ uguali e simmetrici.

Se tracciamo su ciascuno dei due piani un orologio solare, si ha che la linea oraria relativa all'ora di tempo vero locale H, descritta dall'ombra del punto G sul piano π1, é, per simmetria, esattamente uguale a quella dell'ora (24-H) tracciata sul piano π2: ad esempio la linea delle ore 9 su π1 è simmetrica della linea delle ore 15 su π2.

In altre parole le linee sulle due meridiane corrispondenti a ore che distano lo steso intervallo di tempo dal mezzogiorno sono uguali e fra loro speculari, e questo perché in ogni giorno il Sole nelle due diverse ore si trova alla stessa altezza e con valori di Azimut uguali e di segno opposto.

Nella Fig. 36 si può vedere un esempio calcolato per una località con Lat. = 45°.

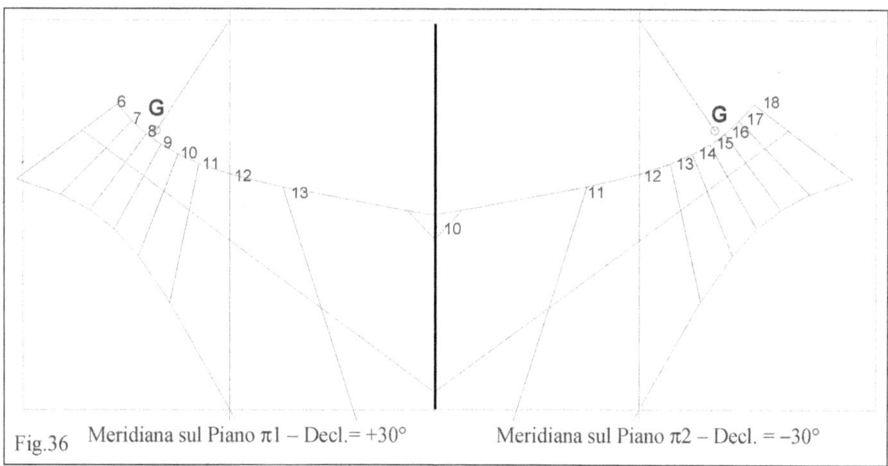

Fig.36 Meridiana sul Piano π1 – Decl.= +30°   Meridiana sul Piano π2 – Decl. = −30°

Supponiamo ora di avere soltanto il piano π1, di porre nel punto G un dispositivo costituito da una piccola semisfera chiusa da uno specchio giacente sul piano meridiano e con la faccia attiva rivolta verso Ovest (Fig. 37) e infine di disegnare un comune orologio solare in cui l'ora viene indicata dall'ombra prodotta dalla semisfera stessa.

Il tracciato che si ottiene è uguale a quello riportato nella parte sinistra di Fig. 36 e il nodo G getta l'ombra su di esso soltanto nelle ore del mattino e del primo pomeriggio.

Dopo il mezzogiorno locale i raggi del Sole, oltre a produrre l'ombra del nodo G, colpiscono direttamente anche lo specchietto rivolto verso Ovest e quindi sul piano $\pi 1$ vedremo anche la macchia luminosa formata dai raggi riflessi (Fig. 38).

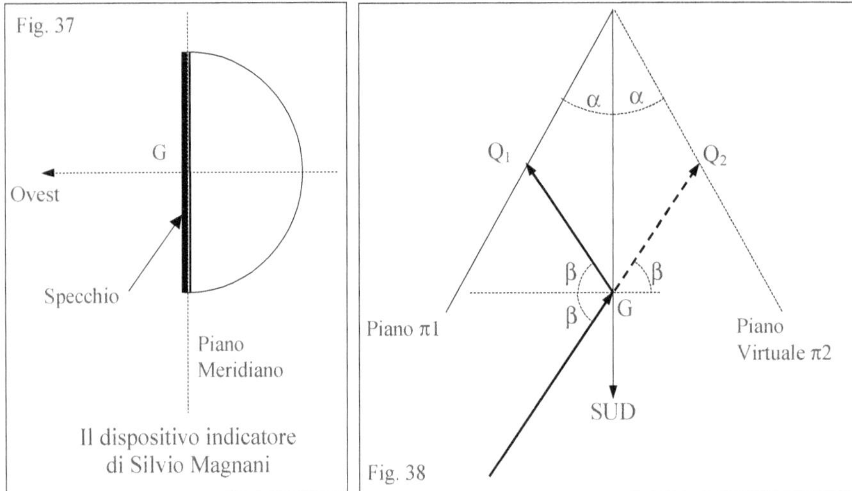

I raggi del Sole riflessi dallo specchio verso il piano $\pi 1$ descrivono su di esso delle linee esattamente uguali a quelle che sarebbero descritte dall'ombra della semisfera su un ipotetico piano virtuale ($\pi 2$) posto simmetricamente a $\pi 1$ rispetto al meridiano e di conseguenza i percorsi della macchia luminosa nelle ore pomeridiane coincidono con quelli descritti dall'ombra del dispositivo sullo stesso piano nelle ore del mattino.

In altre parole il punto-ombra corrispondente all'ora H su $\pi 1$ coincide con la macchia di luce riflessa sempre su $\pi 1$ all'ora (24-H) o con il punto-ombra sul piano ipotetico $\pi 2$ alla stessa ora (24-H).

Una linea diurna della meridiana disegnata su $\pi 1$ viene quindi percorsa dal punto ombra in una direzione mentre l'ora cresce (dalle 8, alle 9, alle 10, ecc.) e viene percorsa dalla macchia di luce in verso opposto al crescere delle ore dopo il mezzogiorno (dalle 12 alle 13, alle 14, ecc.).

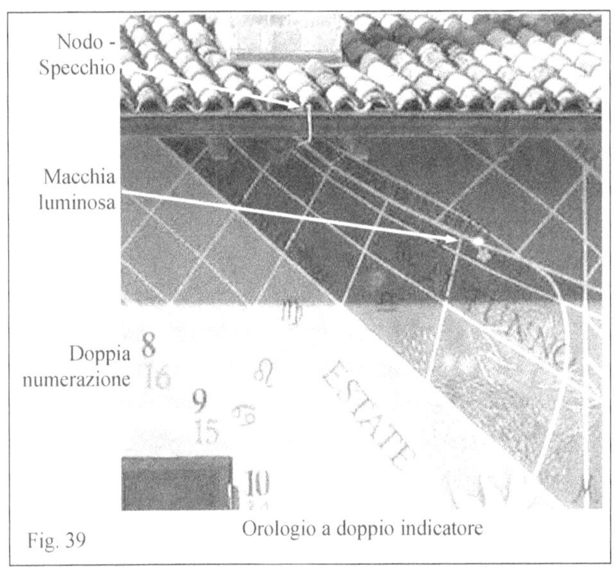

Le linee orarie devono perciò avere una doppia numerazione a seconda che su di esse si guardi l'ombra o la macchia di luce.

In alcuni istanti dopo il mezzogiorno si possono vedere sulla meridiana sia l'ombra della semisfera che la macchia di luce prodotta dallo specchietto: questo vale per quegli istanti in cui l'Azimut del Sole è positivo (cioè dopo il mezzogiorno) ed è minore del valore assoluto della declinazione del piano.

Il primo orologio di questo tipo fu ideato e costruito dall'ing. Silvio Magnani nel 2004 e la località, Borgonovo Val Tidone – Piacenza, su una parete declinante 56° 20' Est (Fig. 39).

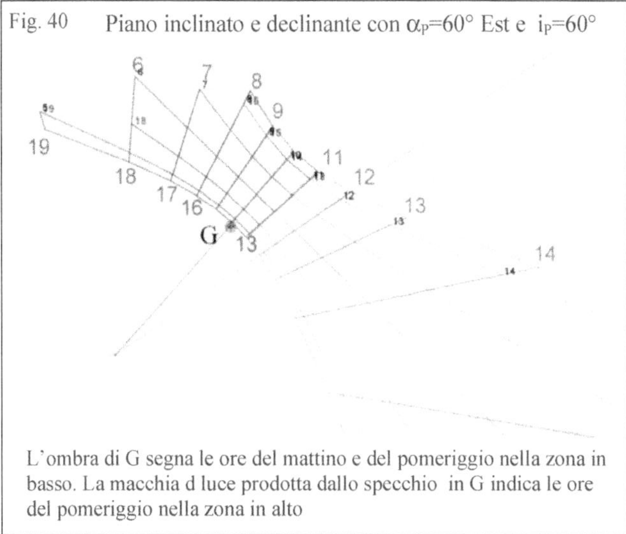

Fig. 40   Piano inclinato e declinante con α_P=60° Est e i_P=60°

L'ombra di G segna le ore del mattino e del pomeriggio nella zona in basso. La macchia d luce prodotta dallo specchio in G indica le ore del pomeriggio nella zona in alto

Ovviamente è possibile realizzare un orologio solare di questo tipo anche con lo specchio rivolto verso Est nel caso che la parete abbia una declinazione opposta.

L'orologio del tipo descritto si può generalizzare applicando lo stesso principio a un piano comunque inclinato e declinante.   Un esempio è rappresentato in Fig. 40.

Nel caso di piano verticale rivolto a Sud è possibile realizzare una meridiana *"ripiegata"* ridotta a una sola metà come in Fig. 41 in cui si è supposto che il piano sia parzialmente ombreggiato da una tettoia o da un balcone.

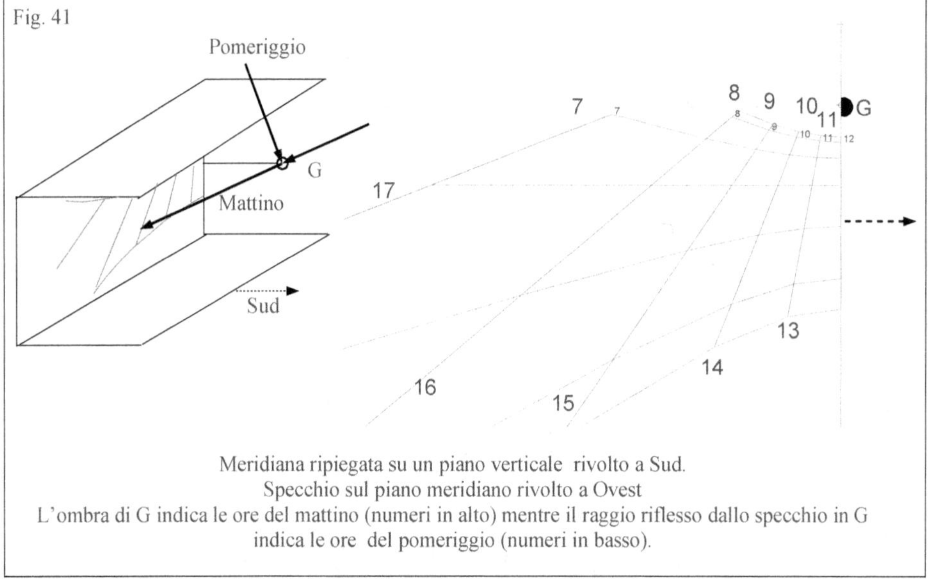

Meridiana ripiegata su un piano verticale rivolto a Sud.
Specchio sul piano meridiano rivolto a Ovest
L'ombra di G indica le ore del mattino (numeri in alto) mentre il raggio riflesso dallo specchio in G indica le ore del pomeriggio (numeri in basso).

Infine è possibile realizzare su un piano orizzontale o su un piano rivolto a Sud orologi solari nei quali il dispositivo indicatore è formato da due specchi posti sul piano meridiano e con le facce riflettenti opposte.

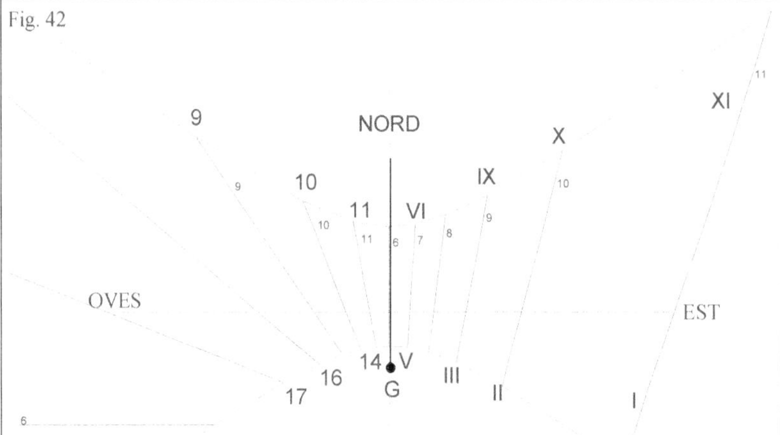

In un orologio di questo tipo nelle ore del mattino lo specchio rivolto a Est riflette i raggi del Sole sulla metà di destra del quadrante e contemporaneamente getta un ombra che indica l'ora anche nella metà sinistra.

Si può in questo modo realizzare un orologio che indichi ad esempio le ore di tempo vero nella sua metà di sinistra e le ore temporarie in quella di destra (Fig. 42), oppure che riporti in una metà le linee diurne zodiacali e nell'altra quelle mensili.

19.10.3 Orologi con doppio indicatore con specchio sul piano dell'Equatore Celeste.

Poiché il piano dell'Equatore Celeste divide in due parti simmetriche le curve diurne, usando un doppio indi-

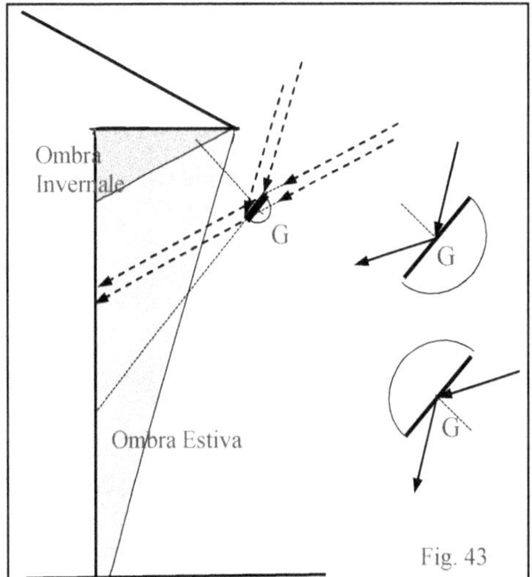

catore con uno specchio posto sul piano dell'Equatore si possono realizzare orologi solari nei quali si utilizza soltanto metà della rete delle comuni linee diurne che si trovano su un normale quadrante.

Anche in questo caso il dispositivo indicatore può essere formato da una semisfera chiusa da uno specchio con la faccia riflettente rivolta verso l'alto o verso il basso.

Nel primo caso la parte delle linee utilizzate dall'orologio è quella superiore: questa è a mio avviso la configurazione più utile nel caso di pareti verticali poiché con essa è possibile, nei mesi estivi quando il Sole è più alto, inviare la macchia luminosa verso la zona della parete che sovente è ombreggiata da cornicioni, tettoie o sporgenze (Fig. 43).

Anche con questa disposizione si possono realizzare orologi su piani comunque disposti per inclinazione e declinazione.

Di seguito alcuni esempi.
Esempio n. 1 – Piano Orizzontale – Fig. 44

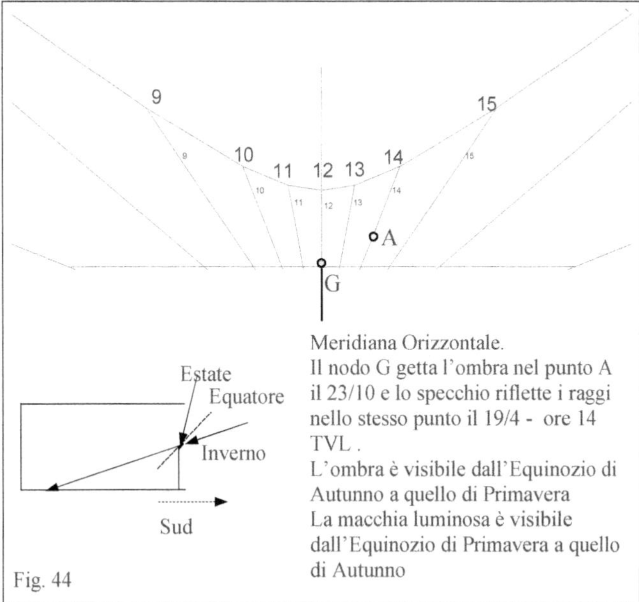

Esempio n. 2 – Piano declinante a Ovest – Fig. 45

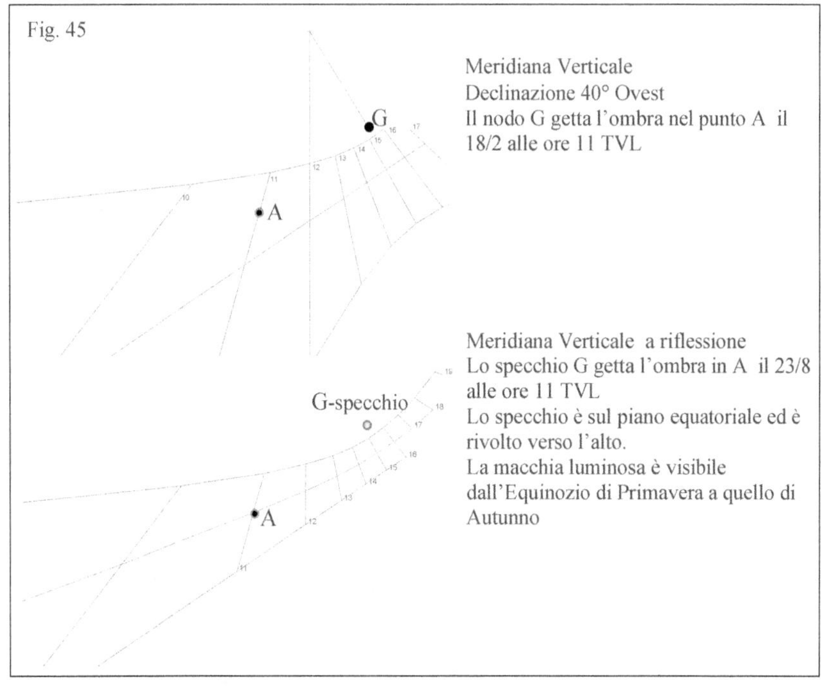

Esempio n. 3 – Piano Polare – Fig. 46

Disponendo due specchi affacciati sul piano equatoriale si possono realizzare orologi solari con una duplice funzione. Nell'esempio con la parte superiore con ore di tempo vero locale e con quella inferiore ad ore temporarie.

Nei mesi invernali l'ombra dello specchio indica le ore di TVL nella metà superiore e i raggi riflessi dallo specchio rivolto verso il basso indicano le ore temporarie nel parte bassa del quadrante.

Nei mesi estivi accade l'opposto.

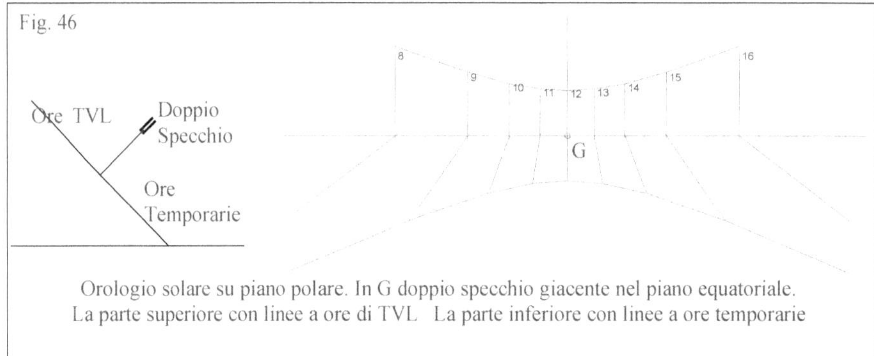

Orologio solare su piano polare. In G doppio specchio giacente nel piano equatoriale.
La parte superiore con linee a ore di TVL   La parte inferiore con linee a ore temporarie

Esempio n. 4 – Piano Equatoriale – Fig. 47

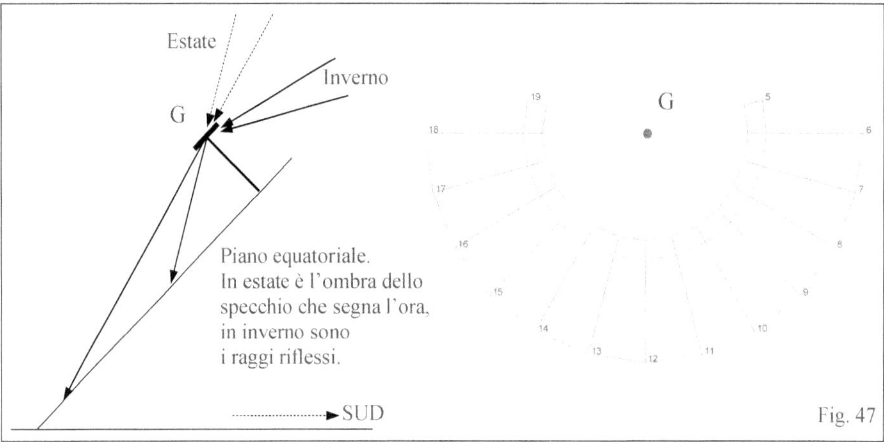

Bibliografia

Silvio Magnani - *Orologio solare a riflessione ad asta oscurante* – Gnomonica – n. 9 Maggio 2001

Riccardo Anselmi - *Un orologio a doppio uso* - Atti del XI Seminario Nazionale di Gnomonica - Marzo 2002

Silvio Magnani – *Orologio Solare del Podere di Terravera* - Atti del XIII Seminario Nazionale di Gnomonica - Aprile 2005

Gianni Ferrari - *Orologi solari con doppio indicatore* - Gnomonica Italiana n.10 - Marzo 2006

Gianni Ferrari - *Sundials with a double system to show the hours* - The Compendium , NASS, December 2006, p. 27-34

Gianni Ferrari - *Reflection Sundial With A Shadowing Rod* - The Compendium , NASS, June 2007, p.32-36

Capitolo 20
OROLOGI SOLARI AZIMUTALI

20.1 Orologi solari azimutali

Prendono il nome di azimutali quegli orologi solari nei quali la lettura dell'ora dipende soltanto dall'Azimut del Sole.

Poiché l'Azimut del Sole in un certo istante è l'angolo diedro compreso fra il piano verticale passante per il suo centro e il piano meridiano, **tutti gli orologi azimutali sono necessariamente fissi e devono avere un elemento ombreggiante verticale** [1].

Ricordo che in gnomonica, l'Azimut viene misurato dal Sud (cioè dal Meridiano Locale) ed è positivo quando il Sole si trova a Ovest: il verso positivo è quindi quello orario da Est verso Ovest.

Sino ad alcuni anni or sono si pensava che gli orologi azimutali fossero stati inventati in Europa verso la metà del XVI secolo ma gli studi più recenti hanno portato alla scoperta della descrizione di alcuni di questi orologi in manoscritti in lingua araba di due secoli precedenti (1325 circa).

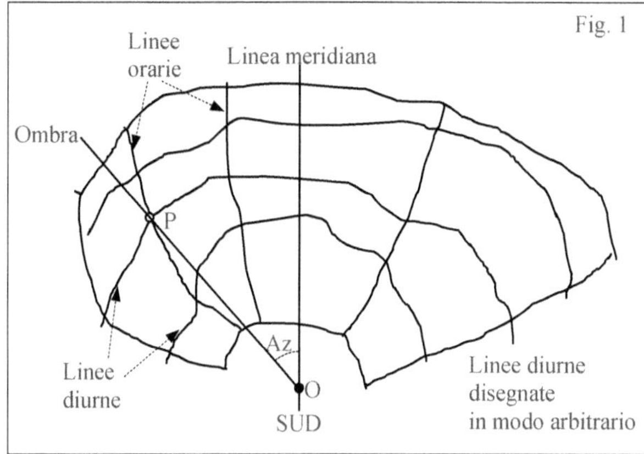

I più comuni orologi solari azimutali sono tracciati su un piano orizzontale su cui è fissato uno stilo verticale la cui intera ombra è utilizzata per la lettura dell'ora.

Sul piano, attorno al piede dello stilo, vengono disegnate le linee diurne e, intrecciate a queste, le linee orarie.

Le linee diurne possono, in linea di principio, avere forma e dimensioni qualsiasi e quindi non essere parallele fra loro e anche tracciate arbitrariamente (Fig. 1).

Le linee orarie devono in generale essere calcolate per punti.

Per ogni data e per ogni ora interessate, occorre calcolare l'Azimut del Sole, tracciare la semiretta uscente dal piede O dello stilo formante con la linea meridiana un angolo uguale a questo valore, trovare e segnare il punto di intersezione P con la linea della data.

20.2 Orologi solari azimutali orizzontali con linee di data circolari

Per semplicità di lettura e per amore di simmetria le linee diurne negli orologi azimutali orizzontali hanno quasi sempre la forma di circonferenze concentriche con il centro coincidente con il piede dello stilo verticale (Fig. 2, 3 e segg.)

Sono solitamente disegnate :
- o le linee diurne corrispondenti all'ingresso del Sole nei segni zodiacali relative ai giorni in cui il Sole ha una longitudine celeste compresa fra −90° e + 90°, con intervalli di 30° (come nei comuni orologi solari)
- o le linee corrispondenti all'inizio dei mesi.

---

[1] Spesso vengono erroneamente chiamati azimutali orologi nei quali l'indicazione dell'ora non dipende soltanto dall'azimut del Sole come ad es. le così dette meridiane analemmatiche tracciate su piani verticali o inclinati o orologi in cui lo stilo ombreggiante non è verticale.

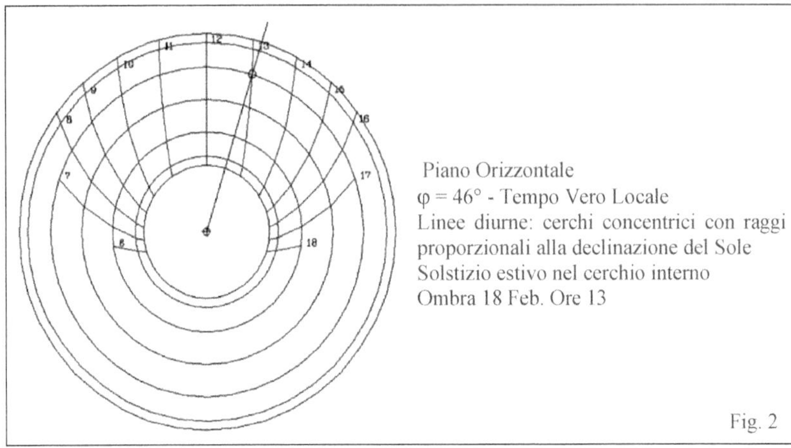

Fig. 2

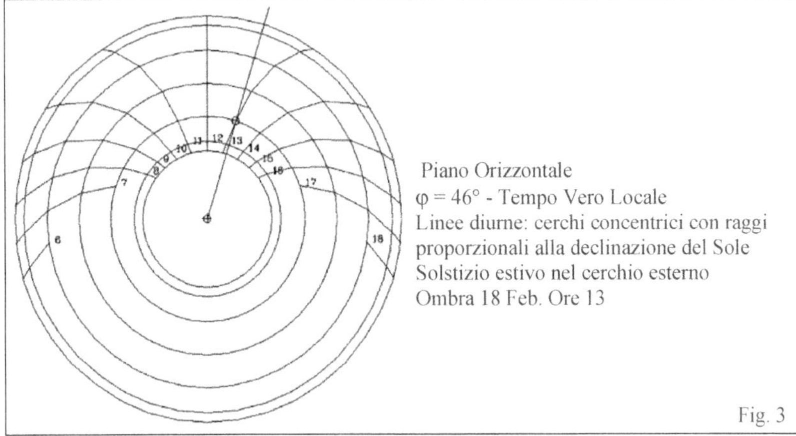

Fig. 3

In genere i raggi dei cerchi sono presi proporzionalmente alla declinazione solare δ.

Per leggere l'ora è sufficiente osservare il punto di intersezione dell'ombra dello stilo (che forma con la direzione Nord-Sud un angolo uguale all'Azimut del Sole) con la linea diurna relativa al giorno di osservazione: la linea oraria passante per questo punto indica l'ora cercata (Fig. 2, 3).

La lunghezza dello stilo può essere qualunque, purché in ogni istante la sua ombra sia tale da intersecare la linea diurna del giorno di osservazione.[2]

Se δ è la declinazione del Sole e R il raggio della la circonferenza corrispondente, deve essere $\rho > \dfrac{R}{\tan(\varphi - \delta)}$.

Nel caso di raggi proporzionali al valore della longitudine del Sole λ, le relazioni che permettono di calcolare i raggi dei cerchi-linee diurne sono:

$$R = +\frac{R_{MAX} - R_{MIN}}{180} \cdot \lambda + \frac{R_{MAX} + R_{MIN}}{2}$$ se il Solstizio estivo ($\delta = +\varepsilon$) è sul cerchio esterno

$$R = -\frac{R_{MAX} - R_{MIN}}{180} \cdot \lambda + \frac{R_{MAX} + R_{MIN}}{2}$$ se il Solstizio estivo è sul cerchio interno

Nel caso di raggi proporzionali al valore della declinazione δ è sufficiente sostituire in queste formule (2ε) al posto di (180) e (δ) al posto di (λ).

---

[2] Spesso questi orologi sono chiamati "a ragnatela"

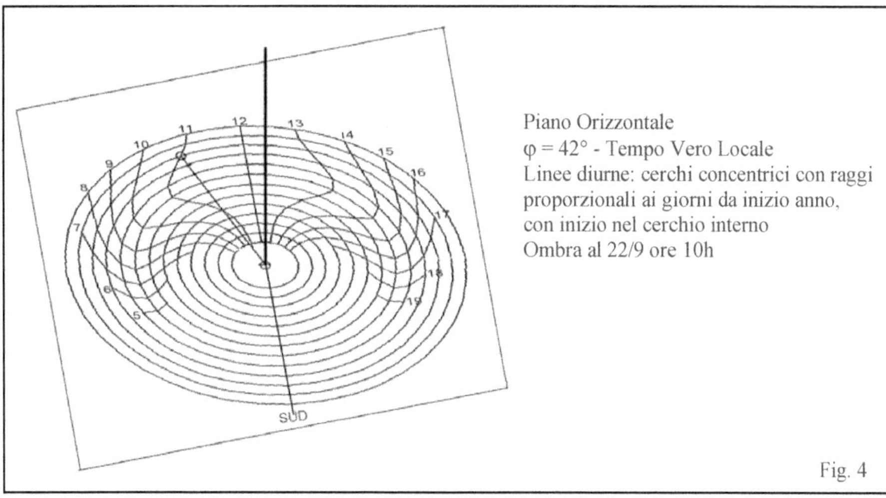

Piano Orizzontale
$\varphi = 42°$ - Tempo Vero Locale
Linee diurne: cerchi concentrici con raggi
proporzionali ai giorni da inizio anno,
con inizio nel cerchio interno
Ombra al 22/9 ore 10h

Fig. 4

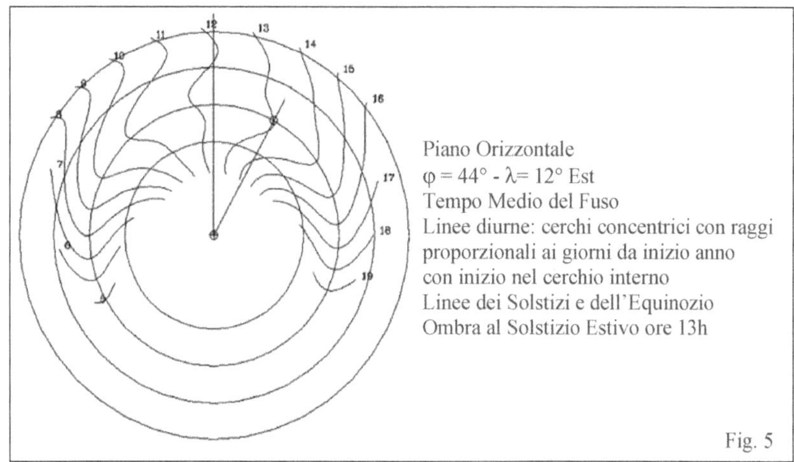

Piano Orizzontale
$\varphi = 44°$ - $\lambda = 12°$ Est
Tempo Medio del Fuso
Linee diurne: cerchi concentrici con raggi
proporzionali ai giorni da inizio anno
con inizio nel cerchio interno
Linee dei Solstizi e dell'Equinozio
Ombra al Solstizio Estivo ore 13h

Fig. 5

Esempio – $\varphi = 42°$; $R_{MAX}= 500$mm ; $R_{MIN}=100$mm ; Solstizio Estivo all'esterno.
Il punto corrispondente all'ora locale 15h all'Equinozio ($\lambda=0°$, $\delta=0°$) ha come coordinate polari
$R=300$mm ; Azimut $= +56.2°$

Esempio – $\varphi = 42°$; $R_{MAX}= 500$mm ; $R_{MIN}=100$mm ; Solstizio Estivo all'esterno.
Il punto corrispondente all'ora locale 10h del 15 Maggio ($\lambda=+54.5°$, $\delta=18.9°$) ha come coordinate polare:
$R=421$mm ; Azimut $= -57.0°$

Ovviamente anche in questi orologi si possono avere le linee orarie per indicare il tempo Vero, quello Medio o le ore antiche (Italiche, Babiloniche, ore che mancano all'alba o al tramonto, ecc.).

Lunghezza dell'asta
Ovviamente l'asta verticale deve avere una lunghezza tale da produrre un'ombra che intersechi le linee diurne. Nel caso che la linea del Solstizio estivo coincida con la circonferenza più interna occorre una lunghezza L dell'asta inferiore a quella necessaria nel caso opposto, con solstizio estivo sulla circonferenza esterna.
Per questa ragione solitamente le linee diurne si succedono andando dall'esterno all'interno al crescere della declinazione solare.

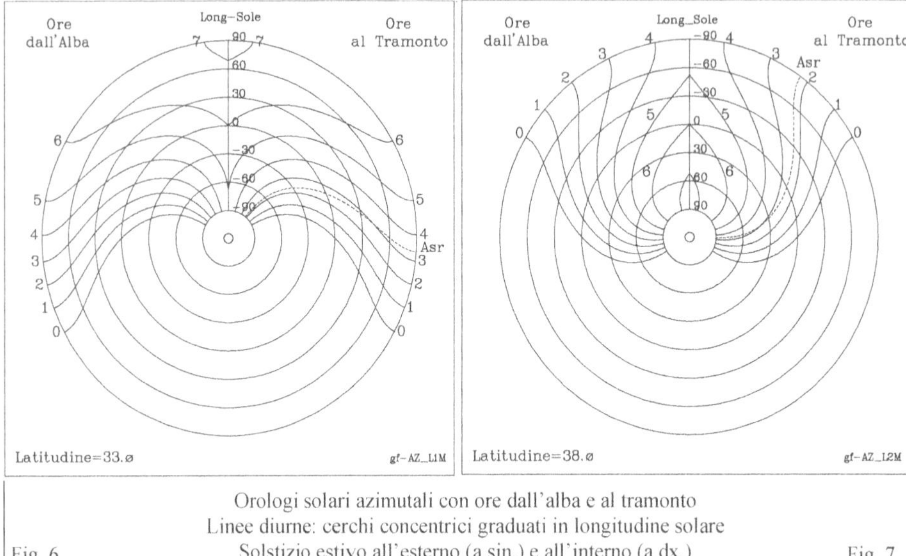

Fig. 6

Orologi solari azimutali con ore dall'alba e al tramonto
Linee diurne: cerchi concentrici graduati in longitudine solare
Solstizio estivo all'esterno (a sin.) e all'interno (a dx.)

Fig. 7

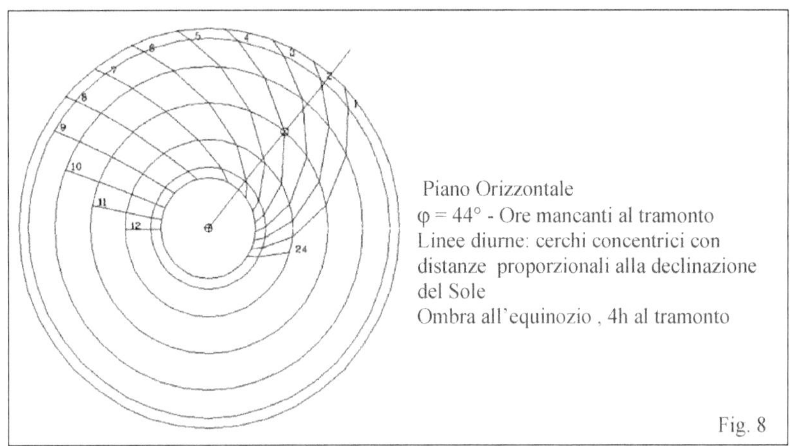

Fig. 8

Indicando con R_{Min} e R_{Max} i raggi delle circonferenze interna e esterna si hanno le semplici relazioni

$$L \geq \frac{R_{Min}}{\tan(\varphi - \varepsilon)} \quad e \quad L \geq \frac{R_{Max}}{\tan(\varphi + \varepsilon)} \qquad \text{con Solstizio estivo all'interno}$$

$$L \geq \frac{R_{Min}}{\tan(\varphi + \varepsilon)} \quad e \quad L \geq \frac{R_{Max}}{\tan(\varphi - \varepsilon)} \qquad \text{con Solstizio estivo all'interno}$$

Esempio - Con $\varphi = 46°$; R_{Min}=50cm ; R_{Max} = 150cm :
- con linea del Solstizio estivo all'interno occorre che sia contemporaneamente L>121cm e L>56cm quindi un'asta di altezza almeno 121 cm .
- con linea del Solstizio estivo all'esterno occorre che sia contemporaneamente L>19cm e L>362cm quindi un'asta di altezza almeno 370 cm , più di tre volte quella del caso precedente.

20.3 Orologi solari azimutali orizzontali con linee di data concentriche non circolari

Come si è già scritto le linee delle date possono essere prese in modo qualunque.
Nelle Fig. 9 e 10 alcuni esempi con linee concentriche non circolari.

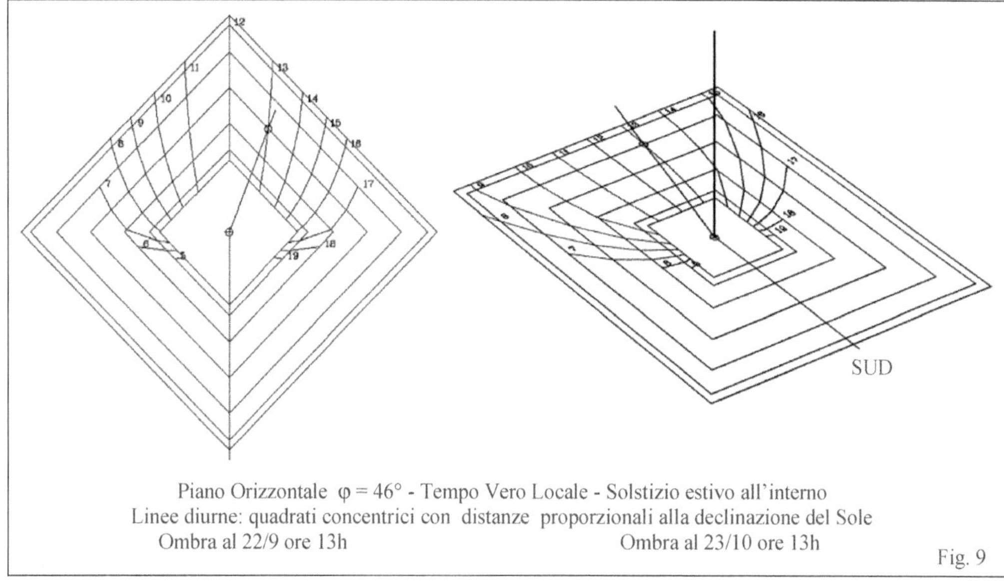

Piano Orizzontale $\varphi = 46°$ - Tempo Vero Locale - Solstizio estivo all'interno
Linee diurne: quadrati concentrici con distanze proporzionali alla declinazione del Sole
Ombra al 22/9 ore 13h   Ombra al 23/10 ore 13h

Fig. 9

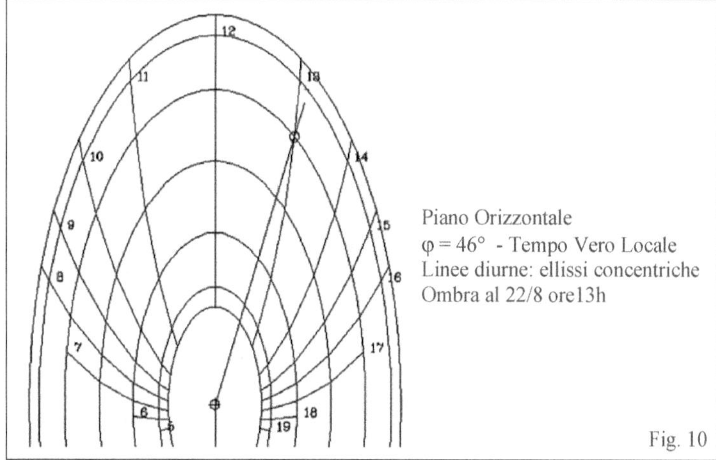

Piano Orizzontale
$\varphi = 46°$ - Tempo Vero Locale
Linee diurne: ellissi concentriche
Ombra al 22/8 ore13h

Fig. 10

20.4 Orologi solari azimutali orizzontali con linee di data rette parallele alla direzione Est-Ovest

In questo caso dovendosi limitare la lunghezza del disegno nella direzione Est-Ovest, i valori dell'Azimut devono essere compresi all'incirca fra $\pm$ 60-70° con conseguente limitazione del numero delle linee orarie presenti.
In Fig. 11 un esempio.

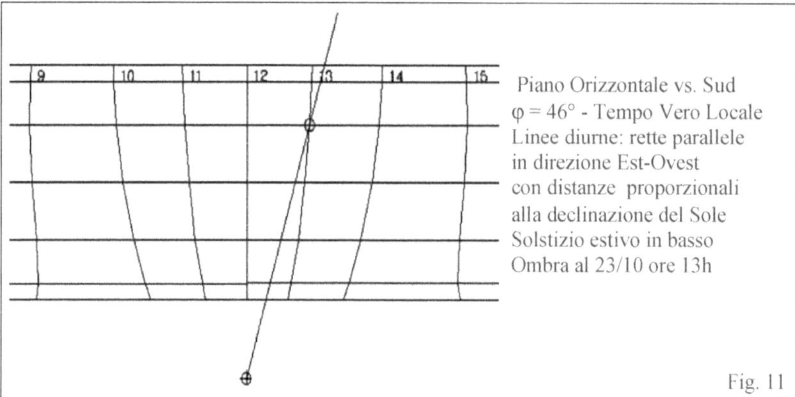

20.5 Orologi solari azimutali su piani verticali - Rette orizzontali come linee di data

Si possono disegnare orologi azimutali anche su piani verticali, anche se questa disposizione è abbastanza rara.[3] .

Anche ora le linee delle date possono avere forma qualunque ma la disposizione che reputo migliore è quella di utilizzare come linee di data delle rette parallele orizzontali.

Anche in questo caso è limitato il numero delle linee orarie che si possono disegnare.

In Fig. 12 un esempio con linee di Tempo Vero Locale su un piano verticale rivolto a Ovest.

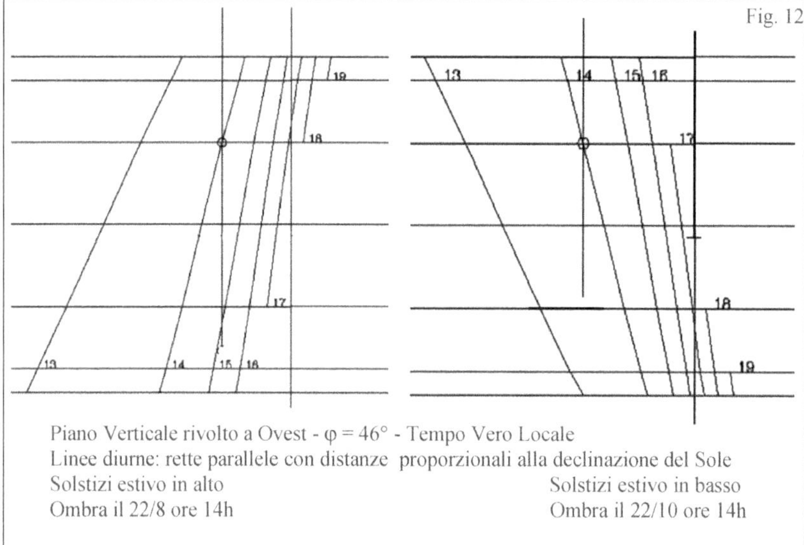

In Fig. 13 un esempio di orologio azimutale su piano verticale declinante con "ore che mancano al tramonto".

Lunghezza dell'asta

Per una parete verticale la condizione per cui occorre un'asta ombreggiante di minor lunghezza è quella in cui si dispone in basso la linea del Solstizio estivo (Fig. 13).

---

[3] L'autore non ne conosce alcun esempio.

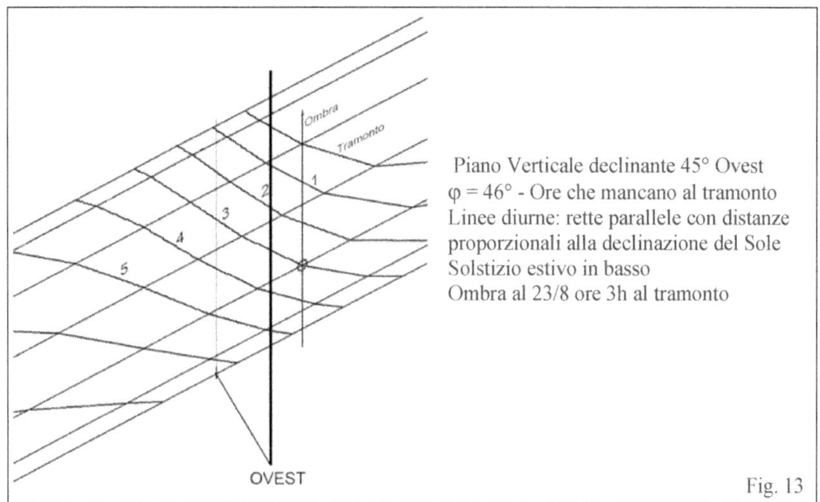

Indicando con d la distanza fra l'asta e la parete e con Y_{Min} e Y_{Max} le distanze dal piano orizzontale delle linee dei Solstizi, si hanno le semplici relazioni:

$$L \geq Y_{Min} + \frac{d}{\tan(\varphi - \varepsilon)} \quad e \quad L \geq Y_{Max} + \frac{d}{\tan(\varphi + \varepsilon)} \quad \text{con Solstizio estivo in basso}$$

Prendendo il valore della distanza d fra asta e parete dato dalla

$$d = \frac{Y_{Max} - Y_{Min}}{\dfrac{1}{\tan(\varphi - \varepsilon)} - \dfrac{1}{\tan(\varphi + \varepsilon)}} \quad \text{i valori precedenti risultano uguali.}$$

Esempio - Con $\varphi = 46°$; $Y_{Min} = 0cm$; $Y_{Max} = 200cm$ si ricava d=98.02cm e L>237 cm

Esempio - Con $\varphi = 46°$; $Y_{Min} = 50cm$; $Y_{Max} = 100cm$ e d=50cm deve essere L> 150 e L>119cm e quindi l'asta deve essere alta almeno 150cm .

20.6 Orologi solari azimutali particolari – Analemmatiche inverse su piano orizzontale

Anche le meridiane analemmatiche orizzontali sono orologi azimutali [4].
In esse l'asta ombreggiante mobile è verticale, l'ora è indicata dall'azimut del Sole evidenziato dalla sua ombra e le linee delle date sono tutte sovrapposte nella ellisse che porta i punti orari.
Questo tipo di orologi è trattato nella Parte V - Capitolo 17.

Se si mantiene lo stilo fisso le meridiane analemmatiche si possono trasformare in un orologio azimutale avente come linee delle date una serie di ellissi traslate nella direzione Nord-Sud: per comodità le chiamerò "analemmatiche inverse".
Come si può vedere in Fig. 14 le linee orarie sono ora dei segmenti paralleli con direzione Nord-Sud.
I semiassi delle ellissi hanno le stesse dimensioni di quelli delle analemmatiche classiche cioè:

$$R \quad e \quad R \cdot sen(\varphi) \quad \text{, essendo R la dimensione voluta per il semiasse maggiore.}$$

Lo spostamento dei centri delle linee di data rispetto alla ellisse degli Equinozi è invece dato da:

$$R \cdot \cos(\varphi) \cdot \tan(\delta) .$$

In Fig. 14 e 15 due esempi con linee orarie di Tempo Vero Locale e di Tempo Medio.

---

[4] Le meridiane analemmatiche disegnate su un piano non orizzontale o con asta ombreggiante non verticale **NON** sono orologi azimutali.

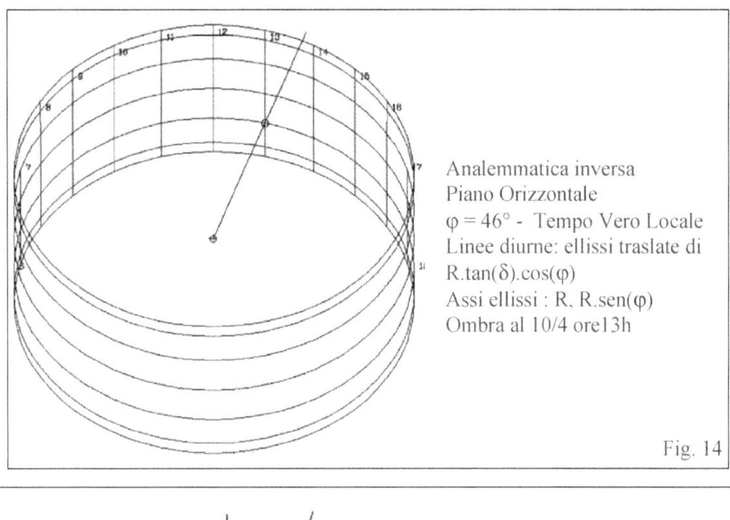

Analemmatica inversa
Piano Orizzontale
$\varphi = 46°$ - Tempo Vero Locale
Linee diurne: ellissi traslate di
R.tan(δ).cos(φ)
Assi ellissi : R, R.sen(φ)
Ombra al 10/4 ore13h

Fig. 14

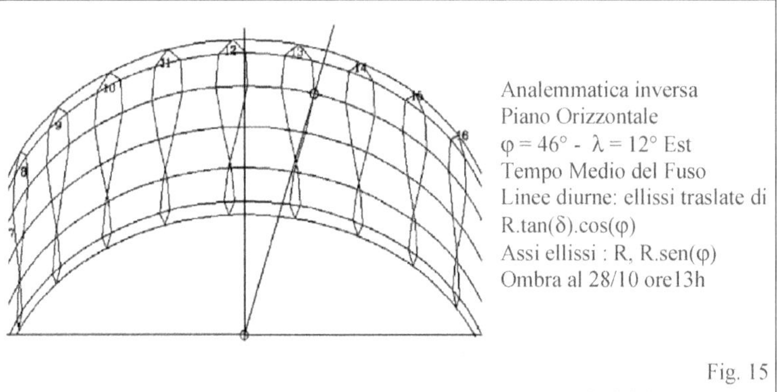

Analemmatica inversa
Piano Orizzontale
$\varphi = 46°$ - $\lambda = 12°$ Est
Tempo Medio del Fuso
Linee diurne: ellissi traslate di
R.tan(δ).cos(φ)
Assi ellissi : R, R.sen(φ)
Ombra al 28/10 ore13h

Fig. 15

20.7 Orologi solari azimutali particolari – Analemmatiche inverse su piano inclinato

Meridiana analemmatica circolare
su piano inclinato
e gnomone verticale
Royal Greenwich Observatory
Cambridge

Fig. 16

Fra le meridiane analemmatiche particolari ne esiste una che è disegnata su un piano rivolto verso Sud inclinato dell'angolo (90°-φ) rispetto al piano orizzontale e avente i punti orari che appartengono a una circonferenza (Fig. 16, 17).

Per trovare l'ora lo stilo, verticale, deve essere traslato lungo il diametro Nord-Sud di questo cerchio di uno spostamento uguale a $R \cdot \dfrac{\tan(\delta)}{\tan(\varphi)}$.

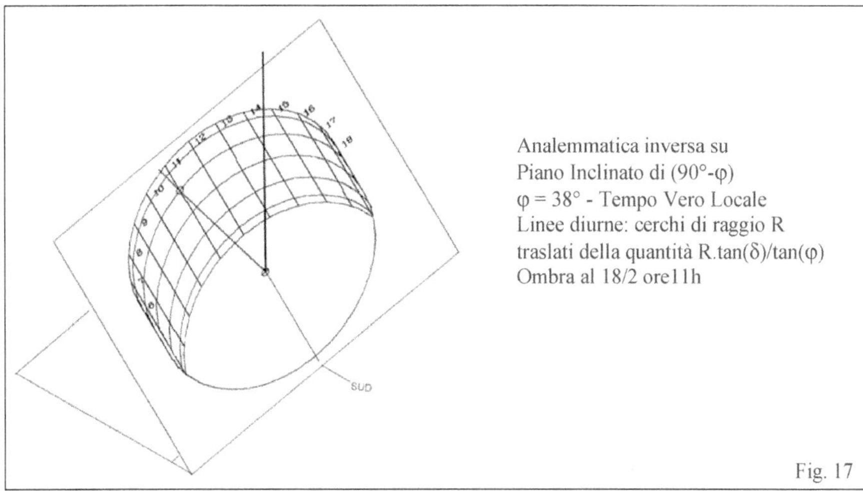

Anche questo tipo di meridiana si può trasformare in una "analemmatica inversa", cioè in un orologio azimutale con stilo verticale fisso e linee delle date formate da una serie di circonferenze traslate nella direzione Nord-Sud. (Fig. 17). Anche in questo caso le linee orarie di tempo vero sono dei segmenti paralleli.

Se indichiamo con R il raggio delle circonferenze, lo spostamento dei centri rispetto al piede dello stilo verticale deve essere uguale a $R \cdot \dfrac{\tan(\delta)}{\tan(\varphi)}$.

In Fig. 18 un esempio con linee orarie di Tempo Medio.

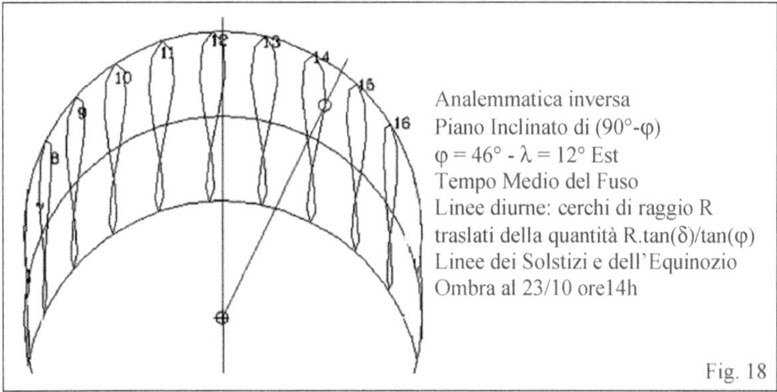

20.8 Un esempio

Generalmente come elemento ombreggiante in un orologio azimutale orizzontale si prende un'asta verticale isolata, cioè staccata da altri elementi costruttivi, circondata dalle linee diurne e orarie.

Ovviamente è possibile anche prendere come "stilo" un qualsiasi elemento verticale che getti ombra, come ad esempio lo spigolo di in edificio, il palo di una recinzione, ecc.

In questi casi non è in genere possibile utilizzare l'intera area che circonda l'elemento ombreggiante ove disegnare le diverse linee.

Un esempio è rappresentato in Fig. 19 ove si è considerato lo spigolo Sud-Est di un edificio ed ove è possibile utilizzare soltanto un quadrante della zona circostante (nell'es. con le ore di tempo vero dalle 12h alle 18h).

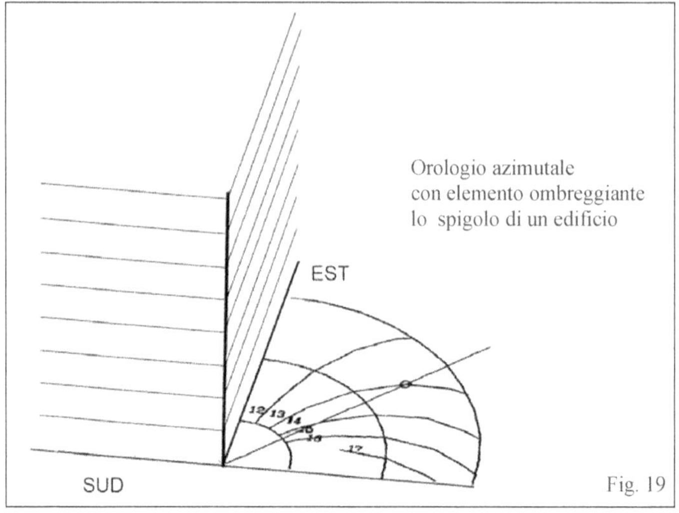

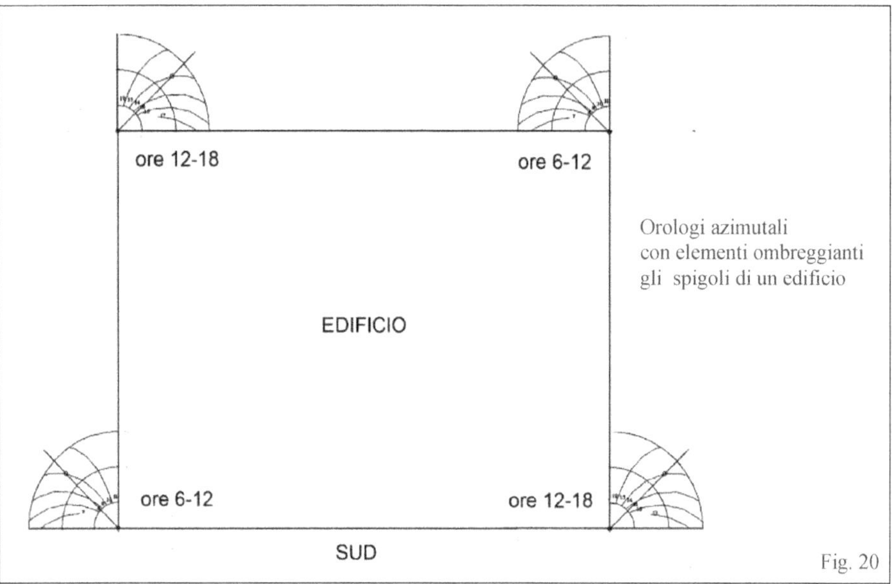

In Fig. 20 le zone "utili" per i quattro spigoli di un edificio rivolto verso Sud.

Capitolo 21
OROLOGI SOLARI BIFILARI

Premessa

L'orologio solare bifilare è stato inventato nel 1923 da Hugo Michnik, professore di matematica presso un liceo nella città dell'Alta Slesia tedesca di Beuthen, (ora in Polonia con il nome di Bytom).

L'orologio bifilare "originale", presentato da Michnik in un articolo nella rivista matematica *Astronomische*

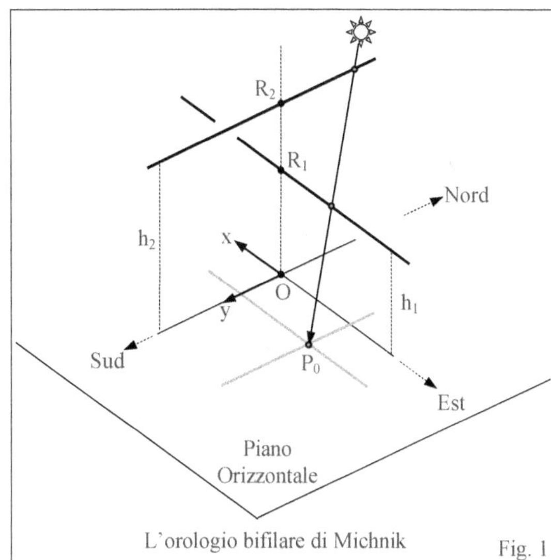

Nachrichten, è un orologio orizzontale in cui, invece di utilizzare uno stilo polare, l'ora viene indicata dal punto in cui si intersecano le ombre di due "fili" orizzontali disposti ad altezze diverse nelle direzioni Nord-Sud e Est-Ovest (Fig. 1).

Michnik dimostrò che prendendo il rapporto fra le distanze dei due fili dal piano uguale al valore del seno della latitudine del luogo le linee orarie risultavano intervallate esattamente di 15° come in un orologio equatoriale.

Gli studi di molti autori, pubblicati negli ultimi 20-30 anni, hanno mostrato che è possibile costruire orologi bifilari su piani comunque disposti utilizzando "fili" comunque disposti (o quasi), purché non complanari, e hanno scoperto molte proprietà particolari di questi tipi di strumenti (tra le quali ad es. la possibilità di avere linee orarie equi-intervallate su piani comunque orien-tati).

Sono stati infine studiati, e spesso costruiti, orologi bifilari utilizzando, invece che dei fili rettilinei, degli elementi curvilinei nello spazio, come ad esempio cerchi, catenarie, ecc.

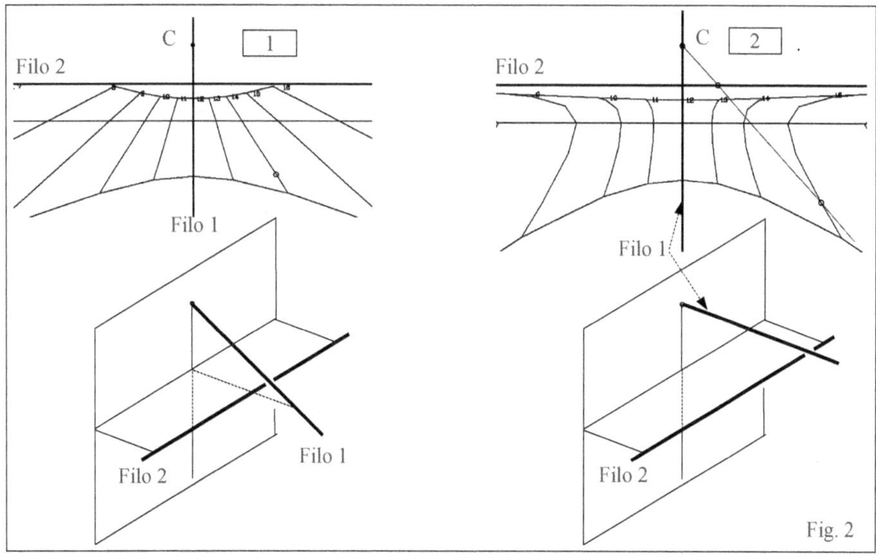

Questi orologi si prestano bene a costruire semplici meridiane adatte a parchi o a spazi pubblici sfruttando i bordi di elementi strutturali piani o elementi rettilinei come lastrine, muretti, balconi, spigoli, aste, ecc.

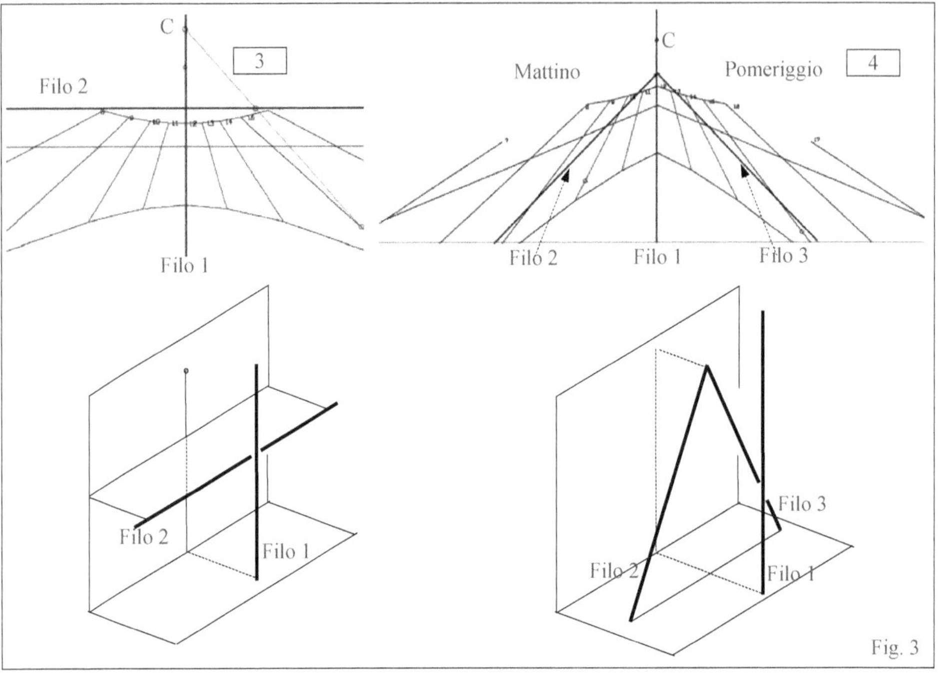

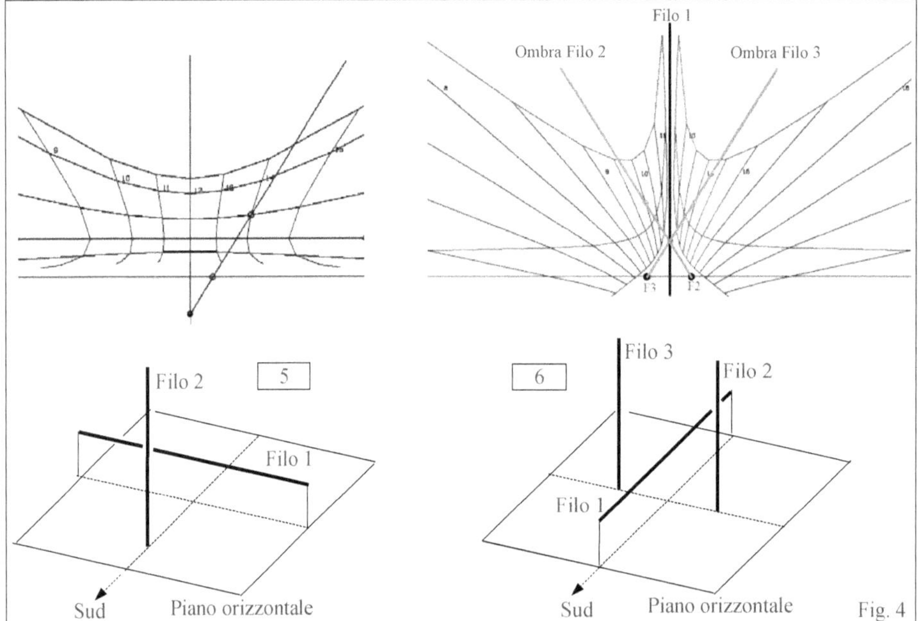

In Fig. 2 e 3 alcuni esempi costruiti su un piano verticale rivolto a Sud. I "fili" sono:
1.   bordo di lastra orizzontale - retta inclinata (tipo asta polare);
2.   bordo di lastra orizzontale - retta normale al piano;

3. bordo di lastra orizzontale - retta verticale.
4. filo verticale - 2 rette simmetriche inclinate: una per il semi-orologio di sinistra, l'altra per quello di destra.

Nella Fig. 4 due esempi costruiti sul piano orizzontale con "fili" orizzontale in direzione Est-Ovest e Nord-Sud e verticali.

Gli orologi bifilari permettono di tracciare linee orarie di tempo vero o di tempo medio; linee delle ore italiche, babiloniche o temporarie; linee ad ore siderali; linee di azimut o di altezza costanti; ecc.

Per uno studio approfondito di questo particolare orologio rimando all'elenco di articoli, certamente incompleto, riportato nella bibliografia di questa parte.

21.1 Studio analitico dell'orologio bifilare

21.1.1 Definizione e simboli delle grandezze - Formule generali
Siano
- φ la latitudine del luogo;

- Π un piano di giacitura qualunque;
- α la declinazione del piano Π;
- i   l'inclinazione zenitale del piano Π;

- δ la declinazione del Sole in un dato istante;
- Az   l'azimut del Sole;
- h   l'altezza del Sole;
- ω l'angolo orario;
- ω_S l'angolo orario della linea sustilare – Ora sustilare = $\omega_S/15$;
- γ l'altezza dello stilo polare;
- μ l'angolo fra la linea di massima pendenza e la sustilare;
- θ l'angolo fra la linea meridiana e la sustilare;
- θ'   l'angolo fra la sustilare e la linea oraria di angolo orario ω.

Le grandezze sopra indicate sono legate dalle relazioni seguenti:

$$\sin(\gamma) = +\cos(\varphi)\cdot\cos(i)\cdot\cos(\alpha)-\mathrm{sen}(\varphi)\cdot\mathrm{sen}(i)$$

$$\mathrm{sen}(\omega_S) = \frac{\mathrm{sen}(\alpha)\cdot\cos(i)}{\cos(\gamma)} \qquad\qquad \cos(\omega_S) = \frac{\mathrm{sen}(\alpha)\cdot\cos(i)\cdot\tan(\gamma)}{\tan(\theta)}$$

$$\tan(\omega_S) = \frac{\mathrm{sen}(\alpha)\cdot\cos(i)}{\cos(\alpha)\cdot\cos(i)\cdot\mathrm{sen}(\varphi)+\mathrm{sen}(i)\cdot\cos(\varphi)}$$

$$\mathrm{sen}(\mu) = \frac{\mathrm{sen}(\alpha)\cdot\cos(\varphi)}{\cos(\gamma)} \qquad\qquad \tan(\mu) = \frac{\mathrm{sen}(\alpha)}{\cos(\alpha)\cdot\mathrm{sen}(i)+\tan(\varphi)\cdot\cos(i)}$$

$$\cos(\mu) = \frac{\cos(\alpha)\cdot\cos(\varphi)\cdot\mathrm{sen}(i)+\mathrm{sen}(\varphi)\cdot\cos(i)}{\cos(\gamma)}$$

$$\tan(\theta) = \mathrm{sen}(\gamma)\cdot\tan(\omega_S) = \frac{\mathrm{sen}(\alpha)\cdot\cos(i)\cdot\left\{\cos(\alpha)\cdot\cos(i)-\tan(\varphi)\cdot\mathrm{sen}(i)\right\}}{\mathrm{sen}(i)+\tan(\varphi)\cdot\cos(\alpha)\cdot\cos(i)}$$

$$\tan(\theta') = \mathrm{sen}(\gamma)\cdot\tan(\omega-\omega_S)$$

$$\mathrm{sen}(h) = +\mathrm{sen}(\delta)\cdot\mathrm{sen}(\varphi)+\cos(\delta)\cdot\cos(\varphi)\cdot\cos(\omega)$$

$$\cos(h)\cdot\cos(Az) = -\mathrm{sen}(\delta)\cdot\cos(\varphi)+\cos(\delta)\cdot\mathrm{sen}(\varphi)\cdot\cos(\omega)$$

$$\cos(h)\cdot\mathrm{sen}(Az) = +\cos(\delta)\cdot\mathrm{sen}(\omega)$$

$$\text{sen}(\delta) = +\text{sen}(h)\cdot\text{sen}(\phi) - \cos(h)\cdot\cos(\phi)\cdot\cos(Az)$$

$$\cos(\delta)\cdot\cos(\omega) = +\text{sen}(h)\cdot\cos(\phi) + \cos(h)\cdot\text{sen}(\phi)\cdot\cos(Az)$$

$$\cos(\delta)\cdot\text{sen}(\omega) = +\cos(h)\cdot\text{sen}(Az)$$

Infine siano:

- $\{l_1, l_2, l_3\}$ i coseni direttori del raggio proveniente dal Sole in un sistema di coordinate con gli assi (x, y) sul piano orizzontale, con x verso Ovest, y verso Sud e z verso lo Zenit.

- **Oxyz** un sistema di assi cartesiani ortogonali destrorso, preso sul piano Π con origine O qualunque, assi (x, y) con asse y nella direzione della massima pendenza (positivo verso il basso), asse x in direzione orizzontale (positivo verso sinistra guardando il piano) e z normale al piano (positivo verso l'osservatore).

- $\{m_1, m_2, m_3\}$ i coseni direttori del raggio proveniente dal Sole nel sistema **Oxyz** considerato.

- **r**   una retta generica non appartenente al piano e passante per i punti R e S.

- $\{g_1, g_2, g_3\}$ i con coseni direttori della retta **r**.

21.1.2 Valori dei coseni direttori

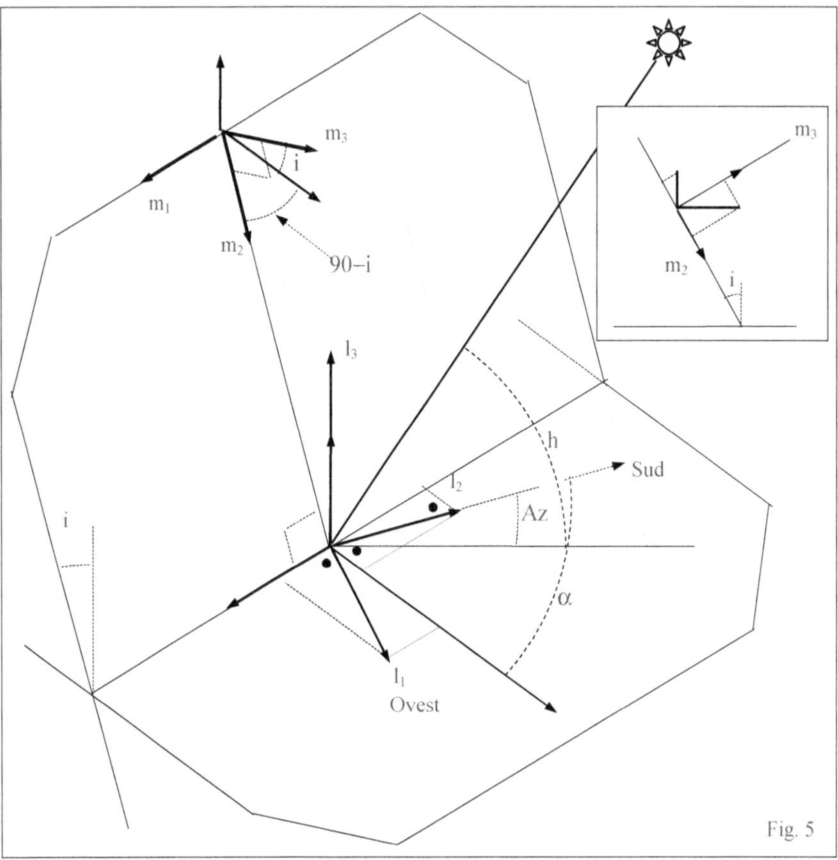

In un sistema di coordinate altazimutale con gli assi sul piano orizzontale, asse x verso Sud e asse z verticale (Fig. 5), i coseni della direzione del Sole $\{l_1, l_2, l_3\}$ sono dati da:

$$\{\, l_1 = \cos(h)\cdot \operatorname{sen}(Az)\ ;\ l_2 = \cos(h)\cdot \cos(Az)\ ;\ l_3 = \operatorname{sen}(h)\,\}$$

Coseni della direzione del Sole nel sistema di coordinate sul piano Π con asse y nella direzione della massima pendenza e asse z normale al piano

$$\begin{cases} m_1 = l_1 \cdot \cos(\alpha) - l_2 \cdot \operatorname{sen}(\alpha) \\[4pt] m_2 = l_1 \cdot \operatorname{sen}(\alpha)\cdot \operatorname{sen}(i) + l_2 \cdot \cos(\alpha)\cdot \operatorname{sen}(i) - l_3 \cdot \cos(i) \\[4pt] m_3 = l_1 \cdot \operatorname{sen}(\alpha)\cdot \cos(i) + l_2 \cdot \cos(\alpha)\cdot \cos(i) + l_3 \cdot \operatorname{sen}(i) \end{cases}$$

Equazione del piano: $z = 0$

Equazione della retta r passante per i punti $R\{x_R,\, y_R,\, z_R\}$ e $S\{x_S,\, y_S,\, z_S\}$

$$\frac{x - x_R}{x_S - x_R} = \frac{y - y_R}{y_S - y_R} = \frac{z - z_R}{z_S - z_R} \quad \text{oppure} \quad \frac{x - x_R}{g_1} = \frac{y - y_R}{g_2} = \frac{z - z_R}{g_3} \qquad \text{oppure}$$

$$\begin{cases} x = x_R + (x_S - x_R)\cdot t \\[4pt] y = y_R + (y_S - y_R)\cdot t \\[4pt] z = z_R + (z_S - z_R)\cdot t \end{cases} \qquad \text{con}$$

$$\begin{cases} g_1 = \dfrac{x_S - x_R}{\sqrt{(x_S - x_R)^2 + (y_S - y_R)^2 + (z_S - z_R)^2}} \\[16pt] g_2 = \dfrac{y_S - y_R}{\sqrt{(x_S - x_R)^2 + (y_S - y_R)^2 + (z_S - z_R)^2}} \quad \text{coseni direttori della retta} \\[16pt] g_3 = \dfrac{z_S - z_R}{\sqrt{(x_S - x_R)^2 + (y_S - y_R)^2 + (z_S - z_R)^2}} \end{cases}$$

21.1.3 Piano passante per il Sole e contenente la retta r

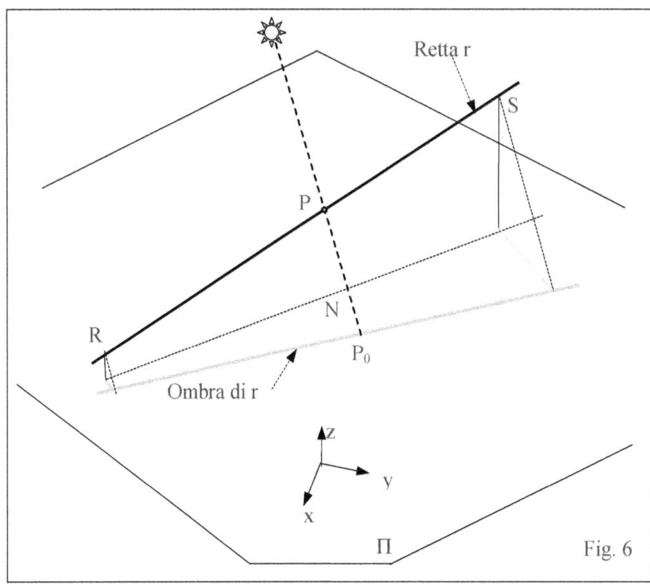

Nel sistema **Oxyz** il piano contenente la retta r e passante per il Sole ha equazione:

$$\begin{vmatrix} x - x_R & y - y_R & z - z_R \\ g_1 & g_2 & g_3 \\ m_1 & m_2 & m_3 \end{vmatrix} = 0 \quad \text{cioè}$$

$$x\cdot A + y\cdot B + z\cdot C = D \quad (1) \quad \text{con}$$

$$\begin{cases} A = (g_2 \cdot m_3 - g_3 \cdot m_2) \\[4pt] B = (g_3 \cdot m_1 - g_1 \cdot m_3) \\[4pt] C = (g_1 \cdot m_2 - g_2 \cdot m_1) \\[4pt] D = x_R \cdot A + y_R \cdot B + z_R \cdot C \end{cases} \quad (2)$$

Ricordo che se
- $m_3 > 0$ il Sole è al di sotto del piano
- $m_3 = 0$ il Sole è tangente al piano
- $m_i = g_i$ la retta è parallela alla direzione del Sole e si proietta in un punto.

22.1.4 Ombra della retta r sul piano

Sviluppando la (1) e ponendo $z = 0$ si ottiene l'equazione dell'ombra della retta **r** sul piano Π.

$$x \cdot A + y \cdot B = x_R \cdot A + y_R \cdot B + z_R \cdot C = D$$

La retta ombra ha coseni direttori dati da $\left\{ n_1 = \dfrac{B}{\sqrt{A^2 + B^2}} \; ; \; n_2 = \dfrac{A}{\sqrt{A^2 + B^2}} \right\}$

21.1.5 Ombra di due rette sul piano

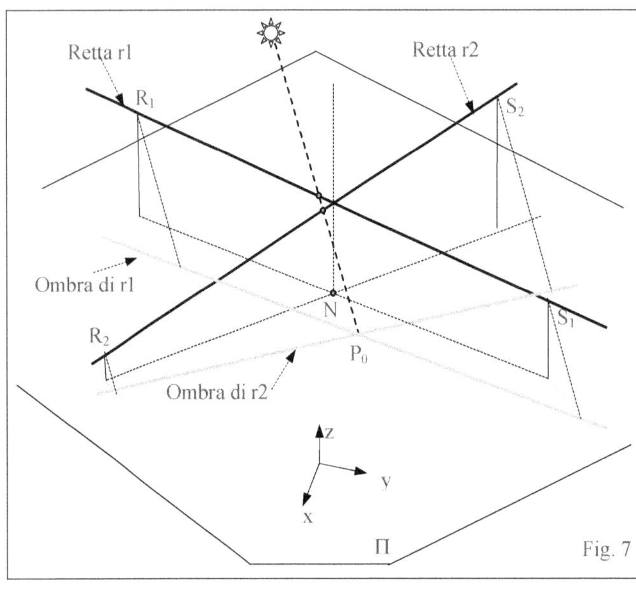

Consideriamo ora due rette $r_1 \{g_{i1}\}$ e $r_2 \{g_{i2}\}$ passanti rispettivamente per i punti $R_1\{x_{R1}, y_{R1}, z_{R1}\}$, $S_1\{x_{S1}, y_{S1}, z_{S1}\}$ e $R_2\{x_{R2}, y_{R2}, z_{R2}\}$, $S_2\{x_{S2}, y_{S2}, z_{S2}\}$.

Il punto P_0 di intersezione **fra le ombre** di queste rette ha le coordinate date da:

$$\begin{cases} x_0 = + \dfrac{B_2 \cdot D_1 - B_1 \cdot D_2}{A_1 \cdot B_2 - A_2 \cdot B_1} \\[2mm] y_0 = - \dfrac{A_2 \cdot D_1 - A_1 \cdot D_2}{A_1 \cdot B_2 - A_2 \cdot B_1} \end{cases}$$

ove i valori di A, B, C per ciascuna delle due rette sono dati dalle (2)

Se $A_1 \cdot B_2 = A_2 \cdot B_1$ cioè se $\dfrac{A_1}{A_2} = \dfrac{B_1}{B_2}$ le due ombre sono parallele e si incontrano nel punto all'infinito di direzione $\{g_i\}$.

La retta che unisce il punto P_0 con l'origine O del sistema di coordinate forma con l'asse x, l'angolo ψ calcolabile con la:

$$\tan(\psi) = \frac{y_0}{x_0} = - \frac{(A_1 \cdot D_2 - A_2 \cdot D_1)}{(B_1 \cdot D_2 - B_2 \cdot D_1)}$$

L'angolo ξ fra le due ombre è dato dalla $\cos(\xi) = \dfrac{A_1 A_2 + B_1 B_2}{\sqrt{A_1^2 + B_1^2} \cdot \sqrt{A_2^2 + B_2^2}}$ e i loro coseni direttori sono

$$\left\{ n_{1,1} = \frac{B_1}{\sqrt{A_1^2 + B_1^2}} \; ; \; n_{2,1} = \frac{A_1}{\sqrt{A_1^2 + B_1^2}} \right\} \quad e \quad \left\{ n_{1,2} = \frac{B_2}{\sqrt{A_2^2 + B_2^2}} \; ; \; n_{2,2} = \frac{A_2}{\sqrt{A_2^2 + B_2^2}} \right\}$$

Punto Q_1 e Q_2 delle retta r_1 e r_2 la cui ombra cade in P_0 ha coordinate:

$$\begin{cases} x_{Q1} = x_{R1} + g_{1,1} \cdot t_{Q1} \\[1mm] y_{Q1} = y_{R1} + g_{2,1} \cdot t_{Q1} \\[1mm] z_{Q1} = z_{R1} + g_{3,1} \cdot t_{Q1} \end{cases} \quad con \quad t_{Q1} = \frac{m_1 \cdot (y_{R1} - y_0) - m_2 \cdot (x_{R1} - x_0)}{m_2 \cdot g_{1,1} - m_1 \cdot g_{2,1}}$$

Formule analoghe per la retta r_2:

$$\begin{cases} x_{Q2} = x_{R2} + g_{1,2} \cdot t_{Q2} \\ y_{Q2} = y_{R2} + g_{2,2} \cdot t_{Q2} \\ z_Q2 = z_{R2} + g_{3,2} \cdot t_{Q2} \end{cases} \quad \text{con} \quad t_{Q2} = \frac{m_1 \cdot (y_{R2} - y_0) - m_2 \cdot (x_{R2} - x_0)}{m_2 \cdot g_{1,2} - m_1 \cdot g_{2,2}}$$

21.1.6 Proiezioni normale di due rette

Se proiettiamo le due rette r_1 e r_2 sul piano Π dalla direzione normale al piano, le due proiezioni si incontrano in un punto O_N.

$$\begin{cases} x_{ON} = x_{R1} + k \cdot g_{1,1} \\ y_{ON} = y_{R1} + k \cdot g_{2,1} \end{cases} \quad \text{con} \quad k = \frac{(y_{R1} - y_{R2}) \cdot g_{1,2} - (x_{R1} - x_{R2}) \cdot g_{2,2}}{g_{2,2} \cdot g_{1,1} - g_{1,2} \cdot g_{2,1}}$$

La normale al piano per O_N incontra le due rette nei punti N_1 e N_2.

$$\{x_{i,N1}\} = \{x_{ON}, y_{ON}, z_{R1} + g_{31} \cdot k\} \quad \text{e} \quad \{x_{i,N2}\} = \{x_{ON}, y_{ON}, z_{R2} + g_{32} \cdot k\}$$

Per far si che il punto O_N coincida con l'origine del sistema cartesiano è sufficiente prendere uno sei due punti $\{R, S\}$ che servono ad individuare le rette con $x = y = 0$.

21.1.7 Centro dell'orologio bifilare

Una linea oraria dell'orologio bifilare è il luogo di punti in cui si incontrano le ombre delle due rette r_1 e r_2 quando sono proiettate dai punti della sfera celeste appartenenti al cerchio orario corrispondente all'ora.
Poiché a questo cerchio orario appartiene anche il Polo Nord celeste, tutte le curve orarie passano certamente per il punto di intersezione delle linee-ombra che si ottiene proiettando le due rette dalla direzione del Polo. Questo punto è quindi il Centro **C** dell'orologio le cui coordinate si possono calcolare sostituendo ai valori $\{m_i\}$ i valori corrispondenti alla direzione del Polo Nord celeste $\{m_{i,PN}\}$.
Essendo $Az_{PN} = 180°$ e $h_{PN} = \varphi$

$$\begin{cases} m_{1,PN} = \cos(\varphi) \cdot \text{sen}(\alpha) \\ m_{2,PN} = -\cos(\varphi) \cdot \cos(\alpha) \cdot \text{sen}(i) - \text{sen}(\varphi) \cdot \cos(i) \\ m_{3,PN} = -\cos(\varphi) \cdot \cos(\alpha) \cdot \cos(i) + \text{sen}(\varphi) \cdot \text{sen}(i) \end{cases} \quad \text{o anche} \quad \begin{cases} m_{1,PN} = +\cos(\gamma) \cdot \text{sen}(\mu) \\ m_{2,PN} = -\cos(\gamma) \cdot \cos(\mu) \quad (4) \\ m_{3,PN} = -\text{sen}(\gamma) \end{cases}$$

Che utilizzati nelle equazioni (1) e (2) precedenti danno le coordinate del Centro C.

21.1.8 Progetto di un orologio bifilare

Un orologio bifilare è completamente determinato quando sono fissati il piano Π su cui si desidera disegnarlo e le due rette r1, r2. La curva oraria relativa all'angolo orario ω si può ottenere per punti calcolando con le precedenti formule (3) i punti ombra P_0 al variare della declinazione δ del Sole.
Analogamente si possono calcolare le posizioni dei punti delle curve diurne mantenendo costante il valore di δ e variando l'angolo orario ω. Occorre osservare che, salvo particolari casi, in generale le linee orarie **NON** sono rettilinee e quindi che l'orologio non possiede un centro.
Esempio con $\varphi = 46°$; $\alpha = 20°$; $i = 60°$ - (Fig. 8)

	x_R	y_R	z_R	x_S	y_S	z_S
retta 1	20.0	-30.0	50.0	-50.0	20.0	30.0
retta 2	50.0	50.0	40.0	-60.0	-40.0	80.0
	g_1	g_2	g_3	l_1	l_2	l_3
retta 1	-0.793	0.567	-0.226	0.664	0.238	0.709
retta 2	-0.745	0.610	-0.271			
	x_{P0}	y_{P0}		x_N	y_N	
	-62.87	29.24		-16.19	-4.15	

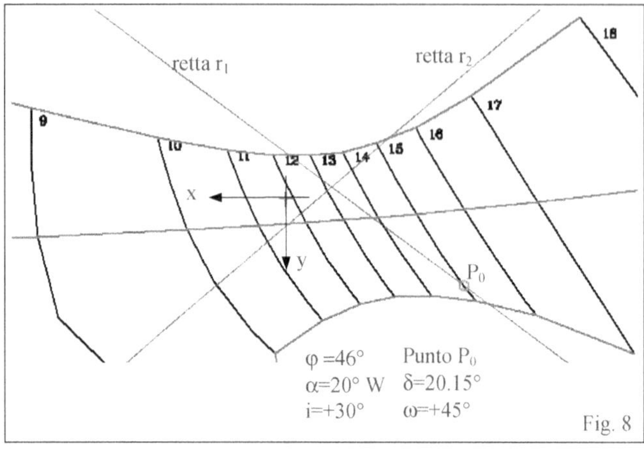

○ ○ ○ ○ ○ ○ ○ ○

21.2 Rette parallele al piano ad altezza costante

21.2.1

Siano h_1 e h_2 le altezze delle due rette sul piano Π (Fig. 9).
Per semplicità prendiamo i punti R sulla verticale dell'origine del sistema di assi in modo che sia $x_R = y_R = 0$

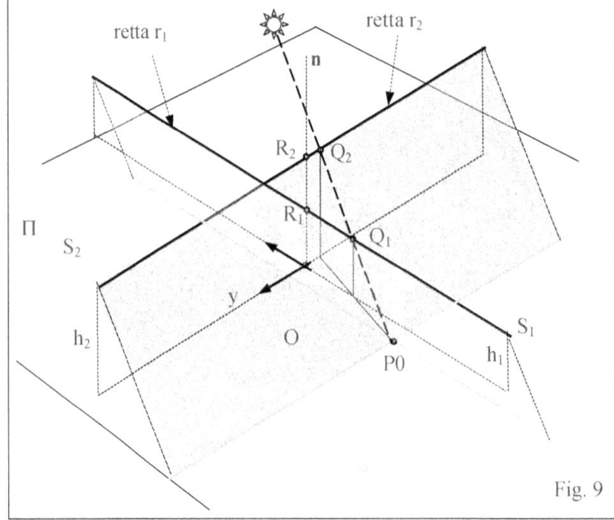

Equazione della retta r passante per i punti $R\{0, 0, h_1\}$ e $S\{x_S, y_S, z_S\}$

$$\frac{x}{x_S} = \frac{y}{y_S} \quad \text{con} \quad z = h \quad \text{oppure}$$

$$x \cdot g_2 - y \cdot g_1 = 0 \quad : \quad z = h \quad \text{con}$$

$$\begin{cases} g_1 = \dfrac{x_S}{\sqrt{x_S^{\,2} + y_S^{\,2}}} \\[2ex] g_2 = \dfrac{y_S}{\sqrt{x_S^{\,2} + y_S^{\,2}}} \quad ; \quad g_3 = 0 \end{cases}$$

coseni direttori della retta

Piano passante per il Sole e contenente la retta r. Il piano ha equazione:
$$x \cdot A + y \cdot B + z \cdot C = D \qquad (1)$$
con

$$\begin{cases} A = g_2 \cdot m_3 \\ B = -g_1 \cdot m_3 \\ D = +h \cdot (g_1 \cdot m_2 - g_2 \cdot m_1) \end{cases} \quad (2)$$

Ombra della retta r sul piano piano $x \cdot A + y \cdot B = D$ è parallela alla retta ombreggiante r, con coseni direttori $\{g_1, g_2\}$ e dista dall'origine della quantità

$$d = \frac{|D|}{\sqrt{A^2 + B^2}} = \frac{h}{\sqrt{x_S^2 + y_S^2}} \cdot \frac{(m_2 \cdot x_S - m_1 \cdot y_S)}{m_3}$$

<u>Ombra di due rette sul piano</u>

Il punto P_0 di intersezione **fra le ombre** di due rette ha le coordinate date da:

$$\left\{ x_0 = +\frac{B_2 \cdot D_1 - B_1 \cdot D_2}{A_1 \cdot B_2 - A_2 \cdot B_1} \;\; ; \;\; y_0 = -\frac{A_2 \cdot D_1 - A_1 \cdot D_2}{A_1 \cdot B_2 - A_2 \cdot B_1} \right\} \tag{3}$$

ove i valori di A, B, C, D per ciascuna delle due rette sono dati alle (2)

Se $\dfrac{x_{S1}}{y_{S1}} = \dfrac{x_{S2}}{y_{S2}}$ le due ombre sono parallele e si incontrano nel punto all'infinito di direzione $\{g_i\}$.

Se $g_{1,1} \cdot g_{1,2} + g_{2,1} \cdot g_{2,2} = 0$ quindi se $\dfrac{x_{S1}}{y_{S1}} = -\dfrac{y_{S2}}{x_{S2}}$ le due rette sono fra loro ortogonali

La retta che unisce il punto P_0 con l'origine O del sistema di coordinate forma con l'asse x, l'angolo ψ calcolabile con la $\tan(\psi) = y_0 / x_0$.

L'angolo ξ fra le due ombre è dato dalla $\cos(\xi) = g_{1,1} \cdot g_{1,2} + g_{2,1} \cdot g_{2,2}$

Punto Q_1 e Q_2 delle retta r_1 e r_2 la cui ombra cade in P_0 ha coordinate:

$$\begin{cases} x_{Q1} = +g_{1,1} \cdot t_{Q1} \\ y_{Q1} = +g_{2,1} \cdot t_{Q1} \\ z_{Q1} = +h_1 \end{cases} \quad \text{con} \quad t_{Q1} = \frac{-m_1 \cdot y_0 + m_2 \cdot x_0}{m_2 \cdot g_{1,1} - m_1 \cdot g_{2,1}}$$

Formule analoghe per la retta r_2.

Esempio con $\varphi = 46°$; $\alpha = 20°$; $i = 60°$ (Fig. 10)

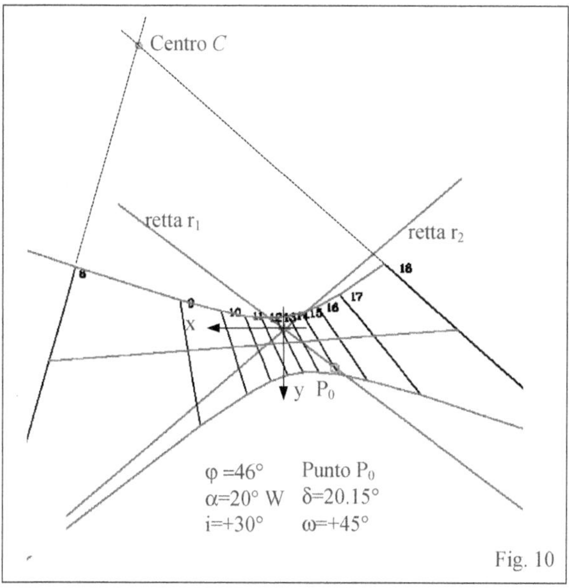

Fig. 10

	x_R	y_R	z_R	x_S	y_S	z_S
retta 1	0.0	0.0	50.0	-70.0	50.0	50.0
retta 2	0.0	0.0	80.0	-110.0	-90.0	80.0
	g_1	g_2	g_3	l_1	l_2	l_3
retta 1	-0.814	0.581	0.0	0.664	0.238	0.709
retta 2	-0.774	-0.633	0.0			
	x_{P0}	y_{P0}	x_N	y_N	x_C	y_C
	-58.27	41.70	0.0	0.0	166.6	-308.6

21.2.2 Rette ad altezza costante e parallele agli assi coordinati

Siano h_1 e h_2 le altezze delle due rette sul piano Π.

Per semplicità prendiamo i punti R sulla verticale dell'origine del sistema di assi in modo che sia $x_R = y_R = 0$ e i punti S uno sull'asse x ($x_{S1} = 0$) e l'altro sull'asse y ($y_{S2} = 0$).

Quindi $R_1\{0, 0, h_1\}$, $S_1\{0, y_{s1}, h_1\}$, $R_2\{0, 0, h_2\}$, $S_2\{x_{S2}, 0, h_2\}$

<u>Equazione della retta r_1</u>: $y = 0$; $z = h_1$ - $\{g_{i1}\}=\{1, 0, 0\}$

<u>Equazione della retta r_2</u>: $x = 0$; $z = h_2$ - $\{g_{i2}\}=\{0, 1, 0\}$

<u>Equazioni delle due rette ombra sul piano</u> $x \cdot A + y \cdot B = D$ con

$$\{A_1 = 0 ; B_1 = -m_3 ; D_1 = +h_1 \cdot m_2\} \quad e \quad \{A_2 = m_3 ; B_2 = 0; D_2 = -h_2 \cdot m_1\} \quad (2)$$

<u>Le rette-ombra</u>   sono fra loro ortogonali e distano dall'origine delle quantità $d_1 = h_1 / m_3$; $d_2 = h_2 / m_3$.

Esempio (Fig. 11)

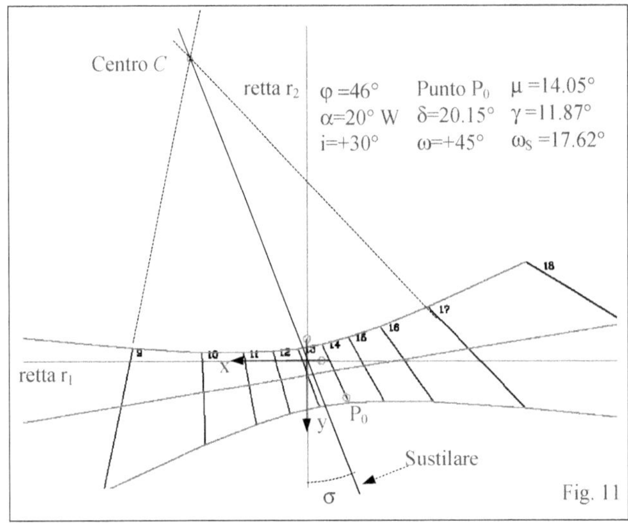

	x_R	y_R	z_R	x_S	y_S	z_S
retta 1	0.0	0.0	50.0	100.0	0.0	50.0
retta 2	0.0	0.0	80.0	0.0	100.0	80.0
	g_1	g_2	g_3	l_1	l_2	l_3
retta 1	1	0	0	0.664	0.238	0.709
retta 2	0	1	0			
	x_{P0}	y_{P0}	x_N	y_N	x_C	y_C
	-58.24	26.07	0.0	0.0	92.43	-230.83

Il punto P_0 di intersezione fra le ombre ha coordinate:

$$\left\{ x_0 = -\frac{m_1}{m_3}\cdot h_2 \quad ; \quad y_0 = -\frac{m_2}{m_3}\cdot h_1 \right\} \qquad (3)$$

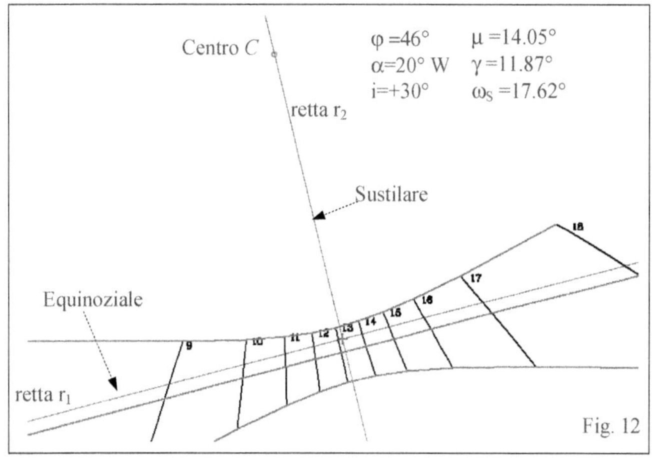

La retta che unisce il punto P_0 con l'origine O del sistema di coordinate forma con l'asse x, l'angolo ψ

calcolabile con la $\tan(\psi) = \frac{m_2}{m_1}\cdot\frac{h_1}{h_2}$.

Punto Q_1 e Q_2 delle retta r_1 e r_2 la cui ombra cade in P_0 hanno coordinate:
$\{x_{Q1}, 0, h_1\}$ e $\{0, y_{Q2}, h_2\}$ con

$$x_{Q1} = x_0 - \frac{m_1}{m_2}\cdot y_0 = \frac{m_1}{m_3}\cdot(h_1 - h_2) \quad e \quad y_{Q2} = y_0 - \frac{m_2}{m_1}\cdot x_0 = -\frac{m_2}{m_3}\cdot(h_1 - h_2)$$

<u>Centro dell'orologio</u>

Ricordando le formule (4) si ricavano le relazioni:

$$x_C = h_2 \cdot\frac{\operatorname{sen}(\mu)}{\tan(\gamma)} \quad ; \quad y_C = -h_1 \cdot\frac{\cos(\mu)}{\tan(\gamma)}$$

La linea che unisce il centro C all'origine O forma con l'asse y, cioè con la linea di massima pendenza, l'an-

golo σ con $\tan(\sigma) = \frac{h_2}{h_1}\cdot\tan(\mu)$, ove μ è l'angolo fra la sustilare e la linea di massima pendenza.

Si può dimostrare (vedi in seguito) che se le due rette ad altezza costante sono prese parallele alle linee sustilare ed equinoziale, il Centro si trova esattamente sulla linea sustilare.

<u>Progetto di un orologio bifilare</u>

In questo caso le linee orarie dell'orologio sono rettilinee e passano per il centro **C**

21.2.3 Rette ad altezza costante e parallele alle linee sustilare ed equinoziale

Siano h_1 e h_2 le altezze delle due rette sul piano Π.

Prendiamo la retta r_1 parallela alla linea equinoziale e la r_2 parallela alla linea sustilare.

I punti che individuano le rette siano:

$\qquad R_1\{0, 0, h_1\}$, $S_1\{k_1\cos(\mu), k_1\operatorname{sen}(\mu), h_1\}$ e $R_2\{0, 0, h_2\}$, $S_2\{-k_2\operatorname{sen}(\mu), k_2\cos(\mu), h_2\}$

<u>retta r_1:</u> $\{g_{i1}\}=\{+\cos(\mu), \operatorname{sen}(\mu), 0\}$

<u>retta r_2:</u> $\{g_{i2}\}=\{-\operatorname{sen}(\mu), \cos(\mu), 0\}$

$$\{A_1 = m_3 \cdot \mathrm{sen}(\mu) \; ; \; B_1 = -m_3 \cdot \cos(\mu) \; ; \; D_1 = +h_1 \cdot (m_2 \cdot \cos(\mu) - m_1 \cdot \mathrm{sen}(\mu))\}$$

$$\{A_2 = m_3 \cdot \cos(\mu) \; ; \; B_2 = +m_3 \cdot \mathrm{sen}(\mu) \; ; \; D_2 = -h_2 \cdot (m_2 \cdot \mathrm{sen}(\mu) + m_1 \cdot \cos(\mu))\}$$

Per trovare il Centro è sufficiente sostituire i valori di $\{m_{i,PN}\}$ dati dalle (4) nelle relazioni (3).

Si ricavano i valori: $x_C = \dfrac{\mathrm{sen}(\mu)}{\tan(\gamma)} \cdot h_1 \; ; \; y_C = -\dfrac{\cos(\mu)}{\tan(\gamma)} \cdot h_1$

Poiché $\dfrac{x_C}{y_C} = \tan(\mu)$ la retta che unisce il centro C all'origine O forma coincide con la sustilare e la distanza

fra C ed O risulta $OC = \dfrac{h_1}{\tan(\gamma)}$

☺ ☺ ☺ ☺ ☺ ☺ ☺ ☺

21.3 Un approccio diverso – Metodo di Fabio Savian

21.3.1 Generalità

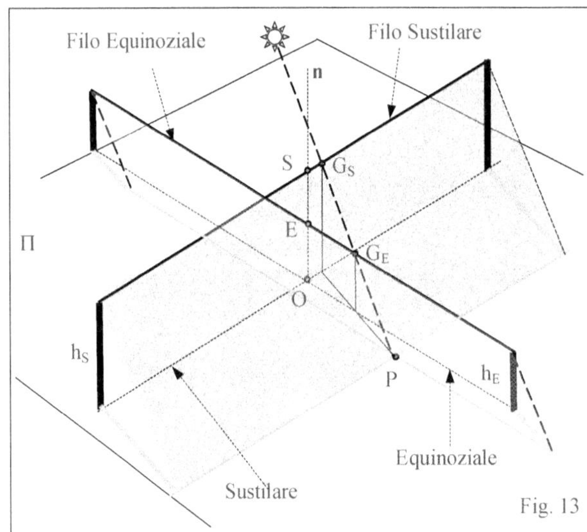

In precedenza il piano Π dell'orologio è stato individuato con un orientamento altazimutale utilizzando il suo azimut e la sua inclinazione (angoli Az, i) e su di esso si è preso, di conseguenza, un sistema di coordinate cartesiane ortogonali anch'esso altazimutale, con l'asse x orizzontale e l'asse y secondo la linea di massima pendenza.

Fabio Savian ha invece utilizzato nei suoi studi un diverso orientamento individuando il piano Π attraverso l'altezza dello stilo polare (γ) e l'angolo orario ω_S del piano sustilare, cioè del piano orario perpendicolare al piano Π dell'orologio.

Questo approccio, che possiamo chiamare "polare", dà luogo ad alcune importanti semplificazioni nello studio teorico degli orologi solari bifilari.

Coerentemente a questa scelta è utile (e semplificativo) prendere sul piano un sistema di coordinate con gli assi coincidenti con la linea sustilare e con la linea equinoziale.

21.3.2 Il centro e la linea oraria

Sul piano Π segniamo la retta sustilare e una retta normale ad essa passante per un generico punto O e immaginiamo una retta **n** normale a Π passante per questo punto (Fig. 13).

Prendiamo poi due rette o fili ombreggianti paralleli al piano:

- il primo (r_2 o r_S) parallelo alla retta sustilare e distante h_S da essa (filo S o filo Sustilare). Sia S il punto in cui questo filo incontra la normale uscente da O e G_S un suo generico punto.

- Il secondo (r_1 o r_E) con direzione normale, distante h_E dal piano e passante per la normale **n**. Poiché questa direzione è quella della linea equinoziale lo chiamerò "filo S o Equinoziale". Sia G_E un generico punto su di esso.

Fissiamo poi sul piano un sistema di assi cartesiani ortogonali destrorso con origine in O, asse x lungo la linea equinoziale e asse y lungo la sustilare (Fig. 14)

Supponiamo ora che il punto G_S sia l'estremo dello stilo polare di un orologio a tempo vero con ortostilo di lunghezza h_S: poiché il piano sustilare contiene l'asse polare, il centro C_S di questo orologio apparterrà alla retta sustilare. In un istante T qualunque, corrispondente all'angolo orario ω, il punto G_S produrrà un'ombra nel punto P_S. In Fig. 14 si sono indicati gli angoli γ (elevazione dello stilo) e θ' (angolo fra la linea oraria C_S-P_S e la sustilare).

Supponiamo poi che anche il punto G_E sia l'estremo dello stilo polare di un orologio con ortostilo lungo h_E: sia P_E il punto in cui cade l'ombra di G_E nell'istante T considerato.

Infine indichiamo: con C il punto di intersezione fra la sustilare e la retta, parallela all'equinoziale, che passa per C_E; con P il punto ove si intersecano le ombre dei due fili e con β l'angolo fra la sustilare e la direzione CP.

La distanza dell'ombra del filo S dalla linea sustilare è data da $\overline{N_S P_S} = \overline{C_S P_S} \cdot \mathrm{sen}(\theta')$ mentre la

distanza, misurata lungo la linea sustilare, fra il punto C e l'ombra del filo E è $\overline{N_E C_E} = \overline{C_E P_E} \cdot \cos(\theta')$

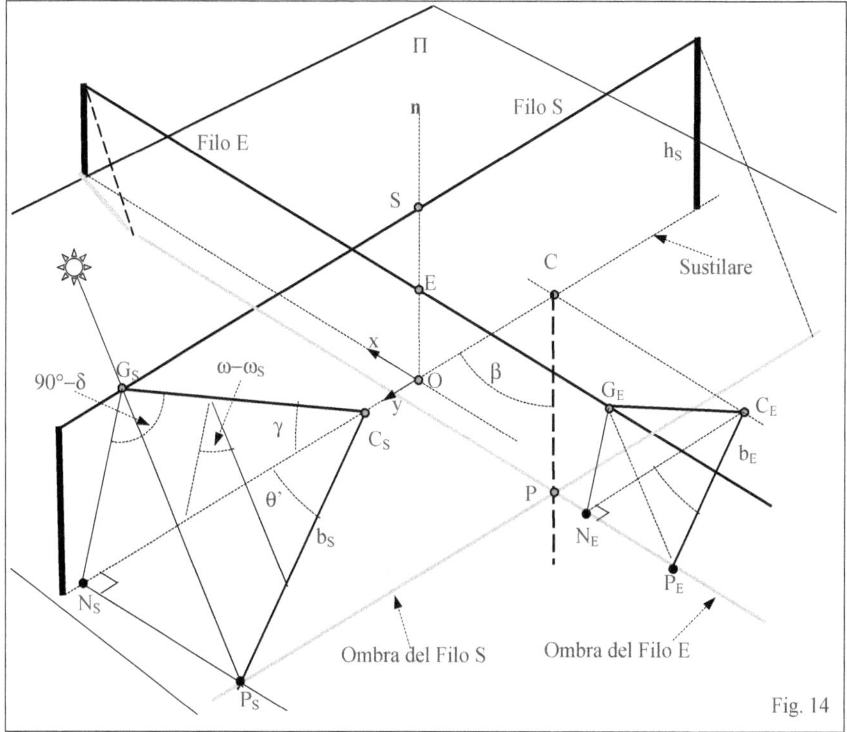

Seguendo la costruzione di Savian troviamo:

$$\tan(\beta) = \frac{\overline{N_S P_S}}{\overline{N_E C_E}} = \frac{\overline{C_S P_S}}{\overline{C_E P_E}} \cdot \tan(\theta') \quad \text{ed essendo le diverse grandezze dei due orologi fra loro pro-porzionali}$$

$$\tan(\beta) = \frac{h_S}{h_E} \cdot \tan(\theta') = \frac{h_S}{h_E} \cdot \mathrm{sen}(\gamma) \cdot \tan(\omega - \omega_S) \qquad (5)$$

Poiché l'angolo θ' dipende soltanto dalla latitudine, dalla giacitura del piano e dall'angolo orario del Sole l'angolo β non cambia al variare del giorno e quindi i punti in cui si intersecano le ombre dei due fili in una data ora in giorni diversi dell'anno appartengono tutti alla semiretta uscente da C e passante per P, retta che forma con la sustilare l'angolo β e che è la linea oraria dell'istante T

Quindi il punto C è il centro dell'orologio bifilare e CP è la linea oraria dell'istante T considerato.

21.3.3 Ricerca del centro

Per trovare la distanza CO del centro C dell'orologio bifilare dall'origine degli assi **supponiamo di essere nel giorno dell'Equinozio** : in questo caso l'ombra del filo E cadrà sulla intersezione del piano equatoriale passante per il filo E stesso, con il piano Π (Fig. 12).

Indicando con O' il piede della verticale dal punto P_S si possono ricavare le relazioni:

$$N_S P_S = \frac{h_S}{\cos(\gamma)} \quad ; \quad N_S P = P_S N_S \cdot \tan(\omega - \omega_S) = \frac{h_S}{\cos(\gamma)} \cdot \tan(\omega - \omega_S)$$

$$C_E P_E = \frac{h_E}{\operatorname{sen}(\gamma)} \quad ; \quad C_E N_E = C N_S = \frac{h_E}{\operatorname{sen}(\gamma) \cdot \cos(\gamma)} \quad \text{e infine}$$

$$CO = \frac{h_E}{\tan(\gamma)} \quad \text{e} \quad \tan(\beta) = \frac{h_S}{h_E} \cdot \operatorname{sen}(\gamma) \cdot \tan(\omega - \omega_S) \quad \text{relazione già prima ricavata.}$$

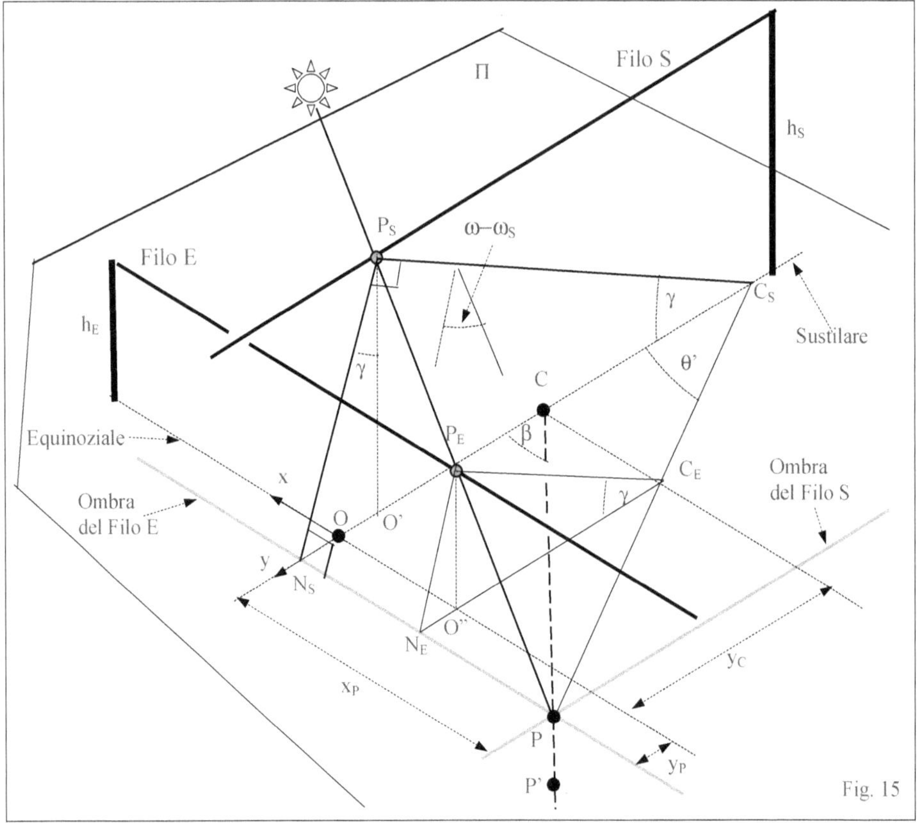

Fig. 15

In conclusione nell'orologio bifilare considerato, con i fili paralleli al piano e alle linee sustilare ed equinoziale

-   il centro C dell'orologio, per cui passano tutte le linee orarie, si trova sulla sustilare alla distanza

$$CO = \frac{h_E}{\tan(\gamma)} \; ;$$

-   la linea oraria corrispondente all'angolo orario ω forma l'angolo β con la linea sustilare con

$$\tan(\beta) = \frac{h_S}{h_E} \cdot \operatorname{sen}(\gamma) \cdot \tan(\omega - \omega_S) \tag{5}$$

ove γ l'elevazione dello stilo e ω_S l'angolo orario della sustilare.

<u>Da notare che lo stilo polare che esce da C incontra entrambi i fili.</u>

21.3.4 I coseni direttori della direzione del Sole

In questo sistema i coseni direttori della direzione del Sole nell'istante individuato da (δ, ω), sono dati dalle relazioni:

$$\begin{cases} m_1 = \cos(\delta)\cdot \mathrm{sen}(\omega - \omega_S) \\ m_2 = -\left\{\mathrm{sen}(\delta)\cdot \cos(\gamma) + \cos(\delta)\cdot \mathrm{sen}(\gamma)\cdot \cos(\omega - \omega_S)\right\} \\ m_3 = -\left\{\mathrm{sen}(\delta)\cdot \mathrm{sen}(\gamma) - \cos(\delta)\cdot \cos(\gamma)\cdot \cos(\omega - \omega_S)\right\} \end{cases}$$

Da notare che ponendo m3=0 si ottiene la condizione per cui il raggio solare è parallelo al piano:
$$\cos(\omega - \omega_S) = -\tan(\delta)\cdot \tan(\gamma)$$

Il punto-ombra P_0 ha coordinate

$$x_0 = \frac{\cos(\delta)\cdot \mathrm{sen}(\omega - \omega_S)}{\mathrm{sen}(\delta)\cdot \mathrm{sen}(\gamma) - \cos(\delta)\cdot \cos(\gamma)\cdot \cos(\omega - \omega_S)}\cdot h_S$$

$$y_0 = -\frac{\mathrm{sen}(\delta)\cdot \cos(\gamma) + \cos(\delta)\cdot \mathrm{sen}(\gamma)\cdot \cos(\omega - \omega_S)}{\mathrm{sen}(\delta)\cdot \mathrm{sen}(\gamma) - \cos(\delta)\cdot \cos(\gamma)\cdot \cos(\omega - \omega_S)}\cdot h_E$$

e i punti sulle due rette la cui ombra cade in P_0 sono:

$$\text{retta } r_S \ - \ x_{QS} = 0 \ \ ; \ \ y_{QS} = +\frac{\mathrm{sen}(\delta)\cdot \cos(\gamma) + \cos(\delta)\cdot \mathrm{sen}(\gamma)\cdot \cos(\omega - \omega_S)}{\mathrm{sen}(\delta)\cdot \mathrm{sen}(\gamma) - \cos(\delta)\cdot \cos(\gamma)\cdot \cos(\omega - \omega_S)}\cdot (h_S - h_E) \ \ ; \ \ z_{QS} = h_S$$

$$\text{retta } r_E \ - \ x_{QE} = \frac{\cos(\delta)\cdot \mathrm{sen}(\omega - \omega_S)}{\mathrm{sen}(\delta)\cdot \mathrm{sen}(\gamma) - \cos(\delta)\cdot \cos(\gamma)\cdot \cos(\omega - \omega_S)}\cdot (h_S - h_E) \ \ ; \ \ y_{QE} = 0 \ \ ; \ \ z_{QE} = h_E$$

Poiché la direzione del Polo Nord Celeste è individuata dai valori $\{\delta = 90°, \omega = 0°\}$ il centro C dell'orologio

ha coordinate $\ \left\{ x_C = 0 \ \ ; \ \ y_C = -\dfrac{h_E}{\tan(\gamma)} \right\}$

Esempio numerico
Siano
– Località $\varphi = 46°$
– Istante $\delta = 20.15°$; $\omega = 45°$ (T = ore 15h)
– Piano i(zenitale) = 30° ; azimut $\alpha = 20°$.
– Retta S parallela alla sustilare ad altezza 80 ; retta E parallela alla equinoziale ad altezza 50.
Si ricavano i valori
$\omega_S = 17.618°$; ora sustilare = 13h 10m; $\gamma = 11.867°$; $\mu = 14.050°$; $x_C = 0$; $y_C = -237.95$
$x_0 = -46.367$; $y_0 = +33.121$; $y_{QS} = -20470$; $x_{QE} = +17.387$;
La linea orari delle ore 15h ($\omega = 45°$) forma con la sustilare un angolo di 9.67°

<<<<<<<<<<<<<<<<<<<<<<<<<<<< | >>>>>>>>>>>>>>>>>>>>>>>>>>>>

21.4 Condizione fondamentale per avere le linee orarie equi-intervallate.

21.4.1

Dalla precedente formula (5) $\tan(\beta) = \dfrac{h_S}{h_E}\cdot \mathrm{sen}(\gamma)\cdot \tan(\omega - \omega_S)$ si ha subito che se il coefficiente

assume il valore unitario $\left[h_S \cdot \mathrm{sen}(\gamma)/h_E \right] = 1$ (6)

allora $\beta = (\omega - \omega_S)$, cioè l'angolo fra una linea oraria e la linea sustilare, è uguale alla differenza fra l'angolo orario della linea e quello del piano sustilare.

In altre parole le linee orarie sono intervallate di 15° come i corrispondenti angoli orari.

Ricordando l'espressione di sen(γ) si ha la formula seguente, che permette di trovare il valore del rapporto fra le altezze dei fili e i parametri del piano per avere la condizione indicata.

$$\frac{h_E}{h_S} = +\cos(\varphi) \cdot \cos(i) \cdot \cos(\alpha) - \text{sen}(\varphi) \cdot \text{sen}(i)$$

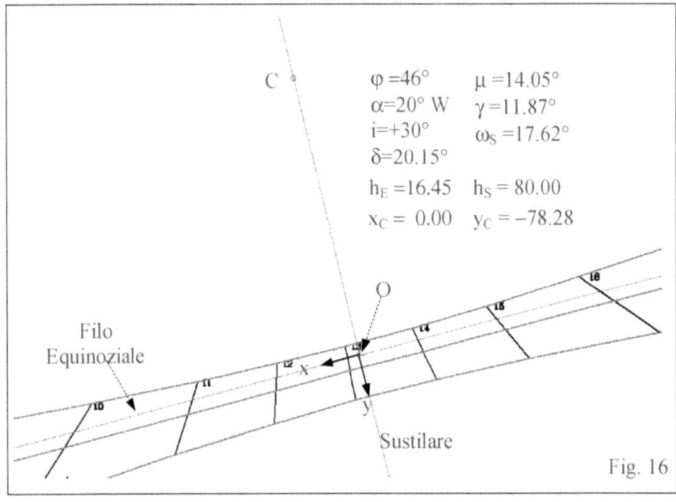

Esempio numerico
Siano
φ = 46° ; i(zenitale) = 30° ;
azimut α =20°; ωs = 17.618° ;
ora sustilare = 13h 10m;
γ = 11.867° ; μ =14.050°
Retta S parallela alla sustilare ad al-tezza hS ; retta E parallela alla equi-noziale ad altezza hE.
Per avere linee orarie equi-intervallate occorre

$$\frac{h_E}{h_S} = \text{sen}(\gamma) = 0.2056$$ e quindi,

con hS = 80, occorre hE=16.45.

Con questi valori si ricavano ad es. i seguenti angoli fra le linee orarie, la sustilare e la linea di massima pen-denza:

Ore	12	13	14	15
Angolo fra linea oraria e Sustilare	−21.36	-2.62	+12.38	+27.38
Angolo fra linea oraria e la linea di max pendenza	−3.57	+11.43	+26.43	+41.43

21.4.2 Casi particolari - Piano Polare (Fig. 17)

Il piano Π è un piano polare, cioè un piano parallelo all'asse polare, se γ = 0° e la sue inclinazione e declinazione sono legate dalla relazione $\cos(|\alpha|) = \tan(\varphi) \cdot \tan(i)$.

Gli angoli ωs e μ si possono ricavare dalle:

$$\text{sen}(\omega_S) = \text{sen}(\alpha) \cdot \cos(i) \;\; ; \;\; \cos(|\omega_S|) = \frac{\text{sen}(i)}{\cos(\varphi)} \;\; ; \;\; \tan(\omega_S) = \text{sen}(\varphi) \cdot \tan(\alpha)$$

$$\text{sen}(\mu) = \text{sen}(\alpha) \cdot \cos(\varphi) \;\; ; \;\; \cos(\mu) = \text{sen}(\varphi) / \cos(i)$$

I due semipiani orari che formano il piano polare sono individuati dagli angoli orari $\omega = \omega_S \pm 90°$ e il piano è illuminato nell'intervallo di tempo compreso fra le ore $\omega_S / 15 \pm 6h$.

Prendendo le due rette ombreggianti parallele alla sustilare e alla equinoziale, le coordinate di un generico punto-ombra P_0 e quelle dei punti ombreggianti appartenenti alle rette sono date dalle

$$P_0 \left\{ -h_S \cdot \tan(\omega - \omega_S) \;\; , \;\; h_E \cdot \frac{\tan(\delta)}{\cos(\omega - \omega_S)} \right\} \tag{7}$$

$$\left\{ x_{QS} = 0 \;\; ; \;\; y_{QS} = -(h_S - h_E) \cdot \frac{\tan(\delta)}{\cos(\omega - \omega_S)} \;\; ; \;\; z_{QI} = h_S \right\}$$

$$\{x_{QE} = -(h_S - h_E)\cdot\tan(\omega - \omega_S) \ ; \ y_{QE} = 0 \ ; \ z_{QE} = h_E\}$$

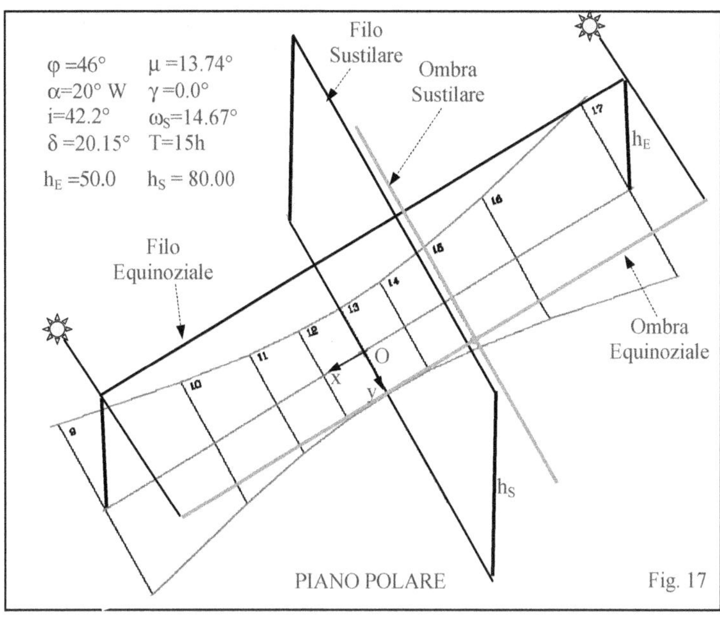

Poiché la coordinata x_0 non dipende dalla declinazione δ, i punti della linea oraria hanno distanza costante dall'asse y, cioè dalla sustilare.

In altre parole le linee orarie sono rette parallele alla sustilare da cui distano $\left[h_S \cdot \tan(\omega - \omega_S)\right]$.

Analogamente la distanza lungo la sustilare fra le linee diurne e l'equinoziale è data da $\left[h_E \cdot \tan(\delta)\right]$

La linea diurna, quando il Sole ha declinazione δ, ha equazione

$$\frac{y}{h_E} = \tan(\delta)\cdot\sqrt{1+\left(\frac{x}{h_S}\right)^2}$$

Dall'esame delle formule (7) si ricava che al crescere di h_S la distanza fra le linee orarie aumenta, cioè l'orologio si "allunga" nella direzione dell'equinoziale mentre al crescere di h_E le linee diurne di allontanano l'orologio si "allunga" nella direzione della sustilare.

21.4.3 Casi particolari - Piano Polare rivolto verso Sud (piano polare classico)

Essendo $\alpha = 0°$ si ha $i = 90° - \varphi$.

La sustilare coincide con la linea meridiana e con la linea di massima pendenza e l'equinoziale ha direzione Est-Ovest. Un punto generico dell'orologio ha coordinate

$$P_0\left\{-h_S\cdot\tan(\omega) \ , \ h_E\cdot\frac{\tan(\delta)}{\cos(\omega)}\right\}$$

Le linee orarie sono rette parallele alla sustilare da cui distano $\left[h_S\cdot\tan(\omega)\right]$ (Fig. 18).

21.4.4 Casi particolari - Piano Polare rivolto verso Ovest

Il piano Π è il piano verticale con azimut $\alpha = 90°$; $\omega_S = 90°$; la linea sustilare forma con la verticale l'angolo $\mu = 90° - \varphi$.

Prendendo le due rette ombreggianti parallele alla sustilare e alla equinoziale, le coordinate di un generico punto-ombra P_0 e quelle dei punti ombreggianti appartenenti alle rette sono date dalle

$$P_0\left\{\frac{h_S}{\tan(\omega)} \ , \ h_E\cdot\frac{\tan(\delta)}{\text{sen}(\omega)}\right\}$$

Quindi le linee orarie sono rette parallele alla sustilare da cui distano $\left[\dfrac{h_S}{\tan(\omega)}\right]$.

21.4.5 Casi particolari - Piano Verticale declinante

Prendendo i fili paralleli alla sustilare e all'equinoziale e l'origine delle coordinate nel punto di intersezione delle proiezioni dei fili, la linea meridiana coincide con la linea di massima pendenza e le linee orarie sono in-

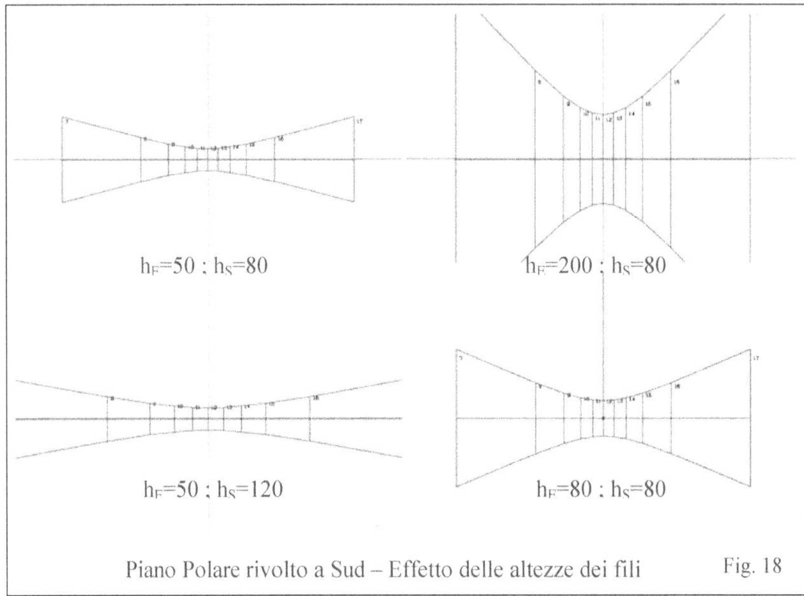

tervallate di 15° se $\dfrac{h_E}{h_S} = +\cos(\varphi)\cdot\cos(\alpha)$.

Esempio (Fig. 19)

Con $\varphi = 46°$; i= 0° ; azimut α =20° si ha ω_S = 26.84° ; ora sustilare = 13h 47m; γ = 40.75° ; μ =18.28°

Per avere linee orarie equi-intervallate occorre $h_E / h_S = 0.6527$ quindi con $h_S = 80$ occorre $h_E = 52.22$.

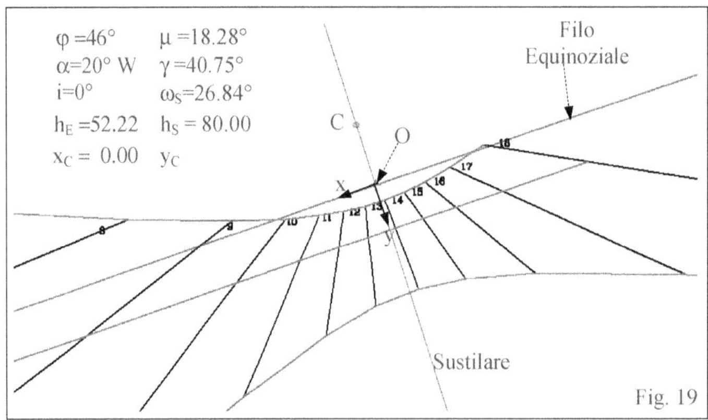

21.4.6 Casi particolari - Piano Verticale rivolto a Sud

La linea sustilare coincide con la meridiana e con la linea di massima pendenza. Le linee orarie sono

intervallate di 15° se $\dfrac{h_E}{h_S} = +\cos(\varphi)$.

Esempio (Fig. 20) - Con $\varphi = 46°$; i = α = 0° si ha ω_S = 26.84° ; ora sustilare = 13h 47m; γ = 40.75° ; μ =18.28°

Per avere linee orarie intervallate di 15° occorre $h_E / h_S = 0.6947$ quindi con $h_S = 80$ occorre $h_E = 55.57$.

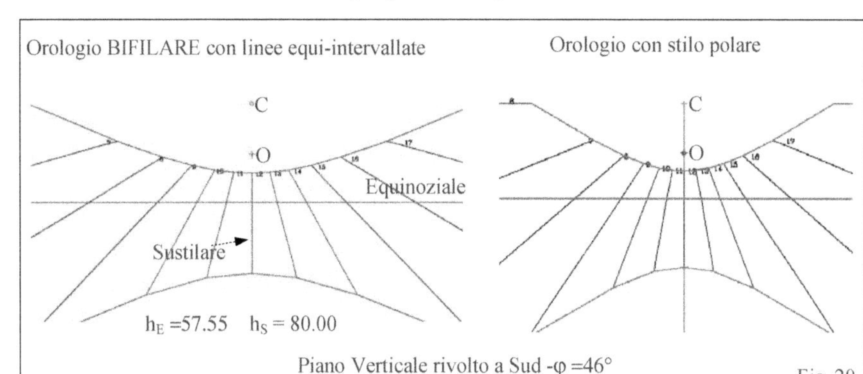

In Fig. 20 il confronto fra un orologio bifilare e uno a stilo polare

21.5 Piano orizzontale – Orologio bifilare "classico" ideato da Hugo Michnik

La linea sustilare coincide con la linea meridiana.
L'asse x è in direzione Est-Ovest (positivo verso Ovest e l'asse y in direzione Nord-Sud positivo verso Sud (Fig. 21).

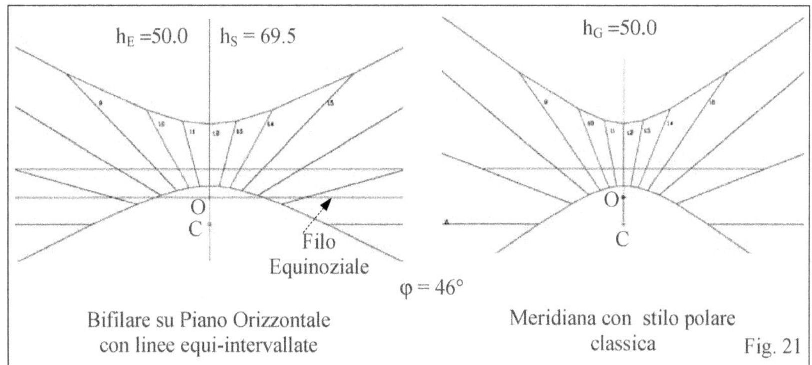

Le coordinate di un punto generico e del Centro C sono:

$$x_0 = -\frac{sen(Az)}{tan(h)} \cdot h_S \quad ; \quad y_0 = -\frac{cos(Az)}{tan(h)} \cdot h_E \quad ; \quad y_C = +\frac{h_E}{tan(\varphi)} \quad \text{o anche}$$

$$x_0 = -\frac{sen(\omega)}{sen(\varphi) \cdot tan(\delta) + cos(\varphi) \cdot cos(\omega)} \cdot h_S \quad ; \quad y_0 = \frac{cos(\varphi) \cdot tan(\delta) - sen(\varphi) \cdot cos(\omega)}{sen(\varphi) \cdot tan(\delta) + cos(\varphi) \cdot cos(\omega)} \cdot h_E$$

Occorre prendere $\gamma = -\varphi$

Le linee orarie sono intervallate di 15° se $\dfrac{h_E}{h_S} = +sen(\varphi)$

Le linee ad azimut costante sono rette uscenti dall'origine O di equazione $y = \dfrac{h_E}{h_S} \cdot \dfrac{1}{tan(Az)} \cdot x$

Le linee ad altezza costante sono archi di ellisse concentrici di semiassi

$$\left\{ \frac{h_S}{\tan(h)} \ ; \ \frac{h_E}{\tan(h)} \right\} \quad \text{lungo gli assi} \ \{x \ ; \ y\}$$

Esempio - In Fig. 21 il confronto fra una meridiana bifilare orizzontale "classica" e una con stilo polare.

☺ ☺ ☺ ☺ ☺ ☺ ☺ ☺

21.6 Una curiosa proprietà delle meridiane bifilari

21.6.1 Linea equinoziale orizzontale

Come si è visto un orologio bifilare realizzato con "fili" paralleli al piano del quadrante può essere modificato, come forma e disposizione delle linee principali e delle linee orarie a tempo vero, variando opportunamente le distanze dei fili dal piano e la loro mutua posizione.

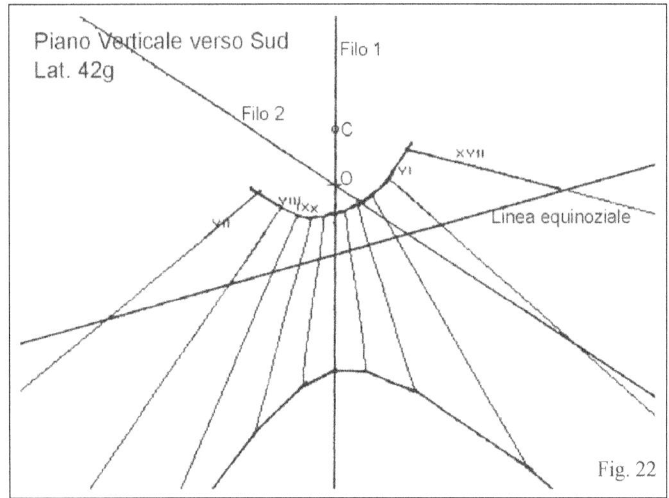

Una proprietà poco conosciuta è quella che dà la possibilità di poter realizzare orologi solari su un piano verticale o inclinato con la linea equinoziale orizzontale o con una inclinazione scelta da noi, qualunque sia la declinazione del quadro.

Per raggiungere questo scopo in un orologio su un piano inclinato e declinante è sufficiente che i due fili siano paralleli al piano:

– il primo a una distanza h_1 nella direzione di massima pendenza del piano, quindi nella direzione verticale se il piano è verticale;
– il secondo a una distanza h_2 e inclinato dell'angolo σ rispetto al primo filo - quindi rispetto alla verticale se il piano è verticale.

La relazione che dà l'angolo σ di cui il 2' filo deve essere inclinato rispetto al primo è la seguente:

$$\tan(\sigma) = \frac{h_2 - h_1}{Q \cdot h_2 - P \cdot h_1} \quad \text{ove} \quad P = \tan(\beta) \quad \text{e} \quad Q = \frac{\operatorname{sen}(\alpha)}{\cos(i) \cdot \tan(\varphi) + \cos(\alpha) \cdot \operatorname{sen}(i)}$$

essendo al solito

φ la latitudine del luogo

α , i la declinazione l' inclinazione zenitale piano del quadrante;   e con

$\beta \ =$ l' inclinazione voluta della linea equinoziale rispetto all'orizzontale;

$\sigma \ =$ inclinazione del 2' filo rispetto al 1' filo, positiva in senso orario.

Quindi se si desidera la linea equinoziale orizzontale è sufficiente porre $P = 0$, mentre se si vuole studiare solo il caso di piani verticali è sufficiente porre $i = 0°$.

Esempio

In un piano verticale rivolto a Sud si vuole la linea equinoziale inclinata di 15° (Fig. 22)

Con $\varphi = 42°$ si hanno i valori $\alpha = 0$, $i = 0°$, $\beta = 15°$ e $Q=0$.

Prendendo i valori $h_1 = 70$ e $h_2 = 100$ si ricava $\sigma = -58°$

21.6.2 Piano Verticale - Equinoziale Orizzontale

Se il piano é verticale e vogliamo la linea Equinoziale orizzontale la relazione precedente diventa:

$$\tan(\sigma) = \frac{h_2 - h_1}{h_2} \cdot \frac{\tan(\varphi)}{\sen(\alpha)}$$

Esempio (Fig. 23 - Fig. 24)

Sia $\varphi = 42°$, $\alpha = +35°$, $d_1 = 70$, $d_2 = 100$ (il filo 1 verticale è più vicino al quadrante del filo 2) si ricava $\sigma = 25.2°$

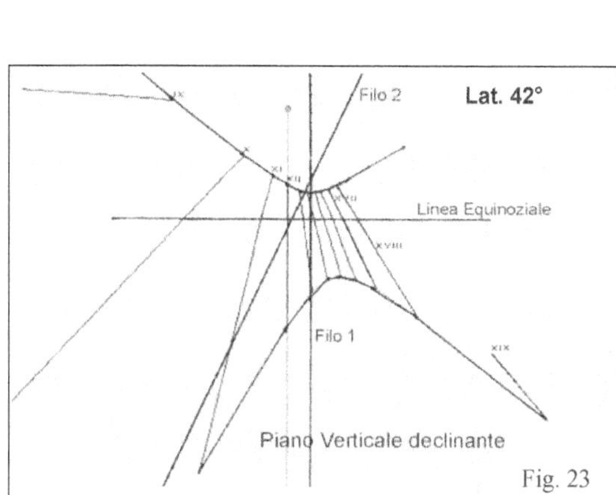

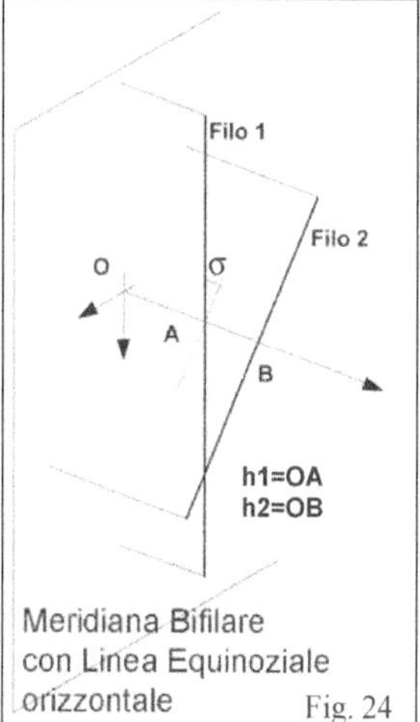

L'angolo fra le due rette aumenta al crescere del rapporto $(h_2 - h_1)/h_2$ e quindi quando la retta verticale (n. 1) si avvicina al piano.

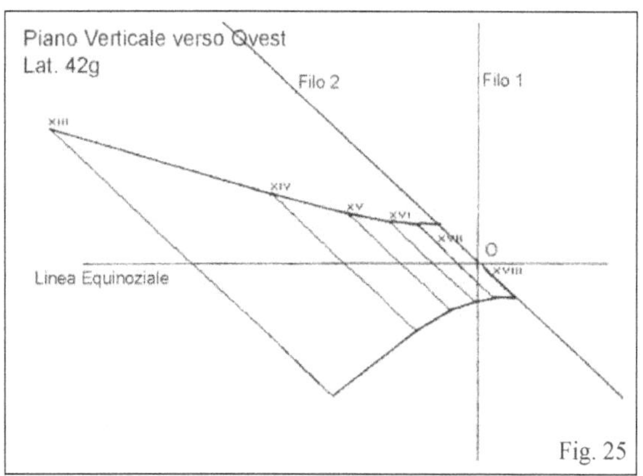

La formula data è ancora valida se si prende il Filo verticale 1 più lontano dal piano: in questo caso l'inclinazione del secondo filo rispetto al primo è invertita (cioè la retta deve essere ruotata in senso antiorario).

La distanza lungo la verticale fra la linea Equinoziale e il punto sul piano in cui si incontrano le proiezioni normali delle due rette (punto O nelle figure) si può ricavare con la formula $y_0 = h_2 \cdot \dfrac{\cos(\alpha)}{\tan(\varphi)}$

21.6.3 Piano Verticale rivolto verso Est o Ovest

Quando il piano è orientato esattamente verso Est o verso Ovest sappiamo che le linee orarie sono fra loro parallele e inclinate sull'orizzonte di un angolo uguale alla latitudine del luogo (Fig. 25).

Se in un orologio bifilare prendiamo come al solito il filo n. 1 verticale e il filo n. 2 ruotato dell'angolo $(90° - \varphi)$, in senso orario se il piano è verso Est e in senso antiorario se è verso Ovest, e prendiamo le distanze in modo che sia $h_2 = h_1 \cdot \sen^2(\varphi)$ otteniamo la linea Equinoziale orizzontale e il secondo filo parallelo alle linee orarie. Inoltre la zona "utile" del quadrante rimane tutta da una parte rispetto al Filo 2.

21.6.4 Piano Orizzontale

La proprietà delle meridiane bifilari enunciata può essere applicata anche al caso di piano orizzontale.

In questo caso se vogliamo che la linea Equinoziale **non** sia nella direzione Est-Ovest ma sia inclinata rispetto a questa di un angolo β, occorre prendere che i due fili siano orizzontali, il primo nella direzione Nord-Sud e il secondo ruotato dell'angolo σ rispetto al primo filo (la rotazione del filo si considera positiva in senso orario) con

$$\tan(\sigma) = -\frac{h_2 - h_1}{h_1} \cdot \frac{1}{\tan(\beta)}$$

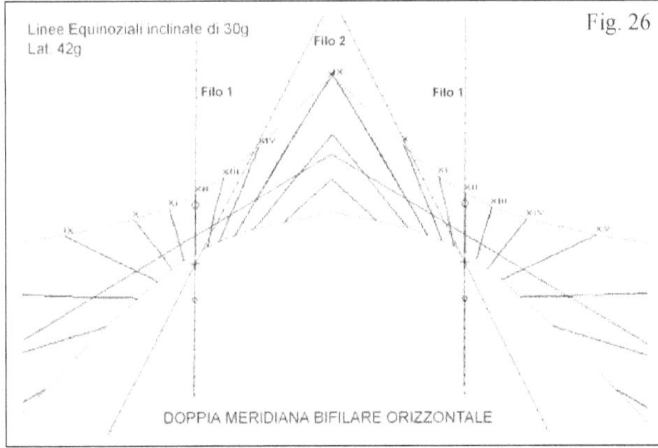

Utilizzando due meridiane bifilari orizzontali o verticali con linee equinoziali inclinate di uno stesso angolo, in versi opposti, si possono costruire orologi solari aventi forme particolari come quella mostrata nelle Fig. 26 e 27, utilizzanti tre fili.

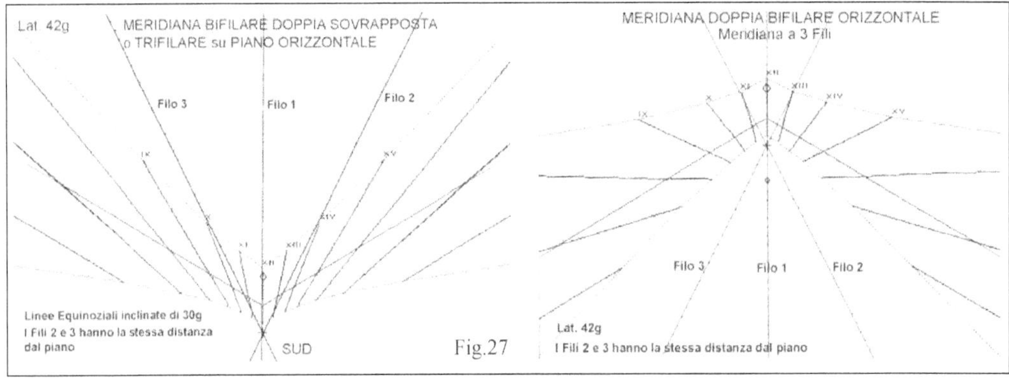

Breve bibliografia.

Michnik H., *Theorie einer Bilfilar-Sonnenuhr*, Astronomische Nachrichten, vol.217, n. 5190, aprile 1923, pagg. 81-99
Bellio Daniele, *La meridiana bifilare orizzontale*, Gnomonica Italiana, n. 2, giugno 2002, pagg. 6-11
Collin Dominique, *Vers une finalisation des cadrans bifilaires à fils rectilignes* - Académie de Nice - Société Astronomique de France Commission des Cadrans Solaires, Nice 2005, pagg. 1-40
Collin Dominique, *Théorie sur le cadran solaire bifilaire vertical declinant*, Journal of the Royal Astronomical Society of Canada", vol. 94, n. 3,
Collin Dominique, *Les cadrans solaires bifilaires à gnomons rectilignes quelconques*, Observations & Travaux, n.55, dicembre 2003, pagg. 13-31.
Collin Dominique, *The theorie of the vertical declining bifilare sundial*, The Compendium (NASS)
        Parte I, vol. 6, n. 4, dicembre1999, pagg. 16-22,
        Parte II, vol. 7, n. 2, giugno 2000, pagg. 7-13
        Parte III, vol. 7, n. 3, settembre 2000, pagg. 7-11

Parte IV, vol. 7, n. 4, dicembre 2000, pagg. 1-4.
Ferrari Gianni, *Una curiosa proprietà delle meridiane bifilari*, Gnomonica, n.6, maggio 2000, pagg. 55-57.
Ferrari Gianni, *A curious property of bifilar sundials*, in «The Compendium», vol. 7 n. 4, dicembre 2000, pagg. 12-16
Gunella Alessandro, *La bifilare generica da un altro punto di vista*, Gnomonica Italiana, n.7, novembre 2004
Rouxel Bernard, *Bifilar Sundials*, The Compendium (bollettino NASS) vol. 14, n. 2, giugno 2007, pagg. 5-11.
Savian Fabio, *Bifilare, un nuovo approccio semplificato*, Gnomonica Italiana, n. 1, dicembre 2001, pagg. 7-9.
Savian Fabio, *Orologi bifilari sulla cosustilare e con fili negativi*, Gnomonica Italiana, n. 5, giugno 2003, pagg. 14-18.
Savian Fabio, *L'orologio solare 'regolare'*, Gnomonica Italiana, n. 9, nov. 2005, pagg. 54-61.
Savian Fabio, *L'orologio bifilare: 'trasformatore' di parametri gnomonici*, Gnomonica Italiana, n. 8, giugno 2005, pagg. 62-68.
Savian Fabio, *Il centro del quadrante degli orologi bifilari*, Gnomonica Italiana, n.7, novembre 2004, pagg. 43-51.
Savoie Denis, *La Gnomonique*, edizioni Le Belles Lettres, Parigi 2001, pagg. 151-160.

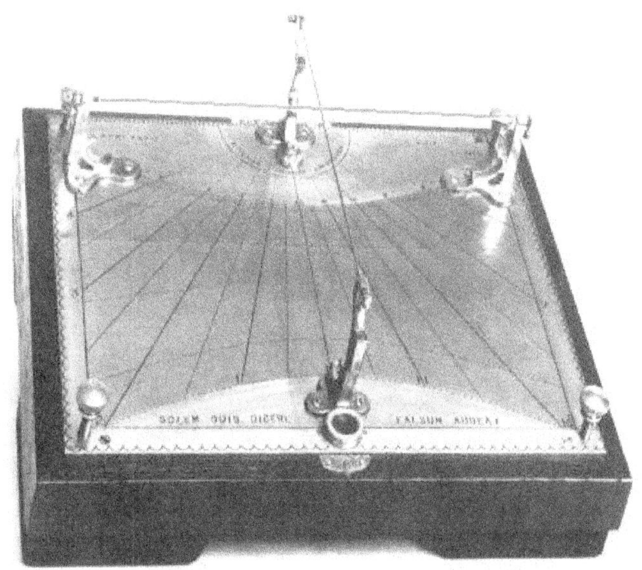

Capitolo 22
OROLOGI SOLARI INTERATTIVI

Da molti anni in articoli e altri scritti ho chiamato *"orologi solari interattivi"* quei particolari orologi solari nei quali è possibile la lettura dell'ora soltanto in seguito ad una azione dell'osservatore, cioè attraverso l'interazione fra *l'utente* e l'orologio.

Mi riferisco quindi a quegli strumenti che non devono soltanto essere osservati e letti ma con i quali le persone possono, e devono, entrare in contatto diventandone quasi parte integrante.

Questi orologi solari sono, a mio parere, quelli che attirano maggiormente l'attenzione e l'interesse delle persone *"comuni"* non particolarmente interessate alla gnomonica che con questi tipi di strumenti provano in genere a cimentarsi nella lettura dell'ora mentre si scoraggiano e si allontanano davanti a una semplice meridiana ad ore italiche.

Per questo mi auguro che gli orologi solari interattivi si diffondano sempre più, in particolare nei parchi e nelle scuole, diventando anche fonte di divertimento oltre che di avvicinamento alla comprensione dei più comuni fenomeni naturali.

Ovviamente tutti gli orologi portatili e i quadranti orari appartengono a questa particolare categoria ma, trattando questo testo soltanto di orologi solari piani (o su piano), non li prenderò in considerazione meritando tali strumenti ben altri studi dato il loro grande numero e le loro caratteristiche enormemente diverse fra loro.

Alcuni orologi solari "interattivi" sono già stati descritti in altri capitoli di questo testo.
Ad esempio le meridiane analemmatiche (Cap. 17) diffusissime e notissime, le analemmatiche rettilinee (Cap. 17), alcuni orologi su piani polari (come l'orologio a corda – Cap. 18), ecc.: per questo mi limiterò qui soltanto ad illustrare due particolari tipi descritti dallo scrivente alcuni anni fa.

22.1 Orologi solari interattivi con gnomone graduato in ore

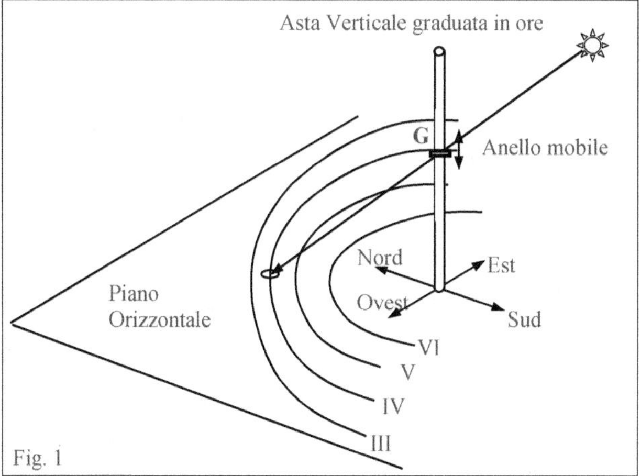

22.1.1 Principio di funzionamento
Un esempio di orologio solare adatto ad essere utilizzato non solo tramite l'osservazione di un quadrante ma con un coinvolgimento interattivo nella ricerca dell'ora, si può ottenere disegnando una meridiana orizzontale in cui sia presente un'asta verticale, graduata in ore o in giorni, sulla quale possa scorrere un indice o un indicatore di qualunque tipo [1].

---

[1] Un tale indicatore può essere realizzato o con un anello, o semplicemente con un dito, una matita o altro puntatore con la possibilità di essere fatto scivolare o scorrere dall'utilizzatore lungo l'asta.

Utilizzando questo indicatore (che chiamerò G) come nodo, come se fosse l'estremo di un ideale stilo verticale, potremo disegnare sul piano orizzontale una opportuna famiglia di linee su cui leggere l'ora (Fig. 1).

Discuterò ora il caso con l'asta graduata in ore in cui è necessario che sul piano del quadrante sia disegnata la famiglia delle linee diurne.

La lettura dell'ora può essere fatta secondo il semplice procedimento seguente:

– l'osservatore fa scorrere l'indicatore G lungo l'asta sino a quando l'ombra di G cade esattamente sulla linea diurna relativa al giorno di osservazione, tracciata sul piano del quadrante (in questo caso il piano orizzontale);

– sull'asta, in corrispondenza della posizione occupata da G, viene letto il valore dell'ora (Fig. 2, 3).

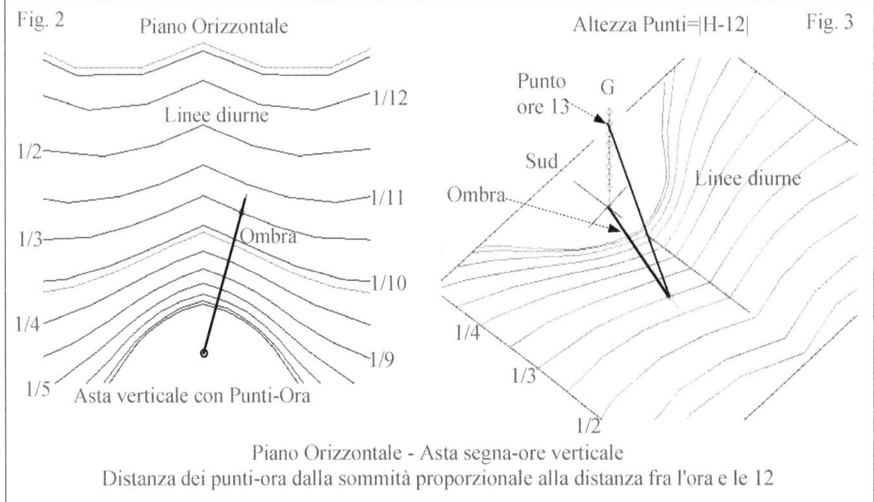

22.1.2 Caratteristiche e possibilità

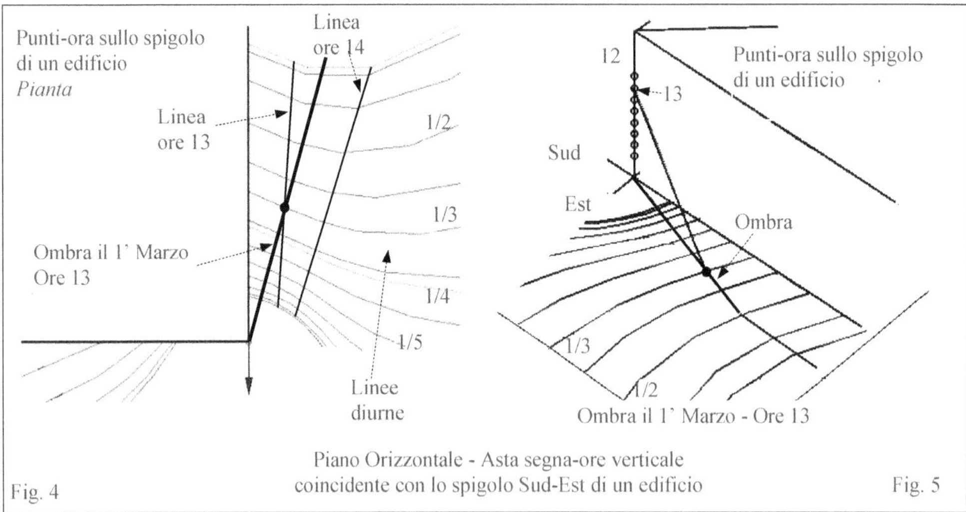

Un orologio solare del tipo descritto presenta le seguenti caratteristiche:

- calcolando e disegnando opportunamente le linee diurne l'asta può essere graduata in tempo vero locale o del fuso e in tempo medio locale o del fuso (tempo civile);
- volendo è possibile utilizzare anche altri tipi di ore come le ore che mancano al tramonto, le ore italiche, le ore di luce, ecc.
- le "graduazioni" sull'asta indicanti le ore, cioè le altezze del punto G che individuano le diverse ore, possono essere scelte in moltissimi modi diversi: per ciascuno di questi cambia la forma delle linee diurne e quindi l'aspetto dell'orologio;
- l' "asta" può essere una vera e propria asta o essere un elemento verticale di una struttura o di un edificio (Fig. 4, 5, 6).

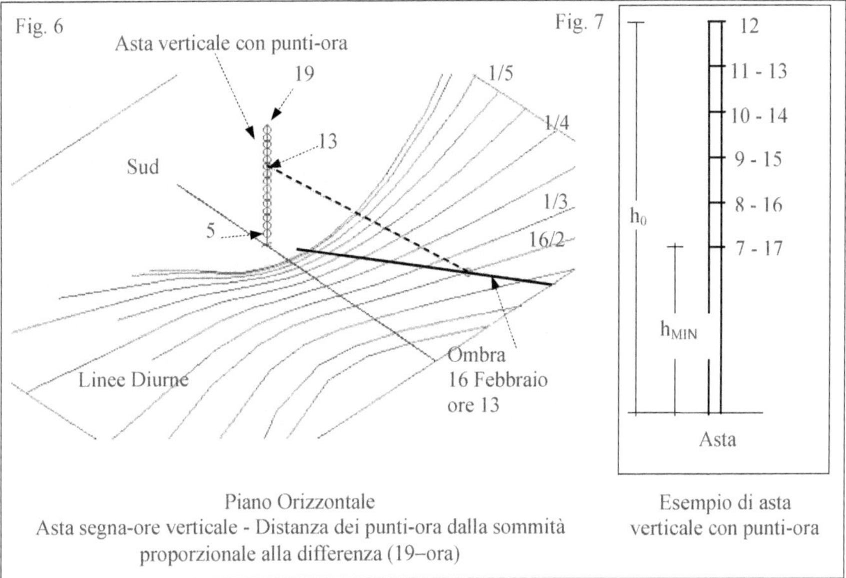

Piano Orizzontale
Asta segna-ore verticale - Distanza dei punti-ora dalla sommità
proporzionale alla differenza (19–ora)

Esempio di asta
verticale con punti-ora

22.1.3 Principio di calcolo

Per progettare un orologio solare del tipo descritto occorre per prima cosa determinare le altezze del punto G volute per le diverse ore.

Nella descrizione che segue si è considerato un orologio a tempo vero locale.

Si vuole che il punto G abbia una altezza massima a mezzogiorno e minima alle ore estreme desiderate e che le ore siano fra loro distanziate linearmente (Fig. 7).

In questo modo le linee diurne vengono "avvicinate" al piede dell'asta alle ore estreme quando l'altezza del Sole è piccola e "allontanate" verso il mezzogiorno quando l'altezza del Sole è grande.

Le linee diurne sono simmetriche rispetto alla linea meridiana.

Volendo l'altezza h_{GMIN} all'ora T_{MIN} (ad es. alle ore 7 e alle ore 17) si ha:

$$h_{GT} = h_{G0} - (h_{G0} - h_{GMIN}) \cdot \frac{|T - 12|}{(12 - T_{MIN})}$$

ove h_{G0} è l'altezza voluta di G a mezzogiorno e T è l'ora.

Dopo aver determinato le altezze del punto G alle diverse ore, per calcolare i punti delle linee diurne si può procedere semplicemente nel seguente modo:

- data l'ora T (e quindi l'angolo orario ω del Sole) si conosce l'altezza del punto $G = h_{GT}$;
- si calcolano i punti delle diverse linee diurne per l'ora T come se si avesse un orologio solare piano orizzontale con ortostilo lungo h_{GT}: questi punti appartengono alla linea oraria relativa all'ora T che passa per il centro C_T di questo ipotetico orologio solare.

C_T si trova sulla linea Nord-Sud passante per il piede dell'asta a una distanza da esso (verso Sud) pari a

$h_{GT} / \tan(\varphi)$.

– Si ripete il calcolo per tutte le ore T interessate.

Dal procedimento riportato si comprende come l'orologio solare che stiamo illustrando non abbia un vero e proprio centro ma ne abbia uno per ogni ora: per questo le linee orarie non convergono in uno stesso punto.

22.1.4 Generalizzazione dell'orologio "interattivo" con lo gnomone graduato in ore

Dopo aver esaminato il caso sopra riportato di una orologio solare orizzontale con un'asta verticale riportante i punti-ora ad altezza variabile si può generalizzare il principio di funzionamento descritto ottenendo un classe molto numerosa di orologi solari.

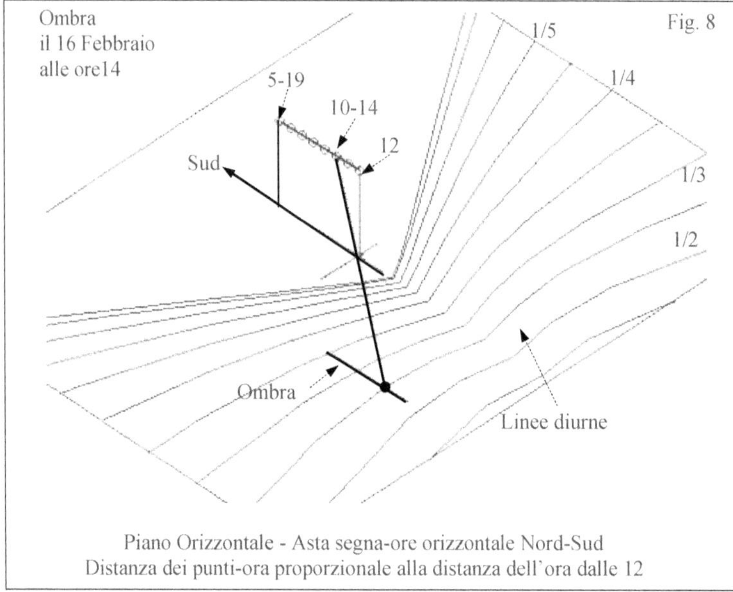

Piano Orizzontale - Asta segna-ore orizzontale Nord-Sud
Distanza dei punti-ora proporzionale alla distanza dell'ora dalle 12

Un orologio solare "interattivo"con lo gnomone graduato in ore si può infatti costruire:
– su un piano avente una giacitura qualunque (declinazione e inclinazione qualunque);
– su una superficie non piana qualunque (ad es. sulla superficie interna o esterna di cilindri, coni, sfere, ecc.);
– con i punti-ora disposti su una curva qualunque;
– con i punti-ora distanziati sulla linea in modo qualunque;
– utilizzando il sistema orario che si preferisce: Tempo vero o medio, locale o del fuso, ore Italiche, Babiloniche, Temporarie, al tramonto, ecc.

Per ogni gruppo di parametri scelti (superficie su cui si vuole l'orologio, forma della linea che contiene i punti-ora, spaziatura fra questi, tipo di ore) si ottiene una diversa famiglia di linee diurne.

Il risultato che si raggiunge prendendo "a caso" gli elementi indicati non porta in genere a andamenti delle linee diurne, soddisfacenti dal punto di vista dell'utilizzo pratico o dal punto di vista estetico.
Per questo motivo è opportuno scegliere forme semplici per la curva contenete i punti-ora, come ad esempio segmenti o archi di cerchio.
Anche le distanze fra i punti conviene siano una funzione semplice dell'ora come ad esempio la differenza fra l'ora e il mezzogiorno o il valore dell'ora stessa, ecc..
In ogni caso si consiglia di non fermarsi a un primo progetto ma di ripetere i calcoli variando, anche di poco, le grandezze in gioco in quanto la forma delle linee diurne è spesso molto "sensibile" ai cambiamenti dei parametri.

22.1.5 Alcuni esempi
Gli esempi illustrati di seguito sono stati tutti ottenuti con un semplice programma per elaboratore scritto dallo scrivente nel 1998.

Piano Orizzontale - Fig. 9, 10
Curva con i punti-ora su un arco di circonferenza disposto verticalmente nel piano meridiano (fig. 10).
Nel disegno ho immaginato l'elemento gnomonico realizzato con un quarto di cerchio verticale sul cui bordo esterno può essere fatto scorrere il puntatore mobile (ad es. un dito).

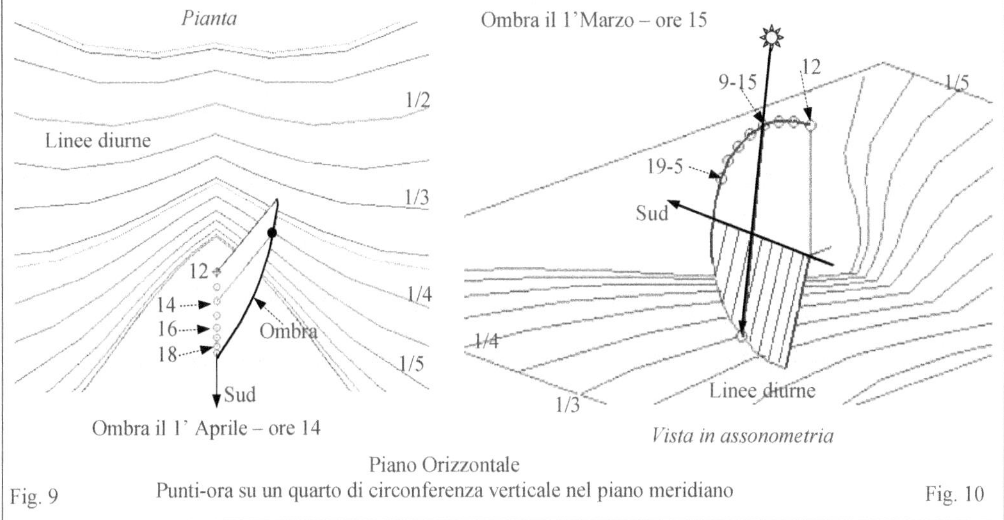

Piano Orizzontale
Punti-ora su un quarto di circonferenza verticale nel piano meridiano

Fig. 9   Fig. 10

Piano Orizzontale - Fig. 11, 12
Curva con i punti-ora a forma di arco di circonferenza disposta orizzontalmente.
Ho supposto nel disegno l'elemento gnomonico realizzato con una lastra circolare orizzontale(come ad es. il piano di un tavolino) sul cui bordo esterno può essere fatto scorrere il puntatore mobile.

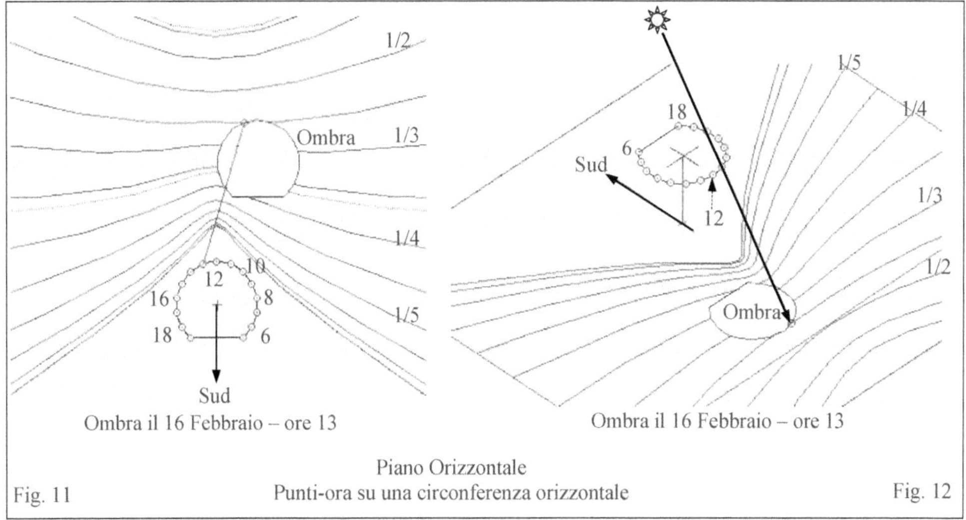

Piano Orizzontale
Punti-ora su una circonferenza orizzontale

Fig. 11   Fig. 12

Piano Orizzontale

Curva con i punti-ora a forma di circonferenza e di semicirconferenza disposta orizzontalmente.

Nel primo esempio (Fig. 13) ho supposto l'elemento gnomonico realizzato con un cilindro verticale: il puntatore mobile può essere fatto scorrere sulla circonferenza che delimita la base superiore.

Le linee diurne sono tracciate per segnare il Tempo Medio del Fuso (tempo civile) e i punti-ora hanno la disposizione come le ore in un normale orologio.

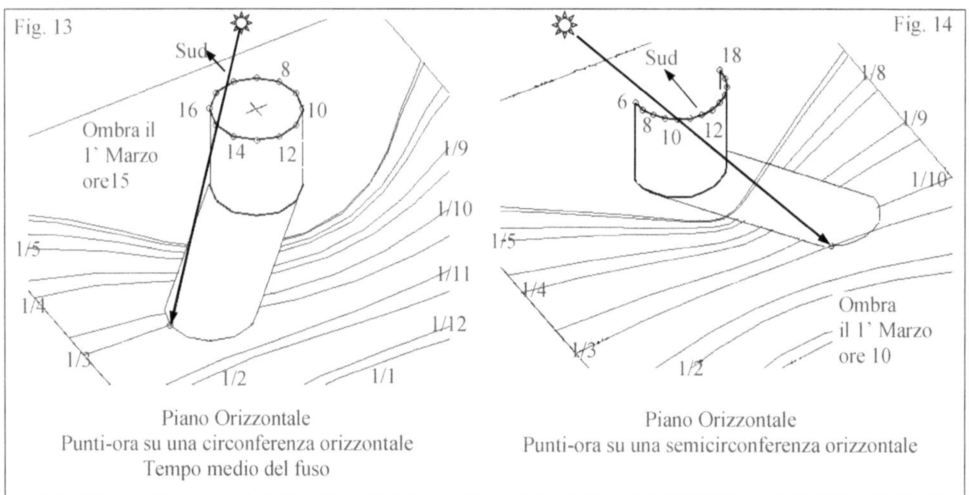

Piano Orizzontale
Punti-ora su una circonferenza orizzontale
Tempo medio del fuso

Piano Orizzontale
Punti-ora su una semicirconferenza orizzontale

Nel secondo caso (Fig. 14) il semicerchio è l'elemento superiore di una struttura verticale semicilindrica (all'interno della quale si può posizionare l'osservatore).

Piano Verticale declinante 40°Ovest - Fig. 15

I punti-ora sono disposti su un segmento ortogonale al piano.

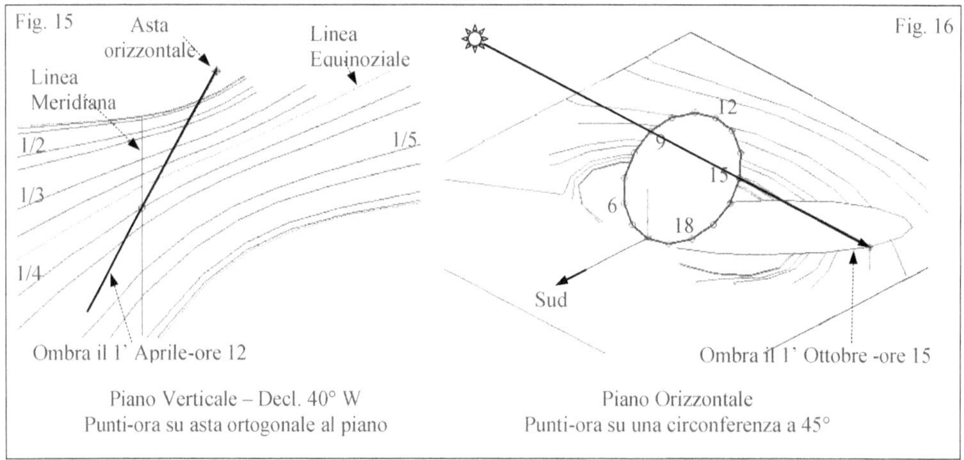

Piano Verticale – Decl. 40° W
Punti-ora su asta ortogonale al piano

Piano Orizzontale
Punti-ora su una circonferenza a 45°

Piano Orizzontale - Fig. 16

L'elemento gnomonico è realizzato con una lastra circolare inclinata di 45°.

Piano Polare "classico"- Fig. 17, 18

Curva con i punti-ora a forma di arco di circonferenza disposta nel piano meridiano.

Nel disegno ho supposto l'elemento gnomonico realizzato con un quarto di cerchio verticale sul cui bordo esterno può essere fatto scorrere il puntatore mobile.

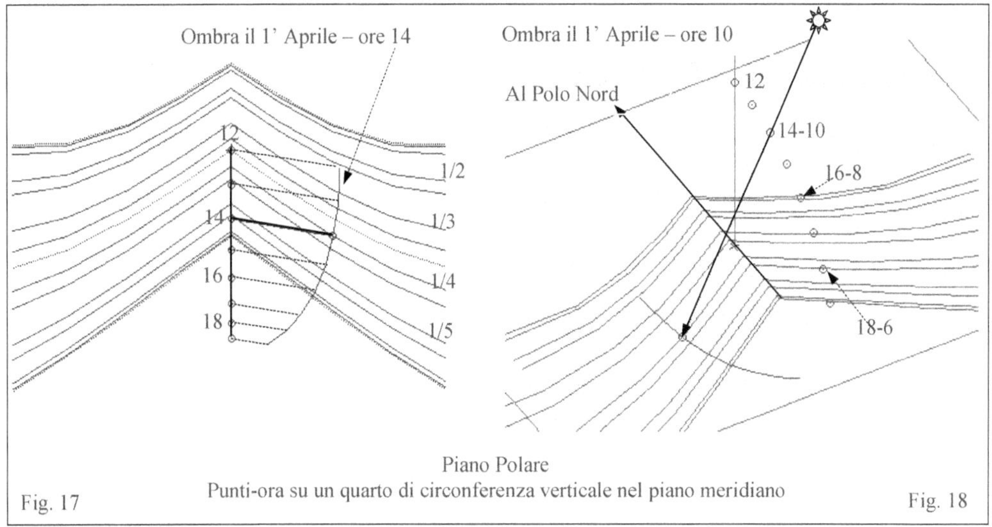

22.1.6 Orologi solari "interattivi" di forma molto semplice

In un orologio solare a tempo vero realizzato su un piano parallelo all'asse terrestre le linee orarie sono rette anch'esse parallele all'asse terrestre e per questo su tali piani è possibile disegnare un orologio solare "interattivo" in cui non é necessario il tracciamento delle linee diurne.

Prendendo poi opportunamente i punti-ora su una retta parallela al piano dell'orologio e appartenente a quello dell'Equatore Celeste è possibile fare in modo che l'ombra del "puntatore" cada sempre su una stessa retta avente la direzione del Polo Nord (Fig. 19).

Piano Polare - 1

Il piano è inclinato sull'orizzonte del valore della Latitudine, parallelo all'asse terrestre e rivolto verso Sud.
I punti-ora sono su una retta parallela al piano con direzione Est-Ovest (Fig. 19).

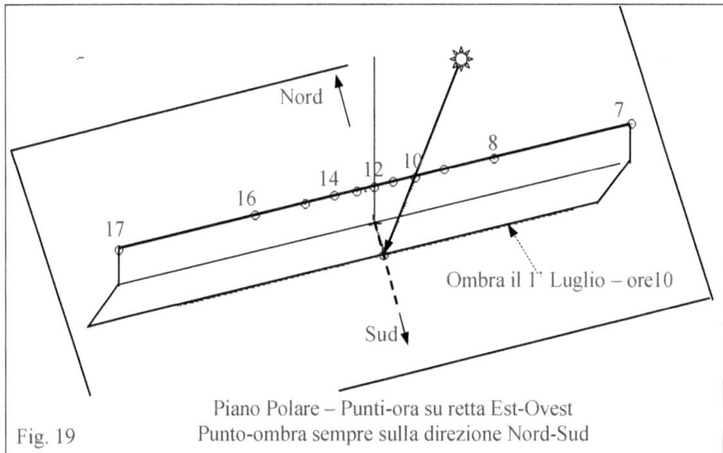

Se indichiamo con ρ la distanza di questa retta dal piano occorre prendere il punto-ora corrispondente all'ora T a una distanza dall'origine data da $x = \rho \cdot \tan\left\{15° \cdot (T-12)\right\}$

Piano Polare - 2

Prendendo i punti-ora su una retta normale a distanze opportune è possibile ottenere un quadrante in cui le linee orarie sono equidistanti fra loro (Fig. 20).

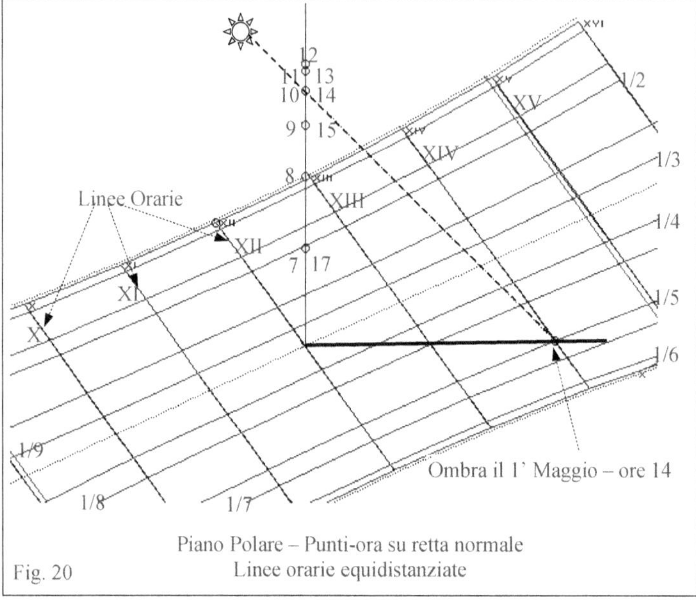

Se indichiamo con K la spaziatura voluta fra le linee orarie allora l'altezza del punto dell'ora T è data da

$$H_T = k \cdot \frac{(T-12)}{\tan\left\{15^\circ \cdot (T-12)\right\}}$$

22.2 Orologi solari interattivi con gnomone graduato in giorni

22.2.1 Principio di funzionamento

Riprendendo quanto scritto all'inizio del paragrafo precedente, discuterò ora il caso di un orologio interattivo in cui il punto gnomonico (G) si può spostare lungo un'asta graduata in giorni, con la sua posizione cioè variabile con il giorno dell'anno (Fig. 21).

L'ombra di G indica l'ora su una famiglia di linee orarie opportunamente tracciate sul piano del quadrante.

La lettura dell'ora può essere fatta quindi secondo il semplice procedimento seguente:

– l'osservatore fa scorrere il punto G lungo l'asta sino a quando esso non coincide con la data del giorno di osservazione, segnata sull'asta stessa;

– in seguito egli osserva dove cade sul quadrante l'ombra di G e legge l'ora, come in un comune orologio solare, sulla rete di linee orarie disegnate su di esso.

22.2.2 Caratteristiche e possibilità

Un orologio solare del tipo descritto presenta le seguenti caratteristiche:

– le "graduazioni" sull'asta indicanti i giorni, cioè le posizioni del punto G che individuano le diverse date nell'anno, possono essere scelte in moltissimi modi diversi: per ciascuno di questi cambia la forma delle linee orarie e quindi l'aspetto dell'orologio. (Fig. 21, 22).

Ad esempio la posizione può dipendere dal numero del giorno nell'anno, dalla declinazione del Sole o da una sua funzione (come la tangente), dalla distanza del giorno da un Equinozio o da un Solstizio, ecc. ;

– l' "asta" può avere una forma qualunque: segmento, arco, curva appartenente a un piano o nello spazio [2] che può anche coincidere con un elemento di una struttura o di un edificio;

– le linee orarie possono indicare il Tempo vero locale, il Tempo civile o altri tipi di ore come quelle italiche, quelle che mancano al tramonto, le ore di luce, ecc.

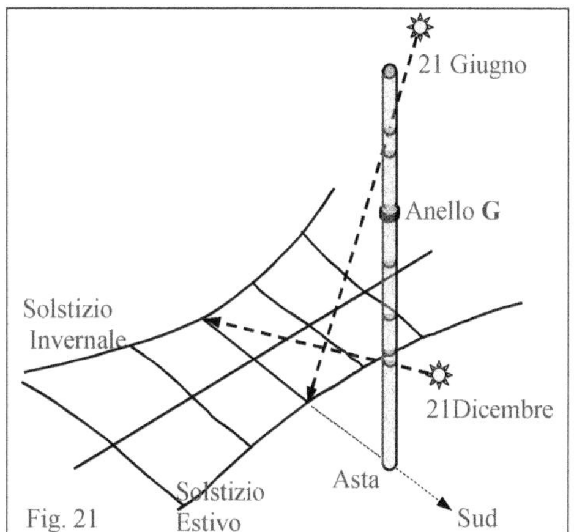

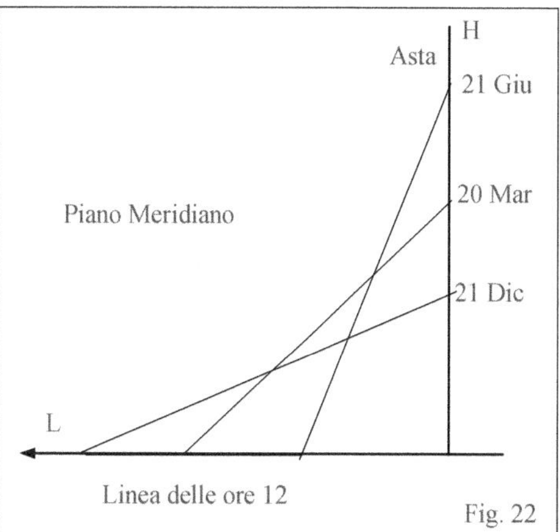

Scegliendo opportunamente la "graduazione in giorni" lungo l'asta, è possibile realizzare orologi solari con le linee molto "compattate" e addirittura con una linea oraria ridotta a un semplice punto (Fig. 23), dando quindi al progettista una ampia possibilità per sfruttare lo spazio a disposizione.

Anche questi orologi solari non hanno un vero e proprio centro, ma ne ha uno diverso per ogni giorno dell'anno. Le linee orarie non convergono in uno stesso punto e possono avere un aspetto curvilineo anche se l'orologio indica il Tempo vero.

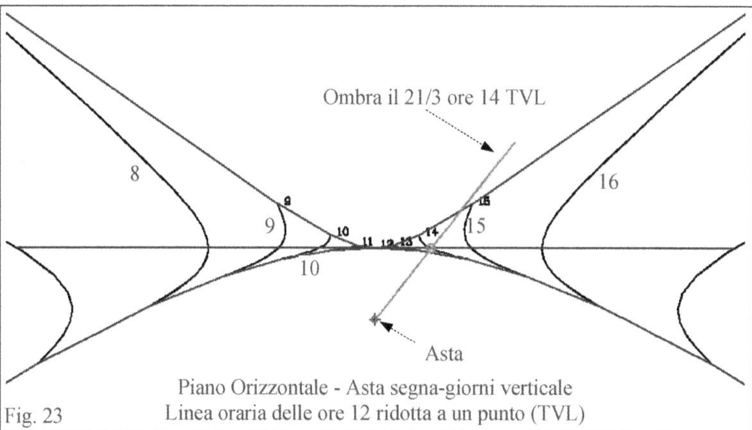

22.2.3 Esempio e metodo di calcolo

Il più semplice degli orologi solari del tipo che stiamo esaminando è un orologio solare realizzato sul piano orizzontale con un'asta segna-giorni verticale (Fig. 24).

Le linee orarie dell'orologio si possono costruire con il semplice procedimento seguente:

– scelto un giorno g1 nell'anno, si fissa la posizione voluta sull'asta per il punto G ad esso corrispondente;

– si costruisce, con i procedimenti soliti, l'orologio solare avente G come punto gnomonico e di questo si segnano i punti intersezione delle linee orarie con la linea diurna corrispondente al giorno g1;

---

[2] Per semplicità ance ora chiamerò impropriamente "asta" anche questi elementi non rettilinei.

–   si ripete la costruzione per un giorno g2, successivo a g1;
–   si uniscono i punti trovati corrispondenti alle stesse ore, ottenendo una piccola porzione delle linee orarie;
–   si prosegue ripetendo le costruzioni descritte.

Riporto un semplice esempio di un orologio a Tempo vero locale in cui, per comprimere le linee diurne, si vuole che il punto G abbia una altezza massima al Solstizio estivo e minima a quello invernale, con i giorni distanziati linearmente lungo l'asta. Latitudine del luogo = 45°
Nella Fig. 24 a sinistra il disegno di una meridiana "normale" con nodo ad altezza fissa, a destra il disegno della meridiana con asta verticale graduata in giorni.

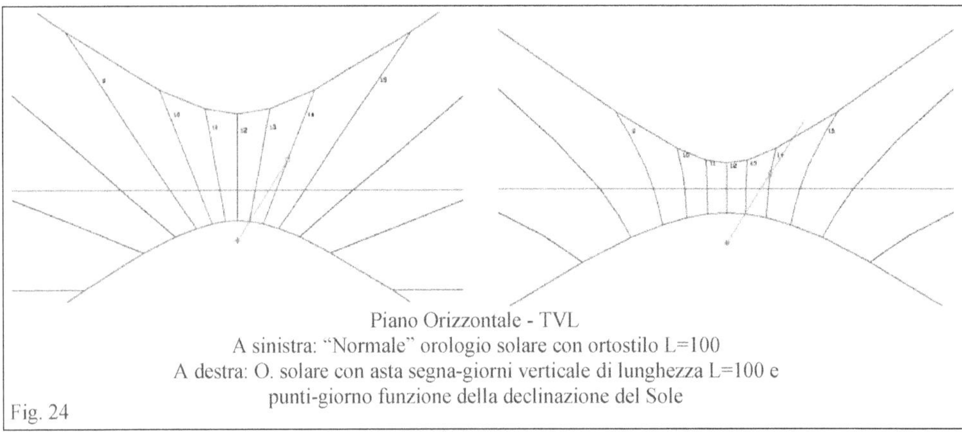

Piano Orizzontale - TVL
A sinistra: "Normale" orologio solare con ortostilo L=100
A destra: O. solare con asta segna-giorni verticale di lunghezza L=100 e
punti-giorno funzione della declinazione del Sole

Fig. 24

In questo modo le linee diurne vengono "avvicinate" e il quadrante occupa uno spazio minore.
Volendo che la linea oraria a mezzogiorno sia lunga 100cm si ricavano immediatamente i valori riportati nella 3' e 4' colonna della tabella seguente, con H altezza del nodo e L distanza del punto ombra alle ore 12.
Nelle ultime colonne sono invece la lunghezza dell'ortostilo e le distanze delle ombre ai Solstizi nel caso di un orologio solare "comune".

Giorno	Decl.	H - cm	L - cm		H - cm	L - cm
21 Dic.	−23.45°	151.9	60		100.0	39.5
21 Mar	0.00°	107.6	107.6		100.0	100.0
21 Giu	+23.45°	63.2	160		100.0	253.2

Sull'asta, fra i due Solstizi, vi sono 88.7 cm corrispondenti in media a 0.48cm/giorno, cioè a circa 1.88cm per grado di declinazione; le linee diurne sono, a mezzogiorno, compresse nello spazio di un metro.
Da notare che in una meridiana "normale" con uno ortostilo di 100 cm, le linee diurne a mezzogiorno occupano uno spazio di circa 213cm.

22.2.4 Generalizzazione dell'orologio "interattivo" con lo gnomone graduato in giorni

Generalizzando il principio di funzionamento di questo particolare tipo di orologio si può ottenere un insie-me molto numeroso di orologi solari interattivi.
Un orologio solare con lo gnomone graduato i giorni si può infatti costruire:
–   su un piano avente una giacitura qualunque (declinazione e inclinazione qualunque) - anche se, a mio parere, si presta molto bene in particolare per il piano orizzontale;
–   su una superficie non piana qualunque (ad es. sulla superficie interna o esterna di cilindri, coni, sfere, ecc.);
–   con i punti-giorno G disposti su una curva qualunque nello spazio, anche non appartenente a un piano;
–   con i punti-giorno G distanziati sulla linea in modo qualunque;
–   utilizzando il sistema orario che si preferisce: Tempo vero o medio, Locale o del fuso, ore Italiche, Babiloniche, Temporarie, al tramonto, ecc..

Per ogni gruppo di parametri scelti si ottiene una diversa famiglia di linee orarie.

Il risultato che si raggiunge prendendo "a caso" gli elementi indicati non porta in genere ad andamenti delle linee orarie soddisfacenti dal punto di vista dell'utilizzo pratico o dal punto di vista estetico.

Per questo motivo è opportuno scegliere forme semplici per la curva contenete i punti-giorno, come ad esempio segmenti o archi di cerchio e prendere le distanze fra i punti in funzione del giorno dell'anno o proporzionali alla declinazione solare.

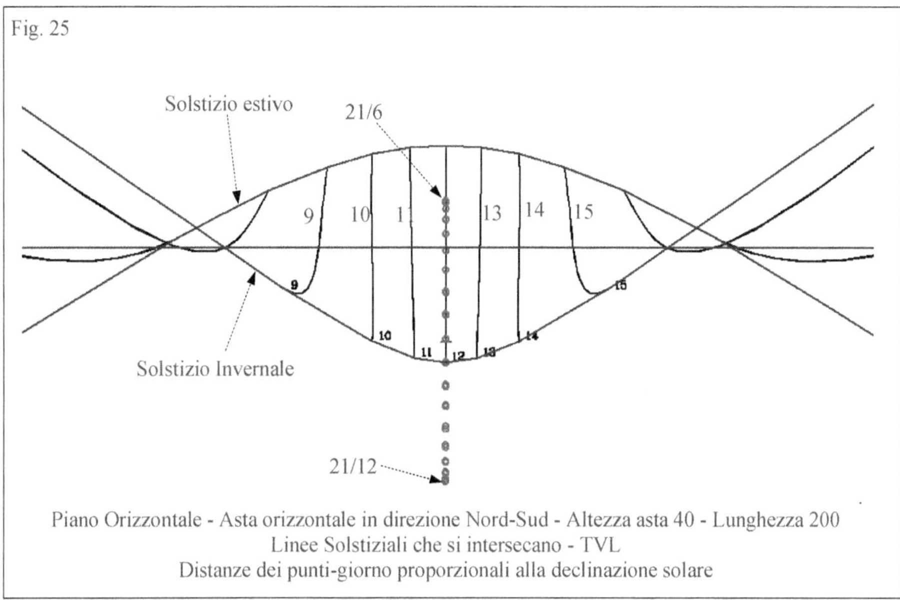

22.2.5 Alcuni esempi

In tutti gli esempi illustrati di seguito si è usata una Latitudine di 45° e linee orarie intervallate di 1 ora.

Piano Orizzontale - Tempo Vero - Fig. 25
Punti G disposti su un segmento orizzontale nel piano meridiano.
Scegliendo opportunamente la lunghezza del segmento e la sua distanza dal piano, si possono ottenere le linee dei solstizi che si intersecano.

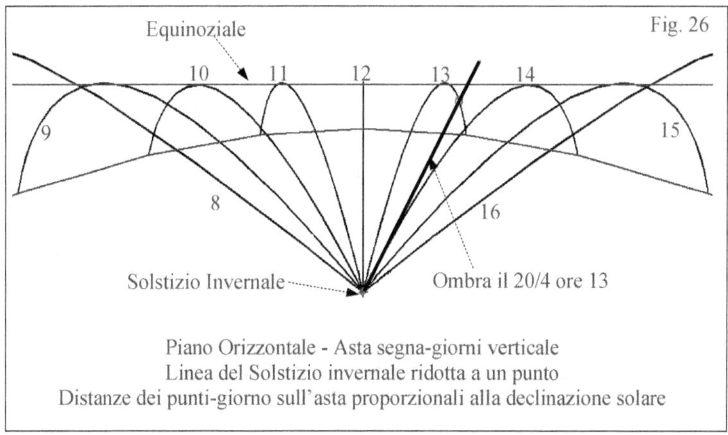

Come conseguenza le linee orarie al di fuori di un certo intervallo si "invertono".

Piano Orizzontale - Tempo Vero - Fig. 26
Punti G disposti su un segmento verticale con il punto del solstizio invernale sul piano dell'orologio: in questo modo la linea del Solstizio invernale si riduce a un punto e le linee assumono un aspetto a "fiore".
Questo tipo di orologio si presta anche ad essere realizzato su un marciapiede e con l'asta verticale costituita dallo spigolo di un edificio o di un pilastrino.

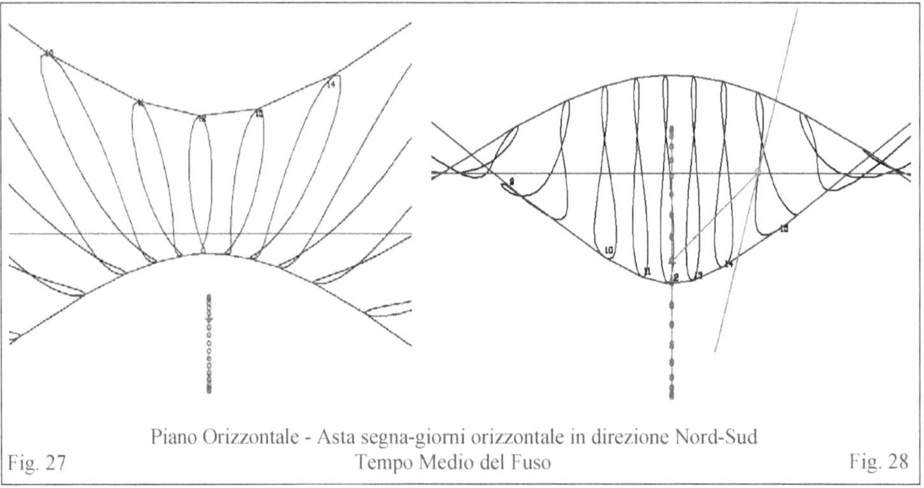

Piano Orizzontale - Asta segna-giorni orizzontale in direzione Nord-Sud
Tempo Medio del Fuso

Fig. 27   Fig. 28

Piano Orizzontale - Tempo Medio del Fuso - Fig. 27, 28
Disponendo i punti G su uno stilo orizzontale si hanno linee orarie a lemniscata deformate rispetto alla forma classica.

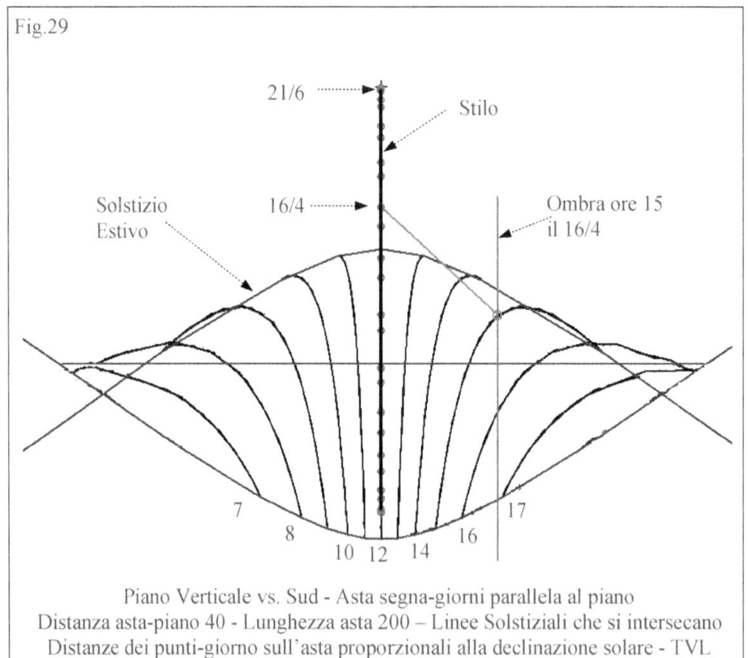

Piano Verticale vs. Sud - Asta segna-giorni parallela al piano
Distanza asta-piano 40 - Lunghezza asta 200 – Linee Solstiziali che si intersecano
Distanze dei punti-giorno sull'asta proporzionali alla declinazione solare - TVL

Piano Verticale verso Sud -Tempo Vero Locale - Fig. 29
I punti G sono disposti su un segmento verticale e parallelo al piano.
Le linee dei solstizi si intersecano e quelle orarie vengono ad assumenree una particolare forma a fontana.

Piano Verticale Verso Sud -Tempo Vero Locale - Fig. 30
I punti G sono disposti su un segmento orizzontale e normale al piano.
Nell'esempio la linea del Solstizio invernale si riduce a un punto.

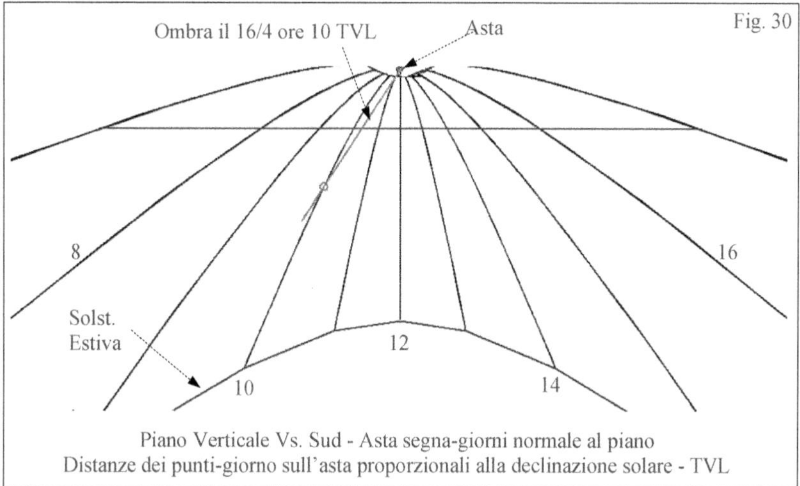

Piano Verticale Vs. Sud - Asta segna-giorni normale al piano
Distanze dei punti-giorno sull'asta proporzionali alla declinazione solare - TVL

Piano Verticale rivolto a Ovest -Tempo vero locale
In Fig. 31 due esempi di orologio interattivo su un piano verticale rivolto a Ovest con i punti G disposti su un segmento orizzontale e normale al piano. In Fig. 31 è possibile osservare il diverso aspetto delle linee orarie a seconda che si prenda sull'asta come punto-data più vicino al piano il Solstizio invernale o il solstizio estivo.

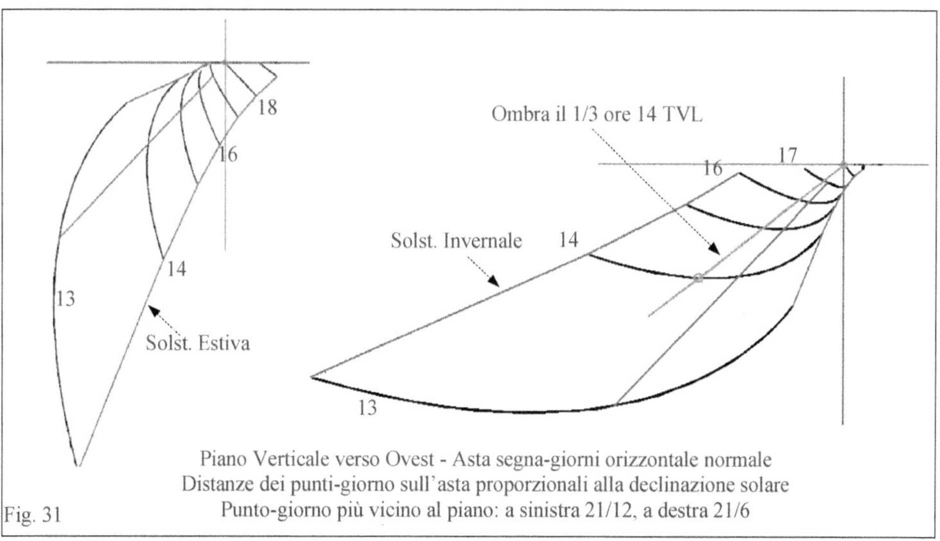

Piano Verticale verso Ovest - Asta segna-giorni orizzontale normale
Distanze dei punti-giorno sull'asta proporzionali alla declinazione solare
Punto-giorno più vicino al piano: a sinistra 21/12, a destra 21/6
Fig. 31

In Fig. 32 un esempio con piano verticale rivolto verso Ovest con i punti G disposti su un arco appartenente al piano polare in modo da avere la linea oraria delle ore 18 ridotta a un punto.
In questo modo i punti risultano appartenere a un arco di cerchio.
La forma dell'ombra rispecchia quella della curva su cui si trovano i punti-giorno, distanziati dal centro dell'arco di una quantità proporzionale alla declinazione del Sole.

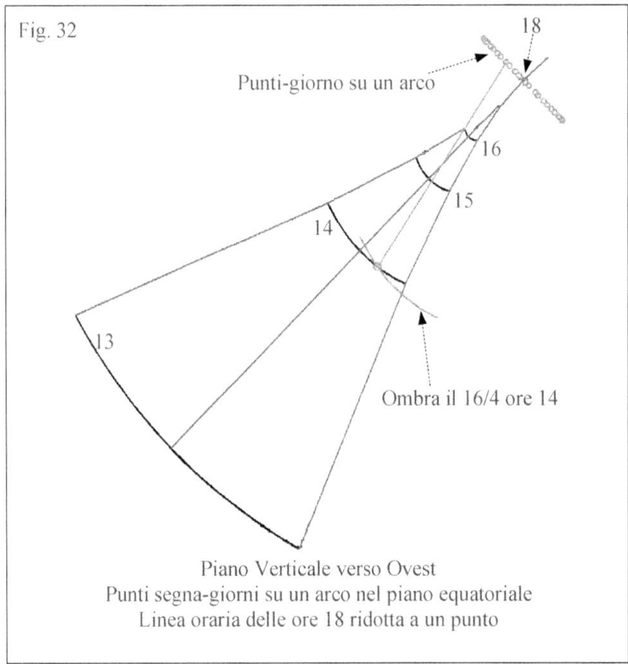

Capitolo 23
EFFETTO DI UNA LASTRA RIFRANGENTE SU UN OROLOGIO SOLARE

23.1 La rifrazione di una lastra

Sia data una lastra a facce piane e parallele, di materiale trasparente, avente indice di rifrazione **n** e spessore **s**.

Un raggio di luce che colpisce una faccia della lastra, che chiamerò anteriore, viene da essa rifratto ed esce, dalla faccia posteriore, parallelo alla primitiva direzione e "spostato" rispetto al suo naturale prolungamento se non vi fosse la rifrazione.

Il raggio emergente appartiene al piano contenente il raggio originale e la normale alla lastra nel punto di incidenza. La Fig. 1 rappresenta la sezione della lastra fatta con il piano contenente i raggi.

In essa sono indicati:

- con A il punto di incidenza sulla faccia anteriore della lastra;
- con $\alpha 1$ l'angolo fra il raggio incidente e la normale alla lastra in A;
- con $\alpha 2$ l'angolo fra il raggio rifratto e la normale in A;
- con E la intersezione della normale per A con la faccia posteriore;

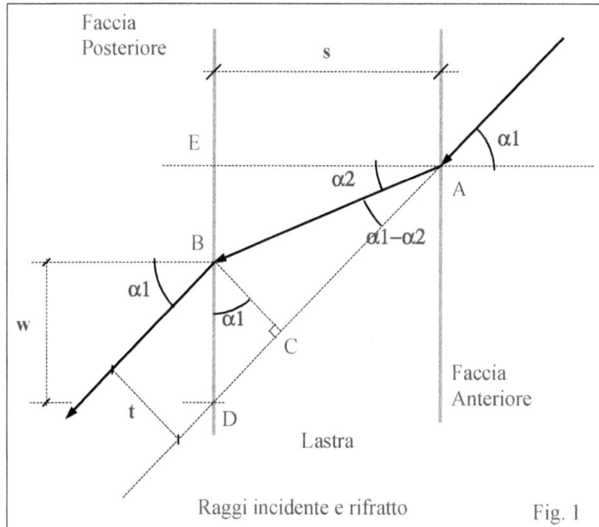

- con B il punto di uscita del raggio dalla faccia posteriore;
- con D il punto di uscita del raggio se non vi fosse rifrazione;
- con **t** l'entità della traslazione del raggio rispetto al suo percorso originario;
- con **w** lo spostamento lineare del punto di uscita del raggio, cioè la distanza fra i punti D e B.

I punti D B E appartengono ad una retta (intersezione del piano contenente i raggi con la faccia posteriore della lastra) e i valori **t** e **w** dipendono dal valore dell'angolo di incidenza $\alpha 1$, da quello dell'indice di rifrazione **n** del materiale che costituisce la lastra, relativo all'aria, e dallo spessore **s** della lastra.

Si ricavano immediatamente le relazioni seguenti:

$$n = \frac{\sin(\alpha_1)}{\sin(\alpha_2)} \qquad \text{legge di Snell}$$

$$\overline{AB} = \frac{s}{\cos(\alpha_2)} \qquad\qquad t = \overline{BC} = \overline{AB} \cdot \sin(\alpha_1 - \alpha_2) = s \cdot \frac{\sin(\alpha_1 - \alpha_2)}{\cos(\alpha_2)}$$

$$\overline{DE} = s \cdot \tan(\alpha_1) \qquad\qquad \overline{BE} = s \cdot \tan(\alpha_2)$$

$$w = \overline{BD} = \overline{DE} - \overline{BE} = \frac{\overline{BC}}{\cos(\alpha_1)} = \frac{t}{\cos(\alpha_1)} = s \cdot \frac{\sin(\alpha_1 - \alpha_2)}{\cos(\alpha_1) \cdot \cos(\alpha_2)} = s \cdot \left[\tan(\alpha_1) - \tan(\alpha_2) \right]$$

In funzione dell'indice di rifrazione si ottiene: $\quad t = s \cdot \sin(\alpha_1) \cdot \left[1 - \sqrt{\dfrac{1 - \sin^2(\alpha_1)}{n^2 - \sin^2(\alpha_1)}} \right]$

I valori dell'indice di rifrazione assoluti dei materiali più comuni sono:

Vuoto	1.000
Aria (Standard)	1.0003
Acqua (20°C)	1.333
Alcool	1.329
Vetro comune	1.49 - 1.51
Polistirolo	1.550
Cristallo	2.000
Diamante	2.417

α1°	α2°	t - mm	w- mm
15.00	10.00	0.88	0.92
30.00	19.61	1.91	2.21
45.00	28.33	3.26	4.61
60.00	35.54	5.09	10.18
75.00	40.41	7.46	28.81

Ad es. con uno spessore = 10 mm e con n=1.49 (vetro) si hanno i valori riportati sopra.

23.2 Effetto di una lastra su un orologio solare – Piano Verticale rivolto a Sud

Si desidera realizzare un orologio solare su un piano verticale rivolto a Sud con una lastra trasparente, parallela al piano dell'orologio, interposta fra lo gnomone e il quadrante.

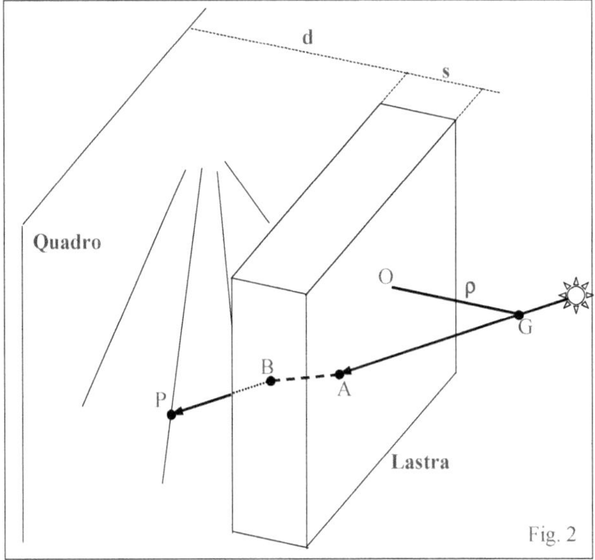

Supponiamo quindi che l'ortostilo e il punto gnomonico G siano posti fra il Sud e la faccia anteriore della lastra e il quadrante sia invece affacciato alla faccia posteriore (Fig. 2).
Siano:
- ρ la lunghezza dell'ortostilo anteriore, cioè la distanza GO fra il punto gnomonico G e la faccia anteriore della lastra. Se il punto gnomonico G è un punto sulla faccia della lastra ρ = 0;
- s lo spessore della lastra;
- d la distanza fra la faccia posteriore della lastra e il piano del quadrante ad essa parallelo. Se le linee dell'orologio solare sono tracciate sulla faccia posteriore della lastra d = 0.

Prendendo un sistema di coordinate cartesiane ortogonali Oxy con centro in O, asse x orizzontale, positivo verso sinistra guardando la lastra, e asse y verticale, positivo verso il basso, (Fig. 3) si hanno le note relazioni:

$$x_A = -\rho \cdot \tan(Az) \qquad y_A = \rho \cdot \frac{\tan(h)}{\cos(Az)}$$

$$tan(\alpha_1) = \frac{\overline{AO}}{\rho} = \sqrt{tan^2(Az) + \frac{tan^2(h)}{cos^2(Az)}} \qquad e \qquad cos(\alpha_1) = cos(Az) \cdot cos(h)$$

in cui (Az, h) sono l'Azimut e l'altezza del Sole.

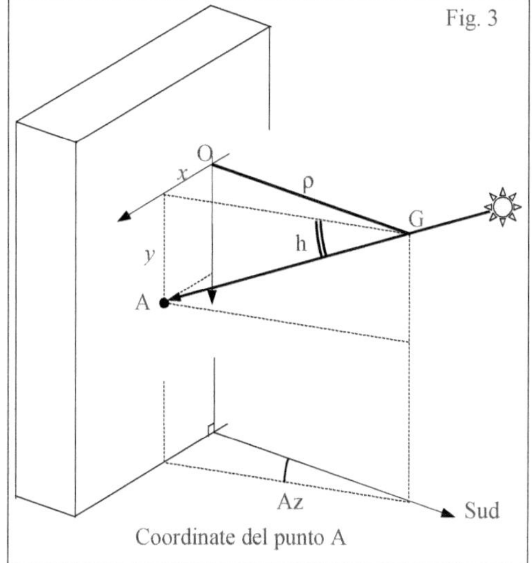

Come si è detto il raggio luminoso GA colpisce la lastra in A, viene rifratto, giunge alla faccia posteriore nel punto B ed esce dalla lastra con una direzione parallela alla direzione originale GA (Fig. 4).

Il piano contenente i raggi incidente e rifratto (GA, AB, BP) è il piano che contiene la normale alla lastra in A e, passando per G, contiene anche l'ortostilo GO.

Se indichiamo con Q,E,D i punti in cui la faccia posteriore è intersecata dal prolungamento dello ortostilo, dalla normale per A e dal raggio incidente GD se non vi fosse rifrazione, si trova che i punti DBEQ sono allineati e che lo spostamento del punto B di uscita del raggio è radiale rispetto al prolungamento dell'ortostilo (Fig. 4).

Si ricavano le seguenti relazioni:

$$x_D = -(\rho + s) \cdot tan(Az)$$

$$y_D = (\rho + s) \cdot \frac{tan(h)}{cos(Az)}$$

Indicando, per semplicità con k il rapporto $k = \dfrac{tan(\alpha_2)}{tan(\alpha_1)}$ si ha:

$$\overline{DQ} = (\rho + s) \cdot tan(\alpha_1) \qquad \overline{BQ} = \overline{DQ} - \overline{DB} = \left[(\rho + s) - s \cdot (1 - k) \right] \cdot tan(\alpha_1) = \left[\rho + k \cdot s \right] \cdot tan(\alpha_1) \qquad e \ infine$$

$$x_B = -\left[(\rho + s) - s \cdot (1 - k) \right] \cdot tan(Az) = -\left[\rho + k \cdot s \right] \cdot tan(Az)$$

$$y_B = +\left[(\rho + s) - s \cdot (1 - k) \right] \cdot \frac{tan(h)}{cos(Az)} = +\left[\rho + k \cdot s \right] \cdot \frac{tan(h)}{cos(Az)}$$

Come conclusione si può quindi affermare che i punti di un eventuale orologio solare tracciato **sulla faccia** posteriore della lastra, corrispondono a quelli di un OS avente un ortostilo (equivalente) con una lunghezza, diversa per ogni punto, data dalla relazione: $\rho_{EQUIV} = \rho + k \cdot s = (\rho + s) - s \cdot (1 - k)$.

Nel caso che l'orologio solare sia tracciato su un piano parallelo alla lastra e distante **d** dalla faccia posteriore, il valore dell'ortostilo equivalente risulta invece $\rho_{EQUIV} = \rho + d + k \cdot s = (\rho + d + s) - s \cdot (1 - k)$

Il valore del rapporto k dipende soltanto dalla posizione del Sole e si può esprimere con una delle relazioni seguenti:

$$k = \frac{tan(\alpha_2)}{tan(\alpha_1)} = \sqrt{\frac{cos^2(Az)}{n^2 + (n^2 - 1) \cdot tan^2(h) - sin^2(Az)}} \qquad oppure \quad k = \frac{1}{\sqrt{\dfrac{n^2 - 1}{\left[cos(h) \cdot cos(Az) \right]^2} + 1}}$$

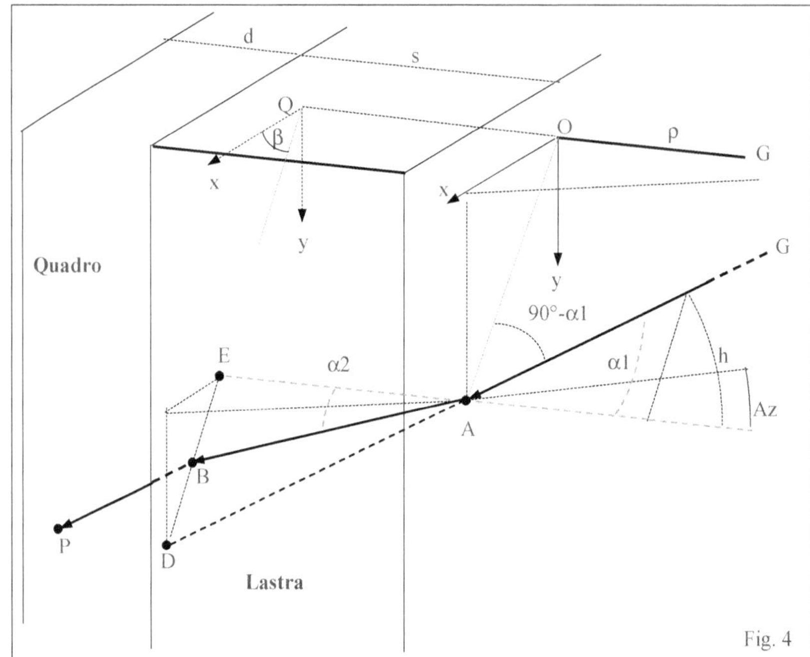

23.3 Calcolo dei punti dell'orologio solare

23.3.1. Piano verticale rivolto a Sud

Per calcolare il punto P in cui l'ombra del punto G cade sul piano del quadrante occorre:

- calcolare i valori dell'Azimut Az e dell'altezza h del Sole;

- calcolare l'angolo di incidenza α1 con la $\tan(\alpha_1) = \sqrt{\tan^2(Az) + \dfrac{\tan^2(h)}{\cos^2(Az)}}$ o con la

$\cos(\alpha_1) = \cos(Az) \cdot \cos(h)$;

- calcolare il valore dell'angolo α2 con la $\sin(\alpha_2) = \dfrac{\sin(\alpha_1)}{n}$;

- calcolare la lunghezza dello gnomone equivalente $\rho_{EQUIV} = \rho + d + k \cdot s$ con $k = \dfrac{\tan(\alpha_2)}{\tan(\alpha_1)}$;

- calcolare le coordinate del punto P con le $x_P = -\rho_{EQUIV} \cdot \tan(Az)$ $y_P = \rho_{EQUIV} \cdot \dfrac{\tan(h)}{\cos(Az)}$.

Esempio – $\rho = 60$ mm $s = 8$ mm $n = 1.49$ - Con Az $= -25°$ e h $= 37°$ si ottengono i valori:
$\alpha1 = 43.63°$; $\alpha2 = 27.59°$; $\rho_{EQUIV} = 64.38$ mm; $xP = 30.02$ mm; $yP = 53.53$ mm

23.3.2 Piano verticale declinante

Se il piano dell'orologio è verticale con declinazione $= \alpha_P$ e la lastra è ad esso parallela è sufficiente sostituire, in tutte le formule al valore dell'Azimut Az la differenza $(Az - \alpha_P)$

$$x_P = -\rho_{EQUIV} \cdot \tan(Az - \alpha_P) \qquad y_P = \rho_{EQUIV} \cdot \frac{\tan(h)}{\cos(Az - \alpha_P)}$$

23.3.3 Piano Orizzontale

Se il piano è orizzontale è sufficiente sostituire alle formule che danno le coordinate dei punti dell'orologio solare, le seguenti

$$x_P = -\rho_{EQUIV} \cdot \frac{\sin(Az)}{\tan(h)} \qquad\qquad y_P = -\rho_{EQUIV} \cdot \frac{\cos(Az)}{\tan(h)}$$

Ricadono in questo caso gli orologi solari disegnati sul fondo di vasche di fontane o di vasi pieni di acqua, in cui l'ombra è data da un elemento esterno.

23. 4 Deformazione delle linee dell'orologio solare

23.4.1

La rifrazione della lastra produce una deformazione radiale dei punti dell'orologio solare.

Ogni punto dello orologio senza rifrazione viene spostato verso il piede dell'ortostilo di una quantità dipendente dall'indice n, dallo spessore della lastra e dalla distanza fra il punto e il centro.

Le linee che in normale orologio solare sono rettilinee, come ad esempio la linea equinoziale e le linee orarie di tempo vero, ora non lo sono più.   Le Fig. 5 e 6 mostrano gli effetti di questa deformazione.

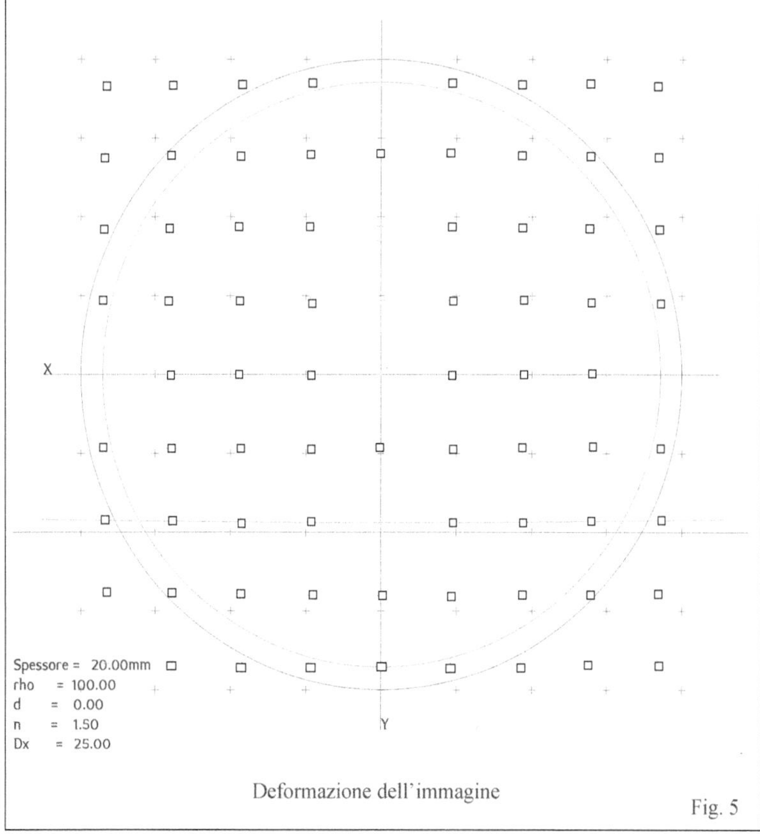

In Fig. 5 i punti della circonferenza esterna vengono "spostati" su quella interna e i punti indicati con crocette nei punti indicati con piccoli quadrati.

In Fig. 6 le linee indicate con S sono quelle del quadrante Senza effetto della rifrazione dovuta alla lastra, quelle indicate con la lettera C sono le linee Con rifrazione.

Come si può vedere le linee orarie sono quasi rettilinee se lo spessore della lastra è abbastanza piccolo rispetto alle altre dimensioni.

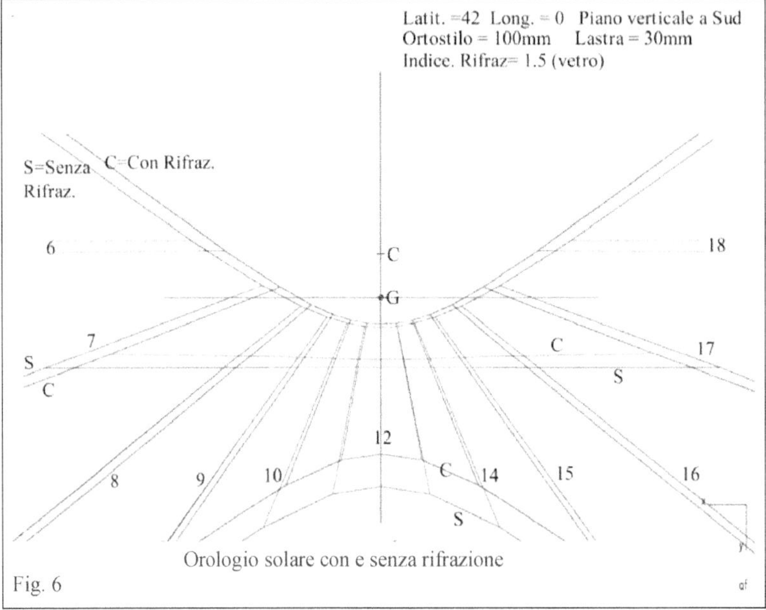

Risultano invece nettamente incurvate per grandi spessori della lastra (Fig. 7).

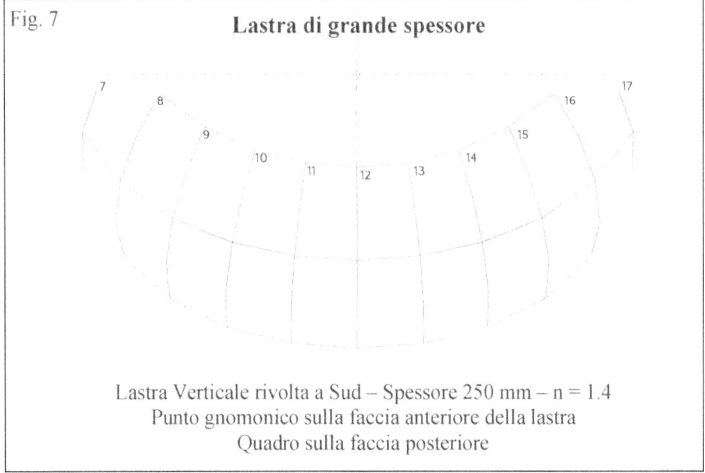

23.4.2 Lo stilo polare e la sua ombra.

Supponiamo che sulla faccia anteriore della lastra venga posto uno stilo polare CG (Fig. 8).

Ciascuno dei punti G e C, considerati come isolati, dà luogo a un orologio solare i cui punti possono essere calcolati con i metodi descritti: per evidenziare il fenomeno in Fig. 8 si è rappresentato il caso di una lastra di grande spessore verticale e rivolta a Sud.

Si può dimostrare che l'ombra dello stilo CG a una data ora è rettilinea ed ha una pendenza uguale a quella della corrispondente linea oraria in un normale orologio solare. Contrariamente al caso "normale" però ora l'ombra dello stilo non passa sempre per uno stesso punto (il centro della meridiana) ma si sposta al variare del giorno: non si può quindi utilizzare l'ombra dello stilo polare per individuare l'ora ma occorre sempre fare riferimento a un punto gnomonico isolato (nodo).

Anche questo fenomeno si riduce per lastre di piccolo spessore.

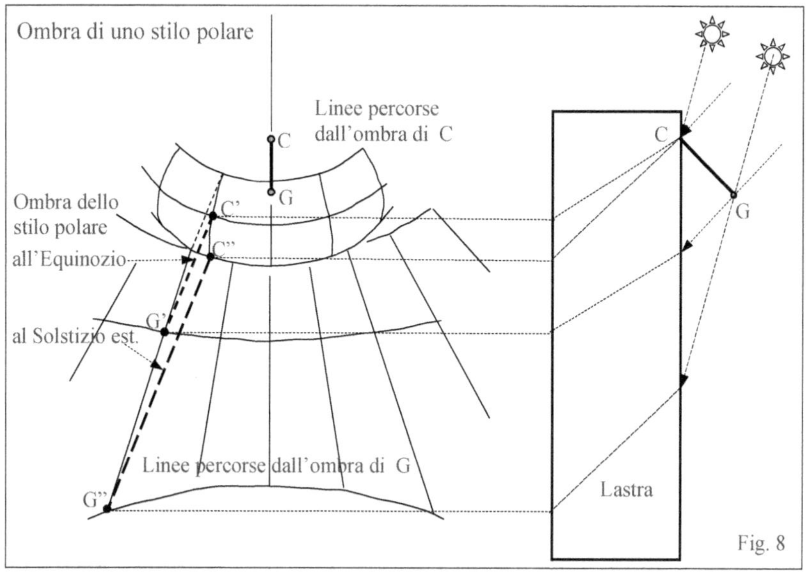

23.4.3 Lastra di grande spessore- Effetto dell'angolo limite

Con una lastra di grande spessore si può realizzare un orologio solare con il punto gnomonico G sulla faccia anteriore e le linee orarie sulla faccia posteriore della lastra stessa.

In questo caso $\rho = d = 0$ e valgono le relazioni trovate.

Si ha che, per effetto dell'angolo limite, il disegno delle linee è tutto compreso all'interno di una circonferenza con centro in E, punto "opposto" a G sulla faccia posteriore, e raggio $R = \dfrac{s}{\sqrt{n^2 - 1}}$

Ricordo che l'angolo limite è l'angolo di rifrazione quando quello di incidenza = 90°, cioè $\sin(\alpha_2) = 1/n$

Ad es. se la lastra di vetro ha spessore 80 mm, allora $\alpha2 = 42.15°$ e l'intero tracciato è contenuto in una circonferenza di raggio = 72.4 mm

23.5 Caso con più lastre affacciate.

Si può presentare il caso in cui invece di una singola lastra interposta fra gnomone e quadrante vi sono più lastre, con diverso indice di rifrazione, fra loro affacciate e parallele.

Un caso di questo genere si ha ad esempio con una finestra con doppio vetro con camera d'aria; un secondo caso è quello di una vaso rettangolare in vetro piena d'acqua, come ad esempio un acquario.

Considero, nelle figure e nelle formule, soltanto il caso con tre piastre affacciate: casi più complessi si possono calcolare in modo analogo.

Essendo $\dfrac{\sin(\alpha_2)}{\sin(\alpha_1)} = \dfrac{n_1}{n_2}$ $\dfrac{\sin(\alpha_3)}{\sin(\alpha_2)} = \dfrac{n_2}{n_3}$ $\dfrac{\sin(\alpha_4)}{\sin(\alpha_3)} = \dfrac{n_3}{n_4}$ $\dfrac{\sin(\alpha_5)}{\sin(\alpha_4)} = \dfrac{n_4}{n_1}$

si dimostra facilmente che il raggio emergente da B3 è parallelo al raggio incidente in A.

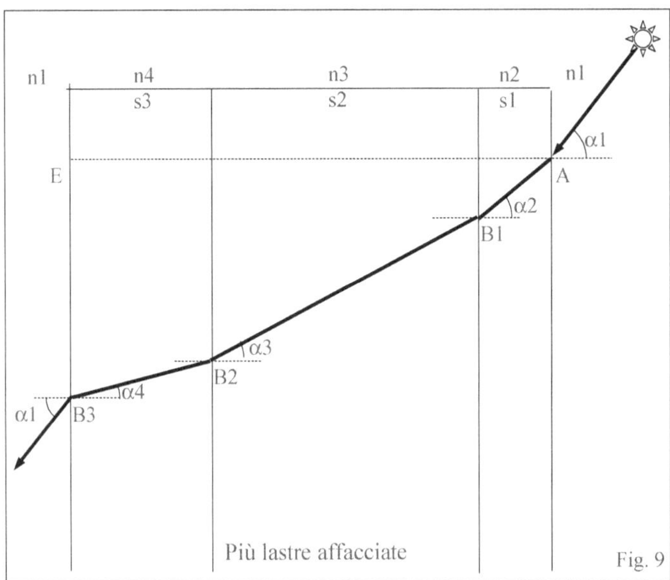

Si ricavano poi le relazioni:

$$\rho_{EQUIV} = \rho + d + \frac{s_1 \cdot \tan(\alpha_2) + s_2 \cdot \tan(\alpha 3) + s_3 \cdot \tan(\alpha 4)}{\tan(\alpha_1)} \quad \text{oppure}$$

$$\rho_{EQUIV} = \rho + d + \cos(\alpha_1) \cdot \left\{ \sum_{i=1}^{3} \frac{s_i}{\sqrt{\left(\dfrac{n_{i+1}}{n_1}\right)^2 - \sin^2(\alpha_1)}} \right\} \quad \text{dove al solito } \cos(\alpha_1) = \cos(Az) \cdot \cos(h)$$

Esempio – Si vuole realizzare un orologio solare sulla parete di un vaso di vetro, con facce verticali piane, riempito d'acqua. Il punto gnomonico sia un punto della faccia del vaso rivolta a Sud.

In questo caso abbiamo due lastre di vetro di spessore 20 mm con interposta una "lastra" d'acqua dello spessore di 100 mm. I dati sono:

n1 = 1 (aria); n2 = 1.5 (vetro); n3 = 1.33 (acqua); n4 = 1.5 (vetro

s1 = 20; s2 = 100; s3 = 20 mm

Se Az = 42° e h = 30.12° si ricavano i valori: α1 = 50.0°; α2 = 30.7°; α3 = 35.2°; α4 = 30.7°; α5 = 50.0° e

ρ_{EQUIV} = 79.06 mm

Le linee dell'orologio sono tutte comprese in una circonferenza di raggio = 186.5 mm, a causa dell'angolo limite.

Parte VI

RICERCA DEGLI ELEMENTI INCOGNITI DI UN OROLOGIO SOLARE

Capitolo 24
RICERCA DEGLI ELEMENTI INCOGNITI DI UN OROLOGIO SOLARE

24.1 Generalità

Capita abbastanza spesso all'appassionato di orologi solari di esaminare, studiare o soltanto fotografare, una meridiana già costruita e di cui desidera conoscere alcuni elementi fondamentali non immediatamente rilevabili.

Questa ricerca di dati diventa indispensabile quando o si desidera restaurare una meridiana antica che manca dello gnomone o presenta soltanto alcune linee orarie e fondamentali oppure si vuole determinare la giacitura un orologio solare antico inciso su pietra o su metallo e spostato dalla sua posizione originale e della quale, sovente, non è neppure nota la latitudine della località per cui fu progettato.

In tutti questi casi, e in molti altri che si potrebbero immaginare, occorre ricercare con il calcolo gli elementi mancanti a partire da quelli che tuttora esistono e si possono rilevare.

Data la grande varietà di situazioni che si possono presentare non é possibile dare un metodo generale valido sempre per cui cercherò di fare un esame soltanto di alcuni casi che credo abbastanza frequenti.

In generale alcuni elementi la cui conoscenza può rivelarsi utile per il calcolo di quelli incogniti sono i seguenti:
- la Latitudine del luogo per cui l' orologio è stata progettato: se il quadrante è "in situ" è facilmente determinabile con la precisione necessaria (frazioni di primo d'arco) con un comune GPS;
- la Longitudine del luogo: ha importanza solo per meridiane a Tempo, Vero del Fuso e a tempo civile (tempo medio del Fuso). Anch'essa è determinabile con l'uso di un GPS;
- la giacitura del piano dell'orologio: orizzontale, verticale o inclinato;
- la declinazione del piano;
- l'inclinazione del piano per quadranti inclinati;
- la linea Meridiana;
- la linea Equinoziale e l'angolo da essa formato con l'orizzontale (per piani verticali declinanti);
- la linea Sustilare e l'angolo fra essa e la linea Meridiana;
- la posizione del piede dell'Ortostilo;
- la lunghezza dell'Ortostilo;
- il centro della meridiana ove si incontrano le linee orarie di tempo vero;
- il tipo di ore: moderne, italiche, babiloniche, temporarie;
- i punti di intersezione delle linee orarie con la linea Equinoziale e le distanze fra tali punti;
- i punti di intersezione delle linee orarie con la linea dell'Orizzonte e le distanze fra tali punti;
- le linee diurne dei Solstizi, i punti in cui intersecano la linea Meridiana e le distanze fra tali punti;

Occorre infine osservare che se non è nota la lunghezza dell'Ortostilo la ricerca della giacitura del piano deve essere fatta considerando soltanto gli angoli fra le varie linee o rapporti di segmenti.

24.2 Ricerca della declinazione - Piano verticale declinante

Uno dei metodi più semplici per determinare la declinazione del piano di una meridiana verticale consiste nel misurare l'angolo μ che la linea Equinoziale forma con una linea orizzontale.
Si può ricorrere anche alla misura dell'angolo che la linea Sustilare forma con una linea verticale (i due angoli sono uguali) anche se non sempre la linea Sustilare compare sul quadro.

Se, guardando il quadrante, la linea Equinoziale "sale" andando verso sinistra allora il piano è rivolto a Est e l'angolo deve essere preso con segno **negativo**; se l'Equinoziale "sale" andando verso destra il piano è rivolto a Ovest e l'angolo deve essere preso con segno **positivo**.
Se l'Equinoziale è orizzontale il piano è rivolto esattamente a Sud e la sua declinazione è nulla.

La relazione fra la declinazione α e l'angolo μ è $\operatorname{sen}(\alpha) = \tan(\mu) \cdot \tan(\varphi)$

Nel caso che si utilizzi la linea Sustilare: se guardando il quadro la Sustilare si trova a sinistra della linea di massima pendenza allora il piano è rivolto a Est e l'angolo deve essere preso con segno negativo; se si trova a destra il piano è rivolto a Ovest e l'angolo deve essere preso con segno positivo.

24.3 Ricerca della inclinazione e della declinazione - Piano inclinato e declinante

Per tale ricerca si rimanda ad uno dei metodi indicati nella Parte VII, Cap. 25 e 26, di questo testo.

24.4 Ricerca della inclinazione
Meridiana ad ore moderne a tempo vero tracciata su un piano inclinato e rivolto a Sud

La determinazione dell'inclinazione del piano si può ricavare dalla misura dell'angolo θ' compreso fra una linea oraria e la linea Meridiana (linea di massima pendenza).
Fra questo angolo e l'inclinazione si ha la relazione: $\tan(\theta') = \tan(\omega) \cdot \cos(\varphi + i)$ da cui è immediato ricavare l'inclinazione i cercata.

L'angolo orario ω si può ricavare se si conosce l'ora e, nel caso di tempo corretto in Longitudine (Tempo Vero del Fuso), la Longitudine del luogo.

$$\omega = (T_{VERO\_LOCALE} - 12) \cdot 15$$

$$\omega = (T_{VERO\_LOCALE} - 12) \cdot 15 - (TZ \cdot 15 - Long)$$

Esempio
   Per una località con $\varphi = 40°$, Longitudine = 10° Est e TZ=–1   si misura l'angolo della linea oraria delle ore 14 e si trova di 20° . Trovare l'inclinazione del piano del quadrante.
   Se la meridiana segna il Tempo Vero si ha $\omega = 30°$ e quindi $\cos(\varphi + i) = 0.630$ da cui $i = 10.92°$
   Se segna il tempo Vero del Fuso si ha $\omega = 35°$ e $i = 18.68°$

24.5 Ricerca della posizione e della lunghezza dello stilo
Meridiana ad ore Moderne a tempo vero tracciata su un piano verticale declinante in cui manca lo stilo.

Sono presenti le linee orarie e la linea Equinoziale.
-   Con il metodo indicato prima (misura dell'angolo μ fra Equinoziale e l'orizzontale) si calcola la declinazione α del piano: $\operatorname{sen}(\alpha) = \tan(\mu) \cdot \tan(\varphi)$;
-   si prolungano le linee orarie. Il punto in cui si incontrano è il centro C della meridiana (se non è possibile trovare il centro C vedi più avanti);

- si abbassa la verticale dal centro C sino ad incontrare in E la linea Equinoziale;
- si manda la perpendicolare da C alla linea Equinoziale: questa è la linea Sustilare che incontra l'equinoziale nel punto T ;
- facendo il rapporto fra i segmenti TE e TC si ha si ha $\dfrac{TE}{TC} = \tan(\mu) = \dfrac{\operatorname{sen}(\alpha)}{\tan(\varphi)}$ da cui si può ricavare α (se non lo si è già calcolato);
- si calcola l'altezza dello stilo polare γ (angolo fra piano e stilo polare) anche se lo stilo polare non è presente $\operatorname{sen}(\gamma) = \cos(\varphi) \cdot \cos(\alpha)$;
- si calcola la lunghezza dell'Ortostilo con la $\rho = CT \cdot \operatorname{sen}(\gamma) \cdot \cos(\gamma)$;
- i calcola la distanza, lungo la Sustilare, fra il punto T e il piede O dell'Ortostilo trovando in questo modo la posizione incognita dell'ortostilo stesso $TO = \rho \cdot \tan(\gamma)$.

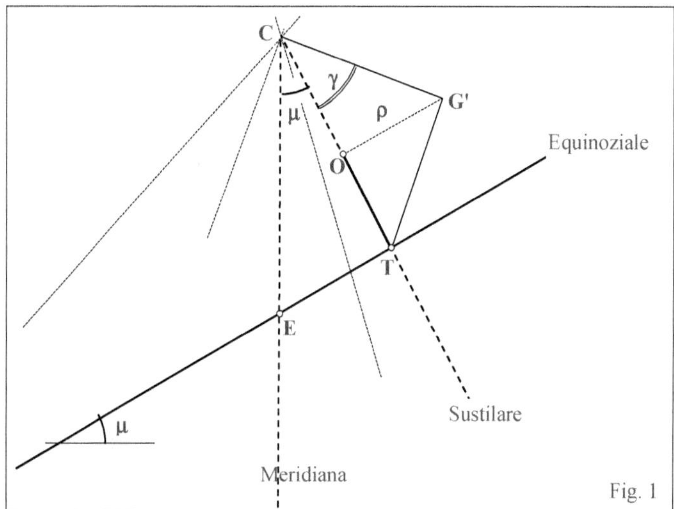

- L'asta polare entra nel piano nel punto C, ha la proiezione sul piano lungo la Sustilare CO ed ha l'estremo G a distanza $GO = \rho$ dal piano . Forma con il piano un angolo $= \gamma$.

Esempio

$\varphi = 46°$ Si misura $\mu = 29°$ si ricava $\alpha = 35.03°$ Si calcola $\gamma = 34.67°$
Si trova C e si tracciano la verticale CE (meridiana) e CT (Sustilare)
Si misurano $CT = 47$ e $TE = 26$ ($TE/CT = \tan(\mu)$ da cui $\mu = 28.95°$ che conferma il valore giá calcolato). Si calcolano $\rho = 22$ e $TO = 15.21$

Nel caso in cui il centro C non sia raggiungibile o determinabile occorre conoscere la linea Meridiana, il punto E in cui essa incontra l'Equinoziale e qualche punto (almeno uno) in cui le varie linee orarie tagliano l'Equinoziale stessa..
Per la determinazione della lunghezza dell'Ortostilo si procede con il metodo indicato nel paragrafo seguente.

- Calcolato ρ si calcola $\overline{TE} = \rho \cdot \dfrac{\tan(\alpha)}{\operatorname{sen}(\varphi) \cdot \cos(\gamma)}$ e quindi si trova il punto T ove la Sustilare incontra l'Equinoziale;
- si traccia poi la Sustilare passante per T e perpendicolare alla Equinoziale e infine;
- si calcola $\overline{TO} = \rho \cdot \tan(\gamma)$ e si trova il piede O dell'Ortostilo.

Esempio
Dati come nell'esempio precedente ma con C non raggiungibile.
$\varphi = 46°$ Si misura $\mu = 29°$ e la distanza sulla Equinoziale fra le linee orarie delle ore 12h e 14h: $P_N E = 19$

Si ricavano $\alpha = 35.03°$, $\gamma = 34.67°$, $\omega_S = 44.26°$
$P_N E = \rho * 0.8758$ da cui $\rho = 21.693$. Quindi $TE = 25.7$ e $TO = 15.0$

24.6 Ricerca della posizione e della lunghezza dello stilo
Meridiana ad ore moderne a tempo vero o ad ore antiche (italiche, babiloniche o temporarie) tracciata su un piano verticale declinante in cui manca lo stilo

Sono presenti la linea Meridiana, la linea Equinoziale e alcuni punti P_H in cui le linee orarie la intersecano.

– Con il metodo già indicato (misura dell'angolo μ fra Equinoziale e l'orizzontale) si calcola la declinazione α del piano: $\operatorname{sen}(\alpha) = \tan(\mu) \cdot \tan(\varphi)$

– si calcola l'altezza dello stilo polare γ (angolo fra piano e stilo polare) anche se lo stilo polare non è presente e non serve: $\operatorname{sen}(\gamma) = \cos(\varphi) \cdot \cos(\alpha)$

– si calcola l'angolo orario ω_S della Sustilare : $\tan(\omega_S) = \tan(\alpha)/\operatorname{sen}(\varphi)$

La linea Meridiana incontra l'Equinoziale nel punto E con $\omega = 0°$ e $\delta = 0°$ per il quale passano le linee orarie dei diversi sistemi orari con: ore Babiloniche = 6, ore Temporarie = 6, ore Moderne = 12, ore Italiche = 18.

Consideriamo la linea oraria corrispondente all'ora che differisce da quella sopra di N ore: essa taglierà l'Equinoziale nel punto P_N .
N può essere positivo (se l'ora è superiore a quella relativa al punto E) o negativo (se l'ora è inferiore).

Occorre prestare attenzione ai segni se P_N è a sinistra di E il valore di ρ diventa negativo: prendere il valore assoluto.

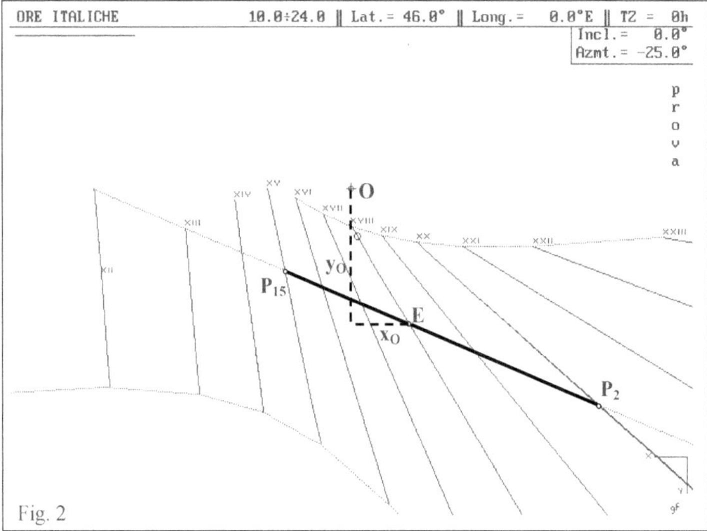

Ad esempio   con N = +2 la linea corrisponderebbe alle ore Babiloniche = 8, Temporarie = 8, Moderne = 14, Italiche = 20 ;   con N = - 3 si hanno le ore Babiloniche = 3, Temporarie = 3, Moderne = 9, Italiche = 15 ;

– La distanza fra E e P_N è data da: $P_N E = \rho \cdot \dfrac{\left\{ \tan(N \cdot 15 - \omega_S) + \tan(\omega_S) \right\}}{\cos(\gamma)}$ e da questa relazione si può

ricavare la lunghezza ρ dell'Ortostilo.

- La posizione del piede O dell'Ortostilo si può ricavare calcolando le coordinate di O rispetto al punto E.

Si hanno le relazioni $x_O = -\rho \cdot \tan(\alpha)$ $y_O = -\dfrac{\rho}{\tan(\varphi) \cdot \cos(\alpha)}$

Il sistema di coordinate è il solito, con l'asse x orizzontale positivo verso sinistra e l'asse y verticale positivo verso il basso (ora con origine in E).

NOTA - Volendo si possono considerare due punti P_{N1} e P_{N2} e utilizzare la distanza fra di essi:

$$P_{N2}P_{N1} = \rho \cdot \frac{\left\{ \tan(N_2 \cdot 15^\circ - \omega_S) - \tan(N_1 \cdot 15^\circ - \omega_S) \right\}}{\cos(\gamma)}$$

Esempio (Fig. 2)
Meridiana ad ore Italiche
$\varphi = 46^\circ$. Si misura $\mu = -22^\circ$ (l'Equinoziale "scende" andando verso destra) si ricava $\alpha = -24.73^\circ$: il quadro è rivolto a Sud-Est
Si calcolano $\gamma = 39.12^\circ$ e $\omega_S = -32.63^\circ$ (ω_S è negativo dato che il quadro è rivolto a Est)
Per il punto E passa la linea oraria ad ore 18 Italiche
Si considera il punto in cui la linea oraria ad ore 15 incontra l'Equinoziale e si misura la sua distanza da E = 330 mm;

con la formula $P_{15}E = \rho \cdot \dfrac{\left\{ \tan(-3 \cdot 15^\circ - \omega_S) + \tan(\omega_S) \right\}}{\cos(\gamma)} = 330$ si ricava $\rho = 297.84$ mm (il risultato sarebbe negativo)

Consideriamo ora, come riprova, il punto in cui passa la linea oraria ad ore 20: la sua distanza da E = 490mm .
Ripetendo il calcolo si ottiene il valore $\rho = 294.32$

Prendendo come valore di ρ il valor medio fra i due trovati $\rho = 296$ mm si ricava infine:
x0 = +136.3 mm   e y0 = – 314.7 mm : il punto O è quindi alla sinistra e sopra il punto E

24.7 Ricerca degli elementi incogniti di una meridiana con latitudine incognita

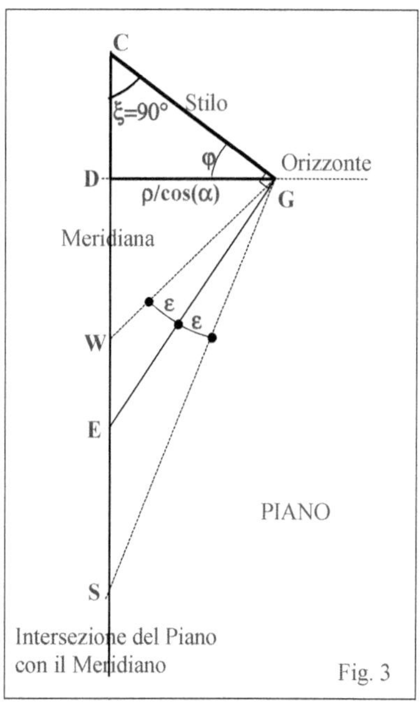

Meridiana ad ore moderne, italiche, babiloniche o temporarie tracciata su un piano verticale declinante in cui manca lo stilo
Non sono note la declinazione del piano e la latitudine del luogo per cui il quadrante fu progettato.

Nello studio di antichi orologi solari (romani, greci, arabi) si trovano spesso delle meridiane verticali, incise su lastre di pietra, che non si trovano più nella loro posizione originale.
Se in tali orologi sono ancora riconoscibili la linea Meridiana e le linee diurne dei Solstizi e dell'Equinozio, si possono determinare sia la Latitudine della località per la quale l'orologio fu costruito sia la lunghezza dell'Ortostilo originale.

Siano **W, S, E** i punti di intersezione delle curve dei Solstizi e dell'Equinozio con la linea meridiana (Fig. 3).
− Dalle relazioni che danno le distanze WE ed SE

$$WE = \frac{\rho}{\cos(\alpha)} \cdot \left\{ \frac{1}{\tan(\varphi)} - \frac{1}{\tan(\varphi + \varepsilon)} \right\}$$

$$SE = \frac{\rho}{\cos(\alpha)} \cdot \left\{ \frac{1}{\tan(\varphi - \varepsilon)} - \frac{1}{\tan(\varphi)} \right\}$$

si ricava:

$$\frac{WE}{SE} = \frac{\tan(\varphi) - \tan(\varepsilon)}{\tan(\varphi) + \tan(\varepsilon)} \qquad \text{e quindi}$$

$$\tan(\varphi) = \tan(\varepsilon) \cdot \frac{SE + WE}{SE - WE} \quad \text{con } \varepsilon = 23°26'30'' = 23.441667$$

– Siano **W, S, E** i punti di intersezione delle curve dei Solstizi e dell'Equinozio con la linea meridiana.

– Dalle relazioni che danno le distanze WE ed SE

$$WE = \frac{\rho}{\cos(\alpha)} \cdot \left\{ \frac{1}{\tan(\varphi)} - \frac{1}{\tan(\varphi + \varepsilon)} \right\} \qquad SE = \frac{\rho}{\cos(\alpha)} \cdot \left\{ \frac{1}{\tan(\varphi - \varepsilon)} - \frac{1}{\tan(\varphi)} \right\} \quad \text{si ricava:}$$

$$\frac{WE}{SE} = \frac{\tan(\varphi) - \tan(\varepsilon)}{\tan(\varphi) + \tan(\varepsilon)} \qquad \text{e quindi} \qquad \tan(\varphi) = \tan(\varepsilon) \cdot \frac{SE + WE}{SE - WE}$$

dove al solito è $\quad \varepsilon = 23°26'30'' = 23.441667$

Questa formula permette di calcolare la Latitudine φ della località in cui fu costruito il quadrante solare, se sono noti i segmenti SE e WE cioè le intersezioni delle linee dei Solstizi con la linea Meridiana.

– Con il metodo già indicato nelle pagine precedenti (misura dell'angolo μ fra Equinoziale e l'orizzontale) si calcola la declinazione α del piano: $\text{sen}(\alpha) = \tan(\mu) \cdot \tan(\varphi)$

– Dopo aver determinato il valore della declinazione α del piano si può calcolare la lunghezza ρ dell'Ortostilo da una delle formule sopra riportate che danno SE o WE

– Utilizzando l'altra formula si può ricavare anche il valore di ε con il quale la meridiana fu costruita.

– La posizione del piede O dell'Ortostilo si può ottenere infine calcolando le coordinate di O rispetto al punto

     E. Si hanno le relazioni $\quad x_O = -\rho \cdot \tan(\alpha) \qquad y_O = -\dfrac{\rho}{\tan(\varphi) \cdot \cos(\alpha)}$

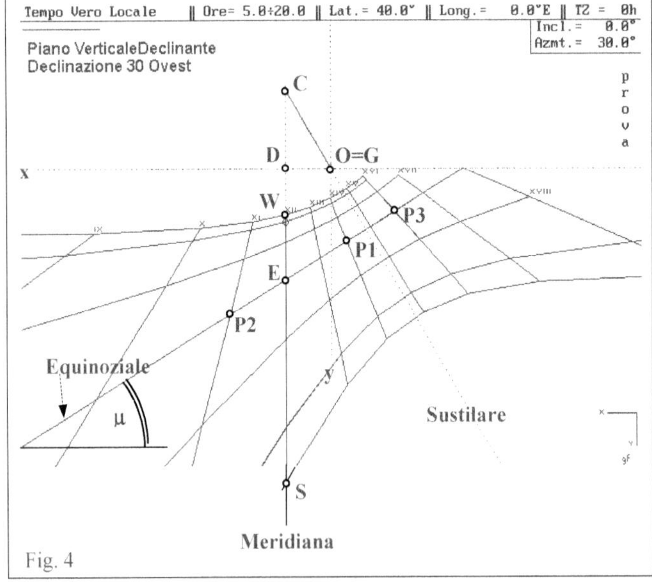

Esempio
Meridiana ad Tempo Vero
Si misurano i segmenti WE = 145 mm e SE = 461 mm e l'angolo fra Equinoziale e orizzontale μ = 30.7°: il quadro è rivolto a Sud-Ovest

Si ricavano: $\varphi = 39.76°$, $\alpha = 29.60°$, $\rho = 180.9$ mm, $x_0 = -102.7$ mm, $y_0 = -250.0$ mm

24.8 Ricerca degli elementi incogniti di una meridiana con latitudine incognita
Meridiana ad ore moderne, italiche, babiloniche o temporarie tracciata sul piano orizzontale in cui manca lo stilo

In modo analogo a quello indicato per le meridiane verticali si possono fare alcune ricerche anche su Meridiane Orizzontali di cui non si conoscono più ne la latitudine del luogo in cui erano posizionate, ne la lunghezza dello stilo.

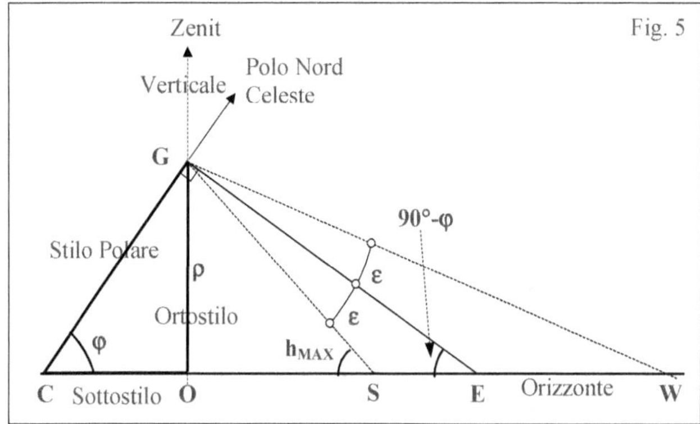

Siano **W, S, E** i punti di intersezione delle curve dei Solstizi e dell'Equinozio con la linea meridiana.

$$WE = \rho \cdot \left\{ \tan(\varphi + \varepsilon) - \tan(\varphi) \right\} \qquad\qquad SE = \rho \cdot \left\{ \tan(\varphi) - \tan(\varphi - \varepsilon) \right\}$$

$$\frac{SE}{WE} = \frac{1 - \tan(\varphi) \cdot \tan(\varepsilon)}{1 + \tan(\varphi) \cdot \tan(\varepsilon)} \qquad \text{da cui} \qquad \tan(\varphi) = \frac{1}{\tan(\varepsilon)} \cdot \frac{WE - SE}{WE + SE}$$

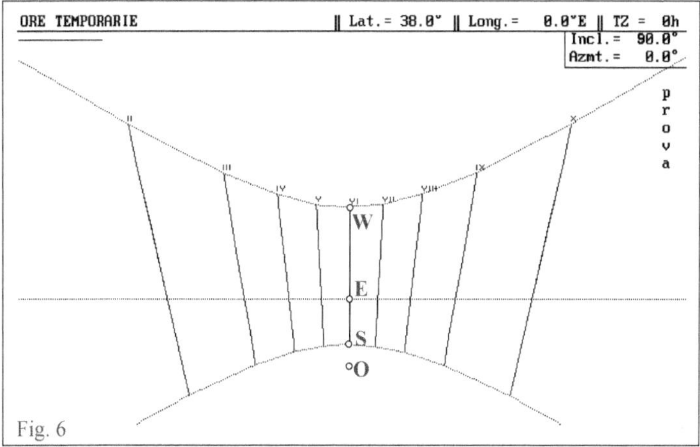

Questa formula permette di calcolare la Latitudine φ della località in cui fu costruita un orologio solare orizzontale, noti i segmenti SE e WE cioè le intersezioni delle linee dei Solstizi con la linea Meridiana.

La lunghezza ρ dell'Ortostilo si può ricavare da una delle formule sopra che danno SE o WE .

Utilizzando l'altra formula si può ricavare anche il valore di ε con il quale la meridiana fu costruita.

La posizione del piede dell'Ortostilo O si ricava immediatamente essendo la distanza OE data dalla:

$OE = \rho \cdot \tan(\varphi)$

Esempio

Meridiana ad ore temporarie

Si misurano i segmenti SE = 74 mm e WE = 151 mm

Si ricavano i valori $\varphi = 38.27°$, $\rho = 141.1$ mm, $OE = 111,3$ mm

24.9 Ricerca degli elementi incogniti di una meridiana con latitudine incognita
Meridiana ad ore moderne, italiche, babiloniche o temporarie tracciata su un piano verticale declinante in cui manca lo stilo
Non sono note la declinazione del piano per cui il quadrante fu progettato

Sono presenti la linea Equinoziale e alcuni punti P_H in cui le linee orarie la intersecano.

La linea Meridiana (che può non essere presente) incontra l'equinoziale nel punto E con $\omega = 0°$ e $\delta = 0°$ per il quale passano le linee orarie dei diversi sistemi orari con:

ore Babiloniche = 6, ore Temporarie = 6, ore Moderne = 12, ore Italiche = 18

Consideriamo due linee orarie corrispondente alle ore che differiscono da quella sopra riportata di N_1 e N_2 ore: essa intersecano l'Equinoziale nei punti P_{N1} e P_{N2} .

N può essere positivo (se l'ora è superiore a quella relativa al punto E) o negativo (se l'ora è inferiore)

Ad esempio   con N = +2 la linea corrisponderebbe alle ore Babiloniche = 8, Temporarie = 8, Moderne = 14, Italiche = 20 ;   con N = - 3 si hanno le ore Babiloniche = 3,Temporarie = 3, Moderne = 9, Italiche = 15 .

La distanza fra E e P_N vale:
$$P_N E = \rho \cdot \frac{\left\{ \tan(N \cdot 15'' - \omega_S) + \tan(\omega_S) \right\}}{\cos(\gamma)}$$

– Misurando le distanze $P_1 E$ e $P_2 E$ e facendone il rapporto si ottiene la relazione sotto che contiene l'unica

incognita ω_S :
$$\frac{P_1 E}{P_2 E} = \frac{\tan(N_1 \cdot 15'' - \omega_S) + \tan(\omega_S)}{\tan(N_2 \cdot 15'' - \omega_S) + \tan(\omega_S)}$$

Le distanze PE devono essere prese col segno – se il punto P è a sinistra di E, cioè se corrisponde a valori negativi dell'angolo orario

– Posto
$$k = \frac{P_1 E}{P_2 E} \cdot \frac{\tan(N_2 \cdot 15'')}{\tan(N_1 \cdot 15'')}$$
si può ricavare la

$$\tan(\omega_S) = \frac{k - 1}{\tan(N_2 \cdot 15'') - k \cdot \tan(N_1 \cdot 15'')}$$
e quindi calcolare ω_S .

– Se μ è il valore (misurato) dell'angolo fra la linea Equinoziale e l'orizzontale si hanno le relazioni:

$$A = \tan(\omega_S) \qquad B = \tan(\mu) \qquad \text{da cui si ricava} \qquad \cos(\varphi) = \frac{B}{A} \cdot \sqrt{\frac{1 + A^2}{1 + B^2}}$$

e infine la Latitudine φ

– Dalla $\operatorname{sen}(\alpha) = \tan(\mu) \cdot \tan(\varphi)$ si ricava la declinazione α

– Dalla $\operatorname{sen}(\gamma) = \cos(\varphi) \cdot \cos(\alpha)$ si ricava l'altezza dello stilo γ

– Dalla $\qquad P_1E = \rho \cdot \dfrac{\{\tan(N_1 \cdot 15° - \omega_S) + \tan(\omega_S)\}}{\cos(\gamma)}$ $\qquad$ si può ricavare la lunghezza dell'Ortostilo ρ

– Infine la posizione del piede O dell'Ortostilo si ottiene calcolando le coordinate di O rispetto al punto E con

le relazioni $\qquad x_O = -\rho \cdot \tan(\alpha) \qquad y_O = -\dfrac{\rho}{\tan(\varphi) \cdot \cos(\alpha)}$

Esempio (Fig. 7)
Meridiana ad ore Italiche
Si misura $\mu = -22°$: il quadro è rivolto a Sud-Est
Per il punto E passa la linea oraria ad ore 18 Italiche
Si considerano i punti P_1, in cui la linea oraria ad ore 15 incontra l'Equinoziale (quindi $N_1 = -3$) e P_2, in cui passa la linea oraria ad ore 20 (quindi $N_2 = +2$)
Le distanze misurate sono $P_1E = -330$ mm (P_1 a sinistra di E), $P_2E = +490$ mm (P_2 a destra di E)
Dai calcoli si ricava: k = 0.38888, $\omega_S = -32.316°$, $\varphi = 45.51°$, $\alpha = -24.29°$, $\rho = 296.1$ mm
$x_O = 133.61$, $y_O = -319.04$ mm

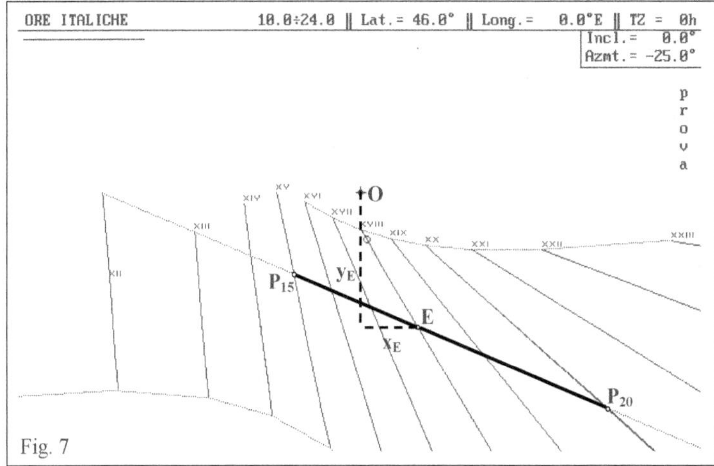

24.10 Ricerca della posizione e della lunghezza dello stilo
Meridiana ad ore moderne a tempo vero tracciata su un piano inclinato e declinante in cui manca lo stilo.

Sono presenti le linee orarie e la linea Equinoziale (Fig. 8).
Si conoscono la declinazione α e l'inclinazione **i** del piano.

– Si calcola l'altezza dello stilo polare γ (angolo fra piano e stilo polare) anche se lo stilo polare non è presente $\qquad \text{sen}(\gamma) = \cos(\varphi) \cdot \cos(\alpha)$;

– si misura dell'angolo μ fra Equinoziale e l'orizzontale;
– si prolungano le linee orarie . Il punto in cui si incontrano è il centro C della meridiana;
– si traccia, partendo dal centro C, la linea di massima pendenza sino ad incontrare in V la linea Equinoziale
– si manda la perpendicolare da C alla linea Equinoziale: questa è la linea Sustilare che incontra l'equinoziale nel punto T;
– si misura il segmento TV;
– si calcola la lunghezza dell'Ortostilo con la $\qquad \rho = TV \cdot \text{sen}(\gamma) \cdot \cos(\gamma) \cdot \cos(\mu)$;

– si calcola la distanza, lungo la Sustilare, fra il punto T e il piede O dell'Ortostilo trovando in questo modo la posizione incognita dell'ortostilo stesso $TO = \rho \cdot \tan(\gamma)$.

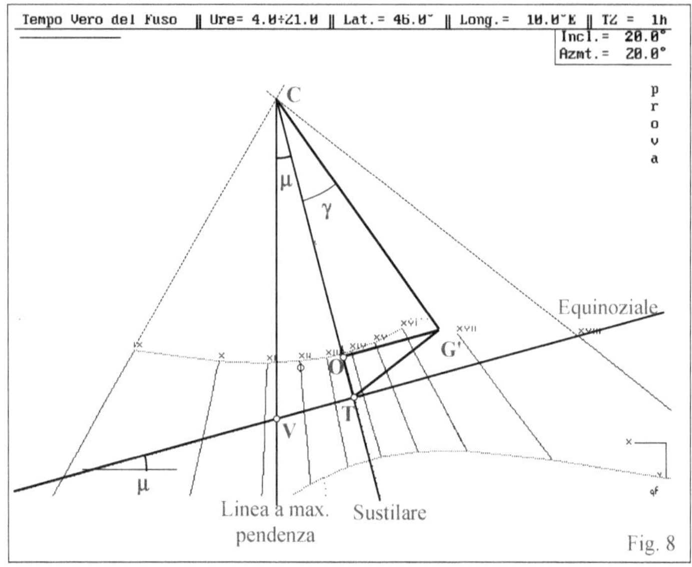

Esempio
Meridiana ad ore moderne su un piano inclinato di i = 20° e declinante di 20° Ovest (α = 20°)
Si misura l'angolo fra Equinoziale e orizzontale μ = 19° e il segmento TV = 132 mm
Si ricavano i valori: ρ = 61.7 mm TO= 53.2 mm

Orologio solare al Cairo

Parte VII

MISCELLANEA

Capitolo 25
MISCELLANEA - 1

25.1   Calcolo dei parametri ω, δ, Az, h

25.1.1   Calcolo di due dei parametri ω, δ, Az, h conoscendo gli altri

Le **formule fondamentali** che legano i 4 parametri ω, δ, **Az, h,** già date precedentemente, sono :

$$\operatorname{sen}(h) = +\operatorname{sen}(\delta)\cdot\operatorname{sen}(\varphi)+\cos(\delta)\cdot\cos(\varphi)\cdot\cos(\omega)$$

$$\cos(h)\cdot\cos(Az) = -\operatorname{sen}(\delta)\cdot\cos(\varphi)+\cos(\delta)\cdot\operatorname{sen}(\varphi)\cdot\cos(\omega)$$

$$\cos(h)\cdot\operatorname{sen}(Az) = +\cos(\delta)\cdot\operatorname{sen}(\omega)$$

e le inverse :

$$\operatorname{sen}(\delta) = +\operatorname{sen}(h)\cdot\operatorname{sen}(\varphi)-\cos(h)\cdot\cos(\varphi)\cdot\cos(Az)$$

$$\cos(\delta)\cdot\cos(\omega) = +\operatorname{sen}(h)\cdot\cos(\varphi)+\cos(h)\cdot\operatorname{sen}(\varphi)\cdot\cos(Az)$$

$$\cos(\delta)\cdot\operatorname{sen}(\omega) = +\cos(h)\cdot\operatorname{sen}(Az)$$

Da esse si possono ottenere le relazioni seguenti che permettono di ricavare due qualsiasi degli elementi se sono noti i valori degli altri.

Si suppone di conoscere il valore della latitudine φ.

Quando il Sole è al tramonto (o all'alba)

$$\cos(\omega_T) = -\tan(\varphi)\cdot\tan(\delta)$$

$$\cos(Az_T) = -\frac{\operatorname{sen}(\delta)}{\cos(\varphi)} \qquad \operatorname{sen}(Az_T) = \operatorname{sen}(\omega_T)\cdot\cos(\delta) \qquad \tan(Az_T) = \operatorname{sen}(\varphi)\cdot\tan(\omega_T) = -\frac{\cos(\varphi)}{\tan(\delta)}$$

$$\operatorname{sen}\left(Az_T - \omega_T\right) = \frac{[1-\operatorname{sen}(\varphi)]}{\cos^2(\varphi)}\cdot\tan(\delta)\cdot\sqrt{\cos^2(\varphi)-\operatorname{sen}^2(\delta)}$$

25.1.2   Se sono noti ω e δ
Si ricava **h** dalla

$$\operatorname{sen}(h) = +\operatorname{sen}(\delta)\cdot\operatorname{sen}(\varphi)+\cos(\delta)\cdot\cos(\varphi)\cdot\cos(\omega) \qquad\qquad \text{e } \textbf{Az} \text{ da una delle seguenti :}$$

$$\cos(Az) = \frac{+\cos(\delta)\cdot\operatorname{sen}(\varphi)\cdot\cos(\omega)-\operatorname{sen}(\delta)\cdot\cos(\varphi)}{\cos(h)} \qquad\qquad \operatorname{sen}(Az) = \frac{+\cos(\delta)\cdot\operatorname{sen}(\omega)}{\cos(h)}$$

$$\tan(Az) = \frac{+\cos(\delta)\cdot\operatorname{sen}(\omega)}{+\cos(\delta)\cdot\operatorname{sen}(\varphi)\cdot\cos(\omega)-\operatorname{sen}(\delta)\cdot\cos(\varphi)} = \frac{\operatorname{sen}(\omega)}{\operatorname{sen}(\varphi)\cdot\cos(\omega)-\cos(\varphi)\cdot\tan(\delta)}$$

le formule permettono di determinare senza ambiguità il valore di h, sempre compreso fra -90° e +90°, e il quadrante ove si trova l'angolo Az.

Permettono quindi di trovare senza ambiguità l'azimut e l'altezza del Sole in un istante qualsiasi individuato dal giorno (valore di δ) e dall'ora (valore di ω)

Casi particolari

- Sole al meridiano con $\omega = 0°$.   Si ricava $Az = 0°$ e $h = h_{MAX} = 90° - \varphi + \delta$

- Istante 6 ore dopo o prima del mezzogiorno ($\omega = \pm 90°$) :

$$\operatorname{sen}(h) = +\operatorname{sen}(\delta) \cdot \operatorname{sen}(\varphi)$$

$$\cos(Az) = \frac{-\operatorname{sen}(\delta) \cdot \cos(\varphi)}{\cos(h)} \qquad \operatorname{sen}(Az) = \frac{\pm \cos(\delta)}{\cos(h)} \qquad \tan(Az) = \frac{\mp 1}{\cos(\varphi) \cdot \tan(\delta)}$$

- Nei giorni degli Equinozi con $\delta = 0°$:

$$\operatorname{sen}(h) = +\cos(\varphi) \cdot \cos(\omega) \qquad \tan(h) = \frac{\cos(\varphi) \cdot \operatorname{sen}(Az)}{\tan(\omega)} \qquad \tan(Az) = \frac{\tan(\omega)}{\operatorname{sen}(\varphi)}$$

- Sole all'Orizzonte $h = 0°$ $\tan(Az) = +\operatorname{sen}(\varphi) \cdot \tan(\omega)$

Esempio
Il 1' Giugno alle ore 23 Italiche in una località con $\varphi = 46°$ si ricava :
$\delta = 22.09°$ $\omega_{SAD} = 114.85°$ $\omega = \omega_{SAD} - (24 - h_{IT}) * 15° = 99.85°$
$h = 9.22°$ $Az = 112.34°$ $T_{VERO\ LOC} = 18h39m$

25.1.3   Se sono noti   Az   e   h
Si ricava δ dalla:

$$\operatorname{sen}(\delta) = +\operatorname{sen}(h) \cdot \operatorname{sen}(\varphi) - \cos(h) \cdot \cos(\varphi) \cdot \cos(Az) \qquad e \ \omega \ \text{da una delle seguenti :}$$

$$\cos(\omega) = \frac{+\operatorname{sen}(h) \cdot \cos(\varphi) + \cos(h) \cdot \operatorname{sen}(\varphi) \cdot \cos(Az)}{\cos(\delta)} \qquad \operatorname{sen}(\omega) = \frac{+\cos(h) \cdot \operatorname{sen}(Az)}{\cos(\delta)}$$

$$\tan(\omega) = \frac{+\cos(h) \cdot \operatorname{sen}(Az)}{\operatorname{sen}(h) \cdot \cos(\varphi) + \cos(h) \cdot \operatorname{sen}(\varphi) \cdot \cos(Az)} = \frac{+\operatorname{sen}(Az)}{\tan(h) \cdot \cos(\varphi) + \operatorname{sen}(\varphi) \cdot \cos(Az)}$$

le formule permettono di determinare senza ambiguità il valore di δ, sempre compreso fra $-\varepsilon$ e $+\varepsilon$, e il quadrante ove si trova l'angolo orario ω.

Casi particolari

- Sole al meridiano con $Az = 0°$ si ricava $\omega = 0°$ $\delta = h + \varphi - 90°$

- Sole a Ovest o a Est ($Az = \pm 90°$) :

$$\operatorname{sen}(\delta) = +\operatorname{sen}(h) \cdot \operatorname{sen}(\varphi)$$

$$\cos(\omega) = \frac{+\operatorname{sen}(h) \cdot \cos(\varphi)}{\cos(\delta)} = \frac{\tan(\delta}{\tan(\varphi)} \qquad \operatorname{sen}(\omega) = \frac{\pm \cos(h)}{\cos(\delta)} \qquad \tan(\omega) = \frac{\pm 1}{\tan(h) \cdot \cos(\varphi)}$$

- Sole all'orizzonte con $h = 0°$

$$\operatorname{sen}(\delta) = -\cos(\varphi) \cdot \cos(Az) \qquad \tan(\omega) = \frac{\tan(Az)}{\operatorname{sen}(\varphi)}$$

Esempio
In un certo giorno in una località con $\varphi = 46°$ si trova per il Sole : $Az = -60°$ e $h = 20°$
Si ricavano i valori : $\delta = -4.6°$ $\omega = -54.73°$. Sono le 8h 21m del giorno 4 o 5 Ottobre o del 8 o 9 Marzo

Esempio
In un dato giorno il Sole si trova esattamente a Ovest ad una altezza di $10°$. Località con $\varphi = 46°$
Si ricavano i valori : $\delta = +7.18°$ quindi è l'8 Aprile . $\omega = 83.0°$ e quindi sono le ore 17h 32m

Esempio

In quale giorno di Autunno il Sole tramonta con un Azimut = 80° esatti ? Località con $\varphi = 46°$
Si ricavano i valori : $\delta = -6.93°$, $\omega = 82.8°$ e quindi il 10 Novembre alle ore 17h 31m TVL

25.1.4   Se sono noti h e δ

Si ricavano i valori dell'**Az** e di ω dalle:

$$\cos(Az) = \pm\left\{\frac{\text{sen}(h)\cdot\text{sen}(\varphi) - \text{sen}(\delta)}{\cos(h)\cdot\cos(\varphi)}\right\} \qquad \cos(\omega) = \pm\left\{\frac{-\text{sen}(\delta)\cdot\text{sen}(\varphi) + \text{sen}(h)}{\cos(\delta)\cdot\cos(\varphi)}\right\}$$

occorre prestare attenzione ai risultati in quanto le formule possono dare valori ambigui sul quadrante .

Casi particolari

–   Sole all'alba e al tramonto **h** = 0°

$$\cos(\omega) = -\tan(\varphi)\cdot\tan(\delta) \qquad\qquad \cos(Az) = \frac{-\text{sen}(\delta)}{\cos(\varphi)}$$

–   Nei giorni degli Equinozi con $\boldsymbol{\delta} = 0°$

$$\cos(Az) = \tan(h)\cdot\tan(\varphi) \qquad\qquad \cos(\omega) = \frac{\text{sen}(h)}{\cos(\varphi)}$$

Esempio

In una località con $\varphi = 44°$ il 1' Novembre ($\delta = -14.56°$) il Sole è ad una altezza di 30° : che ore sono ?
Si ricavano i valori $Az = \pm16.036°$ e $\omega = \pm14.31°$: sono o le 12h 57m o le 11h 03m

Esempio

In una località con $\varphi = 44°$ il 1' Luglio ($\delta = +23.12°$) il Sole è ad una altezza di 30° : che ore sono ?
Si ricavano i valori $Az = \pm94.2°$ e $\omega = \pm69.91°$: sono o le 7h 20m o le 16h 40m

25.1.5   Se sono noti h e ω

Occorre per prima cosa determinare il valore di δ
Ponendo :

$$B = \frac{\text{sen}(h)\cdot\text{sen}(\varphi)}{1 - \cos^2(\varphi)\cdot\text{sen}^2(\omega)} \quad ; \quad C = \frac{\text{sen}^2(h) - \cos^2(\varphi)\cdot\cos^2(\omega)}{1 - \cos^2(\varphi)\cdot\text{sen}^2(\omega)} \qquad \text{si ha} \ \ \text{sen}(\delta) = +B \pm \sqrt{B^2 - C}$$

Si possono avere casi impossibili a causa di valori di h e ω incongruenti o errati, o quando $B^2 - C < 0$, o

quando risulta $B \pm \sqrt{B^2 - C} > 1$.

Occorre anche verificare che il valore di δ ottenuto sia $\leq |\varepsilon|$.

Il valore di δ si può ricavare anche con le formule seguenti :

$$\delta = \beta - \arccos\left(\frac{\text{sen}(h)}{\cos(\varphi)\cdot\sqrt{\cos^2(\omega) + \tan^2(\varphi)}}\right) \qquad \text{ove} \ \ \beta \ \ \text{si ricava dalle :}$$

$$\text{sen}(\beta) = \frac{\tan(\varphi)}{\sqrt{\cos^2(\omega) + \tan^2(\varphi)}} \qquad \cos(\beta) = \frac{\cos(\omega)}{\sqrt{\cos^2(\omega) + \tan^2(\varphi)}} \qquad \tan(\beta) = \frac{\tan(\varphi)}{\cos(\omega)}$$

Una volta ricavato il valore di δ si può calcolare Az o con una delle formule date in precedenza nei casi in cui
sono noti **h, ω e δ**

Casi particolari

– Sole all'alba e al tramonto $h = 0°$

$$\tan(\delta) = \frac{-\cos(\omega)}{\tan(\varphi)} \qquad\qquad \tan(Az) = \text{sen}(\varphi) \cdot \tan(\omega)$$

– Sole al meridiano con $\omega = 0°$ si ricava $Az = 0°$ e $\delta = h_{MAX} + \varphi - 90°$

Esempio

In una località con $\varphi = 44°$ alle ore 15h di $T_{VEROLOC}$ $(\omega = 45°)$ si trova per il Sole una altezza $h = 45°$

Si ricavano i valori $\delta = 19.0°$ $B = 0.66204$ $C = 0.32548$ e quindi $Az = 71.0°$

Esempio

In quale giorno, in una località con $\varphi = 50°$, il Sole tramonta esattamente alle 17h T_{VL} ?

$\omega = 75°$, $h = 0°$, $\delta = -12.25°$ e quindi o il 16 Febbraio o il 26 Ottobre con $Az = 70.7°$

25.1.6 Se sono noti Az e δ

Occorre per prima cosa determinare il valore di **h** Ponendo :

$$B = \frac{\text{sen}(\delta) \cdot \text{sen}(\varphi)}{1 - \cos^2(\varphi) \cdot \text{sen}^2(Az)} \;;\quad C = \frac{\text{sen}^2(\delta) - \cos^2(\varphi) \cdot \cos^2(Az)}{1 - \cos^2(\varphi) \cdot \text{sen}^2(Az)} \quad \text{si ha} \quad \text{sen}(h) = +B \pm \sqrt{B^2 - C}$$

Si possono avere casi impossibili dovuti a valori di **Az** e δ incongruenti o errati, o quando $B^2 - C < 0$ o quando risulta $B \pm \sqrt{B^2 - C} > 1$.

Il valore di **ω** si può ricavare con le formule solite quando sono noti δ, h, Az oppure con le seguenti:

$$\omega = \beta + \arccos\left(\frac{\cos(\varphi) \cdot \text{sen}(Az) \cdot \tan(\delta)}{\sqrt{1 - \cos^2(\varphi) \cdot \text{sen}^2(Az)}} \right) \qquad \text{ove } \beta \text{ si ricava dalle :}$$

$$\text{sen}(\beta) = \frac{-\cos(Az)}{\sqrt{1 - \cos^2(\varphi) \cdot \text{sen}^2(Az)}} \qquad\qquad \cos(\beta) = \frac{\text{sen}(Az) \cdot \text{sen}(\varphi)}{\sqrt{1 - \cos^2(\varphi) \cdot \text{sen}^2(Az)}}$$

$$\tan(\beta) = \frac{-1}{\text{sen}(\varphi) \cdot \tan(Az)}$$

Una volta ricavato il valore di **h** si può calcolare **ω** o con una delle formule date in precedenza nei casi in cui sono noti **h, Az** e δ

$$\text{sen}(h) = \text{sen}(\varphi) \cdot \text{sen}(\delta) + \cos(\varphi) \cdot \cos(\delta) \cdot \cos(\omega)$$

Casi particolari

– Sole a Ovest o a Est $(Az = \pm 90°)$ in un dato giorno (nota δ)

$$\text{sen}(h) = \frac{\text{sen}(\delta)}{\text{sen}(\varphi)} \qquad\qquad \cos(\omega) = \frac{+\tan(\delta)}{\tan(\varphi)}$$

Esempio

In una località con $\varphi = 50°$ il 1' Gennaio ($\delta = -22.87°$) in un certo istante si misura l'Az del Sole $= 70°$. Che ora è ?

Si ricavano i valori $B = -0.4687$ $C = -0.1617$ e infine $h = -13.2°$ L'osservazione è errata (non è possibile)

Esempio

Nella stessa località e nello stesso giorno dell'esempio precedente si misura l'Azimut del Sole $= 20°$. Che ora è ?

$\delta = -22.87°$ $h = -14.78°$ $\omega = 21.03°$ e quindi sono le ore 13h 24 di T_{VL}

Esempio

In una località con $\varphi = 45°$, Long. $= \lambda = 12°$, TZ $= +1$ l'Azimut della direzione della Mecca è $= 30°$. Trovare l'istante, in Tempo Civile, in cui il 10 Aprile il Sole ha lo stesso valore di Azimut.

Si trova per il 10 Aprile : $\delta = 8.08°$ e $EqT = +1.32m$
Si calcolano i valori : $h = 49.53°$, $\omega = -19.13°$, $T_{VERO\ LOC} = 10h\ 43m$ $T_{CIVILE} = 10h\ 57m$

25.1.7 Se sono noti Az e ω

Si ricavano δ e **h** dalle:

$$\tan(\delta) = \frac{\text{sen}(\varphi) \cdot \text{sen}(Az) \cdot \cos(\omega) - \cos(Az) \cdot \text{sen}(\omega)}{\cos(\varphi) \cdot \text{sen}(Az)} \qquad \cos(h) = \frac{\cos(\delta) \cdot \text{sen}(\omega)}{\text{sen}(Az)}$$

occorre prestare attenzione ai risultati in quanto le formule possono dare valori ambigui sul quadrante .

Il valore di **h** si può anche calcolare direttamente con la:

$$\tan(h) = \frac{\text{sen}(Az)}{\cos(\varphi) \cdot \tan(\omega)} - \tan(\varphi) \cdot \cos(Az)$$

Casi particolari

–   Sole a Ovest o a Est ($Az = \pm 90°$) :

$$\tan(\delta) = \tan(\varphi) \cdot \cos(\omega) \qquad\qquad \tan(h) = 1/[\cos(\varphi) \cdot \tan(\omega)]$$

–   Sole con angolo orario ($\omega = \pm 90°$) :

$$\tan(\delta) = \frac{\pm 1}{\cos(\varphi) \cdot \tan(Az)} \qquad \cos(h) = \frac{\pm \cos(\delta)}{\text{sen}(Az)}$$

25.2   Ricerca della latitudine φ quando sono noti Az, h e δ

Conoscendo il giorno dell'anno, e quindi δ, l'azimut e l'altezza del Sole, si può calcolare la latitudine del luogo. Ponendo :

$$B = \frac{\text{sen}(h) \cdot \text{sen}(\delta)}{1 - \cos^2(h) \cdot \text{sen}^2(Az)} \qquad C = \frac{\text{sen}^2(\delta) - \cos^2(h) \cdot \cos^2(Az)}{1 - \cos^2(h) \cdot \text{sen}^2(Az)} \quad \text{si ha} \quad \text{sen}(\varphi) = +B \pm \sqrt{B^2 - C}$$

Si possono avere casi impossibili dovuti a valori di **Az, h** e δ incongruenti o errati, o quando $B^2 - C < 0$ o quando risulta $B \pm \sqrt{B^2 - C} > 1$.

Esempio
Il 10 Aprile ($\delta = 8.08°$) quando l'Az del Sole $= -30°$ si misura la sua altezza $h = 50°$. Calcolare la Latitudine φ
Si ricavano i valori $B = 0.12007$ $C = -0.32355$ $\varphi = -27.47°$ oppure $\varphi = 44.54°$

25.3   Variazione delle grandezze

25.3.1 Andamenti dell'altezza del Sole e dell'Azimut al variare dell'angolo orario
Consideriamo le relazioni fondamentali che legano i valori che in un certo istante assumono le grandezze **Az, h, ω, δ** del Sole:

$$\text{sen}(h) = \text{sen}(\varphi) \cdot \text{sen}(\delta) + \cos(\varphi) \cdot \cos(\delta) \cdot \cos(\omega) \qquad\qquad (1)$$

$$\text{sen}(Az) = \frac{\cos(\delta) \cdot \text{sen}(\omega)}{\cos(h)} \qquad\qquad (2)$$

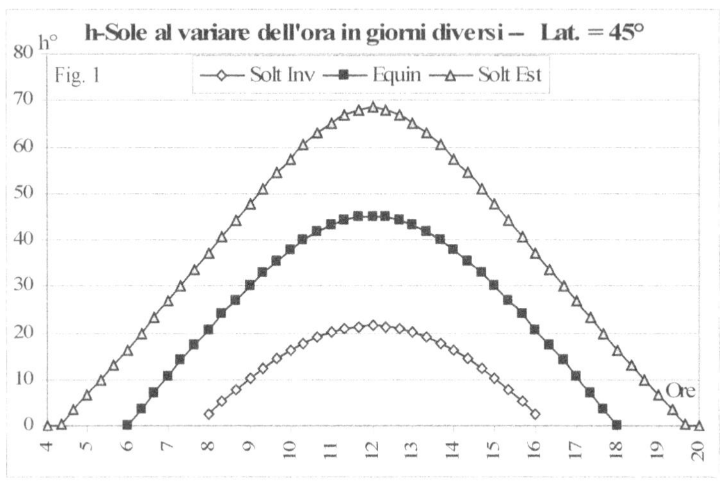

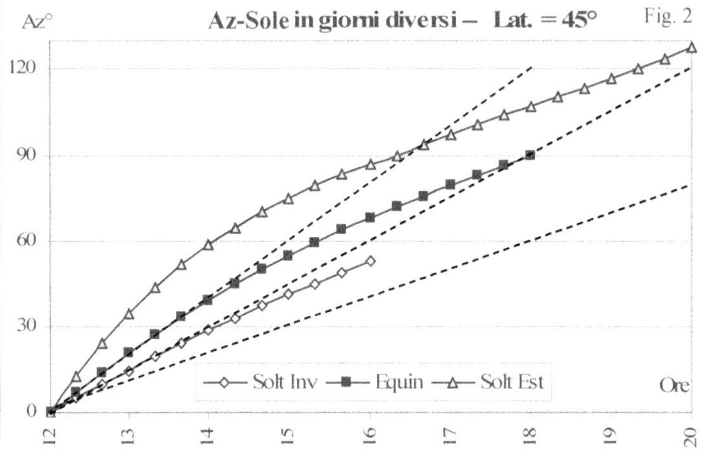

I grafici in Fig. 2 mostrano come la variazione in Azimut possa essere molto diversa della variazione dell'angolo orario e quindi, dato che ω cresce proporzionalmente al tempo, l'Azimut non lo fa' (vedi anche Fig. 5).
La tre linee tratteggiate mostrano una variazione dell'Azimut di 20°/ora, di 15°/ora (come l'angolo orario) e di 10°/ora.
Si può anche vedere che, ad esclusione del mezzogiorno e dei giorni in prossimità del Solstizio invernale, l'Az è sempre maggiore dell'angolo orario.

25.3.2 Variazione dell'altezza del Sole con l'angolo orario

Differenziando l'espressione (1) del paragrafo precedente otteniamo :

$$\left| \; \frac{dh}{d\omega} = -\frac{\cos(\varphi)\cdot\cos(\delta)\cdot\mathrm{sen}(\omega)}{\cos(h)} = -\cos(\varphi)\cdot\mathrm{sen}(Az) \right.$$

che fornisce il valore della variazione della altezza

h del Sole al variare dell'angolo orario ω.

Volendo calcolare la variazione di h al variare del tempo (in minuti) è sufficiente osservare che è

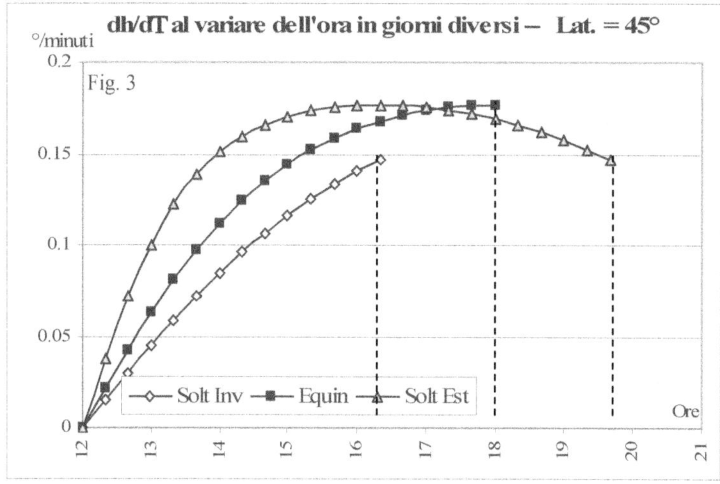

$$\omega = 15 \cdot T_{Ore} = \frac{T_{min}}{4} \quad \text{per cui}$$

$$\frac{dh}{dT_{min}} =$$

$$= -\frac{\cos(\varphi) \cdot \cos(\delta) \cdot \text{sen}(\omega)}{4 \cdot \cos(h)}$$

formula che permette di calcolare la variazione della altezza h del Sole al variare del tempo, espresso in minuti (Fig. 3).

Esempio
In una località con $\varphi = 44°$ il 1' Maggio alle ore 6h (Tempo Vero) si ha: $\delta = 15.17°$, $\omega = -90°$, $h = 10.47°$.

h cresce di 0.706° per ogni grado di angolo orario e quindi di 0.176° ogni minuto (1° ogni 5.7 minuti).
Alle ore 11h invece si ha: $\omega = -15°$, $h = 58.47°$; $Az = -28.54°$ e h cresce di 0.086° / minuto , cioè di 1° ogni 11.6 minuti.
L'Azimut cresce invece di 1.725° per ogni grado di aumento di angolo orario e quindi di 0.431° ogni minuto (1° ogni 2.3 minuti)

25.3.3 Variazione dell'Azimut del Sole con l'angolo orario

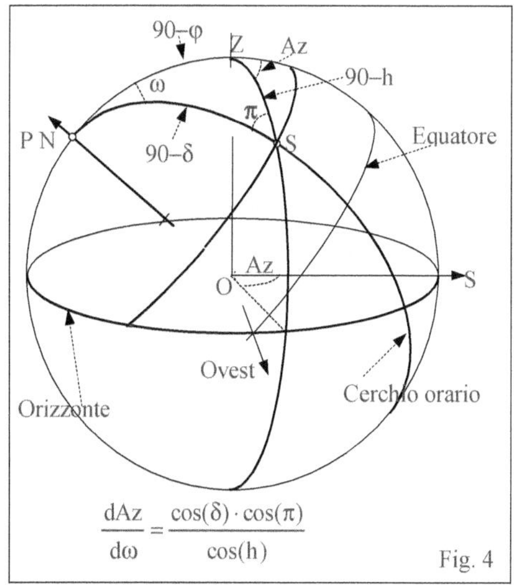

Differenziando l'espressione (2) del paragrafo 25.3.1 otteniamo :

$$\frac{dAz}{d\omega} = \frac{\cos(\delta)}{\cos(h)} \cdot \left\{ \begin{array}{l} \cos(Az) \cdot \cos(\omega) + \\ \text{sen}(\varphi) \cdot \text{sen}(Az) \cdot \text{sen}(\omega) \end{array} \right\} =$$

$$= \frac{\cos(\delta)}{\cos(h)} \cdot \cos(\pi)$$

Ove l'angolo π o angolo parallattico è l'angolo fra il piano orario e il piano verticale passanti per il Sole   che si può calcolare con la

$$\text{sen}(\pi) = \cos(\varphi) \cdot \frac{\text{sen}(\omega)}{\cos(h)} = \cos(\varphi) \cdot \frac{\text{sen}(Az)}{\cos(\delta)}$$

Lo gnomonista francese Denis Savoie ha dimostrato che la formula precedente per calcolare la variazione dell'Azimut Az del Sole al variare dell'angolo orario ω, si può trasformare nella più semplice formula seguente

$$\frac{dAz}{d\omega} = \text{sen}(\varphi) + \cos(\varphi) \cdot \tan(h) \cdot \cos(Az)$$

Dalla Fig. 5 si può vedere che la variazione dell'azimut con il tempo è maggiore in estate che in inverno e quando il Sole è in prossimità del meridiano.
Questo ad es. porta a un errore di lettura maggiore negli oro-logi azimutali nelle ore in prossimità del mezzogiorno
Savoie consiglia di tracciare la linea meridiana sul terreno in inverno poiché alle nostre latitudini (circa =45°) la variazione dell'Azimut è di circa 15'/minuto al solstizio invernale e di circa 37.5' al solstizio estivo .

La spiegazione dipende dal fatto che l'angolo orario (proporzionale al tempo) è l'angolo che un piano passante per l'asse polare forma con il piano meridiano (mezzogiorno) mentre l'azimut è l'angolo che un piano verticale passante per lo zenit forma sempre con il piano meridiano (che è l'unico ad essere sia piano verticale che piano polare).

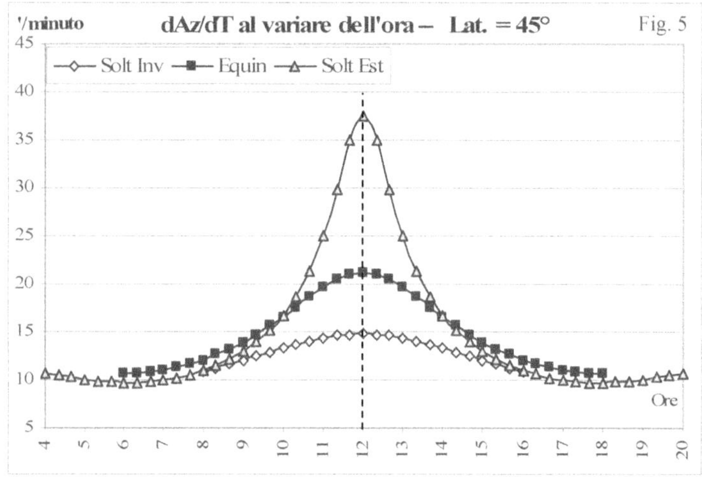

Penso che più delle parole il fenomeno sia spiegato dalla Fig. 6.

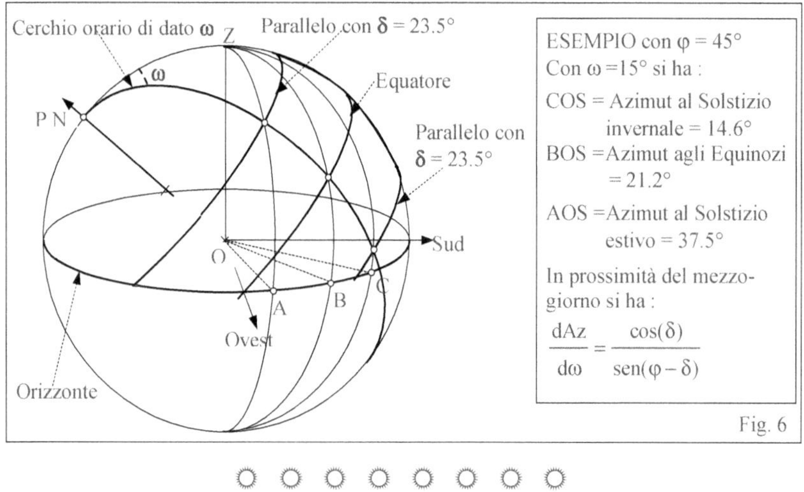

○ ○ ○ ○ ○ ○ ○ ○

25.4 ω e Az del Sole al tramonto. Angolo fra il percorso del Sole e l'orizzonte [1]

Quando il Sole si trova all'orizzonte essendo h=0° la variazione dell'Azimut al variare dell'angolo orario è data semplicemente dalla $\dfrac{dAz}{d\omega} = sen(\varphi)$ o anche dalla $dAz = sen(\varphi)/4$ (°/min)

Al tramonto (e all'alba) valgono le relazioni seguenti:

$$\cos(\omega_T) = -\tan(\varphi)\cdot\tan(\delta) \qquad\qquad \cos(Az_T) = -sen(\delta)/\cos(\varphi)$$

---

[1] Ovviamente si possono ripetere gli stessi ragionamenti per il Sole al sorgere.

$$\frac{sen(Az_T)}{sen(\omega_T)} = cos(\delta) \qquad \frac{cos(Az_T)}{cos(\omega_T)} = \frac{cos(\delta)}{sen(\varphi)} \qquad \frac{tan(Az_T)}{tan(\omega_T)} = sen(\varphi)$$

Differenziando:

$$\frac{dh}{d\omega} = -cos(\varphi) \cdot cos(\delta) \cdot sen(\omega) = sen(\varphi) \cdot sen(\delta) \cdot tan(\omega)$$

$$dh = \{-cos(\varphi) \cdot cos(\delta) \cdot sen(\omega)\}/4 = \{sen(\varphi) \cdot sen(\delta) \cdot tan(\omega)\}/4 \quad (°/min)$$

$$\frac{dAz}{d\omega} = sen(\varphi) \qquad \text{e anche} \quad dAz = sen(\varphi)/4 \ (°/min)$$

$$\frac{dh}{dAz} = sen(\delta) \cdot tan(\omega) = -\frac{cos(\delta) \cdot sen(\omega)}{tan(\varphi)}$$

Il Sole nasce e tramonta formando con l'Orizzonte un angolo ψ dato da

$$cos(\Psi) = \frac{sen(\varphi)}{cos(\delta)} \quad \text{e} \qquad sen(\Psi) = |sen(\omega_S) \cdot cos(\varphi)|$$

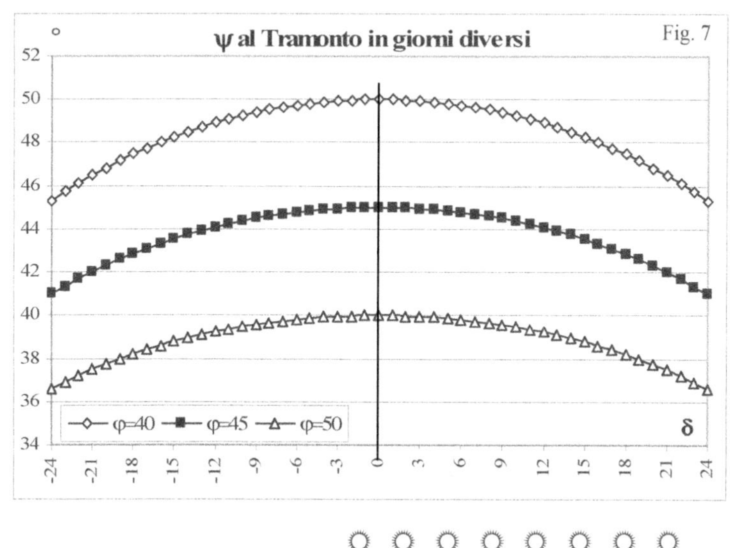

Esempio
In una località con $\varphi = 44°$ il 1' Maggio al tramonto si ha: $\delta=15.17°$, $\omega =105.18°$, $h = 0°$. h diminuisce di $0.167°$/minuto, l'Azimut aumenta di 0.174 °/minuto e il Sole scende sotto l'orizzonte formando un angolo $\psi = 43.96°$.

Esempio
In una località con $\varphi = 40°$ al tramonto nel Solstizio Invernale si ha: $\omega = 68.6°$, $Az = 58.7°$, $\psi = 45.5°$; agli Equinozi $\omega = 90.0°$, $Az = 90.0°$. $\psi = 50.0°$; nel Solstizio Invernale $\omega = 111.6°$, $Az = 121.3°$ $\psi = 45.5°$:

25.5 Variazione dell'Azimut del Sole al meridiano

Quando il Sole è al Meridiano si ha : $\dfrac{dAz}{d\omega} = \dfrac{cos(\delta)}{cos(h_{MAX})} = \dfrac{cos(\delta)}{sen(\varphi - \delta)}$ (°/°) (Fig. 8)

da cui si ricava che per ogni minuto di tempo l'Azimut del Sole varia di $dAz = \dfrac{cos(\delta)}{sen(\varphi - \delta)} \cdot 15$ (′/min)

(vedi anche Parte 5 - Cap. 16 - § 16.4)

Esempio

per $\varphi=40°$ se ω cambia di un grado (cioè in 4 minuti) l'Az cambia di $1.02°$ al Solstizio invernale, di $1.56°$ agli Equinozi e di $3.23°$ al Solstizio Estivo.

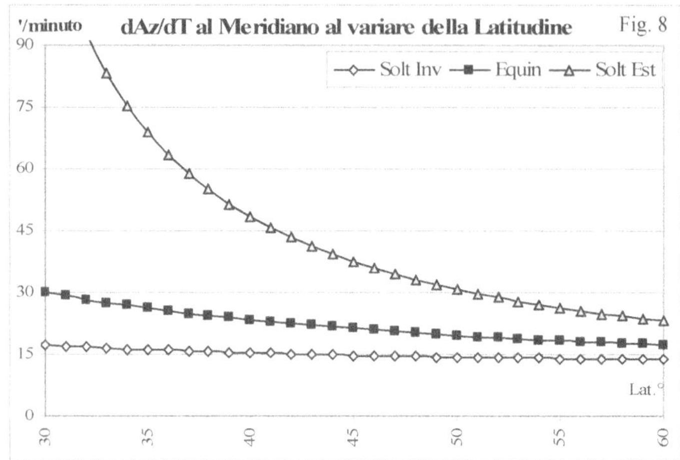

Esempio
  per φ=40°, al Solstizio estivo nell'ora precedente (o seguente) il mezzogiorno l'Azimut cambia alla velocità media
  di 42°/ora.

25.6   Durate dei crepuscoli [2]

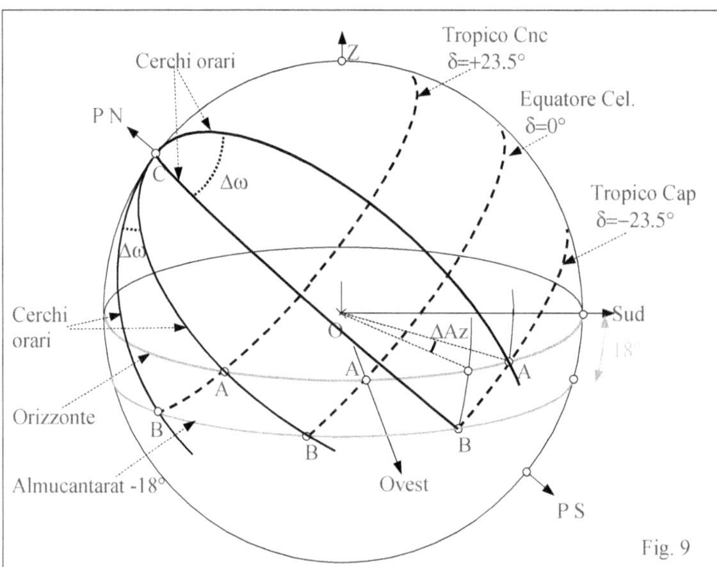

La durata del crepuscolo alla sera è data dall'intervallo di tempo che, a partire dal tramonto, il Sole impiega
per raggiungere un dato valore di altezza al di sotto dell'orizzonte.
Al mattino è data dall'intervallo di tempo fra l'istante in cui il Sole ha un dato valore di altezza al di sotto
dell'orizzonte e l'istante del suo sorgere.

---

[2] Per la definizione dei crepuscoli si veda la Parte 1 - §1.8

Nel metodo classico di calcolo si suppone il Sole puntiforme e ridotto al suo centro, la Terra di dimensioni infinitesimali rispetto alla volta celeste (cioè come se i fenomeni fossero "osservati" dal centro della Terra) e nessun effetto di rifrazione, aberrazione, nutazione, ecc.

Nelle figure che seguono si è aumentato arbitrariamente il valore massimo della declinazione solare per meglio evidenziare graficamente i fenomeni.

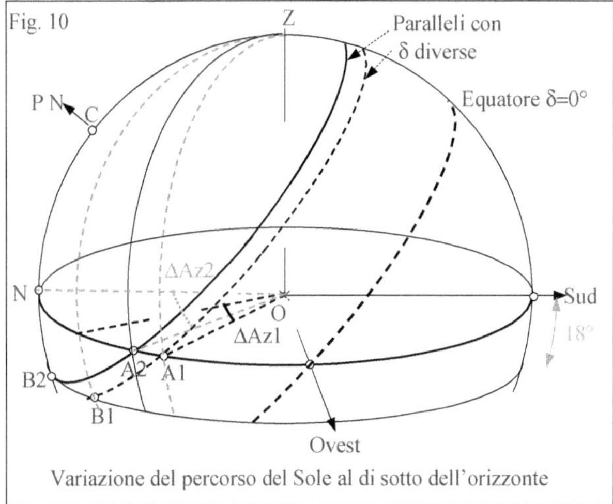

Come si può osservare in Fig. 9 l'angolo di incidenza del percorso del Sole con l'orizzonte (angolo in A) è costante perché il Sole percorre un parallelo della volta celeste, intersezione fra la volta stessa e un piano normale all'asse polare.

L'angolo fra l'orizzonte e tale piano è sempre uguale a (90°–φ) .

Risulta invece variabile la lunghezza del percorso del Sole per andare dall'orizzonte all'almucantarat –α (–18°, –12°, –6°) (punti B) e questo perché il parallelo percorso dal Sole è diviso esattamente a metà dall'orizzonte soltanto agli Equinozi. Il crescere della declinazione solare, facendo aumentare la lunghezza del tratto del percorso al di sotto dell'orizzonte, provoca un aumento della durata del crepuscolo (Fig. 10).

All'equatore essendo i paralleli normali all'orizzonte la durata del crepuscolo è quasi (!) costante al variare della declinazione solare.

Esempio - Al Solstizio estivo per una località con Lat. =48.5° il Sole raggiunge l'altezza negativa di 18° soltanto alla mezzanotte e quindi si avrebbe un crepuscolo astronomico di circa 4h. Per Latitudini superiori l'altezza –18° non viene raggiunta.

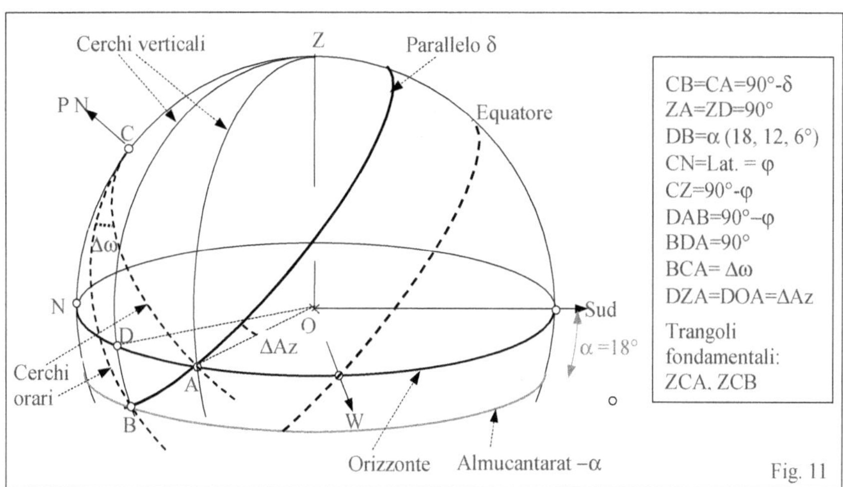

Poiché la durata del crepuscolo è data dall'angolo al polo del triangolo isoscele ACB (angolo orario) e poiché, salvo casi estremi, il lato AB è abbastanza costante, si ha che, all' "allungarsi" del triangolo, questo angolo al vertice cambia (può aumentare o diminuire)
Si hanno quindi variazioni della durata dei crepuscoli che dipendono sia dalla latitudine del luogo che dalla declinazione solare.

Nelle Fig. 11 e 12 sono rappresentati gli angoli in gioco e i triangoli fondamentali interessati e sono date le formule fondamentali che permettono il calcolo delle durate dei crepuscoli.

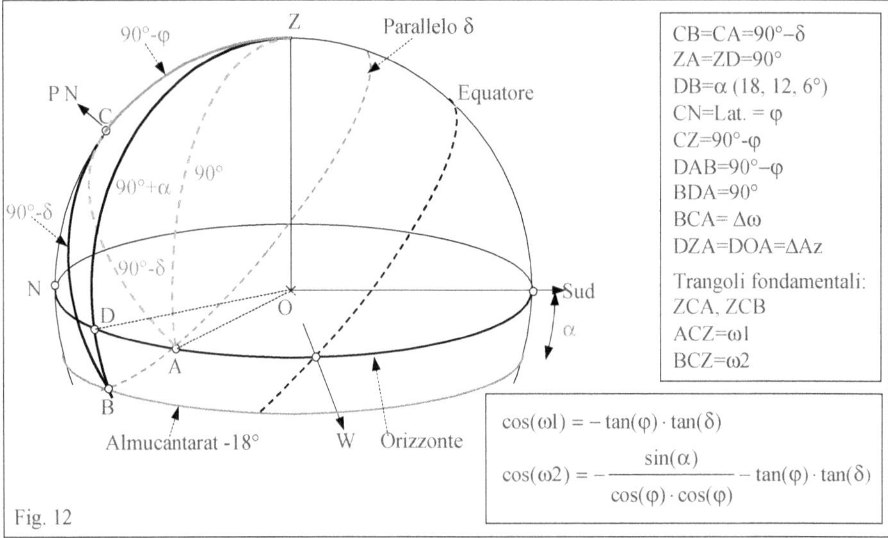

$$\cos(\omega 1) = -\tan(\varphi) \cdot \tan(\delta)$$

$$\cos(\omega 2) = -\frac{\sin(\alpha)}{\cos(\varphi) \cdot \cos(\varphi)} - \tan(\varphi) \cdot \tan(\delta)$$

Fig. 12

Occorre notare che il tratto fra i punti AB, essendo un tratto di parallelo **NON** appartiene a un cerchio massimo della sfera e quindi **non può essere calcolato direttamente** poiché ad esso non si applicano le formule della trigonometria sferica.

Inoltre occorre non confondere, come abbastanza spesso avviene, le variazioni in Azimut con quelle in angolo orario.

○ ○ ○ ○ ○ ○ ○ ○

25.7 Istanti del sorgere e del tramonto del Sole per il piano del quadrante
Angolo orario del Sole negli istanti in cui i suoi raggi sono tangenti al piano

Per la determinazione degli istanti in cui, in un dato giorno, il Sole sorge o tramonta per il piano del quadrante (cioè degli istanti in cui i raggi provenienti dal Sole diventano tangenti al piano) si possono usare le formule seguenti che hanno validità generale.

Siano: δ la declinazione del Sole nel giorno per cui si esegue il calcolo;

ω_S l'angolo orario della linea Sustilare.

Indico con ω_T l'angolo orario cercato dal quale si può facilmente risalire all'istante corrispondente.

Piano Inclinato e Declinante
Si ha :

$$\text{sen}(\gamma) = +\text{sen}(i) \cdot \text{sen}(\varphi) - \cos(\alpha) \cdot \cos(i) \cdot \cos(\varphi) \qquad \text{altezza dello stilo}$$

$$\text{sen}(\omega_S) = \frac{\text{sen}(\alpha) \cdot \cos(i)}{\cos(\gamma)} \qquad \text{da cui } \omega_S = \text{angolo della Sustilare}$$

$$\cos(\omega_T - \omega_S) = -\tan(\gamma) \cdot \tan(\delta) \qquad \text{da cui} \qquad \omega_T = \omega_S \pm \arccos\left[\tan(\gamma) \cdot \tan(\delta)\right]^{[3]}$$

angolo orario in cui il Sole tramonta per il piano (segno + per la sera e segno – per il mattino).

Si possono utilizzare anche le relazioni seguenti che portano agli stessi risultati :

---

[3] Vedi Parte V – Cap. 21 - §21.3.4

$$A = -\cos(i) \cdot \cos(\alpha) \cdot sen(\varphi) - sen(i) \cdot \cos(\varphi) \qquad\qquad B = -\cos(i) \cdot sen(\alpha)$$

$$C = \{\cos(i) \cdot \cos(\alpha) \cdot \cos(\varphi) - sen(i) \cdot sen(\varphi)\} \cdot \tan(\delta)$$

$$sen(\omega_S) = \frac{-B}{\sqrt{A^2 + B^2}} \qquad \cos(\omega_S) = \frac{-A}{\sqrt{A^2 + B^2}} \qquad \cos(\omega_T - \omega_S) = \frac{C}{\sqrt{A^2 + B^2}}$$

da cui si possono ricavare gli angoli $\boldsymbol{\omega_S}$ e $\boldsymbol{\omega_T}$ con la $\omega_T = \omega_S \pm \arccos\left\{\dfrac{C}{\sqrt{A^2 + B^2}}\right\}$

Se   dal calcolo risulta $\tan(\gamma) \cdot \tan(\delta) = \left|\dfrac{C}{\sqrt{A^2 + B^2}}\right| > 1$ significa che il Sole nel giorno considerato (cioè

con il dato valore di δ) non nasce e non tramonta per il quadrante, cioè il quadrante è illuminato, o rimane al buio, per l'intero giorno.

Una volta calcolato il valore di $\boldsymbol{\omega_T}$ occorre verificare che, in quell'ora, il Sole sia al di sopra dell'orizzonte della località.
Si possono usare due metodi :

a)   si calcola l'angolo orario dell'alba con la $\omega_{ALBA} = \arccos\{-\tan(\delta) \cdot \tan(\varphi)\}$ e si verifica che sia

      $|\omega_T| > \omega_{ALBA}$

b)   si calcola l'altezza del Sole con la $sen(h) = sen(\delta) \cdot sen(\varphi) + \cos(\delta) \cdot \cos(\varphi) \cdot \cos(\omega_T)$ e si verifica che sia

      $h > 0$

Esempio
   Piano inclinato di 30° rispetto alla verticale e declinante di 40° Ovest in una località con Latitudine $\varphi = 46°$ nel giorno 19 Ottobre ($\delta = -10.0°$)
   Si ricavano i valori $\omega_T = -57.0°$ (mattino) da cui l'ora in cui i raggi diventano tangenti al piano: 8h 12m Tempo Vero Locale.   In questo istante il Sole ha h=14.34° e Az=–58.49°

Esempio
   Piano inclinato di 30° rispetto alla verticale e declinante di –40° (cioè 40° Est) in una località con Latitudine $\varphi = 46°$ nel giorno 19 Ottobre ($\delta = -10.0°$)
   Si ricavano i valori $\omega_{TM} = -125.0°$ (mattina) e $\omega_{TS} = +57.0°$ (sera) . Le ore in cui i raggi dal Sole sono tangenti al piano sono quindi 3h 40m (mattina) e 15h 48m (sera)

Piano Verticale Declinante

In questo caso

$$sen(\gamma) = -\cos(\alpha) \cdot \cos(\varphi) \qquad sen(\omega_S) = \frac{sen(\alpha)}{\cos(\gamma)} \qquad \cos(\omega_T - \omega_S) = -\tan(\gamma) \cdot \tan(\delta)$$

Esempio - Piano Verticale declinante di 40° Ovest in una località con Latitudine $\varphi = 46°$; $\delta = -10.0°$
   L'ora in cui i raggi diventano tangenti al piano è 8h 52m Tempo Vero Locale.
   Nel Solstizio invernale : 8h 14m ; negli Equinozi : 9h 18m ; nel Solstizio Estivo : 10h 21m

Piano Inclinato rivolto a SUD

$$\gamma = (\varphi + i) - 90 \qquad\qquad \omega_S = 0 \qquad\qquad \cos(\omega_T) = -\frac{\tan(\delta)}{\tan(\varphi + i)} \qquad \text{da cui } \boldsymbol{\omega_T}$$

Piano Verticale rivolto a SUD

$$\gamma = \varphi - 90 \qquad\qquad \omega_S = 0 \qquad\qquad \cos(\omega_T) = -\frac{\tan(\delta)}{\tan(\varphi)} \qquad \text{da cui } \boldsymbol{\omega_T}$$

La durata della massima illuminazione si ha agli Equinozi e vale 12h.

Esempio - Piano Verticale rivolto a Sud in una località con $\varphi = 46$. I raggi del Sole sono tangenti al piano:
- nel Solstizio invernale mai (ora dell'alba = 7h 47m per cui il Sole nasce già davanti al quadro) ;
- agli Equinozi : all'alba, alle ore 6.0h con h = 0.0° ;
- nel Solstizio Estivo : al mattino alle 7h 39m con una altezza h = 33.6° .

25.8 Sorgere e tramonto del Sole per un piano verticale declinante
Sole al meridiano, a Est, a Ovest

Consideriamo un piano avente una declinazione α e rappresentiamo la sua intersezione sul piano orizzontale.

Il piano, in un certo giorno, è illuminato sino dall'alba se, in quel giorno, si ha: $\alpha \leq Az_{ALBA} + 90$ oppure se

$\alpha \leq -\left| Az_{ALBA} \right| + 90$ (ricordo che all'alba Az < 0°).

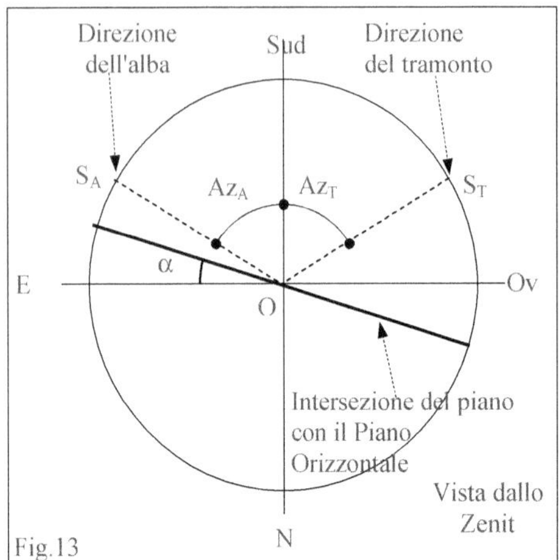

È illuminato sino al tramonto se si ha :

$\alpha \geq Az_{TRAMONTO} - 90$ op. $\alpha \geq \left| Az_{TRAMONTO} \right| - 90$

Se il quadro all'alba non è illuminato inizia ad esserlo nell'istante in cui diventa $Az_{SOLE} = \alpha - 90°$.
Al tramonto cessa di essere illuminato quando diventa $Az_{SOLE} = \alpha + 90°$.

Gli angoli orari del Sole negli istanti dell'alba e del tramonto (cioè quando la sua altezza $\mathbf{h} = 0°$) si ricavano da:

$$\omega_{ALBA} = -\arccos\left[-\tan(\varphi) \cdot \tan(\delta)\right]$$
$$\omega_{TRAMONTO} = +\arccos\left[-\tan(\varphi) \cdot \tan(\delta)\right]$$

L'Azimut del Sole in tali istanti (cioè la sua direzione dal Sud) vale invece $\quad \cos(Az) = -\dfrac{sen(\delta)}{\cos(\varphi)}$

Si hanno anche le relazioni :

$$sen(Az) = sen(\omega_A) \cdot \cos(\delta) \qquad \cos(Az) = \cos(\omega_A) \cdot \frac{\cos(\delta)}{sen(\varphi)} \qquad \tan(Az) = \tan(\omega_A) \cdot sen(\varphi)$$

Sole al meridiano
Quando il Sole è al Meridiano si ha $\omega = 0°$, $Az = 0°$, $h = 90° - \varphi + \delta$

Sole a Est e a Ovest
Quando il Sole si trova a Est e a Ovest si ha $Az = -90°$ e $Az = +90°$

$$sen(h) = \frac{sen(\delta)}{sen(\varphi)} \quad \grave{e} > 0 \ \ se \ \delta > 0°$$

$$sen(\omega) = -\frac{\cos(h)}{\cos(\delta)} \ (Est) \qquad sen(\omega) = +\frac{\cos(h)}{\cos(\delta)} \ (Ovest)$$

Esempio - Per una località con Latitudine $\varphi = 46°$ si ricavano i seguenti valori :
–   nel Solstizio Invernale

$\omega_{TRAMONTO}$ $= 63.31°$ quindi il tramonto è alle 16h 13m di Tempo Vero Locale
$Az_{TRAMONTO}$ $= 55.1°$ $h_{MERIDIANO}$ $= 20.55°$

–   nel Solstizio Estivo

$\omega_{TRAMONTO}$ $= 116.7°$ quindi il tramonto è alle 19h 47m di Tempo Vero Locale
$Az_{TRAMONTO}$ $= 124.9°$ $h_{MERIDIANO}$ $= 67.45°$

Il Sole si trova esattamente a Est alle ore 7h 39m e a Ovest alle 16h 20m con una altezza h = 33.6°

25.9 Durata dell'illuminamento di un piano

Il periodo di tempo in cui un piano inclinato e declinante rimane illuminato durante una giornata è funzione della latitudine del luogo, della declinazione del Sole e delle sue declinazione e inclinazione.

Per il calcolo della durata della illuminazione occorre determinare
- gli istanti ω_{TM} e ω_{TS} in cui i raggi provenienti dal Sole sono tangenti al piano (al mattino M e alla sera S) con le formule riportate nel precedente § 25.7;
- gli istanti del sorgere ω_{AL} e del tramontare ω_{TR} del Sole per la località e il giorno considerati, con la nota formula $\cos(\omega_{AL/TR}) = -\tan(\varphi) \cdot \tan(\delta)$.

Si possono avere diversi casi:
- se $\omega_{TM} > \omega_{AL}$ l'illuminamento inizia   nell'istante ω_{TM}
- se $\omega_{AL} > \omega_{TM}$ l'illuminamento inizia   nell'istante ω_{AL}
- se $\omega_{TS} < \omega_{TR}$ l'illuminamento termina   nell'istante ω_{TS}
- se $\omega_{TR} < \omega_{TS}$ l'illuminamento termina   nell'istante ω_{TR}
- se $\omega_{AL} > \omega_{TM}$ e $\omega_{TR} < \omega_{TS}$ il Sole nasce e tramonta davanti al piano; i raggi non sono mai tangenti
- se $\omega_{AL} < \omega_{TM}$ e $\omega_{TR} > \omega_{TS}$ il Sole nasce e tramonta dietro al piano

Esempi – Latitudine $\varphi = 46°$ – Inclinazione piano i=30°

	$\alpha=+40°$ W $\delta=-10°$	$\alpha=+40°$ W $\delta=+10°$	$\alpha=+40°$ E $\delta=-10°$	$\alpha=+40°$ E $\delta=+10°$
ω_{TM}	−57.00°	−54.94°	−125.05°	−123.00°
ω_{TS}	+125.05°	+123.00°	+57.00°	+54.94°
ω_{AL}	−79.48°	−100.52°	−79.48°	−100.52°
ω_{TR}	+79.48°	+100.52°	+79.48°	+100.52°
Illuminamento	da 8h 12m a 17h 17m	da 8h 20m a 18h 42m	da 6h 42m a 15h 48m	da 5h 17m a 15h 39m
Durata illuminamento	136.48° 9h 05m	155.47° 10h 21m	136.48° 9h 05m	155.47° 10h 21m

Esempi – Latitudine $\varphi = 46°$ – Piano Verticale

	$\alpha=+15°$ W $\delta=-20°$	$\alpha=+15°$ W $\delta=+20°$	$\alpha=+15°$ E $\delta=-20°$	$\alpha=+15°$ E $\delta=+20°$
ω_{TM}	−88.80°	−50.34°	−129.66°	−91.20°
ω_{TS}	+129.66°	+91.20°	+88.80°	+50.32°
ω_{AL}	−67.85°	−112.14°	−67.85°	−112.14°
ω_{TR}	+67.85°	+112.14°	+67.85°	+112.14°
Illuminamento	da 7h 28m a 16h 31m	da 8h 38m a 18h 04m	da 7h 28m a 16h 31m	da 5h 55m a 15h 21m
Durata illuminamento	135.70° 9h 02m	141.54° 9h 26m	135.70° 9h 02m	141.54° 9h 26m
Note	Sole sempre davanti al piano	Sole sempre davanti al piano	Sole mai tangente al piano	Sole mai tangente al piano

25.10 Massimo illuminamento di un piano verticale

Supponiamo di ruotare un piano verticale inizialmente rivolto verso Sud aumentandone la declinazione α. Come conseguenza si ha che mentre α aumenta, $\cos(\alpha)$ diminuisce, l'angolo γ e la $\tan(\gamma)$ diminuiscono e l'angolo orario ω_T dell'istante in cui i raggi diventano tangenti al piano aumenta (vedi relazioni al § 25.7).

Quindi ruotando un piano verticale partendo da Sud, se $\delta>0°$, il suo periodo di illuminazione diminuisce.

L'effetto continua sino a quando l'istante del tramonto del Sole coincide con l'istante in cui il Sole "esce" dal piano, cioè sino a quando risulta $\alpha = Az_{TRAM} - 90°$.

In seguito se continuiamo a ruotare il piano il periodo di illuminazione inizia ovviamente a calare.

Quindi **se $\delta > 0$** la durata della illuminazione è massima quando il Sole tramonta (o nasce) per il piano, cioè quando i raggi sono tangenti al piano stesso e $Az_{TRAM} = 90° + \alpha$.

Poiché $\quad \cos(Az_{TRAM}) = \dfrac{\sin(\delta)}{\cos(\varphi)} \quad$ e $\quad \tan(\gamma) = -\sqrt{\dfrac{\cos^2(\varphi) - \text{sen}^2(\delta)}{\text{sen}^2(\varphi) + \text{sen}^2(\delta)}} \quad$ si ha

$$\cos(\omega_T - \omega_S) = +\tan(\delta) \cdot \sqrt{\frac{\cos^2(\varphi) - \text{sen}^2(\delta)}{\text{sen}^2(\varphi) + \text{sen}^2(\delta)}}$$

Poiché per la proprietà della sustilare l'angolo orario $(\omega_T - \omega_S)$ è uguale alla metà del periodo in cui il piano è illuminato, risulta:

$$T_{ILL-MAX} = 2 \cdot \arccos\left[-\tan(\gamma) \cdot \tan(\delta)\right]/15 = \frac{2}{15} \cdot \arccos\left[\tan(\delta) \cdot \sqrt{\frac{\cos^2(\varphi) - \sin^2(\delta)}{\sin^2(\varphi) + \sin^2(\delta)}}\right] =$$

$$= \frac{2}{15} \cdot \arccos\left[\frac{\tan(\delta)}{\tan(\varphi)} \cdot \sqrt{\frac{1 - \dfrac{\sin^2(\delta)}{\cos^2(\varphi)}}{1 + \dfrac{\sin^2(\delta)}{\sin^2(\varphi)}}}\right]$$

con $\quad \text{sen}(\gamma) = \cos(\alpha) \cdot \cos(\varphi)$

Esempio

Località con Latitudine $\varphi = 46°$. Nel giorno in cui $\delta = +20.0°$ il valore dell'$Az_{TRAM} = 60.504°$.

Prendendo un piano con declinazione $\alpha = -29.496°$ si ricava $\omega_{ALBA} = -112.14°$ e $\omega_T = +35.78°$ e $T_{ILL-MAX} = 9h\ 52m$

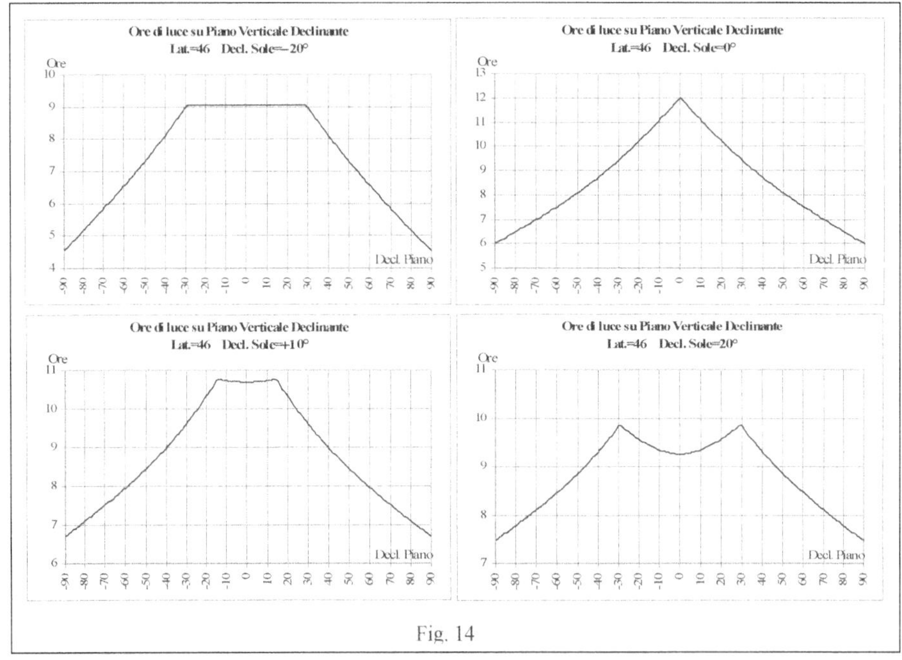

Fig. 14

In Fig. 14 sono rappresentati gli andamenti della durata dell'illuminamento al variare della declinazione di un piano verticale (φ=46°) nei giorni in cui δ = –20°, 0°, +10° e +20°.
Si può vedere come, nel periodo estivo (con δ>0°), la durata dell'illuminamento di un piano verticale è massima quando il piano passa per la direzione in cui sull'orizzonte si ha il tramonto o l'alba.

Una curiosità - Si può ad esempio trovare i giorni dell'anno in cui un dato orologio solare verticale ha la massima illuminazione o, in modo duale, determinare la declinazione che occorre dare a un piano verticale affinchè sia illuminato per il maggior tempo in una certa data o ricorrenza.

Esempio
Come devo orientare un piano affinché sia illuminato per più ore nel giorno 28 Luglio, compleanno di un parente?
Località con φ = 45°, δ = 18.9° .
Si ricavano i valori Az_{ALBA}=–62.736° ; α = –27.264° ; Illuminamento (massimo) 9h 51m
Se il piano fosse rivolto a Sud la durata dell'illuminamento sarebbe di 9h 19m

25.11   Azimut di un punto della superficie terrestre

Siano dati due punti P_1 e P_2 sulla superficie della Terra, supposta perfettamente sferica, aventi le coordinate geografiche (φ_1, λ_1)   e (φ_2, λ_2)
Per determinare la distanza (angolare) fra di essi e la direzione, o meglio l'azimut contato dal Sud, con cui dal punto P_2 si "vede" il punto P_1 ("direzione di P_1") si hanno le due seguenti formule che si possono ottenere dal triangolo sferico P_1, P_2, Polo Nord (Fig. 14):

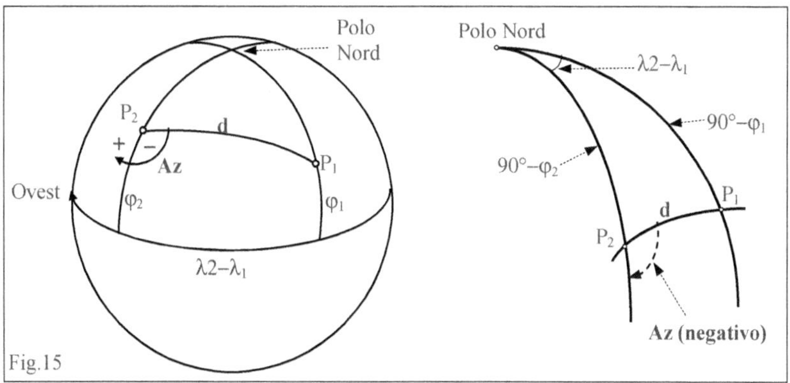

$$\cos(d) = \mathrm{sen}(\varphi_1).\mathrm{sen}(\varphi_2) + \cos(\varphi_1).\cos(\varphi_2).\cos(\lambda_2 - \lambda_1)$$

$$\mathrm{sen}(Az) = \frac{+\cos(\varphi_1).\mathrm{sen}(\lambda_2 - \lambda_1)}{\mathrm{sen}(d)} \qquad \cos(Az) = \frac{\mathrm{sen}(Az)}{\tan(Az)}$$

$$\tan(Az) = \frac{+\mathrm{sen}(\lambda_2 - \lambda_1)}{\mathrm{sen}(\varphi_2) \cdot \cos(\lambda_2 - \lambda_1) - \cos(\varphi_2) \cdot \tan(\varphi_1)}$$

Il valore dell'Azimut dato dalle formule è corretto come segno se le Longitudini vengono prese positive per le località ad Est di Greenwich.
La distanza fra le due località P_1 e P_2 si può ricavare dalla relazione seguente nella quale ho indicato con R

il raggio della Terra (valore medio = 6370 km) : $d = \text{DISTANZA}\_P_1\_P_2 = \dfrac{\pi \cdot R \cdot d}{180}$

ATTENZIONE : L'azimut di P_1 visto da P_2 NON è il supplementare dell'Azimut di P_2 visto da P_1

In alcuni orologi solari si trovano indicate delle linee di Azimut per indicare la direzione di località particolari.

Esempio
Le città di Aosta e Bari hanno le seguenti coordinate geografiche :
Aosta (P$_2$) : φ = 45.7375°, λ = +7.317°   Bari (P$_1$) : φ = 41.1275°, λ = +16.879° . Si ricavano i valori :
Azimut di Bari visto da Aosta = – 59.78° (quindi da Sud verso Est)
Azimut di Aosta vista da Bari = +126.80° (quindi da Sud verso Ovest)
Distanza Bari-Aosta = 8.3258° = 925.6 km

25.12 La Qibla

Il Corano in più punti impone al fedele musulmano di rivolgersi nella preghiera verso la Kaaba, cioè verso la
Mecca: questa direzione, fondamentale nella vita dei musulmani, viene chiamata qibla o, anche, quiblah,
quibla, kibla (fig. 16).

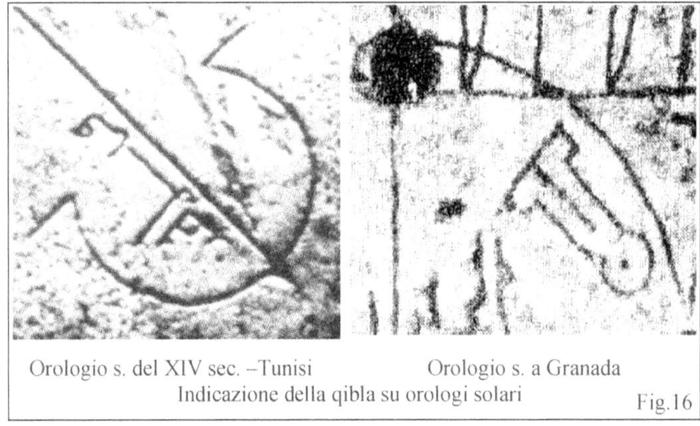

Orologio s. del XIV sec. –Tunisi   Orologio s. a Granada
Indicazione della qibla su orologi solari   Fig.16

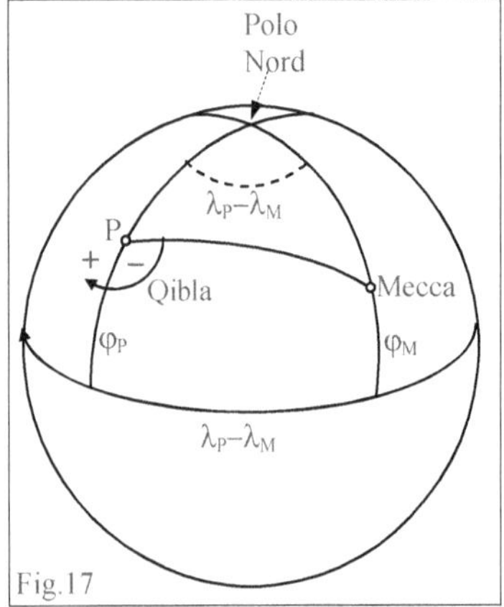

La direzione della Mecca si trova indicata anche su molti orologi
solari islamici orizzontali: in essi la direzione della qibla è data o con
un segmento avente origine dal piede dello gnomone verticale, o da
una piccola figura che rappresenta schematicamente la nicchia
(mirab) che è presente in tutte le moschee per indicare al fedele la
direzione verso cui deve rivolgersi nella preghiera (Fig. 16).

Per trovare in quale direzione si trova la Mecca è sufficiente utilizzare le formula prima ricordate per determinare l'Azimut di un punto
sulla superficie terrestre (la Mecca) "visto" da un secondo punto
(punto di osservazione) (Fig. 17).

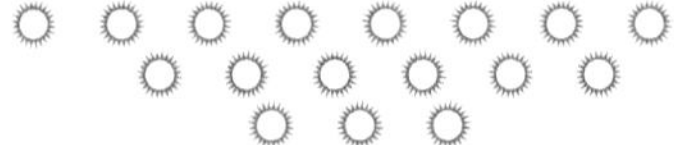

Capitolo 26
MISCELLANEA - 2

26.1 Linee ad Azimut costante in un orologio solare

26.1.1 Piano Inclinato e Declinante

Per tracciare la linea in cui cade l'ombra dell'estremo G dello stilo quando il Sole ha un valore prefissato dell'Azimut, cioè per tracciare una linea ad Azimut costante, richiamo le formule che permettono di calcolare le coordinate del punto ombra noti l'Azimut **Az** e l'altezza **h** del Sole.

Come al solito l'origine del sistema di coordinate è nel piede dell'ortostilo, l'asse x è orizzontale, positivo verso sinistra per un osservatore che guarda il piano, e l'asse y è nella direzione di massima pendenza, positivo verso il basso.

Indico con α la declinazione (Azimut) del piano, con **i** la sua inclinazione e con ρ la distanza di G dal piano (lunghezza dell'Ortostilo).   L'equazione della retta ad Azimut costante è:

$$y = \frac{x}{\operatorname{sen}(i)\cdot\tan(Az-\alpha)} + \frac{\rho}{\tan(i)}$$

Indicando con σ è un angolo ausiliario, le coordinate del punto-ombra sono

$$x = -\rho\cdot\frac{\cos(\sigma)\cdot\tan(Az-\alpha)}{\cos(\sigma-i)} \qquad y = +\rho\cdot\tan(\sigma-i) \qquad \tan(\sigma) = \frac{\tan(h)}{\cos(Az-\alpha)}$$

Una linea ad Azimut costante, essendo l'intersezione di un piano verticale con il piano dell'orologio, è una linea retta e quindi per tracciarla è sufficiente conoscerne due punti.

Si possono usare, ad esempio, i punti seguenti (Fig. 1, 2):

P$_0$ - incontro della linea ad Azimut costante con la linea dell'orizzonte: h = 0° . Si ha:

$$x_O = -\rho\cdot\frac{\tan(Az-\alpha)}{\cos(i)} \qquad\qquad y_O = -\rho\cdot\tan(i)$$

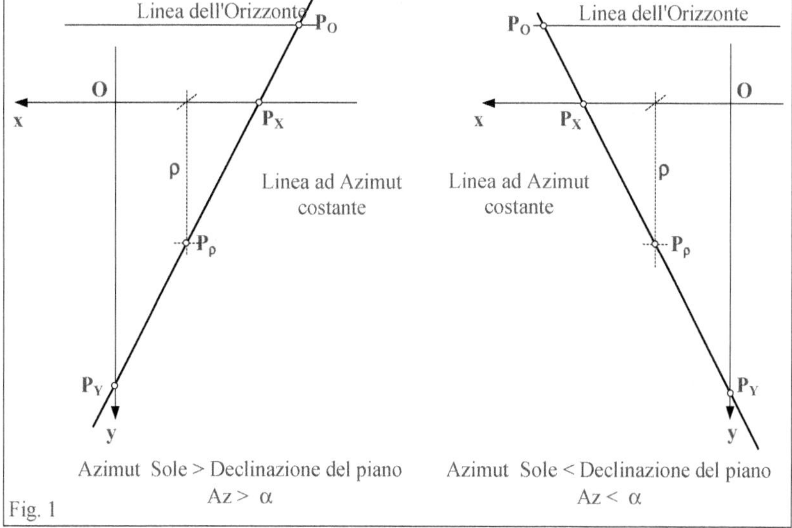

Fig. 1

P$_Y$ - incontro della linea ad Azimut costante con l'asse y.   Si ha:

$$x_y = 0 \qquad\qquad y_y = +\rho/\tan(i)$$

da notare che **tutte le rette con Azimut costante passano per questo punto**, che diventa un punto all'infinito per un piano verticale.

P_X - incontro della linea ad Azimut costante con l'asse x.   Si ha:

$$x_x = -\rho \cdot \cos(i) \cdot \tan(Az - \alpha) \qquad\qquad y_x = 0$$

P_ρ - incontro della linea ad Azimut costante con la retta orizzontale con y = + ρ.   Si ha:

$$x_\rho = -\rho \cdot \tan(Az - \alpha) \cdot \left[\cos(i) - \text{sen}(i)\right] \qquad\qquad y_\rho = 0$$

L'angolo **p** che la retta ad Azimut costante forma con l'asse y (asse di massima pendenza sul piano) vale:

$$\tan(p) = +\text{sen}(i) \cdot \tan(Az - \alpha) \quad \text{se l'angolo è positivo la retta sale andando verso destra.}$$

Ovviamente per un piano verticale p=0° (Fig. 3).

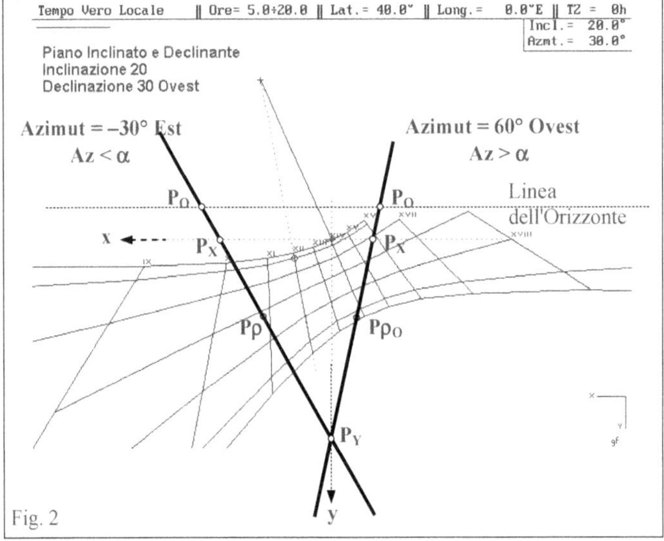

Fig. 2

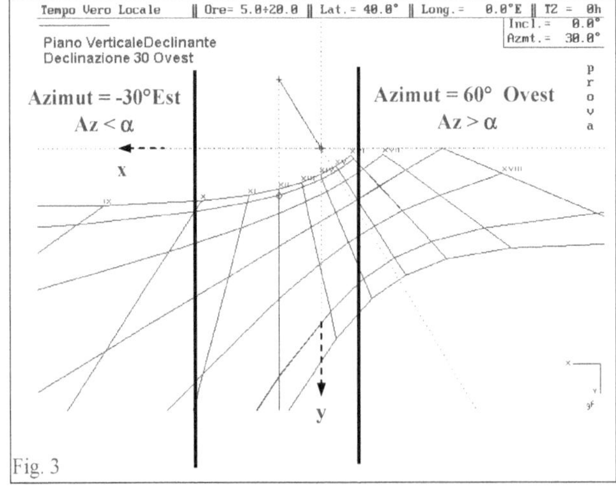

Fig. 3

26.1.2 Piano Orizzontale

In un piano orizzontale la linea ad Azimut costante coincide con l'intersezione del piano verticale di dato **Az** con il piano orizzontale.

La retta passa quindi per il piede O dell'Ortostilo e forma con l'asse y (Nord-Sud) un angolo = Az.

26.1.3 Piano Verticale (Fig. 3)

In un piano verticale le formule che permettono di calcolare le coordinate del punto ombra noti l'Azimut **Az** e l'altezza **h** del Sole sono:

$$x = -\rho \cdot \tan(Az - \alpha) \qquad\qquad y = \rho \cdot \frac{\tan(h)}{\cos(Az - \alpha)} \qquad \text{coordinate del punto-ombra}$$

La retta è, ovviamente, verticale e dista dall'asse y della quantità $-\rho \cdot \tan(Az - \alpha)$

La retta é perciò a sinistra dell'asse y se $Az < \alpha$, a destra se $Az > \alpha$.

26.2   Linee ad altezza costante (almucantarat) in un orologio solare

Piano Inclinato e Declinante (Fig. 4, 5)

Per tracciare la linea in cui cade l'ombra dell'estremo G dello stilo quando il Sole ha un valore prefissato dell'altezza, cioè per tracciare una linea ad altezza costante del Sole (Almucantarat), si può procedere in uno dei seguenti modi.

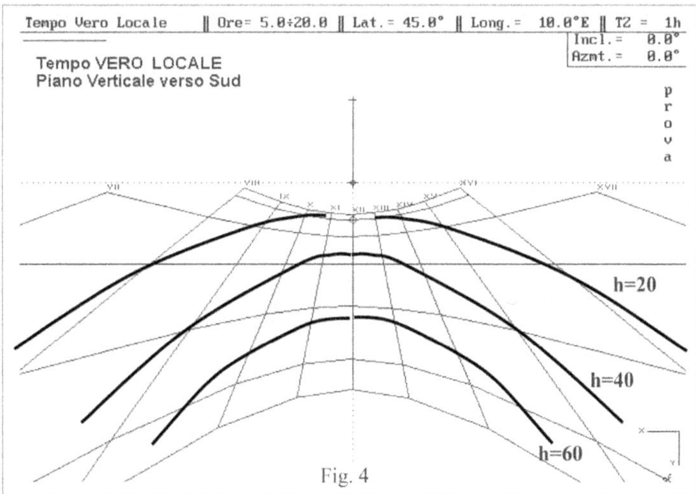

1)

Dato il valore di h per cui si vuole tracciare la curva si prende un valore di Az (tale che $|Az - \alpha| < 90°$) e si calcolano le coordinate del punto-ombra con le formule:

$$\tan(\sigma) = \frac{\tan(h)}{\cos(Az - \alpha)} \qquad\qquad x = -\rho \cdot \frac{\cos(\sigma) \cdot \tan(Az - \alpha)}{\cos(\sigma - i)} \qquad\qquad y = \rho \cdot \tan(\sigma - i)$$

con σ = angolo ausiliario

Cambiando il valore di Az e ripetendo il calcolo si trova un secondo punto della curva cercata e cosi via.

2)

Dopo aver tracciato le linee orarie (a tempo vero) si sceglie un'ora e si ricava il valore dell'angolo orario ω corrispondente.

Dati i valori di **h** e di ω si calcola il valore della δ del Sole e quindi il giorno dell'anno.

L'incontro fra la linea oraria scelta e la linea diurna corrispondente alla data trovata (o alla δ trovata) è un punto della curva cercata. Si ripete il ragionamento scegliendo un'ora diversa.

Le curve con h costante incontrano la linea del Mezzogiorno per un valore di δ dato da: $\delta = h + \varphi - 90$.

Se dal calcolo risulta un valore di $|\delta| > 23.5$ vuol dire che, dato l'orientamento del piano, il Sole quando lo illumina ha una altezza sempre maggiore (o minore) del valore di h dato .

Esempio - Casi impossibili - Con $\varphi = 40°$ e h = 10° si ricava $\delta = -40°$ (Fig. 5) - Con $\varphi = 60°$ e h=60° si ricava $\delta = +30°$.

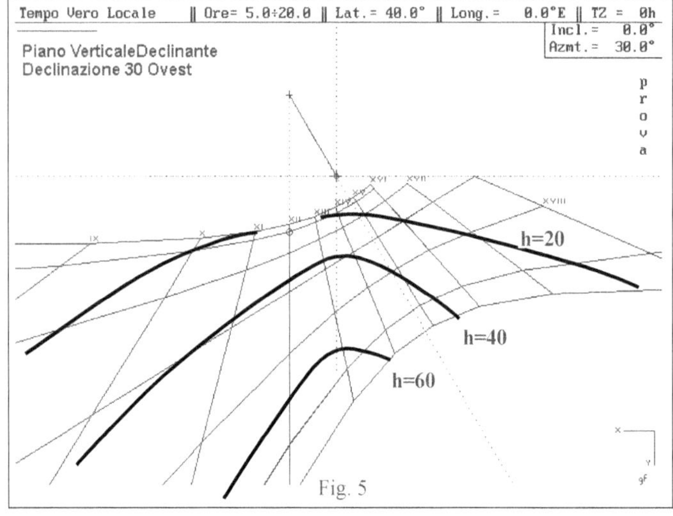

Fig. 5

3)

Se sono già tracciate le linee diurne se ne sceglie una e si ricava il valore della declinazione δ corrispondente. Con i valori di **h** e di δ si calcola il valore dell'angolo orario ω del Sole e quindi si trova l'ora del giorno con la

$$\cos(\omega) = \frac{+\operatorname{sen}(h) - \operatorname{sen}(\delta) \cdot \operatorname{sen}(\varphi)}{\cos(\delta) \cdot \cos(\varphi)} .$$

L'incontro fra la linea diurna scelta e la linea oraria corrispondente al valore di ω trovato è un punto della curva cercata. Si ripete il ragionamento scegliendo una linea diurna diversa.

Le curve con h costante incontrano l'Equinoziale per un valore di ω per cui

$$\cos(\omega) = \frac{\operatorname{sen}(h)}{\cos(\varphi)} \quad \text{valida solo se } h < 90 - \varphi$$

(vedi Cap. 25 , § 25.1.4).

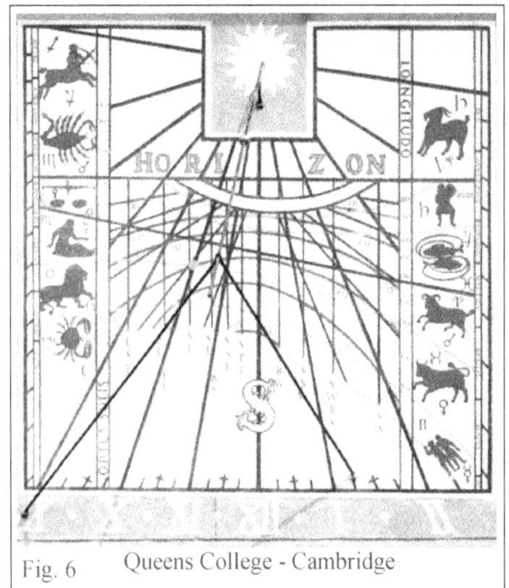

Fig. 6   Queens College - Cambridge

26.3   Linee a tempo siderale su un orologio solare

26.3.1 Il Tempo Siderale

Il giorno siderale è definito come l'intervallo di tempo fra due successive culminazioni dell'Equinozio di Primavera (Punto Vernale), oppure come il tempo che impiega la sfera celeste a compiere una rotazione, cioè il tempo che impiega una stella (fissa) a tornare al meridiano locale (Fig. 7).

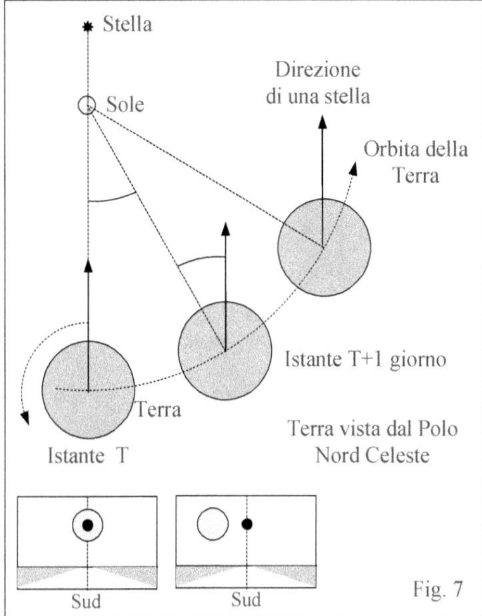

Il giorno siderale è diviso in 24 ore siderali, ciascuna di 60 min siderali, ecc.

Il giorno siderale medio è lungo 23h 56m 4.090524s di tempo civile medio per cui il giorno civile medio è lungo 24h 03m 56.5553678s di tempo siderale medio.

Quindi se in un dato giorno a mezzogiorno (vero locale) il tempo siderale è Ts, dopo 24 ore siderali, cioè dopo un giorno siderale, il Sole non sarà ancora arrivato al meridiano, ove transiterà circa al tempo Ts + 4 m (esattamente Ts + 3m 56.56s o Ts + 236.56s).

Un orologio a ore siderali (ve ne sono negli osservatori) va quindi sempre avanti di circa 4m al giorno o di circa 10s ogni ora.

Poiché come istante di inizio del giorno siderale in un dato luogo si prende l'istante in cui il Punto Vernale γ passa al meridiano del luogo (culminazione superiore) il tempo siderale Ts (locale) è uguale all'angolo orario del punto γ (contato da Est verso Ovest).

Ad es. se γ ha un angolo orario di 55° allora Ts = 3h 40m se γ è a ovest del meridiano e di -3h 40m = 20h 20m se γ è a Est.

Se un astro, avente Ascensione Retta (AR) = α, in un dato istante forma col meridiano locale l'angolo orario ω, allora **Ts = α + ω**

Per il Sole quindi, poiché ω = T_vero , il tempo siderale è dato da **Ts = α_Sole + T_vero.**

Per comodità negli annuari viene dato per ogni giorno il valore del tempo siderale alle ore 0h del giorno a Greenwich (TsG0).

Per ricavare il valore del tempo siderale nell'istante di tempo civile Tc (t. medio del fuso), in una località di longitudine geografica λ_L , si possono usare le relazioni seguenti :

$$Ts_{L0} = Ts_{G0} - 236.555\,sec\cdot\lambda_L \,/\, 360°$$ tempo siderale alle ore 0h locali

$$C_\lambda = (\lambda_{FUSO} - \lambda_L)\,/\,15$$ correzione in Longitudine (positiva se Est di Greenwich) in ore

$$Ts = Ts_{L0} + (T_{Civile} - C_\lambda)\cdot\left(1 + \frac{1}{365.2421897}\right)$$

Esempio - λ_L= 10° Est, TZ =1h - Alle ore 11.00h di T_civile il 1 Maggio 2002 si ricavano i valori :
   Ts_{G0}=14h 32m 7.4s ; C_λ = 0.3333h ; Ts_{L0} = 14h 34m 53.5s ; Ts_L= 19.160° = 1h 16m 38.3s
   δ_S=15.082° ; λ_S=40.854° ; ω_S= −19.2705° ; T_veroLocale = 10.7153 h ; α_S=38.4305°
   Il punto γ passa al meridiano (Ts=0) alle 9h 26m 16s .

26.3.2 Formula approssimata per il Tempo Siderale

Se in un dato istante vogliamo conoscere il Tempo Siderale Locale, che ci dice quante ore sono trascorse da quando il Punto Vernale ha attraversato il nostro meridiano, e quale è l'Ascensione Retta di una stella che si trova in quell'istante al meridiano, possiamo usare le relazioni approssimate seguenti che derivano da una formula data da Anselmo Perez Serrada nel 2002 (errore massimo inferiore a 10 min).

$Ts_L = Ts\_locale = T\_civile - TZ + Longitudine/15 + 2*Num\_ mese + 4.64$ (ore)

$Ts\_locale = T\_vero\_locale + EqT\_min/60 + 2*Num\_ mese + 4.64$ (ore)

Dove Num_mese = 1.00 per il primo Gennaio, 1.5 per il 15 Gennaio ,..., 3.25 per l8 Marzo, ecc.
         TZ e Longitudine positive se Est di Greenwich.

Con i dati dell'esempio precedente ($\lambda_L = 10°$ Est, TZ=1, alle 11.00h di T_civile del 1 Maggio) si ricava il valore   Ts = 1h 18m 24s , con un errore di 1m 15s

- -------------------------------- -

26.3.3 Formula esatte - Riassunto

Poiché $Ts = \omega_{ASTRO} + \alpha_{ASTRO}$ e $\alpha_\gamma = 0$ il valore del tempo siderale **Ts** (locale), **espresso in gradi**, in un dato istante si può definire come:

– l'angolo orario del Punto Vernale γ nell'istante dato   : $Ts = \omega_\gamma$
– l'ascensione Retta di un astro che passa al meridiano   : $Ts = \alpha_{ASTRO}$
– l'ascensione Retta + Angolo Orario di un astro nell'istante dato   : $Ts = \alpha_S + \omega_S$

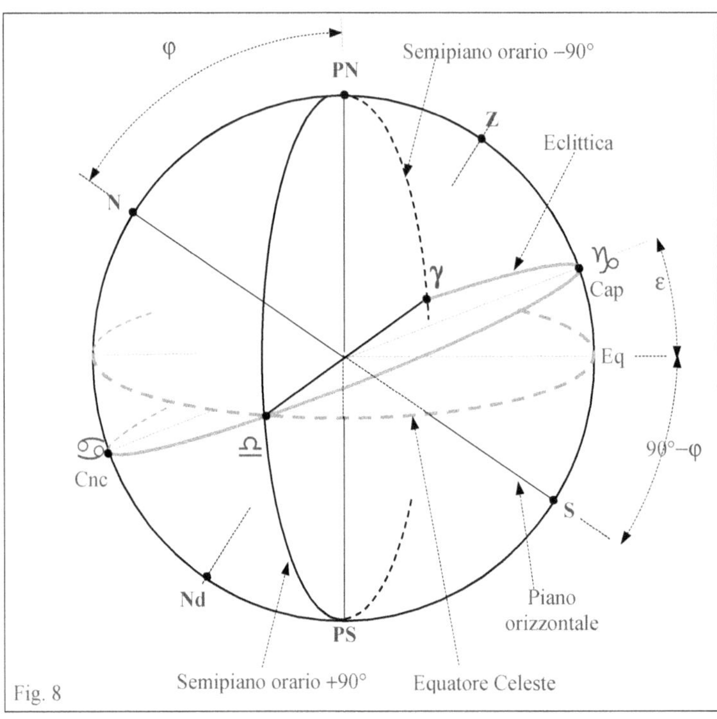

Abbiamo quindi che:
– nell'istante in cui il Sole è al meridiano si ha   : $Ts = \alpha_{Sole}$
– quando il Sole ha un Angolo Orario $= \omega_{Sole}$: $Ts = \alpha_{Sole} + \omega_{Sole}$

-- --------------------------- --

L'inizio del giorno siderale in una data località si ha quando il tempo siderale locale **Ts** = 0° (= 0h) e perciò quando il Punto Vernale γ passa al meridiano (Sud) del luogo. In questo istante si ha:

$\alpha_{Sole} + \omega_{Sole} = 0$ e quindi $\omega_{Sole} = -\alpha_{Sole}$; $T_{VeroLoc} = -\alpha_{Sole}/15 + 12$ ore

Al mezzogiorno siderale   **Ts** = 180° (=12h) quindi:

$\alpha_{Sole} + \omega_{Sole} = 180°$ da cui $\omega_{Sole} = 180° - \alpha_{Sole}$; $T_{VeroLoc} = -\alpha_{Sole}/15$ ore

-- --------------------------- --

Per un punto sull'Eclittica, e quindi anche per il Sole, si ha:

$$\operatorname{sen}(\lambda) = \frac{\operatorname{sen}(\delta)}{\operatorname{sen}(\varepsilon)} \qquad \operatorname{sen}(\alpha) = \frac{\tan(\delta)}{\tan(\varepsilon)} \qquad \cos(\alpha) = \frac{\cos(\lambda)}{\cos(\delta)} = \frac{\sqrt{\operatorname{sen}^2(\varepsilon) - \operatorname{sen}^2(\delta)}}{\operatorname{sen}(\varepsilon) \cdot \cos(\delta)}$$

$$\tan(\alpha) = \cos(\varepsilon) \cdot \tan(\lambda)$$

Con qualche approssimazione il valore della Ascensione Retta α del Sole si può considerare costante per l'intero giorno (anche se la variazione è di circa 1°/giorno) e quindi si possono utilizzare i valori dati dagli annuari astronomici per ogni giorno.

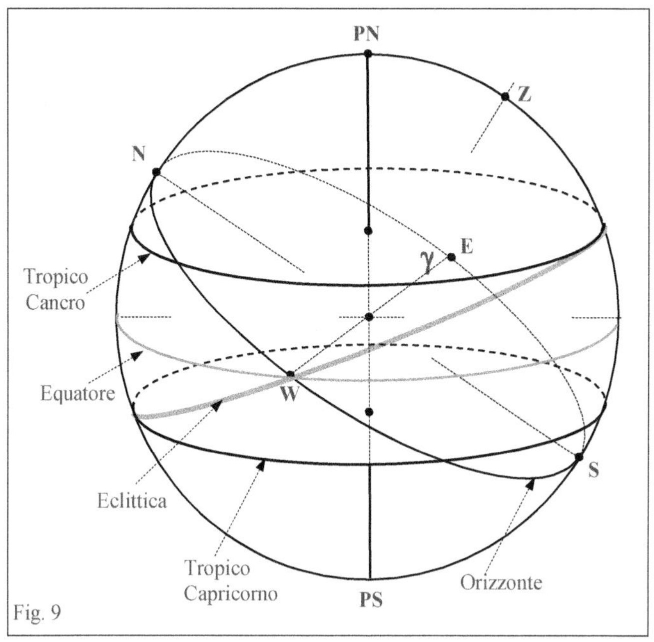

Fig. 9

26.3.4 Punti particolari

Istanti di Tempo Vero in cui il punto γ si trova in diverse posizioni

Data	Segno	α_{Sole}	γ a Est		γ al Meridiano		γ a Ovest	
			ω_{Sole}	ora	ω_{Sole}	ora	ω_{Sole}	ora
Eq. Primavera	Ari γ	0°	–90°	6	0°	12	+90°	18
Soltizio Estivo	Cnc ♋	90°	+180°	0	90°	6	0°	12
Eq. Autunno	Lib ♎	180°	+90°	18	180°	0	–90°	6
Solstizio Invernale	Cap ♌	270°	0°	12	270°	18	180°	0

γ a Est $\qquad \omega_S = -90° - \alpha_S$

γ al Meridiano $\qquad \omega_S = -\alpha_S$

γ a Ovest $\qquad \omega_S = -+90° - \alpha_S$

$$** \quad ** \quad **$$
$$* \quad * \quad *$$

Tempo Siderale quando il Sole si trova in diverse posizioni – Caso con Latitudine $\varphi = 45°$

Data	α_{Sole}		ω_Tram	Sole all' Alba		Sole al Meridiano		Sole al Tram	
				Ts °	Ts h	Ts °	Ts h	Ts °	Ts h
Eq. Primavera	0°		90°	–90°	6h	0°	12h	+90°	18h
Soltizio Estivo	90°		115.71°	–25.71°	10h 17m	90°	18h	+205.71	1h 43m

Eq. Autunno	180°	90°	+90°	18h	180°	0h	−90°	6h
Solstizio Invernale	270°	64.29°	+205.71	1h 43m	270°	6h	−25.71°	10h 17m

$$\cos(\omega_{TRAM}) = -\tan(\varphi) \cdot \tan(\delta)$$

$$Ts = \omega_{Sole} + \alpha_{Sole}$$

-- -------------------------------- --

<u>Tempo Siderale quando i punti dei segni Zodiacali sono al meridiano</u>

Chiamo qui "punti dei segni zodiacali" i punti sull'Eclittica aventi Longitudine celeste uguale a un multiplo di 30°. Quando i punti dei segni sono al meridiano si ha $\omega_{SEGNO} = 0°$ per cui $Ts = \alpha_{SEGNO}$.

Data	Segno	λ °	α_{SEGNO} Ts °	δ_{SEGNO} °	Ts in cui il segno è al meridiano	12 ore fa il Segno era al meridiano
20/3	**Ari**	0	0.00	0.00	12h 00m	
20/4	Tau	30	27.91	11.47	13h 51m	
21/5	Gem	60	57.82	20.15	15h 51m	
21/6	**Cnc**	90	90.00	23.44	18h 00m	6h 00m
22/7	Leo	120	122.18	20.15	20h 08m	8h 08m
23/8	Vir	150	152.09	11.47	22h 08m	10h 08m
23/9	**Lib**	180	180.00	0.00	0h 00m	12h 00m
23/10	Sco	210	207.91	-11.47	1h 51m	13h 51m
22/11	Sag	240	237.82	-20.15	3h 51m	15h 51m
21/12	**Cap**	270	270.00	-23.44	6h 00m	18h 00m
20/1	Aqu	300	302.18	-20.15	8h 08m	
18/2	Psc	330	332.09	-11.47	10h 08m	

Per ricavare gli istanti corrispondenti in TVL <u>in un certo giorno</u>, occorre trovare la α_{SOLE} in quel giorno, poi trovare ω_{SOLE} con la $\omega_{SOLE} = Ts - \alpha_{SOLE}$.

Ad es. nei giorni degli Equinozi quando $\alpha_{SOLE} = 0°$ o 180° e gli istanti di TVL coincidono con il Ts e con Ts+12h. (valori nella 6' e 7' colonna della tabella).

-- -------------------------------- --

Attenzione a non confondere l'angolo orario di una astro che non si trova sull'eclittica con l'angolo orario del Sole che ci dà il Tempo Vero Locale

-- -------------------------------- --

<u>Istante in cui in un dato giorno nasce una stella di date Ascensione Retta e Declinazione (α, δ)</u>

Conoscendo δ si ricava l'angolo orario della stella al tramonto con la solita relazione

$$\cos(\omega_{STELLA\_TRAM}) = -\tan(\varphi) \cdot \tan(\delta) \quad \text{e il Ts con la} \quad Ts = \omega_{STELLA\_TRAM} + \alpha_{STELLA}$$

Infine conoscendo δ_{SOLE} si ricava α_{SOLE} e con la $\omega_{SOLE} = Ts - \alpha_{SOLE}$ l'angolo orario del Sole.

Esempio. Si vuole trovare l'istante in cui la stella Sirio (α CMa) nasce nel giorno 6 Ottobre in una località con $\varphi = 44°$ 38' N.

Sirio: $\alpha_{SIRIO} = 6h\ 46m = 101.5°$; $\delta_{SIRIO} = -16°\ 44'$ - Sole : $\alpha_{SOLE} = +191°\ 55'$; $\delta_{SOLE} = -5°\ 07'$

Si ricavano i valori $\omega_{SIRIO-ALBA} = -72°\ 44'$ da cui $Ts = 28.77°$

E infine $\omega_{SOLE} = -163.15°$ e $T_{VERO\ LOCALE} = 1h\ 07m$, istante in cui Sirio nasce nel giorno dato.

-- -------------------------------- --

<u>Istante in cui, in un dato giorno, nasce un Segno Zodiacale</u>

Essendo nota la Longitudine Celeste λ_{SEGNO}, si ricavano i valori di δ_{SEGNO}, α_{SEGNO} e Ts con le

$$\operatorname{sen}(\delta_{SEGNO}) = \operatorname{sen}(\varepsilon) \cdot \operatorname{sen}(\lambda_{SEGNO}) \ ; \ \operatorname{sen}(\alpha_{SEGNO}) = \tan(\delta_{SEGNO}) / \tan(\varepsilon)$$

Poi con la solita relazione si ricava il valore di ω_{SEGNO} all'alba $\cos(\omega_{SEGNO}) = -\tan(\varphi)\cdot\tan(\delta_{SEGNO})$ e infine il tempo siderale in cui avviene l'evento.

Conoscendo il giorno, e quindi α_{SOLE} , si ricava ω_{SOLE} e quindi l'istante cercato

Esempio. Si vuole trovare l'istante in cui il Segno del Leone ($\lambda=120°$) nasce nel giorno 6 Ottobre in una località con $\varphi = 44° 38'$ N.
Punto di inizio segno $\alpha_S = 122.18°$; $\delta_S = +20.15°$ -   Sole : $\alpha_{SOLE}=+191° 55'$; $\delta_{SOLE} = -5° 07'$
Si ricavano i valori $\omega_S = -111.24$ da cui Ts=10.94°
E infine $\omega_{SOLE}= -180.98°$ e $T_{VERO\ LOCALE} = 23h 56m$, istante in cui nasce il segno del Leone nel giorno dato.

-- ----------------------------- --

Istante in cui una stella in un dato giorno ha un certo Azimut

Essendo noti δ_{STELLA} e Az_{STELLA} si ricava ω_{STELLA} con le formule riportate in Parte VII-§ 25.1.6 .
Conoscendo α_{STELLA} e ω_{STELLA} si ricava Ts.

Conoscendo il giorno si ricava δ_{SOLE} e con la $\mathrm{sen}(\alpha_{SOLE}) = \dfrac{\tan(\delta_{SOLE})}{\tan(\varepsilon)}$ il valore di α_{SOLE}

Infine con la $Ts = \omega_{SOLE} + \alpha_{SOLE}$ si ricava ω_{SOLE} e quindi l'ora.

Esempio. Si vuole trovare l'istante in cui la stella Sirio (α CMa) raggiunge l'Azimut = +38° nel giorno 6 Ottobre in una località con $\varphi = 44° 38'$ N.
Sirio: $\alpha_{SIRIO} = 6h 46m = 101.5°$; $\delta_{SIRIO} = -16° 44'$ - Sole : $\alpha_{SOLE}=+191° 55'$; $\delta_{SOLE} = -5° 07'$
Si ricavano i valori $\omega_{SIRIO}= 37° 11'$; $h_{SIRIO} = 19° 54'$ da cui Ts=138.683°
E infine $\omega_{SOLE}= -53.23°$ e $T_{VERO\ LOCALE} = 8h 27m$, istante in cui Sirio ha un Azimut di +38° nel giorno dato.

** ** **
*   *   *

26.3.4 Tracciamento delle linee a tempo siderale costante in un orologio solare

Chiamerò *linea a tempo siderale* costante (in un orologio solare) quella linea sulla quale cade l'ombra dell'estremo G dello gnomone quando il tempo siderale locale ha un dato valore costante.

Ad esempio la linea con tempo siderale Ts = 0 è quella su cui cade l'ombra di G quando il Punto Vernale γ passa al meridiano del luogo; la linea con tempo siderale Ts = H (ore) è quella su cui cade l'ombra di G quando il Punto Vernale γ é passato al meridiano del luogo da H ore.

Poiché l'Eclittica è un cerchio massimo della Sfera Celeste tangente ai paralleli dei Tropici, una linea a tempo siderale costante in un orologio solare è un segmento di retta tangente alle iperboli solstiziali.

Volendo tracciare su un orologio solare a Tempo Vero Locale la linea con tempo siderale Ts = H (ore) è sufficiente quindi trovarne soltanto due punti.

Si può procedere, ad esempio, in questo modo:
- si considera una qualunque linea oraria relativa all'ora T_{VL} : l'angolo orario del Sole quando l'ombra cade su questa linea è $\omega_{SOLE} = 15° * T_{VL}$;
- con la $Ts = \alpha_{SOLE} + \omega_{SOLE}$ si calcola l'ascensione retta del Sole α_{SOLE}

$$\alpha_{SOLE} = + Ts - \omega°_{SOLE} / 15° = H - T_{VL} \qquad \text{(ascensione retta in ore)};$$

- con la $\tan(\delta_{SOLE}) = \tan(\varepsilon)\cdot\mathrm{sen}(\alpha_{SOLE})$ si calcola il valore della declinazione solare e con questo valore il giorno dell'anno. Oppure si trova in un Annuario o in una tabella il giorno dell'anno in cui il Sole ha il valore di α_{SOLE} ottenuto.
- Il punto cercato è il punto dove la linea oraria relativa all'ora T_{VL} incontra la linea diurna relativa al giorno dell'anno trovato.

Se sull'orologio solare sono già state tracciate le linee diurne relative ai segni zodiacali, si può procedere così:

– si considera una di queste linee diurne e si trova il valore della α_{SOLE} nel giorno corrispondente (vedi tabelle all'inizio di questo paragrafo);
– si calcola l'angolo orario del Sole con la $\omega_{SOLE} = Ts - \alpha_{SOLE} = H - \alpha_{SOLE}$ e quindi l'ora locale con la $T_{VL} = \omega_{SOLE} / 15° + 12h$.
– Il punto cercato è il punto dove la linea oraria relativa all'ora trovata incontra la linea diurna considerata all'inizio.

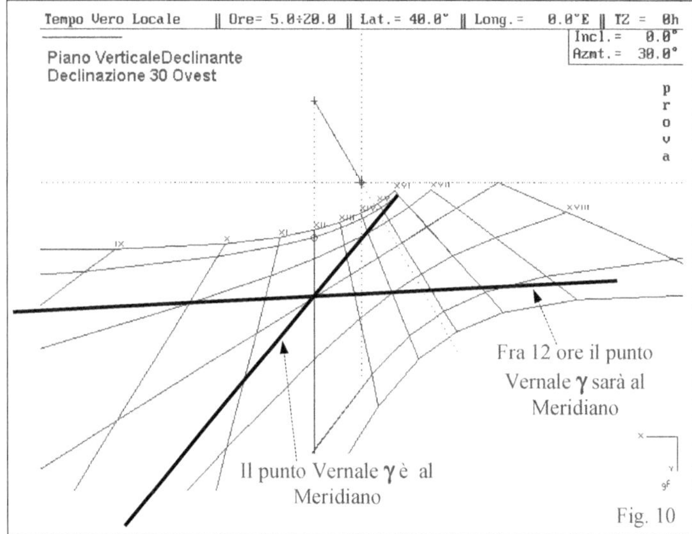

Fig. 10

Da notare che nel punto di intersezione della linea equinoziale con una linea oraria passano 2 linee con ore siderali che differiscono di 12h ; una con il valore Ts che si ottiene dalle formule, l'altra con il valore Ts+ 180°.
Questo dipende dal fatto che tan(Ts°) = tan(Ts°+180°).

26.3.5 Linea con Ts = 0 - Punto γ al meridiano

La linea con tempo siderale Ts = 0 è quella su cui cade l'ombra di G quando il Punto Vernale γ passa al meridiano del luogo
Si può procedere ad esempio in questo modo:
– si considera una qualunque linea oraria relativa all'ora T_{VL} : l'angolo orario del Sole quando l'ombra cade su questa linea vale ω_{SOLE}
– con la Ts= $\alpha_{SOLE} + \omega_{SOLE} = 0$ si ha $\alpha_{SOLE} = - \omega_{SOLE}$ (ore);
– con la $\tan(\delta_{SOLE}) = \tan(\varepsilon).sen(\alpha_{SOLE})$ si calcola il valore della declinazione solare e con questo valore il giorno dell'anno.
– Il punto cercato è il punto dove la linea oraria relativa all'ora T_{VL} incontra la linea diurna relativa al giorno dell'anno trovato.

Se sull'orologio solare sono già state tracciate le linee diurne relative ai segni zodiacali, si può procedere cosi:
– si considera una di queste linee diurne e si trova il valore della α_{SOLE} nel giorno corrispondente (vedi tabelle nel § 26.3.4);
– si calcola l'angolo orario del Sole con la $\omega_{SOLE} = - \alpha_{SOLE}$ e quindi l'ora locale .
– Il punto cercato è il punto dove la linea oraria relativa all'ora trovata incontra la linea diurna .

Si vede che questa curva può essere tracciata soltanto per i mesi invernali (da Dicembre ad Aprile, Maggio)
La linea con Ts = 12h invece attraversa i mesi estivi: questa linea ci dice che quando l'ombra cade su di essa si ha Ts = 12h cioè il nuovo giorno siderale inizierà fra 12 ore (Fig. 10).

Per esattezza le 12h sono ore siderali che corrispondono a 11h 58m ore solari.

26.3.6 Intersezione delle curve dei segni zodiacali con le linee con Ts=numero intero di ore

Consideriamo la linea con un Ts uguale a un numero intero **N** di ore.

Il punto in cui essa attraversa la curva diurna (iperbole) relativa all'inizio di un segno si può ricavare calcolando l'ascensione retta α del segno con le formule già date:

$$\text{sen}(\delta_{SEGNO}) = \text{sen}(\varepsilon) \cdot \text{sen}(\lambda_{SEGNO}) \quad ; \quad \text{sen}(\alpha_{SEGNO}) = \tan(\delta_{SEGNO}) / \tan(\varepsilon)$$

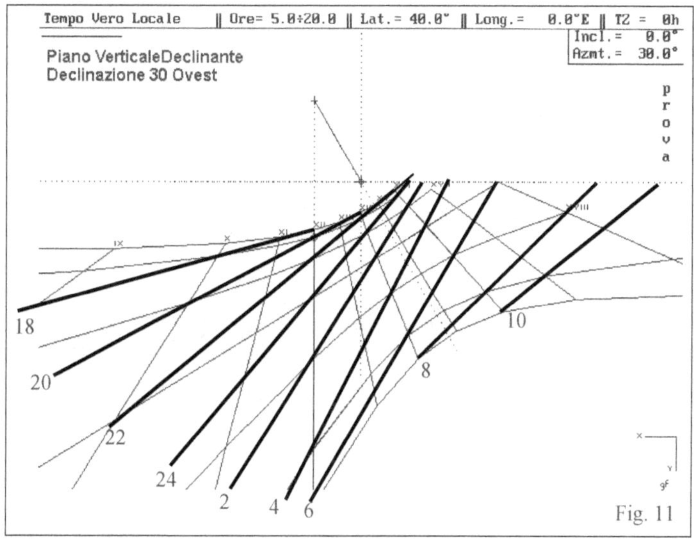

Fig. 11

Il punto cercato si trova nella intersezione della linea diurna del segno con la linea oraria di Tempo Vero corrispondente all'angolo orario $\omega = Ts^\circ - \alpha_{SEGNO} = N \cdot 15^\circ - \alpha_{SEGNO}$.

I valori di λ_{SEGNO} e α_{SEGNO} sono riportati nell'ultima tabella del precedente § 26.3.4.

Poiché per tutti i segni zodiacali i valori della Longituine λ e della Ascensione Retta α sono molto vicini, e poiché passando da un segno al successivo la λ_{SEGNO} varia di 30°, una linea con (Ts=Numero intero di ore) passa praticamente per i punti ove le linee orarie e diurne si intersecano, come si può osservare nelle Fig. 10, 11 e 12.

In particolare
-     la curva del Solstizio Invernale incontra le linee orarie a TVL alle ore (Ts + 18h) ;
-     la curva Equinoziale incontra le linee orarie alle ore (Ts+12h) ;
-     la curva del Solstizio Estivo incontra le linee orarie alle ore(Ts + 6h) .

Le curve a Ts costante sono tangenti alle iperboli solstiziali in corrispondenza delle stesse ore.

26.3.7 Linee indicanti quando una certa stella passa al meridiano del luogo

Consideriamo una stella avente una data Ascensione Retta α_{STELLA}.

Poiché $Ts = \alpha_{SOLE} + \omega_{SOLE} = \alpha_{STELLA} + \omega_{STELLA}$

il valore dell'angolo orario del Sole nell'istante in cui la stella passa al meridiano si ottiene ponendo:

$$\omega_{STELLA}=0 \quad \text{e quindi} \quad \omega_{SOLE} = \alpha_{STELLA} - \alpha_{SOLE}$$

Se in un certo istante l'angolo orario della stella è uguale a $(- k * 15°)$ possiamo dire che la stella passerà al meridiano **k** ore dopo questo istante.

Nell'istante considerato l'angolo orario del Sole sarà perciò:

$\omega_{SOLE} = \alpha_{STELLA} - \alpha_{SOLE} - k*15°$ corrispondente all'ora vera locale $T_{VL} = \omega_{SOLE} / 15° +12h$

In altre parole conoscendo in un certo giorno l'Ascensione Retta del Sole α_{SOLE} si può trovare l'ora (vera locale) corrispondente all'istante in cui mancano ancora **k** ore prima che una data stella passi al meridiano.

In questo modo si può costruire sulla meridiana una linea che indica, nell'istante in cui l'ombra del punto G cade su di essa, che fra k ore un certo astro passerà sopra di noi (Fig. 13).

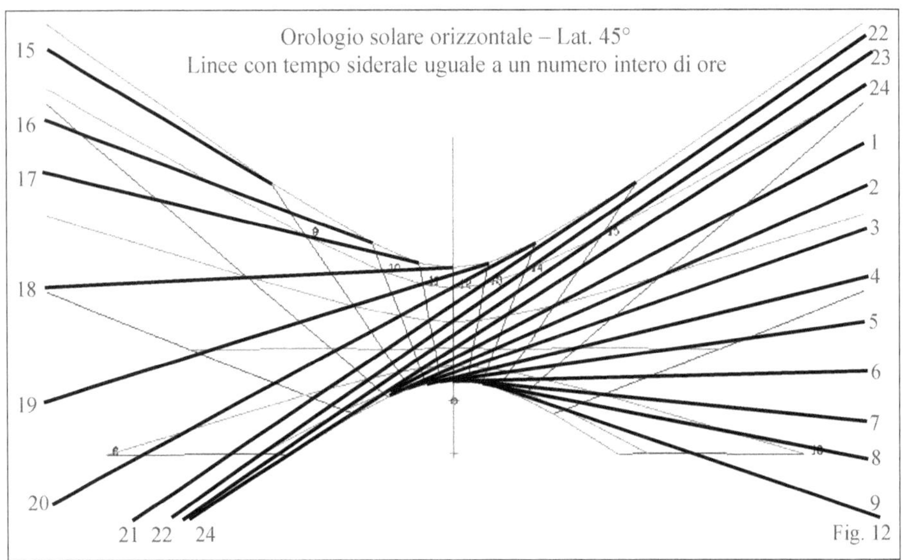

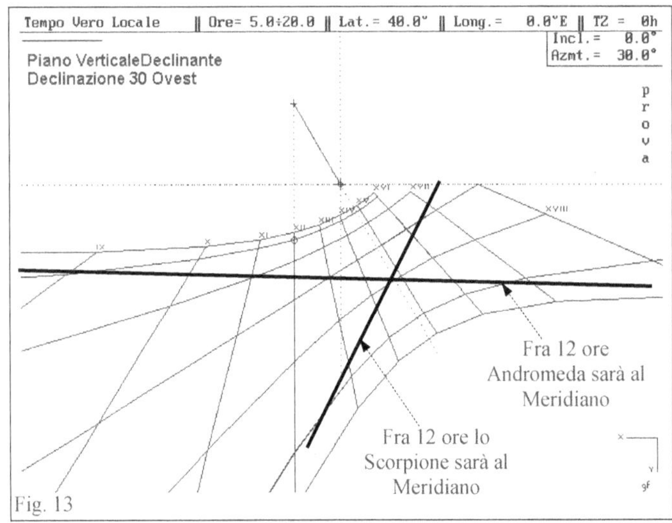

Esempio

Consideriamo un orologio solare in cui sono tracciate le linee diurne relative ai giorni di inizio dei segni zodiacali.

Prendendo   per Antares (centro Scorpione) $\alpha_{STELLA} =$ 16h 30m (circa)

per la costellazione della Lyra (centro)   18h 40m (circa)

per il gruppo Cassiopea-Andromeda (centro)   1h 00m (circa)

si ricavano i valori della tabella seguente:

Data	Segno	Scorpione al meridiano fra 12 ore	Scorpione al meridiano fra 8 ore	Lyra al meridiano fra 12 ore	Lyra al meridiano fra 8 ore	Andromeda al meridiano fra 12 ore
20/3	Ariete	16h 30m		18h 40m		
20/4	Toro	14 h 38m		16h 48m		
21/5	Gemelli	12h 38m	16h 58m	14h 48m	18h 48m	
21/6	Cancro	10h 30m	14h 30m	12h 40m	16h 40m	19h 00m
22/7	Leone	8h 20m	12h 20m	10h 31m	14h 31m	16h 51m
23/8	Vergine	6h 20m	10h 20m	8h 30m	12h 30m	14h 51m
23/9	Bilancia		8h 30m	6h 40m	10h 40m	13h 00m
23/10	Scorpione		6h 36m		8h 48m	11h 08m
22/11	Sagittario					9h 08m
21/12	Capricorno					7h 00m
20/1	Acquario					
18/2	Pesci	18h 25m				

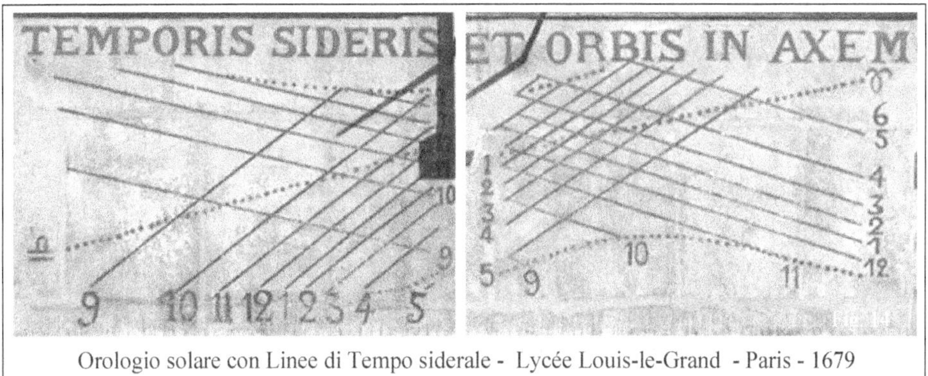

Orologio solare con Linee di Tempo siderale - Lycée Louis-le-Grand - Paris - 1679

26.4   *Umbra versa e Umbra recta* - Lunghezza dell'ombra orizzontale e verticale

Uno stilo (asta) verticale forma su un piano orizzontale un'ombra L_O la cui lunghezza dipende dall'altezza h del Sole sull'orizzonte.

Allo stesso modo uno stilo (asta) orizzontale forma su un piano verticale, normale al piano verticale contenente il Sole, un'ombra L_V la cui lunghezza dipende dall'altezza h del Sole.

$$L_O = \frac{\rho}{\tan(h)} \text{ lunghezza dell'ombra Orizzontale (}umbra\ recta\text{)}$$

$$L_V = \rho \cdot \tan(h) \text{ lunghezza dell'ombra Verticale (}umbra\ versa\text{)}$$

Le ombre "*recta*" e "*versa*" (Fig. 15) sono grandezze che furono molto usate negli antichi trattati sugli orologi solari nei quali si trovano spesso riportate tabelle del loro valore nei diversi giorni dell'anno e nelle diverse ore del giorno.

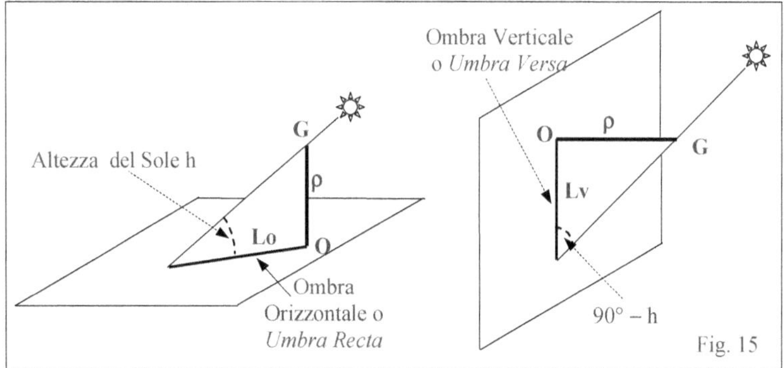

In molti astrolabi e orologi solari portatili si trova disegnato il cosiddetto "*Quadrato delle Ombre*" col quale è possibile trovare facilmente le lunghezze delle ombre orizzontale e verticale conoscendo l'altezza del Sole.

Esso consiste in un quadrato (spesso raddoppiato) con indicati sui lati i valori delle ombre per un'asta avente lunghezza prefissata, in genere uguale a 12 unità (Fig. 16).

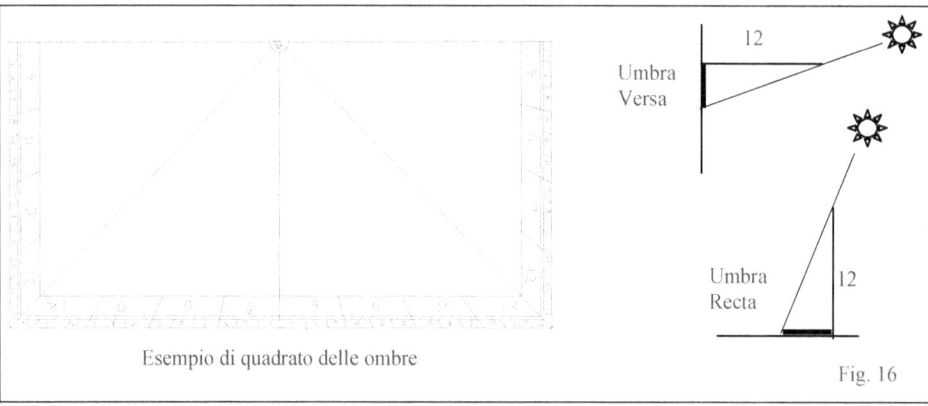

Capitolo 27
LO ZODIACO

27.1   Lo Zodiaco

Quando nacque l'astronomia "scientifica" presso i Sumeri e i Babilonesi e man mano che si definivano stabilmente i diversi concetti e le conoscenze del cielo, si osservò che il Sole, la Luna e i pianeti nel loro moto apparente annuale tra le stelle si muovevano sempre tutti all'interno di una fascia della volta celeste centrata su un cerchio massimo che fu in seguito chiamato Eclittica [1] [2].

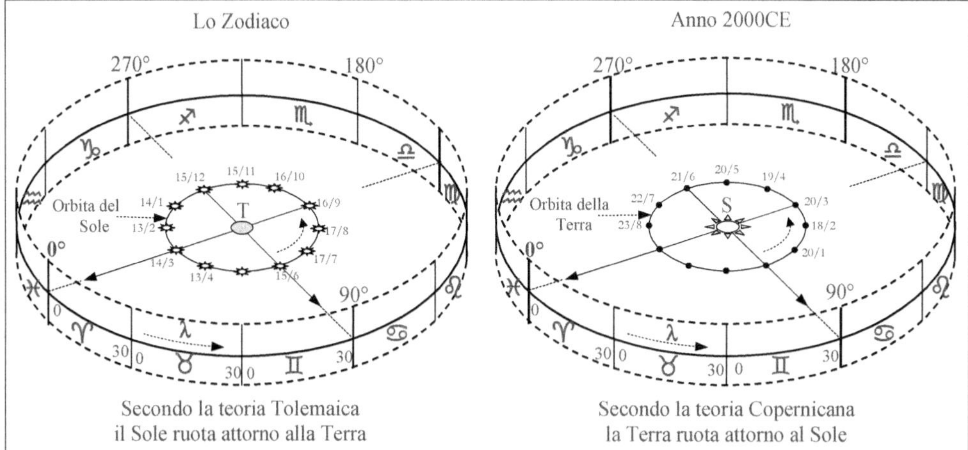

Nella figura a sinistra è rappresentata l'orbita percorsa dal Sole attorno alla Terra, secondo l'ipotesi Tolemaica antica, mentre i giorni di "ingresso" del Sole nei vari segni sono quelli che si avevano nell'anno 1000 del calendario giuliano.

Si può osservare come il Sole, all'inizio della primavera (14/3), si vedeva dalla Terra "proiettato" in cielo nel punto in cui si trovava l'inizio del segno dell'Ariete.

Nelle figura a destra è rappresentata la fascia dello Zodiaco e l'orbita percorsa dalla Terra durante un anno. Visto dalla Terra è il Sole che il 20/3 è proiettato all'inizio del segno dell'Ariete

Fig. 1

Questa fascia, avente una ampiezza di circa 18 gradi, un millennio prima della nostra era fu divisa in 12 parti di lunghezza circa uguale, corrispondenti ciascuna allo spostamento del Sole in cielo durante il periodo di una lunazione, periodo che da tempo immemorabile era usato per dividere l'anno, o meglio il ciclo delle stagioni, in 12 parti uguali: i mesi.

Ai gruppi di stelle contenuti in ciascuna di queste zone del cielo vennero assegnati poi dei nomi sia per riconoscere un gruppo dall'altro, sia per poterne tramandare la conoscenza e per poterli distinguere, sia per usare tale conoscenza a scopi calendariali, per determinare le ore durante la notte, e, principalmente, per scopi astrologici e divinatori.[3]

---

[1] L'eclittica è il cerchio massimo della sfera celeste in cui essa è intersecata dal piano del'orbita della Terra e rappresenta l'apparente percorso del Sole in cielo. Il suo nome deriva dal fatto che soltanto quando la Luna si trova esattamente su di essa o nelle sue immediate vicinanze si possono verificare le eclissi di Sole e di Luna.

[2] Stabilire la posizione del Sole in cielo e il suo spostamento fra le costellazioni è possibile soltanto osservando quali sono le stelle che diventano visibili nella posizione in cui esso è sceso sotto l'orizzonte, al tramonto, o quelle che precedono il suo sorgere, all'alba.

[3] L' astronomia e l' astrologia sono nate e cresciute insieme come buone sorelle per migliaia di anni, con l'astrologia nel ruolo principale di sorella maggiore e più importante (lo era in parte anche ai tempi di Keplero): è probabile che, all'inizio, lo studio dei fenomeni celesti sia stato portato avanti quasi solo per scopi divinatori, per analizzare la

Furono in questo modo "create" le 12 costellazioni eclitticali.[4]
La fascia del cielo interessata fu chiamata Zodiaco[5] e i nomi delle costellazioni divennero, in seguito, i 12 "*segni*" zodiacali.

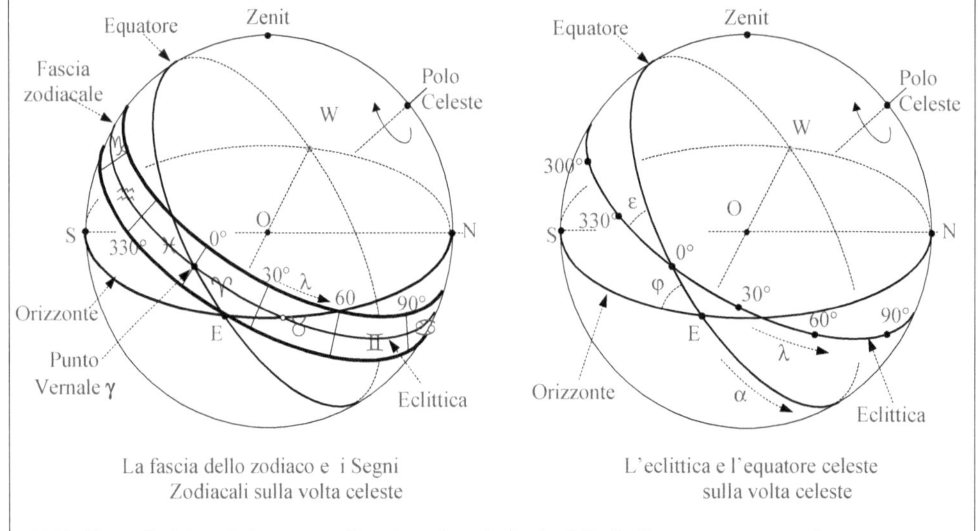

La fascia dello zodiaco e i Segni
Zodiacali sulla volta celeste

L'eclittica e l'equatore celeste
sulla volta celeste

Nella figura di sinistra è disegnata sulla volta celeste la fascia dello Zodiaco come appare ad un osservatore posto nel centro O. L'equatore celeste e l'eclittica si intersecano nel punto γ; nel punto di incontro tra orizzonte ed eclittica si vede che sta sorgendo, all'incirca, il punto 10° del Toro, con longitudine 40°.
Nella figura di destra invece sono evidenziati soltanto i cerchi massimi, equatore, eclittica, orizzonte, e sono indicati gli angoli fra i loro piani.

Fig. 2

Originariamente presso i Babilonesi lo Zodiaco comprendeva 12 costellazioni principali, più altre 6 minori "*che si trovano sul cammino della Luna*", ma già al tempo della conquista di Alessandro Magno le costellazioni erano state ridotte a 12. Lo Zodiaco non era legato ai solstizi e agli equinozi e aveva inizio nella stella Aldebaran, circa 30° dopo il punto dell'equinozio di primavera, allora circa 8-10° all'interno della costellazione dell'Ariete.
I greci verso il 300 a.C. portarono queste conoscenze in Occidente, ad Alessandria in Egitto, dove tre dei nomi che comparivano nello Zodiaco babilonese, e cioè Pleiadi, Presepe e Spiga, furono sostituiti con il Toro, il Cancro (o Granchio) e la Vergine.

Gli astronomi greco-alessandrini stabilirono anche una graduazione lungo l'eclittica, quella che oggi chiamiamo "*longitudine celeste λ*", e ne fissarono l'origine nel punto dell'eclittica in cui il Sole, visto dalla Terra, veniva proiettato nel giorno dell'equinozio di primavera [6], stabilendo così uno stretto legame fra la posizione del Sole in cielo, cioè fra la costellazione zodiacale in cui esso viene proiettato (o, come si usa dire, "si trova"), e il giorno e il mese dell'anno.

---

personalità degli uomini e per prevedere il loro futuro. Lo zodiaco, le costellazioni zodiacali e il loro uso per l'individuazione certa di una data (ad es. di nascita) furono ovviamente usate per primi dagli astrologi e probabilmente l'intera costruzione fu dovuta ad essi.

[4] Poiché le costellazioni esistono soltanto nella mente dell'uomo, le figure "attribuite e viste" nei vari   gruppi casuali di stelle, furono soltanto una conseguenza delle credenze, degli usi e delle superstizioni locali dell'epoca.

[5] Il nome Zodiaco deriva dalla parola greca ζωον (zòon), che significa "vivente" o anche "immagine di animali" ed è dovuto al fatto che a ben sette delle dodici costellazioni gli antichi assegnarono le figure e i nomi di animali veri o immaginari.

[6] Questo punto, che cadeva allora nella costellazione dell'Ariete, fu preso come inizio del "segno" di ugual nome e per questo è da allora chiamato "*primo punto d'Ariete*", "*punto vernale*" (dalla parola latina "*ver, veris*", primavera) o "*punto gamma*", dalla lettera greca γ che coincide con il simbolo del segno dell'Ariete.

La scoperta di questa relazione biunivoca fra la data nell'anno e la posizione del Sole all'interno delle costellazioni dello Zodiaco si è rivelata di fondamentale importanza nell'antichità per stabilire le date esatte dei fenomeni storici e astronomici essendo un metodo legato soltanto al moto annuo del Sole e quindi indipendente dai calendari usati dai vari popoli e dalle loro diversità e imprecisioni.

27.2 I segni zodiacali e le loro durate

A causa del fenomeno della precessione degli Equinozi il punto in cui il Sole viene proiettato in cielo nell'equinozio di primavera (punto vernale), si sposta di 1° ogni circa 71.6 anni e, come conseguenza, le costellazioni sulle quali vengono a proiettarsi i diversi "segmenti" della fascia dello zodiaco cambiano anch'essi lentamente.[7]

Per non dover fare continui cambiamenti per indicare un dato giorno nell'anno si iniziò allora ad usare, al posto della costellazione effettiva (vera) su cui esso si proiettava, la longitudine del Sole, cioè l' angolo, misurato sull'eclittica, fra la sua posizione e il punto vernale.

Così, pian piano, alle costellazioni si sostituirono i "segni", che, pur essendo completamente indipendenti da esse, mantennero gli stessi nomi di circa 2500 anni fa.[8]

A ciascun segno corrisponde quindi un arco di 30° sulla eclittica e il nome ad esso associato (Toro, Leone, ecc.) è soltanto un "nome" per indicare quel determinato arco o intervallo della longitudine del Sole: non è assolutamente detto che mentre il Sole è in un dato segno, esso sia "proiettato", se visto dalla Terra, all'interno della costellazione con lo stesso nome.

Supponendo uniforme il moto del Sole sull'eclittica e l'anno costituito di 360 giorni, si può pensare, con una certa approssimazione, che il Sole si muova alla velocità di 1° al giorno e quindi impieghi circa 30 giorni per attraversare un segno dello zodiaco. In altre parole si può associare alla longitudine del Sole il numero di giorni trascorsi dall'inizio della primavera.

A causa della eccentricità dell'orbita terrestre la permanenza del Sole in ciascun segno non è però costante, per cui non sono costanti le loro "durate" in giorni. Queste vanno da circa 29 giorni in Inverno, quando la Terra è al perielio e si muove più velocemente nella sua orbita, sino a 31.5 giorni in prossimità del Solstizio estivo.

Esempio.

Quando il Sole è nel 20° del segno del Leone (5° segno) si può approssimare la sua Longitudine a 4x30°+20°=140° e quindi affermare che sono passati circa 140 giorni dall'inizio della primavera. In realtà il Sole passa per il punto dato nel giorno 13 di Agosto del nostro calendario, quando sono trascorsi 11 giorni di Marzo+30 di Aprile+31 di Maggio+30 di Giugno+31 di Luglio+12 di Agosto, cioè circa 145 giorni dall'inizio della primavera.

Esempio.

Quando Tolomeo riferisce di qualche osservazione dice, ad esempio, che essa è stata fatta *"nel 5° grado del Cancro"*, per indicare che il Sole si trovava già 5 gradi all'interno di questo segno (longitudine=30x3+5=95°). Quindi l'osservazione fu fatta 95 giorni (circa) dopo l'equinozio di primavera e quindi circa il 25 Giugno del calendario giuliano.

L'uso di indicare sugli orologi solari le linee diurne corrispondenti ai giorni di inizio dei segni zodiacali, o per meglio dire, ai giorni in cui il Sole "entra" in essi, è stato sempre molto diffuso anche in Europa dal Rinascimento ad oggi.

---

[7] Dal punto di vista astronomico lo spostamento dell'eclittica ha fatto si che il suo cerchio si proietti, oggi, su una zona del cielo diversa da quella del 500 a.C. e quindi che siano cambiate le costellazioni da esso attraversate.

[8] La condivisione degli stessi nomi con le antiche costellazioni che si trovavano lungo l'eclittica genera spesso confusione anche fra gli esperti che tendono a confondere le due cose. A questo si aggiunge il fatto che, nei secoli, i "confini" convenzionali delle costellazioni sono stati cambiati più volte e, secondo le ultime definizioni fissate dall'Unione Astronomica Internazionale nel 1928, sul cerchio dell'eclittica si trovano oggi 13 costellazioni (la 13' è Ofiuco, tra Scorpione e Sagittario). Su di esse il Sole si proietta per archi, e tempi, molto variabili: ad esempio nello Scorpione per 7° circa e nella Vergine per più di 44°.

Nella tabella che segue sono elencati i 12 segni zodiacali, i loro simboli classici, i loro nomi, le sigle internazionali delle corrispondenti costellazioni, i giorni del calendario giuliano in cui il Sole entrava in essi verso l'anno 1000 e i giorni corrispondenti nella nostra epoca, questi ultimi come media dei valori calcolati sul periodo di 48 anni dal 2000 al 2047.

Il giorno del calendario moderno e l'ora in cui il Sole entra in un dato segno variano di anno in anno sia a causa della introduzione dell'anno bisestile di 366 giorni ogni 3 anni normali di 365, sia a causa del fatto che l'anno tropico differisce dal valore di 365.25 giorni per circa 11m 14.3sec.

Ad esempio l'inizio del segno del Leone è stato:
– nel 1985 il 22 Luglio alle ore 21h 38m
– nel 1986 il 23 Luglio alle ore 3h 34m (differenza di 5h 56m)

Occorre osservare che, per questo motivo, le tabelle riportate nei testi e nei calendari, e anche le date indicate dalla tradizione, danno i giorni dell'ingresso del Sole nei segni con valori spesso fra loro leggermente diversi

Segno		Italiano	Latino	anno 1000	anni 2000-50
♈		Ariete	ARI-Aries	Mar. 14	Mar. 20
♉		Toro	TAU-Taurus	Apr. 13	Apr. 20
♊		Gemelli	GEM-Gemini	Mag. 15	Mag. 21
♋		Cancro	CNC-Cancer	Giu. 15	Giu. 21
♌		Leone	LEO-Leo	Lug. 17	Lug. 23
♍		Vergine	VIR Virgo	Arabo	Ago. 23
♎		Bilancia	LIB-Libra	Sett. 16	Sett. 23
♏		Scorpione	SCO-Scorpio	Ott. 16	Ott. 23
♐		Sagittario	SGR-Sagittarius	Nov. 15	Nov. 22
♑		Capricorno	CAP-Capricornus	Dic. 15	Dic. 21
♒		Acquario	AQR-Aquarius	Gen. 14	Gen. 20
♓		Pesci	PSC-Pisces	Feb. 13	Feb. 19

Nella tabella seguente sono invece riportati i valori della longitudine e della declinazione del Sole negli istanti del suo ingresso nei segni, il periodo di permanenza del Sole in essi e la sua "velocità" media.

Queste durate sono state calcolate come valori medi su 48 anni dal 2000 al 2047.

Segno		Inizio Segno	Longitudine del Sole °	Declinaz. del Sole °	Durata Segno in giorni	°/giorno
Ariete	♈	20 Marzo	0	0.00	30.45	0.9848
Toro	♉	20 Aprile	30	+11.47	30.96	0.9688
Gemelli	♊	21 Maggio	60	+20.15	31.33	0.9575
Cancro	♋	21 Giugno	90	+23.44	31.45	0.9538
Leone	♌	23 Luglio	120	+20.15	31.30	0.9588
Vergine	♍	23 Agosto	150	+11.47	30.91	0.9708
Bilancia	♎	23 Settembre	180	0.00	30.40	0.9872
Scorpione	♏	23 Ottobre	210	-11.47	29.90	1.0030
Sagittario	♐	22 Novembre	240	-20.15	29.56	1.0151
Capricorno	♑	21 Dicembre	270	-23.44	29.45	1.0187
Acquario	♒	20 Gennaio	300	-20.15	29.59	1.0138
Pesci	♓	19 Febbraio	330	-11.47	29.70	1.0097

Parte VIII

LA RIFRAZIONE E GLI OROLOGI SOLARI

Capitolo 28
LA RIFRAZIONE E GLI OROLOGI SOLARI

28.1 Premessa

La depressione o abbassamento dell'orizzonte e la rifrazione atmosferica[1] sono due fenomeni distinti e dovuti a cause diverse: il primo è causato principalmente dalla altezza dell'osservatore sul livello del suolo, il secondo dalla presenza dell'atmosfera al di sopra di noi.

Entrambi i fenomeni fanno sì che la posizione in cui un oggetto (astro, Sole) viene *"visto"* sulla volta celeste è diversa da quella in cui sarebbe osservato se non esistesse l'atmosfera e se l'osservatore si trovasse esattamente al centro della Terra o, se non si considerano gli effetti di parallasse[2], se si trovasse esattamente sulla superficie *teorica* della Terra.

I parametri astronomici e i dati ottenuti o riferiti a questo caso teorico, con la Terra immaginata come una sfera perfetta, senza asperità e senza atmosfera, sono in genere indicati con gli aggettivi *astronomico, vero, teorico.*[3]

Quando invece si vogliono indicare grandezze misurate o osservate nelle condizioni reali (anche se spesso in parte semplificate) si utilizzano quasi sempre gli aggettivi *apparente o reale.*[4]

Userò quindi le locuzioni *direzione apparente, altitudine apparente, orizzonte apparente o visibile,* ecc. per indicare la direzione verso la quale l'osservatore *vede* l'astro, l'altitudine che può misurare, l'orizzonte sino a dove può giungere il suo sguardo per effetto sia della rifrazione, sia della sua altezza sul livello del terreno.

Ricordo che il caso *"teorico"* è quello che veniva, e viene tuttora, utilizzato per la determinazione delle posizioni del Sole per il calcolo degli orologi solari e che tutti i metodi geometrici utilizzati a tale scopo da secoli si basano su queste ipotesi semplificative.

Poiché il valore della depressione dell'orizzonte è grandemente influenzato dalla rifrazione e poiché l'influenza di questi due fenomeni sugli orologi solari e sulle caratteristiche della loro precisione sono simili, prenderò qui in considerazione gli aspetti di entrambi.

Anticipando quanto sarà descritto in dettaglio in seguito ricordo che:
- negli gli orologi solari a ore francesi o moderne l'altitudine del luogo e la rifrazione atmosferica possono dare un leggerissimo effetto sulle linee orarie e sulla linea dell'orizzonte che, a causa della depressione, non é più rettilinea ma formata da due distinti segmenti.
- Poiché l'entità degli effetti sulla costruzione dei normali quadranti solari è generalmente trascurabile, la rifrazione non viene (quasi) mai considerata nel progetto di questi tipi di orologi, a meno che non si tratti di grandi orologi monumentali.
- Negli orologi che si basano su un sistema orario avente inizio all'alba o al tramonto, cioè con ore Italiche, Babiloniche o Temporarie, la depressione dell'orizzonte e la rifrazione fanno anticipare l'istante dell'alba, ritardare quello del tramonto e allungare la durata del giorno-chiaro[5] e producono quindi uno spostamento dell'istante di inizio del nuovo giorno.

---

[1] Vedi il Glossario alla fine del capitolo.

[2] In questo caso la parallasse è dovuta al rapporto fra le dimensioni della Terra e la distanza dell'astro: è trascurabile nel caso delle stelle, al massimo di 8" d'arco per il Sole e sensibile soltanto per la Luna.

[3] Spesso la terminologia adottata di vari autori può creare confusione.

[4] Parleremo quindi di altezza vera (h_V) e altezza apparente (h_A), di angolo orario vero o apparente (ω_V, ω_A), direzione vera e apparente, orizzonte vero o apparente, ecc.

[5] Per parlare degli effetti in questi orologi occorrerebbe meglio definire quali si intendono come istanti dell'alba e del tramonto. Se cioè l'istante dell'alba coincide con l'istante in cui il centro del Sole raggiunge la linea dell'orizzonte o con quello in cui appare il bordo superiore del disco solare. Analogamente per il tramonto (istante in cui il centro del disco raggiunge l'orizzonte o quando il bordo superiore del disco scompare. Nei calcoli "classici" degli orologi solari il Sole è sempre considerato puntiforme e quindi non si hanno ambiguità.

- La rifrazione non produce effetti sull'istante di inizio del crepuscolo mattutino e su quello di fine del crepuscoli serale, ma solo sulle loro durate
- La rifrazione produce anche cambiamenti delle coordinate altazimutali e orarie degli astri (Az, h, ω, δ).

28.2 La rifrazione atmosferica

Quando un raggio di luce, proveniente dal Sole o da un diverso corpo celeste, entra nell'atmosfera terrestre attraversa via via strati dell'atmosfera sempre più densi.
A causa della rifrazione la direzione del raggio luminoso viene per questo continuamente modificata e il raggio subisce un incurvamento progressivo e continuo (Fig. 1).

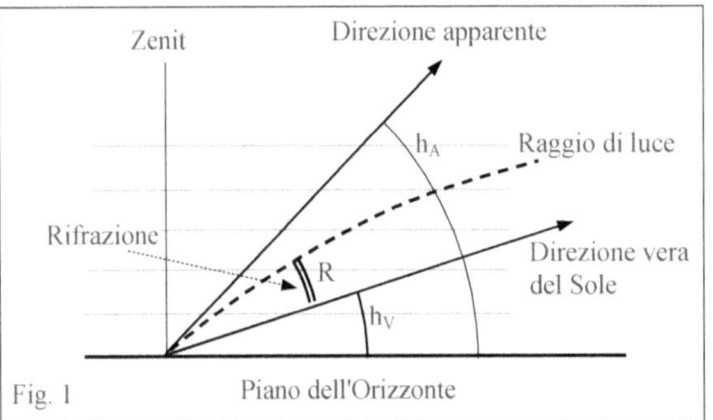

Questo effetto fa si che la direzione verso cui un osservatore che si trova sulla superficie terrestre vede il corpo celeste, non coincide con la direzione "*vera*" verso cui si trova il corpo stesso - e verso cui lo vedremmo se non ci fosse l'atmosfera - ma ne differisce di un angolo che viene chiamato "*rifrazione astronomica*" (R). Quindi il valore della rifrazione in gradi è $R = h_A - h_V$

La rifrazione è sempre positiva, cioè la direzione apparente è sempre "più elevata" di quella reale e il corpo celeste ci appare sempre più in alto di quanto non sia in realtà [6].
Dato che essa è massima quando l'astro è all'orizzonte e diminuisce al crescere della altezza dell'astro, i suoi effetti si fanno sentire maggiormente quando l'altezza è piccola e l'astro è in prossimità dell'orizzonte.

In condizioni standard (osservazione fatta al livello del mare, con temperatura di 10°C, pressione atmosferica di 1010 millibar) il valore della rifrazione si può ricavare con le formule approssimate di Bennett-Samudson (1982) che forniscono il valore di R conoscendo o l'altezza vera h_V o quella apparente h_A di un corpo celeste:

$$R(h_V) = \frac{1.02}{\tan\left(h_V + \frac{10.3}{h_V + 5.11}\right)} \text{ (Bennett)} \qquad R(h_A) = \frac{1.0}{\tan\left(h_A + \frac{7.31}{h_A + 4.4}\right)} \text{ (Saemundsson)}$$

In queste formule le altezze h devono essere espresse in gradi mentre il valore di R che si ricava è un angolo espresso **in minuti primi** [7].
Quando un astro è all'orizzonte il valore della rifrazione si prende **per convenzione** = 34'.

Esempio
Se un oggetto è osservato ad una altezza di 5° (h_A=5°), dalla seconda formula si ricava R = 9.9' e quindi l'altezza vera è h_V = 4° 50.1'. Usando questo valore con la prima formula si ottiene, ovviamente, di nuovo il valore R=9.9' e quindi h_A=5°.

Il valore della rifrazione dipende non solo dall'altezza dell'astro sull'orizzonte ma anche dalla temperatura, dalla umidità e dalla massa d'aria sovrastante (e quindi dalla pressione e dalla altezza sul livello del mare).
Volendo ottenere i valori di R al variare della temperatura e della pressione occorre moltiplicare i valori ottenuti con le formule precedenti per il coefficiente dato dalla formula seguente:

$$\frac{P}{1010} \cdot \frac{283}{T + 273}$$

ove P è la pressione atmosferica in millibar, che dipende sia dalle condizioni atmosferiche che dall'altezza sul livello del mare [8], e T la temperatura in °C.

---

[6] Poiché la rifrazione agisce sul piano verticale contenente il raggio luminoso, l'azimut dell'astro non viene modificato.
[7] Per una discussione approfondita del fenomeno della rifrazione astronomica si vedano i due testi indicati nella bibliografia.

Dalla formula si può osservare che la rifrazione cala al diminuire della pressione - e quindi al crescere dell'altitudine - e al crescere della temperatura.

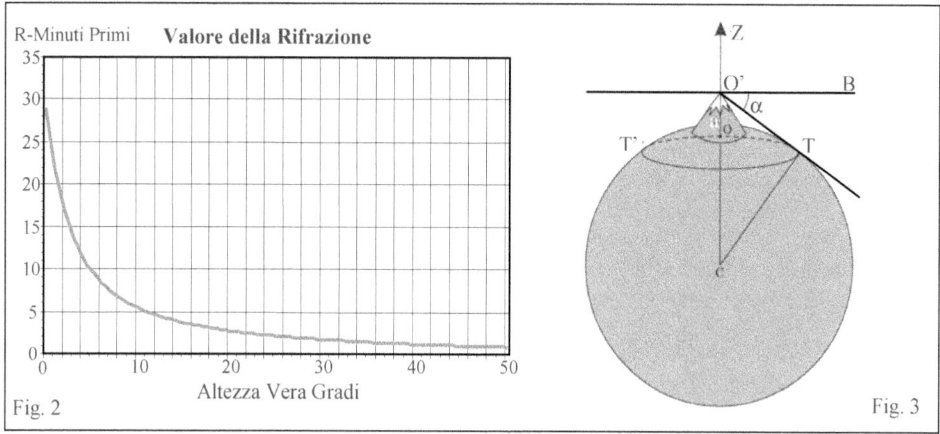

Occorre osservare che i valori i valori della rifrazione R che si ricavano dai calcoli, in particolare con l'astro in prossimità dell'orizzonte, possono subire variazioni anche del 40% - 50% a causa delle condizioni atmosferiche.

28.3 La depressione dell'orizzonte

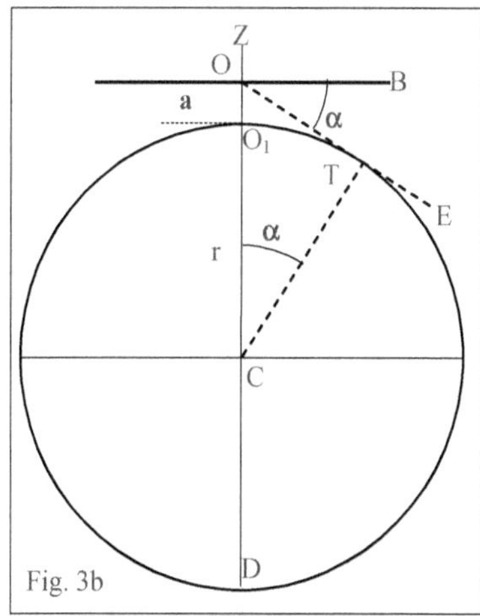

La ricerca della depressione e del raggio dell'orizzonte visibile sono problemi che, pur sembrando semplici, non lo sono per nulla. Consideriamo un osservatore posto ad una certa altezza **a** dal suolo o dal livello del mare.

Se supponiamo la superficie della Terra perfettamente sferica, o la zona nell'intorno dell'osservatore assimilabile a una sfera e priva di asperità come la superficie del mare, il suo sguardo potrà giungere sino al punto in cui la retta, uscente dal suo occhio e tangente alla sfera, "*tocca*" la superficie.

Questo cerchio limite è chiamato *orizzonte marino*, mentre l'angolo che la retta tangente forma con il piano orizzontale è chiamato *depressione dell'orizzonte*. (Fig. 3, 3b) [9]

E' evidente che la depressione dell'orizzonte cresce con l'altezza dell'osservatore e che un astro al tramonto può essere osservato sino a quando non raggiunge una altitudine geometrica (o vera) <u>al di sotto</u> del piano dello orizzonte, uguale al valore della depressione.

Se non vi fosse l'influenza dell'atmosfera il raggio percorso dalla luce per giungere da un punto dell'orizzonte sino all'occhio dell'osservatore sarebbe rettilineo: in questo caso la depressione viene chiamata *geometrica o teorica*.

A causa della rifrazione invece il percorso della luce è curvilineo e si parla di *depressione vera* (Fig. 4).

---

[8] Una relazione semplice che fornisce la pressione atmosferica P in funzione dell'altezza Hm del luogo sul livello del mare, in metri, è $P = P_0 \cdot \left[1 - \dfrac{Hm}{10000} \right]$ ove $P_0 = 1010$ mb

[9] La Fig. 3 è tratta dal volume *Rubu Tahtası Kullanım Kılavuzu* (Manuale sul Quadrante Turco) scritto dallo gnomonista Prof. Atilla Bir (Università di Istanbul) autore anche di un testo sugli orologi solari.

28.3.1 Simboli usati nelle figure e nelle formule

In tutte le figure le dimensioni degli elementi e gli angoli fra essi **non** rispecchiano le dimensioni e i valori reali per motivi di chiarezza.

Sono usati i seguenti simboli:

- O   Osservatore
- O_1 proiezione di O sulla sfera
- C   centro della Terra
- **a**   altezza dell'osservatore s.l.m.
- **r**   Raggio della Terra = 6369 km
- OB   Orizzonte vero o astronomico o geometrico dell'osservatore
- T   punto visibile dell'orizzonte senza rifrazione
- T_1 punto visibile massimo sull'orizzonte con rifrazione
- OTE   retta tangente alla sfera terrestre per il punto O
- OTC   90°
- αo (o Ro)   valore della rifrazione di un oggetto che si vede all'orizzonte da un punto sulla sfera
                (rifrazione standard = 34')
- α depressione dell'orizzonte **senza rifrazione** (depressione geometrica o teorica)
- $\alpha 1$ depressione dell'orizzonte **con rifrazione**
- $\alpha 2$ angolo al centro della Terra che sottende il raggio dell'orizzonte visibile ($O_1 T_1$)
- OT_1 raggio rifratto (curvo) che da O passa tangente alla sfera in T_1
- OF   direzione dell'orizzonte visibile (apparente) con rifrazione
- $O_1 T$ raggio dell'orizzonte geometrico (senza rifrazione) = $\mathbf{r^*\alpha}$
- $O_1 T_1$ raggio dell'orizzonte visibile (con rifrazione) = $\mathbf{r^*\alpha 2}$
- OS   direzione geometrica (vera) dell'astro che si vede esattamente all'orizzonte
- BOS   altezza (negativa) geometrica dell'astro visibile all' orizzonte

Tutti gli angoli, se non diversamente indicato, si suppongono in radianti.

28.3.2 Depressione dell'orizzonte senza rifrazione atmosferica

In Fig. 3b sia CZ la verticale di un osservatore posto in O, ad una altezza OO_1 = **a** al di sopra del livello del mare.

Il piano dell'orizzonte vero (o astronomico o geometrico) dell'osservatore in O è il piano ortogonale a questa linea verticale.

Consideriamo un piano verticale passante per CZ , sia O_1TD la sua intersezione con la superficie terrestre supposta una sfera perfetta e priva di asperità come la superficie del mare.

OB sarà allora l'intersezione di questo piano con il piano dell'orizzonte vero dell'osservatore

Se in questo piano tracciamo la linea OTE, passante per l'osservatore e tangente in T alla sezione della Terra, otteniamo la depressione dell'orizzonte α.

Il punto T è il punto più lontano visibile dall'osservatore O.

Supponendo di far ruotare il piano verticale attorno all'asse DZ, la linea OB genererà il piano dell'orizzonte astronomico mentre la OE formerà una superficie conica tangente alla Terra lungo un piccolo cerchio, chiamato orizzonte visibile.

Con semplici passaggi si possono ricavare le formule seguenti che danno, con buona approssimazione, il valore della depressione dell'orizzonte α e il raggio dell'orizzonte visibile senza rifrazione.

In esse si è indicato con **r** il raggio della Terra (6369 km) e con **a** l' altezza dell'osservatore sull'orizzonte; gli angoli sono in radianti.

$$\alpha = \sqrt{\frac{2 \cdot a}{r}} \ \text{rad} \qquad\qquad O_1 T = r \cdot \alpha = \sqrt{2 \cdot r \cdot a} \quad \text{raggio dell'orizzonte}$$

Con alcune sostituzioni si può ricavare il valore della depressione in primi d'arco e il raggio dell'orizzonte visibile in metri, una volta nota l'altezza **a** dell'osservatore espressa in metri:

$$\alpha = 1.926' \cdot \sqrt{a_{metri}} \qquad\qquad O_1T = 3569 \cdot \sqrt{a_{metri}} \ \ \text{metri}$$

Esempio

Se l'osservatore si trova in piedi sulla riva del mare, con gli occhi ad una altezza a=1.5m .

$$\text{Risulta } \alpha = \sqrt{\frac{2 \cdot 1.5}{6.369 \cdot 10^6}} = \frac{1}{1457.05}\text{rad} = 2.35' \qquad \text{circa 1/14 del diametro del Sole.}$$

L'osservatore potrebbe vedere, anche senza l'effetto della rifrazione, sino a una distanza di O_1T=4.37 km (distanza dell'orizzonte apparente).

Da notare che, poiché il miglio marino è stato definito come la lunghezza dell'arco di meridiano sotteso da 1' d'arco, il raggio dell'orizzonte risulta di 2.35 miglia marine.

Da notare anche che, essendo la risoluzione di un occhio *"normale"* in piena luce di circa 1 primo d'arco, la depressione è ben visibile anche in questo caso ove l'*altezza* è molto piccola.

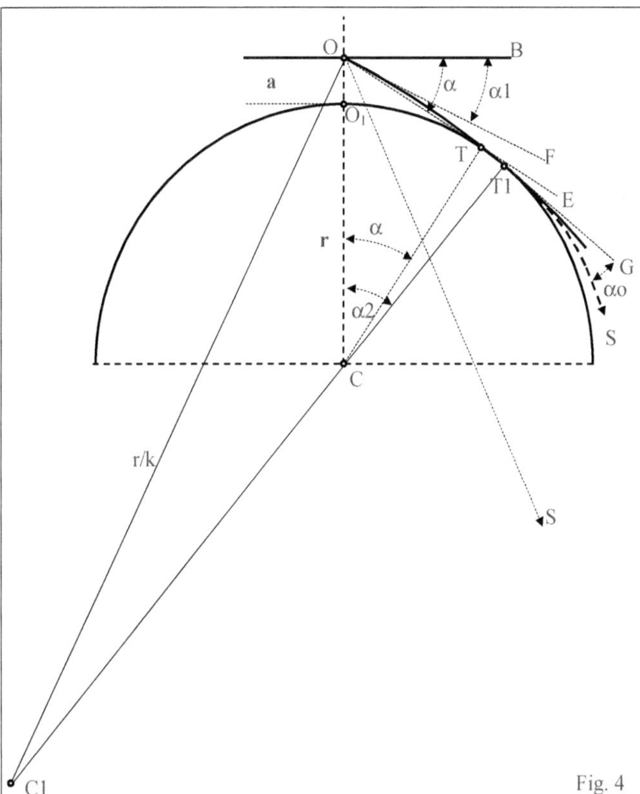

Esempio

L'osservatore si trova sull'isola di Vulcano, all'altezza di 926 m sul livello del mare.

Risulta $\alpha = 58'37''$ e O_1T=108.6 km

28.3.3 Depressione dell'orizzonte con rifrazione atmosferica

A causa della rifrazione della atmosfera, presente fra l'osservatore e l'orizzonte, la sua *"linea di vista"* sino all'orizzonte apparente non è rettilinea ma curva, con una curvatura verso il basso come mostrato nelle Fig. 4, 5.

I raggi luminosi non procedono in linea retta da O a T ma si "incurvano" raggiungendo la superficie della Terra nel punto T_1 ad una distanza maggiore da O: per questo il raggio dell'orizzonte visibile aumenta.

Al contrario il valore della depressione dell'orizzonte (depressione apparente) diminuisce, diventando uguale all'angolo α_1, poiché l'osservatore vede l'orizzonte nella direzione OF, direzione della tangente in O al "raggio" curvato OT_1.

Con buona approssimazione il percorso dei raggi luminosi fra O e T1 si può considerare come un arco di cerchio con centro in C1 sul prolungamento T1-C, e con un raggio uguale a **(r/k)** e quindi una curvatura **k** volte la curvatura della Terra[10].

---

[10] Senza scendere in dettagli ricordo che in un punto P di una generica curva piana la curvatura è definita come l'inverso del raggio del cerchio osculatore alla curva nel punto P. Il cerchio osculatore è il cerchio tangente che approssima la curva sino alla derivata seconda. La curvatura di un cerchio di raggio r è uguale a 1/r e quindi più piccolo è il cerchio, più grande la sua curvatura. La curvatura di una linea retta (r = infinito) è nulla.

Si trova che i risultati ricavati nel caso di assenza di rifrazione sono ancora validi se nelle formule si sostituisce al raggio della Terra r l'espressione $\dfrac{r}{(1-k)}$

Questo equivale a supporre che la curvatura della Terra (1/r) sia diminuita della curvatura del raggio (k/r), cioè sia uguale a (1-k)/r.

In altre parole tutto avviene come se la Terra fosse un pianeta fittizio con raggio r/(1-k) e senza rifrazione atmosferica.

Il valore della curvatura k del raggio rifratto dipende dal come cambia la temperatura negli strati interessati.
In condizioni *normali*, quando le condizioni si approssimano a quelle della atmosfera standard, al livello del mare, **k** è uguale circa a 1/6 o 1/7, o meno nei pomeriggi assolati o ad alte elevazioni.

Indicando con α_2 l'angolo OCT_1 che sottende il raggio dell'orizzonte **con** rifrazione, si hanno questi risultati:

$$\alpha_1 = \sqrt{\frac{2 \cdot a}{r/(1-k)}} = \alpha \cdot \sqrt{(1-k)} \qquad \text{depressione dell'orizzonte}$$

$$\alpha_2 = \frac{1}{1-k} \cdot \sqrt{\frac{2 \cdot a}{r/(1-k)}} = \frac{\alpha}{\sqrt{(1-k)}} \qquad \text{angolo sotteso dal raggio dell'orizzonte}$$

$$O_1T_1 = r \cdot \alpha_2 = \sqrt{2 \cdot \frac{r}{1-k} \cdot a} = O_1T \cdot \sqrt{\frac{1}{1-k}} \qquad \text{raggio dell'orizzonte}$$

Con k=1/6 si hanno i valori:

$$\alpha_1 = \alpha \cdot \sqrt{5/6} = 0.913 \cdot \alpha = 0.913 \cdot \sqrt{\frac{2 \cdot a}{r}} = 1.76' \cdot \sqrt{a_{metri}}$$

$$\alpha_2 = \alpha \cdot \sqrt{6/5} = 1.095 \cdot \alpha = 1.095 \cdot \sqrt{\frac{2 \cdot a}{r}} = 2.11' \cdot \sqrt{a_{metri}}$$

$$O_1T_1 = O_1T \cdot \sqrt{6/5} = 1.095 \cdot O_1T = 1.095 \cdot \sqrt{2 \cdot r \cdot a} = 3908 \cdot \sqrt{a_{metri}} \text{ metri}$$

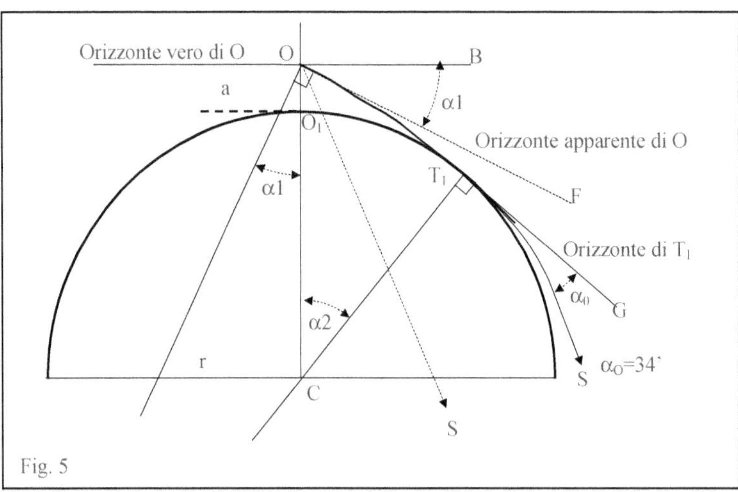

Il famoso astronomo francese Jean-Baptiste Delambre (1749-1822) usò per la curvatura k il valore 0.150, 0.151 (=1/6.6), valore usato da molti autori nell'Ottocento.

Esempio
Con i valori del precedente Esempio (a=1.5m) si ricavano i valori con rifrazione: α_1=2' 8" e O_1T_1=4691 m (senza rifrazione i valori erano 2' 21" e 4370 m)

Come si vede le differenze sono minime a causa della piccola altezza dell'osservatore.

Esempio

Se l'osservatore si trova sull'isola di Vulcano alla altezza di 926 m sul livello del mare (v. es. precedente) risulta $\alpha_1 = 53'\,15''$ e $O_1T=116.6$ km (senza rifrazione i valori erano 58' 37" e 108.6 km)

28.4 Calcolo degli istanti dell'alba e del tramonto

28.4.1 Altezza vera di un astro all'orizzonte.

A causa dell'effetto della rifrazione, quando l'osservatore osserva un astro S che si trova esattamente all'orizzonte **lo vede nel punto T_1 che si trova sul suo orizzonte apparente.**

A causa della rifrazione subita dai raggi che da S giungono in O passando per T_1, l'astro si troverà al disotto dell'orizzonte geometrico di T_1 dell'angolo α_0 uguale, in media, a 34' (rifrazione standard) (Fig. 5).
Si troverà cioè nella direzione geometrica OS che forma con l'orizzonte geometrico l'angolo

$$\widehat{BOS} = -(\alpha_0 + \alpha_2)\quad \text{o in altre parole avrà una}$$

Altezza vera o geometrica $= -\alpha_0 - \alpha_2 = -34' - 2.11'\sqrt{a_{metri}}$

E' questo il caso in cui il centro del disco del Sole risulta visibile all'orizzonte vero, cioè è questa l'altezza vera del Sole quando il suo centro si trova all'orizzonte.

Esempio

Nel caso dell'Esempio precedente, l'osservatore dalla vetta di Vulcano potrà quindi vedere una stella che nasce o che tramonta quando la sua direzione vera forma con l'orizzonte geometrico l'angolo (34'+53' 15") =1° 27' 15"

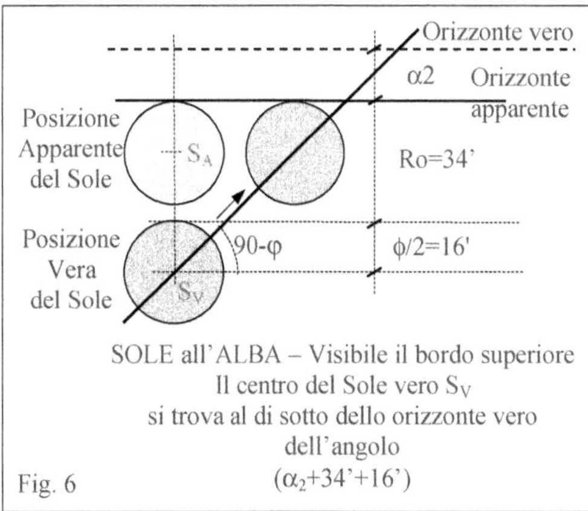

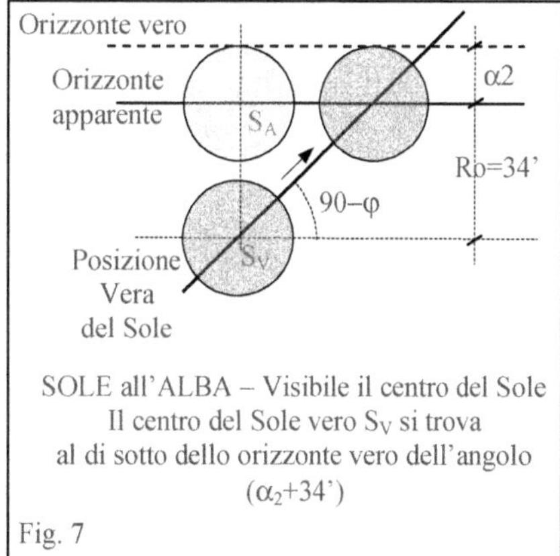

Se si prendono in esame i casi in cui all'orizzonte è *visibile* o il bordo superiore o quello inferiore del disco del Sole (Fig. 6, 7), si ha invece:

Altezza vera del centro del Sole $h_V = -\alpha_0 - \phi/2 - \alpha_2 = -34' - 16' - 2.11'\sqrt{a_{metri}} = -50' - 2.11'\sqrt{a_{metri}}\ 50$

quando il bordo superiore è all'orizzonte

Altezza vera del centro del Sole $h_V = -\alpha_0 + \phi/2 - \alpha_2 = -34' + 16' - 2.11'\sqrt{a_{metri}} = -18' - 2.11'\sqrt{a_{metri}}$

quando il bordo inferiore è all'orizzonte

Ove ho indicato con ϕ il diametro angolare del Sole (in media 32')

Esempio

Sempre con i dati dell'Es. precedente (a=926 m) si ha:

Altezza vera del centro del Sole   quando é visibile il bordo superiore del disco $= -1°\,43'\,15''$

quando é visibile il centro del disco $= -1° 27'15''$
quando é visibile il bordo inferiore del disco $= -1° 11'15''$

28.4.2 Calcolo degli istanti dell'alba e del tramonto

Per calcolare gli istanti dell'alba o del tramonto è sufficiente ricavare il valore dell'angolo orario (ω) con la formula classica che esprime l'altezza di un astro in funzione della Latitudine (φ), del luogo e della declinazione ($\delta = \delta_{Vera}$) dell'astro stesso, ponendo in essa il valore della altezza vera nell'istante in cui si ha il fenomeno, cioè nell'istante in cui l'altezza apparente si annulla ($h_A = 0°$)

$$\cos(\omega) = \frac{\sin(h_V) - \sin(\varphi) \cdot \sin(\delta)}{\cos(\varphi) \cdot \cos(\delta)}$$

Volendo gli istanti in cui il centro del disco si trova all'orizzonte o quelli in cui il suo bordo superiore compare (o scompare) si dovranno utilizzare i valori della h_V sopra considerati.

Esempio - Sempre con i dati dell'esercizio precedente.
Poiché il bordo superiore del disco solare diventa visibile sulla vetta di Vulcano (926m, Lat.= 38°40') quando $h_V = -1°$ 43' 15'', <u>agli Equinozi</u> il Sole inizierà a spuntare alle ore 5h 51m11s (ora locale); il centro si troverà all'orizzonte alle 5h 52m 33s e il disco impiegherà 2m 44s a sorgere.
Trascurando la rifrazione, il centro del disco solare sarebbe all'orizzonte apparente alle 5h 55m.
Trascurando sia la rifrazione che l'effetto della altezza (metodo teorico classico) l'alba sarebbe invece alle 6h 0m 0s.

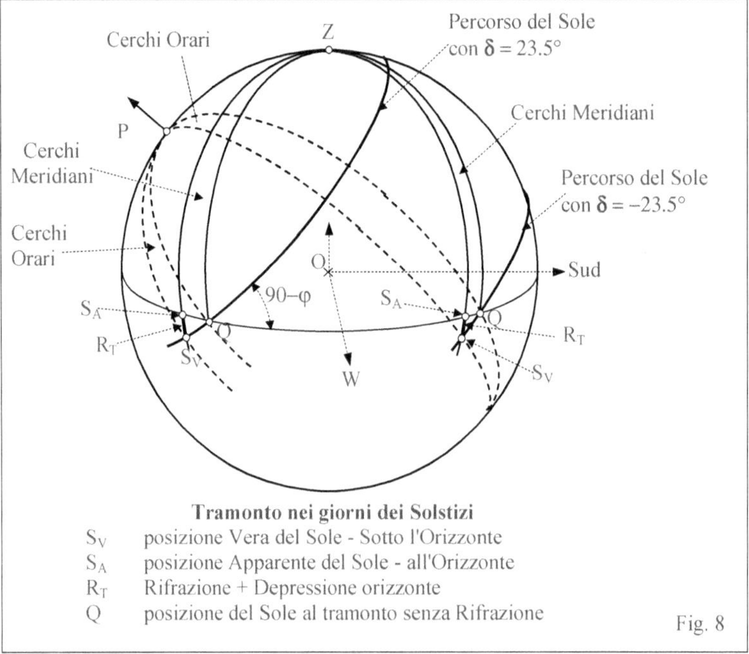

La durata, approssimata, che impiega il disco solare a uscire dall'orizzonte all'alba si può ricavare con la formula approssimata seguente (Explanatory Astronomical Almanac pag. 489) indipendentemente dal valore della rifrazione e della depressione dell'orizzonte.

$$\Delta t_{minuti} = \frac{32}{15 \cdot \sqrt{\cos^2(\varphi) - \sin^2(\delta)}}$$

Con i dati dell'Esempio precedente si avrebbe $\Delta t = 2m\ 44s$, uguale al valore calcolato esattamente.

Esempio
Per una località con Lat.=60° il disco solare impiega a comparire circa 4.27m agli Equinozi e 7.05 ai Solstizi.
Per Lat.=45° circa 3.02m agli Equinozi e 3.65m ai Solstizi e infine all'Equatore rispettivamente 2.13m e 2.33m.

28.5 Altezza di un astro lontano dall'orizzonte

28.5.1 Caso con h_apparente >2° o h_vera >1.5°

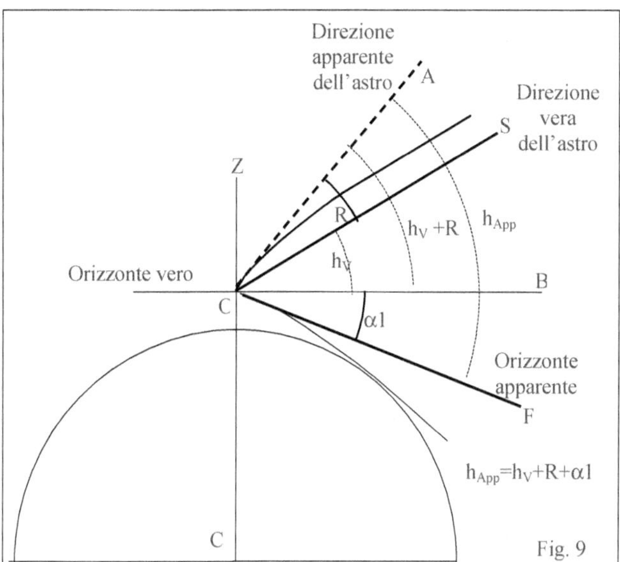

Come si può vedere dalla Fig.8, quando l'astro è lontano dall'orizzonte la sua altezza apparente, misurata dall'orizzonte apparente, è data da:

Altezza_apparente = Altezza_vera + R(h$_V$) + α_1

con il valore di R calcolato a partire dall'altezza vera.

Se invece è nota l'altezza apparente e si desidera quella vera si ha la:

Altezza_vera = Altezza_apparente − R(h$_A$) − α_1

Ricordo che $\alpha_1 = \dfrac{1.76^{\circ}}{60} \cdot \sqrt{a_{metri}}$

28.5.2 Caso con h_apparente <2° e >0° e h_vera < 1.5° e $> -\dfrac{(34.48 + 2.11 \cdot \sqrt{a_{metri}})}{60}$

Una formula riportata dai testi è la $h_A^{\circ} = \dfrac{h_V^{\circ} + \dfrac{R' + 2.11 \cdot \sqrt{a_{metri}}}{60}}{1 + \dfrac{0.175 \cdot \sqrt{a_{metri}}}{60}}$

28.5.3 Caso con h_app <0° o h_vera $< -\dfrac{(34 + 2.11 \cdot \sqrt{a_{metri}})}{60}$

Si considera R =0 e h_app = h_vera
E' questo il caso della posizione del Sole negli istanti in cui inizia il crepuscolo all'alba o termina il crepuscolo serale.

28.6 Effetti della rifrazione sulle coordinate del Sole

28.6.1 Variazione delle coordinate orarie e altazimutali

Come si è già detto a causa della rifrazione l'altezza h del Sole viene aumentata mentre non viene modificato il valore del suo Azimut Az.

L'immagine del Sole viene quindi spostata verso l'alto muovendosi su un cerchio verticale e per questo lo spostamento del punto S (da S_V a S_A in Fig. 9, 10) provoca una variazione sia dell'angolo orario, sia della declinazione apparente del centro del Sole.

- L'angolo orario apparente ω_A risulta sempre, in valore assoluto, minore dell'angolo orario vero ω_V per cui il Sole "appare" come se si fosse in un istante più vicino al mezzogiorno.

- Il valore della declinazione δ aumenta sempre per cui il Sole "appare" con una δ_A maggiore[11], cioè come se si fosse in un giorno più vicino al Solstizio Estivo.

  Per questo nel giorno del Solstizio d'Estate la declinazione apparente δ_A può diventare maggiore della inclinazione ε dell'Eclittica sul piano dell'equatore terrestre.

  Esempio - In una località con Latitudine $\varphi = 44.5°$, nel giorno del Solstizio estivo con $\varepsilon = 23° 26' 15"$, quando il Sole si trova ad una altezza vera $h_V=2°$, la δ_A risulta di $23°38'45"$, superiore di 12.5' al valore massimo teorico.

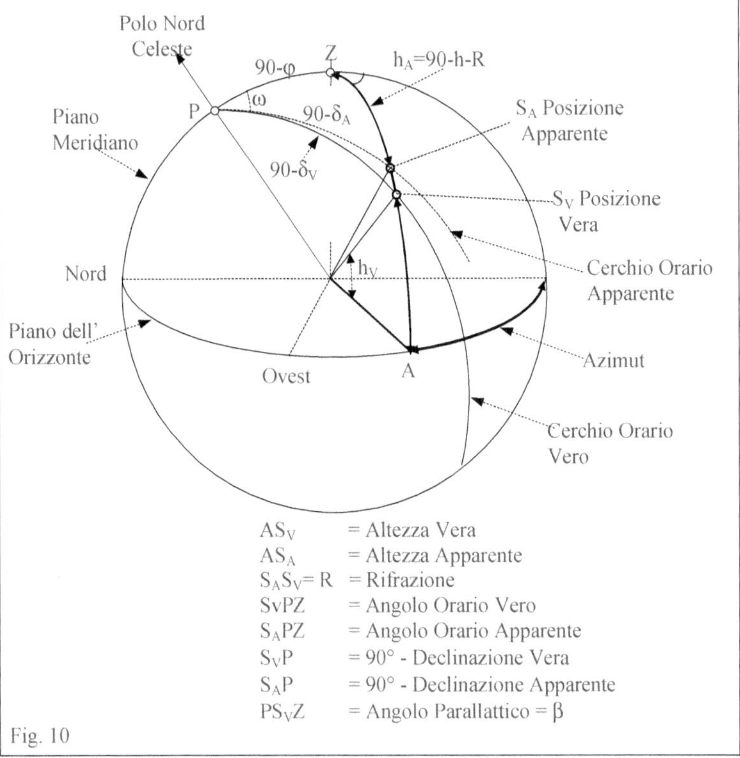

AS_V = Altezza Vera
AS_A = Altezza Apparente
$S_A S_V= R$ = Rifrazione
SvPZ = Angolo Orario Vero
S_APZ = Angolo Orario Apparente
S_VP = 90° - Declinazione Vera
S_AP = 90° - Declinazione Apparente
PS_VZ = Angolo Parallattico = β

Fig. 10

---

[11] Per le località dell'emisfero Nord.

28.6.2 Calcolo della posizione apparente conoscendo la posizione vera

Se sono noti il giorno nell'anno e l'ora del giorno - e quindi si conoscono δ_V e ω_V del Sole - si possono calcolare i valori dell'Azimut Az, dell'altezza vera h_V, della rifrazione R (dipendente da h_V) e infine i valori apparenti dell'angolo orario ω_A, della declinazione δ_A e dell'altezza dell'astro h_A.

Si così può trovare la posizione dove ci appare il Sole, la direzione dei suoi raggi e l'ora che esso "segna" su un orologio solare. Le formule sono quelle solite:

$$Az = Az_V = Az_A$$

$$\sin(h_V) = +\sin(\delta_V)\cdot\sin(\varphi)+\cos(\delta_V)\cdot\cos(\varphi)\cdot\cos(\omega_V)$$

$$\cos(h_V)\cdot\sin(Az) = +\cos(\delta_V)\cdot\sin(\omega_V)$$

$$\cos(h_V)\cdot\cos(Az) = -\sin(\delta_V)\cdot\cos(\varphi)+\cos(\delta_V)\cdot\sin(\varphi)\cdot\cos(\omega_V)$$

$$h_A = h_V + R \quad \text{con} \quad R(h_V) = 1.0\Big/ \tan\!\left(h_V + \frac{8.6}{h_V + 4.4}\right)$$

$$\sin(\delta_A) = +\sin(h_A)\cdot\sin(\varphi)-\cos(h_A)\cdot\cos(\varphi)\cdot\cos(Az)$$

$$\sin(\omega_A)\cdot\cos(\delta_A) = +\cos(h_A)\cdot\sin(Az)$$

$$\cos(\omega_A)\cdot\cos(\delta_A) = +\sin(h_A)\cdot\cos(\varphi)+\cos(h_A)\cdot\sin(\varphi)\cdot\cos(Az)$$

Per progettare un orologio solare a ore moderne tenendo conto dell'effetto della rifrazione occorre fare questo calcolo per tutti i punti interessati.

Come si comprende facilmente in un tale orologio le linee orarie NON sono più rettilinee.

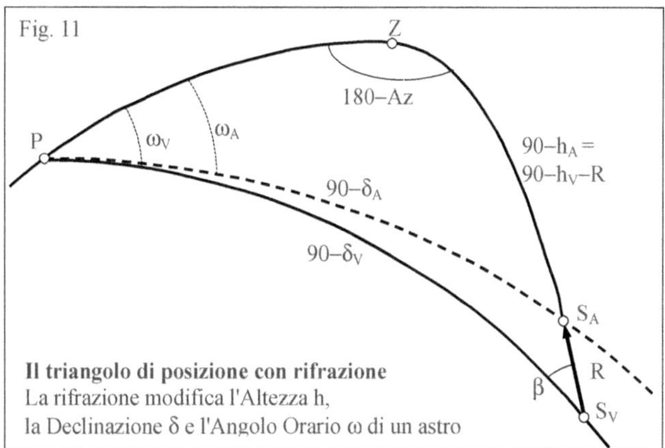

Esempio - Località con Latitudine $\varphi = 44.5°$; giorno 23 febbraio alle ore 16 di tempo vero locale.
Si trova $\delta_V = -10°$ e $\omega_V = 60°$.
Si ricavano i valori $h_V = 13.2673°$; R = 4.09', Az = 61.194°, e quindi $h_A = 13.3355°$, $\delta_A = -9.9473°$, $\omega_A = 59.956°$
La rifrazione quindi provoca un aumento dell'altezza di circa 4', un aumento della declinazione di 3.1' e una diminuzione dell'angolo orario di circa 2.38', corrispondente a circa 10.6 sec di tempo. In un orologio solare orizzontale l'ombra dello estremo di uno ortostilo lungo 1m si avvicinerebbe di circa 22mm al piede dello stilo stesso.

28.6.3 Calcolo della posizione vera conoscendo la posizione apparente

Se invece si conosce la posizione "apparente" del Sole, cioè Az e h_A, occorre per prima cosa ricavare R(h_A), δ_A e ω_A, poi $h_V = h_A - R$ e infine δ_V e ω_V.
E' questo il caso che si incontra quando si vuole trovare la declinazione (o azimut) di una parete verticale declinante partendo dalla misura della posizione dell'ombra di un filo o di un punto materiale, o di quella del

punto luminoso prodotto da un foro. Le grandezze misurate dipendono infatti dalla posizione apparente del Sole, cioè dalle sue coordinate apparenti [12].

Nota

Le variazioni delle coordinate ω e δ provocate dalla rifrazione si possono ricavare, con buona approssimazione, anche con le formule seguenti in cui si è indicato con β l'angolo parallattico (Fig. 11)

$$\sin(\beta) = \frac{\cos(\varphi) \cdot \sin(Az)}{\cos(\delta_V)} \qquad \delta_A - \delta_V \approx +R \cdot \cos(\beta) \qquad \omega_A - \omega_V \approx +R \cdot \frac{\sin(\beta)}{\cos(\delta_V)}$$

Con i dati dell' Esempio precedente si ricavano i valori β=39.39°, $\Delta\delta$=3.2', $\Delta\omega$=2.6', cioè circa 10.5sec

28.7 Effetto della rifrazione sugli orologi solari

Come si è già scritto il fenomeno della rifrazione, provocando una variazione sia dell'altezza apparente, sia della declinazione del Sole, sia dell'angolo orario, produce sugli orologi solari ad ore moderne dei piccoli errori che si riflettono sulle linee diurne e sulle linee orarie.

Poiché i due fenomeni della rifrazione e della depressione dell'orizzonte hanno una notevole influenza sugli istanti dell'alba e del tramonto, essi possono produrre effetti anche abbastanza importanti negli orologi solari ad ore antiche, Babiloniche, Italiche, Temporarie.

Vediamo questi effetti separatamente.

28.7.1 Effetto della rifrazione sulle linee diurne.

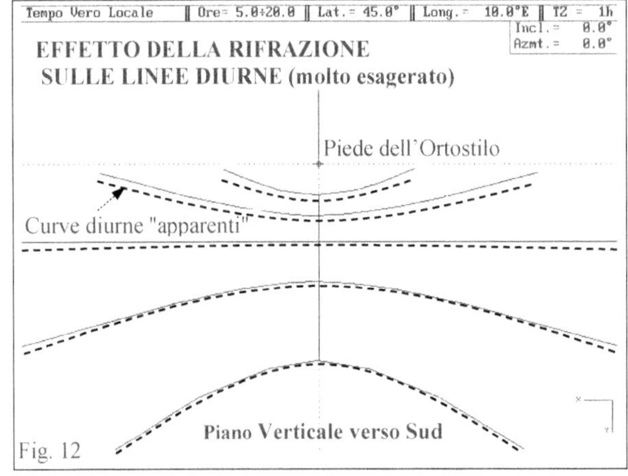

In un orologio solare una linea diurna è la linea percorsa dall'ombra dall'estremo dello gnomone durante una giornata.

Se supponiamo che la declinazione del Sole rimanga costante, la linea diurna è una conica: una retta nei giorni degli Equinozi, una iperbole in altri giorni per le nostre latitudini e per piani orizzontali e verticali, una ellisse o un cerchio per piani inclinati o per alte latitudini.

Dato che l'altezza del Sole varia durante la giornata il valore della rifrazione R sarà maggiore in vicinanza dell'alba e del tramonto e inferiore nell'intorno del mezzogiorno[13].

Per questo il percorso apparente del Sole non coinciderà con un parallelo della sfera celeste ma sarà una curva diversa e la linea diurna su un orologio solare non coinciderà più con una conica: anche la linea Equinoziale diventa una curva.

Come è stato evidenziato in Fig. 12, in un piano verticale rivolto a Sud tutte le linee diurne si "*abbassano*" e questo abbassamento é maggiore alle estremità di quanto non sia in prossimità del mezzogiorno.

L'effetto quantitativo della rifrazione è però molto piccolo e praticamente sempre trascurabile e paragonabile, quantitativamente, all'effetto della non costanza, nella giornata, della declinazione del Sole.

---

[12] Il classico metodo della "tavoletta" dipendendo solo dall'azimut del Sole non è influenzato dalla rifrazione.

[13] Non sono considerate le località che si trovano fra i Circoli Polari e i Poli.

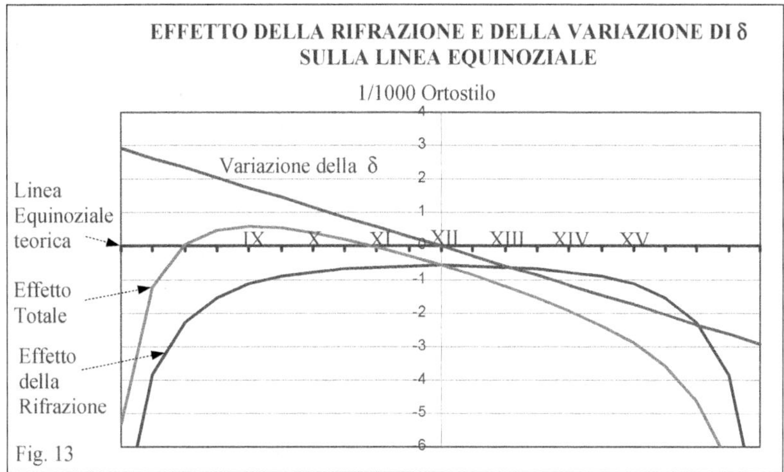

Nella Fig. 13 si sono indicati gli andamenti che, in diverse ipotesi, assume la linea equinoziale in un orologio solare su un piano verticale rivolto a Sud, in una località con $\varphi = 44.5°$.
Ogni divisione della scala verticale è 1/1000 della lunghezza dell'Ortostilo .
Le diverse linee sono tracciate dalle ore 7h alle ore 17h di Tempo Vero Locale

L'ombra dell'estremo dello gnomone nel mattino cade a sinistra della linea centrale ; a destra nel pomeriggio.
Sono rappresentate:

- la linea Equinoziale "*teorica*" all'Equinozio di Primavera se **non** vi fosse rifrazione e la declinazione del Sole rimanesse costante durante l'intero giorno (retta orizzontale passante per lo 0).

- La linea Equinoziale "*apparente*" che si avrebbe se vi fosse soltanto il fenomeno della rifrazione e che si abbassa allontanandosi dal mezzogiorno. Alle ore 12 questa linea passa per l'ordinata −0.6, cioè al di sotto della linea teorica di circa 0.6mm con un ortostilo lungo 1 metro. Alle 17h l'abbassamento sarebbe di circa 8mm.

- La linea Equinoziale che si avrebbe se vi fosse soltanto la variazione della declinazione δ del Sole (circa 0.4° /die nei giorni degli Equinozi). Si è supposto che la declinazione sia esattamente uguale a zero nell'istante del mezzogiorno.

- La linea effettivamente percorsa dall'ombra dell'estremo dello gnomone nel giorno dell'Equinozio di Primavera, dovuta alla somma dei due fenomeni (equinoziale effettiva).

28.7.2 Effetto della rifrazione sulle linee orarie in orologi solari ad ore moderne.

In un orologio solare una linea oraria è la linea descritta dall'ombra dell'estremo dello gnomone in una data ora nei diversi giorni dell'anno.
Se supponiamo che l'angolo orario ω del Sole rimanga costante in una data ora nei vari giorni dell'anno allora la corrispondente linea oraria é rettilinea.
Dato però che in una data ora, in giorni diversi, l'altezza del Sole cambia, si ha che il valore della rifrazione R è diverso nei vari punti della stessa linea oraria per cui il Sole appare sempre ad una altezza più grande di quella teorica, con uno spostamento maggiore nel periodo invernale, quando esso è più basso e la rifrazione maggiore.
L'angolo orario "apparente" viene quindi diminuito per le ore dopo il mezzogiorno e aumentato per quelle del mattino e, come conseguenza, si ha che il percorso apparente del Sole non coincide più con un cerchio orario e le linee orarie non sono più rettilinee.

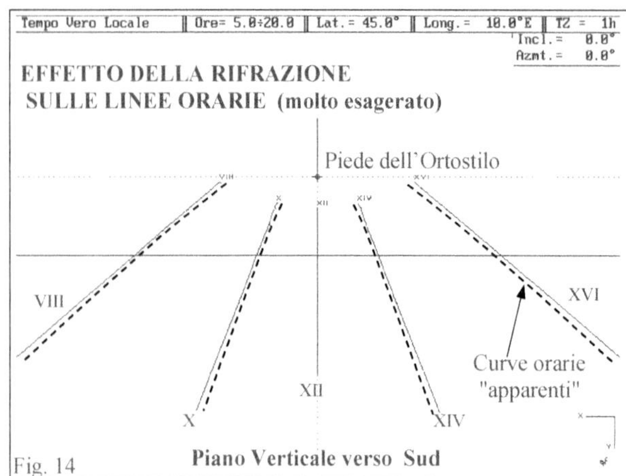

In un orologio verticale questi effetti provocano un "abbassamento" del punto-ombra e un "avvicinamento" delle curve orarie apparenti alla linea meridiana come è rappresentato in Fig. 14.

Anche per le linee orarie l'effetto quantitativo della rifrazione è molto piccolo e praticamente sempre trascurabile.

Nell'esempio di figura la linea oraria delle ore XIV al Solstizio invernale è spostata verso sinistra di 1.4/1000 della lunghezza dell'Ortostilo, agli Equinozi di 0.7/1000 e al Solstizio Estivo di 1.5/1000.

28.7.3 Effetto della rifrazione sulle linee orarie in orologi solari ad ore Italiche.

In un orologio solare ad ore Italiche (o Babiloniche o Temporarie) l'effetto della rifrazione è più complesso e anche più sensibile in quanto occorre tenere conto sia dell'aumento dell'altezza del Sole durante il giorno, che modifica le linee orarie, sia dei fenomeni della rifrazione e della depressione dell'orizzonte che modificano gli istanti del tramonto e dell'alba, cioè gli istanti di inizio o di fine del giorno.
Rimando ai precedenti paragrafi per i dettagli e le formule per il calcolo.

Per una breve discussione considererò separatamente l'effetto dello spostamento degli istanti dell'alba e del tramonto e quello della variazione dell'altezza del Sole durante il giorno.

a) Effetto dello spostamento degli istanti dell'alba e del tramonto.

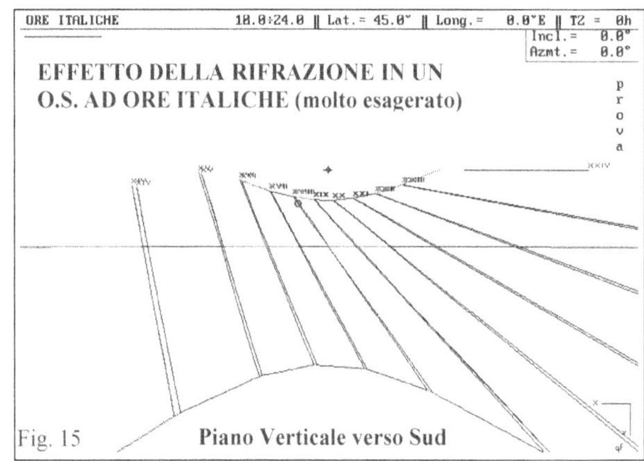

A causa dello spostamento in avanti degli istanti del tramonto, le linee orarie ad ore Italiche tracciate **senza** considerare la rifrazione, come avviene di solito, sono colpite dall'ombra dell'estremo dello gnomone in istanti successivi a quelli per cui esse sono state calcolate.
Cercherò di spiegare il fenomeno con un esempio.
Nelle tabelle che seguono sono riportati gli istanti del tramonto *"classico"* , cioè gli istanti in cui il centro del disco Solare si trova sull'orizzonte, con e senza rifrazione, nel caso che non si abbia abbassamento dell'orizzonte e nel caso l'osservatore si trovi ad una altezza di 3000m s.l. del mare.

Località con Lat. 44.5° a livello del mare. Rifrazione = 34' , ε=23.4365°

	Ang. Orario vero **senza** Rifrazione	Ang. Orario **con** Rifrazione	Ora Tramonto **senza** Rifraz.	Ora Tramonto **con** Rifrazione	Ritardo **con** Rifrazione
Solstizio Inverno	64.7851°	65.7385°	16h 19m 08s	16h 22m 57s	3m 48,8s
Equinozio	90.0000°	90.7945°	18h 00m 00s	18h 03m 11s	3m 10.7s
Solstizio Estate	115.2149°	116.1759°	19h 40m 52s	19h 44m 42s	3m 50.6s

Località con Lat. 44.5° a 3000m s. l. del mare. Rifrazione+Dep.Oriz = 34'+ 115.6'=2.493°

	Ang. Orario vero **senza** Rifrazione	Ang. Orario **con** Rifrazione	Ora Tramonto **senza** Rifraz.	Ora Tramonto **con** Rifrazione	Ritardo **con** Rifrazione
Solstizio Inverno	64.7851°	68.9273°	16h 19m 08s	16h 35m 43s	16m 34.1s
Equinozio	90.0000°	93.4961°	18h 00m 00s	18h 13m 59s	13m 59.1s
Solstizio Estate	115.2149°	119.5036°	19h 40m 52s	19h 58m 01s	17m 09.3s

Da questi valori possiamo dire che la linea delle ore 23h Italiche - calcolata e disegnata sul quadrante senza tenere conto dei fenomeni in esame - viene attraversata dall'ombra dell'estremo dello gnomone 1 ora prima dell'istante del tramonto (senza rifrazione) e quindi, al Solstizio di Inverno, alle ore 15h 19m 08s.

In questo istante però mancano al tramonto (reale, effettivo, con rifrazione): 1h 3m 49s se ci troviamo al livello del mare e 1h 16m 34s se siamo ad una altezza di 3000m

Quindi che la meridiana "*va avanti*" in quanto indica le ore 23 quando deve passare ancora più di un'ora per arrivare al tramonto, cioè quando dovrebbe segnare (se fosse tracciata correttamente) o le ore 22h 56m 12s, o le 22 43m 26s nel secondo caso.

Questi errori sono in pratica costanti durante una giornata ma cambiano con le stagioni come si può vedere ai valori riportati nell'ultima colonna.

NOTA
Sono state usate le relazioni già precedentemente riportate:

Altezza vera del centro del Sole al tramonto $h_V = -34' - 2.11' \sqrt{a_{metri}}$ (centro del Sole all'orizzonte)

$$\cos(\omega_{Tram}) = \frac{\sin(h_V) - \sin(\varphi) \cdot \sin(\delta)}{\cos(\varphi) \cdot \cos(\delta)}$$

b) Effetto dell'incremento dell'altezza del Sole durante il giorno.
Anche quando il Sole è lontano dall'alba o dal tramonto la rifrazione provoca un aumento della altezza del Sole [14] e, come si è già descritto, una variazione dell'angolo orario e della sua declinazione apparente.

Come conseguenza si ha che, in un orologio solare verticale, il punto ombra si abbassa indicando un'ora precedente a quella che sarebbe indicata se non vi fosse atmosfera: l'orologio solare "*ritarda*".

Questa variazione, di soli pochi secondi, diminuisce solo in parte l'"*anticipo*" causato dallo spostamento dell'istante del tramonto che è di entità molto più alta (qualche minuto), anche senza tener conto del forte effetto della depressione se il luogo non è a livello del mare.

La tabella seguente riporta le ore che mancano al tramonto negli istanti in cui l'ombra attraversa le linee ad ore Italiche di una meridiana verticale rivolta a Sud calcolata con il metodo "classico".

Ore che mancano al tramonto del Sole quando l'ombra attraversa le linee orarie

	Ore 13	Ore 18	Ore 20	Ore 23
Solstizio Inverno		6h 03m 53s	4h 03m 48s	1h 03m 34s
Equinozio	11h 03m 25s	6h 03m 11s	4h 03m 08s	1h 02m 56s
Solstizio Estate	11h 03m 54s	6h 03m 49s	4h 03m 47s	1h 03m 33s

28.8 Meridiane monumentali

Negli orologi solari di grandi dimensioni in cui si vuole indicare con esattezza gli istanti e i giorni dell'anno l'effetto della rifrazione può produrre errori sensibili e occorre tenerne conto nei calcoli di progetto.
Nel caso particolare di orologi solari orizzontali che indicano soltanto l'ora del mezzogiorno - cioè nelle meridiane vere e proprie in cui l'unica linea oraria è la linea meridiana - l'effetto della rifrazione si può determinare

---

[14] Quando il Sole si trova lontano dall'alba o dal tramonto l'effetto della depressione non ha influenza sugli orologi solari.

molto facilmente essendo il Sole, negli istanti interessati, nel piano meridiano con Azimut e angolo orario di valore nullo.

L'effetto della Rifrazione è quello che si ha portando la declinazione del Sole al valore $\delta_A = \delta_V + R$

Con riferimento alla Fig. 16 si hanno le seguenti relazioni:

$$\overline{AO} = \frac{L}{\tan(h_V)} \qquad\qquad \overline{BO} = \frac{L}{\tan(h_A)}$$

$$\overline{AB} = L \cdot \left\{ \frac{1}{\tan(h_V)} - \frac{1}{\tan(h_V + R)} \right\} \cong L \cdot \frac{\tan(R)}{\operatorname{sen}^2(h_V)} = L \cdot \frac{R'}{3437.7 \cdot \operatorname{sen}^2(h_V)}$$

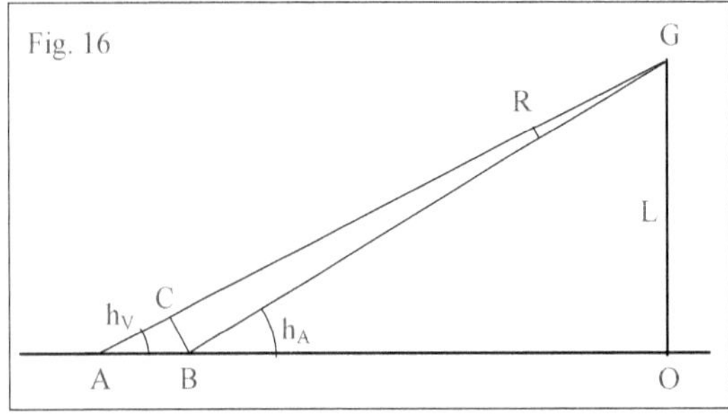

Esempio n. 13 - Meridiana di S. Petronio a Bologna
Dati come dal volume "*Meridiane e orologi solari di Bologna*" di Giovanni Paltrinieri - pag. 353

$\varphi = 44°\ 29'\ 37''{,}6$; $L = 27.070$ m ; $\varepsilon = 23°\ 26'\ 34''$
Al Solstizio Estivo $h_v = 68°\ 56'\ 56''$
         $R = 0.3825' = 0.0064°$
         $AB = 3.5$ mm
Agli Equinozi $h_v = 45°\ 30'\ 22''$
         $R = 0.9766' = 0.0163°$
         $AB = 15.1$ mm
Al Solstizio Invernale $h_v = 22°\ 03'\ 48''$
         $R = 2.4276' = 0.0405°$
         $AB = 135.2$ mm

28.9 Un esempio completo

Località con Latitudine = 46° N - Longitudine = 0° e altezza a = 5000m s.l.m.
Ore di Tempo Vero Locale (tempo solare)

- Depressione dell'orizzonte senza   rifrazione (α)   2° 16' 11"
- Raggio dell'orizzonte   senza   rifrazione   252.37 km
- Depressione dell'orizzonte con   rifrazione (α_1)   2° 04' 27"
- Raggio dell'orizzonte   con   rifrazione   276.34 km
- $\alpha 2$ 2° 29' 12"
- Altezza vera (h_V) del centro del Sole all'alba o al tramonto (h_A=0°)   −3° 03' 12"

Giorno 20 Marzo 2013. Si suppone nulla la declinazione del Sole[15] .

<u>Agli Equinozi</u>
<u>Bordo superiore del disco solare</u>
- Istante dell'alba   5h 40m 52s   invece di   6h
- Istante del tramonto   18h 19m 08s   invece di 18h
- Durata del giorno-chiaro   12h 38m 15s   invece di 12h

<u>Centro del Sole</u>
- Istante dell'alba   5h 42m 25s   invece di   6h
- Istante del tramonto   18h 17m 35s   invece di 18h
- Durata del giorno-chiaro   12h 35m 11s   invece di 12h
- Ora Italica all'alba   11h 24m 49s   invece di 12h
- Ora Italica a mezzogiorno   17h 42m 25s   invece di 18h

- Durata 1 ora temporaria diurna   01h 02m 56s   invece di   1h
- Durata 1 ora temporaria notturna   57m 04s   invece di   1h

---

[15] Alle ore 12h di tempo vero solare si ha $\delta = 1'\ 05''$.

Si vede quindi che un orologio a ore italiche disegnato con i metodi classici sbaglierebbe, agli Equinozi, di circa 17m a mezzogiorno e di circa 34m all' alba.

Al solstizio estivo (centro del Sole)

- Istante dell'alba	3h 51m 17s invece di 4h 13m 17s
- Istante del tramonto	20h 08m 42s invece di 19h 46m 43s
- Durata del giorno-chiaro	16h 17m 25s invece di 15h 33m 25s
- Ora Italica all'alba	7h 42m 35s invece di 8h 26m 34s
- Ora Italica a Mezzogiorno	15h 51m 17s invece di 16h 13m 17s
- Durata 1 ora temporaria diurna	01h 21m 27s invece di 1h 17m 47s
- Durata 1 ora temporaria notturna	38m 33s invece di 42m 13s

28.10 Glossario

Rifrazione

E' il fenomeno che produce un cambiamento nella direzione dei raggi luminosi quando passano da un mezzo ad un altro (ad es. aria-vetro) o quando attraversano zone di diversa densità dello stesso mezzo (strati dell'atmosfera).

Rifrazione Atmosferica

I raggi luminosi provenienti dagli oggetti astronomici vengono curvati nell'attraversare l'atmosfera e quindi la posizione in cui essi sono visti da un osservatore sulla superficie della Terra viene spostata.
Questo spostamento consiste soltanto nella diminuzione della loro distanza zenitale: è nullo per oggetti allo zenit, di circa un primo per oggetti a 45° dall'orizzonte e di circa 34' per oggetti all'orizzonte (in condizioni atmosferiche standard)

Orizzonte Astronomico

E' l'intersezione del piano orizzontale passante per l'occhio dell'osservatore con la sfera celeste.
Poiché la sfera celeste ha un raggio infinito, due osservatori posti a differenti altezze s.l.m. e che si trovano sulla stessa verticale hanno lo stesso orizzonte astronomico.
A causa della depressione dell'orizzonte, l'orizzonte astronomico è sempre al di sopra dell'orizzonte apparente.

Orizzonte Apparente

Si trova dove il cielo sembra che incontri la Terra.
L'orizzonte apparente dell'osservatore è spesso nascosto da alberi, edifici, terreno e colline e quindi non ben determinato. Per questo si considera usualmente come orizzonte apparente quello *marino*, cioè l'orizzonte apparente formato dalla superficie del mare
A causa della rifrazione anche l'orizzonte apparente si trova sempre sopra l'orizzonte geodetico.

Orizzonte Geometrico o Geodetico

Coinciderebbe con l'orizzonte apparente se non vi fosse la rifrazione atmosferica.
Si trova dove la superficie conica con vertice nell'occhio dell'osservatore e tangente alla sfera della Terra (geoide), incontra la sfera celeste. Spesso è confuso con la linea di tangenza con il geoide.

Depressione dell'Orizzonte (in Inglese DIP)

E' l'angolo fra l'orizzonte apparente (marino) e quello astronomico.

Breve Bibliografia

Explanatory Supplement to the Astronomical Almanac, University Science Books, 2005
Ferrari, Gianni (1999), *La rifrazione astronomica e gli orologi solari*, Gnomonica n°4 11/1999, p. 43-53
Zagar, Francesco (1984), *Astronomia sferica e teorica* , Zanichelli , 1984

Parte IX

LE LINEE DELLE PREGHIERE ISLAMICHE NEGLI OROLOGI SOLARI

Capitolo 29
LE LINEE DELLE PREGHIERE ISLAMICHE NEGLI OROLOGI SOLARI

29.1 Le cinque preghiere della religione islamica

Il secondo precetto obbligatorio della religione islamica è la Preghiera Rituale che consiste nella recitazione quotidiana di cinque preghiere che devono essere pronunciate con particolari rituali e formule all'interno di periodi tempo della giornata ben stabiliti.

Iniziando dalla sera e seguendo l'ordine indicato da al-Biruni, le cinque preghiere sono:
–   la preghiera del tramonto o della sera detta Maghrib che deve essere recitata fra l'istante del tramonto, quando il Sole è scomparso sotto l'orizzonte, e l'istante in cui scompare la luce del crepuscolo ed inizia la notte vera e propria;
–   la seconda preghiera che segue immediatamente è la preghiera della notte detta Isha'a. Il periodo in cui deve essere recitata ha inizio al cominciare della notte, cioè in linguaggio più moderno al termine del crepuscolo astronomico serale, e fine nell'istante in cui termina la notte stessa ed in cui comincia il periodo dedicato preghiera dell'alba;
–   la terza preghiera è quella dell'alba detta Fajr il cui periodo và dall'inizio del crepuscolo astronomico del mattino, quando compare l'aurora, sino al sorgere del Sole.

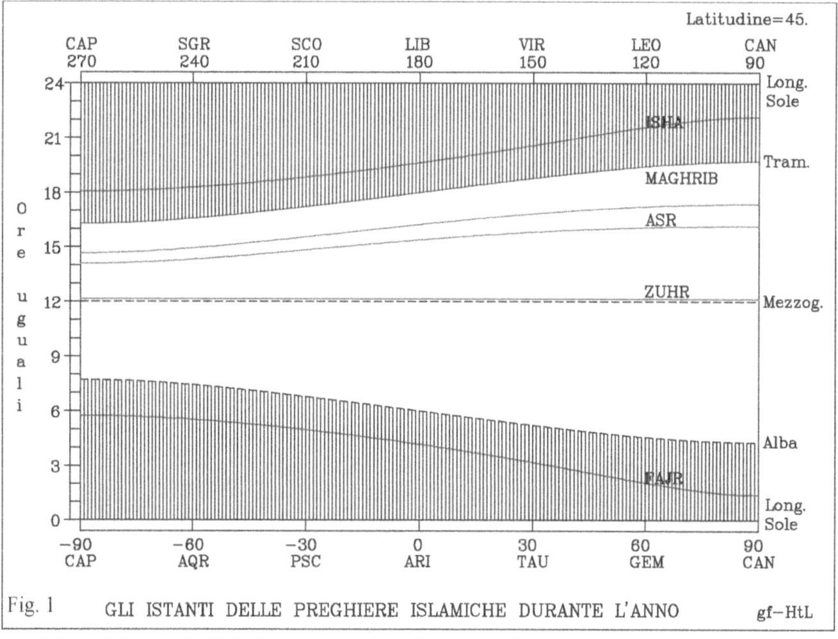

–   La quarta preghiera è quella del mezzogiorno detta Zuhr o Dhuhr che deve avere inizio subito dopo il mezzogiorno, quando il Sole ha appena attraversato il meridiano, e terminare all'inizio della preghiera Asr successiva.
–   Infine la quinta preghiera, la più importante, è quella del pomeriggio detta Asr. Il periodo in cui deve essere recitata termina secondo alcune tradizioni al tramonto o, secondo altre al 2' Asr.
    La parola Asr significa *"la prima parte del pomeriggio, sino a quando il cielo diventa rosso"*.

Gli istanti delle 5 preghiere, oggi e già da più di mille anni, sono definiti in funzione di fenomeni naturali facilmente individuabili dai fedeli (in particolare in località con climi secchi e quasi perennemente sereni), che dipendono dalla posizione del Sole rispetto all'orizzonte.

Più precisamente per le preghiere del giorno essi sono legati alle ombre prodotte sul terreno, mentre per le preghiere della notte dipendono dai crepuscoli mattutino e serale e cioè dall'apparire della prima luce del giorno e dallo scomparire di essa.

Necessariamente quindi questi istanti cambiano non soltanto con la latitudine, cioè con la località, ma anche durante l'anno al variare delle stagioni (Fig. 1).

Se per i primi due secoli la determinazione degli istanti delle preghiere fu lasciata ai fedeli, ai "saggi" di ogni comunità o, nelle città, agli addetti delle moschee, dagli inizi del X secolo questi particolari momenti della giornata cominciarono ad essere definiti scientificamente.

29.2 L'istante della preghiera Asr

E' quasi certo che, sino agli anni 850-900 circa, l'inizio delle tre preghiere del giorno, Duha, Zuhr e Asr, era fissato al termine delle ore temporarie III, VI e IX e negli orologi solari non comparivano le curve delle preghiere.

Per la ricerca di questi istanti gli studiosi e gli addetti alle mosche, in mancanza di orologi solari ancora poco diffusi, iniziarono ad utilizzare una relazione empirica, giunta agli arabi dall'India nell'VII secolo circa, con la quale era possibile determinare l'istante della fine di un'ora temporaria osservando l'allungamento dell'ombra di un oggetto verticale rispetto alla lunghezza della sua ombra a mezzogiorno.

La relazione è la seguente:

$$\text{Ora-Temporaria} = \frac{6 \cdot \rho}{\rho + \text{Allungamento\_Ombra}}$$

in cui la grandezza ρ indica l'altezza dell'oggetto verticale, in genere costituito o da un'asta o da una persona (Fig. 2).

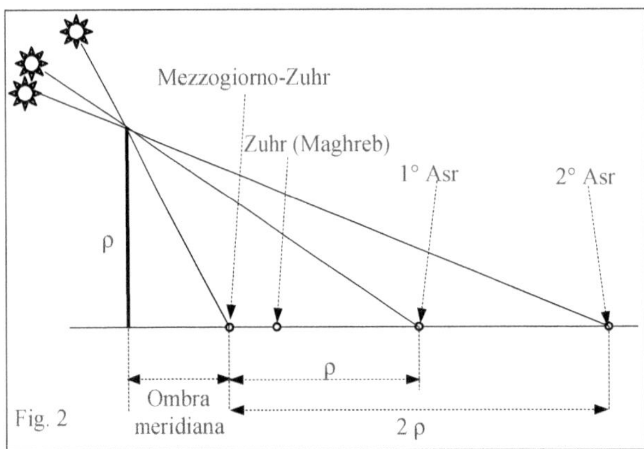

Questa formula empirica è molto imprecisa e dà i seguenti risultati particolari:
- fine dell'ora VI (mezzogiorno) quando l'allungamento dell'ombra = 0;
- fine dell'ora III (e per simmetria anche dell'ora IX) quando l'allungamento dell'ombra = ρ;
- fine dell'ora II (e per simmetria anche dell'ora X) quando l'allungamento dell'ombra = 2ρ :
- inizio dell'ora I e fine dell'ora XII (alba e tramonto) quando l'allungamento dell'ombra diventa grandissimo, teoricamente infinito.

L'abitudine all'uso di questa semplice relazione empirica portò come conseguenza al costume di determinare gli istanti delle preghiere sulla base dell'allungamento dell'ombra meridiana, metodo che fu in seguito codificato e divenne quello classico per la determinazione dell'istante della preghiera Asr.

L'istante di inizio dell'Asr per località con latitudine inferiore a circa 45° é sempre molto vicino alla metà della X ora temporaria, per cui la linea dell'Asr tracciata sugli orologi solari antichi a ore temporarie è sempre compresa fra le due linee orarie della IX e della X ora.

Alle nostre latitudini la curva dell'Asr tracciata in una moderna meridiana può intersecare invece le linee delle ore 14, 15 e 16 di tempo vero locale.

29.3 Le linee delle preghiere sugli orologi solari

Immediata conseguenza della norma religiosa di determinare l'istante in cui iniziare la preghiera Asr, la più importante del giorno, in base alla misura della lunghezza dell'ombra orizzontale di uno stilo verticale, fu la costruzione di orologi riportanti particolari curve indicanti gli istanti delle preghiere, variabili non soltanto da un luogo ad un altro, ma anche durante l'anno.

Per questo motivo, e non per la ricerca dell'ora esatta, che aveva allora scarsa importanza, gli orologi solari ebbero una grande diffusione nel mondo islamico, in particolare nelle moschee e nei luoghi di culto.

Occorre notare che la caratteristica che differenzia maggiormente le meridiane dei paesi a religione musulmana da quelle dei paesi a religione cristiana è proprio la presenza di queste "curve delle preghiere", e in particolare di quella dell'Asr, sempre presente.

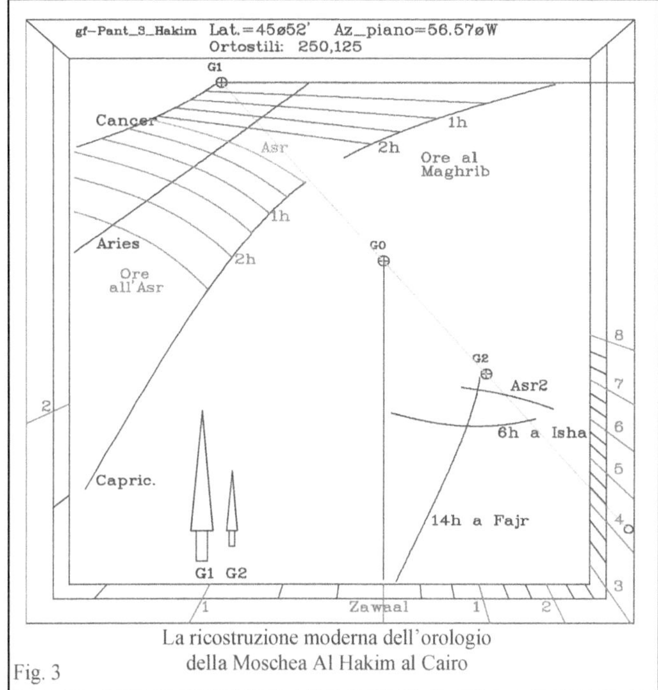

La ricostruzione moderna dell'orologio della Moschea Al Hakim al Cairo

Fig. 3

29.4 Linee particolari per le preghiere notturne

Poiché gli istanti in cui devono essere recitate le preghiere del tramonto Maghrib, della notte Isha e dell'alba Fajr, non potevano ovviamente essere indicati dagli orologi solari, essi venivano determinati dai sacerdoti o mediante l'uso di tabelle precalcolate e semplici strumenti di misura del tempo, come candele o clessidre, o attraverso calcoli e misure fatte con l'uso dell'astrolabio.

In alcune meridiane si trovano delle curve tracciate proprio per aiutare gli addetti delle moschee a determinare gli orari di queste preghiere senza dover consultare tabelle di valori, probabilmente non sempre disponibili per la diverse località.

Si trovano ad esempio (Fig. 3, 4):

- curve che indicano le ore equinoziali (ore moderne o uguali) che mancano al tramonto (preghiera Maghrib), coincidenti con le note linee delle ore Italiche;
- curve, con la concavità verso l'esterno, che indicano i momenti in cui mancano ancora 3 o 4 ore equinoziali (cioè 45° o 60° in angolo orario) all'istante in cui deve essere recitata la preghiera Isha;
- linee che indicano le ore che mancano all'istante in cui termina il crepuscolo serale e altre che indicano le ore che mancano all'istante in cui inizia quello del mattino;
- ecc.

29.5 Calcolo delle linee delle preghiere

Se indichiamo con ρ l'altezza dell'oggetto, gli istanti delle preghiere vengono calcolati prendendo l'allungamento ΔL uguale a:

- $\Delta L = \rho / 4$ per la preghiera ZUHR
- $\Delta L = \rho$ per l'ASR (1' ASR)

– $\Delta L = 2\,\rho$ per il 2' ASR

Per ricavare le relazioni che ci permettono di calcolare gli istanti delle preghiere consideriamo un istante $H_{\Delta L}$, in cui l'ombra di un'asta verticale lunga ρ forma un'ombra avente una lunghezza $L_{\Delta L}$ uguale alla lunghezza dell'ombra a mezzogiorno L_M più un allungamento generico ΔL.

Indichiamo con ω_H l'angolo orario del Sole all'istante H e con h l'altezza del Sole sull'orizzonte.

A mezzogiorno, per $\omega_H = 0°$, si ha:

$$h_M = 90° - \varphi + \delta \qquad \text{e quindi}$$

$$L_M = \rho \cdot \tan(\varphi - \delta) \qquad \text{lunghezza}$$

dell'ombra a mezzogiorno

All'istante $H_{\Delta L}$ cercato si ha:

$$L_{\Delta L} = L_M + \Delta L \qquad \text{da cui}$$

$$\tan(h_{\Delta L}) = \frac{\rho}{L_{\Delta L}} = \frac{\rho}{L_M + \Delta L}$$

Quindi   Al 1' ASR

$$\tan(h_{\Delta L}) = \frac{\rho}{\tan(\varphi - \delta) + 1} \qquad \text{e al 2' ASR}$$

$$\tan(h_{\Delta L}) = \frac{\rho}{\tan(\varphi - \delta) + 2}$$

Ricavando il valore di $h_{\Delta L}$ si può infine determinare l'angolo orario del Sole:

$$\cos(\omega_{\Delta L}) = \frac{\operatorname{sen}(h_{\Delta L}) - \operatorname{sen}(\varphi) \cdot \operatorname{sen}(\delta)}{\cos(\varphi) \cdot \cos(\delta)}$$

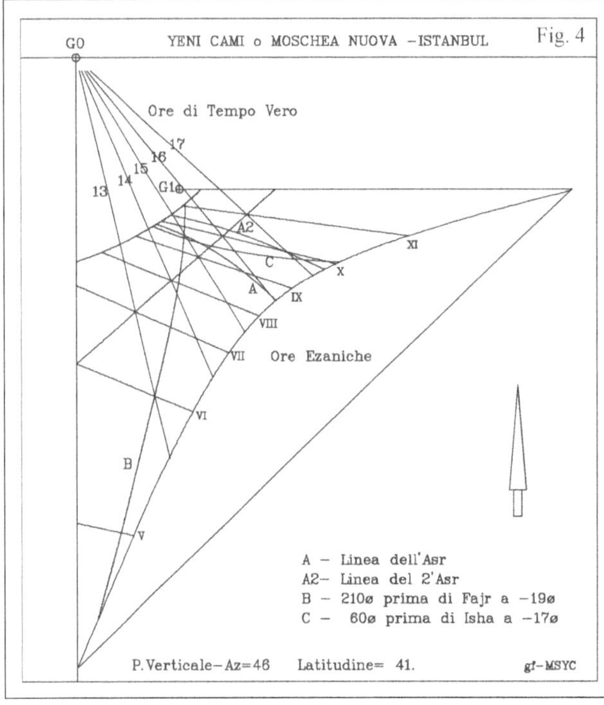

da cui è possibile ottenere l'ora H cercata.

Volendo l'ora temporaria, come era nelle antiche meridiane islamiche, si può usare la relazione:

$$H_{\Delta L} = 6 \cdot (1 + \frac{\omega_{\Delta L}}{\omega_{SAD}}) \qquad \text{ove } \omega_{SAD} \text{ è la lunghezza del semi-arco diurno}$$

Noti i valori dell'angolo orario ω e dell'altezza h del Sole si può facilmente calcolare l'Azimut, cioè la direzione del Sole negli istanti delle preghiere.

Esempio - Sotto sono riportati i valori calcolati per una località con $\varphi = 30°$, nei giorni dei Solstizi e degli Equinozi

Preghiera 1°ASR – Latitudine = 30 ° - Allungamento ombra = G - Ore Temporarie

Giorno	$\delta°$	L_M	$h_M°$	$\omega_{SAD}°$	$L_{\Delta L}$	$h_{\Delta L}°$	$\omega_{\Delta L}°$	$Az_{\Delta L}°$	$H_{\Delta L}$-ore
Solstizio d'Inverno	-23° 27'	1.349	36.55	75.50	2.35	23.06	41.97	41.81	9.33
Equinozi	0° 00'	0.577	60.00	90.00	1.58	32.37	51.81	68.52	9.45
Solstizio d'Estate	23° 27'	0.115	83.45	104.5	1.11	41.89	53.84	84.00	9.09

Dai valori tabulati si può osservare come, per ore temporarie, gli istanti delle preghiere non variano molto nelle varie stagioni dell'anno anche se, al contrario, le lunghezze delle ombre e gli angoli orari subiscono dei cambiamenti molto più grandi.

E' per questa ragione che sulle meridiane le linee indicanti gli istanti delle preghiere sono abbastanza simili alle linee orarie temporarie e non le attraversano (Fig. 5).

Esempio.

Trovare l'ora della preghiera ASR nel giorno 1' Marzo in una località con $\varphi = 46°$

Si ricavano i valori: $\delta = -7.56°$, $h = 23.0°$, $\omega = 45.1°$ quindi ore 15h di Tempo Vero (3 ore dopo il mezzogiorno) e 9h 18m in ore Temporarie (3h 18m temporarie dopo il mezzogiorno).

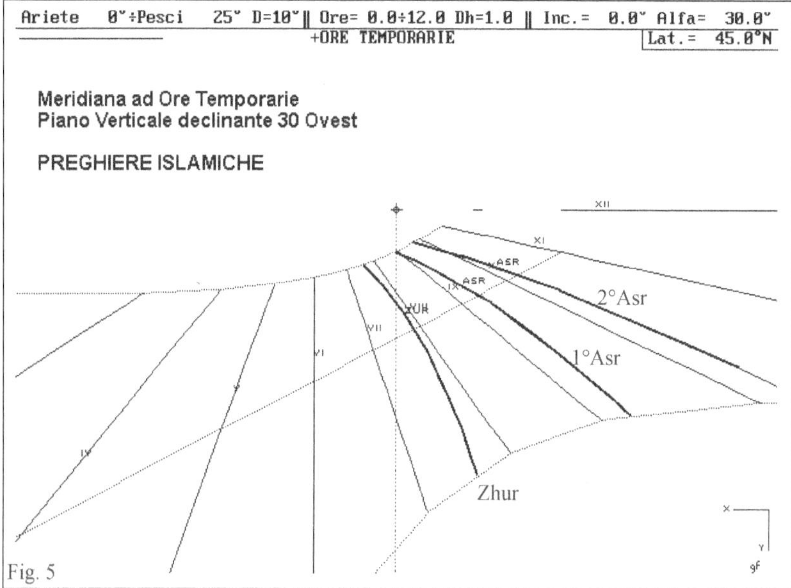

Fig. 5

Parte X

LA LOCALITA' EQUIVALENTE

Capitolo 30
LA LOCALITA' EQUIVALENTE

30.1 Località equivalente di un piano inclinato e declinante
Latitudine e longitudine equivalente

Si abbia un piano Π inclinato e declinante posto in una località P0 di date latitudine e longitudine (φ e λ).

Il luogo sulla superficie della Terra in cui il piano, <u>traslato parallelamente a se stesso</u>, diventa tangente alla superficie terrestre, considerata una sfera ideale, viene convenzionalmente chiamato *località equivalente* o *punto equivalente* del piano dato.

Indicherò con (φ_{EQ}, λ_{EQ})le sue coordinate geografiche.

Il punto equivalente di un piano è quindi il punto sulla Terra in cui la direzione verticale (Zenit locale) è parallela alla normale al piano Π considerato.

Poiché questi punti sono due, diametralmente opposti è abitudine prendere quello che differisce in longitudine dal luogo P0 di meno di 180°.

Indico al solito con:

- α, i la declinazione o Azimut e l'inclinazione zenitale del piano;
- λ, φ la longitudine e la latitudine, riferite a Greenwich, del luogo in cui si trova il piano (cioè dove si vuole realizzare l'orologio solare);
- λ_{EQ}, φ_{EQ} la longitudine e la latitudine, riferite a Greenwich, della località equivalente

Si trovano le seguenti formule:

$$\text{sen}(\varphi_{EQ}) = -\cos(\alpha)\cdot\cos(i)\cdot\cos(\varphi) + \text{sen}(i)\cdot\text{sen}(\varphi)$$

$$\text{sen}(\lambda_{EQ})\cdot\cos(\varphi_{EQ}) = -\text{sen}(\alpha)\cdot\cos(i)\cdot\cos(\lambda) + \cos(\alpha)\cdot\cos(i)\cdot\text{sen}(\lambda)\cdot\text{sen}(\varphi) + \text{sen}(i)\cdot\text{sen}(\lambda)\cdot\cos(\varphi)$$

$$\cos(\lambda_{EQ})\cdot\cos(\varphi_{EQ}) = +\text{sen}(\alpha)\cdot\cos(i)\cdot\text{sen}(\lambda) + \cos(\alpha)\cdot\cos(i)\cdot\cos(\lambda)\cdot\text{sen}(\varphi) + \text{sen}(i)\cdot\cos(\lambda)\cdot\cos(\varphi)$$

da cui, conoscendo gli angoli che identificano il piano, si possono ricavare φ_{EQ} , $\cos(\lambda_{EQ})$ e $\text{sen}(\lambda_{EQ})$.

Calcolata φ_{EQ} per trovare la λ_{EQ} si possono usare anche le seguenti formule più semplici:

$$\text{sen}(\lambda - \lambda_{EQ}) = \frac{\text{sen}(\alpha)\cdot\cos(i)}{\cos(\varphi_{EQ})} \quad ; \quad \cos(\lambda - \lambda_{EQ}) = \frac{\cos(\alpha)\cdot\cos(i)\cdot\text{sen}(\varphi) + \text{sen}(i)\cdot\cos(\varphi)}{\cos(\varphi_{EQ})}$$

$$\frac{1}{\tan(\lambda - \lambda_{EQ})} = \frac{\text{sen}(\varphi)}{\tan(\alpha)} + \frac{\cos(\varphi)\cdot\tan(i)}{\text{sen}(\alpha)}$$

La latitudine equivalente φ_{EQ} coincide con l'elevazione γ dello stilo polare sul quadro mentre la differenza ($\lambda - \lambda_{EQ}$) coincide con l'angolo orario sustilare ω_s.

Conoscendo i due angoli (φ_{EQ}, λ_{EQ}) e le coordinate geografiche (φ, λ) del punto P0 si possono ricavare i valori di α e i con le relazioni

$$\text{sen}(i) = \cos(\varphi)\cdot\cos(\varphi_{EQ})\cdot\cos(\lambda - \lambda_{EQ}) + \text{sen}(\varphi)\cdot\text{sen}(\varphi_{EQ})$$

$$\text{sen}(\alpha) = \frac{\cos(\varphi_{EQ})\cdot\text{sen}(\lambda - \lambda_{EQ})}{\cos(i)}$$

Esempio - Con $\alpha = 40°$; $i = 60°$; $\varphi = 50°$; $\lambda = 0°$ si ricavano $\varphi_{EQ} = 24.659°$ e $\lambda_{EQ} = 20.710°$

Esempio - Trovare gli angoli α e i da dare al piano dell'orologio, calcolato come orizzontale per la località con $\varphi_{EQ} = 30°$ e $\lambda_{EQ} = 40°$, se viene trasportato nel luogo con $\varphi = 45°$ e $\lambda = 0°$. Risultato: $\alpha = 78.27°$, $i = 55.35°$

30.2 Disegno di un orologio solare con il metodo della località equivalente.

Un semplice metodo, inventato secoli or sono, per disegnare un orologio solare su un piano inclinato e declinante posto in un luogo di date (φ e λ) utilizza il concetto della *località equivalente.*
Il metodo consiste nel calcolare le coordinate del punto equivalente del piano (φ_{EQ}, λ_{EQ}), nel tracciare un orologio orizzontale per tale località e, infine, nell'incollarlo sul piano inclinato <u>dopo averlo ruotato dell'angolo μ</u> in modo da far coincidere la direzione della sustilare tracciata con quella che tale linea deve avere sul piano.
Un tempo il disegno dell'orologio orizzontale veniva fatto con semplici metodi geometrici.
L'angolo μ sopra ricordato è l'angolo fra la linea sustilare e la linea di massima pendenza.

La differenza fra le longitudini che compare nelle formule deve essere inserita come correzione del fuso orario.
In altre parole se ad esempio la longitudine della località ove si vuole l'orologio è $\lambda=+10.0°$Est e quella della località equivalente $\lambda_{EQ}=-25.0°$ (cioè 25° W), occorre fare una correzione fittizia del valore ($\lambda-\lambda_{EQ}$)= 35°, cioè di 2h 20m.
Quindi la linea del mezzogiorno dell'orologio orizzontale disegnato dovrà essere *marcata* (dopo aver fatto l'incollaggio) con l'ora 14h 20m e per ottenere la linea del mezzogiorno sul nostro nuovo orologio dovremo trovare la linea delle 9h 40m sull'orologio orizzontale.

Ricordo le relazioni per il calcolo dell'angolo μ fra la linea sustilare e la linea di massima pendenza

$$\tan(\mu) = \frac{\text{sen}(\alpha)}{\cos(\alpha) \cdot \text{sen}(i) + \tan(\varphi) \cdot \cos(i)}$$

$$\text{sen}(\mu) = \frac{\text{sen}(\alpha) \cdot \cos(\varphi)}{\cos(\gamma)} \qquad \cos(\mu) = \frac{\cos(\alpha) \cdot \cos(\varphi) \cdot \text{sen}(i) + \text{sen}(\varphi) \cdot \cos(i)}{\cos(\gamma)}$$

Il metodo precedente è stato usato da molti famosi gnomonisti come Fantoni, Rhor, Sawyer, ecc.

30.2 Punti equivalente diversi

In alcune occasioni sono stati proposti diversi *punti equivalenti* relativi a un dato piano inclinato e declinante.
Provo a riassumere questi casi (Fig. 1).

1.   Il punto equivalente è quello in cui il piano è tangente alla sfera terrestre <u>(denominazione classica)</u> (vedi Paragrafo 30.1). Occorre:
     – calcolare (φ_{EQ}, λ_{EQ});
     – fare il progetto di orologio orizzontale con $\alpha=0°$ e $i=90°$;
     – tenere conto della variazione in longitudine;
     – ruotare l'orologio disegnato dell'angolo μ prima *incollarlo* sul piano.

2.   Il punto equivalente è il punto Px in cui il piano, spostato **lungo il meridiano**, diventa verticale
       Occorre:
     – calcolare la latitudine φ_X, la nuova declinazione α_X e l'angolo μ_X fra sustilare e massima pendenza nel punto Px;
     – progetto un orologio verticale declinante con $i=0$;
     – **non** occorre tenere conto della variazione in Longitudine;
     – ruotare l'orologio disegnato dell'angolo di (μ_X-μ) prima di incollarlo sul piano.
Questo metodo è usato da Soler Gaya che lo chiama *cuadrante virtual.*

3.   Il punto equivalente è il punto Px in cui il piano diventa verticale e rivolto a Sud. Occorre:
     – calcolare le φ_X e λ_X;
     – progettare un orologio verticale rivolto a Sud con $\alpha=0°$ e $i=0°$;
     – tenere conto della variazione in longitudine;
     – ruotare l'orologio dell'angolo μ prima di incollarlo sul piano.

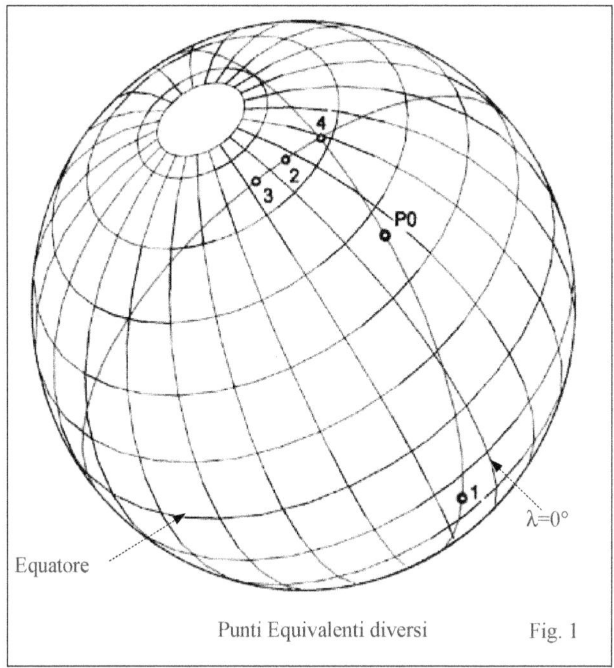

Punti Equivalenti diversi   Fig. 1

4. Il punto equivalente è il punto sul cerchio massimo perpendicolare alla intersezione del piano originale
    con il piano orizzontale, in cui il piano traslato diventa verticale. Il cerchio massimo è l'intersezione della
    superficie della sfera con il piano per il centro della terra e parallelo alla normale al piano originale. Passa
    per la Località Equivalente. Il piano verticale ha lo stesso angolo sustilare di quello originale.
    Occorre:
    – calcolare le φ_X e λ_X e la nuova declinazione α_X;
    – progettare un orologio verticale declinante con $\alpha=\alpha_X$ e i $=0°$;
    – tenere conto della variazione in longitudine;
    – l'orologio non deve essere ruotato prima di essere incollato sul piano.

Quale sia il punto equivalente *migliore* o *più comodo* è solo questione di gusti o di metodi.
In tutti i casi occorre calcolare 3 grandezze incognite (salvo il n. 2 in cui ne occorrono 4).
I progetti dei n. 1 e il n. 3 sono più semplici (orizzontale e verticale verso Sud); i disegni nei casi n. 4 e 5 non
devono essere ruotati.
Il n. 2 non richiede di tenere conto della variazione in longitudine per "marcare" le linee delle ore.

Esempio con PO ($\varphi=40°$, $\lambda=10°$); i=25; $\alpha=20°W$; $\mu = 16.46°$ si ottengono i valori:

1)	$\varphi_{EQ}=-22.38$;	$\lambda_{EQ}=-9.59$;	Ruotare di 16.46°;	Variazione di longitudine = 2h 9m
2)	$\varphi_X=66.39$;	$\alpha_X=18.06$;	Ruotare di 8.74;	Variazione di longitudine = 0
3)	$\varphi_X=67.6$;	$\lambda_X=-9.58$;	Ruotare di 16.46;	Variazione di longitudine = 1h 18m
4)	$\varphi_X=62.47$;	$\lambda_X=28.22$;	$\alpha_X=34.5$;	Variazione di longitudine = 1h 13m

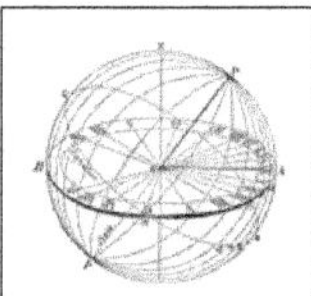

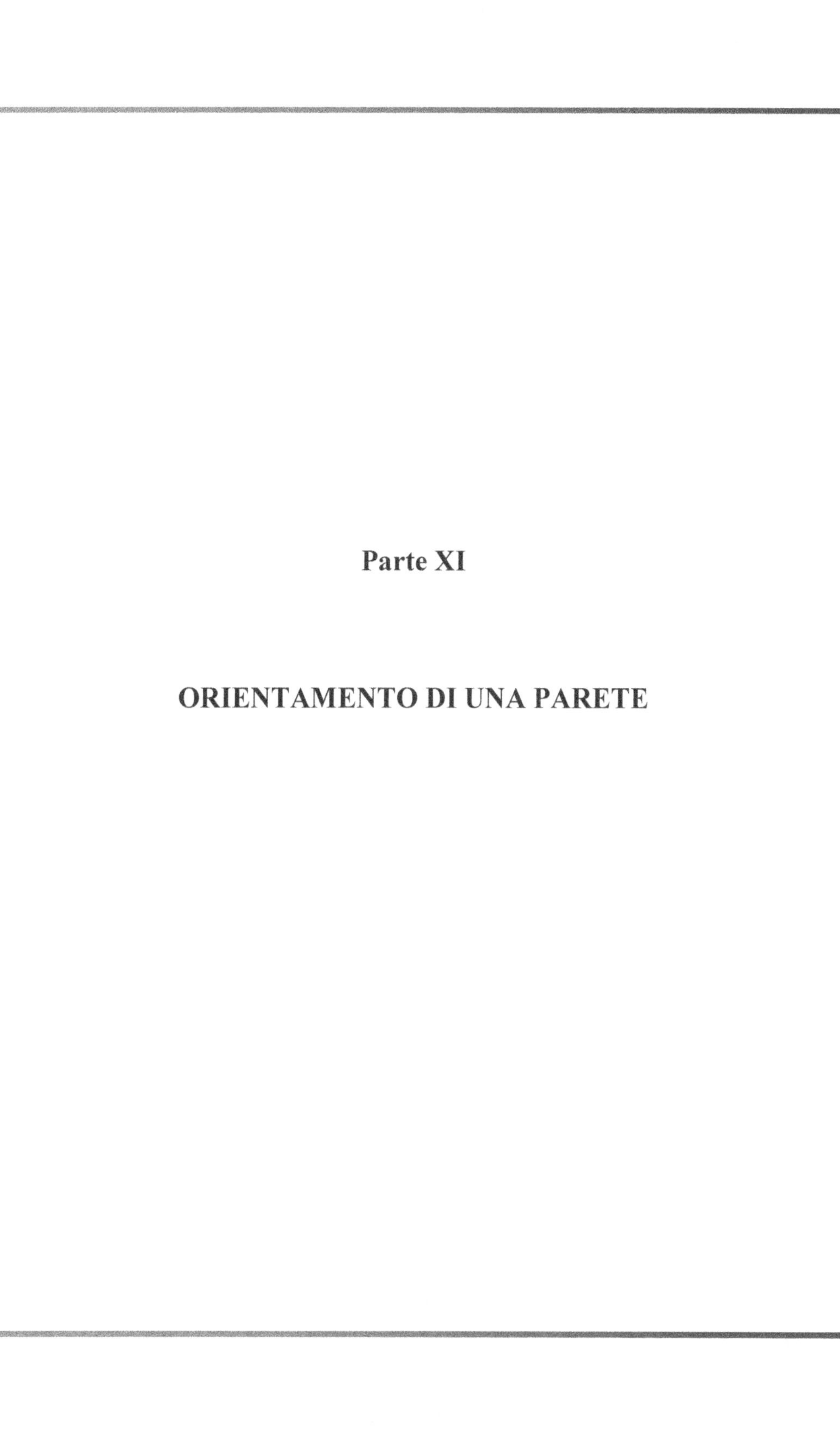

Parte XI

ORIENTAMENTO DI UNA PARETE

Capitolo 31
ORIENTAMENTO DI UNA PARETE

31.1 Orientamento di un piano - Generalità

Per determinare l'orientamento di un piano (muro o parete), cioè per determinarne la Declinazione α e la Inclinazione **i**, si possono utilizzare metodi diversi a seconda delle grandezze che sono state misurate.

In tutti i metodi occorre conoscere la Latitudine e la Longitudine del luogo e misurare in un certo numero di istanti o la posizione sul piano dell'ombra gettata da un punto (G) o quella dell'ombra gettata sul piano stesso o sul piano orizzontale da un'asta ortogonale al piano o da un elemento del fabbricato a cui la parete appartiene.

Per ognuno degli istanti in cui vengono effettuate le misure occorre calcolare con precisione le coordinate azimutali **Az** e **h** del Sole; in un caso occorre trovare anche l'istante del mezzogiorno vero del luogo.

È opportuno quindi registrare gli istanti di misura con **buona precisione** (orologio regolato su segnale orario con pochi secondi di errore).

In tutti i metodi è consigliabile effettuare un numero di misure maggiore di quello strettamente necessario in modo da poter eseguire i calcoli con tutte le combinazioni possibili delle misure fatte e determinare alla fine i valori medi delle grandezze cercate, ottenendo in tal modo risultati certamente più accurati e meno affetti dagli inevitabili errori di misura.

Alcuni metodi sono sotto elencati.

Determinazione della declinazione di un piano verticale

a) Punto proiettante G estremo di un'asta perpendicolare alla parete (è sufficiente una misura).
  1. Misure fatte al Mezzogiorno vero;
  2. misure della coordinata orizzontale x dell'ombra del punto;
  3. misura della coordinata verticale   y dell'ombra;
  4. misure delle coordinate orizzontale e verticale x , y;
  5. misure della lunghezza dell'ombra dell'asta;
  6. misura dell'angolo fra la verticale e l'ombra.

b) Ombra portata da un elemento (porta, finestra, spigolo, ecc.) dell'edificio.
  7. Misura dell'ombra portata da un elemento su un piano orizzontale.

c) Senza l'utilizzo di un punto proiettante ombra.
  8. Misura dell'orientamento con l'uso di una bussola o di riferimenti cartografici;
  9. misura dell'angolo fra la linea Equinoziale e la verticale;
  10. misura dell'istante in cui i raggi del Sole sono tangenti (radenti) al piano.

d) Punto proiettante G qualunque e con coordinate **NON** note.
  11. Misure della coordinata orizzontale x dell'ombra : occorrono almeno 3 misure;
  12. misure delle coordinate orizzontale e verticale x , y dell'ombra : occorrono almeno 2 misure.

Determinazione della declinazione e della inclinazione di un piano inclinato e declinante

e) Punto Proiettante G estremo di un'asta perpendicolare alla parete.
  13. Misure della lunghezza dell'ombra : occorrono almeno 2 misure.
  14. Misure delle coordinata orizzontale e di quella sulla linea di massima pendenza x , y (è sufficiente una misura).

Determinazione dell'orientamento di un piano orizzontale

f) Punto proiettante G estremo di un'asta verticale.

15. Misure della lunghezza dell'ombra : occorrono almeno 2 misure in due istanti diversi.

g) Punto proiettante G qualunque con coordinate **NON** note.
16. Misure della lunghezza dell'ombra : occorrono almeno 2 misure in due istanti diversi.

Riporto di seguito le indicazioni e le formule per applicare alcuni dei metodi descritti.

31.2 Metodo della Tavoletta

Per i metodi che richiedono soltanto la misura della coordinata orizzontale x è comodo fare le misure utilizzando una "tavoletta" operando come segue.

– Si prende una tavoletta rettangolare (piccola asse, piano di un tavolo o altro) e su di essa si traccia un segmento A-B **perpendicolare** a due lati opposti (Fig. 1).

– Mantenendo la tavoletta **orizzontale** (eventualmente appoggiandola a un tavolino o altro), la si avvicina alla parete in modo tale che uno dei lati sia aderente alla parete stessa o ad essa parallelo. È opportuno fare uso di una o due livelle.

– Tenendo un filo a piombo (eventualmente sostenuto da un cavalletto o altro) in prossimità del punto A , si osserva l'ombra del filo sulla parete e si segna, sul bordo della tavoletta, il punto C in cui l'ombra interseca il lato aderente alla parete.

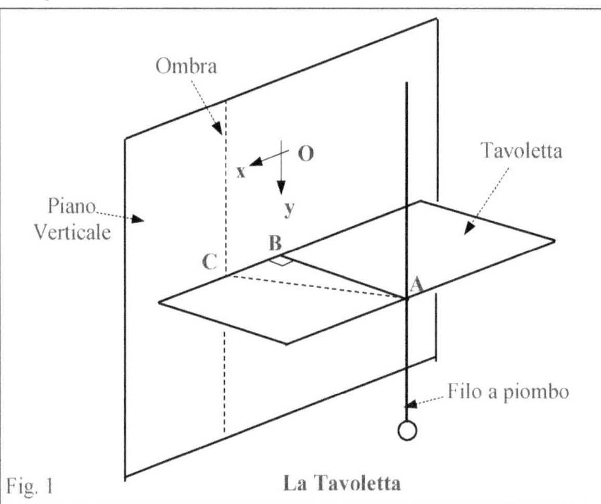

– L'angolo BAC dà le indicazioni per trovare la declinazione della parete. Questo angolo o si misura con un goniometro o si ricava dalla misura (esatta) dei cateti BC e AB con la $\tan(\hat{BAC}) = \overline{BC}/\overline{BA}$.

– Se il punto B è sulla verticale dell'origine O del sistema di coordinate preso sulla parete allora la misura BC dà già il valore della coordinata x.

31.3 Determinazione della declinazione di un piano verticale
Punto proiettante G estremo di un'asta perpendicolare alla parete

31.3.1   Misura fatte al mezzogiorno vero

– **Metodo della tavoletta**

Utilizzando una tavoletta rettangolare nel modo sopra descritto ed eseguendo la misura nell'istante del "mezzogiorno vero", cioè quando il Sole è esattamente a Sud, si ha che l'angolo BAC è uguale alla declinazione cercata del piano.

– Asta ortogonale - Misura della coordinata x

Occorre misurare, nell'istante del mezzogiorno vero del luogo (istante del transito del Sole per il Meridiano

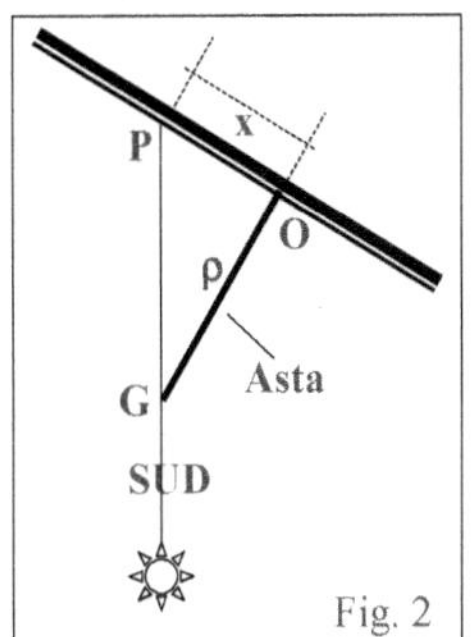

locale), la posizione sulla parete dell'ombra P dell'estremo di un'asta perpendicolare alla parete e lunga ρ (Fig. 2)

E' sufficiente una misura della coordinata x per determinare la declinazione α secondo la $\alpha = \arctan\left(\dfrac{x}{\rho}\right)$.

Il valore di x è negativo se il punto ombra è a destra della verticale del piede O dell'asta.

L'istante di tempo Civile (dell'orologio) in cui bisogna fare la misura (mezzogiorno vero locale) si può calcolare con la relazione seguente con il risultato in

ore $\quad T_{MEDIO\_DELFUSO} = 12_H + (TZ \cdot 15° - Long°)/15 + EqT_M / 60$

in cui

– TZ è il numero del fuso orario (+1 per l'Italia quando non é in vigore l'ora legale estiva , +2 se è in vigore l'ora legale);
– Long° è il valore della Longitudine del luogo rispetto a Greenwich (positiva se a Est di G.);
– EqT_M è il valore della Equazione del Tempo, in minuti, nel giorno in cui viene fatta la misura.

31.3.2   Misura della coordinata orizzontale x dell'ombra del punto G

Occorre misurare, in un istante noto, la posizione sulla parete dell'ombra P dell'estremo G di un'asta perpendicolare alla parete

Metodo della tavoletta

Utilizzando una tavoletta rettangolare nel modo prima descritto si ha che la declinazione α del piano è uguale alla somma dell'Azimut del Sole nell'istante della misura e dell'angolo BAC (Fig. 1).

Misura della coordinata x

E' sufficiente una misura della coordinata x per determinare la declinazione α secondo la:

$$\alpha = Az + \arctan\left(\dfrac{x}{\rho}\right)$$

ove Az   é l' Azimut del Sole nell'istante della misura (contato dal Sud e positivo verso Ovest);
   x   é la coordinata orizzontale del punto-ombra P (positiva se il punto ombra è a sinistra della verticale passante per il piede O dell'asta);
   ρ   é la lunghezza dell'asta (cioè la distanza del suo estremo G dal piano).

31.3.3   Misura della coordinata verticale y dell'ombra del punto G

Occorre misurare, in un istante noto, la coordinata verticale y dell'ombra sulla parete dell'estremo di un'asta perpendicolare alla parete (Fig. 3).

E' sufficiente una misura della coordinata y per determinare la Declinazione α secondo la:

$$\alpha = Az + \arccos\left[\dfrac{\rho}{y} \cdot \tan(h)\right]$$

ove Az   é l' Azimut del Sole nell'istante della misura;
   h   é l'Altezza del Sole nell'istante di misura;
   y   é la coordinata Verticale del punto-ombra P;
   ρ   é la lunghezza dell'asta (cioè la distanza del suo estremo G dal piano).

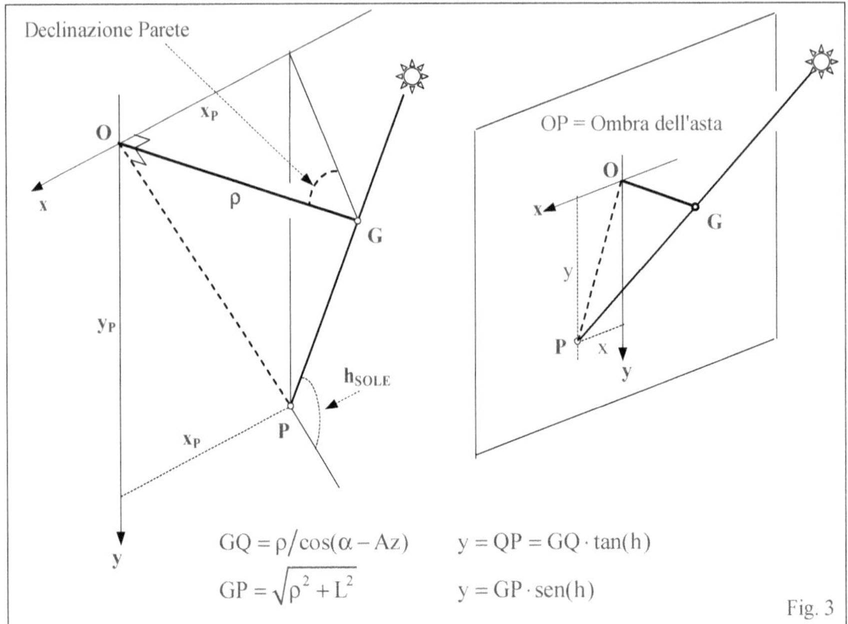

$$GQ = \rho/\cos(\alpha - Az) \qquad y = QP = GQ \cdot \tan(h)$$

$$GP = \sqrt{\rho^2 + L^2} \qquad y = GP \cdot \text{sen}(h)$$

Fig. 3

31.3.4   Misura della coordinate x e y dell'ombra del punto G

Occorre misurare, in un istante noto, la posizione sulla parete dell'ombra P dell'estremo G di un'asta perpendicolare ad essa (Fig. 3).

Se si misurano sia la coordinata x che la y si possono ricavare due valori della declinazione ciascuno dipendente dal valore di una sola coordinata.

Le formule sono le seguenti (già viste sopra) :

$$\alpha = Az + \arctan\left(\frac{x}{\rho}\right) \quad (a) \qquad\qquad \alpha = Az \pm \arccos\left[\frac{\rho}{y} \cdot \tan(h)\right] \quad (b)$$

ove Az   é l'Azimut del Sole nell'istante della misura;

   h   é l'Altezza del Sole nell'istante di misura.

Deve essere preso il segno meno (–) se l'ombra è a destra della linea verticale (cioè se x è < 0)

I valori trovati con le due formule, essendo indipendenti, possono essere mediati per ottenere un risultato più approssimato della declinazione α.

Combinando le due formule si ricava la $$\alpha = Az + \text{arc sen}\left[\frac{x}{y} \cdot \tan(h)\right] \quad (c)$$

che non risente degli errori di misura della lunghezza ρ dell'asta.

I valori ottenuti con la (a) sono influenzati dagli errori di x e di ρ;

i valori ottenuti con la (b) sono influenzati dagli errori di y e di ρ;

i valori ottenuti con la (c) sono influenzati dagli errori di x e di y .

Si possono usare anche le relazioni seguenti :

$$\tan(\alpha - Az) = \frac{x}{\rho} \qquad \tan(h) = \pm\frac{y \cdot \cos(\alpha - Az)}{\rho} \qquad \cos(Az) = \frac{\text{sen}(\varphi) \cdot \text{sen}(h) - \text{sen}(\delta)}{\cos(\varphi) \cdot \cos(h)}$$

Esempio - Il 25 Aprile ($\delta = 13.3°$; EqT = –2.03 min) in una località con $\varphi = 44°$, $\lambda = -12°$ e TZ = –1, alle ore 15 di Tempo Civile si misura l'ombra di un'asta verticale lunga 380 mm. Le misure danno x = –406 mm e y = 444 mm.
Si ricavano i valori : $\omega = 48.51°$, Az = 68.8° , h = 38.6° . Il valore della declinazione del piano risulta :
dal valore di x $\alpha = 21.92°$; dal valore di $\alpha = 21.88°$; dal valore del rapporto x/y $\alpha = 21.98°$.

31.3.5   Misura della lunghezza L dell'ombra dell'asta

Occorre misurare, in un istante noto, la lunghezza L dell'ombra proiettata da un'asta normale alla parete.
E' sufficiente una misura della lunghezza L per determinare la declinazione α secondo la:

$$\alpha = Az \pm \arccos\left\{ 1 / \left[\cos(h) \cdot \sqrt{1 + (L/\rho)^2} \right] \right\}$$

ove Az   é l' Azimut del Sole nell'istante della misura;
    h   é l'Altezza del Sole nell'istante di misura;
    L   é la lunghezza dell'ombra (che deve essere introdotta con segno – se cade a destra della
        verticale per il piede dell'asta);
    ρ é la lunghezza dell'asta.

Il segno meno – deve essere preso se l'ombra è a destra della linea verticale (cioè se x è < 0)

Esempio - Con gli stessi dati dell'esempio precedente e con L = 603 mm si ricava a = 21.82°

31.3.6   Misura dell'angolo fra la verticale e l'ombra dell'asta

Occorre misurare, in un istante noto, l'angolo σ fra la verticale e l'ombra proiettata da un'asta perpendicolare alla parete.
L'angolo σ deve essere introdotto con segno – se l'ombra cade a destra della verticale per il piede dell'asta
E' sufficiente una misura dell'angolo σ per determinare la declinazione α secondo la:

$$\alpha = Az + \arcsen\left[\tan(\sigma) \cdot \tan(h) \right]$$

ove Az   é l' Azimut del Sole nell'istante della misura
    h   é l'Altezza del Sole nell'istante di misura

- --------------------------- -

Spesso "l'asta normale" alla parete è un elemento di un fabbricato difficilmente misurabile come difficilmente raggiungibile può essere "l'origine O" cioè il piede dell'asta.
In Fig. 4 si riporta l'esempio di un balcone un lato del quale getta l'ombra su un muro (accertarsi che lo spigolo che getta l'ombra sia orizzontale) e dell'architrave di una finestra o di una porta che getta l'ombra sulla spalla laterale.

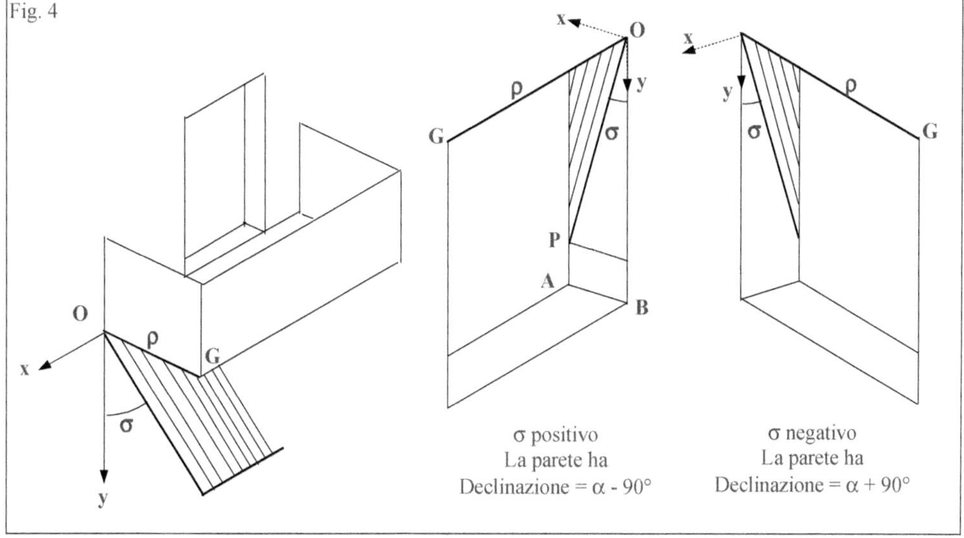

La misura dell'angolo σ si può ottenere misurando ad esempio la distanza OP e la larghezza AB della spalla.
In questo caso si ha $\sigma = \arcsen(AB/OP)$

Esempio - Con gli stessi dati dell'esempio precedente si misura $\sigma = -42°$ e si trova a = 22.91°

Esempio - Il giorno 20 Ottobre (δ = –10.46° , Eqt = –15.21min) alle ore 10h 30m di Tempo Civile in un luogo con φ= 40° e λ = –8° (TZ = –1) si misurano i segmenti AB =180 mm e OP = 425 mm (Fig. 4).
Si ricavano i valori: ω = –11.7° , Az = –14.7° , h = 38.4° , σ = –25.0° e quindi α = -36.5° e Declinazione parete = 53.5°

31.4   Misura dell'ombra portata da un elemento dell'edificio su un piano orizzontale

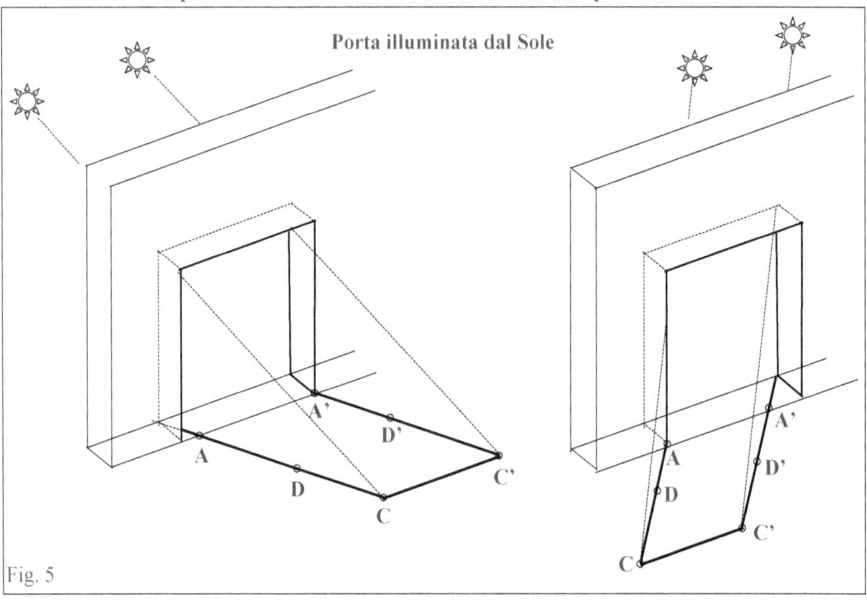

Un metodo molto pratico e che mi è stato suggerito dall'amico Renzo Righi consiste nell'osservare l'ombra portata su un piano orizzontale da un elemento verticale dell'edificio e nel fare alcune misure su tale ombra.

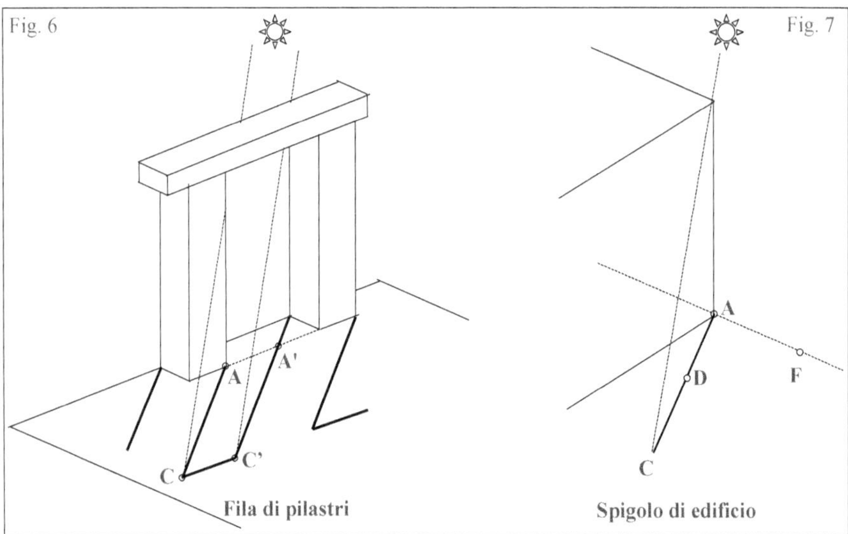

Come elementi si possono considerare:
-      porte o finestre esposte al Sole, aperte sulla parete che interessa, che mandano sul piano del pavimento di una stanza interna un riquadro luminoso (Fig. 5).

In questo caso oggetto della misura è una delle linee che separano il riquadro illuminato dalla zona circostante in ombra ce sono prodotte dagli spigoli verticali della porta o della finestra in esame (nelle figure una delle linee ADC o A'D'C').

Pilastri (ad esempio in porticati) o altri elementi verticali di questo tipo aventi una delle facce parallela alla parete che interessa misurare (in Fig. 6 la vista dall'alto – pianta).
- Uno spigolo dell'edificio appartenente alla parete che interessa e che getta sul piano orizzontale la sua ombra (Fig. 7).

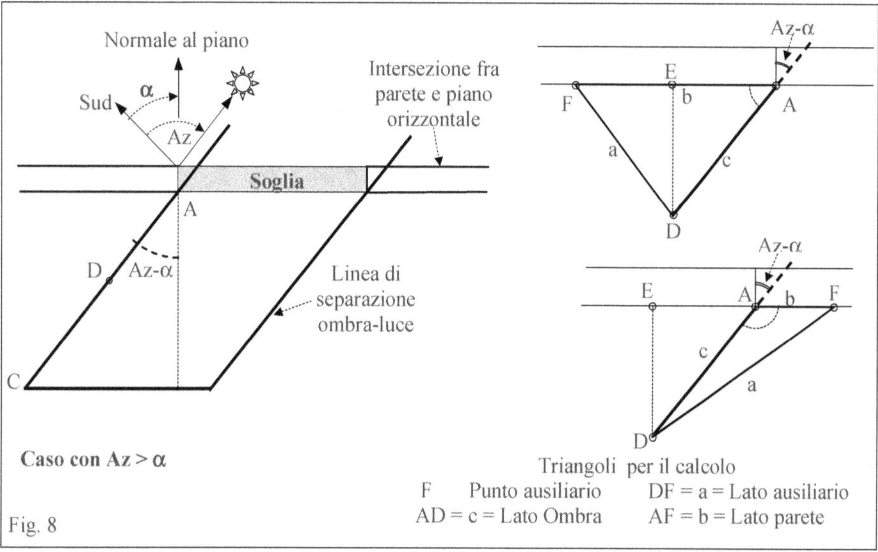

Per trovare il valore dell'angolo (Az - α) si può procedere in vari modi.

Un metodo pratico e semplice è il seguente:
- si considera il punto A ove la linea di separazione fra luce ed ombra interseca la parete (lato interno);
- si prende un punto D a piacere su una delle linee di separazione fra ombra e luce: il punto deve essere segnato sul pavimento e deve essere annotato l'istante in cui viene fatta questa operazione (istante di misura). Maggiore é la distanza del punto D dalla parete maggiore è la precisione che si ottiene.
- Si prende sulla parete un punto F a piacere e si segna anch'esso sul pavimento: se è possibile prendere F in modo che il triangolo ADF sia acutangolo e con i lati non molto diversi;
- si misurano le lunghezze dei tre lati FD = a , FA = b , AD = c
- con le formule riportate di seguito si calcolano i vari elementi incogniti

Caso di Triangolo **ACUTANGOLO** :   con $\hat{A} < 90°$ e $b^2 + c^2 - a^2 > 0$

$$\hat{A} = \arccos\left(\frac{b^2 + c^2 - a^2}{2 \cdot b \cdot c} \right)$$

$$DE = c \cdot \operatorname{sen}(\hat{A}) \qquad AE = c \cdot \cos(\hat{A}) \qquad FE = b - c \cdot \cos(\hat{A})$$

$$\text{Declinazione\_parete} = \alpha = Az + \hat{A} - 90°$$

Se risulta $b^2 + c^2 - a^2 = 0$ allora $\hat{A} = 90°$ e quindi   Declinazione_parete $= \alpha = Az$

Caso di Triangolo **OTTUSANGOLO**:   con $\hat{A} > 90°$ e $b^2 + c^2 - a^2 < 0$

$$\hat{A} = \arccos\left(\frac{b^2 + c^2 - a^2}{2 \cdot b \cdot c} \right)$$

$$DE = c \cdot sen(\hat{A}) \qquad AE = -c \cdot cos(\hat{A}) \qquad FE = b - c \cdot cos(\hat{A})$$

$$Declinazione\_parete = \alpha = Az - \hat{A} + 90°$$

Nel caso in cui l'ombra é prodotta dallo spigolo di un edificio, occorre prolungare l'intersezione della parete col piano orizzontale e prendere il punto ausiliario F su tale prolungamento (Fig. 7).

Esempio - Il giorno 25 Aprile ($\delta = +13.3°$, EqT = 2.03 min) con $\varphi = 44°$, $\lambda = -12°$, TZ = –1 alle ore 15 di Tempo Civile si prendono i punti D , A , F e si misurano i segmenti a = FD = 60 cm , b = FA = 80 cm e c = DA = 50 cm.

Si ricava (triangolo acutangolo) $\hat{A} = 48.5°$ e Declinazione = 27.3° .

31.5 Misura dell'orientamento con l'uso di una bussola o di riferimenti cartografici e informatici.

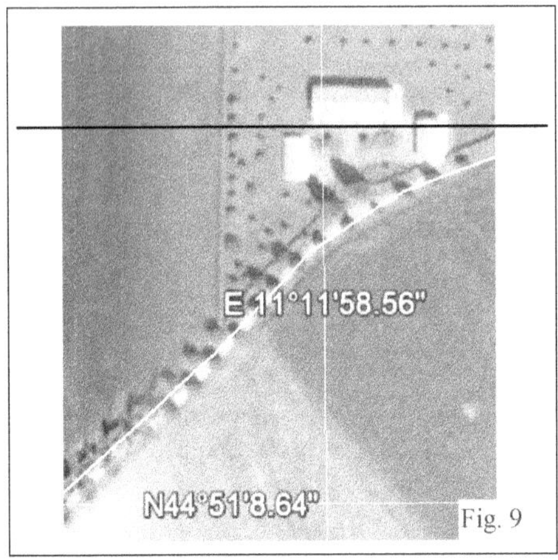

Fig. 9

L'uso di una bussola per determinare l'orientamento di una parete è sconsigliabile a causa della imprecisione della lettura e della declinazione magnetica che può introdurre errori di vari gradi.

Volendo utilizzare questo metodo occorre utilizzare una bussola di precisione (con precisione inferiore al grado) ed usare le cartine geografiche dell'IGM (aggiornate) per la correzione della declinazione magnetica o ricavare tale valore dai dati pubblicati in appositi siti reperibili in Internet.

Occorre in ogni modo fare molta attenzione a traguardare esattamente la direzione della parete.

Da alcuni anni si può talvolta trovare la declinazione di una parete ricorrendo al programma "*GoogleEarth*" con il quale è possibile avere una visione dall'alto dello edificio.

Il metodo è abbastanza preciso nel caso di grandi edifici: in Fig. 9 la facciata di una grande villa rivolta a Sud.

☼   ☼   ☼

31.6 Misura dell'angolo formato dalla linea equinoziale con la verticale o con l'orizzontale

Se su una parete verticale è già tracciata la Linea Equinoziale, cioè la retta percorsa dall'ombra dell'estremo di un'asta nel giorno dell'Equinozio, si può calcolare la declinazione α della parete misurando o l'angolo μ_V formato da essa con la verticale o l'angolo μ_O formato una linea orizzontale.

Indicando al solito con φ la Latitudine del luogo si hanno le relazioni :

$$\alpha = arc\,sen\left[\frac{tan(\varphi)}{tan(\mu_V)}\right] \qquad \alpha = arc\,sen\left[tan(\varphi) \cdot tan(\mu_O)\right]$$

Se, guardando il quadrante, la linea Equinoziale "sale" andando verso sinistra il piano è rivolto a Sud-Est e quindi il valore trovato deve essere cambiato di segno (α è negativo).

Se invece la linea Equinoziale "sale" andando verso destra il piano è rivolto a Sud-Ovest e il valore trovato di α è corretto.

Ricordo che l'angolo μ_V formato dalla Equinoziale con la verticale è sempre inferiore a φ .

31.7   Misura nell'istante in cui i raggi del Sole sono tangenti al piano

Se Az è l'azimut del Sole nell'istante in cui i raggi del Sole sono esattamente tangenti (radenti) alla parete,
allora il valore della Declinazione cercato è dato da $\alpha = Az \pm 90°$
Occorre prendere il segno **+** quando il Sole inizia ad illuminare la parete (cioè "sorge" per la parete), il segno
− quando il Sole abbandona la parete (cioè "tramonta" per essa).

Questo metodo presenta seri inconvenienti in quanto è spesso difficile determinare con precisione l'istante in
cui il Sole è "tangente" alla parete e ciò sia a causa del fatto che il Sole ha un diametro non trascurabile (circa
30') sia, principalmente, per la presenza sulla parete di asperità, ingobbamenti o altre lievi deformazioni .
É quasi impossibile trovare una parete senza difetti che passi in pochi secondi dall'ombra più completa alla
luce o viceversa.

31.8   Determinazione della declinazione di un piano verticale
Origine delle coordinate qualunque - Punto G incognito

Con questi metodi **NON** occorre conoscere la proiezione sul piano del punto G proiettante l'ombra per cui <u>tale
punto può essere un punto qualunque</u> [1].
L'origine O del sistema di coordinate cartesiane sul piano può essere preso a piacere dove più conviene.
Come al solito l'asse x è orizzontale positivo verso sinistra e l'asse y è verticale positivo verso il basso.

31.8.1   Misure della coordinata orizzontale x
Occorre misurare, in istanti noti, la coordinata orizzontale x dell'ombra P del punto G sul piano, cioè la
distanza orizzontale del Punto-ombra dall'origine O.   Sono necessarie almeno 3 misure per determinare :
- la declinazione α del piano;
- la distanza del punto G da esso;
- la coordinata x_O della proiezione di G sulla piano.

Se si fanno 3 misure in istanti successivi e si sceglie l'origine delle coordinate nel punto ove cade l'ombra
dell'ultimo punto misurato, le coordinate degli altri punti sono tutte positive e coincidono con le "distanze"
orizzontali dei relativi punti-ombra dall'ultimo punto-ombra: in questo modo i calcoli risultano facilitati.

Si può ad esempio operare nel seguente modo:
-   si fissa un filo a piombo a una certa distanza (che non importa conoscere) dalla parete;
-   si segnano le ombre di tale filo sulla parete in tre istanti diversi (ad es. distanziati fra loro di mezz'ora /
    un ora circa);
-   si traccia una retta orizzontale che interseca le tre verticali disegnate sulla parete: questo è l'asse x;
-   si prende l'origine O degli assi ove la retta precedente (asse x) incontra l'ombra del filo a piombo della
    terza misura;
-   le distanze dall'origine O dei punti di incontro delle verticali relative alle varie misure danno i valori delle
    coordinate x delle tre misure (x_1, x_2, x_3). Operando in questo modo si ha ovviamente $x_3 = 0$.
FARE ATTENZIONE : Il metodo e' MOLTO "sensibile" agli errori di misura.

Le formule di calcolo sono le seguenti :

$$a_1 = (x_1 - x_3) \cdot \mathrm{sen}(Az_2 - Az_3) \qquad a_2 = (x_2 - x_3) \cdot \mathrm{sen}(Az_1 - Az_3) \qquad k = a_1 / a_2$$

$$\tan(\alpha) = -\frac{\cos(Az_2) - k \cdot \cos(Az_1)}{\mathrm{sen}(Az_2) - k \cdot \mathrm{sen}(Az_1)} \qquad \rho = \frac{x_1}{\tan(\alpha - Az_1) - \tan(\alpha - Az_3)} \qquad x_O = \rho \cdot \tan(\alpha - Az_3)$$

ove x_1, x_2, x_3 sono le coordinate orizzontali dei tre punti;
      Az_1, Az_2, Az_3 sono i valori dell'Azimut del Sole negli istanti in cui sono state fatte le misure;

---

[1] Sulla letteratura consultata non ho trovato alcun cenno a questi metodi.

ρ è la distanza fra il punto proiettante e la parete (o fra il filo a piombo e la parete);

x_O è la distanza fra la proiezione del punto proiettante e l'origine delle coordinate.

31.8.2   Misure delle coordinate orizzontale e verticale x , y

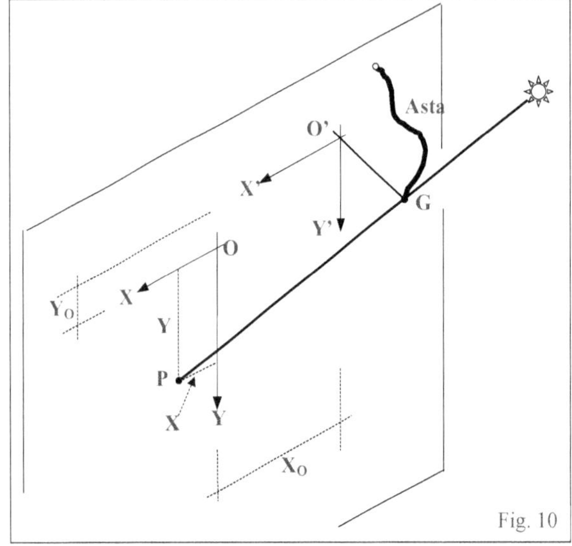

Occorre misurare in 2 istanti noti le coordinate orizzontale x e verticale y dell'ombra P del punto G sul piano, in un sistema di assi con origine O scelta a piacere. Sono necessarie almeno due misure per determinare:

- la declinazione α del piano;
- la distanza ρ del punto G da esso;
- le coordinate x_O e y_O della proiezione di G sul piano.

Le formule di calcolo sono le seguenti :

$$u = \tan(h_2) \cdot \text{sen}(Az_1) - \tan(h_1) \cdot \text{sen}(Az_2)\,\text{sen}$$

$$v = \tan(h_2) \cdot \cos(Az_1) - \tan(h_1) \cdot \cos(Az_2)$$

$$\sigma = \arctan(u/v)$$

$$z = (y_2 - y_1) \cdot \frac{\text{sen}(Az_1 - Az_2)}{x_2 - x_1}$$

$$\alpha = \sigma + \arccos\left(\frac{z}{\sqrt{u^2 + v^2}}\right)$$

$$x_O = \rho \cdot \tan(\alpha - Az_1) - x_1 \qquad y_O = \rho \cdot \frac{\tan(h_1)}{\cos(\alpha - Az_1)} - y_1$$

ove (x_1, y_1) , (x_2, y_2) sono le coordinate dei due punti;

(Az_1, h_1) , (Az_2, h_2) sono i valori dell'Azimut e della Altezza del Sole negli istanti di misura;

ρ è la distanza fra il punto proiettante e la parete;

x_O , y_O sono le distanze fra la proiezione del punto proiettante e l'origine delle coordinate.

☼ ☼ ☼

31.9   Determinazione della declinazione e della inclinazione di un piano inclinato e declinante Punto proiettante G estremo di un'asta perpendicolare al piano

31.9.1   Misure della lunghezza L dell'ombra

Per determinare sia la declinazione che l'inclinazione di un piano occorre misurare, in almeno 2 istanti noti, la lunghezza L dell'ombra di una asta perpendicolare al piano.

Le formule di calcolo sono le seguenti :

$$B_1 = 1 \bigg/ \sqrt{1 + \left(\frac{L_1}{\rho}\right)^2} \qquad\qquad B_2 = 1 \bigg/ \sqrt{1 + \left(\frac{L_2}{\rho}\right)^2}$$

$$Nx_1 = \frac{B_1}{\cos(h_1) \cdot \cos(Az_1)} - \frac{B_2}{\cos(h_2) \cdot \cos(Az_2)} \qquad Dx_1 = \tan(Az_1) - \tan(Az_2)$$

$$Nx_2 = \frac{B_1}{\text{sen}(h_1)} - \frac{B_2}{\text{sen}(h_2)} \qquad\qquad Dx_2 = \frac{\text{sen}(Az_1)}{\tan(h_1)} - \frac{\text{sen}(Az_2)}{\tan(h_2)}$$

$$Ny = \frac{B_1}{\cos(h_1) \cdot sen(Az_1)} - \frac{B_2}{\cos(h_2) \cdot sen(Az_2)} \qquad Dy = \frac{1}{\tan(Az_1)} - \frac{1}{\tan(Az_2)}$$

$$Nz = Ny \qquad\qquad\qquad\qquad\qquad\qquad Dz = \frac{\dfrac{\tan(h_1)}{sen(Az_1)} - \dfrac{\tan(h_2)}{sen(Az_2)}}{}$$

$$X_1 = \frac{Nx_1}{Dx_1} \qquad\qquad\qquad\qquad\qquad X_2 = \frac{Nx_2}{Dx_2}$$

$$Y = \frac{Ny}{Dy} \qquad\qquad\qquad\qquad\qquad\quad Z = \frac{Nz}{Dz}$$

$$d = \sqrt{(X_1 - X_2)^2 + Y^2 + Z^2} \qquad\qquad f = X_1^2 + Y^2$$

$$s_1 = \frac{(X_1 - X_2)}{d} \qquad\qquad s_2 = \frac{Y}{d} \qquad\qquad s_3 = -\frac{Z}{d}$$

Si risolve l' equazione :

$$t^2 + 2 \cdot (s_1 \cdot X_1 + s_2 \cdot Y) \cdot t + (f - 1) = 0$$

si ricava t e poi si calcolano la declinazione α e l'inclinazione **i** del piano con le:

$$sen(i) \cdot sen(\alpha) = X_1 + s_1 \cdot t \qquad sen(i) \cdot \cos(\alpha) = Y + s_2 \cdot t \qquad \cos(i) = s_3 \cdot t$$

Nelle formule: L_1 , L_2 sono le Lunghezze delle ombre;

(Az_1, h_1) , (Az_2, h_2) sono i valori dell'Azimut e della altezza del Sole negli istanti di misura;

ρ è la distanza fra punto proiettante e parete.

31.9.2 Misure delle coordinate orizzontale e verticale x e y

Per determinare sia la declinazione α che l'inclinazione **i** di una parete occorre misurare, in un istante noto, la posizione su di essa dell'ombra P dell'estremo G di una asta perpendicolare alla parete stessa.

Occorre cioè misurare le coordinate (x , y) di un punto-ombra, in un sistema di coordinate avente come origi- ne il piede O dell'asta ortogonale al piano, l'asse x orizzontale positivo verso sinistra e l'asse y con la direzione della massima pendenza sul piano, positivo verso il basso.

Le formule di calcolo sono le seguenti :

$$\alpha = Az + \arcsen\left(\frac{x \cdot B}{\rho \cdot \cos(h)}\right) = Az + \arcsen\left(\frac{x}{\cos(h) \cdot \sqrt{\rho^2 + x^2 + y^2}}\right)$$

$$i = \arctan\left(\frac{\tan(h)}{\cos(Az - \alpha)}\right) - \arctan\left(\frac{y}{\rho}\right) \qquad \text{oppure} \qquad i = \arccos(K) \quad \text{essendo}$$

$$B = 1\Big/ \sqrt{1 + \frac{x^2 + y^2}{\rho^2}} \qquad M = \frac{y}{\rho} \qquad N = \frac{sen(h)}{B} \qquad K = \frac{N \pm \sqrt{N^2 + (M^2 - N^2) \cdot (1 + M^2)}}{1 + M^2}$$

Nelle formule: x , y sono le coordinate del punto-ombra;

Az , h sono i valori dell' Azimut e della Altezza del Sole nell'istante di misura;

ρ è la distanza fra punto proiettante e piano.

31.10   Determinazione dell'orientamento di un piano orizzontale
Asta perpendicolare al piano

Orientare un piano orizzontale vuol dire trovare su di esso la direzione Nord-Sud cioè l'intersezione del Meridiano.

31.10.1   Metodi classici
Primo metodo o del "cerchio indiano"
Il metodo, descritto in tutti i libri che trattano di meridiane, consiste nel determinare la direzione dell'ombra di un asta verticale in due istanti simmetrici rispetto al mezzogiorno vero locale e quindi nel tracciare la bisettrice dell'angolo compreso fra le due direzioni.

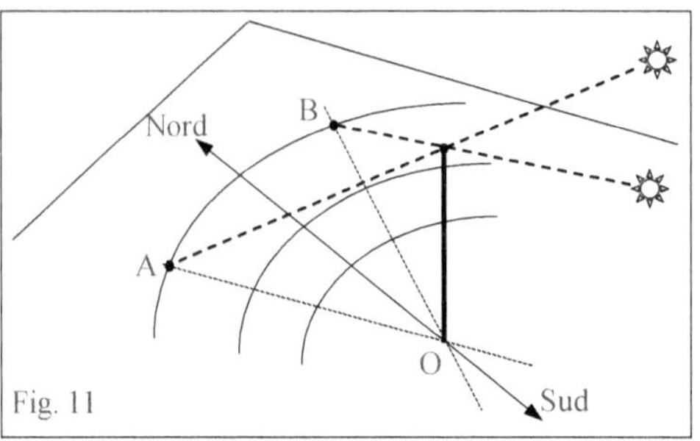

Si predispone sul piano orizzontale un'asta perfettamente verticale e, con centro il piede O di essa, si traccia un gruppo di un archi di cerchio concentrici aventi raggi diversi.

Osservando l'ombra dell'asta si trova che, in un certo istante, il suo estremo cade su uno degli archi tracciati: si segna sull'arco il punto A in cui si ha l'intersezione e l'istante dell'evento (Fig. 11).
Si attende un certo tempo, controllando continuamente l'ombra, sino a quando l'ombra dell'estremo dell'asta cade di nuovo sullo stesso arco di cerchio segnato in precedenza: si segna anche ora il punto B e l'istante.

Gli istanti in cui l'estremo dell'asta getta l'ombra nei due punti A e B sono simmetrici rispetto al mezzogiorno vero locale cioè rispetto all'istante in cui il Sole si trova esattamente al meridiano e cioè a Sud.
Per trovare la direzione Nord-Sud è quindi sufficiente trovare la bisettrice dell'angolo AOB che i due punti trovati formano con il piede O dello stilo verticale.

Secondo metodo
Si predispone sul piano orizzontale un'asta perfettamente verticale e si trova l'istante del passaggio del Sole al meridiano nel giorno della misura (cioè si calcola l'istante del mezzogiorno vero).
Nell'istante del mezzogiorno vero l'ombra dell'asta indica esattamente la direzione del Nord.

L'istante del mezzogiorno Vero espresso in Tempo Civile (in ore e decimali) è dato dalla :
$$T_{CIVILE} = 12 + (TZ * 15 - Long°) / 15 + EqT_M / 60$$

Il suo valore può essere trovato anche con numerosi programmi per elaboratore o in Internet.

31.10.2 Determinazione dell'orientamento di un piano orizzontale
Punto proiettante qualunque
Spesso nel tracciamento di un orologio solare orizzontale si deve usare come punto G che getta l'ombra un punto difficilmente raggiungibile di cui non è facilmente determinabile l'altezza sul piano orizzontale o di cui non è possibile determinare la posizione del piede della perpendicolare al piano.
Si pensi ad esempio a un orologio solare in cui l'ombra è quella della cuspide di un campanile o in cui il punto G è l'estremo di un'asta , già esistente, sporgente da una parete .

Da un punto di vista matematico il problema ha 4 incognite: la distanza ρ del punto G dal piano, le coordinate x_0 e y_0 del piede O' della perpendicolare da G al piano e infine la direzione del Sud, cioè l'angolo fra una retta da noi scelta e la direzione Nord-Sud.
Con riferimento alla Fig. 12 siano :

–   G   il punto che getta ombra sul piano di cui non si conoscono ne la posizione ove la normale per esso al piano incontra il piano stesso, ne la sua distanza dal piano;

–   Oxy   un sistema di coordinate cartesiane ortogonali avente origine O in punto qualsiasi del piano;

–   O' il piede di G la cui posizione, cioè le coordinate $(x_{O'} , y_{O'})$ non sono note;

– ρ la distanza, incognita, di G dal piano.

In due istanti diversi t_1 e t_2 segniamo sul piano i punti S_1 e S_2 ove cade l'ombra del punto G e misuriamo, nel sistema Oxy **fissato a piacere**, le loro coordinate: siano $S_1(x_1 , y_1)$ e $S_2(x_2 , y_2)$.

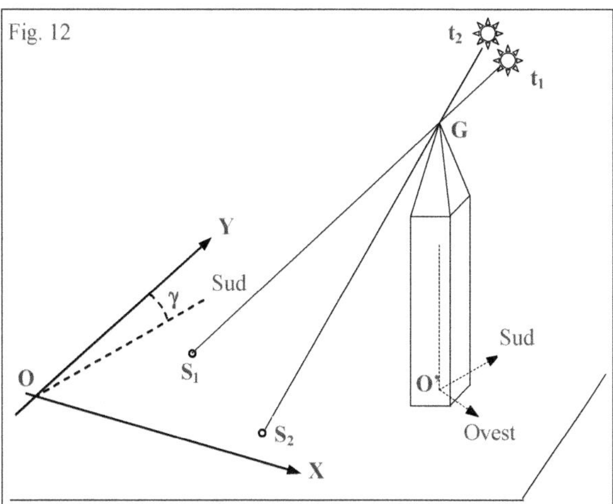

Siano (h_1 , Az_1) e (h_2 , Az_2) le coordinate altezza e azimut del Sole negli istanti t_1 e t_2 .

Per ricavare i risultati cercati calcoliamo:

$$\Delta B = \frac{\cos(Az_2)}{\tan(h_2)} - \frac{\cos(Az_1)}{\tan(h_1)} \qquad\qquad \Delta C = \frac{\sen(Az_2)}{\tan(h_2)} - \frac{\sen(Az_1)}{\tan(h_1)}$$

$$\Delta x = x_2 - x_1 \qquad\qquad \Delta y = y_2 - y_1 \qquad\qquad \text{Da cui :}$$

$$\tan(\gamma) = \frac{\Delta x \cdot \Delta B - \Delta y \cdot \Delta C}{\Delta x \cdot \Delta C + \Delta y \cdot \Delta B} \qquad \text{ove } \gamma \text{ è l'angolo fra l'asse y e la direzione N-S (linea meridiana)}$$

$$\rho = \frac{-\Delta x}{\Delta C \cdot \cos(\gamma) + \Delta B \cdot \sen(\gamma)} = \frac{-\Delta y}{\Delta B \cdot \cos(\gamma) - \Delta C \cdot \sen(\gamma)} \qquad \text{distanza fra G e il piano}$$

$$x_0 = x_1 + \frac{\rho}{\tan(h_1)} \cdot \sen(Az_1 + \gamma) \qquad y_0 = y_1 + \frac{\rho}{\tan(h_1)} \cdot \cos(Az_1 + \gamma) \qquad \text{coordinate di O'}$$

Se γ risulta positivo (> 0) il sistema di coordinate Oxy deve essere ruotato dell'angolo γ in senso orario per portare l'asse y nella direzione del Sud.

31.11 Uso di uno specchio nella misura della declinazione

In alcuni dei metodi per la determinazione della declinazione di una parete verticale precedentemente riportati si utilizza o un filo a piombo (metodo della tavoletta) o un'asta disposta ortogonalmente alla parete e si misurano o la distanza dell'ombra del filo oppure quelle dell'estremo dell'ombra dell'asta rispetto alla verticale o alla orizzontale, o infine la lunghezza dell'intera ombra (Fig. 13).

Pur essendo questi metodi molto usati per la loro semplicità, presentano alcuni inconvenienti pratici come ad esempio:

–   la necessità di un supporto stabile per il filo a piombo;

–   le oscillazioni del filo provocate dal vento;

- la necessità di fissare l'asta perpendicolare alla parete, cosa non sempre agevole a causa del materiale con cui la parete stessa è formata, della sua scabrosità, della impossibilità di un fissaggio accurato e fermo, ecc.;
- la difficoltà della ricerca della perpendicolarità dell'asta.

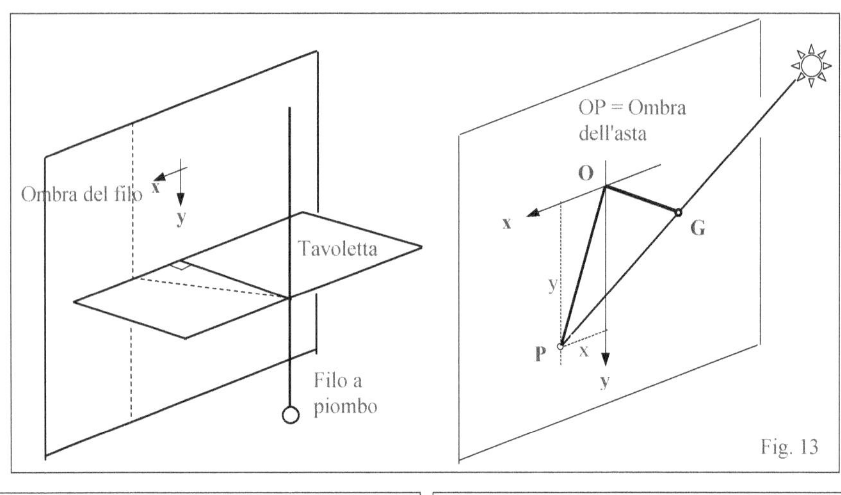

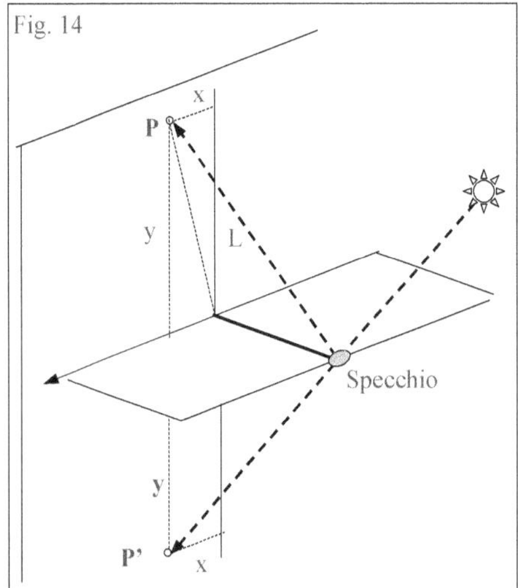

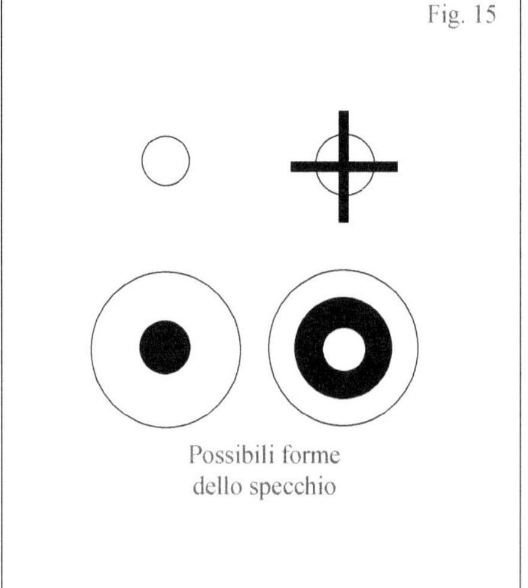

Alcuni di questi inconvenienti possono essere superati sostituendo al filo a piombo o all'asta normale un piccolo specchio orizzontale fissato su un tavoletta da appoggiarsi alla parete.

La Fig. 14 mostra chiaramente il principio di funzionamento.

Le distanze indicate con x, y, L in figura possono essere sostituite direttamente, nelle formule dei vari metodi di calcolo, alle corrispondenti grandezze.

Il metodo non necessita di interventi sulla parete (fori, fissaggi) e richiede soltanto la ricerca della orizzontalità della tavoletta, che è facilmente ottenibile con una o due livelle opportunamente disposte.

Per evidenziare sulla parete la macchia di luce riflessa dallo specchio (punto P in figura) è opportuno realizzare lo specchio con forma circolare o ad anello come indicato negli esempi in Fig. 15.

La macchia centrale riflettente o opaca è opportuno abbia un diametro dell'ordine di circa 1/100 della distanza fra lo specchio e il punto P.

Parte XII

LA TRIGONOMETRIA SFERICA E LE COORDINATE

LE COORDINATE TOLEMAICHE E GLI OROLOGI SOLARI

L'ANALEMMA DI VITRUVIO

Capitolo 32
LA TRIGONOMETRIA SFERICA E LE COORDINATE

Premessa

Spesso in libri e trattati di astronomia di posizione e di gnomonica, e recentemente anche in programmi per calcolatore, vengono presentate figure e vengono fatti ragionamenti e dimostrazioni che utilizzano la trigonometria sferica, senza che siano chiaramente spiegati in anticipo i fondamenti che sono alla base degli argomenti svolti e il significato delle figure che li accompagnano.

Gli autori ipotizzano in genere che vi sia già nel lettore una buona conoscenza dei fondamenti della geometria sferica e del significato dei vari termini, cosa questa su cui dubito molto.

Non credo infatti che queste nozioni siano presenti nel bagaglio culturale di molti lettori, in particolare fra i non specialisti e fra persone che non hanno intrapreso studi ad indirizzo astronomico-matematico: mi auguro che le pagine che seguono possano essere utili a superare questa mancanza di informazioni.

32.1 Alcune definizioni

Consideriamo un osservatore posto in un punto qualunque O dello spazio e una sfera con centro in **O** e raggio arbitrario.

Per comodità di pensiero supporrò questo raggio molto grande rispetto alle dimensioni degli oggetti che ci circondano e, per scopi astronomici, anche molto maggiore delle dimensioni della Terra.

La direzione verso cui si vede un astro interseca la sfera in un punto che è la proiezione dell'astro stesso sulla superficie, non dipende dalla sua distanza da noi e viene chiamato "*posizione apparente*" dell'astro.

La sfera rappresenta matematicamente quella immaginaria superficie alla quale sembrano fissati gli astri e le stelle e per questo viene tuttora chiamata "*sfera celeste*".

Le uniche "distanze" che noi, posti idealmente al centro, possiamo misurare sulla sfera celeste sono le distanze angolari che separano i corpi celesti proiettati su di essa o che vi sono fra questi e particolari direzioni o piani (come ad esempio la direzione dello Zenit e il piano dell'orizzonte).

Sussistono le seguenti proprietà (Fig. 1):

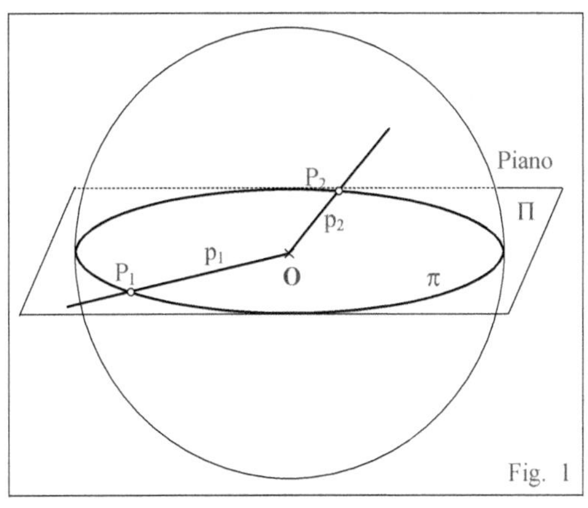

a)
Una semiretta **p** passante per **O** incontra la superficie della sfera (s.s.) in un punto **P** .

Viceversa un punto **P** sulla superficie della sfera individua una e una sola semiretta **p** uscente dal centro **O**.

Abbiamo quindi che fra i punti della superficie sferica e la semirette uscenti dal suo centro esiste una corrispondenza biunivoca.

In modo diverso si può dire che il punto **P** rappresenta la retta **p**.

b)
Un piano Π passante per il centro **O** della sfera incontra la s.s. in un cerchio massimo **π** della sfera stessa. Viceversa un cerchio massimo **π,** appartenente alla superficie della sfera, individua uno e un

solo piano Π passante per esso e per il centro **O**.

Vi é quindi una corrispondenza biunivoca fra i cerchi massimi sulla superficie della sfera e i piani passanti per il suo centro O. Anche ora si può dire che il cerchio **π** rappresenta il piano Π.

c)

Una retta **p** appartiene a un piano Π se il punto corrispondente **P** sta sul cerchio massimo π.

d)

Un piano Π passa per una retta **p** se il cerchio massimo corrispondente π passa per il punto **P**.

e)

Siano date due rette $\mathbf{p_1}$ e $\mathbf{p_2}$ uscenti dal centro **O** della sfera a cui corrispondono i due punti $\mathbf{P_1}$ e $\mathbf{P_2}$ sulla superficie (Fig. 2).

Esiste un solo piano Π passante per il centro **O** e contenente le due rette $\mathbf{p_1}$ e $\mathbf{p_2}$: il cerchio massimo π sulla s.s. ad esso corrispondente passa ovviamente per i punti $\mathbf{P_1}$ e $\mathbf{P_2}$.

In altre parole, il piano individuato dalle due rette **p1** e **p2** corrisponde al cerchio massimo π passante per due punti **P1** e **P2** che rappresentano le due rette.

L'angolo piano α compreso fra le due semirette giace sul piano Π e ad esso corrisponde l'arco del cerchio massimo π compreso fra i punti $\mathbf{P_1}$ e $\mathbf{P_2}$.

Vi è quindi una corrispondenza fra un arco di cerchio massimo sulla s.s. e l'angolo individuato dai punti estremi dell'arco stesso e dal centro O della sfera.

In parole diverse si può dire che all'angolo compreso fra due direzioni (semirette uscenti dal centro) corrisponde l'arco di cerchio massimo compreso fra i due punti che ad esse corrispondono.

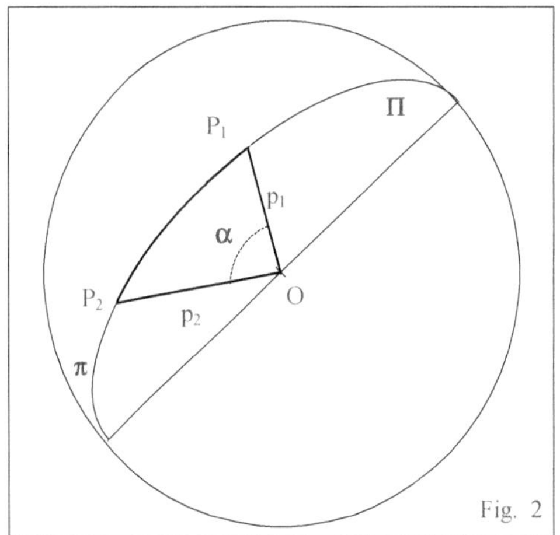

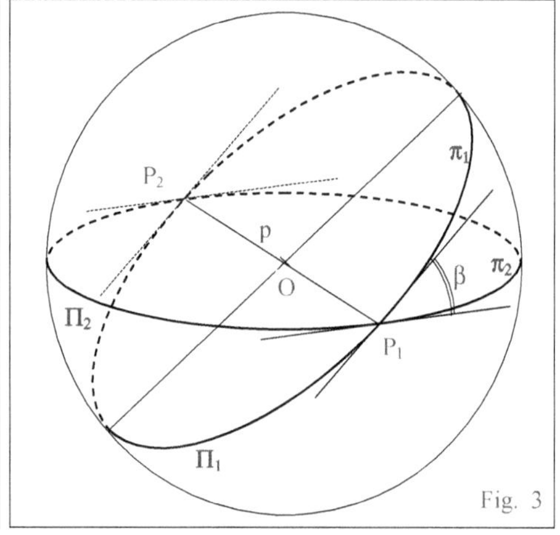

f)

Siano dati due piani Π_1 e Π_2 passanti per il centro **O** a cui corrispondono i due cerchi massimi π_1 e π_2 sulla superficie (Fig. 3).

I due piani si intersecano in una retta **p** che corrisponde ai punti di intersezione $\mathbf{P_1}$ e $\mathbf{P_2}$ dei due cerchi massimi π_1 e π_2.

L'angolo diedro β compreso fra i due piani è uguale all'angolo piano compreso fra le due rette appartenenti ai piani Π_1 e Π_2 e tangenti ai cerchi massimi π_1 e π_2 in uno dei punti $\mathbf{P_1}$ e $\mathbf{P_2}$.

g)

Un fascio di piani Π passanti per una retta **p** corrisponde alla stella di cerchi massimi π passanti per il punto **P** che rappresenta la retta.

Due piani appartenenti allo stesso fascio sono fra loro perpendicolari quando l'angolo $\beta = 90°$.

h)

L'insieme delle rette **p** che giacciono su un piano Π, corrisponde all'insieme dei punti **P** che formano il cerchio massimo π che rappresenta il piano.

Due rette, rappresentate dai punti **P1** e **P2**, sono fra loro perpendicolari se l'arco P1-P2 è $= 90°$.

i)

Se tracciamo sui piani Π_1 e Π_2 le semirette appartenenti a tali piani e perpendicolari all'asse $\mathbf{P_1P_2}$ del fascio, otteniamo due punti $\mathbf{Q_1}$ e $\mathbf{Q_2}$ sulla sferra che individuano il cerchio massimo perpendicolare al fascio a cui appartengono Π_1 e Π_2 (Fig. 4).

L'arco di cerchio massimo $\mathbf{Q_1}\,\mathbf{Q_2}$ corrisponde all'angolo diedro β compreso fra i due piani.

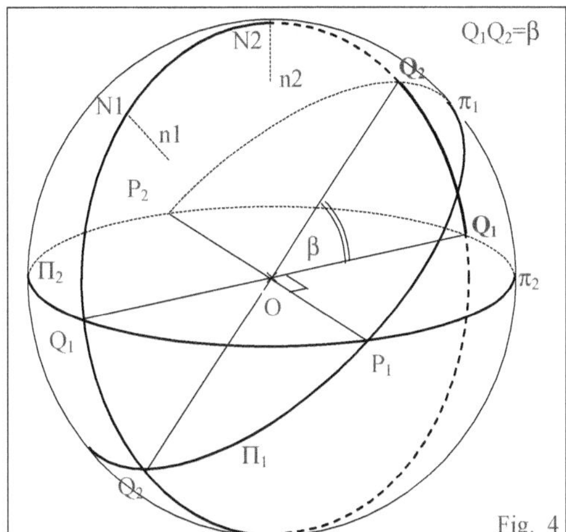

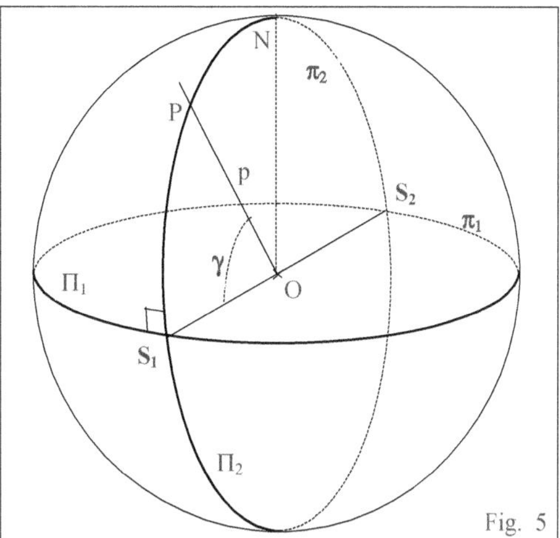

Quindi a un arco di cerchio massimo $\mathbf{Q_1}\,\mathbf{Q_2}$ corrisponde l'angolo diedro compreso fra i piani passanti per $\mathbf{Q_1}$ e $\mathbf{Q_2}$ e perpendicolari al cerchio massimo $\mathbf{Q_1}\,\mathbf{Q_2}$ stesso.

Due piani sono fra loro perpendicolari se l'arco $\mathbf{Q_1}\,\mathbf{Q_2}$ è 1/4 di cerchio massimo.

Si ha pure che l'angolo diedro compreso fra due piani Π_1 e Π_2 è uguale all'angolo compreso fra le perpendicolari $\mathbf{n1}$ e $\mathbf{n2}$ ai due piani e quindi alla lunghezza dell'arco di cerchio massimo compreso fra i due punti $\mathbf{N_1}$ e $\mathbf{N_2}$ che rappresentano queste normali.

l)

Sia dato un piano Π_1 (cerchio massimo π_1) e una semiretta $\mathbf{p}$ (punto $\mathbf{P}$ sulla s.s.)

Consideriamo un secondo piano Π_2 passante per $\mathbf{p}$ e perpendicolare a Π_1: esso interseca Π_1 nella retta $\mathbf{S_1S_2}$ appartenente a entrambi i piani (Fig. 5).

La semiretta $\mathbf{OS_1}$ è la proiezione di $\mathbf{p}$ sul piano Π_1.

L'angolo γ fra la semiretta $\mathbf{p}$ e il piano Π_1 è l'angolo $\mathbf{POS_1}$ appartenente al piano normale Π_2.

Quindi all'angolo fra una retta e un piano (individuati dal punto $\mathbf{P}$ e dal cerchio massimo π_1) corrisponde l'arco di cerchio massimo normale a π_1 e compreso fra $\mathbf{P}$ e l'intersezione dei due piani.

In altro modo si può dire che l'angolo fra una retta $\mathbf{p}$ e un piano Π è dato dal complemento dell'angolo fra la retta e la normale $\mathbf{n}$ al piano e quindi corrisponde all'angolo fra il punto $\mathbf{P}$, che individua la retta, e il punto $\mathbf{N}$ che individua la normale al piano (angolo misurato sul cerchio massimo passante per P ed N).

m)

Consideriamo un piano Π e la retta ad esso perpendicolare passante per il centro $\mathbf{O}$ della sfera.

Siano $\mathbf{P_1}$ e $\mathbf{P_2}$ i punti in cui la retta incontra la sfera (Fig. 6).

Si dice che $\mathbf{P_1}$ e $\mathbf{P_2}$ sono i **Poli** del piano Π e il cerchio massimo π corrispondente a Π, si chiama **equatore** dei punti $\mathbf{P_1}$ e $\mathbf{P_2}$.

Si ha che se $\mathbf{n}$ è la normale al piano Π, ogni piano passante per essa è perpendicolare a Π. In corrispondenza ogni cerchio massimo passante per il polo $\mathbf{N}$ del cerchio massimo π (che rappresenta il piano) rappresenta un piano perpendicolare a Π.

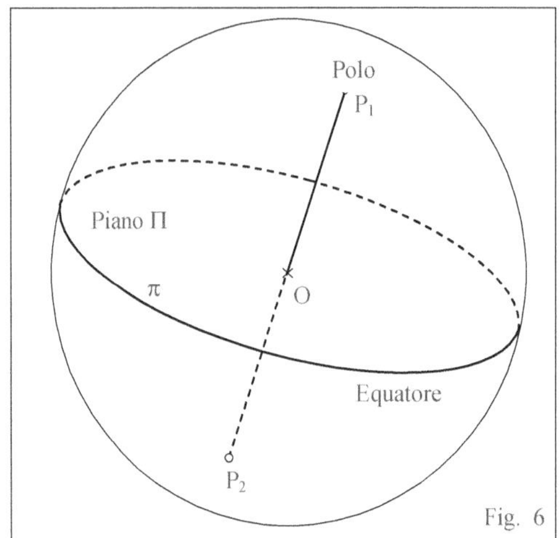

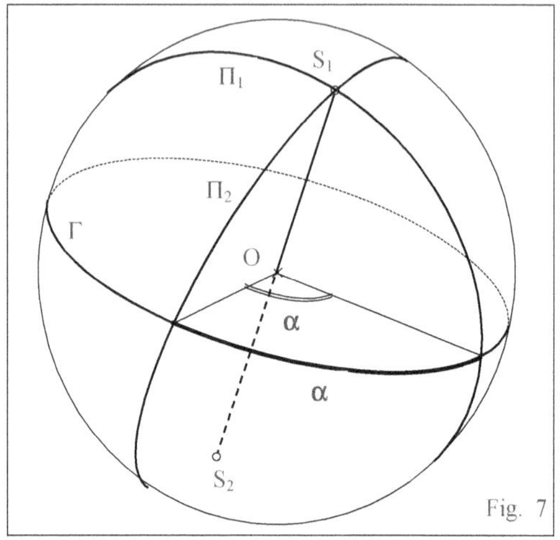

n)

Consideriamo due piani Π_1 e Π_2 : la retta che hanno in comune interseca la superficie in due punti diametrali S_1 e S_2 . Costruiamo il piano Γ Equatore dei Poli S_1 e S_2 (Fig. 7).

E' immediato verificare che il piano Γ è perpendicolare ad entrambi Π_1 e Π_2 e che l'angolo a fra i due piani è misurato dall'arco di cerchio massimo appartenente al piano Γ e compreso fra le due semirette in cui Π_1 e Π_2 tagliano il piano stesso.

o)

Consideriamo tre semirette uscenti dal centro O di una sfera (a cui corrispondono i punti A , B , C sulla

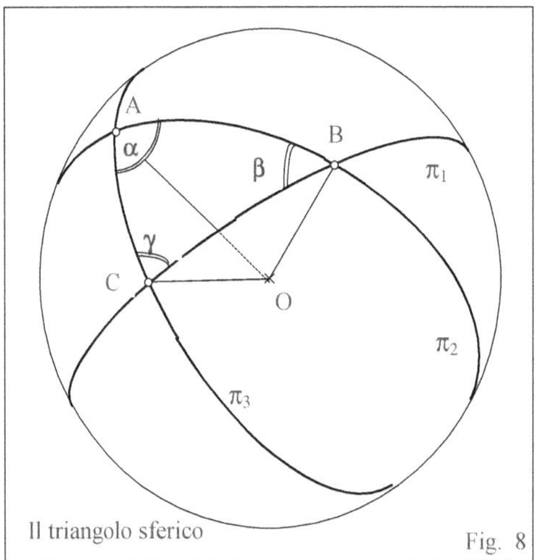

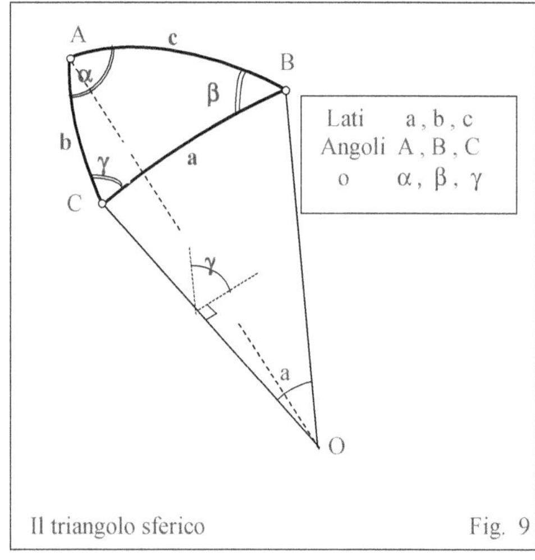

superficie sferica) e gli archi di cerchio massimo passanti per le coppie di punti AB , BC e AC (Fig. 8, 9).

Il triangolo, appartenente alla superficie della sfera, costituito da questi tre archi di cerchi massimi si chiama **triangolo sferico** e ad esso si applicano i teoremi della trigonometria sferica.

Più correttamente **un triangolo sferico è costituito da <u>tre archi di cerchio massimo</u> ciascuno inferiore al semicerchio.**

Gli archi AB, BC e AC sono i lati del triangolo e, dato che corrispondono ad angoli al centro, si misurano in gradi o radianti; sono normalmente indicati con lettere minuscole corrispondenti ai vertici del triangolo che sono loro opposti.

Gli angoli interni, compresi fra i lati del triangolo sferico, corrispondono ad angoli diedri fra i piani passanti per il centro della sfera e per i lati del triangolo e sono normalmente indicati o con lettere maiuscole (A, B, C) o con lettere dell'alfabeto greco (α, β, γ).

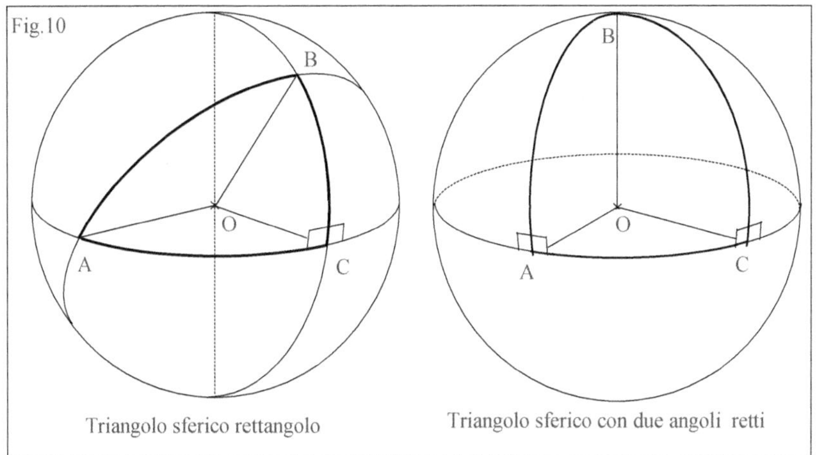

Un triangolo sferico avente uno degli angoli interni retto, e quindi due "lati" appartenenti a piani fra loro perpendicolari, si chiama rettangolo (Fig. 10).

Occorre osservare che nella geometria della sfera si possono avere triangoli con 2 o anche 3 angoli retti e che quindi la somma degli angoli interni di un triangolo **non** è sempre uguale a 180° e può essere compresa fra 180° e 3x180°=540°. La differenza (somma degli angoli interni - 180°) viene chiamata *eccesso sferico*.

p)

Un piano **non passante** per il centro della sfera la taglia in un cerchio che **non è un cerchio massimo**

q)

Un triangolo sulla superficie sferica **NON** costituito da tre archi di cerchio massimo **NON** è un triangolo sferico propriamente detto e ad esso **NON** si possono applicare i teoremi della trigonometria sferica. (Fig. 11, 12).

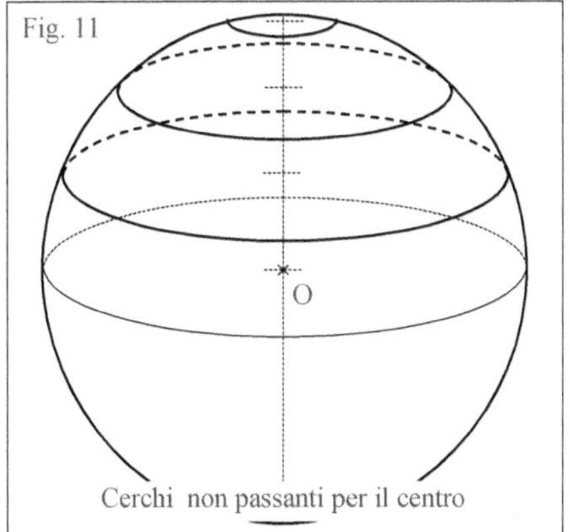

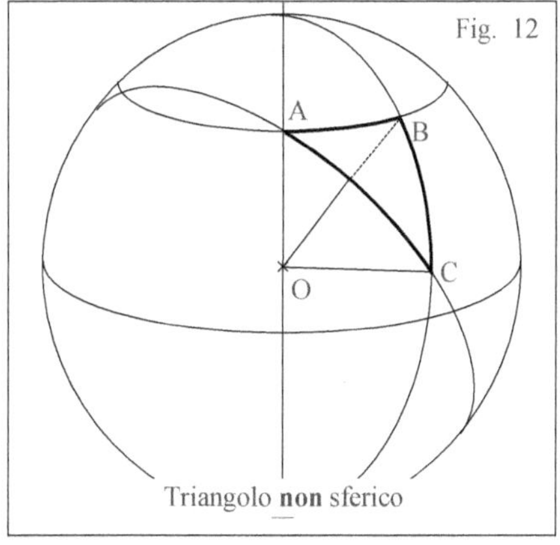

La trigonometria sferica studia le relazioni fra gli angoli diedri (α, β, γ) e gli archi (a , b , c) di un triangolo sferico costituito da archi di cerchi massimi.

32.2 I teoremi principali della trigonometria sferica

Elenco sotto i principali teoremi di trigonometria sferica rinviando a trattati particolari sia le loro dimostrazioni che lo studio in dettaglio di tutte le proprietà del triangolo sferico.

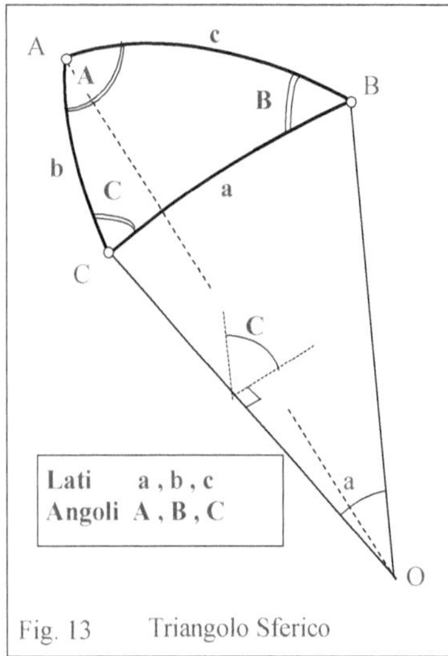

Siano A, B, C gli angoli interni del triangolo e a, b, c i lati opposti agli angoli di ugual nome (Fig. 13).

Teorema dei seni

$$\frac{\operatorname{sen}(a)}{\operatorname{sen}(A)} = \frac{\operatorname{sen}(b)}{\operatorname{sen}(B)} = \frac{\operatorname{sen}(c)}{\operatorname{sen}(C)}$$

Teorema del coseno - Formule di Eulero

$$\cos(a) = +\cos(b)\cdot\cos(c) + \operatorname{sen}(b)\cdot\operatorname{sen}(c)\cdot\cos(A)$$

$$\cos(b) = +\cos(a)\cdot\cos(c) + \operatorname{sen}(a)\cdot\operatorname{sen}(c)\cdot\cos(B)$$

$$\cos(c) = +\cos(a)\cdot\cos(b) + \operatorname{sen}(a)\cdot\operatorname{sen}(b)\cdot\cos(B)$$

$$\cos(A) = -\cos(B)\cdot\cos(C) + \operatorname{sen}(B)\cdot\operatorname{sen}(C)\cdot\cos(a) \quad \text{e analoghe}$$

Teorema delle tangenti
Relazioni fra due lati e due angoli consecutivi

$$\frac{\operatorname{sen}(A)}{\tan(B)} = \frac{\operatorname{sen}(c)}{\tan(b)} - \cos(c)\cdot\cos(A)$$

$$\frac{\operatorname{sen}(a)}{\tan(b)} = \frac{\operatorname{sen}(C)}{\tan(B)} + \cos(C)\cdot\cos(a)$$

Risultati analoghi valgono per gli altri lati e angoli.

Per un **triangolo sferico Rettangolo in C** si hanno le relazioni:

$$\operatorname{sen}(a) = \operatorname{sen}(A)\cdot\operatorname{sen}(c) \qquad\qquad \cos(A) = \operatorname{sen}(B)\cdot\cos(a)$$

$$\operatorname{sen}(b) = \operatorname{sen}(B)\cdot\operatorname{sen}(c) \qquad\qquad \cos(B) = \operatorname{sen}(A)\cdot\cos(b)$$

$$\cos(c) = \cos(a)\cdot\cos(b)$$

$$\operatorname{sen}(c)\cdot\cos(A) = \cos(a)\cdot\operatorname{sen}(b) \qquad\qquad \operatorname{sen}(c)\cdot\cos(B) = \cos(b)\cdot\operatorname{sen}(a)$$

$$\tan(b) = \tan(B)\cdot\operatorname{sen}(a) = \cos(A)\cdot\tan(c) \qquad\qquad \tan(a) = \tan(A)\cdot\operatorname{sen}(b) = \cos(B)\cdot\tan(c)$$

$$\tan(A)\cdot\tan(B)\cdot\cos(c) = 1$$

32.3 Coordinate sferiche

32.3.1 Generalità
Le coordinate sferiche servono per individuare univocamente la posizione di un punto su di una sfera rispetto ad alcuni elementi fissi e quindi sono utilizzate, ad esempio, per la determinazione rispetto a tali elementi della direzione verso cui si osserva un corpo celeste.

Vengono utilizzati diversi sistemi di coordinate sferiche: in tutti le coordinate stesse sono costituite da due angoli al centro della sfera compresi fra due particolari direzioni.
Ogni sistema è definito da una direzione fondamentale, dal piano perpendicolare a tale direzione e da un semipiano passante per la direzione fondamentale stessa (Fig. 14).

In altre parole ogni sistema è definito da una direzione fondamentale che individua sulla sfera un *asse polare* **p** , dal piano Γ passante per il centro O perpendicolare a tale direzione (*piano equatoriale* di **p**) e da un semipiano fondamentale Π passante per l' asse polare **p** e perpendicolare a Γ.
Il cerchio massimo ε in cui il piano equatoriale Γ interseca la sfera è chiamato *Equatore*.

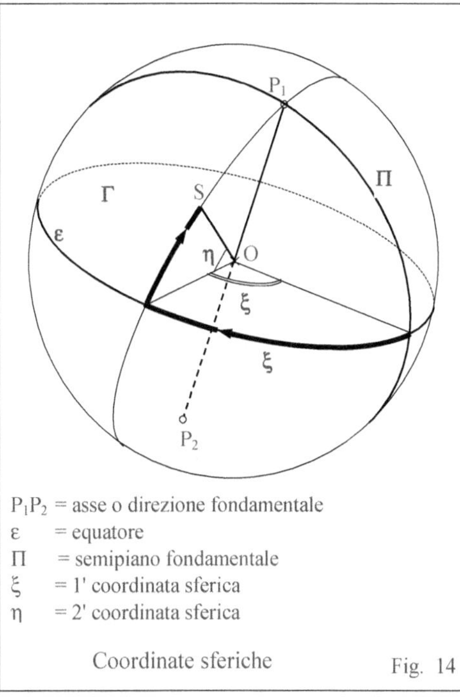

P$_1$P$_2$ = asse o direzione fondamentale
ε = equatore
Π = semipiano fondamentale
ξ = 1' coordinata sferica
η = 2' coordinata sferica

Coordinate sferiche   Fig. 14

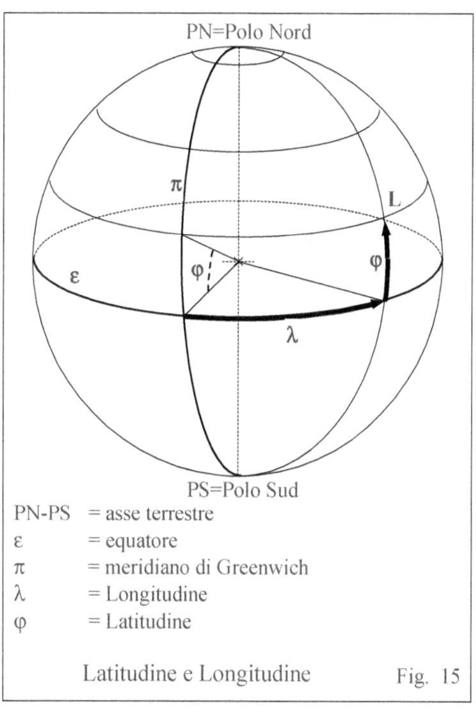

PN-PS   = asse terrestre
ε = equatore
π = meridiano di Greenwich
λ = Longitudine
φ = Latitudine

Latitudine e Longitudine   Fig. 15

La posizione di un punto S sulla sfera è individuata dalle due coordinate sferiche ξ e η.
ξ è l'angolo fra il semipiano Π e il semipiano passante per l'asse **p** e per il punto **S**;
η è l'angolo compreso fra il piano equatoriale ε e la semiretta passante per il centro **O** e per **S**.

32.3.2 Coordinate geografiche: latitudine e longitudine
Sono usate per individuare un punto sulla superficie della Terra (Fig. 15).
- Direzione fondamentale   direzione dell'asse terrestre cioè dell'asse di rotazione della Terra. Incontra la superficie della Terra ai Poli;
- piano equatoriale o normale   piano dell'equatore terrestre;
- semipiano fondamentale   semipiano passante per i poli terrestri e per l'Osservatorio Astronomico

di Greenwich. Prende il nome di *Meridiano fondamentale.*

I semipiani passanti per l'asse terrestre incontrano la superficie della Terra nei cerchi massimi detti *meridiani* (geografici).

I cerchi in cui piani perpendicolari all'asse terrestre e paralleli all'Equatore tagliano la superficie terrestre sono detti *paralleli* (geografici).

La *Longitudine* (λ) di una località L è l'angolo compreso fra il meridiano passante per L e il meridiano fondamentale . Il verso positivo è quello che, partendo dal meridiano fondamentale, va verso Est.

La *Latitudine* φ della località L è l'angolo compreso fra il raggio che unisce L al centro della Terra e il piano dell'Equatore. É positiva se la località si trova fra l'Equatore e il Polo Nord.

32.3.3 Coordinate Orarie

Il sistema di riferimento è costituito dal piano dell'Equatore celeste e dall'asse polare ad esso normale.

Ogni piano passante per l'asse polare prende il nome di *piano meridiano* e interseca la sfera celeste in un cerchio massimo detto meridiano celeste (Fig. 16).

Il piano perpendicolare all'asse polare che interseca la sfera celeste in un cerchio massimo è il piano dell'Equatore, il cerchio massimo prende il nome di *Equatore celeste.*

I piani paralleli al piano dell'Equatore intersecano la sfera celeste in cerchi, che si riducono andando verso i poli, detti *paralleli* (*celesti*).

Il piano meridiano passante per la direzione Nord-Sud della località considerata prende il nome di *piano meridiano principale locale* o semplicemente *Meridiano Locale.*

Ogni altro piano passante per l'asse polare forma con il Meridiano Locale un angolo diedro chiamato *angolo orario* ω : il piano stesso viene chiamato *piano orario.*

L'angolo orario ω del Sole, in un certo istante, è l'angolo diedro compreso fra il meridiano locale e il piano passante, in quell'istante, per il Sole e per l'asse polare: è quindi l'angolo fra il meridiano (locale) e il piano orario contenente il Sole.

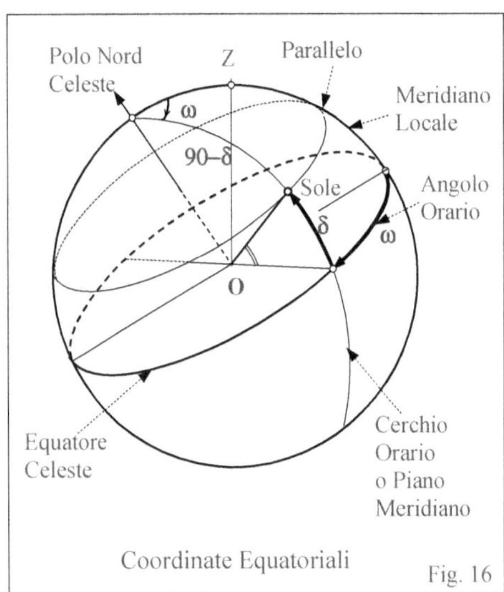

Coordinate Equatoriali   Fig. 16

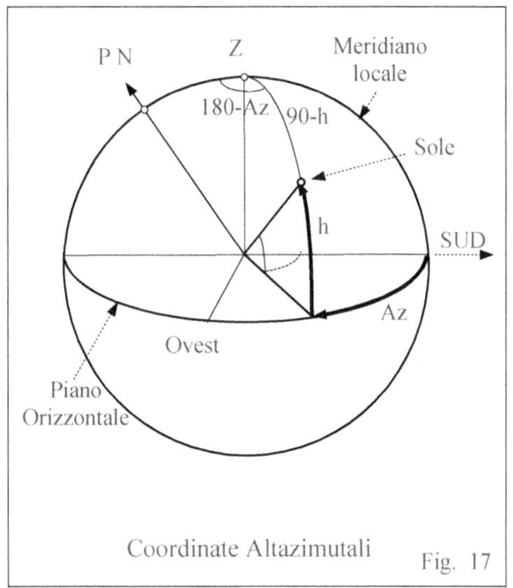

Coordinate Altazimutali   Fig. 17

Viene misurato dal Sud (cioè dal meridiano locale) in verso orario ed è positivo quando il Sole si trova a Ovest. Se il Sole si trova sul meridiano locale (a Sud) l'angolo orario $\omega = 0°$.

Il valore dell'angolo orario ω del Sole in un certo istante è legato al tempo trascorso dal momento del passaggio del Sole al meridiano o che manca a tale fenomeno.

La *declinazione* δ del Sole è l'angolo al centro, appartenente al meridiano celeste passante per il Sole, compreso fra la direzione del Sole e il piano dell'Equatore celeste. È quindi misurato dall'arco di meridiano compreso fra il parallelo passante per il Sole e l'Equatore celeste.

33.3.4 Coordinate Altazimutali o Orizzontali

Il sistema di riferimento è costituito dal piano orizzontale del luogo (piano tangente alla superficie terrestre) e dalla semiretta verticale, cioè avente la direzione del filo a piombo, che unisce il centro della Terra allo Zenit.
Ogni piano passante per la direzione verticale si chiama *piano verticale* (Fig. 17).
I piani paralleli al piano orizzontale intersecano la sfera celeste in cerchi, che si riducono andando verso lo zenit, detti *Almucantarat* o *Almicantarat*.

Il piano verticale passante per la direzione Nord-Sud della località considerata prende il nome di P*iano (verticale) Meridiano* e coincide con il piano meridiano locale.
Il piano verticale passante per la direzione Est-Ovest si chiama *Primo Verticale*.
Ogni altro piano passante per la verticale forma con il piano Meridiano Locale un angolo diedro chiamato Azimut **Az.**
L'*Azimut* del Sole, in un certo istante, è l'angolo diedro compreso fra il piano meridiano locale e il piano verticale passante, in quell'istante, per il Sole.
In gnomonica viene misurato dal Sud (cioè dal meridiano locale) ed è positivo quando il Sole si trova a Ovest: il verso positivo è quindi quello orario da Est verso Ovest e quindi se il Sole si trova sul meridiano locale (a Sud) l'Azimut = 0°.
In astronomia l'Azimut viene misurato dal Nord. In antichi testi islamici talvolta è misurato da Est.

La *altezza* **h** del Sole è l'angolo, misurato sul piano verticale passante per il Sole, compreso fra l'orizzonte e il Sole, cioè fra l'almucantarat passante per il Sole e il piano dell'orizzonte.

32.3.5 Coordinate eclitticali

Sono usate soltanto in astronomia per individuare la posizione del Sole o di un corpo celeste.
– Direzione fondamentale   direzione dell'asse del piano dell'Eclittica;
– piano equatoriale o normale   piano dell'orbita terrestre attorno al Sole.
                                                            Interseca la sfera celeste nel cerchio massimo chiamato Eclittica.
– Semipiano fondamentale   semipiano passante per l'asse dell'Eclittica e la direzione in cui
                                                            questa interseca il piano dell'Equatore celeste (punto Vernale o γ).

32.4 Il triangolo di posizione - Trasformazione fra le coordinate

Si chiama triangolo di posizione o triangolo sferico fondamentale il triangolo sferico avente (Fig. 18, 19):
– come vertici: lo Zenit Z, il Polo Nord celeste PN e il Sole (o altro astro) S ;
– come lati: PN-S = 90°–δ, PN-Z = 90°–φ, Z-S = 90°–h ;
– come angoli interni: in Z = 180°–Az, in PN = ω,   in S l'angolo detto "parallattico".

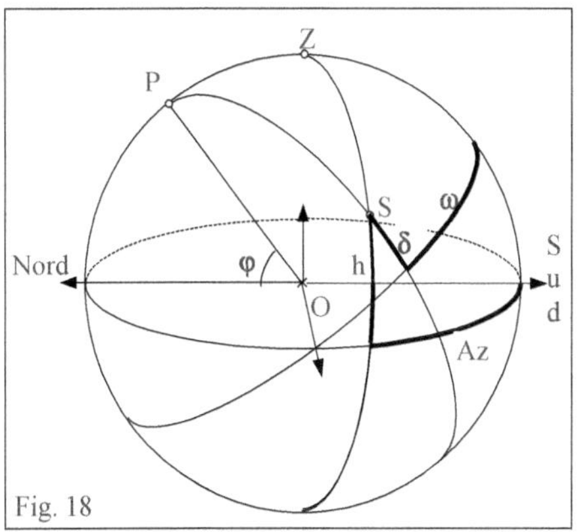

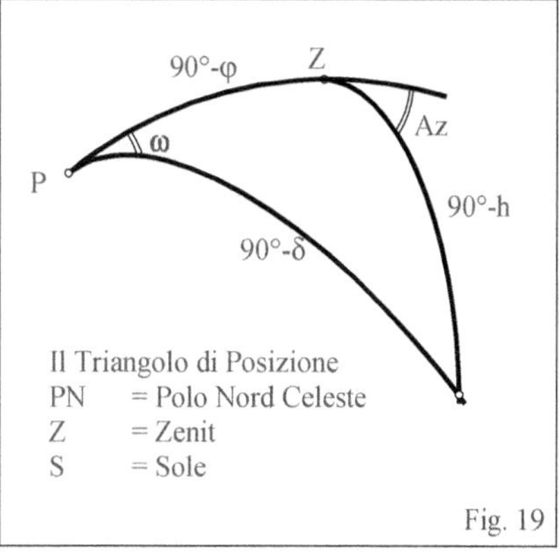

Dal triangolo di posizione si possono ricavare le seguenti relazioni, che permettono di ricavare **Az** e **h**   quando sono noti ω e δ , nelle quali al solito si è indicato con φ il valore della Latitudine del luogo:

$$\mathrm{sen}(h) = +\mathrm{sen}(\delta)\cdot \mathrm{sen}(\varphi) + \cos(\delta)\cdot \cos(\varphi)\cdot \cos(\omega)$$
$$\cos(h)\cdot \cos(Az) = -\mathrm{sen}(\delta)\cdot \cos(\varphi) + \cos(\delta)\cdot \mathrm{sen}(\varphi)\cdot \cos(\omega)$$
$$\cos(h)\cdot \mathrm{sen}(Az) = +\cos(\delta)\cdot \mathrm{sen}(\omega)$$

e le relazioni duali che permettono di ricavare ω e δ quando sono noti **Az** e **h** sono:

$$\mathrm{sen}(\delta) = +\mathrm{sen}(h)\cdot \mathrm{sen}(\varphi) - \cos(h)\cdot \cos(\varphi)\cdot \cos(Az)$$
$$\cos(\delta)\cdot \cos(\omega) = +\mathrm{sen}(h)\cdot \cos(\varphi) + \cos(h)\cdot \mathrm{sen}(\varphi)\cdot \cos(Az)$$
$$\cos(\delta)\cdot \mathrm{sen}(\omega) = +\cos(h)\cdot \mathrm{sen}(Az)$$

Le formule che precedono sono le **formule fondamentali** che legano i 5 parametri φ , ω , δ, **Az, h** .
Altre relazioni che permettono di ricavare due qualsiasi degli elementi quando siano noti i valori degli altri due sono riportate nella Parte VI.

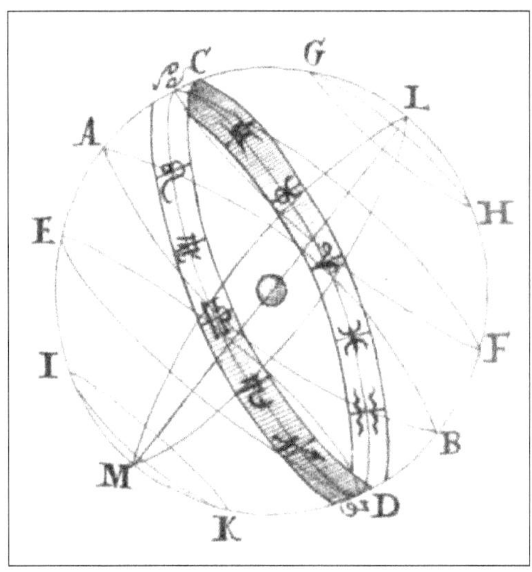

Capitolo 33
LE COORDINATE TOLEMAICHE E GLI OROLOGI SOLARI
L'ANALEMMA DI VITRUVIO

33.1 Generaltà

I sistemi di coordinate sferiche che abbiamo descritto in precedenza sono gli unici che da vari secoli vengono utilizzati in astronomia.

Anticamente per individuare univocamente la posizione di un punto su di una sfera erano utilizzati anche altri sistemi di coordinate e fra questi uno dei più importanti è il sistema delle "coordinate Tolemaiche" descritte e utilizzate da Tolomeo.

Consideriamo un ottante della sfera celeste delimitato dai piani Orizzontale, Meridiano e Primo Verticale fra loro ortogonali (Fig. 1).

Essi si intersecano nelle tre rette, costituenti anche esse un sistema ortogonale, individuate dalle direzioni Nord-Sud, Est-Ovest e Zenit-Nadir.

Dato un punto T sulla sfera, che supporrò essere il Sole, consideriamo i tre cerchi massimi passanti per esso e rispettivamente per la direzione Est-Ovest (cerchio chiamato *Ectemoro*), per la direzione Nord-Sud (cerchio chiamato *Horarius*) e per la direzione verticale Zenit-Nadir (cerchio *Verticale*): questi cerchi sono "mobili" in quanto variano al variare della posizione del Sole.

L'insieme di questi cerchi individua 6 angoli (μ_1, λ_1), (μ_2, λ_2), (μ_3, λ_3) che costituiscono le "*coordinate Tolemaiche*".

I cerchi descritti individuano in realtà tre diversi sistemi di coordinate ognuno basato su una direzione fondamentale, su un piano fondamentale ad essa perpendicolare e su un piano di riferimento.

Schematicamente abbiamo:

Coordinate	μ_1 λ_1	μ_2 λ_2	μ_3 λ_3
direzione fondamentale	Est - Ovest	Linea Verticale	Nord - Sud
piano fondamentale	p. Meridiano	p. Orizzontale	Primo Verticale
piano di riferimento da cui si misura la coordinata μ	p. Orizzontale	Primo Verticale	p. Meridiano
cerchio mobile	c. Ectemoro	c. Verticale	c. Horarius
Punto da cui si misura μ	S	E	Z
Punto da cui si misura λ	E	Z	S
μ	**angolo Meridiano**	**90° + Azimut**	**90° − ang. Verticale**
λ	**angolo Ectemoro**	**90° − Altezza**	**angolo Horarius**

I valori delle coordinate μ sono misurati sul piano fondamentale a partire dal piano di riferimento.
I valori delle coordinate λ sono misurati sul cerchio mobile.

La conoscenza dei valori di due qualsiasi delle coordinate λ e μ permette la determinazione univoca della posizione del Sole sulla sfera celeste.
Le 6 coordinate sono cicliche nel senso che fra esse, come ben si vede in figura, vi è una simmetria ternaria.

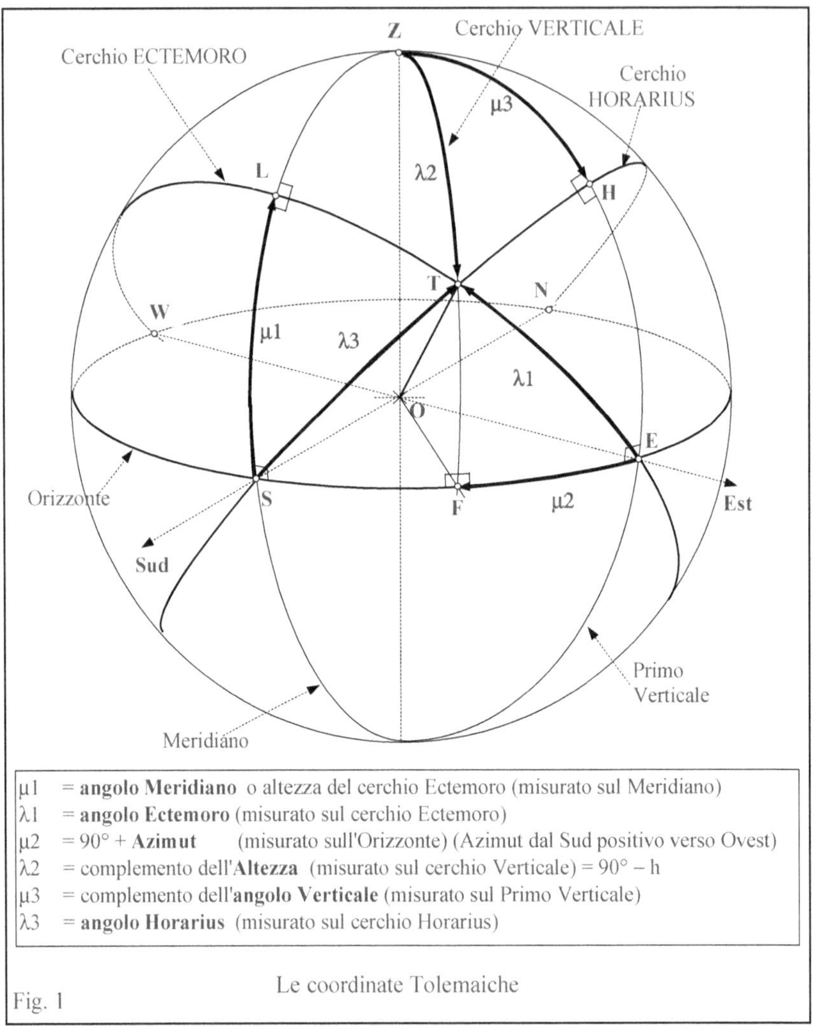

μ1 = **angolo Meridiano** o altezza del cerchio Ectemoro (misurato sul Meridiano)
λ1 = **angolo Ectemoro** (misurato sul cerchio Ectemoro)
μ2 = 90° + **Azimut**   (misurato sull'Orizzonte) (Azimut dal Sud positivo verso Ovest)
λ2 = complemento dell'**Altezza** (misurato sul cerchio Verticale) = 90° – h
μ3 = complemento dell'**angolo Verticale** (misurato sul Primo Verticale)
λ3 = **angolo Horarius** (misurato sul cerchio Horarius)

Le coordinate Tolemaiche

Fig. 1

Per misurare una delle coordinate **μ1, μ2, μ3** (Fig. 2) basta:
- disporre un goniometro nel piano fondamentale con la base giacente sul piano di riferimento del sistema di coordinate;
- cercare sul suo perimetro (semicerchio graduato) il punto la cui ombra cade esattamente sulla direzione fondamentale.

33.2 Alcune proprietà

33.2.1 Proprietà dell'angolo Ectemoro λ1

Dato che la direzione fondamentale attorno a cui ruota il cerchio Ectemoro è costante ed è la stessa per tutte le località appartenenti allo stesso meridiano terrestre, il valore dell'angolo, su tale cerchio, compreso fra la direzione Est e il Sole (angolo Ectemoro) **non** dipende dalla latitudine del luogo (anche se l'inclinazione del cerchio sull'orizzonte del luogo varia con φ).

In altre parole il valore dell'angolo Ectemoro misurato in uno stesso istante in località diverse aventi la stessa longitudine è costante.

L'angolo Ectemoro è l'unica coordinata "locale" ad essere latitudine indipendente.

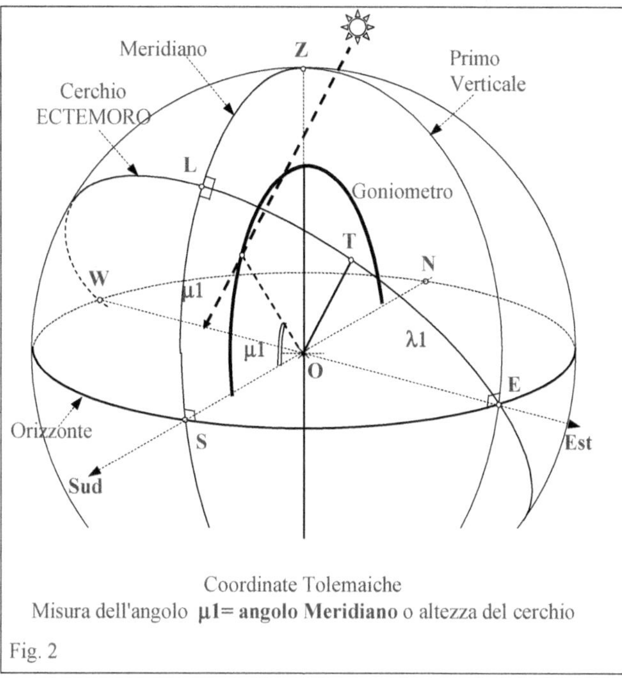

Coordinate Tolemaiche
Misura dell'angolo **μ1= angolo Meridiano** o altezza del cerchio

Fig. 2

33.2.2 Proprietà dell'angolo Meridiano μ1

Dato che l'angolo Meridiano è l'angolo diedro compreso fra il cerchio Ectemoro e l'orizzonte del luogo, il suo valore cambia passando da una località ad un'altra sullo stesso meridiano terrestre della differenza fra le latitudini dei due luoghi.

Per questo motivo nelle formule compare quasi sempre la somma (μ1 + φ).

Nelle diverse località è costante l'angolo fra il cerchio Ectemoro e l'Equatore celeste e vale (μ1 + φ − 90°) e quindi è costante la somma (μ1 + φ) (Fig. 3).

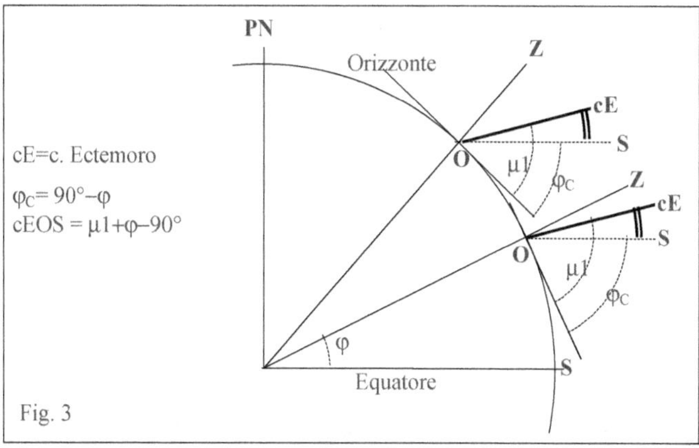

Fig. 3

33.3 Relazioni fra le coordinate Tolemaiche

Esistono numerose relazioni fra le coordinate Tolemaiche che si possono ricavare esaminando i 12 triangoli sferici rettangoli formati dai vari cerchi.
Elenco le più importanti.

$$\cos(\lambda_1) = \cos(\mu_2) \cdot \mathrm{sen}(\lambda_2)$$

$$\cos(\lambda_2) = \mathrm{sen}(\mu_1) \cdot \mathrm{sen}(\lambda_1) \qquad\qquad \cos(\lambda_2) = \cos(\mu_3) \cdot \mathrm{sen}(\lambda_3)$$

$$\cos(\lambda_3) = \mathrm{sen}(\mu_2) \cdot \mathrm{sen}(\lambda_2) \qquad\qquad \cos(\lambda_3) = \cos(\mu_1) \cdot \mathrm{sen}(\lambda_1)$$

$$\tan(\mu_1) \cdot \tan(\mu_2) \cdot \tan(\mu_3) = 1$$

$$\tan(\lambda_1) \cdot \tan(\lambda_2) \cdot \tan(\lambda_3) = \frac{1}{\cos(\mu_1) \cdot \cos(\mu_2) \cdot \cos(\mu_3)} = \frac{1}{\mathrm{sen}(\mu_1) \cdot \mathrm{sen}(\mu_2) \cdot \mathrm{sen}(\mu_3)}$$

$$\tan(\mu_1) = \frac{\cos(\lambda_2)}{\cos(\lambda_3)} \qquad\qquad \tan(\mu_1) = \frac{1}{\mathrm{sen}(\mu_2) \cdot \tan(\lambda_2)}$$

$$\tan(\mu_2) = \frac{\cos(\lambda_3)}{\cos(\lambda_1)} \qquad\qquad \tan(\mu_2) = \frac{1}{\mathrm{sen}(\mu_3) \cdot \tan(\lambda_3)}$$

$$\tan(\mu_3) = \frac{\cos(\lambda_1)}{\cos(\lambda_2)} \qquad\qquad \tan(\mu_3) = \frac{1}{\mathrm{sen}(\mu_1) \cdot \tan(\lambda_1)}$$

Esempio.
Con $\varphi = 35°$, $h = 50°$, **Az = +60°**, $\delta = 13.50°$, $\omega = 23.198°$ si ricavano i valori:

$\lambda_1 = 123.826$; $\mu_1 = 67.240$ $\qquad \lambda_2 = 40.0$; $\mu_2 = 150.0$ $\qquad \lambda_3 = 71.253$; $\mu_3 = 36.000$

Esempio.
Con $\varphi = 35°$, $h = 60°$, **Az = +50°**, $\delta = 13.50°$, $\omega = +23.198°$ si ricavano i valori :

$\lambda_1 = 112.521$; $\mu_1 = 69.639$ $\qquad \lambda_2 = 30.0$; $\mu_2 = 140.0$ $\qquad \lambda_3 = 71.253$; $\mu_3 = +23.858$

Esempio.
Con $\varphi = 35°$, $h = 60°$, **Az = –50°**, $\delta = 13.50°$, $\omega = -23.198°$ si ricavano i valori :

$\lambda_1 = 67.479$; $\mu_1 = 69.639$ $\qquad \lambda_2 = 30.0$; $\mu_2 = 40.0$ $\qquad \lambda_3 = 71.253$; $\mu_3 = +23.858$

Ricordo che μ_2 = Azimut +90° e λ_2 il complemento dell'altezza h

Formule per ricavare gli angoli fra le diverse coordinate tolemaiche

$$\tan(a.Meridianus) = \tan(\mu_1) = \frac{1}{\sin(\mu_2) \cdot \tan(\lambda_2)} = \frac{\tan(h)}{\cos(Az)} = \frac{\sin(\varphi) \cdot \sin(\delta) + \cos(\varphi) \cdot \cos(\delta) \cdot \cos(\omega)}{-\cos(\varphi) \cdot \sin(\delta) + \sin(\varphi) \cdot \cos(\delta) \cdot \cos(\omega)}$$

$$\cos(a.Ectemoro) = \cos(\lambda_1) = -\sin(Az) \cdot \cos(h) = -\cos(\delta) \cdot \sin(\omega)$$

$$\tan(90 - a.Verticale) = \tan(\mu_3) = \frac{-\sin(Az)}{\tan(h)} = -\frac{\cos(\delta) \cdot \sin(\omega)}{\sin(\varphi) \cdot \sin(\delta) + \cos(\varphi) \cdot \cos(\delta) \cdot \cos(\omega)}$$

$$\cos(a.Horarius) = \cos(\lambda_3) = \cos(Az) \cdot \cos(h) = -\cos(\varphi) \cdot \sin(\delta) + \sin(\varphi) \cdot \cos(\delta) \cdot \cos(\omega)$$

Ricordo che μ_2 = Azimut +90° e λ_2 è il complemento dell'altezza h.

33.4 Orologi solari con coordinate Tolemaiche

33.4.1 Generalità

Alcuni anni or sono apparsi alcuni articoli che illustravano la costruzione di orologi solari basati sulle coordinate Tolemaiche, cioè meridiane nelle quali l'ora viene ricavata attraverso la misura di una o due di queste coordinate.

Poiché questo argomento non è mai stato descritto in testi sugli orologi solari ritengo opportuno svilupparlo qui anche se questi orologi solari non sono quasi mai *"meridiane piane"* ma o strumenti portatili o orologi tracciati su superfici diverse.

Si possono fare in merito alcune osservazioni.

- Dato che le coordinate λ devono essere misurate su un cerchio "mobile" con il Sole, una meridiana che basa il suo funzionamento su una di queste coordinate (cioè sull'angolo Ectemoro, sull'Altezza o sull'angolo Horarius del Sole) deve essere mobile o avere qualche parte mobile e, in generale, deve poter essere "orientata" sulla direzione fondamentale (relativa alla coordinata scelta) e poterle ruotare attorno (ricordo soltanto che tutte le meridiane di altezza sono di questo tipo).

- Dato che le coordinate μ sono misurate su un piano "fisso", una meridiana che basa il suo funzionamento su una di queste coordinate (cioè sull'angolo Meridiano, sull'Azimut o sull'angolo Verticale del Sole) deve essere fissa rispetto alla sfera celeste (ricordo soltanto che tutte le meridiane azimutali sono di questo tipo).

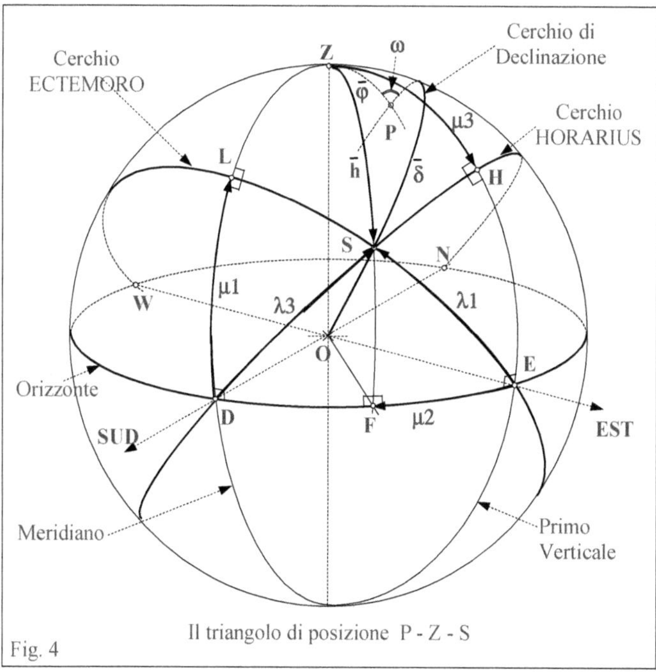

Il triangolo di posizione P - Z - S

Fig. 4

- Dato che la retta verticale è facilmente determinabile con un filo a piombo, le meridiane basate sulle coordinate λ_2 e μ_2, cioè sulla Altezza e sull'Azimut del Sole, sono molto comuni e sono state costruiti in molte varietà e modelli sin dall'antichità.

- Dato che il valore dell'angolo Ectemoro non dipende dalla latitudine del luogo in cui è misurato, le meridiane costruite basandosi sulla lettura di tale angolo possono essere universali o in altre parole essere indipendenti dalla latitudine, come ha per la prima volta evidenziato F. Sawyer nei suoi scritti nel 1998.

- Dato che la somma $(\mu1 + \varphi)$ del valore dell'angolo Meridiano e della Latitudine è costante (in uno dato istante e per le località che hanno la stessa Longitudine) le meridiane basate su quest'angolo possono essere "regolate" per diverse latitudini semplicemente ruotandole lungo la direzione Est-Ovest, cioè inclinandole più o meno.

- Dato che fra i tre gruppi di coordinate esiste una simmetria ternaria i tipi di orologi solari che si basano o sull'altezza o sull'Azimut del Sole possono essere "convertiti" in orologi solari basati sulle altre coordinate.

33.4.2 Le relazioni principali per il calcolo degli orologi solari

Se sulla sfera celeste esaminiamo il triangolo di posizione, (con vertici nel Polo Nord P, nel Sole S e nello Zenit Z) e il triangolo rettangolo P S L (Fig. 4), utilizzando i teoremi della trigonometria sferica possiamo ricavare alcune relazioni fra le coordinate λ e μ, la Latitudine φ, la declinazione del Sole δ e il suo angolo orario ω.

Altre relazioni possono essere poi ottenute utilizzando i legami fra le coordinate λ e μ precedentemente elencati

Volendo infine realizzare orologi solari che utilizzano una o due coordinate ho ricavato le relazioni che seguono nelle quali l'angolo orario ω si intende misurato dal Sud e positivo verso Ovest.

Variabli

$$\cos(\lambda1) = -\mathrm{sen}(\omega)\cdot\cos(\delta) \qquad\qquad \lambda1 \quad (1) \quad S3 - X$$

$$\cos(\lambda2) = \mathrm{sen}(\varphi)\cdot\mathrm{sen}(\delta) + \cos(\varphi)\cdot\cos(\delta)\cdot\cos(\omega) \qquad\qquad \lambda2 \quad (2)$$

$$\cos(\lambda3) = -\cos(\varphi)\cdot\mathrm{sen}(\delta) + \mathrm{sen}(\varphi)\cdot\cos(\delta)\cdot\cos(\omega) \qquad\qquad \lambda3 \quad (3) \quad S$$

$$\cos(\omega) = -\tan(\delta)\cdot\tan(\mu1 + \varphi) \qquad\qquad \mu1 \quad (4) \quad S$$

$$\tan(\mu2) = \frac{+\cos(\varphi)\cdot\mathrm{sen}(\delta) - \mathrm{sen}(\varphi)\cdot\cos(\delta)\cdot\cos(\omega)}{\cos(\delta)\cdot\mathrm{sen}(\omega)} \qquad\qquad \mu2 \quad (5)$$

$$\tan(\mu3) = \frac{-\cos(\delta)\cdot\mathrm{sen}(\omega)}{\mathrm{sen}(\varphi)\cdot\mathrm{sen}(\delta) + \cos(\varphi)\cdot\cos(\delta)\cdot\cos(\omega)}\ \mu3 \qquad\qquad (6) \quad S$$

$$\mathrm{sen}(\lambda1)\cdot\mathrm{sen}(\mu1 + \varphi) = \cos(\delta)\cdot\cos(\omega) \qquad\qquad \lambda1\ \mu1 \quad (7)$$

$$\tan(\lambda1)\cdot\mathrm{sen}(\mu1 + \varphi) = -1/\tan(\omega) \qquad\qquad (8) \quad S$$

$$\mathrm{sen}(\lambda1) = \cos(\delta)\cdot\cos(\omega)\cdot\mathrm{sen}(\mu1 + \varphi) - \mathrm{sen}(\delta)\cdot\cos(\mu1 + \varphi) \qquad\qquad (9)$$

$$\mathrm{sen}(\lambda2)\cdot\cos(\mu2) = -\cos(\delta)\cdot\mathrm{sen}(\omega) \qquad\qquad \lambda2\ \mu2 \quad (10) \quad X$$

$$\cos(\varphi)\cdot\cos(\lambda2) + \mathrm{sen}(\varphi)\cdot\mathrm{sen}(\lambda2)\cdot\mathrm{sen}(\mu2) = \cos(\delta)\cdot\cos(\omega) \qquad\qquad (11)$$

$$\mathrm{sen}(\lambda3)\cdot\mathrm{sen}(\mu3) = -\cos(\delta)\cdot\mathrm{sen}(\omega) \qquad\qquad \lambda3\ \mu3 \quad (12) \quad X$$

$$\mathrm{sen}(\lambda3)\cdot\cos(\mu3) = \mathrm{sen}(\varphi)\cdot\mathrm{sen}(\delta) + \cos(\varphi)\cdot\cos(\delta)\cdot\cos(\omega) \qquad\qquad (13)$$

$$\cos(\varphi)\cdot\cos(\lambda2) + \mathrm{sen}(\varphi)\cdot\cos(\lambda3) = \cos(\delta)\cdot\cos(\omega) \qquad\qquad \lambda2\ \lambda3 \quad (14)$$

$$\frac{\cos(\lambda2)}{\mathrm{sen}(\mu1)}\cdot\mathrm{sen}(\mu1 + \varphi) = \cos(\delta)\cdot\cos(\omega) \qquad\qquad \lambda2\ \mu1 \quad (15)$$

$$\cos(\lambda2)\cdot\left(\cos(\varphi) + \frac{\mathrm{sen}(\varphi)}{\tan(\mu1)}\right) = \cos(\delta)\cdot\cos(\omega) \qquad\qquad (16)$$

$$\cos(\lambda 2) \cdot \tan(\mu 3) = -\cos(\delta) \cdot \mathrm{sen}(\omega) \qquad \lambda 2\, \mu 3 \quad (17) \quad \mathbf{X}$$

$$\frac{\cos(\lambda 3)}{\cos(\mu 1)} \cdot \mathrm{sen}(\mu 1 + \varphi) = \cos(\delta) \cdot \cos(\omega) \qquad \lambda 3\, \mu 1 \quad (18)$$

$$\cos(\lambda 3) \cdot \tan(\mu 1) = \mathrm{sen}(\varphi) \cdot \mathrm{sen}(\delta) + \cos(\varphi) \cdot \cos(\delta) \cdot \cos(\omega) \qquad (19)$$

$$\frac{\cos(\lambda 3)}{\tan(\mu 2)} = -\cos(\delta) \cdot \mathrm{sen}(\omega) \qquad \lambda 3\, \mu 2 \quad (20) \quad \mathbf{S2 - X}$$

$$\tan(\mu 2) \cdot \mathrm{sen}(\mu 1 + \varphi) = -\frac{\cos(\mu 1)}{\tan(\omega)} \qquad \mu 1\, \mu 2 \quad (21)$$

$$\mathrm{sen}(\omega) \cdot \cos(\mu 1 + \varphi) = \tan(\delta) \cdot \mathrm{sen}(\mu 1) \cdot \tan(\mu 3) \qquad \mu 1\, \mu 3 \quad (22) \quad \mathbf{S}$$

$$\mathrm{sen}(\mu 1 + \varphi) = -\frac{\mathrm{sen}(\mu 1) \cdot \tan(\mu 3)}{\tan(\omega)} \qquad (23) \quad \mathbf{S1}$$

Le formule contrassegnate da una **S** sono state ricavate e pubblicate da Fred Sawyer.
Le formule contrassegnate da una **X** non contengono come variabile la **φ** e quindi possono essere utilizzate per realizzare meridiane universali e indipendenti dalla Latitudine.

33.5 Sul metodo usato

Per sviluppare alcune meridiane basate sulle coordinate Tolemaiche, e in particolare quelle che utilizzano una sola variabile λ o μ, ho pensato di sfruttare la simmetria (ternaria) esistente fra i diversi sistemi di cui si è già in precedenza accennato.
Essendo $\lambda 2$ il complemento della altezza del Sole e $\mu 2 = 90\,°\, + $ Azimut, ho pensato di trasformare alcuni tipi di meridiane di altezza in meridiane basate sull'angolo Ectemoro $\lambda 1$ o sull'angolo Horarius $\lambda 3$ e alcune meridiane azimutali in altre basate sull'angolo Meridiano $\mu 1$ e su $\mu 3$.
Per brevità descriverò solo le meridiane che si basano sugli angolo $\lambda 1$ e $\mu 1$: quelle basate su $\lambda 3$ e $\mu 3$ si possono ricavare facilmente per analogia.

33.6 Orologi solari che utilizzano l'angolo Ectemoro $\lambda 1$

33.6.1
Dato che l'angolo Ectemoro $\lambda 1$ é misurato sul cerchio Ectemoro "mobile" con il Sole e passante sempre per la direzione Est-Ovest, una meridiana che si basa su di esso deve essere anche essa mobile o avere qualche parte mobile e in generale essere "orientata" sulla direzione fondamentale Est-Ovest e poterle ruotare attorno.

Essendo poi il legame fra l'angolo Ectemoro e l'angolo orario dato dalla precedente relazione (1) in cui non compare la latitudine φ del luogo, **tutti gli orologi solari basati su questo angolo sono universali** cioè non dipendenti dalla latitudine stessa.

Elenco alcune fra le più comuni meridiane di altezza e descrivo le corrispondenti meridiane utilizzanti l'angolo Ectemoro.

33.6.2 Orologi solari di altezza a quadrante

Una meridiana equivalente si può realizzare con un semicerchio disposto con il suo diametro sulla linea Est-Ovest attorno alla quale possa ruotare. Un quadrante non è sufficiente in quanto l'angolo Ectemoro, contrariamente all'altezza, può assumere valori superiori a 90° (Fig. 5).

Le linee diurne possono avere una forma qualunque: la forma più semplice è quella di cerchi concentrici. Deve essere presente una alidada imperniata al centro ed eventualmente riportante le date dell'anno in corrispondenza ai raggi scelti per le linee diurne.

Per utilizzare l'orologio solare occorre:

- orientare il semicerchio lungo la direzione Est-Ovest;
- ruotarlo attorno a questa direzione sino a quando la sua ombra si riduce a un segmento (il piano del semicerchio contiene il Sole);
- ruotare l'alidada sino a quando non punta esattamente verso il Sole (l'angolo che essa forma con l'orizzontale è l'angolo Ectemoro);
- leggere l'ora sulla linea oraria passante per il punto dell'alidada corrispondente al giorno.

Le linee orarie possono essere costruite con il seguente procedimento:

- dato il giorno si calcola la declinazione δ del Sole e, volendo il tempo medio, l'Equazione del tempo;
- scelta l'ora (moderna o antica, a tempo vero o a tempo medio) si calcola l'angolo orario ω :
- con la relazione (1) si calcola il valore di $\lambda 1$ (a. Ectemoro);
- conoscendo l'angolo $\lambda 1$ e il raggio scelto per la linea diurna del giorno in esame (riportato sull'alidada) si trova un punto della linea oraria voluta;
- si ripete il procedimento per altri giorni nell'anno.

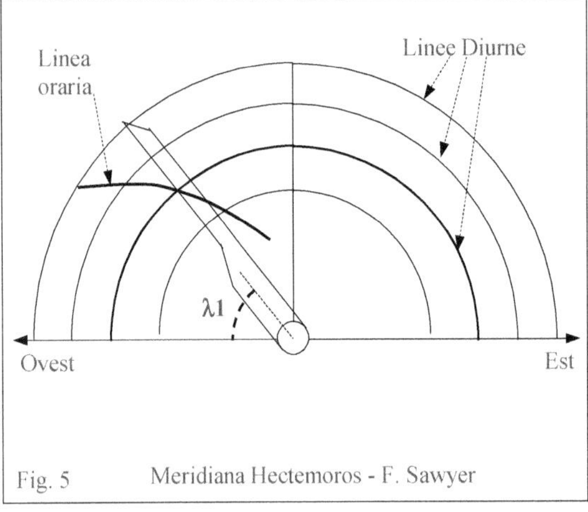

Meridiana Hectemoros - F. Sawyer

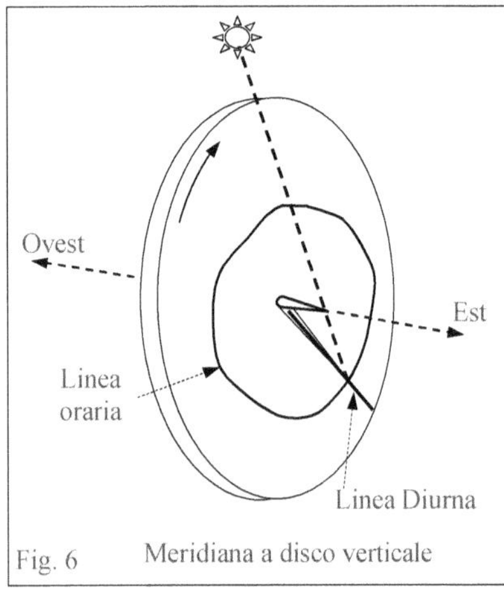

Meridiana a disco verticale

Questo tipo di orologio solare, indipendente dalla Latitudine, è stato descritto per la prima volta da F. Sawyer nel Settembre 1998.

33.6.3 Orologi solari di altezza su piano orizzontale con gnomone verticale (come la m. araba Hhafir)

Una meridiana equivalente si può realizzare con un disco verticale disposto nel piano meridiano avente la possibilità di ruotare attorno a un asse parallelo alla direzione Est-Ovest sul quale è posto lo gnomone (Fig. 6).

L'orologio è disegnato sulle due facce del cerchio: su una faccia le linee orarie relative al mattino e sull'altra quelle del pomeriggio. Anche lo gnomone deve estendersi da entrambi i lati del disco. Le linee diurne sono raggi del cerchio

Per utilizzare l'orologio solare:

- ruotare il cerchio attorno all'asse (direzione Est-Ovest) sino a quando l'ombra dello gnomone cade esattamente sulla linea diurna (raggio) relativa al giorno in cui si fa la misura;

–   leggere l'ora sulla linea oraria passante per l'estremo dell'ombra dello gnomone.

Le linee orarie possono essere costruite con il seguente procedimento:
–   dato il giorno e l'ora si calcola la declinazione δ e l'angolo orario ω;
–   con la relazione (1) si calcola il valore di $\lambda 1$ (a. Ectemoro);
–   la lunghezza dell'ombra vale $L = \rho \cdot \tan(\lambda 1)$ ove ρ è la lunghezza dello gnomone;
–   si ripete il procedimento per altri giorni nell'anno.

Al mezzogiorno il Sole si trova nel piano contenente il disco (l'angolo Ectemoro = 90°) e l'ombra dello gnomone diventa di lunghezza infinita : per questo motivo la meridiana non è adatta a segnare le ore in prossimità del mezzogiorno.

33.6.4 Orologi solari di altezza realizzati su un cilindro verticale con gnomone orizzontale (come la m. "del Pastore")

Una meridiana equivalente si può realizzare con un cilindro disposto orizzontalmente con l'asse lungo la direzione Est-Ovest e con uno gnomone imperniato a questo asse (Fig. 7).
Lo gnomone può essere unico disposto sulla mezzeria del cilindro o essere doppio e disposto ad entrambe le estremità del cilindro.
Le linee diurne sono le generatrici del cilindro parallele alla direzione fondamentale.

Per utilizzare l'orologio solare:
–   ruotare lo gnomone sino a portarlo in corrispondenza della linea diurna che interessa;
–   ruotare il cilindro attorno al suo asse sino a quando l'ombra dello gnomone diventa parallela alla linea Est-Ovest, cioè cade esattamente sulla linea diurna relativa al giorno voluto;
–   leggere l'ora sulla linea oraria passante per l'estremo dell'ombra dello gnomone.

Le linee orarie possono essere costruite con il seguente procedimento:
–   dato il giorno e l'ora si calcola la declinazione δ e l'angolo orario ω ;
–   con la relazione (1) si calcola il valore di $\lambda 1$ (a. Ectemoro);
–   la lunghezza dell'ombra vale $L = \rho/\tan(\lambda 1)$ ove ρ è la lunghezza dello gnomone;
–   si ripete il procedimento per altri giorni nell'anno.

Al mezzogiorno il Sole si trova nel piano contenente lo gnomone la cui ombra si riduce a un punto: la circonferenza su cui ruota lo gnomone è la linea oraria del mezzogiorno.

Questa meridiana, **che ricordo è Latitudine indipendente**, fu già realizzata dagli arabi ed è descritta in un manoscritto sugli strumenti astronomici dell'astronomo arabo Abouol Hhassan Alí detto al-Marrakushi (1280 d.C.)

Partendo dalla meridiana su cilindro e sviluppandone la superficie in piano si può costruire una meridiana su una tavoletta rotante (come per la M. del pastore).

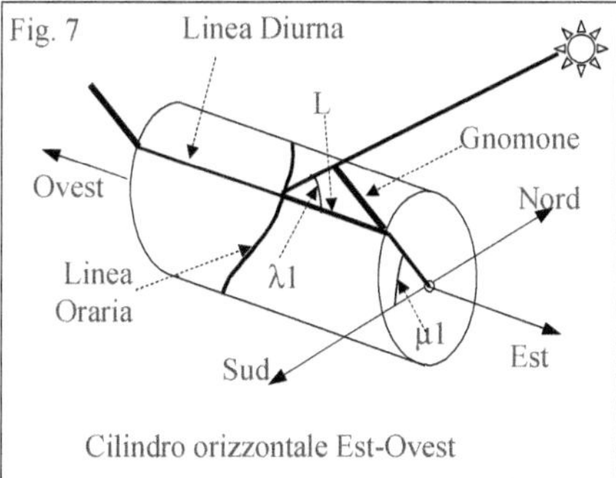

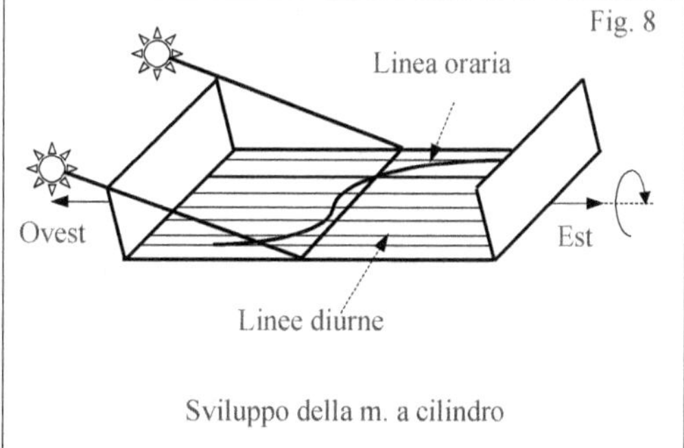

In questo caso :
- la tavoletta deve poter ruotare attorno all'asse Est-Ovest;
- le linee diurne sono segmenti paralleli alla direzione fondamentale;
- lo gnomone è perpendicolare alla tavoletta e deve poter essere spostato al variare del giorno in corrispondenza della relativa linea diurna;
- per leggere l'ora si ruota la tavoletta sino a quando l'ombra dello gnomone coincide con la linea diurna del giorno considerato.

Una variante di questo tipo ha lo gnomone realizzato con una piastrina perpendicolare al piano : l'ora si legge sulla linea diurna quando, ruotando la tavoletta, l'ombra della piastrina è esattamente compreso fra le linee diurne (Fig. 8).

33.6.5 Orologi solari di altezza ad anello verticale con foro fisso o mobile

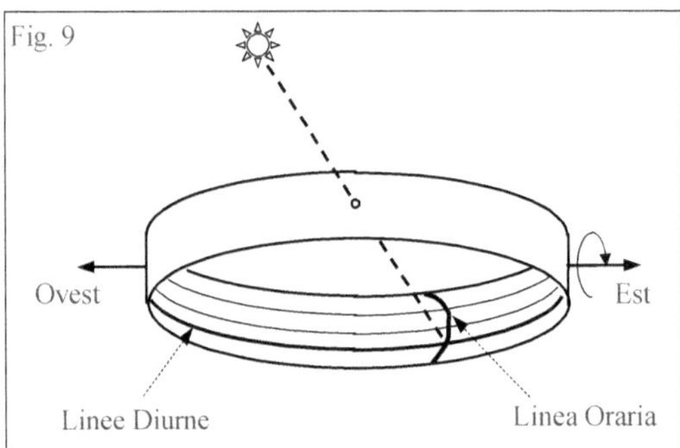

Una meridiana equivalente si può realizzare con un anello disposto in modo da avere un diametro lungo la direzione Est-Ovest attorno al quale può ruotare.
Le linee diurne sono cerchi paralleli sulla superficie interna dell'anello
Per utilizzare l'orologio occorre :
- ruotare l'anello sino a portare il raggio del Sole entrante nel foro in corrispondenza della linea diurna che interessa;
- leggere l'ora sulla linea oraria passante per il punto in cui cade il raggio di Sole.

33.7 Orologi solari che utilizzano l'angolo meridiano $\mu 1$, altezza del cerchio ectemoro

33.7.1

Dato che l'angolo Meridiano $\mu 1$ é misurato su un piano Meridiano, allora un orologio solare che basa il suo funzionamento su di esso deve essere fisso rispetto alla sfera celeste e quindi rispetto al piano orizzontale.

Per la proprietà per cui in un certo istante la somma $(\mu 1 + \varphi)$ è costante, si ha che un orologio solare basato su $\mu 1$ può essere utilizzato anche in località con latitudine diversa da quella per cui è stato calcolato: è sufficiente ruotare il quadrante attorno alla direzione Est-Ovest della differenza fra le due latitudini.
Queste meridiane sono simmetriche rispetto alla linea equinoziale.

Elenco alcune fra le più comuni meridiane azimutali e descrivo le corrispondenti meridiane utilizzanti l'angolo Meridiano oltre ad alcune varianti.

33.7.2 Orologio solare azimutale orizzontale con asta verticale

Una meridiana equivalente si può realizzare disponendo un piano (una piastra o un rettangolo) verticalmente nel piano del meridiano (Fig. 10).
Lo gnomone è costituito da una asta orizzontale parallela alla linea Est-Ovest.
L'orologio è disegnato sulle due facce del piano: su una faccia le linee orarie relative al mattino e sull'altra quelle del pomeriggio. Anche l'asta deve estendersi da entrambi i lati Est e Ovest..
Le linee orarie possono essere disegnate in forme diverse: quelle più semplici sono cerchi concentrici

Per utilizzare l'orologio solare basta leggere l'ora che individua la linea oraria passante per il punto ove l'ombra dell'asta interseca la linea diurna interessata.

Le linee diurne possono essere costruite con il seguente procedimento:
- dato il giorno e l'ora si calcola la declinazione δ e l'angolo orario ω;

- con la precedente relazione (4) (§ 33.4.2) si calcola il valore di $\mu1$;
- il punto della linea diurna cercato è nella intersezione della linea oraria con la semiretta che delimita l'angolo $\mu1$;
- si ripete il procedimento per altri giorni nell'anno.

Una variante curiosa è la seguente (Fig. 11):
- si realizza il piano di materiale trasparente (ad es. plexiglas) con sopra disegnate le linee orarie e diurne oppure si costruiscono queste linee di filo metallico realizzando una specie di rete metallica verticale;
- si dispone sul piano orizzontale su cui appoggia il quadrante una linea in direzione Est-Ovest
- per leggere l'ora si fa scorrere un dito (o altro oggetto in funzione delle dimensioni) lungo la linea diurna relativa al giorno: quando l'ombra cade sulla linea Est-Ovest tracciata si è in corrispondenza della linea oraria che indica l'ora.

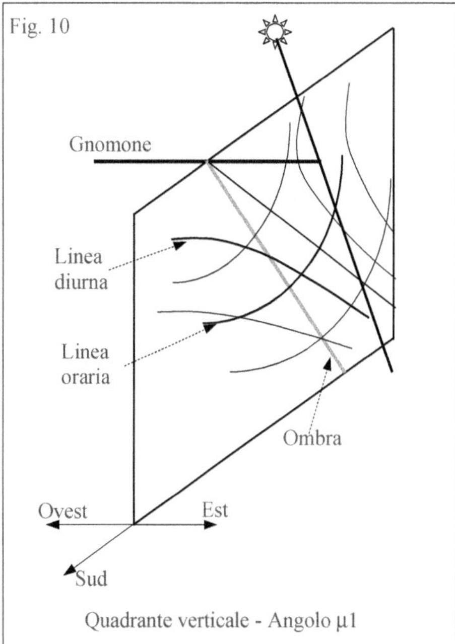

Quadrante verticale - Angolo $\mu1$

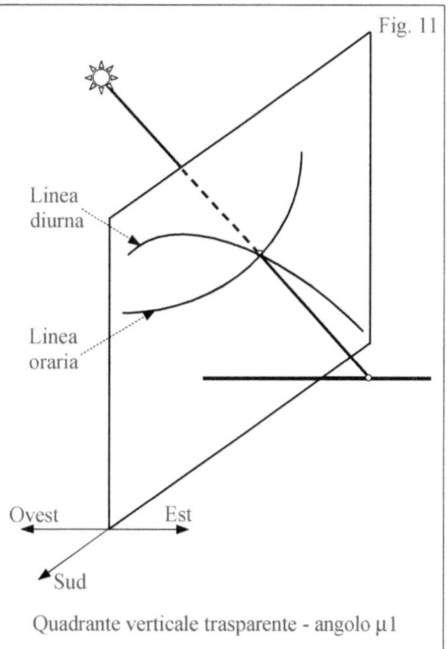

Quadrante verticale trasparente - angolo $\mu1$

Questo tipo di orologio solare (in materiale trasparente) si può trasformare, con qualche difficoltà, anche in Azimutale: il piano diventa orizzontale (e deve essere sospeso ad una certa altezza) e la direzione su cui far cadere l'ombra è verticale. Potrebbe essere realizzato come un "tetto" sotto al quale passa l'osservatore (ad esempio un bambino) che fa scorrere un dito sulla linea diurna alzando il braccio.

33.7.3 Orologio solare azimutale su piano o su cilindro verticale: asta verticale

Una meridiana equivalente si può realizzare disponendo un piano (una piastra o un rettangolo) verticalmente nel piano Est-Ovest (Primo Verticale) (Fig. 12). Lo gnomone è una asta orizzontale parallela alla linea Est-Ovest disposta davanti al piano (a Sud di esso) (può essere il bordo di una piastra che funziona quasi da tetto sporgente).
L'orologio indica le ore solo quando il Sole si trova a Sud del Primo Verticale.
Le linee orarie possono essere linee verticali .

Per utilizzare l'orologio solare basta leggere l'ora che individua la linea oraria che passa per il punto ove l'ombra dell'asta interseca la linea diurna interessata.
Anche in questo caso si può utilizzare un materiale trasparente ed agire come indicato sopra.

Invece di un piano si può utilizzare la superficie interna di un mezzo cilindro orizzontale con l'asse in direzione Est-Ovest. L'asta orizzontale coincide con l'asse del cilindro e le linee orarie possono essere semicerchi disegnati sulla superficie interna.

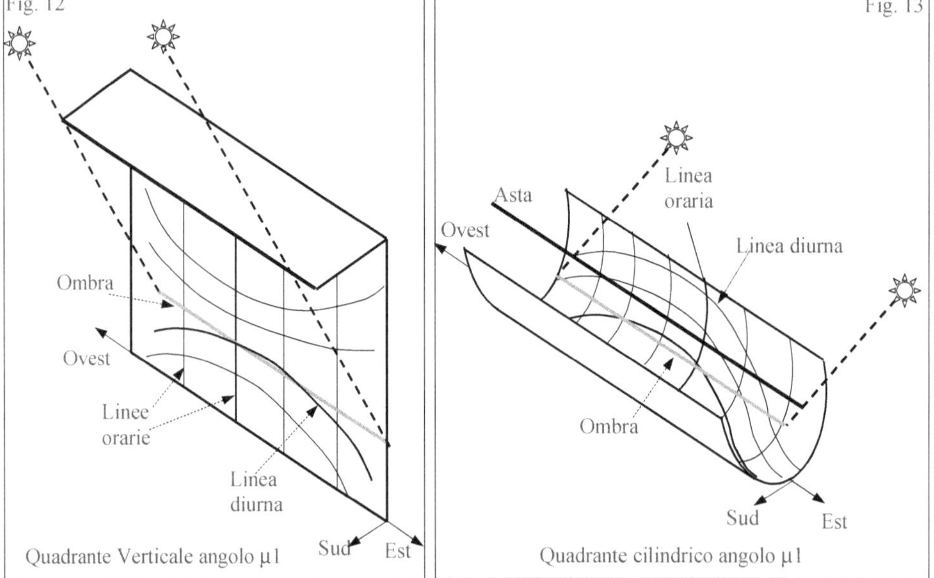

33.7.4 Un semplice orologio solare a gnomone mobile

Si può costruire una meridiana, basata sull'angolo Meridiano µ1,   equivalente alla classica meridiana analemmatica orizzontale.

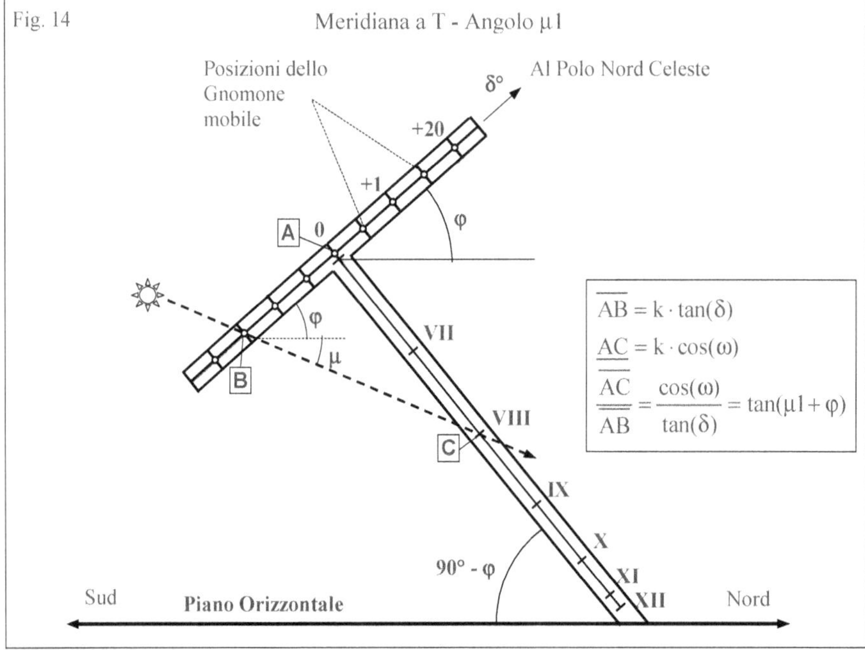

$$\overline{AB} = k \cdot \tan(\delta)$$

$$\overline{AC} = k \cdot \cos(\omega)$$

$$\frac{\overline{AC}}{\overline{AB}} = \frac{\cos(\omega)}{\tan(\delta)} = \tan(\mu 1 + \varphi)$$

Mentre la forma della meridiana analemmatica riflette le ellissi in cui i paralleli celesti, percorsi dal Sole nelle diverse stagioni, si proiettano sul piano orizzontale, nel caso che ora consideriamo questi paralleli si proiettano sul piano Meridiano (piano che equivale all'orizzonte per la coordinata $\mu 1$) come segmenti paralleli allo Equatore celeste.

L'orologio che ne risulta è molto semplice sia per costruzione che utilizzo ed è mostrato in Fig. 14.

Per leggere l'ora è sufficiente spostare l'asta che getta l'ombra (che deve essere normale al piano della meridiana e quindi orizzontale nella direzione Est-Ovest) nel punto corrispondente al valore della declinazione δ del Sole nel giorno di osservazione.

Ovviamente la scala delle δ può essere sostituita con una scala delle date.

La semplicità di questo orologio solare lo rende idoneo ad essere posto in un parco pubblico (costruito ad esempio in metallo o cemento) per essere usato dai bambini inserendo una cannuccia, una matita od altro nei diversi fori delle date.

Questa meridiana, alla quale sono giunto attraverso lo studio delle coordinate Tolemaiche, fu descritta, come parte di una doppia meridiana con la possibilità di auto orientarsi, da M. Antoine Parent nel 1701. In epoca più recente il lavoro di Parent è stato descritto da L. Janin in un articolo del 1975.

Breve bibliografia

Fred W. Sawyer, *Ptolemaic Coordinate Sundials* , "The Compendium" , Vol. 5 - Num. 3, September 1998
Ferrari Gianni, *Some sundials based on Ptolemaic coordinates*, "The Compendium" , Vol. 6 - Num. 1, March 1999
Ferrari Gianni, *Alcune meridiane basate sulle coordinate tolemaiche*, Atti del IX° Seminario Nazionale di Gnomonica, 1999
L.Janin, *Un cadran solaire oublié* , "ORION" - Bulletin de la Societé Astronomique de Suisse , Décembre 1975
Neugebauer Otto , *Le scienze esatte nell'antichità*, Feltrinelli 1974

Tolomeo

33.8 Un metodo antico: l'analemma di Vitruvio

Per fare un confronto, ovviamente parziale, fra l'uso della trigonometria sferica e le possibilità di calcolo che offrono le formule che da essa derivano e i metodi puramente geometrici e della trigonometria piana, cercherò di descrivere il modo di operare, per la ricerca dei vari elementi di un orologio solare, utilizzato nell'antichità a partire dal II° - III° secolo a.C. e precisamente il metodo dell'analemma di Vitruvio [1].

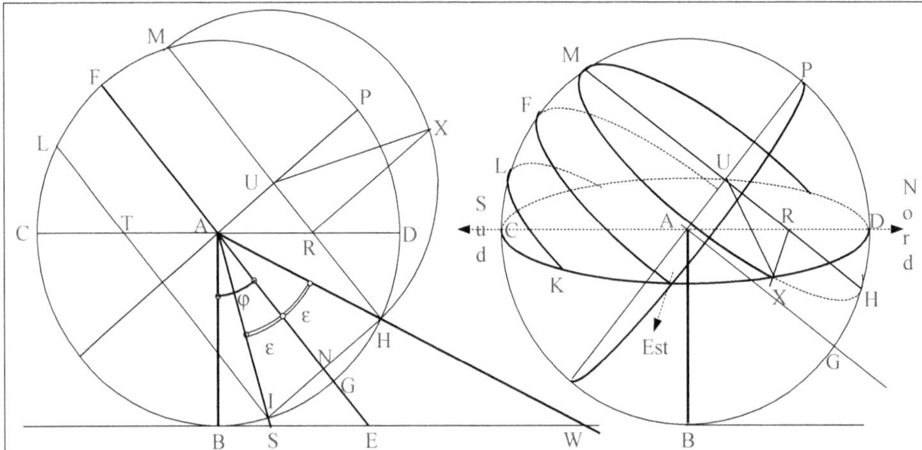

L'analemma è la proiezione sul piano della sfera celeste

A destra è rappresentata la sfera celeste che circonda l'osservatore posto in A:
- il piano CKD è il piano dell'orizzonte
- AP è la direzione del Polo Nord celeste
- il cerchio per F è la traccia dell'Equatore Celeste

L'analemma è la proiezione dalla direzione Est Ovest
- i cerchi per L e M sono i paralleli all'Equatore percorsi dal Sole ai Solstizi
- il semicerchio MXH nell'analemma è il ribaltamento attorno al diametro MH del parallelo MXH avente declinazione +ε

Fig. 15

Anche se il nome di "*analemma*" viene quasi sempre associato, in particolare dai cultori di orologi solari, a una particolare costruzione descritta da Vitruvio, esso indica correttamente una insieme di metodi di geometria descrittiva con i quali i problemi relativi alla sfera celeste sono ricondotti a problemi geometrici e di trigonometria piana [2].
In altre parole con i "metodi di analemma" é possibile ricondurre i problemi tridimensionali a problemi piani senza quindi la necessita dell'uso della trigonometria sferica.
Questi metodi furono molto usati sia dai matematici e dagli astronomi del periodo greco-alessandrino (II-III° secolo a.C), sia nella matematica indiana fiorita nei primi secoli della nostra era.

L'analemma descritto da Vitruvio nel libro IX della sua opera "*De Architectura*" è una particolare proiezione ortografica della sfera celeste sul piano meridiano del luogo di osservazione e serve per determinare l'altezza e l'Azimut del Sole in una ora qualunque di un qualunque giorno dell'anno, l'ora del sorgere e del tramontare del Sole e la durata dell'ora temporaria.

---

[1] Tolomeo in un suo trattato utilizza e sviluppa in modo scientifico e critico il metodo dell'analemma che, anche se descritto per la prima volta da Vitruvio, che lo dà come noto e scontato, è certamente di derivazione ellenistica, probabilmente dovuto a Ipparco.

[2] Nei paesi di lingua inglese viene erroneamente chiamata "*analemma*" la curva a forma di lemniscata che indica il tempo medio sulle linee meridiane.

La descrizione data nel "De Architectura" è abbastanza sintetica e manca delle indicazioni su quali risultati si possono ottenere applicando l'analemma e sul come utilizzare tali risultati: per questo non mi limiterò a una pura traduzione ma procederò nella descrizione utilizzando un metodo più moderno.
Nelle descrizioni che seguono scriverò in *corsivo* i nomi e le definizioni riportate da Vitruvio.

Con riferimento alle Fig. 15, 16:

- disegniamo una retta orizzontale e portiamo un segmento AB di lunghezza generica = ρ ad essa perpendicolare: è questo lo *Gnomone* ;
- portiamo sulla retta orizzontale un segmento BE di lunghezza uguale alla lunghezza dell'ombra dello gnomone al mezzogiorno nei giorni degli Equinozi, nella località che interessa [3] .
  Essendo Lunghezza_Ombra = $\rho \cdot \tan(\varphi)$ si ha che l'angolo BAE è uguale alla Latitudine φ del luogo.

- Tracciamo un cerchio avente centro nel punto A e raggio AB = ρ : è questo il *cerchio Meridiano*;
- disegniamo la retta AE che lo incontra in F e G (FG è la proiezione dell'Equatore celeste);
- disegniamo il diametro (orizzontale) CD: è questo l'*orizzonte* ;
- disegniamo il diametro perpendicolare a FG e passante per P che rappresenta l'*asse*, cioè la proiezione dell'asse polare, con il punto P che rappresenta il polo Nord Celeste.
- L'angolo DAG = CAF rappresenta l'altezza del Sole a mezzogiorno nei giorni degli Equinozi = (90°–φ).
- Prendiamo sulla circonferenza *un arco di lunghezza uguale a 1/15 della circonferenza* e riportiamolo ai lati del punto G: troviamo così i punti H e I [4] .

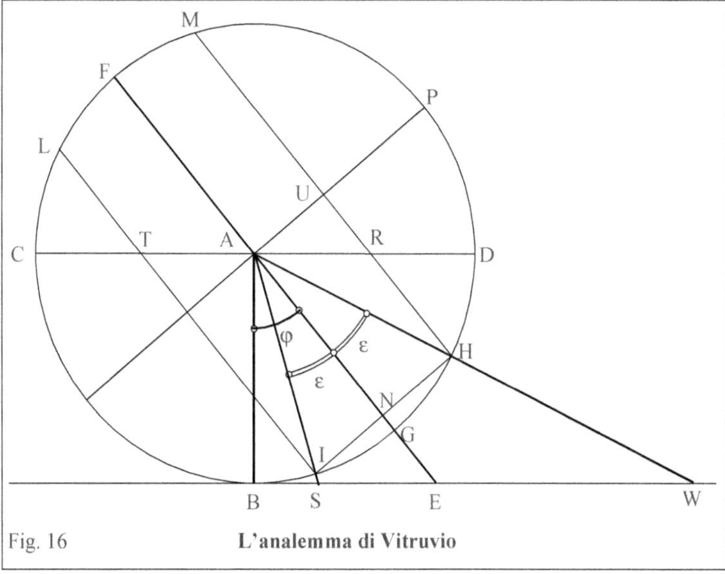
Fig. 16   **L'analemma di Vitruvio**

- Prolunghiamo i raggi AI sino ad S, AG sino ad E ed AH sino a W. Gli angoli SAE e EAW sono uguali a ε mentre BAE è uguale alla latitudine φ;

---

[3] I valori dati da Vitruvio per alcune città sono i seguenti

Roma	BE =	8/9 di BA a cui corrisponde una Latitudine =	41.63°
Atene		3/4	36.87°
Rodi		5/7	35.54°
Taranto		9/11	39.29°
Alessandria		3/5	30.97°

[4] L'angolo di valore = 360° / 15 = 24° rappresenta il valore approssimato della inclinazione ε dell'Eclittica sull'Equatore Celeste . Il valore esatto ai tempi di Vitruvio (circa 50 d.C.) era, secondo i calcoli moderni, di 23° 41'.

- BS è la lunghezza dell'ombra al mezzogiorno nel Solstizio Estivo e gli angoli BSA= DAS=MAC sono uguali all'altezza massima in questo giorno = (90°–φ+ε);
- BW è la lunghezza dell'ombra al mezzogiorno nel Solstizio invernale e gli angoli BWA=DAW=LAC sono uguali all'altezza massima del Sole in questo giorno = (90°–φ–ε).
- Disegniamo poi le corde HM e IL parallele all'Equatore FG: sono le proiezioni dei paralleli celesti percorsi dal Sole ai solstizi. Quindi quando il Sole percorre i paralleli con δ =–ε, = 0, =+ε dobbiamo immaginarlo percorrere sull'analemma le corde IL, FG e MH. Esso si troverà al di sotto dell'orizzonte quando è al di sotto del diametro CD per cui i punti T, A, R rappresentano i punti in cui il Sole sorge e tramonta rispettivamente nel Solstizio invernale, agli Equinozi e nel Solstizio estivo.
  In queste date quindi il Sole percorre, durante il giorno-chiaro, gli archi TL, AF e RM.

- Tracciamo ora il segmento HI che incontra il diametro Equinoziale FG nel punto N. Il segmento HI da Vitruvio è chiamato *Logotomo*.

Prima di proseguire diamo in forma moderna le espressioni, ricavabili facilmente, delle lunghezze dei vari segmenti.

$$AB = \rho \qquad\qquad B\hat{A}G = \varphi \qquad\qquad H\hat{A}G = G\hat{A}S = \varepsilon$$

$$\overline{BE} = \rho \cdot \tan(\varphi) \qquad \overline{BS} = \rho \cdot \tan(\varphi - \varepsilon) \qquad \overline{BW} = \rho \cdot \tan(\varphi + \varepsilon)$$

$$\overline{HN} = \rho \cdot \mathrm{sen}(\varepsilon) \qquad \overline{AN} = \rho \cdot \cos(\varepsilon)$$

Disegniamo il cerchio con centro in N e raggio NH: è questo il *cerchio dei mesi* (Fig. 17).

- L'angolo END = λ, avente vertice in N, rappresenta la Longitudine Eclitticale del Sole che ha origine nel punto Vernale (Equinozio di Primavera), punto D in figura.
  La Longitudine aumenta di circa 1° al giorno [5] e quindi di 30° per ogni segno Zodiacale.
  Ad esempio se il Sole è in D al giorno dell'Equinozio di Primavera (quando entra nel segno dell'Ariete) si troverà nel punto E, con END = 30°, nel giorno in cui entra nel segno del Toro e così via.

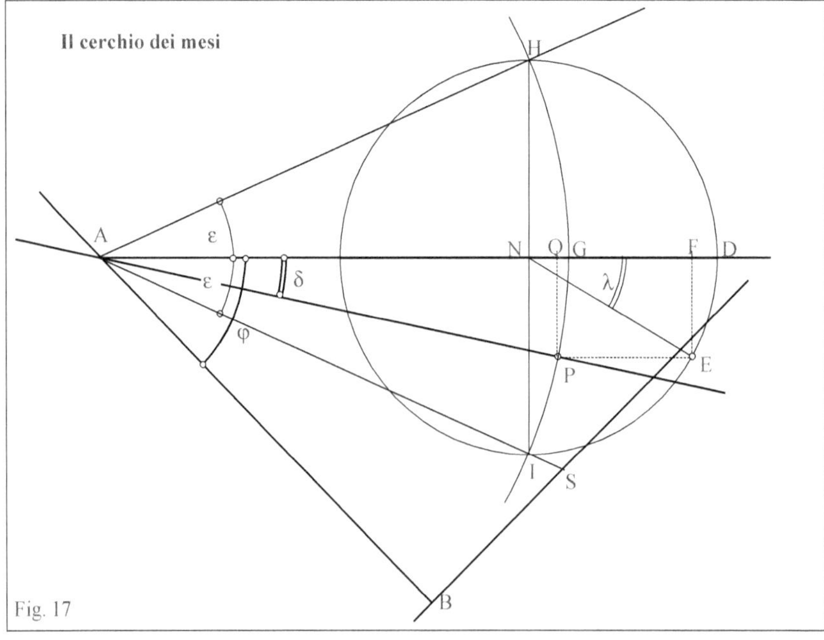

–   Dal punto E abbassiamo la perpendicolare ad AD, ottenendo il punto F, e infine mandiamo da E la parallela ad AD ; sia P il punto dove incontra la circonferenza del meridiano. L'angolo DAP è uguale al valore assunto dalla declinazione δ del Sole nel giorno in cui ha la Longitudine Eclitticale = λ.

Si ha infatti:

$$\overline{HN} = \overline{NE} = \rho \cdot sen(\varepsilon) \qquad\qquad \overline{EF} = \rho \cdot sen(\varepsilon) \cdot sen(\lambda)$$

Essendo poi dal triangolo APQ: $\overline{PQ} = \overline{EF} = \rho \cdot sen(\delta)$ si ottiene la relazione

$$sen(\delta) = sen(\varepsilon) \cdot sen(\lambda) \quad \text{che è la relazione che lega le tre grandezze } \lambda, \varepsilon, \delta .$$

In conclusone utilizzando il *cerchio dei mesi* si può facilmente trovare la declinazione δ del Sole in un giorno qualsiasi dell'anno e, prolungando la AP, trovare sulla retta di base (Fig. 16) la lunghezza dell'ombra del Sole al mezzogiorno in un giorno qualunque dell'anno.

Vediamo ora come sia possibile ottenere dall'analemma l'angolo orario del Sole al tramonto, la durata dell'ora e le altezze del Sole in un'ora qualunque di un giorno qualunque.

Ripetiamo la figura dell'analemma iniziale (Fig. 16) considerando una declinazione del Sole δ invece dei valori assunti nei Solstizi ($\delta = \varepsilon$) (Fig. 18)

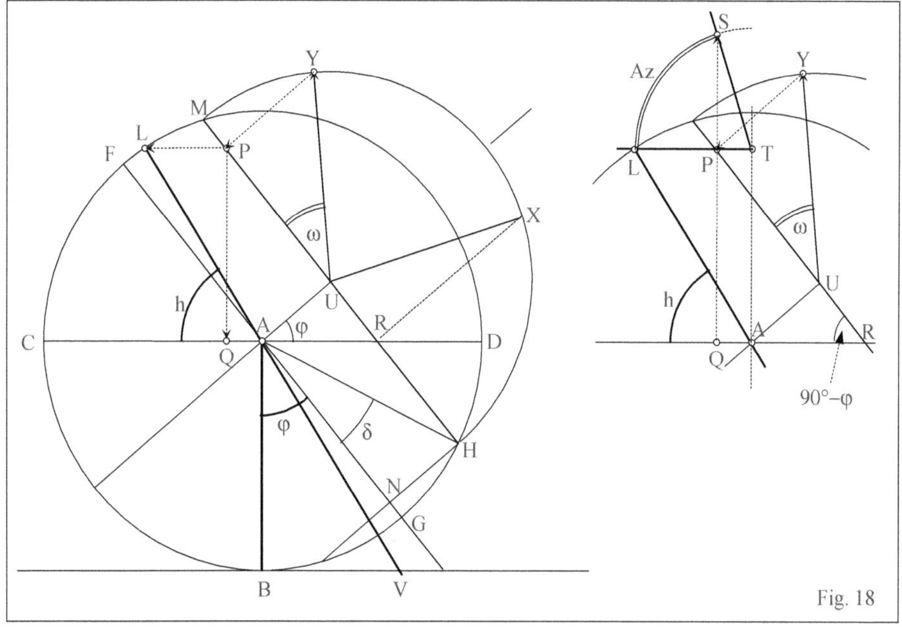

Fig. 18

$$U\hat{A}D = \varphi \qquad\qquad \overline{AU} = \overline{NH} = \rho \cdot sen(\delta) \qquad\qquad \overline{UH} = \overline{AN} = \rho \cdot cos(\delta)$$

$$\overline{AR} = \frac{\overline{AU}}{cos(\varphi)} = \rho \cdot \frac{sen(\delta)}{cos(\varphi)} \qquad\qquad \overline{UR} = \overline{AU} \cdot tan(\varphi) = \rho \cdot sen(\delta) \cdot tan(\varphi)$$

–   disegniamo il semicerchio avente centro nel punto U e raggio UH che rappresenta la proiezione del parallelo della sfera celeste (con declinazione = δ) su cui si muove il Sole nel giorno considerato;

–   disegniamo la normale RX. Se chiamiamo α l'angolo RUX si ricava;

$$\frac{\overline{UR}}{\overline{UX}} = \frac{\overline{UR}}{\overline{UH}} = cos(\alpha) = \frac{\rho \cdot sen(\delta) \cdot tan(\varphi)}{\rho \cdot cos(\delta)} = tan(\varphi) \cdot tan(\delta) \quad \text{e quindi essendo}$$

$$M\hat{U}X = 180° - \alpha \quad \text{si ha} \quad cos(M\hat{U}X) = -cos(\alpha) = -tan(\varphi) \cdot tan(\delta)$$

che ci dice che l'angolo MUX è l'angolo orario dell'alba e del tramonto del Sole (semi arco diurno).

– Dividendo l'arco MX (o l'angolo MUX) per 6 si ottiene la lunghezza dell'ora temporaria nel giorno considerato in cui il Sole ha la declinazione δ ;

– consideriamo ora un angolo MUY, che indico con ω, al centro del semicerchio MYXH ;

– abbassiamo la perpendicolare YP e dal punto P così trovato portiamo la parallela PL all'orizzonte e la normale ad esso PQ .

Si ricavano le relazioni:

$$\overline{PU} = \overline{UY} \cdot \cos(\omega) = \rho \cdot \cos(\delta) \cdot \cos(\omega)$$

$$\overline{PR} = \overline{PU} + \overline{UR} = \rho \cdot \left[\cos(\delta) \cdot \cos(\omega) + \operatorname{sen}(\delta) \cdot \tan(\varphi)\right]$$

$$\overline{PQ} = \overline{PR} \cdot \cos(\varphi) = \rho \cdot \left[\cos(\delta) \cdot \cos(\omega) \cdot \cos(\varphi) + \operatorname{sen}(\delta) \cdot \operatorname{sen}(\varphi)\right] \quad \text{e infine}$$

$$\overline{PQ}/\rho = \operatorname{sen}(h) \quad \text{e} \quad \text{quindi} \quad L\hat{A}C = h$$

Le relazioni trovate ci dicono che l'angolo indicato con ω è l'angolo orario del Sole.

Quindi data l'ora del giorno si può ricavare l'angolo orario ω e, con la costruzione descritta, l'altezza del Sole.

Prolungando il raggio LA sino alla retta di base si ottiene la lunghezza BV dell'ombra dello gnomone nell'ora (ω) e nel giorno (δ) dati.

Un procedimento per trovare l'Azimut del Sole è il seguente (Fig. 18 a destra):

– prolunghiamo il diametro BA sino a raggiungere nel punto T l'orizzontale PL;

– disegniamo un arco di cerchio LS con centro in T e raggio TL;

– prolunghiamo la verticale QP sino a tale arco (punto S);

– l'angolo LTS è l'Azimut del Sole.

Infatti si ha:

$$\overline{TL} = \rho \cdot \cos(h)$$

$$\overline{TP} = \overline{QA} = \overline{QR} - \overline{RA} = \rho \cdot \left\{\overline{PR} \cdot \operatorname{sen}(\varphi) - \overline{AR}\right\} =$$

$$\rho \cdot \left\{\left[\cos(\delta) \cdot \cos(\omega) + \operatorname{sen}(\delta) \cdot \tan(\varphi)\right] \cdot \operatorname{sen}(\varphi) - \frac{\operatorname{sen}(\delta)}{\cos(\varphi)}\right\} =$$

$$\rho \cdot \left\{\cos(\delta) \cdot \cos(\omega) \cdot \operatorname{sen}(\varphi) - \cos(\varphi) \cdot \operatorname{sen}(\delta)\right\} = \rho \cdot \cos(h) \cdot \cos(Az) \quad \text{e infine}$$

$$\cos(S\hat{T}L) = \frac{\overline{TP}}{\overline{TS}} = \frac{\overline{QA}}{\overline{TL}} = \frac{\rho \cdot \cos(h) \cdot \cos(Az)}{\rho \cdot \cos(h)} = \cos(Az)$$

In conclusione se sono noti la Latitudine del luogo φ e la Longitudine Eclitticale λ del Sole (che si può immediatamente ricavare dal giorno dell'anno che interessa) mediante l'uso dell'analemma si possono ricavare [6]:

– la declinazione δ del Sole;

– l'angolo orario del Sole al tramonto e al sorgere (semi arco diurno);

– la lunghezza dell'ora temporaria;

– l'altezza del Sole ;

– l'Azimut del Sole in un ora qualsiasi o quando il Sole ha un angolo orario qualsiasi.

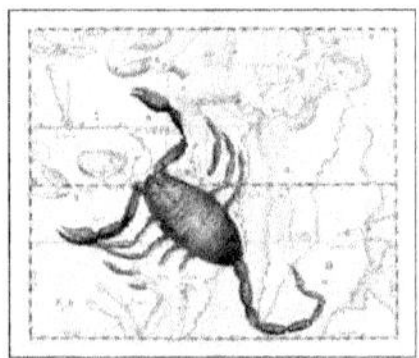

---

[6] Tutte le relazioni, le figure e i procedimenti riportati sono state ricavate dall'autore sulla base soltanto della figura dell'analemma , incompleto, riportata in una traduzione (inglese) non commentata del "De Architectura" . Quasi certamente vi sono costruzioni diverse e migliori per ricavare i vari elementi.

Parte XIII

LA GEOMETRIA DELLA SFERA

Capitolo 34
LA GEOMETRIA DELLA SFERA

Premessa

Ho chiamato, forse un po' pomposamente, "Geometria della sfera" lo studio che segue e che tratta di un me--todo geometrico-trigonometrico che è possibile usare per la ricerca di molte relazioni che si incontrano in gnomonica.

Ritengo che questo metodo sia abbastanza intuitivo in quanto permette di rappresentare, e quasi di vedere, le diverse grandezze geometriche, le relazioni fra i piani e le linee, gli angoli fra questi elementi, ecc.

Inoltre, pur essendo questo modo di operare utilizzato talvolta da alcuni autori, non è mai stato descritto in dettaglio in nessun testo di gnomonica degli ultimi anni.

Ho diviso la trattazione in due parti: la prima comprendente le definizioni delle grandezze e la spiegazione delle basi del metodo, la seconda dedicata alle sue applicazioni legate alla gnomonica e ad alcuni esempi.

Non riporto qui le nozioni, a mio parere necessarie, che sono trattate nel precedente Capitolo 32- *Le Coordinate e la geometria sferica* a cui rimando il lettore.

34.1 Piano e sfera - Premessa

Consideriamo la superficie della Terra, che immagineremo una sfera perfetta di raggio R, e su di essa il reticolo dei meridiani e dei paralleli.

Sia P un punto sulla sfera che individua una data località di Latitudine φ_P e Longitudine λ_P : assumiamo per convenzione le longitudini positive per i punti a Ovest del punto P (Fig. 1).

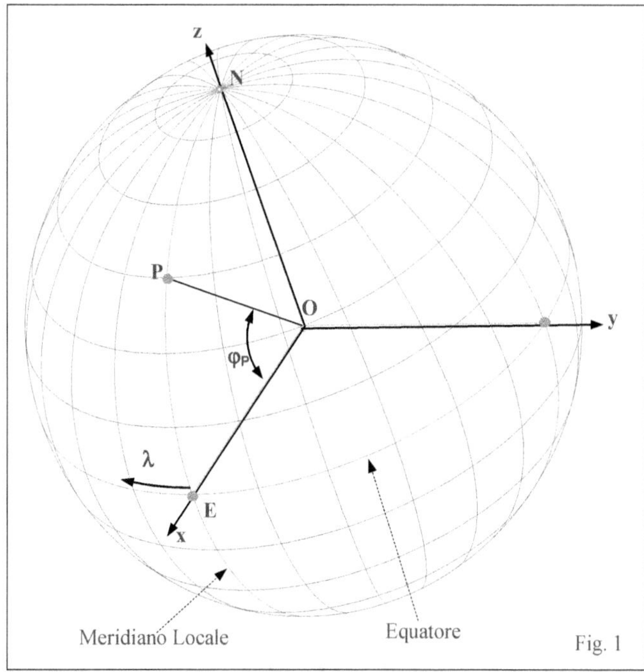

Su tale superficie prendiamo un sistema di coordinate cartesiane ortogonali con:
- origine O nel centro della Terra;
- asse z diretto dal centro O al Polo Nord geografico;

- piano degli assi x e y coincidente con il piano equatoriale;
- asse x appartenente al meridiano passante per la località P con Longitudine = 0°;
- asse y appartenente al meridiano con Longitudine = 90° Est.

Indichiamo infine con:

- N il Polo Nord geografico ;
- E il punto sull'Equatore con Long. = 0°;
- NPE il piano meridiano di P (meridiano fondamentale);
- OP la direzione della verticale in P.

Consideriamo ora un piano Π, posto nella località P ed avente una giacitura qualunque.
Siano al solito:

- i   la sua inclinazione zenitale, definita come l'angolo fra la verticale in P e la direzione della linea di massima pendenza del piano Π ;
- α   la declinazione del piano, definita come l'angolo compreso fra la normale **n** alla intersezione del piano Π con il piano orizzontale (piano tangente alla sfera in P) e l'intersezione del piano meridiano passante per P con il piano orizzontale. Misurata dalla direzione del Sud locale, in verso orario

Guardando il piano dalla direzione della normale **n** sopra definita, l'inclinazione si intende positiva se il piano si allontana dall'osservatore e negativa se si avvicina (piano reclinante).

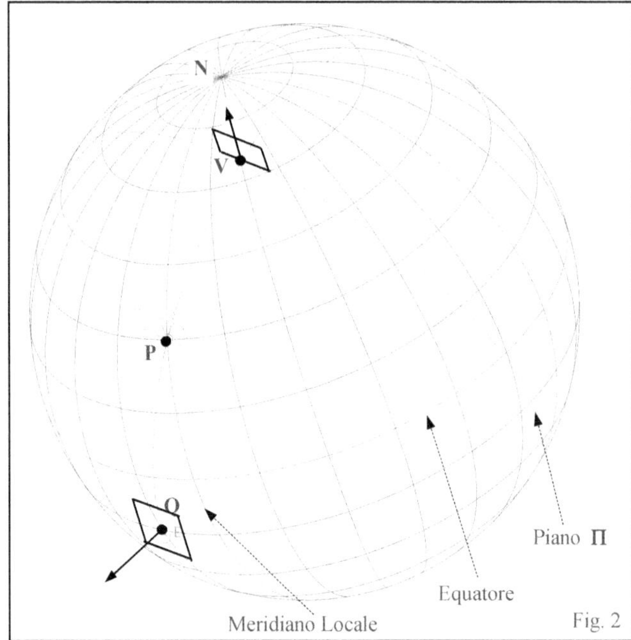

Se, movendoci sulla superficie della Terra, spostiamo il piano Π parallelamente a se stesso, possiamo trovare un punto Q in cui esso diventa tangente alla superficie, cioè normale al raggio vettore OQ.
Questo punto viene chiamato *punto equivalente* del piano Π (Fig. 2).
Il cerchio massimo sulla superficie della sfera *"equatore"* del *"polo"* Q, i cui punti distano quindi da Q di un quarto di cerchio massimo, rappresenta il piano Π stesso.
Se si posta il piano Π   parallelamente a se stesso sino a portarlo in uno dei punti di questo cerchio, il piano diventa verticale, cioè contiene il raggio uscente dal centro della Terra.

Cercherò ora di rappresentare sulla sfera le rette intersezioni fra i diversi piani (piano Π , piano meridiano, piano orizzontale nella località P, ecc.) e gli angoli compresi fra di essi, fra essi e le diverse rette, fra le rette intersezioni stesse e di ricavare le relazioni trigonometriche esistenti fra essi.

Applicherò in altre parole il metodo della "geometria della sfera" allo studio delle grandezze principali che si incontrano in gnomonica.

34.2   **La geometria della sfera e lo studio delle meridiane**

Consideriamo sulla superficie della sfera un sistema di coordinate (λ , φ) avente come poli i due punti **N** e **S**, che corrispondono all'asse terrestre, e come Equatore il cerchio massimo corrispondente al piano equatoriale della Terra e tracciamo il reticolo dei meridiani e dei paralleli (Fig. 3, 4).
Si ha che :

– il punto **N** corrisponde all'asse terrestre e quindi rappresenta la direzione verso il Polo Nord Celeste e quindi <u>rappresenta anche lo stilo polare di un orologio solare posto in un qualunque punto della Terra</u>;

– il cerchio dell'Equatore <u>rappresenta </u>un qualunque piano perpendicolare all'asse terrestre e quindi <u>il piano equatoriale di un orologio solare posto in un qualunque punto della Terra</u>;

– un cerchio massimo passante per il polo N , cioè un qualunque meridiano,<u> corrisponde</u> a un piano passante per l'asse terrestre e quindi <u>a un piano orario</u>;

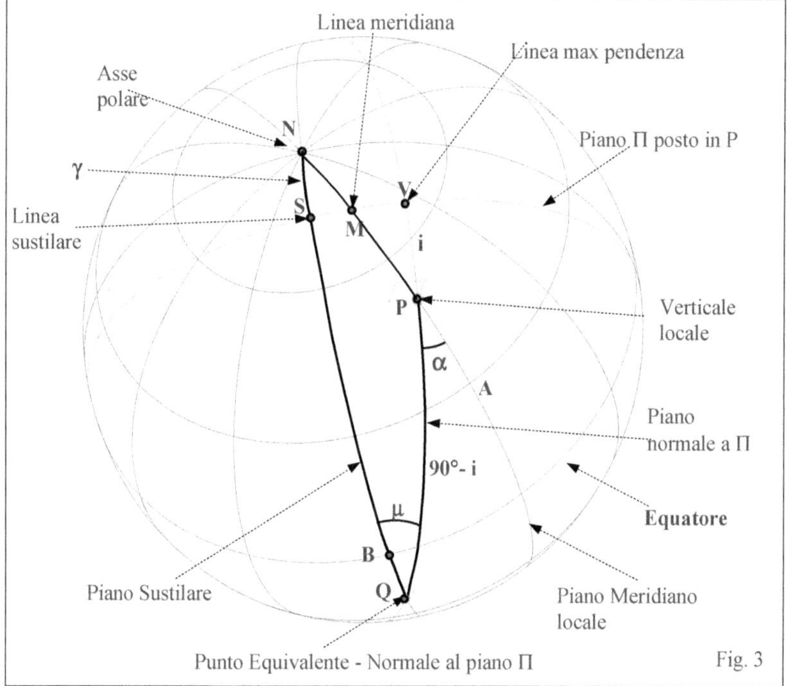

Fig. 3

– l'angolo fra due piani orari è uguale all'angolo fra i meridiani che li rappresentano e quindi alla differenza di longitudine fra di essi;

– la retta verticale in una località P avente coordinate (λ_P, φ_P) è rappresentata dal punto P avente uguali coordinate . <u>Il punto P rappresenta quindi anche la direzione dello zenit della località</u>;

– il piano orizzontale in una località P è rappresentato dal cerchio massimo che è "equatore" del "polo" **P**(λ_P, φ_P) (Fig. 4 cerchio W U T);

– un piano verticale qualunque nella località P è rappresentato da un qualunque cerchio massimo passante per il corrispondente punto P .

Indichiamo con Π un piano, posto nella località $P(\lambda_P, \varphi_P)$, avente declinazione α e inclinazione zenitale i. Sia **Q** il punto equivalente del piano, cioè il punto della superficie della Terra dove il piano Π, spostato parallelamente a se stesso, diventa tangente alla sfera, cioè diventa un piano orizzontale.

Si possono facilmente verificare i seguenti punti (Fig. 3, 4) :
– il punto **Q** (λ_Q, φ_Q), punto equivalente del piano Π, rappresenta la retta normale al piano stesso;

– spostando il piano Π parallelamente sino a farlo passare per il centro O della sfera, esso interseca la superficie nel cerchio massimo **V M S** che rappresenta il piano Π stesso. I punti di questo cerchio distano di 90° dal punto Q.

– Il cerchio **PN** corrisponde al meridiano della località P e l'arco PN è uguale all'angolo fra la verticale del luogo P e l'asse terrestre N.   Quindi $\widehat{PN} = 90\degree - \varphi_P$.

– Il cerchio **QN** corrisponde al piano orario passante per la normale Q al piano Π e quindi corrisponde al piano sustilare.

– $\widehat{SQ} = \widehat{NB} = 90°$

– L'arco $\widehat{QN} = 90\degree + \varphi_Q$ corrisponde all'angolo fra l'asse polare e la normale al piano e quindi φ_Q è uguale alla altezza dello stilo polare cambiata di segno.

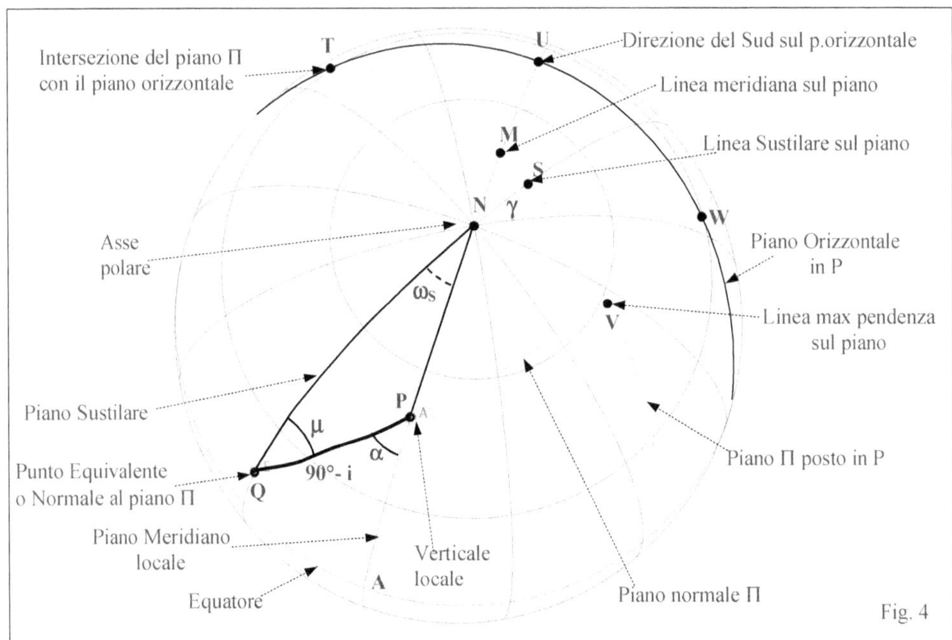

Fig. 4

– L'arco $\widehat{SN} = -\varphi_Q$ è l'altezza dello stilo γ, cioè l'angolo fra l'asse polare e il piano.

– Il cerchio **PQ** corrisponde al piano passante per la verticale del luogo (P) e la normale al piano orizzontale in (Q) e quindi è un piano normale sia al piano orizzontale in P che al piano Π.
La sua intersezione **V** con il piano Π rappresenta la linea di massima pendenza di tale piano.

– L'<u>arco</u> **PQ** è uguale all'angolo fra la normale a Π (Q) e la verticale del luogo (P) e quindi uguale al complemento della inclinazione zenitale **i** $\widehat{PQ} = 90^\circ - i$.

– L'angolo $\widehat{PNQ} = \lambda_Q - \lambda_P$ <u>è l'angolo orario del piano sustilare</u>.

– L'angolo $\widehat{APQ} = 180^\circ - \widehat{NPQ}$ è l'angolo compreso fra il piano meridiano in P (cerchio PA) e il piano normale a Π (cerchio PQ) e quindi <u>è uguale alla declinazione α del piano.</u>

Quindi :

– il punto **V** rappresenta la intersezione del piano Π con il piano ad esso normale QP. <u>V quindi rappresenta la retta di massima pendenza </u>sul piano Π;

– il punto **M** rappresenta la linea di intersezione del piano Π con il piano meridiano della località e quindi **M rappresenta la linea meridiana sul piano Π.** La linea sta nel piano meridiano e forma l'angolo $\widehat{MU} = \varphi_M$ con il piano orizzontale e l'angolo $\widehat{MN} = 90^\circ - \varphi_M$ con l'asse polare ;

– il punto **S** è l'intersezione del piano Π con il piano sustilare e quindi <u>S rappresenta la retta sustilare sul piano Π;</u>

– ovviamente i punti V, M, S distano 90° da Q e ciò vuol dire che le tre rette V, M, S sono a 90° alla normale al piano;

– l'arco **VM** è l'angolo fra la linea di massima pendenza e la linea meridiana sul piano;

– l'arco **VS** (= angolo SQV) è l'angolo μ fra la linea di massima pendenza e la sustilare sul piano;

– l'arco **MS** è l'angolo θ fra la linea meridiana e la sustilare sul piano;

– l'arco **VP** è il complemento di PQ e quindi VP = i ;

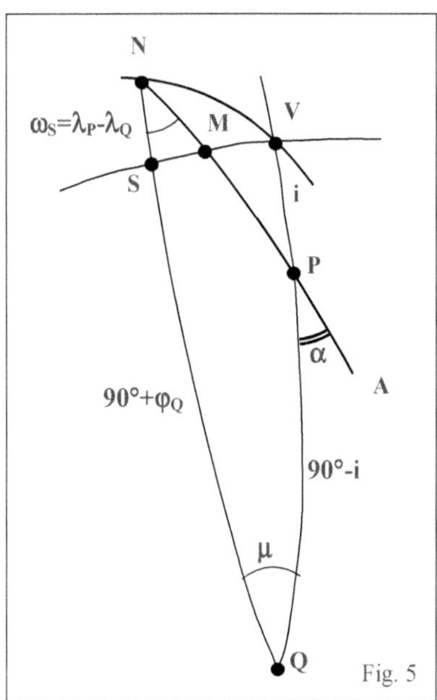

– $\widehat{VPM} = \alpha$, $\widehat{PVM} = 90^\circ$, $\widehat{PW} = \widehat{PU} = \widehat{VQ} = 90^\circ$.

Poiché **WUT** è il cerchio massimo "equatore" del polo " P e rappresenta il piano orizzontale in P si ha che:

– il punto **W** rappresenta l'intersezione del piano normale al piano Π con il piano orizzontale in P;

– il punto **U** <u>rappresenta</u> l'intersezione del piano meridiano con il piano orizzontale in P, quindi <u>la direzione del Sud.</u> Da notare che **NU** = φ ;

– il punto **T** rappresenta <u>l'intersezione del piano Π con il piano orizzontale in P;</u>

– l'arco **WU** = α .

33.3 Relazioni fra i diversi angoli quando sono noti la località e il piano.

Troviamo le relazioni fra le diverse grandezze esaminando i triangoli sferici aventi come vertici i punti P, Q, N, S, M, V (Fig. 5). Sono noti φ_P, $\lambda_P = 0^\circ$, i , α

Punto Equivalente **Q**

$$\sin(-\varphi_Q) = \sin(\gamma) = +\cos(\varphi_P) \cdot \cos(i) \cdot \cos(\alpha) - \sin(\varphi_P) \cdot \sin(i) \qquad \cos(\varphi_Q) = \cos(\gamma) = \frac{\sin(\alpha) \cdot \cos(i)}{\sin(\lambda_Q - \lambda_P)}$$

$$\sin(\lambda_Q - \lambda_P) = \text{sen}(\omega_S) = \frac{\sin(\alpha) \cdot \cos(i)}{\cos(\gamma)}$$

$$\cos(\lambda_Q - \lambda_P) = \cos(\omega_S) = \frac{\cos(\alpha) \cdot \cos(i) \cdot \sin(\varphi_P) + \sin(i) \cdot \cos(\varphi_P)}{\cos(\gamma)}$$

Angolo **μ** fra sustilare e linea di massima pendenza

$$\sin(\mu) = \frac{\cos(\varphi_P)}{\cos(i)} \cdot \sin(\omega_S) = \frac{\text{sen}(\alpha) \cdot \cos(\varphi_P)}{\cos(\gamma)}$$

$$\cos(\mu) = \cos(\alpha) \cdot \cos(\omega_S) + \text{sen}(\varphi) \cdot \text{sen}(\alpha) \cdot \text{sen}(\omega_S) = \frac{\cos(i) \cdot \sin(\varphi_P) + \sin(i) \cdot \cos(\alpha) \cdot \cos(\varphi_P)}{\cos(\varphi_Q)}$$

$$\tan(\mu) = \frac{\text{sen}(\alpha)}{\cos(\alpha) \cdot \text{sen}(i) + \tan(\varphi_P) \cdot \cos(i)}$$

Angolo **VM** fra linea meridiana e linea di massima pendenza

$$\tan(\widehat{VM}) = \tan(\alpha) \cdot \sin(i) \quad ; \quad \cos(\widehat{VM}) = \frac{\cos(\alpha)}{\sin(\widehat{VMP})} \quad \text{con} \quad \cos(\widehat{VMP}) = \sin(\alpha) \cdot \cos(i)$$

Angolo **PM** fra la verticale in P e la linea di massima pendenza sul piano

$$\tan(\widehat{MP}) = \frac{\tan(i)}{\cos(\alpha)} \qquad \sin(\widehat{MP}) = \frac{\sin(i)}{\sin(\widehat{VMP})} = \cos(\widehat{VM}) \cdot \frac{\sin(i)}{\cos(\alpha)} = \frac{\text{sen}(\widehat{MV})}{\text{sen}(\alpha)}$$

Angolo **SM** = θ fra la sustilare e la linea meridiana sul piano

$$\cos(\theta) = \cos(\widehat{SM}) = \frac{\cos(\omega_S)}{\sqrt{\sin^2(\gamma) + \cos^2(\gamma) \cdot \cos^2(\omega_S)}}$$

$$\tan(\theta) = \sin(\varphi_Q) \cdot \tan(\omega_S) = \frac{\text{sen}(\alpha) \cdot \cos(i) \cdot \left\{ \cos(\alpha) \cdot \cos(i) - \tan(\varphi_P) \cdot \text{sen}(i) \right\}}{\text{sen}(i) + \tan(\varphi_P) \cdot \cos(\alpha) \cdot \cos(i)}$$

Punto **M** – Direzione della linea meridiana sul piano

$$\tan(\varphi_M) = \frac{\tan(i)}{\cos(\alpha)} \qquad \cos(\varphi_M) = -\frac{\text{sen}(\theta)}{\text{sen}(\omega_S)} \qquad \varphi_M = 90° - \varphi_P + \widehat{MP} \quad ; \quad \widehat{MU} = \varphi_M$$

Angolo **VN** fra lo stilo polare e la linea di massima pendenza

$$\cos(\widehat{VN}) = \sin(\varphi_V) = +\cos(i) \cdot \sin(\varphi_P) + \cos(\alpha) \cdot \sin(i) \cdot \cos(\varphi_P)$$

Angolo **VNP** = Angolo orario della linea di massima pendenza

$$\widehat{VNP} = \lambda_V = \omega_{MP} \qquad \sin(\omega_{MP}) = \frac{\sin(i) \cdot \sin(\alpha)}{\cos(\varphi_V)}$$

Angolo **VNS** = Angolo fra la linea di massima pendenza e la sustilare

$$\widehat{VNS} = \widehat{VNP} + \omega_S \qquad \sin(\widehat{VNS}) = \frac{\sin(\mu)}{\text{sen}(\widehat{NV})}$$

Esempio

$\varphi = 46°$; $\alpha = 20°$; $i = 30°$ - Si trovano i valori:

$\gamma = -\varphi_Q = 11.867°$; $\omega_S = \lambda_Q = 17.618°$; $\mu = 14.050°$; $\theta = 3.736°$; $\varphi_M = 77.566°$; $\varphi_V = 71.686°$

$MV = 10.314°$; $VMP = 72.770°$; $MP = 31.567°$; $VN = 18.314°$; $VNP = 32.972°$; $VNQ = 50.590°$

34.4 Relazioni fra i diversi angoli quando sono noti la località P e il punto Q equivalente al piano

Sono quindi noti φ_P, φ_Q, λ_P, che per semplicità suppongo 0°, e $\lambda_Q = \omega_S$.

<u>Inclinazione i del piano</u>

$$\sin(i) = \sin(\varphi_P) \cdot \sin(\varphi_Q) + \cos(\varphi_P) \cdot \cos(\varphi_Q) \cdot \cos(\omega_S) \qquad \cos(i) = \frac{\cos(\varphi_Q) \cdot \sin(\omega_S)}{\sin(\alpha)}$$

<u>Declinazione α del piano</u>

$$\sin(\alpha) = \frac{\cos(\varphi_Q) \cdot \sin(\omega_S)}{\cos(i)} \qquad \cos(\alpha) = \frac{\cos(\varphi_Q) \cdot \cos(\omega_S) - \cos(\varphi_P) \cdot \sin(i)}{\sin(\varphi_P) \cdot \cos(i)}$$

$$\cos(\alpha) = \frac{\cos(\varphi_Q) \cdot \sin(\varphi_P) \cdot \cos(\omega_S) - \cos(\varphi_P) \cdot \sin(\varphi_Q)}{\cos(i)}$$

** ** ** ** ** ** ** ** **
* * * * * * * * *

34.5 Casi particolari

34.5.1 Piano rivolto verso Sud – Piano orizzontale (Fig. 6)
<u>Piano rivolto verso Sud $\alpha = 0°$</u>
- La sustilare, la linea meridiana e la linea di massima pendenza coincidono ($\mu = 0°$; $\lambda_Q = \lambda_P$; $\omega_S = 0°$).
- I punti V, M, S coincidono e l'ora sustilare coincide con il mezzogiorno.
- $\varphi_Q = \varphi_P + i - 90°$ $\widehat{NV} = -\varphi_Q$ $\widehat{VP} = i$

<u>Piano verticale rivolto a Sud</u>
I punti V, M, S, P coincidono $\alpha = 0°$, $i = 0°$: $\varphi_Q = \varphi_P - 90°$

<u>Piano orizzontale</u> $\alpha = 0°$, $i = 90°$: $P \equiv Q$; $\varphi_Q = \varphi_P$

34.5.2 Piano verticale declinante $i = 0°$
<u>I punti P, V, M coincidono cioè la linea meridiana, la linea di massima pendenza e la verticale in P coincidono.</u>

$$\sin(\gamma) = +\cos(\varphi_P) \cdot \cos(\alpha) \quad ; \quad \cos(\gamma) = \frac{\sin(\alpha)}{\sin(\omega_S)}$$

$$\text{sen}(\omega_S) = \frac{\sin(\alpha)}{\cos(\gamma)} \quad ; \qquad \tan(\omega_S) = \frac{\tan(\alpha)}{\sin(\varphi_P)}$$

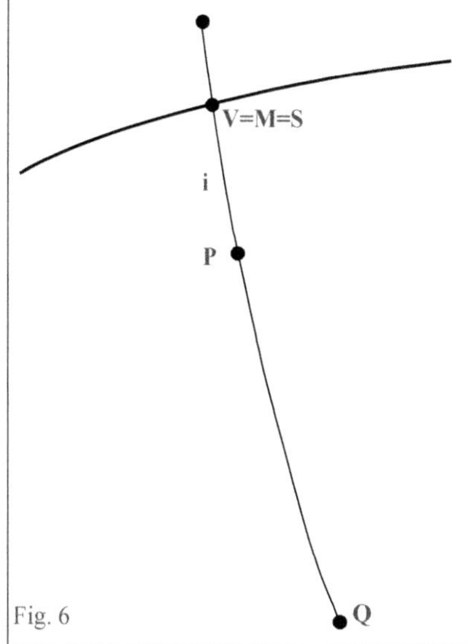

<u>Angolo μ fra sustilare e linea di massima pendenza (linea meridiana)</u>

$$\sin(\mu) = \cos(\varphi_P) \cdot \sin(\omega_S) = \frac{\text{sen}(\alpha) \cdot \cos(\varphi_P)}{\cos(\gamma)} \qquad \cos(\mu) = \frac{\sin(\varphi_P)}{\cos(\gamma)}$$

$$\tan(\mu) = \sin(\gamma) \cdot \tan(\omega_S) = \frac{\text{sen}(\alpha)}{\tan(\varphi_P)}$$

Esempio
$\varphi = 46°$; $\alpha = 20°$; $i = 0°$ - Si trovano i valori:
$\gamma = -\varphi_Q = 40.750°$; $\omega_S = \lambda_Q = VNQ = 26.838°$; $\mu = \theta = 18.278°$; $\varphi_M = \varphi_V = \varphi = 46°$

34.5.3 Piano qualunque parallelo all'asse terrestre - Piano Polare generico (Fig. 7)

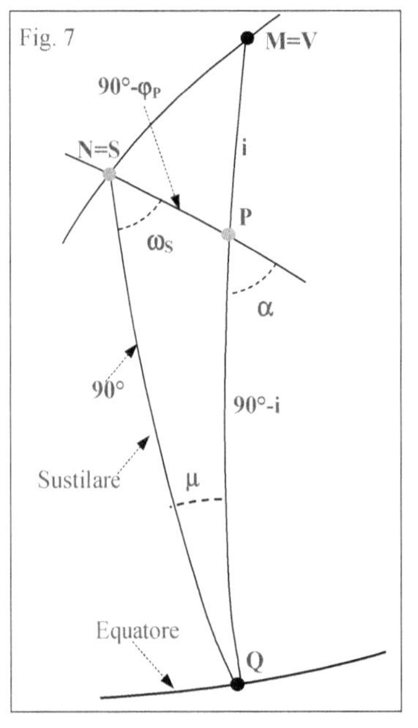

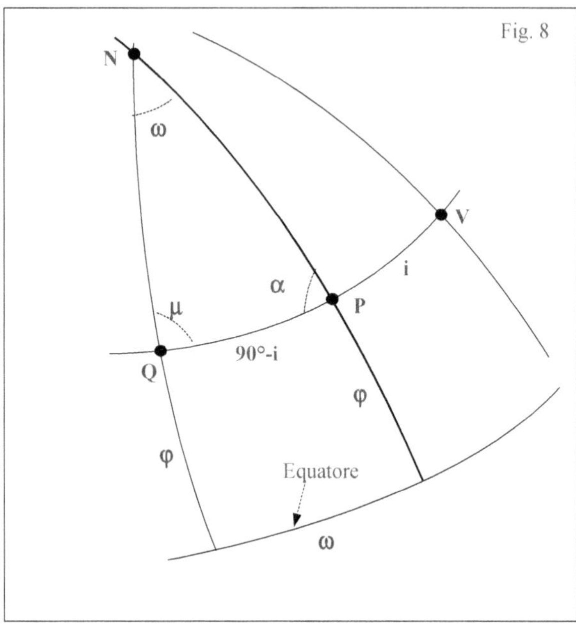

Poiché il piano è parallelo all'asse terrestre, ad esso corrisponde sulla superficie della sfera un cerchio meridiano e quindi alla sua normale corrisponde un punto Q che sta sull'Equatore , cioè $\varphi_Q = \gamma = 0$.

La relazione fra **i** e $\boldsymbol{\alpha}$ è : $\cos(\alpha) = \tan(\varphi_P) \cdot \tan(i)$

$$\cos(\alpha) \cdot \cos(i) = \cos(\omega_S) \cdot \sin(\varphi_P) \quad \sin(\lambda_Q) = \mathrm{sen}(\omega_S) = \sin(\alpha) \cdot \cos(i) \quad ; \quad \cos(\omega_S) = \frac{\sin(i)}{\cos(\varphi_P)}$$

$$\sin(\mu) = \sin(\alpha) \cdot \cos(\varphi_P) \quad ; \quad \cos(\mu) = \frac{\sin(\varphi_P)}{\cos(i)}$$

34.5.4 Punto P sull'Equatore $\varphi_P = 0$

$$\sin(\gamma) = -\cos(i) \cdot \cos(\alpha) \quad ; \quad \mathrm{sen}(\omega_S) = \frac{\mathrm{sen}(\alpha) \cdot \cos(i)}{\cos(\gamma)} \quad ; \quad \cos(\omega_S) = \frac{\mathrm{sen}(i)}{\cos(\gamma)}$$

$$\sin(\mu) = \frac{\sin(\alpha)}{\cos(\gamma)} \quad ; \quad \cos(\mu) = \cos(\alpha) \cdot \cos(\omega_S) \quad ; \quad \tan(\mu) = \frac{\tan(\alpha)}{\sin(i)}$$

34.5.5 Piano Equatoriale - $\varphi_Q = \gamma = 90$; $i = -\varphi_P$; $\alpha = 0$

34.5.6 Punto P e punto equivalente Q sullo stesso parallelo (piani italici) (Fig. 8)

Un piano italico è un piano per cui l'altezza dello stilo polare è uguale alla latitudine della località (vedi anche il paragrafo 34.9 seguente)

Il piano orizzontale in un punto Q (φ_Q, λ_Q) della superficie terrestre è il piano italico delle ore 0h (o delle ore 24h): traslandolo in una nuova località P (φ_Q, λ_P) avente la stessa latitudine si ottiene un novo piano italico corrispondente all'ora (italica) $h_{IT} = \dfrac{\omega}{15°} = \dfrac{(\lambda_Q - \lambda_P)}{15°}$.

I parametri che individuano il piano italico di angolo orario ω, sono dati da:

$$\varphi_P = \varphi_Q \quad \sin(i) = \sin^2(\varphi_P) + \cos^2(\varphi_P) \cdot \cos(\omega)$$

$$\sin(\alpha) = \frac{\cos(\varphi_P) \cdot \sin(\omega)}{\cos(i)} \quad \cos(\alpha) = \frac{[1 - \sin(i)]}{\cos(i)} \cdot \tan(\varphi_P) \quad ; \quad \cos(\alpha) = \frac{\cos(\varphi_P) \cdot \sin(\varphi_P)}{\cos(i)} \cdot [1 - \cos(\omega)]$$

$$\mu = \alpha$$

○ ○ ○ ○ ○ ○ ○ ○

34.6 Posizione del Sole

34.6.1

Siano ω e δ i valori che assumono **l'angolo orario** e la **declinazione** del Sole in un dato istante.

Poiché in questo istante il Sole si trova esattamente allo Zenit della località con Longitudine = ω e Latitudine = δ, il punto **S** sulla superficie della sfera avente queste coordinate "geografiche", rappresenta la direzione del Sole.

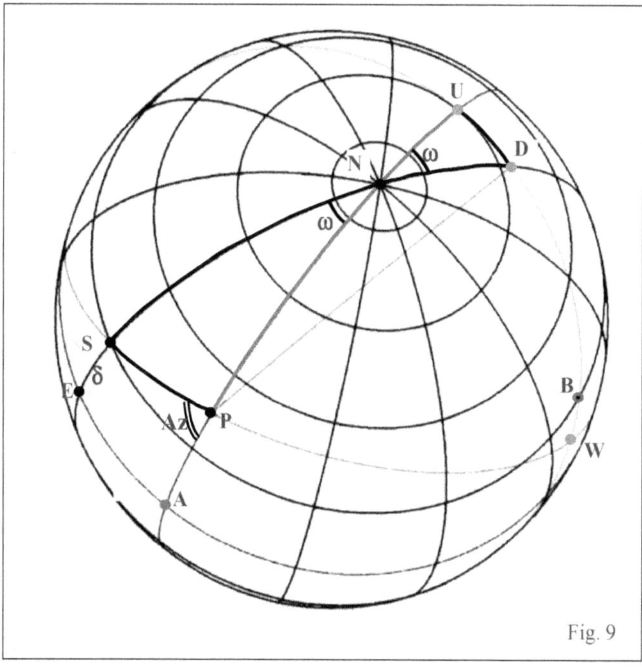

Fig. 9

Al trascorrere del tempo, supponendo per semplicità che la declinazione rimanga costante, il punto S si sposta lungo il parallelo di "latitudine"= δ, che rappresenta quindi, sulla sfera, il percorso giornaliero del Sole.

Se P è una località con coordinate geografiche (λ_P , φ_P) il piano orizzontale in P è rappresentato dal cerchio massimo UDW , i cui punti distano 90° da P.

Come già scritto (Fig. 9):

–   il punto N   rappresenta la direzione del Polo Nord celeste e la direzione dell'asse polare;

–   il punto P   rappresenta la verticale della località;

– il punto S	rappresenta la direzione del Sole;
– il cerchio APN	rappresenta il piano meridiano della località;
– l'arco PN	è uguale al complemento della latitudine del luogo: $\overset{\frown}{PN} = 90° - \varphi_P$;
– il cerchio ESN	che passa per la direzione del Sole (S) e per l'asse polare (N) <u>rappresenta il piano orario contenente il Sole</u>;
– l'arco SN	è uguale al complemento della declinazione del Sole : $\overset{\frown}{SN} = 90° - \delta$;
– l'arco ES	è uguale alla declinazione del Sole : $\overset{\frown}{ES} = \delta$ (E = punto sull'Equatore);
– il cerchio SP	che contiene la verticale della località (P) e la direzione del Sole (S) <u>rappresenta il piano verticale contenente il Sole</u>;
– l'arco SP	è uguale all'angolo fra la verticale (P) e la direzione del Sole (S) e quindi è uguale al complemento dell'altezza h del Sole : $\overset{\frown}{SP} = 90° - h$;
– l'angolo SNP	compreso fra il meridiano locale (PN) e il piano orario per il Sole (SN) è uguale all'angolo orario ω del Sole;
– l'angolo SPA	compreso fra il piano meridiano (PN) e il piano verticale contenente il Sole (SP) <u>è uguale all'Azimut **Az** del Sole</u> $\overset{\frown}{SPA} = Az$;
– l'angolo PSN	fra il piano orario e il piano verticale contenente il Sole non è utilizzato in gnomonica;
– il cerchio massimo "equatore" di S (non disegnato in figura) rappresenta il luogo dei punti sulla	superficie in cui il Sole si trova sull'orizzonte , in cui cioè sta tramontando o nascendo. L'emisfero limitato da questo cerchio e contenente il punto S è l'emisfero illuminato dal Sole nell'istante considerato;
– il cerchio UDW	"equatore" del "polo" P , <u>rappresenta il piano orizzontale della località P</u>;
– il punto U	intersezione fra il piano orizzontale (UDW) e il piano meridiano in P <u>rappresenta la direzione della linea meridiana</u> (direzione del Nord);
– il punto W	intersezione del piano verticale contenente il Sole (SPW) e il piano orizzontale <u>rappresenta la direzione dell'ombra di uno gnomone verticale in P sul piano orizzontale</u> $\overset{\frown}{UPW} = Az$;
– il punto D	è l'intersezione del piano orario per il Sole (SNP) e il piano orizzontale e quindi rappresenta l'intersezione del piano orario con il piano orizzontale stesso. Questo punto <u>rappresenta</u> quindi anche <u>la direzione dell'ombra di uno stilo polare sul piano orizzontale</u>;
– l'arco UN	è uguale alla latitudine del luogo essendo l'angolo fra la linea meridiana sul piano orizzontale e la direzione dell'asse polare $\overset{\frown}{UN} = \varphi_P$;
– l'arco UD	è uguale <u>all'angolo fra la linea meridiana e l'ombra di uno stilo polare, sul piano orizzontale</u>. Si ha $\overset{\frown}{UD} = \overset{\frown}{UPD}$ (essendo $\overset{\frown}{UP} = \overset{\frown}{DP} = 90°$);
– l'angolo UDN	è compreso fra il piano orizzontale e il piano orario (SND) e quindi <u>è uguale alla inclinazione del piano orario sul piano orizzontale</u>;
– l'angolo NDP	è il complemento di UDN e quindi <u>rappresenta l'inclinazione zenitale del piano orario.</u>

Dal triangolo SNP si possono ricavare le notissime relazioni che legano (ω, δ) a (**Az, h**)

Dal triangolo UND, rettangolo in U, con NU=φ_P e UND=ω,   si ricava :

$$\tan(\widehat{UD}) = \sin(\varphi_P) \cdot \tan(\omega) \qquad \text{con UD = angolo fra linea oraria e linea meridiana;}$$

$$\cos(\widehat{UDN}) = \sin(\widehat{NDP}) = \cos(\varphi_P) \cdot \sin(\omega) \qquad \text{con UDN = inclinazione del piano orario sul}$$

p. orizzontale e NDP = inclinazione zenitale del piano orario

34.6.2 Sole all'orizzonte

Il parallelo   SB di "latitudine"= δ, rappresenta il percorso diurno del Sole e il <u>punto di intersezione B</u> fra <u>esso e il piano orizzontale in P</u> (cerchio massimo UDB) <u>indica la direzione, sul piano orizzontale, ove il Sole nasce in quel giorno (Fig. 10)</u>

Il punto C , non visibile in figura, simmetrico di B rispetto al meridiano PNU, rappresenta la direzione del tramonto.

Quindi l'angolo al polo BNC (comprendente il punto S) rappresenta l'arco del giorno-chiaro, cioè la durata del giorno e l'arco BNU il semiarco diurno ω_{SAD}.

Dal triangolo PNB si ricavano le relazioni:

$$\cos(\omega_T) = -\tan(\varphi_P) \cdot \tan(\delta) \quad \text{e}$$

$$\cos(Az_T) = -\frac{\sin(\delta)}{\cos(\varphi_P)}$$

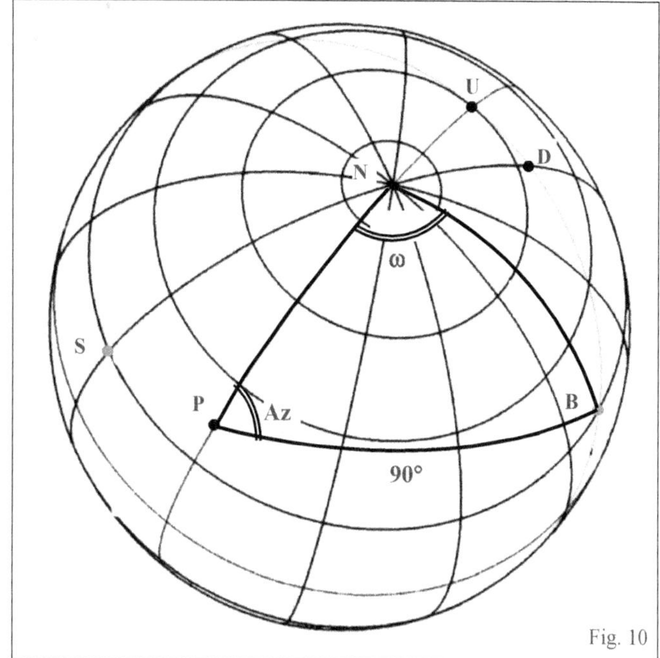

Fig. 10

ove ω_T e Az_T sono l'angolo orario e l'azimut del Sole all'alba o al tramonto.

34.7 Intersezione fra due piani

Consideriamo ora oltre al piano Π , posto nella località **P**, un secondo piano Π_1 che possiamo supporre o tangente alla sfera nel punto Q_1 (λ_{Q1}, φ_{Q1}) o posto anch'esso nella località P con declinazione e inclinazioni uguali a α_1 e i_1 (Fig. 11).

Il problema fondamentale è quello di determinare la posizione del secondo piano Π_1 rispetto al primo Π. Occorre a questo scopo trovare :

–   la posizione della intersezione fra i due piani;

–   l'angolo η formato da essa con la linea di massima pendenza sul piano Π (angolo che corrisponde alla declinazione del piano Π_1 se Π è orizzontale);

–   l'angolo diedro μ fra i due piani (angolo che corrisponde alla inclinazione zenitale del pianoΠ_1 se Π è orizzontale).

Le relazioni fra i vari elementi sono quelle già viste. Se sono note i_1 e α_1 :

$$\sin(\varphi_{Q1}) = \sin(\varphi_P) \cdot \sin(i_1) - \cos(\varphi_P) \cdot \cos(i_1) \cdot \cos(\alpha_1) \quad : \quad \sin(\lambda_P - \lambda_{Q1}) = \frac{\sin(\alpha_1) \cdot \cos(i_1)}{\cos(\varphi_{Q1})}$$

Se invece sono note λ_{Q1}, φ_{Q1} :

$$\sin(i_1) = \sin(\varphi_P) \cdot \sin(\varphi_{Q1}) + \cos(\varphi_P) \cdot \cos(\varphi_{Q1}) \cdot \cos(\lambda_P - \lambda_{Q1})$$

$$\sin(\alpha_1) = \frac{\cos(\varphi_{Q1}) \cdot \sin(\lambda_P - \lambda_{Q1})}{\cos(i_1)} \quad ; \quad \widehat{BAV} = \widehat{QQ_1}$$

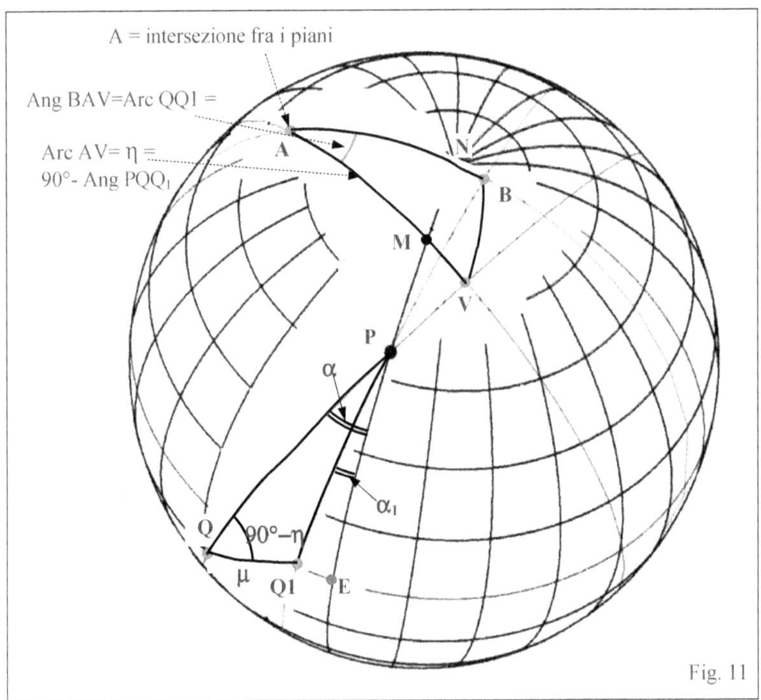

Sulla sfera si possono individuare i seguenti elementi :

- il cerchio massimo **VMA**   rappresenta il piano Π (i, α) , posto in P, e di "polo" Q

- il cerchio massimo **BA**   rappresenta il piano Π_1 (i_1, α_1) , posto in P, e di "polo" Q_1

- il punto **V**   rappresenta la retta di massima pendenza sul piano Π

- il punto **B**   rappresenta la retta di massima pendenza sul piano Π_1

- il punto **A**   rappresenta la retta intersezione fra i due piani

- l'arco $\widehat{PQ} = 90° - i$, l'arco $\widehat{PV} = i$ e l'angolo $\widehat{EPQ} = \alpha$

- l'arco $\widehat{PQ_1} = 90° - i_1$, l'arco $\widehat{PB} = i_1$ e l'angolo $\widehat{EPQ_1} = \alpha_1$

- quindi l'angolo $\widehat{QPQ_1} = (\alpha - \alpha_1)$

- l'arco $\widehat{BV}$ rappresenta l'angolo fra le linee di massima pendenza dei due piani

- glia angolo $\widehat{PVA} = \widehat{PBA} = 90°$

L'angolo diedro μ fra i due piani corrisponde all'angolo $\widehat{BAV}$ ed è anche uguale all'angolo fra le normali ai due piani, cioè all'arco $\widehat{QQ_1}$.

Indico con **C** il punto che appartiene al cerchio massimo VA e che dista 90° dal punto **V** (Fig. 12).

- Il punto **C** é il "polo" del piano VQP e quindi rappresenta la retta, sul piano Π . che è normale alla linea di massima pendenza V . C rappresenta quindi la retta orizzontale appartenente al piano Π

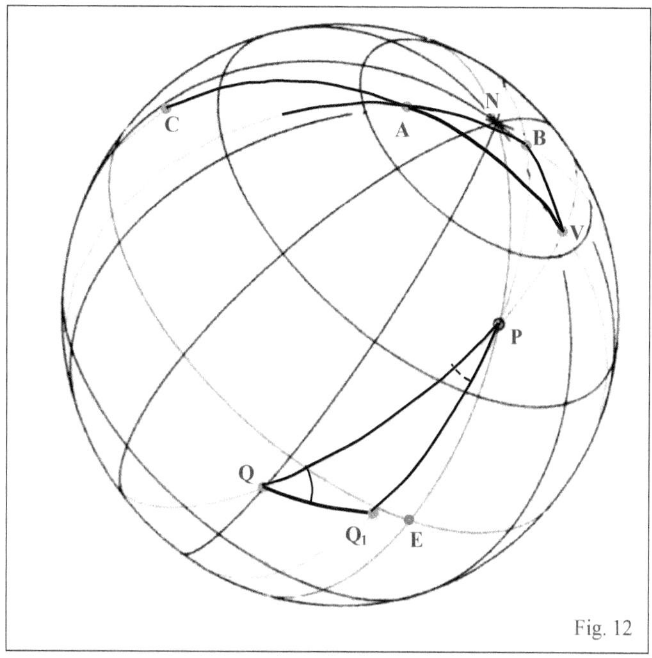

- il cerchio massimo per i punti C e Q ha come "polo" il punto V e quindi rappresenta il piano perpendicolare alla linea di massima pendenza sul piano Π;

- il punto A rappresenta la retta intersezione fra i due piani. Poiché è normale alle due rette Q e Q_1 il punto A è il "polo" del cerchio passante per Q e Q_1;

- l'angolo $\widehat{PQQ_1}$ compreso fra i due piani QQ_1 e QV è uguale all'angolo fra le rette perpendicolari a questi piani, rappresentate dai punti A e C, e quindi $\widehat{PQQ_1} = \widehat{AC} = 90° - \widehat{AV} = 90° - \eta$.

L'angolo $\widehat{PQQ_1}$ è quindi uguale all'angolo fra la intersezione dei due piani e la retta orizzontale sul piano Π , cioè è uguale al complemento dell'angolo η fra la intersezione e la linea di massima pendenza sul piano Π .

Dai triangoli QPQ_1 e QNQ_1 (Fig. 12, 13, 14) si ricavano le relazioni :

$$\cos(\mu) = \cos(\widehat{QQ_1}) = \sin(i) \cdot \sin(i_1) + \cos(i) \cdot \cos(i_1) \cdot \cos(\alpha - \alpha_1) \qquad e$$

$$\cos(\mu) = \cos(\widehat{QQ_1}) = \sin(\varphi_Q) \cdot \sin(\varphi_{Q1}) + \cos(\varphi_Q) \cdot \cos(\varphi_{Q1}) \cdot \cos(\lambda_Q - \lambda_{Q1})$$

ed essendo $\widehat{PQQ_1} = 90° - \widehat{AV} = 90° - \eta$

$$\cos(\eta) = \frac{\cos(i_1) \cdot \sin(\alpha - \alpha_1)}{\sin(\mu)} \qquad ; \qquad \sin(\eta) = \frac{\sin(i_1) - \sin(i) \cdot \cos(\mu)}{\cos(i) \cdot \sin(\mu)}$$

essendo $\eta = \widehat{AV}$ l'angolo sul piano Π fra la intersezione dei due piani e la retta di massima pendenza su Π .

Il valore dell'angolo $\widehat{PQQ_1}$, e quindi quello dell'angolo η fra le intersezione dei due piani e la linea di massima pendenza , si può ottenere anche come differenza fra angoli. Precisamente:

$\widehat{PQQ_1} = \widehat{NQQ_1} - \widehat{PQN}$ dove

− $\widehat{PQN}$ è l'angolo μ fra la sustilare e la linea di massima pendenza del piano Π;

− $(180 - \widehat{NQQ_1})$ è la declinazione α_{Q_Q1} del piano Q_1 portato in Q.

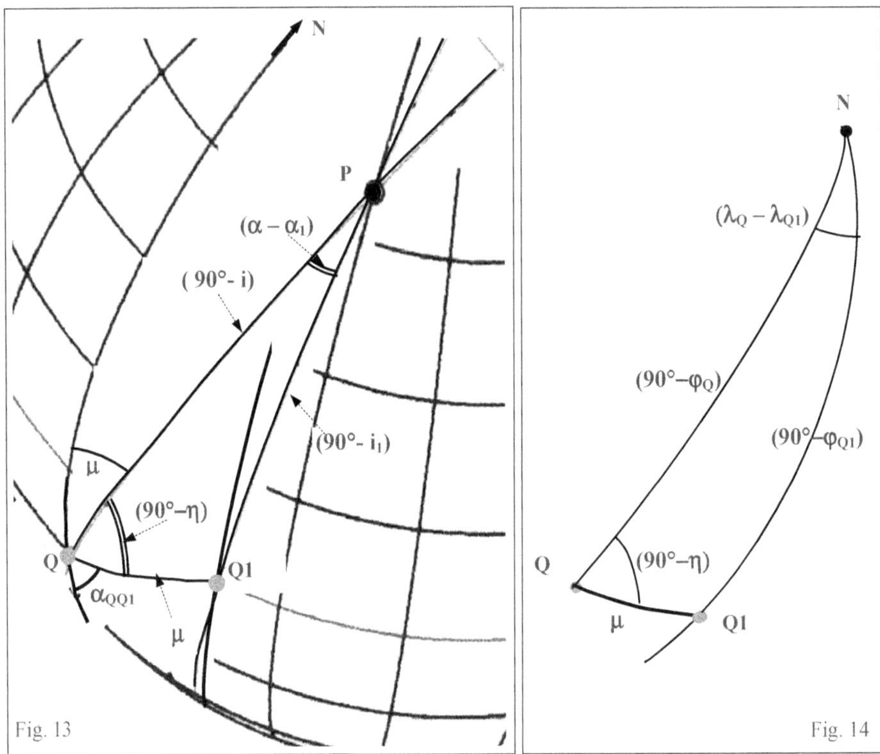

Le relazioni sono :

$$\sin(\mu) = \frac{\cos(\varphi_P) \cdot \sin(\lambda_P - \lambda_Q)}{\cos(i)} \qquad ; \qquad \cos(\mu) = \sin(i) \cdot \sin(i_1) + \cos(i) \cdot \cos(i_1) \cdot \cos(\alpha - \alpha_1) \quad \text{o anche}$$

$$\cos(\mu) = \sin(\varphi_Q) \cdot \sin(\varphi_{Q1}) + \cos(\varphi_Q) \cdot \cos(\varphi_{Q1}) \cdot \cos(\lambda_Q - \lambda_{Q1})$$

$$\sin(\widehat{NQQ_1}) = \frac{\cos(\varphi_{Q1}) \cdot \sin(\lambda_Q - \lambda_{Q1})}{\sin(\mu)}$$

$$\cos(\widehat{NQQ_1}) = \frac{\cos(\varphi_Q) \cdot \sin(\varphi_{Q1}) - \sin(\varphi_Q) \cdot \cos(\varphi_{Q1}) \cdot \cos(\lambda_Q - \lambda_{Q1})}{\sin(\mu)}$$

$$\tan(\widehat{NQQ_1}) = \frac{\sin(\lambda_Q - \lambda_{Q1})}{\cos(\varphi_Q) \cdot \tan(\varphi_{Q1}) - \sin(\varphi_Q) \cdot \cos(\lambda_Q - \lambda_{Q1})} \quad ; \quad \widehat{NQQ_1} = 90^\circ - \eta + \mu$$

Si hanno anche le seguenti relazioni :

$$\cos(\widehat{VB}) = \cos(i) \cdot \cos(i_1) + \sin(i) \cdot \sin(i_1) \cdot \cos(\alpha - \alpha_1) \quad \text{ove l'arco VB corrisponde all'angolo fra le}$$
$$\text{due linee di massima pendenza sui due piani}$$

$$\cos(\widehat{PA}) = \sin(\widehat{PQQ_1}) \cdot \cos(i) \quad \text{ove l'arco PA corrisponde all'angolo fra la verticale in P e la}$$
$$\text{intersezione dei due piani}$$

34.8 Piani orari

Se ruotiamo il piano meridiano di P attorno all'asse polare di un angolo ω, otteniamo il piano orario avente angolo orario ω (angolo orario per la località P).

I piani orari corrispondono perciò a cerchi meridiani.

Il piano orario $\Pi\omega$ ha il suo punto equivalente sull'Equatore nel punto di coordinate :

$$\varphi_{Q\omega} = 0 \quad e \quad \lambda_P - \lambda_{Q\omega} = 90^\circ - \omega$$

Traslando il piano orario $\Pi\omega$ in P si ottiene un piano avente l'inclinazione e la declinazione date da :

$$\sin(i_\omega) = \cos(\varphi_P) \cdot \sin(\omega) \quad ; \quad \cos(i_\omega) = \frac{\cos(\omega)}{\sin(\alpha_\omega)}$$

$$\sin(\alpha_\omega) = \frac{\cos(\omega)}{\cos(i_\omega)} \quad ; \quad \cos(\alpha_\omega) = \frac{\sin(\omega) \cdot \sin(\varphi_P)}{\cos(i_\omega)} \quad ; \quad \tan(\alpha_\omega) = \frac{1}{\tan(\omega) \cdot \sin(\varphi_P)}$$

Se in P vi è un piano Π (i, α) l'angolo μ_ω fra il piano orario ω e il piano Π è dato da QQ_ω :

$$\cos(\mu_\omega) = \cos(\widehat{QQ_\omega}) = \sin(i) \cdot \sin(i_\omega) + \cos(i) \cdot \cos(i_\omega) \cdot \cos(\alpha - \alpha_\omega) \quad \text{o anche}$$

$$\cos(\mu_\omega) = \cos(\widehat{QQ_\omega}) = \cos(\varphi_Q) \cdot \sin(\omega - \lambda_Q) \quad ; \quad \cos(\eta_\omega) = \frac{\cos(i_\omega) \cdot \sin(\alpha - \alpha_\omega)}{\sin(\mu)}$$

$$\sin(\widehat{NQQ_\omega}) = \frac{\cos(\lambda_Q - \omega)}{\sin(\widehat{QQ_\omega})}$$

$$\sin(\mu) = \frac{\cos(\varphi_P)}{\cos(\varphi_Q)} \cdot \sin(\alpha) \quad \mu = \text{angolo fra linea di massima pendenza e sustilare su } \Pi$$

Angolo fra intersezione dei piani e linea di massima pendenza $\eta_\omega = \widehat{NQQ_\omega} - \mu$

34.9 Piani Italici e Babilonici

Consideriamo un piano Π orizzontale posto in una località P (φ_P , λ_P) : il suo punto equivalente coincide ovviamente con P.

Consideriamo poi una diversa località Pβ sullo stesso parallelo e distante in longitudine di un angolo β rispetto a P - quindi Pβ (φ_P, λ_P - β) - e sia $\Pi\beta$ il piano orizzontale in essa.

Entrambi i piani Π e $\Pi\beta$ sono inclinati dello stesso angolo (φ_P) rispetto all'asse polare per cui possiamo immaginare il secondo piano $\Pi\beta$ ottenuto ruotando il primo, di un angolo β, attorno all'asse polare .

Il Sole nasce nella località Pβ – cioè si trova esattamente sul piano $\Pi\beta$ – **dopo** un certo intervallo di tempo, uguale a β / **15** ore, dall'istante in cui è nato nella località P – cioè dall'istante in cui si trovava esattamente sul piano Π .
Questo vuol dire che se trasportiamo il piano $\Pi\beta$ nel punto P il Sole si troverà su di esso esattamente all'ora babilonica = β /15 : per questo motivo possiamo chiamare $\Pi\beta$ <u>piano babilonico.</u>

Allo stesso modo il Sole tramonta nella località Pβ – cioè si trova esattamente sul piano $\Pi\beta$ – un certo intervallo di tempo, uguale a β/15 ore, **prima** dell'istante in cui è tramontato nella località P – cioè dall'istante in cui si troverà esattamente sul piano Π .
Questo vuol dire che se trasportiamo il piano $\Pi\beta$ nel punto P il Sole si troverà su di esso esattamente all'ora italica $= 24 - \beta$ /15 : per questo motivo chiameremo $\Pi\beta$ <u>piano italico.</u>

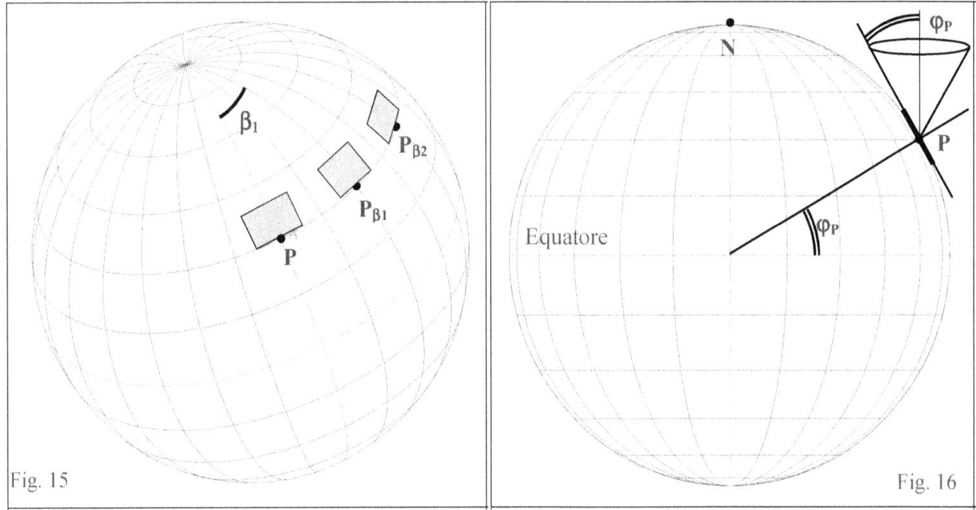

I piani italici (o babilonici) formano tutti, come si è detto, un angolo costante ($= \varphi_P$) con l'asse polare e quindi sono tutti tangenti a un cono adagiato sul piano orizzontale in P, avente l'asse parallelo all'asse terrestre e semiapertura uguale alla latitudine del luogo.
La generatrice del cono adagiata sul piano orizzontale coincide con la linea meridiana.

Da questa osservazione si ricava che un cono come quello descritto (con asse parallelo all'asse terrestre e semiapertura uguale alla latitudine del luogo) può essere utilizzato come elemento "ombreggiante" in una meridiana a ore italiche e/o babiloniche.
In un istante qualunque infatti i due piani che contengono il Sole e che sono tangenti alla superficie conica sono il piano italico e quello babilonico in cui si trova il Sole nell'istante considerato.
L' intersezione di questi piani con il piano orizzontale o con un piano comunque disposto (nella località P) indicano le linee orarie italica e babilonica corrispondenti all'istante considerato.

Il piano italico $\Pi\beta$, traslato in P, ha la declinazione e l'inclinazione date dalle relazioni seguenti che si ottengono dal caso generale ricordando che :

$$\varphi_{Q\beta} = \varphi_P \quad ; \quad \lambda_{Q\beta} = \lambda_P - \beta \quad ; \quad \sin(i_\beta) = \sin^2(\varphi_P) + \cos^2(\varphi_P) \cdot \cos(\beta) \quad \text{è sempre } i_\beta \geq 0$$

$$\sin(\alpha_\beta) = \frac{\cos(\varphi_P) \cdot \sin(\beta)}{\cos(i_\beta)} \quad ; \quad \cos(\alpha_\beta) = -\frac{\sin(\varphi_P) \cdot \cos(\varphi_P) \cdot [1 - \cos(\beta)]}{\cos(i_\beta)}$$

$$\tan(\alpha_\beta) = \frac{-\sin(\beta)}{\sin(\varphi_P) \cdot [1 - \cos(\beta)]}$$

L'inclinazione di un piano italico $\Pi\beta_2$ rispetto a un piano $\Pi\beta_1$ è data dalla precedente formula sostituendo al posto del valore β il valore ($\beta_2-\beta_1$).

Se si ha in P un piano generico Π (i, α), l'angolo μ_β fra il piano italico β e il piano Π è dato dall'arco $\widehat{QQ_\beta}$, essendo Q e Q_β i due punti equivalenti dei piani Π e $\Pi\beta$.

$$\cos(\mu_\beta) = \sin(i)\cdot\sin(i_\beta)+\cos(i)\cdot\cos(i_\beta)\cdot\cos(\alpha-\alpha_\beta) \qquad \text{o anche}$$

$$\cos(\mu_\beta) = \sin(\varphi_P)\cdot\sin(\varphi_Q)+\cos(\varphi_P)\cdot\cos(\varphi_Q)\cdot\cos(\lambda_Q+\beta)$$

L'angolo η fra l'intersezione del piano italico con il piano Π e la linea di massima pendenza su Π stesso , si può ottenere dalle :

$$\cos(\eta) = \frac{\cos(i_\beta)\cdot\sin(\alpha-\alpha_\beta)}{\sin(\mu_\beta)} \qquad ; \qquad \sin(\eta) = \frac{\sin(i_\beta)-\sin(i)\cdot\cos(\mu_\beta)}{\cos(i)\cdot\sin(\mu_\beta)} \qquad \text{o anche}$$

$$\sin(\eta) = \frac{\sin^2(\varphi_P)+\cos^2(\varphi_P)\cdot\cos(\beta)-\sin(i)\cdot\cos(\mu_\beta)}{\cos(i)\cdot\sin(\mu_\beta)}$$

Altre relazioni per ottenere la stessa quantità sono :

$$\eta = 90°+\mu-\widehat{NQQ_\beta} \qquad \sin(\mu) = \frac{\cos(\varphi_P)\cdot\sin(\lambda_P-\lambda_Q)}{\cos(i)}$$

$$\sin(\widehat{NQQ_\beta}) = \frac{\cos(\varphi_P)\cdot\sin(\lambda_Q+\beta)}{\sin(\mu_\beta)}$$

$$\cos(\widehat{NQQ_\beta}) = \frac{\sin(\varphi_P)\cdot\cos(\varphi_Q)-\cos(\varphi_P)\cdot\sin(\varphi_Q)\cdot\cos(\lambda_Q+\beta)}{\sin(\mu_\beta)}$$

$$\circ \quad \circ \quad \circ \quad \circ \quad \circ \quad \circ \quad \circ \quad \circ$$

34.10 Linee orarie su piano inclinato e declinante

Sia dato un piano Π (i, α) posto nella località P (φ_P, λ_P) e siano Q (φ_Q, λ_Q) il suo punto equivalente e SMV il cerchio massimo sulla sfera che lo rappresenta.
In Fig. 17 si ha:

- P = Localitá;

- O = punto che corrisponde alla direzione del Sole individuata dalla declinazione δ (arco OS_1) e dall'angolo orario ω (angolo ONP);

- Q = punto equivalente di Π;

- arco CSMV = piano dato Π;

- V = linea di massima pendenza su Π;   S = linea sustilare su Π;   M = linea meridiana su Π;

- C = intersezione del piano orario del Sole con Π, ombra di uno stilo polare;

- B = direzione dell'ombra di uno stilo normale a Π, sul piano Π stesso;

- NS = γ = altezza stilo sul piano Π;

-   Arco APN   = piano meridiano di P;

-   Arco QPV   = piano sustilare e di max pendenza;

-   Arco OCN   = piano orario per il Sole;

-   Arco OP   = piano verticale in P contenete il Sole;

-   Arco FOG   = parallelo percorso dal Sole nel giorno;

-   Punti F e G   = direzioni in cui il Sole tramonta e nasce sul piano Π

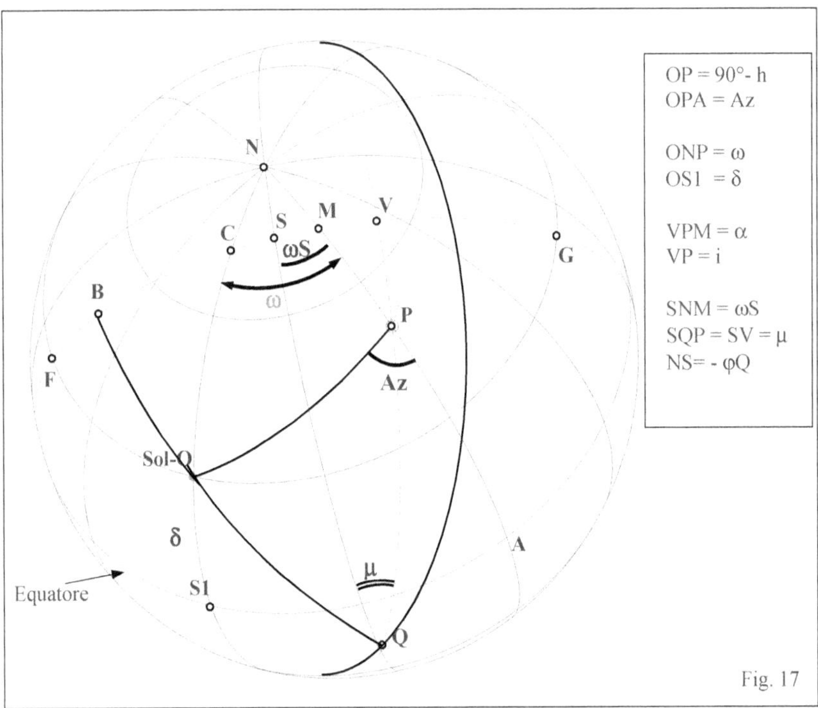

Fig. 17

Si vede immediatamente che :
-   il cerchio massimo OP rappresenta il piano verticale in P passante per il Sole, per cui l'angolo OPA fra
    questo cerchio e il meridiano in P è l'Azimut Az del Sole;

-   l'arco OP , compreso fra la direzione del Sole e la verticale in P, è uguale al complemento dell'altezza del
    Sole;

-   il cerchio massimo QO contenente la normale al piano (Q) e la direzione del Sole (O) corrisponde al
    piano passante per queste due rette e quindi al piano che contiene l'ombra di uno stilo normale al piano. Il
    punto B quindi corrisponde alla direzione dell'ombra di tale stilo sul piano Π;

-   il punto C rappresenta la direzione sul piano Π del piano orario contenente il Sole e quindi la direzione
    dell'ombra di uno stilo polare sul piano Π;

-   l'arco CS rappresenta l'angolo fra la retta sustilare sul piano Π e l'ombra dello stilo polare;

-   l'arco CM rappresenta l'angolo fra la linea di massima pendenza sul piano Π e l'ombra dello stilo
    polare.

Dal triangolo NCS, rettangolo in S, si ottengono le relazioni :

$$\tan(\omega_S) = -\sin(\varphi_Q)\cdot\tan(\lambda_P - \lambda_Q) \quad ; \quad \tan(\widehat{CS}) = -\sin(\varphi_Q)\cdot\tan(\omega - \omega_S)$$

Se supponiamo che la declinazione δ del Sole non cambi durante il giorno, allora il punto che rappresenta la direzione del Sole si sposta, al passare del tempo, lungo il parallelo GFS.

Poiché il punto G corrisponde a una retta appartenente al piano Π, esso rappresenta la direzione del Sole quando "nasce" per il piano Π, cioè quando inizia a essere davanti al piano stesso.

In modo analogo il punto F rappresenta il Sole che "tramonta" per il piano p , cioè che scompare dietro ad esso.

Ovviamente affinché il Sole sia visibile da P occorrerà sempre che esso si trovi anche nell'emisfero avente come "polo" P e come cerchio massimo di base l'*equatore* di P stesso.

In altre parole il Sole illumina il piano Π soltanto se si trova "davanti" sia al piano orizzontale per Q (piano Π), sia al piano orizzontale per P.

L'angolo orario ωt corrispondente all'istante del tramonto si può ricavare dal triangolo sferico FNQ in cui FQ= 90° , NQ = 90°$-\varphi_Q$, NF = 90° - δ . Si ottiene :

$$\cos(\omega t - \omega_S) = -\tan(\delta) \cdot \tan(\varphi_Q)$$

Dal triangolo FNS invece si ottiene :

$$\cos(\overset{\frown}{FS}) = \frac{\sin(\delta)}{\cos(\varphi_Q)} \quad ; \quad \sin(\omega t - \omega_S) = \frac{\sin(\overset{\frown}{FS})}{\cos(\delta)}$$

Da notare che l'arco FS corrisponde all'angolo, sul piano Π, fra la retta sustilare e la direzione in cui il Sole "scompare" dietro al piano.

$$\text{☼} \quad \text{○} \quad \text{○} \quad \text{○} \quad \text{○} \quad \text{○} \quad \text{○} \quad \text{○}$$

NOTA

Per mostrare l'utilità del metodo della "Geometria della sfera" e i concetti sopra esposti, riporto di seguito due esempi abbastanza complessi. Nel Capitolo 19, riguardante gli Orologi solari a riflessione, al paragrafo 19.5, è riportato il calcolo del raggio riflesso da uno specchio che utilizza lo stesso metodo.

Esempio

Desidero costruire un orologio nel quale l'ombra dell'ortostilo si riduca a un punto nel giorno del compleanno e nell'ora di nascita di una persona cara (28 Luglio, alle ore 10 di tempo vero locale).

   1) Come devo disporre il piano ? (cioè quali devono essere la sua pendenza e la sua declinazione ?)

   2) A che ora il Sole, nel pomeriggio, cessa di illuminare il piano in quel giorno ?

   3) A che altezza si trova sull'orizzonte ?

La declinazione (media) del Sole nel giorno interessato $\delta=19°$ e la località ha latitudine $\varphi=44°$.

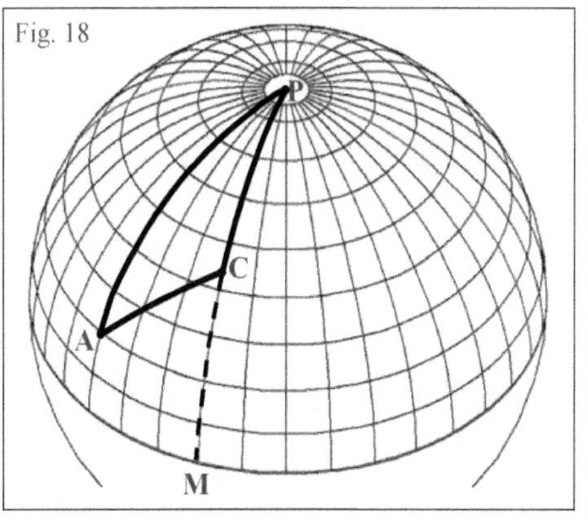

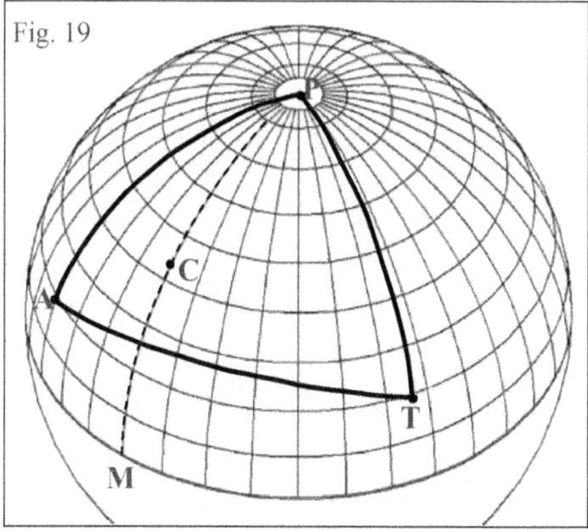

1'parte - Siano (Fig. 18):
– P il polo Nord
– A il punto in cui il Sole si trova allo Zenit il 28 Luglio alle ore 10 ($\delta = 19°$): A coincide con la normale al piano cercato, cioè il piano è tangente alla superficie terrestre in A. Quindi AP = $(90-\delta)°$
– C la località ($\varphi=44°$) per cui CP = $(90-\varphi)°$
– PCM meridiano locale . APC = angolo orario delle ore 10 = $-30°$.

Il cerchio massimo per C ed A rappresenta il piano verticale (dato che contiene il punto C) che è normale al piano cercato (dato che contiene la sua normale A).
L'arco CA compreso fra la normale al piano e la verticale locale rappresenta la pendenza del piano, mentre l'angolo ACM rappresenta l'azimuth o declinazione del piano stesso.
Dal triangolo PCA si ricavano immediatamente i valori: arco AC = Pendenza del piano = 35.39°;
angolo ACM = Declinazione del piano = 54.71° Est.

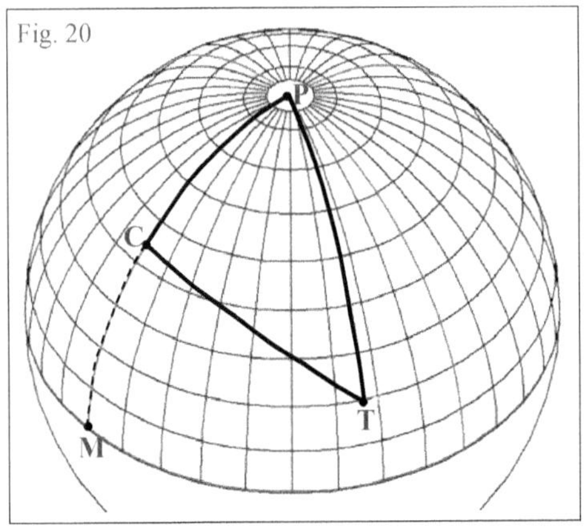

2'parte (Fig. 19) Sia T il punto in cui si trova il Sole nel giorno considerato quando i sui raggi stanno per abbandonare il piano, cioè quando i suoi raggi sono tangenti al piano.
Poiché quando il Sole si trova sulla verticale di A i raggi sono normali al piano, si ha che l'arco AT è di 90°. Supponendo che la declinazione del Sole non cambi nell'arco della giornata, si ha   PT=AP=$(90-\delta)°$ e si ricavano subito i valori degli angoli APT = 96.81° e MPT = 66.81°, corrispondente a 4h 27m.
Il piano quindi cessa di essere illuminato alle 16h 27m.

3' parte (Fig. 20)
L'arco CT rappresenta la distanza zenitale del Sole al tramonto, cioè quando si trova in T. Si trova immediatamente   CT = 60.40° e quindi l'altezza del Sole = $(90°-CT) = 20.60°$.

Esempio (da una idea di Rolf Wieland).
Si vuole realizzare una meridiana da mettere nel cortile di una scuola in modo che nel giorno di inizio dell'anno scolastico il suo piano incominci ad essere illuminato all'ora di inizio delle lezioni del mattino e nel giorno in cui l'anno scolastico termina il piano cessi di essere illuminato all'ora in cui terminano le lezioni pomeridiane.
Dati: $\varphi=44°$; $\lambda =12°E$; TZ=1h ; Ora legale.
             Inizio anno scolastico: 10 Settembre; $\delta_{Sole}=4.8°$ (valore medio) ; EqT = -3m
             Termine dell'anno scolastico: 5 Giugno; $\delta_{Sole}=22.6°$; EqT = -1.5m
Inizio lezioni mattutine: ore 8 di tempo civile (con ora legale), corrispondenti alle 6h 50m di Tempo Vero Locale del 10 Settembre.
Termine delle lezioni pomeridiane: ore 17h 30m di tempo civile (con ora legale), corrispondenti alle 16h 20m di Tempo Vero Locale del 5 Giugno.

Dimostrazione
Nelle figure il punto T rappresenta la località ($\varphi= 44°$, $\lambda = 0°$).
A, B sono i punti al di sopra dei quali si trova il Sole nei giorni di inizio e fino anno scolastico negli istanti dati. Tali punti distano dall'Equatore del valore della declinazione δ e si trovano sui meridiani che distano da quello passante per la località T di (12h–6h50m)x15°=77.5° e (16h20m–12h)x15°=65°.
Quindi A (4.4°, –77,5°) ; B (22.6°, +65°).

Il piano cercato, dovendo passare per i punti A e B, è rappresentato dal cerchio massimo per A e B (Fig. 21) avente il polo in Q. Gli archi AQ e BQ e gli angoli in A e in B sono quindi uguali a 90° e l'angolo in Q è uguale all'arco AB.

Dal triangolo sferico APB, avente i lati AP=(90–4.4)°, BP=(90–22.6)° e l'angolo APB=(77.5 +65)°,   si ricavano subito i valori AB=134.24° ; PAB=51.68° e PBA=57.86°, da cui PAQ=PBA+90°=141.68°.

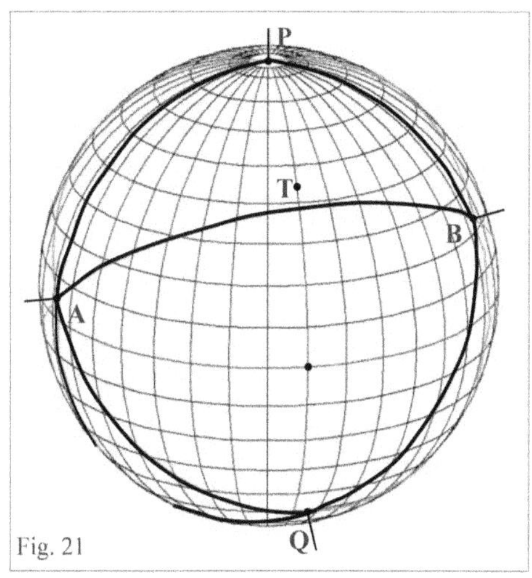

Fig. 21

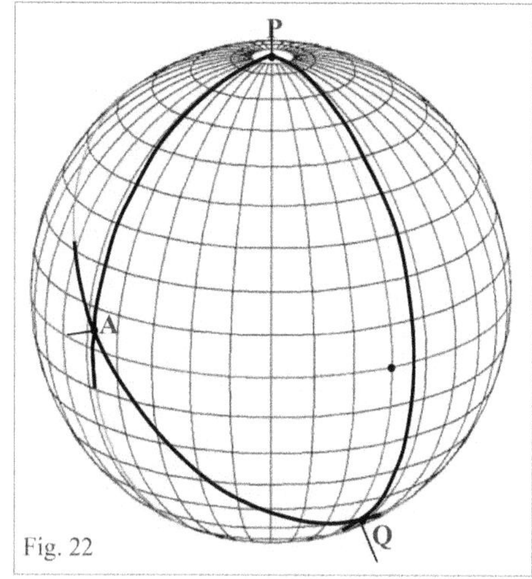

Fig. 22

Dal triangolo PAQ (Fig. 22) si ha poi

$$\cos(\widehat{PQ}) = \cos(\delta_A) \cdot \cos(\widehat{PAQ}) \quad e \quad \text{sen}(\widehat{APQ}) = \frac{\text{sen}(\widehat{PAQ})}{\text{sen}(\widehat{PQ})} \quad da\ cui$$

PQ=141.42° e ω_Q=APQ–77.5°=6.46°

Poiché T rappresenta la verticale del luogo e Q la normale al piano, la distanza QT rappresenta la pendenza del piano sul piano orizzontale e (90°–QT) la sua inclinazione zenitale.

Il cerchio massimo passante per Q e T rappresenta invece il piano che interseca il piano cercato lungo la sua linea di massima pendenza e l'angolo che forma con il piano meridiano rappresenta la declinazione del piano cercato. Dal triangolo QPT (Fig. 23) si ha allora:

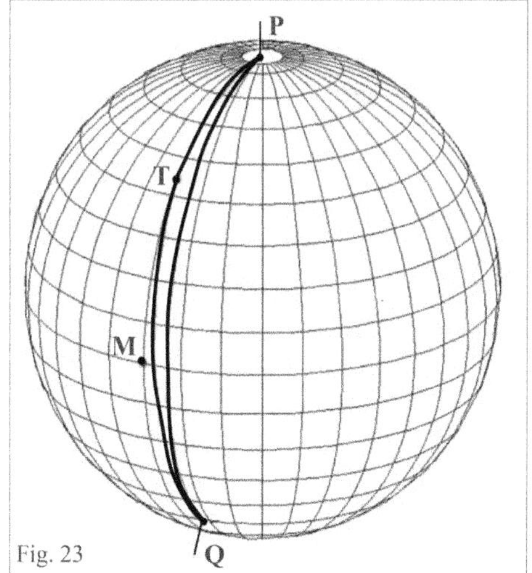

Fig. 23

arco QT = pendenza ; angolo QTM azimut o declinazione del piano cercato.

Infine dalle relazioni

$$\cos(\widehat{QT}) = \cos(\widehat{PQ}) \cdot \text{sen}(\varphi) + \text{sen}(\widehat{PQ}) \cdot \cos(\varphi) \cdot \cos(\omega_Q)$$

$$\text{sen}(\widehat{PTQ}) = \text{sen}(\widehat{PQ}) \cdot \frac{\sin(\omega_Q)}{\text{sen}(\widehat{QT})} \quad si\ ricavano\ i\ valori :$$

QT = pendenza del piano=95.59°

(90°–QT) = inclinazione zenitale =– 5.59°

QTM = declinazione del piano = 4.04° Ovest

Quindi il piano deve essere quasi verticale e inclinato di 5.59° in avanti e ruotato verso Ovest di 4°.

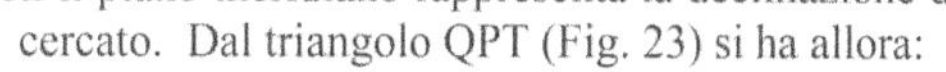

34.11 Riassunto in poche figure

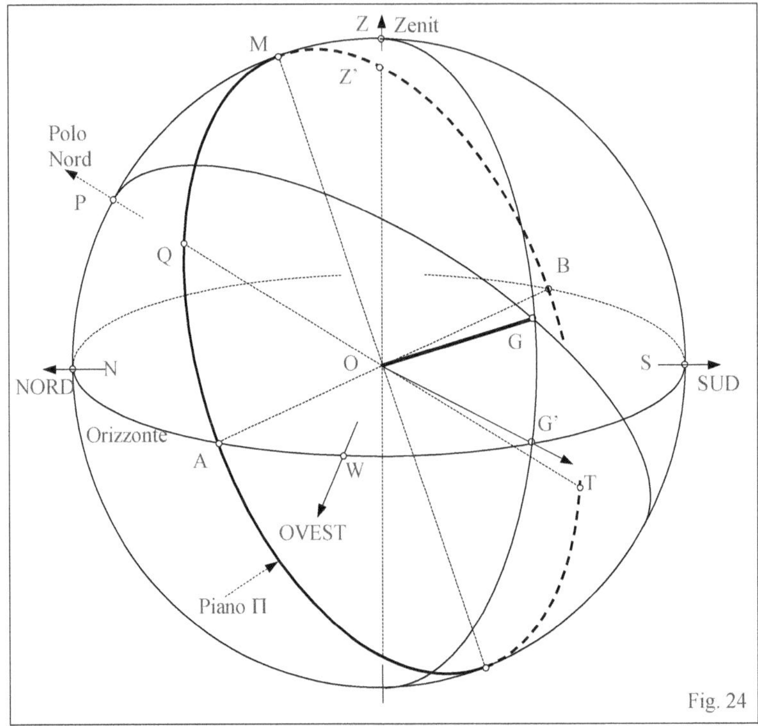

In Fig. 24 sono rappresentati :
<u>Le **direzioni** principali:</u>
- Z   direzione dello Zenit;
- P   direzione del Polo Nord Celeste;
- G   direzione della normale al piano;
- N S W   direzioni dei punti cardinali Nord, Sud, Ovest;
- G'   direzione della perpendicolare alla intersezione (AB) fra piano del quadrante e il piano orizzontale.

<u>I **piani** principali</u>
- AMB   piano del quadrante Π;
- NWS   piano orizzontale;
- PG   piano normale a Π passante per il Polo Nord celeste = piano orario normale al piano del quadro = piano Sustilare;
- ZG   piano normale a Π passante per lo Zenit = piano verticale normale al piano del quadrante;
- MZS   piano Meridiano.

<u>Le **linee** principali</u>
- OZ'   intersezione fra Π e il piano verticale = linea di massima pendenza;
- MO   linea Meridiana intersezione fra il piano del quadrante e il piano Meridiano;
- QT   linea Sustilare   intersezione fra il piano del quadrante e il piano Sustilare;
- AB   intersezione fra piano del quadro e il piano orizzontale;

- SOG'   declinazione α del piano (dal Sud a OG');

– GOG'   inclinazione **i** del piano.

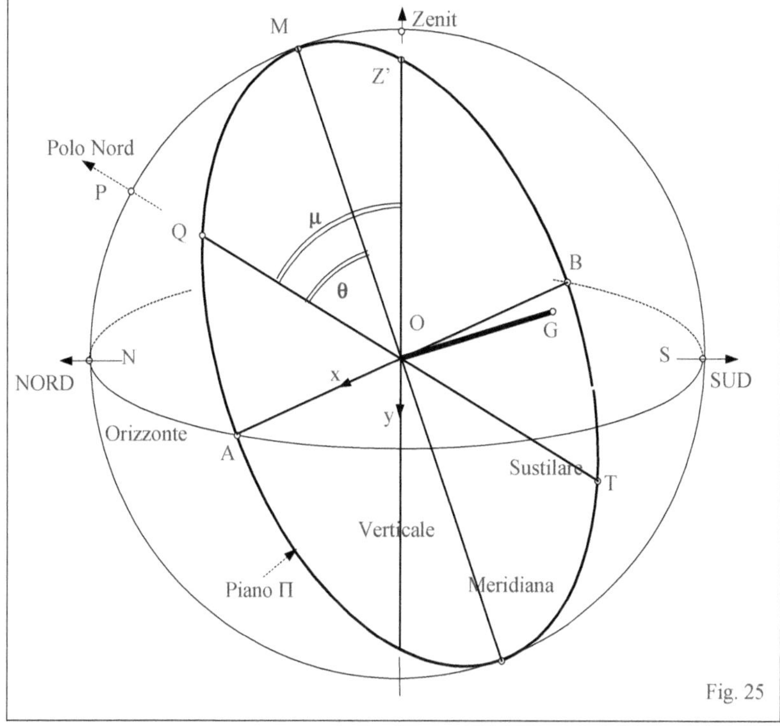

In Fig. 25 sono rappresentate :
<u>Le **linee principali** sul piano del quadrante:</u>
– OZ'   linea di massima pendenza;
– MO   linea Meridiana;
– QT   linea Sustilare;
– AB   intersezione fra piano del quadrante e piano orizzontale;
– θ   angolo fra Sustilare e Meridiana;
– μ   angolo fra Sustilare e linea di massima pendenza.

In Fig. 26 infine è rappresentato uno dei triangoli sferici il cui esame permette di ricavare alcuni elementi del quadrante solare.
<u>Lati</u>
– PZ = $90° - \varphi$
– PG = angolo POG = angolo fra lo stilo polare OP e la OG normale al piano Π = $90° - \gamma$
– ZG = $90° - i$

<u>Angoli</u>
– in P   angolo fra il piano Meridiano e il piano Sustilare = angolo orario della
           Sustilare = ω_s
– in Z   (angolo esterno) angolo fra il piano verticale normale al piano del quadrante e il
           piano Meridiano = declinazione α
– in Z   (interno) = $180° - \alpha$
– in G   angolo fra il piano verticale normale al quadro e il piano Sustilare = μ

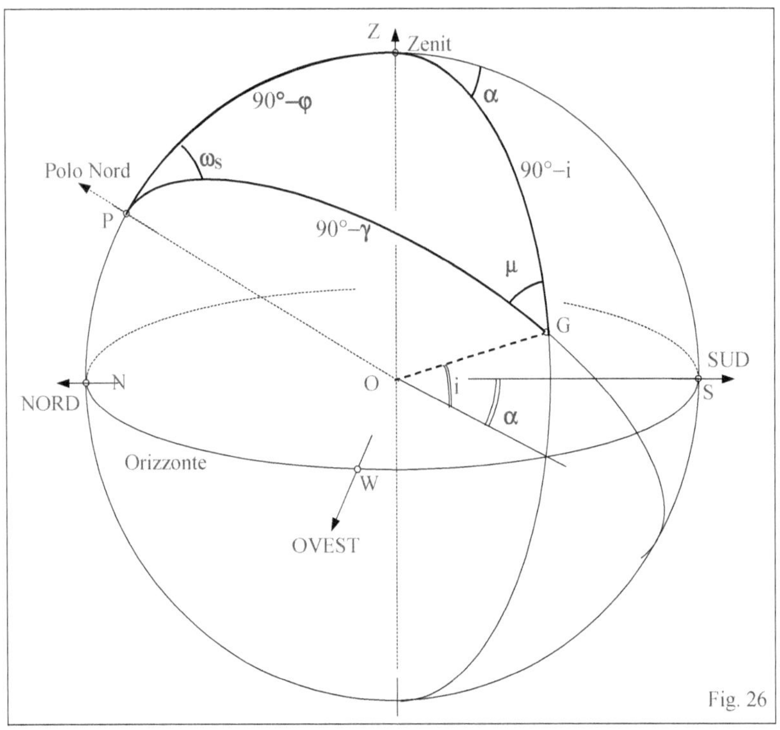

Applicando al triangolo il teorema dei seni si ha:

$$\frac{\operatorname{sen}(\omega_S)}{\operatorname{sen}(90-i)} = \frac{\operatorname{sen}(180-\alpha)}{\operatorname{sen}(90-\gamma)} \qquad \text{da cui} \quad \operatorname{sen}(\omega_S) = \frac{\operatorname{sen}(\alpha)\cdot\cos(i)}{\cos(\gamma)}$$

$$\frac{\operatorname{sen}(\mu)}{\operatorname{sen}(90-\varphi)} = \frac{\operatorname{sen}(180-\alpha)}{\operatorname{sen}(90-\gamma)} \qquad \text{da cui} \quad \operatorname{sen}(\mu) = \frac{\operatorname{sen}(\alpha)\cdot\cos(\varphi)}{\cos(\gamma)}$$

Applicando al triangolo il teorema dei coseni si ha:

$$\cos(90-\gamma) = \cos(90-\varphi)\cdot\cos(90-i) + \operatorname{sen}(90-\varphi)\cdot\operatorname{sen}(90-i)\cdot\cos(180-\alpha)$$

da cui

$$\operatorname{sen}(\gamma) = \operatorname{sen}(\varphi)\cdot\operatorname{sen}(i) - \cos(\varphi)\cdot\cos(i)\cdot\cos(\alpha)$$

Parte XIV

DECLINAZIONE DEL SOLE
ED
EQUAZIONE DEL TEMPO

Capitolo 35
DECLINAZIONE DEL SOLE ED EQUAZIONE DEL TEMPO

35.1 Sviluppi in serie di Fourier della Ascensione Retta, della Declinazione del Sole e della Equazione del Tempo

Considerazioni generali

Se in una meridiana si vuole disegnare la linea diurna corrispondente ad una certa data dell'anno oppure rappresentare le linee orarie in forma di lemniscata, occorre determinare i valori che la Declinazione del Sole δ e l'Equazione del Tempo (**EqT**) assumono in ogni giorno interessato.

Estenderò i ragionamenti che seguono anche all'altra coordinata Equatoriale del Sole, cioè alla Ascensione Retta (A.R.), pur non essendo essa utilizzata direttamente nel progetto di una meridiana (ad eccezione di quelle a tempo siderale).

La Declinazione e l'Ascensione Retta del Sole e l'Equazione del Tempo cambiano valore non solo di ora in ora in uno stesso giorno (a causa del moto diurno del Sole) ma assumono valori diversi anche nello stesso giorno e nella stessa ora in anni diversi e ciò sia per lo spostamento degli equinozi sia per la presenza del 29 Febbraio negli anni bisestili.

Calcolando ad esempio l'A.R. e la declinazione del Sole δ nello stesso giorno e nella stessa ora in anni diversi si hanno variazioni che possono raggiungere $\pm\,0.60\,°$ per l'A.R. e $\pm\,0.25\,°$ per la δ.

Se in una meridiana vogliamo disegnare le linee diurne o le linee orarie a tempo medio (linee a forma di 8 o a forma di lemniscata) occorre fare i calcoli considerando, per ciascun giorno, un valore costante di δ e di **EqT** : normalmente viene presa la media dei valori assunti al mezzogiorno locale del giorno in esame in 4 anni consecutivi.

Ovviamente l'ombra dello gnomone in un certo giorno non cadrà, in anni diversi, sulla linea diurna calcolata e, in una data ora, non cadrà sempre sulla linea oraria calcolata: per questo una meridiana indica **sempre** un'ora e una data approssimative.

Poiché anche i valori che si ottengono facendo la media di 4 anni consecutivi cambiano lentamente - e quindi una meridiana calcolata usando tali medie diventa pian piano meno precisa - ho pensato di fare una media di un numero maggiore di anni e precisamente dei 48 anni compresi fra il 2014 e il 2061.

Per poter calcolare rapidamente un valore "**medio**" della Ascensione Retta , della Declinazione δ e della **EqT** in ciascuna giorno dell'anno si possono sviluppare le tre grandezze in serie di Fourier in funzione dei giorni trascorsi o dall'inizio dell'anno o dall'Equinozio di primavera.

Indicando con :

$$\omega = 360°\,/\,\text{Anno\_Tropico\_in\_giorni} = 360°\,/365.2421897 = 0.98564736 \text{ gradi / giorno}$$

$$t = \text{Giorni\_da\_inizio\_anno\_(al\_mezzogiono)}$$

si hanno gli sviluppi seguenti :

$$AR - \omega \cdot (t - T_{\text{EQUINOZIO}}) = +AR_0 + \sum_{n=1} A_n \cos(n \cdot \omega \cdot t + \eta_n) =$$

$$= AR_0 + A_1 \cdot \cos(\omega \cdot t + \eta_1) + A_2 \cdot \cos(2 \cdot \omega \cdot t + \eta_2) + A_3 \cdot \cos(3 \cdot \omega \cdot t + \eta_3) + ...$$

$$\delta = \delta_0 + \sum_{n=1} D_n \cos(n \cdot \omega \cdot t + \varphi_n) =$$

$$= \delta_0 + D_1 \cdot \cos(\omega \cdot t + \varphi_1) + D_2 \cdot \cos(2 \cdot \omega \cdot t + \varphi_2) + D_3 \cdot \cos(3 \cdot \omega \cdot t + \varphi_3) + ...$$

$$EqT = EqT_0 + \sum_{n=1} E_n \cos(n \cdot \omega \cdot t + \gamma_n) =$$

$$= EqT_0 + E_1 \cdot \cos(\omega \cdot t + \gamma_1) + E_2 \cdot \cos(2 \cdot \omega \cdot t + \gamma_2) + E_3 \cdot \cos(3 \cdot \omega \cdot t + \gamma_3) + ...$$

Poiché il tempo è misurato dall'istante del mezzogiorno del 1 gennaio, se N è il numero progressivo del giorno (1 per 1 Gennaio, 32 per 1 Febbraio ecc.) si ha $t = N - 1$

Dato che i coefficienti vanno smorzandosi molto rapidamente si possono considerare solo le prime 4 armoniche ottenendo degli sviluppi troncati che hanno il vantaggio di poter essere calcolati molto rapidamente.

Gli errori massimi si sono determinati confrontando i valori veri, calcolati in tutti i giorni nei diversi anni, con quelli ottenuti per gli stessi giorni con lo sviluppo troncato.

I valori dei coefficienti arrotondati, sono dati nella tabella che segue da cui si può vedere che soltanto le prime 4 armoniche sono significative

	Ascensione Retta		Declinazione		Equazione del Tempo	
N. Armonica	Modulo °	Fase °	Modulo °	Fase °	Modulo min.	Fase °
	A_i	η_i	D_i	φ_i	E_i	γ_i
Valore Medio	-1.8980		0.3831		0.0	
1	1.8100	-95.52	23.2600	-168.8	7.3656	86.59
2	2.4146	-68.09	0.3551	-173.70	9.9158	112.15
3	0.0293	-45.98	0.1342	-145.08	0.3060	106.55
4	0.0517	-5.40	0.0326	+ 6.90	0.2026	133.00
5	0.0200	+33.68	0.0359	- 3.11	0.0008	-71.11
6	0.0056	+23.68	0.0324	- 3.80	0.0069	-96.08

NOTA - Per il calcolo della A.R. ho usato come istante dell'Equinozio di primavera il valore $t=79.042$ (ottenuto dall'andamento medio).

35.2 Errori

Con il termine "errore" mi riferisco alla differenza fra il valore "medio" calcolato con le serie di Fourier (utilizzando solo le prime 4 armoniche) e il valore "esatto". Questa differenza è stata calcolata in tutti i giorni dell'anno nei 48 anni consecutivi dal 2014 al 2061.

I valori trovati per gli errori sono i seguenti:

EqT   ±0.3 minuti = ±18 sec. δ ±0.25 gradi = ±15 '

A.R.   ±0.6 gradi = ± 36 '

35. 3 Espressioni per il calcolo

Indicando con **N** è il numero progressivo del giorno (1 per 1 Gennaio, 32 per 1 Febbraio ecc.), e quindi **t = N – 1**, e prendendo gli **argomenti** delle funzioni coseno **in gradi**, si hanno le espressioni seguenti utili per il calcolo :

$$EqT(min) = +7.3656 \cdot \cos(\omega \cdot t + 86.59) + 9.9158 \cdot \cos(2 \cdot \omega \cdot t + 112.15) +$$
$$+0.3060 \cdot \cos(3 \cdot \omega \cdot t + 106.55) + 0.2026 \cdot \cos(4 \cdot \omega \cdot t + 133.00)$$

$$\delta = +0.3831 + 23.2600 \cdot \cos(\omega \cdot t - 168.80) + 0.3551 \cdot \cos(2 \cdot \omega \cdot t - 173.70) +$$
$$+0.1342 \cdot \cos(3 \cdot \omega \cdot t - 145.08) + 0.0326 \cdot \cos(4 \cdot \omega \cdot t + 6.9)$$

Con $\omega = 0.98564736$ °/giorno. I valori della Eqt devono essere cambiati di segno.

Volendo gli **argomenti** delle funzioni coseno **in radianti** si ha :

$$EqT(min) = +7.3656 \cdot \cos(\omega_R \cdot t + 1.511) + 9.9158 \cdot \cos(2 \cdot \omega_R \cdot t + 1.9574) +$$
$$+ 0.3060 \cdot \cos(3 \cdot \omega_R \cdot t + 1.860) + 0.2026 \cdot \cos(4 \cdot \omega_R \cdot t + 2.3213)$$
$$\delta = +0.3831 + 23.2600 \cdot \cos(\omega_R \cdot t - 2.9461) + 0.3551 \cdot \cos(2 \cdot \omega_R \cdot t - 3.0316) +$$
$$+ 0.1342 \cdot \cos(3 \cdot \omega_R \cdot t - 2.5322) + 0.0326 \cdot \cos(4 \cdot \omega_R \cdot t + 0.1203)$$

Con $\omega_R = 0.017202792$ rad/giorno. I valori della Eqt devono essere cambiati di segno.

Le tabelle che seguono **NON** sono state calcolate con gli sviluppi sopra riportati ma sono state calcolate facendo le medie dei valori **ESATTI** assunti dalle grandezze in ciascun giorno del periodo 2000 - 2047.

35. 4 Espressioni di calcolo esatte

Poiché l'EqT dipende dalla posizione della Terra sulla sua orbita (cioè dalla longitudine celeste λ), dalla eccentricità dell'orbita (e) e dalla inclinazione ε fra Equatore ed Eclittica, essa può essere calcolata con la formula semplificata seguente:

$$EqT_{rad} = y \cdot \sin(2 \cdot \lambda) - 2 \cdot e \cdot \sin(M) + 4 \cdot e \cdot y \cdot \sin(M) \cdot \cos(2 \cdot \lambda) - \frac{1}{2} \cdot y^2 \cdot \sin(4 \cdot \lambda) - \frac{5}{4} \cdot e^2 \cdot \sin(2 \cdot M)$$

$$\text{in cui } y = \tan^2\left(\frac{\varepsilon}{2}\right)$$

Le grandezze λ (longitudine media del Sole), M (anomalia media del Sole), **e** (eccentricità dell'orbita terrestre) ed ε (obliquità dell'eclittica) possono essere calcolate con le relazioni seguenti:

$$\lambda = 280.46645° + 36000.76983° \cdot T + 0.0003032° \cdot T^2$$
$$M = 357.52910° + 35999.05030° \cdot T - 0.0001559° \cdot T^2 - 0.00000048° \cdot T^3$$
$$e = 0.016708617 - 0.000042037 \cdot T - 0.0000001236 \cdot T^2$$
$$\varepsilon = 23°26'21.448" - 46.8150" \cdot T - 0.00059" \cdot T^2 + 0.001813" \cdot T^3$$

essendo T l'intervallo di tempo in secoli Giuliani di 36525 giorni dall'epoca J2000.0 (JDE 2451545).

35. 5 Espressioni di calcolo approssimate

Nel numero di Giugno 2011 della rivista *The Compendium* della NASS[1] lo gnomonista austriaco Herbert O. Ramp ha descritto un gruppo di espressioni per il calcolo della declinazione del Sole e della Equazione del tempo, da lui raccolte da diverse fonti. Le riporto sinteticamente sotto.
I valori ottenuti sono quelli al mezzogiorno al meridiano di Greenwich.

Nelle formule **t** è il numero di giorno da inizio anno (al mezzogiorno).

a) $B = t \cdot 360 / 365.242° - 79$ in °
      $\lambda = B + 0.4277 \cdot sen(B) + 1.8664 \cdot \cos(B) - 0.018 \cdot \sin(2 \cdot B) + 0.0087 \cdot \cos(2 \cdot B)$ Longitudine Sole °
      $sen(\delta) = sen(\varepsilon) \cdot sen(\lambda)$

b) $\delta = \varepsilon \cdot sen[0.9678 \cdot (t - 78.5)]$

c) $B = 360° \cdot (t + 1) / 365$
      $\delta = 0.39637 - 22.91327 \cdot \cos(B) + 4.02543 \cdot sen(B) - 0.38720 \cdot \cos(2 \cdot B) + 0.05197 \cdot sen(2 \cdot B) -$

---

[1] Volume 18, Number 2, June 2011, Pg. 9

$$-0.14937 \cdot \cos(3 \cdot B) + 0.08479 \cdot \text{sen}(3 \cdot B) \quad 39B$$

d) $\quad \delta = \varepsilon \cdot \text{sen}\left[360 \cdot (t - 79) / 365\right]$

e) $\quad \text{sen}(\delta) = \text{sen}(\varepsilon) \cdot \text{sen}\left[360 \cdot (t - 78) / 365\right]$

Esempi

	21 marzo $\delta°$	2 maggio $\delta°$	21 marzo EqT-min	2 maggio Eqt-min
t - giorni	79	121		
Con sviluppi in serie di § 35.3	+0.3894	+15.512	+7.154	-3.01
Metodo a)	+0.2916	+15.426		
Metodo b)	+0.1980	+15.419		
Metodo c)	+0.3261	+15.438		
Metodo d)	+0.0000	+15.509		
Metodo e)	+0.3923	+15.372		
Valore esatto- Media su 4 anni	+0.3676	+15.4765	+7.143	−3.032

35.6 Valori giornalieri della declinazione e della equazione del tempo che è consigliabile usare

Poiché la declinazione del Sole e l'equazione del tempo cambiano al passare delle ore in un dato giorno, e anche da un anno all'altro nello stesso giorno, è opportuno chiedersi quali valori sia più meglio usare nel progetto di un orologio solare.

Sono possibili diversi metodi, tutti descritti in libri, articoli o programmi diversi [2].

1. Si possono usare i valori della δ che il Sole assume in un certo anno (ad esempio quello in cui si fa il progetto) o calcolandoli con un apposito programma o ricavandoli da un Annuario Astronomico (in cui i valori sono quasi sempre calcolati alle ore 0h di ciascun giorno).

    È questo il metodo che, pur essendo il più semplice, porta a maggiori errori e che è spesso usato in quei programmi per il calcolo degli orologi solari che, quando si inizia un nuovo progetto, chiedono l'anno: all'interno di questi programmi infatti sono utilizzati degli algoritmi con cui vengono calcolati, talvolta con una certa approssimazione, i valori della δ del Sole nei vari giorni di quell'anno.

2. Si può usare la media dei valori assunti dalla declinazione nel giorno in esame in 4 anni consecutivi.

    È questo il metodo più usato poiché così risulta minima la differenza fra i valori "veri" e quelli "medi" durante il periodo dei 4 anni utilizzati.

    Tutte le tabelle riportate sui libri che trattano di orologi solari contengono i valori medi su 4 anni.

    Si deve però osservare che, quasi sempre, i dati utilizzati per ottenere le medie sono quelli calcolati per le ore 0h essendo questi i valori riportati sugli Annuari; non sempre inoltre è specificato a quale fuso si riferisce l'istante di calcolo.

    Si avrebbero errori inferiori se venissero utilizzati i valori della δ calcolati per le ore 12 locali.

    Occorre fare anche attenzione al fatto che, in questo caso, le medie risalgono, ovviamente, a prima della data di pubblicazione del testo e spesso a diverse decine di anni fa (come ad es. nelle ristampe di alcuni volumi fondamentali sugli orologi solari in lingua inglese).

3. Si possono usare i valori medi calcolati utilizzando un numero maggiore di anni (sempre multiplo di 4) come ad es. 20, 24, 32, 40,...,100 anni: anche in questo caso queste medie devono essere ricavate dai valori di δ calcolati alle ore 12h locali.

---

[2] Nel testo che segue mi riferisco per semplicità alla sola declinazione solare ma gli stessi ragionamenti possono essere ripetuti per l'equazione del tempo, se la sua conoscenza risulta necessaria.

Si deve però osservare che considerare *"migliori"* i valori medi calcolati su periodi molto lunghi (secoli) non sempre è corretto e **non** porta a una diminuzione degli errori, **in particolare per l'equazione del tempo**.

Indipendentemente da queste considerazioni, poiché nel progetto occorre utilizzare dei valori della declinazione solare e della equazione del tempo, è opportuno effettuare i calcoli usando valori che permettono di ridurre gli errori, e cioè:

– utilizzare valori medi calcolati nell'ora centrale del periodo del giorno in cui l'orologio funziona, quindi circa alle 12h di tempo Vero Locale, e non usare medie fatte per fusi orari diversi da quello in cui si trova l'orologio: una tabella calcolata per le 12h TU non è certamente la migliore da utilizzare in Australia (e viceversa !);

– utilizzare valori medi calcolati **sul periodo di tempo in cui si presuppone l'orologio resterà in funzione.** In altre parole utilizzare tabelle che riportano i valori medi fatti su un arco di 100 o più anni per calcolare un orologio solare che si presuppone verrà utilizzato per 20-30 anni, porta ad errori superiori a quelli ottenibili con una semplice media di valori fatta su soli 4 anni. Utilizzando poi medie su periodi maggiori (come ad esempio 400 anni) gli errori aumentano notevolmente;

– non usare i valori calcolati per un dato anno;

– non usare tabelle calcolate alcune decine di anni fa che si trovano in molti vecchi testi che vengono ancora ristampati;

– non usare tabelle i cui valori sono stati calcolati alle 0h TU, o addirittura alle 0h locali in una località degli USA, con una differenza di fuso orario di 6-9 ore rispetto a noi.

⌘ ⌘ ⌘ ⌘ ⌘ ⌘ ⌘ ⌘ ⌘ ⌘

NOTA - Anche se non dovrebbe essere necessario ricordo che **quando si desidera fare la verifica** del funzionamento di un orologio solare occorre **usare SEMPRE i valori istantanei** della declinazione e della equazione del tempo e **non** dei valori medi.

⌘ ⌘ ⌘ ⌘ ⌘ ⌘ ⌘ ⌘ ⌘ ⌘

35.7

Equazione del Tempo (media) in minuti
Equazione del Tempo = Tempo Medio Locale - Tempo Vero Locale

Per ottenere il Tempo Medio Locale sommare all'ora segnata dalla Meridiana (Tempo Vero Locale) il valore dato in tabella in minuti e decimali

Media calcolata dai valori veri negli anni 2014 - 2061
Istante di calcolo ore 12h TMEC = 11h TU   G.Ferrari-2014

Giorno	Gennaio	Febbraio	Marzo	Aprile	Maggio	Giugno	Luglio	Agosto	Settembre	Ottobre	Novembre	Dicembre
1	3.50	13.51	12.25	3.80	-2.91	-2.09	3.96	6.37	-0.04	-10.40	-16.44	-10.94
2	3.96	13.64	12.05	3.51	-3.02	-1.93	4.15	6.30	-0.36	-10.72	-16.45	-10.56
3	4.43	13.75	11.84	3.21	-3.12	-1.77	4.34	6.22	-0.69	-11.03	-16.46	-10.17
4	4.88	13.85	11.63	2.92	-3.22	-1.59	4.52	6.13	-1.02	-11.34	-16.44	-9.77
5	5.33	13.93	11.40	2.64	-3.30	-1.42	4.69	6.03	-1.35	-11.65	-16.42	-9.36
6	5.77	14.01	11.17	2.35	-3.37	-1.24	4.86	5.91	-1.69	-11.94	-16.38	-8.94
7	6.21	14.06	10.94	2.07	-3.44	-1.05	5.02	5.79	-2.03	-12.23	-16.33	-8.51
8	6.63	14.11	10.69	1.80	-3.50	-0.86	5.17	5.66	-2.38	-12.51	-16.26	-8.07
9	7.05	14.14	10.44	1.52	-3.54	-0.66	5.32	5.52	-2.72	-12.79	-16.18	-7.63
10	7.46	14.16	10.19	1.26	-3.58	-0.46	5.46	5.37	-3.07	-13.06	-16.09	-7.18
11	7.85	14.17	9.93	0.99	-3.61	-0.26	5.60	5.21	-3.43	-13.32	-15.98	-6.72
12	8.24	14.16	9.66	0.74	-3.62	-0.05	5.72	5.04	-3.78	-13.57	-15.86	-6.26
13	8.62	14.14	9.39	0.48	-3.63	0.16	5.84	4.86	-4.14	-13.81	-15.72	-5.79
14	8.99	14.11	9.12	0.24	-3.63	0.37	5.95	4.68	-4.49	-14.05	-15.57	-5.31
15	9.34	14.07	8.84	-0.01	-3.62	0.58	6.06	4.48	-4.85	-14.27	-15.40	-4.83
16	9.69	14.01	8.55	-0.24	-3.60	0.80	6.15	4.28	-5.21	-14.49	-15.22	-4.35
17	10.02	13.94	8.27	-0.47	-3.57	1.01	6.23	4.06	-5.57	-14.69	-15.03	-3.86
18	10.35	13.86	7.98	-0.69	-3.53	1.23	6.31	3.84	-5.92	-14.89	-14.82	-3.37
19	10.66	13.77	7.69	-0.91	-3.48	1.45	6.38	3.61	-6.28	-15.07	-14.60	-2.87
20	10.95	13.67	7.39	-1.12	-3.42	1.67	6.44	3.37	-6.64	-15.25	-14.37	-2.38
21	11.24	13.56	7.10	-1.32	-3.36	1.89	6.48	3.12	-6.99	-15.41	-14.12	-1.88
22	11.51	13.44	6.80	-1.52	-3.28	2.10	6.52	2.87	-7.34	-15.57	-13.86	-1.39
23	11.77	13.30	6.50	-1.70	-3.20	2.32	6.55	2.61	-7.70	-15.71	-13.58	-0.89
24	12.02	13.16	6.20	-1.88	-3.11	2.53	6.57	2.34	-8.05	-15.84	-13.30	-0.39
25	12.25	13.01	5.90	-2.06	-3.01	2.75	6.58	2.06	-8.39	-15.96	-13.00	0.10
26	12.47	12.84	5.60	-2.22	-2.90	2.96	6.58	1.78	-8.74	-16.06	-12.68	0.60
27	12.68	12.67	5.30	-2.37	-2.78	3.17	6.57	1.49	-9.08	-16.16	-12.36	1.09
28	12.87	12.49	4.99	-2.52	-2.66	3.37	6.55	1.20	-9.41	-16.24	-12.02	1.58
29	13.05		4.69	-2.66	-2.53	3.57	6.52	0.90	-9.75	-16.31	-11.67	2.06
30	13.22		4.39	-2.79	-2.39	3.77	6.48	0.59	-10.08	-16.36	-11.31	2.55
31	13.37		4.10		-2.24		6.43	0.28		-16.41		3.02

L'Equazione del Tempo si annulla il 15 Aprile, il 12 Giugno, il 1' Settembre e il 25 Dicembre.

É massima o minima l'11 Febbraio (= +14.17 m) , il 14 Maggio (= – 3.63 m), il 26 Luglio (= +6.58 m) e il 3 Novembre (= –16.46 m)

35.8

Declinazione del Sole
Valore della Declinazione **media** del Sole nei giorni dell'anno in gradi e decimali
Media dei valori veri degli anni 2014 - 2061
Istante di calcolo ore 12h TMEC = 11h TU   G Ferrari-2014

Giorno	Gennaio	Febbraio	Marzo	Aprile	Maggio	Giugno	Luglio	Agosto	Settembre	Ottobre	Novembre	Dicembre
1	-22.98	-17.04	-7.41	4.72	15.22	22.11	23.07	17.89	8.10	-3.37	-14.57	-21.87
2	-22.89	-16.75	-7.03	5.10	15.52	22.24	22.99	17.63	7.74	-3.76	-14.89	-22.01
3	-22.80	-16.46	-6.64	5.49	15.81	22.37	22.91	17.37	7.37	-4.14	-15.20	-22.16
4	-22.69	-16.16	-6.26	5.87	16.10	22.48	22.83	17.10	7.00	-4.53	-15.51	-22.29
5	-22.58	-15.86	-5.87	6.25	16.39	22.59	22.73	16.83	6.63	-4.91	-15.81	-22.42
6	-22.46	-15.55	-5.49	6.63	16.67	22.70	22.63	16.56	6.26	-5.30	-16.11	-22.54
7	-22.34	-15.24	-5.10	7.00	16.94	22.79	22.53	16.28	5.89	-5.68	-16.41	-22.65
8	-22.21	-14.92	-4.71	7.38	17.21	22.88	22.41	16.00	5.51	-6.06	-16.70	-22.76
9	-22.07	-14.60	-4.32	7.75	17.48	22.97	22.29	15.71	5.13	-6.44	-16.98	-22.85
10	-21.92	-14.28	-3.92	8.12	17.74	23.04	22.17	15.42	4.75	-6.82	-17.26	-22.94
11	-21.77	-13.95	-3.53	8.49	18.00	23.11	22.03	15.12	4.37	-7.19	-17.54	-23.03
12	-21.60	-13.62	-3.14	8.85	18.25	23.18	21.89	14.82	3.99	-7.57	-17.81	-23.10
13	-21.44	-13.28	-2.74	9.22	18.50	23.23	21.75	14.51	3.61	-7.94	-18.08	-23.17
14	-21.26	-12.94	-2.35	9.58	18.74	23.28	21.60	14.21	3.23	-8.32	-18.34	-23.23
15	-21.08	-12.60	-1.95	9.93	18.98	23.32	21.44	13.89	2.84	-8.69	-18.59	-23.28
16	-20.89	-12.26	-1.56	10.29	19.21	23.36	21.28	13.58	2.46	-9.05	-18.84	-23.33
17	-20.70	-11.91	-1.16	10.64	19.43	23.39	21.11	13.26	2.07	-9.42	-19.09	-23.36
18	-20.49	-11.56	-0.77	10.99	19.65	23.41	20.93	12.94	1.68	-9.78	-19.33	-23.39
19	-20.29	-11.20	-0.37	11.33	19.87	23.42	20.75	12.61	1.30	-10.14	-19.56	-23.41
20	-20.07	-10.84	0.02	11.68	20.07	23.43	20.56	12.28	0.91	-10.50	-19.79	-23.43
21	-19.85	-10.48	0.42	12.02	20.28	23.43	20.37	11.95	0.52	-10.86	-20.01	-23.43
22	-19.62	-10.12	0.81	12.35	20.47	23.43	20.17	11.61	0.13	-11.21	-20.22	-23.43
23	-19.39	-9.75	1.21	12.69	20.67	23.42	19.97	11.27	-0.26	-11.56	-20.43	-23.42
24	-19.15	-9.38	1.60	13.02	20.85	23.40	19.76	10.93	-0.65	-11.91	-20.63	-23.40
25	-18.91	-9.01	1.99	13.34	21.03	23.37	19.54	10.59	-1.04	-12.25	-20.83	-23.38
26	-18.66	-8.64	2.39	13.66	21.20	23.34	19.32	10.24	-1.43	-12.60	-21.02	-23.34
27	-18.40	-8.26	2.78	13.98	21.37	23.30	19.09	9.89	-1.82	-12.93	-21.20	-23.30
28	-18.14	-7.88	3.17	14.30	21.53	23.25	18.86	9.54	-2.20	-13.27	-21.38	-23.25
29	-17.87		3.56	14.61	21.69	23.20	18.63	9.18	-2.59	-13.60	-21.55	-23.20
30	-17.60		3.95	14.92	21.84	23.14	18.39	8.82	-2.98	-13.93	-21.71	-23.13
31	-17.32		4.33		21.98		18.14	8.46		-14.25		-23.06

La Declinazione del Sole si annulla nei giorni degli Equinozi ed è massima e minima nei giorni del Solstizio di Estate e di Inverno ($= \varepsilon = \pm 23° 27'$)
Cambia più rapidamente agli Equinozi (circa 0.4° al giorno) mentre in prossimità dei Solstizi impiega più di una settimana per cambiare di 0.4°.
Questi cambiamenti non sono visibili in un comune orologio solare.

35.9 Longitudine Eclitticale del Sole

La Longitudine Eclitticale λ del Sole si annulla nel giorno dell'Equinozio di Primavera ed assume il valore $= 12h = 180°$ in quello d'Autunno.
Assume un valore uguale a un multiplo di 30° negli istanti in cui il Sole "entra" nei segni zodiacali.
La Longitudine e la Declinazione δ del Sole sono fra loro legate dalla relazione :

$$\mathrm{sen}(\delta) = \mathrm{sen}(\varepsilon) \cdot \mathrm{sen}(\lambda)$$ ove ε è l'obliquità della eclittica e λ la longitudine.

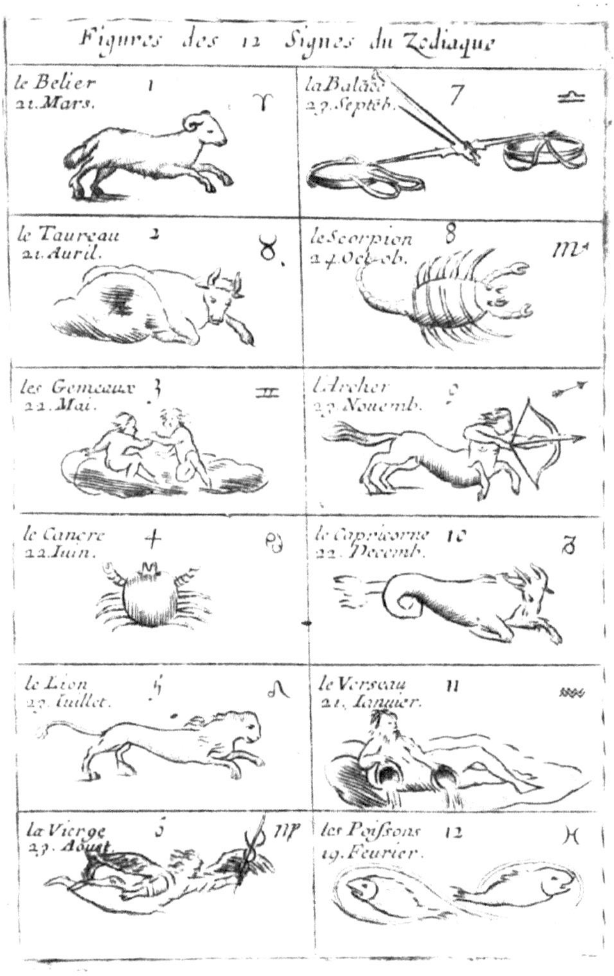
Figures des 12 Signes du Zodiaque
le Belier 1
21. Mars.
la Balance 7
27. Septeb.
le Taureau 2
21. Auril.
le Scorpion 8
24. Octob.
les Gemeaux 3
21. Mai.
l'Archer 9
22. Nouemb.
le Cancre 4
22. Iuin.
le Capricorne 10
22. Decemb.
le Lion 5
23. Iuillet.
le Verseau 11
21. Ianuier.
la Vierge 6
23. Aoust.
les Poissons 12
19. Feurier.